高等学校计算机类国家级特色专业系列规划教材

人工智能及应用

鲁斌 刘丽 李继荣 姜丽梅 编著

清华大学出版社

北 京

内容简介

本书系统介绍人工智能的基本原理、方法和应用技术,全面地反映了国内外人工智能研究领域的进展和热点。全书共11章,主要包括人工智能的基本概念、知识表示技术、搜索策略、逻辑推理技术、不确定性推理方法、专家系统、机器学习、模式识别、Agent 和多 Agent 系统、人工智能程序设计语言以及人工智能在电力系统中的应用。内容由浅入深、循序渐进,条理清晰,各章均有大量的例题和习题,便于读者掌握和巩固所学知识,使其具备应用人工智能技术解决实际问题的能力。

本书可用作高等学校计算机类和电气信息类相关专业高年级本科生和研究生的教材或教学参考书,也可供其他教学、研究、设计和技术开发人员参考。

图书在版编目(CIP)数据

人工智能及应用/鲁斌等编著. —北京:清华大学出版社,2017(2024.8重印)
(高等学校计算机类国家级特色专业系列规划教材)
ISBN 978-7-302-45033-7

Ⅰ. ①人… Ⅱ. ①鲁… Ⅲ. ①人工智能-应用-高等学校-教材 Ⅳ. ①TP18

中国版本图书馆 CIP 数据核字(2016)第 218482 号

责任编辑:汪汉友 赵晓宁
封面设计:傅瑞学
责任校对:李建庄
责任印制:宋 林

出版发行:清华大学出版社
  网 址:https://www.tup.com.cn,https://www.wqxuetang.com
  地 址:北京清华大学学研大厦 A 座 邮 编:100084
  社 总 机:010-83470000 邮 购:010-62786544
  投稿与读者服务:010-62776969,c-service@tup.tsinghua.edu.cn
  质量反馈:010-62772015,zhiliang@tup.tsinghua.edu.cn
  课件下载:https://www.tup.com.cn,010-83470236
印 装 者:三河市龙大印装有限公司
经 销:全国新华书店
开 本:185mm×260mm 印 张:26.5 字 数:643 千字
版 次:2017 年 5 月第 1 版 印 次:2024 年 8 月第 10 次印刷
定 价:79.50 元

产品编号:065920-03

前　言

作为世界三大尖端技术之一,人工智能(Artificial Intelligent)自1956年诞生之日起,就成为科学发展史上一颗令人瞩目的新星,吸引着无数科学工作者从事相关的研究与创造。

人工智能是一门新理论、新技术、新方法和新思想不断涌现的前沿交叉学科,与计算机科学、控制论、信息论、神经生理学、哲学、语言学等密切相关,研究领域除了经典的知识表示、启发式搜索理论、推理技术、人工智能系统和语言之外,还涉及专家系统、自然语言理解、机器学习、博弈、机器人学、模式识别、智能检索、自动程序设计、数据挖掘、计算机视觉、分布式人工智能、人工神经网络、智能控制、智能决策支持系统、智能电网等领域,相关研究成果也已广泛应用到生产、生活的各个方面。

我们所处的时代是知识爆炸的时代,各种海量信息充斥着世界各个角落,而仅仅依靠人类自身,很难实现对这些信息的有效处理。人工智能作为一门研究和制造智能机器或智能系统的学科,目标在于模拟和延展人类的智能,这与当今时代发展的需求是不谋而合的。因此,培养更多高水平的人工智能技术人才迫在眉睫。

本书是一本综合、全面、实用的教材,反映了作者多年来的教学思路和经验,具有内容全面、重点突出、层次分明、特色鲜明等特点,具体体现在以下各方面。

(1) 内容全面。本书详细介绍了人工智能研究中的经典理论和方法,而且对专家系统、机器学习、模式识别、分布式人工智能等也有较为全面的概括和说明,有利于帮助相关读者充分掌握人工智能的基本理论,并为其后续深入研究奠定扎实基础。

(2) 重点突出。本书定位为人工智能的入门级教材,因此重点放在启发式搜索、推理、知识表示、人工智能系统和语言等经典理论、方法和技术,并对如模式识别、多智能体、机器学习等发展相对成熟的人工智能热点和重点研究领域有较为全面的介绍和说明,有助于读者循序渐进地了解这门学科。

(3) 层次分明。本书在章节安排上结合了智能系统构建的过程,首先介绍知识表示技术和方法,然后引入各种搜索技术、推理技术和其他研究热点,最后通过实例对人工智能的应用详细说明,层次分明,有利于帮助读者理解这一学科的发展研究初衷。

(4) 特色鲜明。电力行业是关系国计民生的基础性行业,随着电力市场化以及电网建设的进一步发展,人工智能相关技术对电力信息化、智能化发展的重要促进作用也逐步凸现,编者结合自身的研究工作,对近年人工智能在电力系统中的应用进行了介绍,特色鲜明,尤其适合具有"大电力"研究背景的读者。

读完本书并且亲自动手实践了书中的人工智能程序之后,读者将能够做到以下几点。

(1) 熟悉人工智能的发展概况、研究内容和应用领域等,对人工智能这个学科有较为全面和深入地理解。

(2) 扎实地掌握人工智能的基础理论、基本原理和经典算法等,具备运用基本人工智能方法解决实际问题的能力。

(3) 熟悉人工智能的研究热点和最新成果,了解应用人工智能技术解决实际问题的基本思路，掌握一定的人工智能新技术和新方法，能很快地开展相关领域的深入研究。

本书共 11 章，在内容安排上可以划分为三大部分。第一部分详细介绍了人工智能的核心研究课题，第二部分阐述了一些人工智能的基本技术和方法，第三部分介绍了人工智能在实际生产生活中，尤其是在电力行业中的应用，内容编排体现了人工智能这一学科的发展脉络。第 1 章为绪论，介绍了人工智能的基本概念、发展历史、研究目标、研究途径以及研究领域等。第 2 章为知识表示，讨论了人工智能的典型知识表示技术，以及基于这些知识表示技术的推理方法等。第 3 章为搜索策略，主要讨论状态空间图的盲目搜索、启发式搜索、与/或图搜索和博弈树搜索等。第 4 章为逻辑推理，对命题逻辑、谓词逻辑、非单调逻辑、多值逻辑和模糊逻辑及其推理技术作了介绍，重点给出了归结原理的基本原理和应用方法。第 5 章为不确定性推理，讨论了确定性理论、主观 Bayes 方法、证据理论、贝叶斯网络、模糊推理等不确定性推理技术。第 6 章为专家系统，给出了专家系统构建的基本原理、方法和实例。第 7 章为机器学习，讨论了有关机器学习的基本概念，以及一些重要的机器学习方法，主要包括决策树学习、变型空间学习、基于解释的学习、人工神经网络和进化计算等。第 8 章为模式识别，主要介绍统计模式识别方法，并对其他模式识别技术如结构模式识别方法、模糊模式识别方法、神经网络识别方法加以概述。第 9 章为 Agent 和多 Agent 系统，从分布式人工智能的概念出发，介绍 Agent 基本理论、多 Agent 系统的体系结构、通信机制以及协调协作机制，为分布式系统的分析、设计、实现和应用提供解决方法。第 10 章为人工智能程序设计语言，对人工智能程序设计语言的研究发展进行了概述，并详细讨论了 LISP 和 PROLOG 两种程序设计语言。第 11 章为人工智能在电力系统中的应用，给出了人工智能在电力系统故障诊断、电力巡检和电力大数据分析中的应用实例。

本书参编人员包括鲁斌、刘丽、李继荣和姜丽梅。在本书编写过程中参阅了国内外大量的文献资料，在此谨向这些文献的作者表示由衷的敬意和感谢。

由于编者水平有限，尤其是人工智能这门学科发展很快，不断有新的技术和方法涌现，书中难免有不足之处，恳请广大读者批评指正。

本书可用作高等学校计算机类和电气信息类相关专业高年级本科生和研究生的教材或教学参考书，也可供其他教学、研究、设计和技术开发人员参考。

编　者

2017 年 3 月

目 录

第1章 绪 论

人工智能（Artificial Intelligence，AI）与空间技术、能源技术并称为世界三大尖端技术，也被称为是继三次工业革命后的又一次革命，它是在计算机科学、控制论、信息论、神经生理学、哲学、语言学等多种学科研究的基础上发展起来的，是一门新思想、新观念、新理论、新技术不断涌现的前沿性学科和迅速发展的综合性学科。目前，人工智能在很多学科领域都得到了广泛应用，并取得了丰硕成果，无论在理论还是实践上都已自成一个系统。本章将着重讨论人工智能的基本概念，并对人工智能的发展、研究目标、研究途径以及研究领域等展开深入的探讨。

1.1 人工智能的基本概念

什么是智能？什么是人工智能？人工智能和人的智能、动物的智能有什么区别和联系？这些是每个人工智能的初学者都会问到的问题，也是学术界长期争论而又没有定论的问题。人工智能的出现不是偶然的，从思想基础上讲，它是人们长期以来探索能进行计算、推理和其他思维活动的智能机器的必然结果；从理论基础上讲，它是由于控制论、信息论、系统论、计算机科学、神经生理学、心理学、数学和哲学等多种学科相互渗透的结果；从物质基础上讲，它是由于电子数字计算机的出现和广泛应用的结果。

为了更好地理解人工智能的内涵，本节先介绍一些与之相关的基本概念，如智能。

1.1.1 智能的概念

智能的拉丁文表示是 Legere，意思是收集、汇集。但究竟智能是什么？智能的本质是什么？智能是如何产生的？尽管相关的学者和研究人员一直在努力探究，但这些问题仍然没有完全解决，依然是困扰人类的自然奥秘。

虽然近年来，神经生理学家、心理学家等对人脑的结构和功能有了一些初步认识，但对整个神经系统的内部结构和作用机制，特别是脑的功能原理还没有完全搞清楚，因此对智能做出一个精确、可被公认的定义显然是不可能的，研究人员只能基于自己的研究领域，从不同角度、侧面对智能进行描述，如思维理论的观点、知识阈值理论的观点和进化理论的观点。通过对这些观点的了解，可以帮助我们勾勒出智能的内涵和特征。

思维理论认为智能的核心是思维，人们的一切智慧或智能都来自于大脑的思维活动，人类的一切知识都是人们思维的产物，因而通过对思维规律与方法的研究可以揭示智能的本质。思维理论来源于认知科学，认知科学是研究人们认识客观世界的规律和方法的一门学科。

知识阈值理论认为，智能行为取决于知识的数量和知识的一般化程度，系统的智能来自于它运用知识的能力，认为智能就是在巨大的搜索空间中迅速找到一个满意解的能力。知识阈值理论强调知识在智能中的重要意义和作用，推动了专家系统、知识工程等领域的发展。

进化理论认为,人的本质能力是在动态环境中的行走能力、对外界事物的感知能力、维持生命和繁衍生息的能力,这些本质能力为智能发展提供了基础,因此智能是某种复杂系统所呈现的性质,是许多部件交互作用的结果。智能仅仅由系统总的行为以及行为与环境的联系所决定,它可以在没有明显的可操作的内部表达的情况下产生,也可以在没有明显的推理系统出现的情况下产生。进化理论由 MIT 的布鲁克斯(R. A. Brooks)教授提出,他也是人工智能进化主义学派的代表人物。

综合上述各种观点,可以认为智能是知识与智力结合的产物。知识是智能行为的基础,智力是获取知识并运用知识求解问题的能力。智能具有以下特征。

1. 感知能力

感知能力是指人类通过诸如视觉、听觉、触觉、味觉、嗅觉等感觉器官感知外部世界的能力。感知是人类最基本的生理、心理现象,也是获取外部信息的基本途径。人类通过感知能力获得关于世界的相关信息,然后经大脑加工成为知识,感知是智能活动产生的前提和基础。

事实上,对感知到的外界信息人类通常有两种不同的处理方式:在紧急或简单情形下,不经大脑思索,直接由底层智能机构做出反应;在复杂情形下,通过大脑思维,做出反应。

2. 记忆与思维能力

记忆与思维都是人脑的重要特征,记忆存储感觉器官感知到的外部信息和思维产生的知识;思维则对记忆的信息进行处理,动态地利用已有知识对信息分析、计算、比较、判断、推理、联想、决策等,是获取知识、运用知识并最终求解问题的根本途径。

思维有逻辑思维、形象思维和灵感思维等之分,其中,逻辑思维与形象思维是最基本的两类思维方式,灵感思维指人在潜意识激发下获得灵感而"忽然开窍",也称顿悟思维。神经生理学家研究发现,逻辑思维与左半脑的活动有关,形象思维与右半脑的活动有关。

1) 抽象思维

逻辑思维也被称为抽象思维,是根据逻辑规则对信息理性处理的过程,反映了人们以抽象、间接、概括的方式认识客观世界的过程。推理、证明、思考等活动都是典型的抽象思维过程。抽象思维具有以下特征。

(1) 基于逻辑思维。

(2) 思维过程是串行的、线性的过程。

(3) 容易形式化,可以用符号串表示思维过程。

(4) 思维过程严密、可靠,可用于从逻辑上合理预测事物的发展,加深人们对事物的认识。

2) 形象思维

形象思维以客观现象为思维对象、以感性形象认识为思维材料,以意象为主要思维工具,以指导创造物化形象的实践为主要目的,也称直感思维,如图像识别、视觉信息加工等。形象思维具有以下特征。

(1) 主要基于直觉或感觉形象思维。

(2) 思维过程是并行协同式的、非线性的过程。

(3) 较难形式化,对象、场合不同,形象的联系规则也不同,没有统一的形象联系规则。

（4）信息变形或缺少时，仍然有可能得到比较满意的结果。

3）灵感思维

灵感思维是显意识与潜意识相互作用的思维方式。思维活动中经常遇到的"茅塞顿开"、"恍然大悟"等，都是灵感思维的典型例子，在这样的过程中除了能明显感觉到的显意识外，感觉不到的潜意识也发挥了作用。灵感或顿悟思维具有以下特点。

（1）具有不定期的突发性。

（2）具有非线性的独创性及模糊性。

（3）穿插于形象思维与逻辑思维之中，有突破、创新、升华的作用。

（4）形象思维过程更复杂，至今无法描述其产生和实现的原理。

3. 学习与自适应能力

学习是人类的本能，这种学习可能是自觉的、有意识的，也可能是不自觉的、无意识的，可能是有教师指导的学习，也可能是通过自身实践的学习。人类通过学习，不断适应环境、积累知识。

4. 行为能力

行为能力是指人们通过语言、表情、眼神或者形体动作对外界刺激做出反应的能力，也被称为表达能力。外界的刺激可以是通过感知直接获得的信息，也可以是经过思维活动得到的信息。

1.1.2　现代人工智能的兴起

尽管人工智能的历史背景可以追溯到遥远的过去，因为人类很早就有制造机器帮助人类的幻想，但一般认为人工智能这门学科应该诞生于 1956 年的达特蒙斯（Dartmouth）大学。

1946 年世界上第一台电子计算机 Eniac 诞生于美国，最初被用于军方弹道表的计算，经过大约 10 年计算机科学技术的发展，人们逐渐意识到除了单纯的数字计算外，计算机应该还可以帮助人们完成更多的事情。1956 年夏季，在美国达特蒙斯大学，由达特蒙斯学院年轻的数学助教麦卡锡（J. McCarthy，后为斯坦福大学教授）、哈佛大学数学与神经学初级研究员明斯基（M. L. Minsky，后为麻省理工学院教授）、IBM 公司信息研究中心负责人罗切斯特（N. Lochester）和贝尔实验室信息部数学研究员香农（C. Shannon，信息论的创始人）共同发起，并邀请了 IBM 公司的莫尔（T. More）和塞缪尔（A. L. Samuel）、MIT 的塞尔弗里奇（O. Selfridge）和索罗门夫（R. Solomonff）以及兰德（RAND）公司和卡内基（Carnegie）工科大学的纽厄尔（A. Newell）和西蒙（H. A. Simon）等人参加了一个持续两个月的夏季学术讨论会，会议的主题涉及自动计算机、如何为计算机编程使其能够使用语言、神经网络、计算规模理论、自我改造、抽象、随机性与创造性等几个方面，在会上他们第一次正式使用了人工智能（Artificial Intelligence，AI）这一术语，开创了人工智能的研究方向，标志着人工智能作为一门新兴学科的正式诞生。

1.1.3　人工智能的定义

考虑到人工智能学科本身相对较短的发展历史以及学科所涉及领域的多样性，人工智能的概念是一个至今仍存在争议的问题，目前还没有一个被绝对公认的定义。在其发展过程中,不同学术流派的、具有不同学科背景的人工智能学者对它有着不同的理解,提出了一些不同的观点。下面是人工智能领域一些比较权威的科学家所给出的关于人工智能的定义。

人工智能之父、达特蒙斯会议的倡导者之一、1971年图灵奖的获得者麦卡锡教授认为,人工智能使一部机器的反应方式就像是一个人在行动时所依据的智能。

人工智能逻辑学派的奠基人、美国斯坦福大学人工智能研究中心的尼尔森(J. Nilsson)教授认为,人工智能是关于知识的科学,即怎样表示知识、获取知识和使用知识的科学。

美国人工智能协会前主席、麻省理工学院的 P. Winston 教授认为,人工智能就是研究如何使计算机去做过去只有人才能做的智能工作。

人工智能之父、达特蒙斯会议的倡导者之一、首位图灵奖的获得者明斯基认为,人工智能是让机器做本需要人的智能才能做到的事情的一门学科。

知识工程的提出者、大型人工智能系统的开拓者、图灵奖的获得者费根鲍姆(E. A. Feigenbaum)认为,人工智能是一个知识信息处理系统。

综合各种不同的人工智能观点,可以从"能力"和"学科"两方面对人工智能进行理解。人工智能从本质上讲,是指用人工的方法在机器上实现智能,是一门研究如何构造智能机器或智能系统,使之能够模拟人类智能活动的能力,以延伸人们智能的学科。

1.1.4 其他相关的概念

随着计算机科学技术、控制理论和技术、信息理论和技术、神经生理学、心理学、语言学等相关学科的飞速发展,人工智能领域又出现了广义人工智能、狭义人工智能、计算智能、感知智能以及认知智能等概念,这里对它们给出一个简要的介绍。

1. 广义人工智能和狭义人工智能

2001年,中国人工智能学会第九届全国人工智能学术会议在北京举行,中国人工智能学会理事长涂序彦在题为"广义人工智能"的大会报告中,提出了广义人工智能(Generalized Artificial Intelligence,GAI)的概念,给出了广义人工智能的学科体系,认为人工智能这个学科已经从学派分歧的、不同层次的、传统的"狭义人工智能"转变为多学派兼容的、多层次结合的广义人工智能。广义人工智能的含义如下。

(1) 它是多学派兼容的,能模拟、延伸与扩展"人的智能"以及"其他动物的智能",既研究机器智能,也开发智能机器。

(2) 它是多层次结合的,如自推理、自联想、自学习、自寻优、自协调、自规划、自决策、自感知、自识别、自辨识、自诊断、自预测、自聚焦、自融合、自适应、自组织、自整定、自校正、自稳定、自修复、自繁衍、自进化等,不仅研究专家系统、人工神经网络,而且研究模式识别、智能机器人等。

(3) 它是多智体协同的,不仅研究个体的、单机的、集中式人工智能,而且研究群体的、网络的、多智体(Multi-Agent)、分布式人工智能(Distributed Artificial Intelligence,DAI),模拟、延伸与扩展人的群体智能或其他动物的群体智能。

2. 计算智能

1992年,美国学者贝兹德克(James C. Bezedek)在《Approximate Reasoning》学报上首次提出了计算智能的观点。1994年,IEEE 在美国佛罗里达州奥兰多市的举办首届国际计算智能大会(World Congress on Computational Intelligence,WCCI'94),第一次将神经网络、进化计算和模糊系统3个领域合并,形成"计算智能"这个统一的学科范畴。

然而,计算智能(Computational Intelligence,CI)目前还没有一个统一的形式化定义,使用较多的是贝兹德克的观点,即,如果一个系统仅处理低层的数值数据,含有模式识别部件,没有使用人工智能意义上的知识,且具有计算适应性、计算容错力、接近于人的计算速度和近似于人的误差率这4个特征,则它是计算智能的。

计算智能是信息科学、生命科学以及认知科学等不同学科共同发展的产物,它借鉴仿生学的思想,基于生物系统的结构、进化和认知,以模型(计算模型、数学模型)为基础,以分布、并行、仿生计算为特征去模拟生物体和人类的智能,其研究领域包括神经计算(网络)、模糊计算(系统)、进化计算、群体智能、模拟退火、免疫计算、DNA计算和人工生命等。

关于计算智能与人工智能的关系,目前存在两种不同的观点。第一种观点的代表人物是贝兹德克,该观点认为生物智能(Biological Intelligence,BI)包含了人工智能,人工智能又包含了计算智能,计算智能是人工智能的一个子集。第二种观点的代表人物是艾伯哈特(R.C.Eberhart),该观点认为人工智能与计算智能之间虽然有重合,但计算智能是一个全新的学科领域,无论是生物智能还是机器智能,计算智能都是其最核心部分,人工智能则是外层。

1.1.5　图灵测试和中文房间问题

在人工智能的发展史上,针对一些关键问题,曾经有过不少激烈的讨论。例如,如何判断一个系统是否具有了智能? 是否能够制造出真正能推理和解决问题、具有知觉和自我意识的智能机器? 以下介绍图灵测试和中文房间问题,它们分别是针对这两个问题的一些有趣的探讨。

1. 图灵测试

如果说现在有一台计算机,其运算速度非常快、记忆容量和逻辑单元的数目也超过了人脑,而且这台计算机还配备了许多智能化的程序和合适种类的大量数据,能做一些人性化的事情,如听或说、回答某些问题等。那么,是否就能说这台机器具有思维能力了呢? 或者说,怎样才能判断一台机器是否具备了思维能力呢?

1950年,阿兰·麦席森·图灵(Alan Mathison Turing)到曼彻斯特大学任教,同时还担任该大学自动计算机项目的负责人,在这一年的10月,他发表了一篇题为"机器能思考吗?"的论文。在这篇论文里,图灵第一次提出"机器思维"的概念,逐条反驳了机器不能思维的论调,还对智能问题从行为主义的角度给出了定义,由此提出一个假想:一个人在不接触对方的情况下,通过一种特殊的方式,和对方进行一系列的问答,如果在相当长的时间内,他无法根据这些问题判断对方是人还是计算机,那么,就可以认为这个计算机具有同人相当的智力,即这台计算机是能思维的。这就是著名的"图灵测试"(Turing Testing)。

1) 测试的设置

测试的设置如图1-1所示,测试的参与者包含两部分,分别是测试人和被测试人,被测试人则包括一个人和一个声称自己有人类智力的机器,在测试过程中,被测试的人如实回答问题,并试图说服测试人自己是人,而声称具有智能的机器则努力说服测试人自己是人,对方才是计算机。

询问者

图 1-1　图灵测试示意图

测试过程中,测试人与被测试人是分开的,测试人只有通过一些装置(如键盘)向被测试人问一些问题,这些问题随便是什么问题都可以。问过一些问题后,如果测试人能够正确地分出谁是人谁是机器,那机器就没有通过图灵测试,如果测试人没有分出谁是机器谁是人,那这个机器就通过了图灵测试,具有了图灵测试意义下的智能。

2) 测试的实例

图灵测试要求测试人不断提出各种问题,从而辨别回答者是人还是机器。图灵还为这项测试亲自拟定了几个示范性问题。

示范 1:

问:请给我写出有关"第四号桥"主题的十四行诗。

答:不要问我这道题,我从来不会写诗。

问:34 957 加 70 764 等于多少?

答:(停 30s 后)105 721。

问:你会下国际象棋吗?

答:是的。

问:我在我的 K1 处有棋子 K;你仅在 K6 处有棋子 K,在 R1 处有棋子 R。现在轮到你走,你应该下哪步棋?

答:(停 15s 后)棋子 R 走到 R8 处,将军!

在这个示范中,测试者大概会认为回答问题的是人。

图灵指出:"如果机器在某些现实的条件下,能够非常好地模仿人回答问题,以至提问者在相当长时间里误认它不是机器,那么机器就可以被认为是能够思维的。"从表面上看,要使机器回答按一定范围提出的问题似乎没有什么困难,可以通过编制特殊的程序来实现。然而,由于提问者的问题的任意性,尤其是在涉及常识问题的时候,编制完美的程序是极其困难的事情,如下面的范例。

示范 2:

问:你会下国际象棋吗?

答:是的。

问:你会下国际象棋吗?

答:是的。

· 6 ·

问：请再次回答，你会下国际象棋吗？

答：是的。

测试者多半会认为，面前的"这位"是一部笨机器。但如果通过编制程序，使得提问与回答呈现出下面的状态。

示范3：

问：你会下国际象棋吗？

答：是的。

问：你会下国际象棋吗？

答：是的，我不是已经说过了吗？

问：请再次回答，你会下国际象棋吗？

答：你烦不烦，干嘛老提同样的问题。

此时，我们大概会觉得对面的被测试人是活生生的人，而不是机器。

在图灵测试提出后不久，计算机对话程序、或者说问答系统的研究就有了长足的进步，1968年威森鲍姆(J. Weizenbaum)在美国麻省理工学院设计的基于"模式匹配"的自然语言系统中Eliza就是比较有名的一个。Eliza模拟一位心理治疗医生(计算机)同一位女患者(用户)进行交谈，下面是谈话的片段。

P(Patient，女病人，下同)：所有男人都一个样。

E(Eliza，下同)：这从何说起呢？

P：他们总是这样或那样的找我们的麻烦。

E：你能举一个例子吗？

P：好吧，你瞧，我的男朋友叫我到这儿来。

E：哦，你的男朋友叫你到这儿来。

P：他说我显得精神沮丧已经很长时间了。

E：听到你说你精神沮丧，我很同情。

P：说真的，我很不高兴。

E：你认为到这儿来能帮助你高兴起来吗？

P：那当然，我需要帮助。

E：如果你得到了帮助，那将意味着什么？

P：或许我能学会如何跟妈妈相处。

E：和我讲讲你的家人吧。

……

Eliza是根据"罗杰斯心理治疗模式"编写的，许多和Eliza聊过天的人坚信Eliza是一个真实的人，哪怕在程序开发者再三说明后仍然如此。更奇怪的是，他们乐意与Eliza单独聊天，有时一聊就是几个小时。也就是说，Eliza作为一个心理治疗医生，是相当成功的，它甚至得到了专业医师的好评。当然，Eliza也没有通过图灵测试，毕竟图灵自己也认为制造一台能通过图灵测试的计算机并不是一件容易的事情，尤其当测试人在有足够心理预期的情况下，他们始终清楚自己是来辨析聊天对象是人还是机器的，这和寻求心理治疗的人很不相同。

从上面的例子可以看到，计算机为了通过图灵测试，除了要很好地模拟人类的优点，还要模拟好人类的不足,在测试中,计算机既不能表现得比人类愚蠢,也不能表现得比人类聪明。在这个过程中,真正让具有强大计算和存储能力的计算机感到困难的是一些常识性的问题,人类可以非常轻松地处理常识性的问题,对于计算机来说却非常困难。

利用计算机难以通过图灵测试的特点,可以逆向使用图灵测试解决复杂问题。例如,在申请邮箱、网站注册时经常会看到在登录界面上,除了要输入用户名、密码之外,还要识别出系统随机产生的一些在复杂背景上的变形文字,用于防止恶意软件对网络系统的攻击。

2. 中文房间问题

在人工智能的研究过程中,哲学家将人工智能的观点分为两类,即弱人工智能和强人工智能。弱人工智能只是把计算机作为研究心灵哲学的一个有力的工具,机器智能只是模拟智能。强人工智能认为适当编程的计算机就可以被认为具有理解和其他认知状态,也就是说,恰当编程的计算机就是一个心灵,机器确实可以有真正的智能。强人工智能和弱人工智能两种观点进行了激烈的争论,出现了不少巧妙的假想试验,中文房间(Chinese Room)问题就是其中著名的一个。

1980年,美国哲学家约翰·西尔勒(John Searle)博士提出了名为"中文房间"的假想试验,模拟图灵测试,用以反驳强人工智能观点,其中一个是基于罗杰·施安克的故事理解程序的。

罗杰·施安克的故事理解程序可以在"阅读"一个用英文写的小故事之后,回答一些和故事有关的问题。例如,故事一:"一个人进入餐馆并订了一份汉堡包。当汉堡包端来时发现被烘脆了,此人暴怒地离开餐馆,没有付账或留下小费"。故事二:"一个人进入餐馆并订了一份汉堡包。当汉堡包端来后他非常喜欢它,而且在离开餐馆付账之前,给了女服务员很多小费"。作为对"理解"故事的检验,可以向计算机询问,在每一种情况下,此人是否吃了汉堡包。对这类简单的故事和问题,计算机可以给出和任何讲英文的人会给出的根本无区别的答案(答案只有"是"或"否"两种),这样的计算机在这个意义上已经通过了图灵测试,但这是否意味着计算机或程序本身具有了理解的能力呢?希尔勒博士用中文房间问题给出了弱人工智能的结论:某台计算机即使通过了图灵测试,能正确地回答问题,它对问题仍然没有任何理解,因此不具备真正的智能。

希尔勒博士假设:希尔勒博士本人在一个封闭的房间里,房间有输入和输出缝隙与外部相通,房间内有一本英语的指令手册,从中可以找到对于某个外部来的信息应给出的正确输出。在这个假设下,房间相当于一台计算机,用于输入输出的缝隙相当于计算机的输入/输出系统,希尔勒博士扮演计算机中的CPU,房间内的指令手册则是CPU运行的程序。外部输入给房间的是中文问题,而房间内的希尔勒博士事先已经声明自己对中文一窍不通,他只是根据英语的指令手册,按规则办事,找到对应于中文输入的解答,然后把作为答案的中文符号写在纸上,再从缝隙输出到外面。考虑到指令手册来源于经过检验的、能正确回答问题的故事理解程序,因此,希尔勒博士通过手册能处理输入的中文问题,并给出正确答案(中文的"是"或"否"),这就如同一台计算机通过了图灵测试,但是,他对那些中文问题毫不理解,不理解其中的任何一个词!

希尔勒博士用中文房间问题说明:正如房间中的人不可能通过程序手册理解中文一样,计算机也不可能通过程序来获得对中文(自然语言)的理解能力。

1.2　人工智能的发展历程

从 1956 年达特蒙斯会议上"人工智能"作为一门新兴学科正式提出至今,人工智能走过了一条坎坷曲折的发展道路,也取得了惊人的成就并迅速得到发展。回顾其发展历史,可以归纳为孕育、形成和发展 3 个主要阶段。

1.2.1　孕育期(1956 年之前)

尽管现代人工智能的兴起一般被认为开始于 1956 年达特蒙斯的夏季讨论会,但实际自古以来,人类就在一直尝试用各种机器来代替人的部分劳动,以提高征服自然的能力。例如,中国道家的重要典籍《列子》中有"偃师造人"一节,描述了能工巧匠偃师研制歌舞机器人的传说;春秋后期,据《墨经》记载,鲁班曾造过一只木鸟,能在空中飞行"三日不下";古希腊也有制造机器人帮助人们从事劳动的神话传说。当然,除了文学作品中关于人工智能的记载之外,还有很多科学家都为人工智能这个学科的最终诞生付出了艰辛的劳动和不懈的努力。

古希腊著名的哲学家亚里士多德(Aristotle)曾在他的著作《工具论》中提出了形式逻辑的一些主要定律,其中的三段论至今仍然是演绎推理的基本依据,亚里士多德本人也被称为形式逻辑的奠基人。

提出"知识就是力量"这一警句的英国哲学家培根(F. Bacon)系统地提出了归纳法,对人工智能转向以知识为中心的研究产生了重要影响。

德国数学家和哲学家莱布尼茨(G. W. Leibniz)在法国物理学家和数学家布莱斯·帕斯卡(B. Pascal)所设计的机械加法器的基础上,发展并制成了能进行四则运算的计算器,还提出了逻辑机的设计思想,即通过符号体系,对对象的特征进行推理,这种"万能符号"和"推理计算"的思想是现代化"思考"机器的萌芽。

英国逻辑学家布尔(G. Boole)创立了布尔代数,首次用符号语言描述了思维活动的基本推理法则。

19 世纪末期,德国逻辑学家弗雷治(G. Frege)提出用机械推理的符号表示系统,从而发明了大家现在熟知的谓词演算。

1936 年,英国数学家图灵提出了一种理想的计算机的数学模型,即图灵机,这为后来电子计算机的问世奠定了理论基础。他还在 1950 年提出了著名的"图灵测试",给智能的标准提供了明确的依据。

1943 年,美国神经生理学家麦卡洛(W. Maculloch)和数理逻辑学家匹茨(W. Pitts)提出了第一个神经元的数学模型,即 M-P 模型,开创了神经科学研究的新时代。

1945 年,美籍匈牙利数学家冯·诺依曼(J. V. Neumann)提出了以二进制和程序存储控制为核心的通用电子数字计算机体系结构原理,奠定了现代电子计算机体系结构的基础。

1946 年,由美国数学家莫克利(J. W. Mauchly)和埃柯特(J. P. Eckert)制造出了世界上第一台电子数字计算机 ENIAC。这项重要的研究成果为人工智能的研究提供了物质基础,对全人类的生活影响至今。

此外,美国著名数学家维纳(N. Wiener)创立的控制论、贝尔实验室主攻信息研究的数学家香农创立的信息论等,都为日后人工智能这一学科的诞生铺平了道路。

至此,人工智能的基本雏形已初步形成,人工智能诞生的客观条件也基本具备。这一时期被称为人工智能的孕育期。

1.2.2 形成期(1956—1969 年)

达特蒙斯讨论会之后,在美国开始形成了以人工智能为研究目标的几个研究组,他们分别是纽厄尔和西蒙的 Carnegie-RAND 协作组(也称为心理学组)、塞缪尔和格伦特尔(Herbert Gelernter)的 IBM 公司工程课题研究组以及明斯基和麦卡锡的 MIT 研究组。这 3 个小组在后续的十多年中,分别在定理证明、问题求解、博弈等领域取得了重大突破,人们把这一时期称为人工智能基础技术的研究和形成时期。鉴于这一阶段人工智能的飞速发展,也有人称为人工智能的高潮时期。这一时期,人工智能研究工作主要集中在以下几个方面。

1. Carnegie-RAND 协作组

1957 年,纽厄尔、肖(J. Shaw)和西蒙等人编制出了一个称为逻辑理论机(Logic Theory Machine)的数学定理证明程序,该程序能模拟人类用数理逻辑证明定理时的思维规律,该程序证明了怀特黑德(A. N. Whitehead)和罗素(B. A. W. Russel)的经典著作《数学原理》中第二章的 38 个定理,后来又在一部较大的计算机上完成了该章中全部 52 条定理的证明。1960 年,他们编制了能解 10 种类型不同课题的通用问题求解(General Problem-Solving,GPS)程序,在当时就可以解决如不定积分、三角函数、代数方程、猴子摘香蕉、汉诺塔、人羊过河等 11 中不同类型的问题,它和逻辑理论机都是首次在计算机上运行的启发式程序。

此外,心理学小组还发明了编程的表处理技术和 NSS 国际象棋机,纽厄尔关于自适应象棋机的论文以及西蒙关于问题求解和决策过程中合理选择和环境影响的行为理论的论文,也是当时信息处理研究方面的巨大成就。后来他们的学生还做了许多相关的研究工作。例如,1959 年,人的口语学习和记忆的 EPAM(Elementary Perceiving And Memory,初级知觉和记忆)程序模型,成功地模拟了高水平记忆者的学习过程与实际成绩;1963 年,林德赛(R. Lindsay)用 IPL-V 表处理语言设计的自然语言理解程序 SAD-SAM,能回答关于亲属关系方面的提问……

2. IBM 公司工程课题研究组

1956 年,塞缪尔在 IBM 704 计算机上研制成功一个具有自学习、自组织和自适应能力的西洋跳棋程序,该程序可以像人类棋手那样多看几步后再走棋,可以学习人的下棋经验或自己积累经验,还可以学习棋谱。1959 年这个程序战胜了设计者本人,1962 年还击败了美国一个州的跳棋大师,他们的工作为发现启发式搜索在智能行为中的基本机制作用做出了贡献。

3. MIT 研究组

1958 年,麦卡锡进行课题 AdviceTaker 的研究,试图使程序能接受劝告而改善自身的性能,AdviceTaker 被称为世界上第一个体现知识获取工具思想的系统。1959 年,麦卡锡发明了表处理语言 LISP,成为人工智能程序设计的主要语言,至今仍被广泛采用。1960 年 Minsky 撰写"走向人工智能的步骤"论文。这些工作都对人工智能的发展起了积极的作用。

4. 其他

1965 年，鲁滨逊(J. A. Robinson)提出了归结原理(消解原理)，这种与传统演绎推理完全不同的方法成为自动定理证明的主要技术。

1965 年，知识工程的奠基人、美国斯坦福大学的费根鲍姆领导的研究小组成功研制了化学专家系统 DENDRAL，该专家系统能够根据质谱仪的试验数据分析推断出未知化合物的分子结构。DENDRAL 于 1968 年完成并投入使用，其分析能力已经接近甚至超过了有关化学专家的水平，在美国、英国等国家得到了实际应用。DENDRAL 的出现对人工智能的发展产生了深刻的影响，其意义远远超出了系统本身在实际使用上所创造的价值。

1957 年，罗森布拉特(F. Rosenblatt)提出了感知器(Perceptron)，用于简单的文字、图像和声音识别，推动了人工神经网络的发展。

1969 年，国际人工智能联合会议(International Joint Conference on Artificial Intelligence，IJCAI)举行，这是人工智能发展史上的一个重要里程碑，标志着人工智能这门学科已经得到了世界的公认和肯定。

1.2.3 发展期(1970 年之后)

这一时期人工智能的发展经历曲折而艰难，曾一度陷入困境，但又很快再度兴起，知识工程的方法渗透到人工智能的各个领域，人工智能也从实验室走向实际应用。

1. 困境

自 1970 年以后，许多国家相继开展了人工智能方面的研究工作，大量成果不断涌现，但困难和挫折也随之而来，人工智能遇到了很多当时难以解决的问题，发展陷入困境，举例如下。

塞缪尔研制的下棋程序在和世界冠军对弈时，五局中败了四局，并且很难再有发展。

鲁滨逊提出的归结原理在证明两个连续函数之和仍然是连续函数时，推导了 10 万步依然没有证明出结果。

人们一度认为只要一部双向词典和一些语法知识就能实现的机器翻译闹出了笑话，例如，当把"光阴似箭"的英语句子"Time flies like an arrow"翻译成日语，然后再翻译回英语时，结果成了"苍蝇喜欢箭"；当把"心有余而力不足"的英语句子"The spirit is willing but the flesh is weak"翻译成俄语再翻译回英语时，结果成了"The wine is good but the meat is spoiled"，即"酒是好的，但肉却变质了"。

对于问题求解，由于过去研究的多是良结构的问题，在用旧方法解决现实世界中的不良结构问题时，产生了组合爆炸问题。

在神经心理学方面，研究发现人脑的神经元多达 $10^{11} \sim 10^{12}$ 个，在当时的技术条件下用机器从结构上模拟根本不可能，明斯基出版的专著《Perceptrons》指出了备受关注的单层感知器存在严重缺陷，竟然不能解决简单的异或(XOR)问题，人工神经网络的研究陷入低潮。

在这种情况下，本来就备受争议的人工智能更是受到了来自哲学、心理学、神经生理学等各个领域的责难、怀疑和批评，有些国家还削减了人工智能研究的经费，人工智能的发展进入了低潮期。

2. 生机

尽管人工智能研究的先驱面对了种种困难，但他们没有退缩和动摇，其中，费根鲍姆在斯坦福大学带领研究团队进行了以知识为中心的人工智能研究，开发了大量杰出的专家系统(Expert System,ES)，人工智能从困境中找到新的生机，很快再度兴起，进入了以知识为中心的时期。

这个时期，不同功能、不同类型的专家系统在多个领域产生了巨大的经济效益和社会效益，鼓舞了大量的学者从事人工智能、专家系统的研究。专家系统是一个具有大量专门知识，并能够利用这些知识去解决特定领域中需要由专家才能解决的那些问题的计算机程序。这一时期比较著名的专家系统有 DENDRAL、MYCIN、PROSPECTOR 和 XCON 等。

DENDRAL 是一个化学质谱分析系统，能根据质谱仪的数据和核磁谐振数据，并利用专家知识推断出有机化合物的分子结构，其能力相当于一个年轻的博士，它于 1968 年投入使用。

MYCIN 是 1976 年研制成功的用于血液病治疗的专家系统，能够识别 51 种病菌，正确使用 23 种抗生素，可协助医生诊断、治疗细菌感染性血液病，为患者提供最佳处方，成功地处理了数百例病例。MYCIN 曾经与斯坦福大学医学院的 9 位感染病医生一同参加过一次测试，他们分别对 10 例感染源不明的患者进行诊断并开出处方，然后由 8 位专家对他们的诊断进行评判。在整个测试过程中，MYCIN 和其他 9 位医生互相隔离，评判专家也不知道哪一份答卷是谁做的。专家评判内容包含两部分：一是所开具的处方是否对症有效；二是开出的处方是否对其他可能的病原体也有效且用药不过量。对于第一个评判内容，MYCIN 与另外 3 位医生的处方一致且有效；对于第二个评判内容，MYCIN 的得分超过了 9 位医生，显示出了较高的医疗水平。

PROSPECTOR 是 1981 年斯坦福大学国际人工智能中心的杜达(R. D. Duda)等人研制的地矿勘探的专家系统，拥有 15 种矿藏知识，能根据岩石标本以及地质勘探数据对矿藏资源进行估计和预测，能对矿床分布、储藏量、品味、开采价值等进行推断，合理制定开采方案，曾经成功找到一个价值超过一亿美元的钼矿。

XCON 是美国 DEC 公司的专家系统，能根据用户的需求确定计算机的配置，专家做这项工作一般需要 3h，但 XCON 只需要 0.5min，速度提高了 300 多倍，DEC 公司还有其他一些专家系统，由此产生的净收益每年超过了 4000 万美元。

这一时期与专家系统同时发展的重要领域还有计算机视觉、机器人、自然语言理解和机器翻译等。1972 年，MIT 的维诺格拉德(T. Winograd)开发了一个"积木世界"中进行英语对话的自然语言理解系统 SHRDLU，该系统模拟一个能操纵桌子上一些玩具积木的机器人手臂，用户通过人-机对话方式命令机器人摆弄那些积木块，系统则通过屏幕来给出回答并显示现场的相应情景。卡内基-梅隆大学(CMU)的尔曼(L. D. Erman)等人于 1973 年设计了一个自然语言理解系统 HEARSAY-I，1977 年发展为 HEARSAY-II，具有 1000 多条词汇，能以 60MIPSS 的速度理解连贯的语言，正确率达 85%。这期间美国开发了商用机械手臂 UNIMATE 和 VERSATRAN，它们成为机械手研究发展的基础。

此外，在知识表示、不确定性推理、人工智能语言和专家系统开发工具等方面也有重大突破。例如，1974 年明斯基提出了框架理论，1975 年绍特里夫(E. H. Shortliffe)提出了确定性理论并用于 MYCIN，1976 年杜达提出了主观 Bayes 方法并应用于 PROSPECTOR，1972 年科迈瑞尔(A. Colmerauer)带领的研究小组在法国马赛大学研制成功了人工智能编程语言 PROLOG。

1977 年,费根鲍姆在第五届国际人工智能联合会上提出了"知识工程"的概念,推动了以知识为基础的智能系统的研究与建造。而在知识工程长足发展的同时,一直处于低谷的人工神经网络也逐渐复苏。1982 年霍普菲尔德(J. Hopfield)提出了一种全互联型人工神经网络,成功解决了 NP 完全的旅行商问题。1986 年,鲁梅尔哈特(D. Rumelhart)等研制出具有误差反向传播(Error Back Propagation,EBP)功能的多层前馈网络,即 BP 网络,成为后来应用最广泛的人工神经网络之一。

3. 发展

随着专家系统应用的不断深入和计算机技术的飞速发展,专家系统本身存在的应用领域狭窄、缺乏常识性知识、知识获取困难、推理方法单一、没有分布式功能、与现有主流信息技术脱节等问题暴露出来。为解决这些问题,从 20 世纪 80 年代末以来,专家系统又开始尝试多技术、多方法综合集成,多学科、多领域综合应用的探索。大型分布式专家系统、多专家协同式专家系统、广义知识表示、综合知识库、并行推理、多种专家系统开发工具、大型分布式人工智能开发环境和分布式环境下的多 Agent 协同系统逐渐出现。

1987 年,首届国际人工神经网络学术大会在美国圣地亚哥举行,并成立了"国际神经网络协会(International Neural Network Society,INNS)"。1994 年,IEEE 在美国召开首届国际计算智能大会,提出了"计算智能"这个学科范畴。

1991 年,MIT 的布鲁克斯(R. A. Brooks)教授在国际人工智能联合会议上展示了他研制的新型智能机器人。该机器人拥有 150 多个包括视觉、触觉、听觉在内的传感器以及 20 多个执行机构和 6 条腿,采用"感知-动作"模式,能通过对外部环境的适应逐步进化来提高智能。

在这一时期,人工智能学者不仅继续进行人工智能关键技术问题的研究,如常识性知识表示、非单调推理、不确定推理、机器学习、分布式人工智能、智能机器体系结构等基础性研究,以期取得突破性进展,而且研究人工智能的实际应用,特别是专家系统、自然语言理解、计算机视觉、智能机器人、机器翻译系统都朝实用化迈进。比较著名的有美国人工智能公司(AIC)研制的英语人-机接口 Intellect、加拿大蒙特利尔大学与加拿大联邦政府翻译局联合开发的实用性机器翻译系统 TAUM-METEO 等。1997 年 5 月 11 日,深蓝(Deep Blue)成为战胜国际象棋世界冠军卡斯帕罗夫的第一个计算机系统。2005 年,斯坦福大学开发的一台机器人在一条沙漠小径上成功地自动行驶了 212 公里,赢得了无人驾驶机器人挑战赛(DARPA Grand Challenge)头奖。日本本田技研工业开发多年的人形机器人阿西莫(ASIMO)是目前世界上最先进的机器人之一,它有视觉、听觉、触觉等,能走路、奔跑、上楼梯,可同时与三人进行对话,手指动作灵活,甚至可以拧开水瓶、握住纸杯、倒水等。

诸如此类项目的成功标志着在某些领域,经过努力,人工智能系统可以达到人类的最高水平。但是,从长远来看,人工智能仍处于学科发展的早期阶段,其理论、方法和技术都不太成熟,人类对它的认识也比较肤浅,还有待于人们的长期探索。

1.3　人工智能的研究目标

关于人工智能的研究目标,MIT 出版的著作《Artificial Intelligence at MIT. Expanding Frontiers》中论述为:"它的中心目标是使计算机有智能,一方面是使它们更有用,另一方面是理解使智能成为可能的原理。"

研制像图灵所期望的那样的智能机器或智能系统，是人工智能研究的本质和根本目标，具体来讲，就是要使计算机具有看、听、说、写等感知和交互功能，具有联想、推理、理解、学习等高级思维能力，还要有分析问题、解决问题和发明创造的能力。简言之，也就是使计算机像人一样具有自动发现规律和利用规律的能力，或者说具有自动获取知识和利用知识的能力，从而扩展和延伸人的智能。为实现这个目标，就必须彻底搞清楚使智能成为可能的原理，同时还需要相应硬件及软件的密切配合，这涉及脑科学、认知科学、计算机科学、系统科学、控制论、微电子学等多种学科，依赖于它们的协同发展。但是就目前来说，这些学科的发展还没有达到所要求的水平，图灵测试意义下的智能机器在目前还是难以实现的。因此，可以把构造智能计算机或智能系统作为人工智能研究的远期目标。

人工智能研究的近期目标是实现智能机器，即先部分地或某种程度地实现机器的智能，使现有的计算机更聪明、更有用，使它不仅能做一般的数值计算及非数值信息的数据处理，还能运用知识处理问题，能模拟人类的部分智能行为。针对这一目标，人们就要根据现有计算机的特点研究实现智能的有关理论、技术和方法，建立相应的智能系统，如专家系统、机器翻译系统、模式识别系统、机器人、人工神经网络等。

人工智能研究的远期目标与近期目标相辅相成，远期目标为近期目标指明了方向，近期目标的研究为远期目标的最终实现奠定了基础，做好理论及技术上的准备，也增强了人们实现远期目标的信心。最后还应该注意的是，近期目标与远期目标之间并无严格的界限，随着人工智能研究的深入、发展，近期目标不断变化，逐步向远期目标靠近，近年来在人工智能各个领域中所取得的成就充分说明了这一点。

1.4 人工智能的学术流派

随着人工神经网络的再度兴起和布鲁克斯机器虫的出现，人工智能的研究形成了相对独立的三大学术流派，即符号主义、连接主义和行为主义。当然，从其他角度来看，人工智能的学术流派还有另外的划分方法，如前文提到的强人工智能与弱人工智能学派、简约派和粗陋派、传统人工智能学派与现场人工智能学派等，本节将对它们进行详细说明。

1.4.1 符号主义、连接主义与行为主义

人工智能的研究途径是指研究人工智能的观点与方法，从一般的观点来看，根据人工智能研究途径的不同，人工智能的学者被分为以下三大学术流派。

1. 符号主义学派

也称为心理学派、逻辑学派，这一学派的学者主要基于心理模拟和符号推演的方法进行人工智能研究。早期的代表人物有纽厄尔、肖、西蒙等，后来还有费根鲍姆、尼尔森等，其代表性的理念是"物理符号系统假设"，认为人对客观世界的认知基元是符号，认知过程就是符号处理的过程。

"心理模拟，符号推演"是从人脑的宏观心理层面入手，以智能行为的心理模型为依据，将问题或知识表示成某种逻辑网络，采用符号推演的方法，模拟人脑的逻辑思维过程，实现人工智能。采用这一途径与方法的原因如下。

(1) 人脑可意识到的思维活动是在心理层面上进行的,如记忆、联想、推理、计算、思考等思维过程都是一些心理活动,心理层面上的思维过程是可以用语言符号显式表达的,因而人的智能行为可以用逻辑来建模。

(2) 心理学、逻辑学、语言学等实际上也是建立在人脑的心理层面上的,因此这些学科的一些现成理论和方法可供人工智能参考或直接使用。

(3) 数字计算机可以方便地实现语言符号型知识的表示和处理。

(4) 可以直接运用人类已有的显式知识(包括理论知识和经验知识)建立基于知识的智能系统。

符号推演法是人工智能研究中最早使用的方法之一,采用这种方法取得了人工智能的许多重要成果,如自动推理、定理证明、问题求解、机器博弈、专家系统等。由于这种方法模拟人脑的逻辑思维,利用显式的知识和推理来解决问题,因此它擅长实现人脑的高级认知功能,如推理、决策等抽象思维。

2. 连接主义学派

它也被称为生理学派,主要采用生理模拟和神经计算的方法进行人工智能研究,其代表人物有麦卡洛、皮茨、罗森布拉特、科厚南、霍普菲尔德、鲁梅尔哈特等。连接主义学派早在20世纪40年代就已出现,但由于种种原因发展缓慢,甚至一度出现低潮,直到20世纪80年代中期才重新崛起,现已成为人工智能研究中不可或缺的重要途径与方法,每年国际国内都有很多关于人工神经网络的专门会议召开,用于相关领域工作的交流。

"生理模拟,神经计算"是从人脑的生理层面,即微观结构和工作机理入手,以智能行为的生理模型为依据,采用数值计算的方法模拟脑神经网络的工作过程实现人工智能。具体来讲,就是用人工神经网络作为信息和知识的载体,用称为神经计算的数值计算方法来实现网络的学习、记忆、联想、识别和推理等功能。

神经网络具有高度的并行分布性、很强的鲁棒性和容错性,它擅长模拟人脑的形象思维,便于实现人脑的低级感知功能,如图像、声音信息的识别和处理。

由于人脑的生理结构是由 $10^{11} \sim 10^{12}$ 个神经细胞组成的神经网络,它是一个动态、开放、高度复杂的巨系统,人们至今对它的生理结构和工作机理还未完全弄清楚,因此实现对人脑的真正和完全模拟一时还难以办到,目前的生理模拟只是局部的或近似的。

3. 行为主义学派

其也称进化主义、控制论学派,是基于控制论"感知-动作"控制系统的人工智能学派,其代表人物是 MIT 的布鲁克斯教授。行为主义认为人工智能起源于控制论,人工智能可以像人类智能一样逐步进化,智能取决于感知和行为,取决于对外界复杂环境的适应,而不是表示和推理。这种方法通过模拟人和动物在与环境交互、控制过程中的智能活动和行为特性(如反应、适应、学习、寻优等)研究和实现人工智能。

行为主义的典型工作是布鲁克斯教授研制的六足智能机器虫,这个机器虫可以看作是新一代的"控制论动物",它虽然不具备人那样的推理、规划能力,但应对复杂环境的能力却大大超过了原有的机器人,在自然环境下具有灵活的防碰撞和漫游行为。

1.4.2 传统人工智能与现场人工智能

事实上,由于行为主义的人工智能观点与已有的传统人工智能的看法完全不同,有人把人工智能的研究分为传统人工智能与现场人工智能两大方向。以卡内基-梅隆大学(CMU)为代表的传统人工智能观点认为,智能是表现在对环境的深刻理解以及深思熟虑的推理决策上,因此智能系统需要有强有力的传感和计算设备来支持复杂环境建模和寻找正确答案的决策方案,他们采用的是"环境建模-规划-控制"的纵向体系结构。现场人工智能强调的是智能体与环境的交互,为了实现这种交互,智能体一方面要从环境获取信息,另一方面要通过自己的动作对环境施加影响,而且这种影响行为不是深思熟虑的,而是一种反射行为,采用的是"感知-动作"的横向体系结构。

1.4.3 弱人工智能与强人工智能

在人工智能研究中,根据对"程序化的计算机的作用"所持有的不同观点,人工智能分为强人工智能学派和弱人工智能学派。弱人工智能持工具主义的态度,认为程序是用来解释理论的工具,而强人工智能学派持有实在论的态度,认为程序本身就是解释对象——心灵。

弱人工智能学派认为,不可能制造出能真正地推理和解决问题的智能机器,机器只能执行人的指令,而所谓的智能是被设定的,机器只能通过运行设定好的计算机程序对外界刺激作出对应的反应,它并不真正拥有智能,也不会有自主意识。

弱人工智能所表现出的行为方式是人类预先设定好的,其目的性是生命以外的,是程序性的目的,其知识是有限的,运算过程也是处在一个相对封闭的环境中。即使它的能力在今后的发展中得到非常大的提升,这样的提升也仅仅是知识量的增加、运算速度提高和运算范围的扩大。人类依靠弱人工智能产品极大地减轻了人脑的工作量,使自己从简单重复劳动中解放出来,并将有限的精力投入到更重要的研究中。这样的人工智能完全是受人类掌控的,所以它作为人类手中的工具对人类来说相对安全。

强人工智能观点认为,有可能制造出真正能推理和解决问题的智能机器,并且,这样的机器能被认为是有知觉的,有自我意识的。玛格丽特 • A. 博登(Margaret A. Boden)编写的《人工智能哲学》一书中曾这样描述:带有正确程序的计算机确实可被认为具有理解和其他认知状态,在这个意义上讲,恰当编程的计算机其实就是一个心灵。

强人工智能有类人的人工智能和非类人的人工智能之分,前者认为机器的思考和推理与人的思维相似,而后者则认为机器具有和人完全不一样的知觉和意识,其推理方式也和人完全不同。

1.4.4 简约与粗陋

简约(Neat)和粗陋(Scruffy)的区分最初是由夏克(Roger Schank)于20世纪70年代中期提出的,用于表征他本人在自然语言处理方面的工作同麦卡锡、纽厄尔、西蒙、科瓦斯基(Robert Kowalski)等人的工作不同。

简约派认为问题的解决应该是简洁的、可证明正确的,注重形式推理和优美的数学解释,把智能看成自上而下,以逻辑与知识为基础的推理行为。粗陋派则认为智能是非常复杂的,难以用某种简约的系统解决,不主张从上到下逻辑地构建智能系统,而是自下而上地通过与环境的交互,不断地学习、凑试,最后形成适当的响应。通过这个思想建立的智能系统有很强的自主能力,对未知的环境有很高的适应能力,系统的鲁棒性也很强。对于简约派来说,粗陋的方法看起来有点儿杂乱,成功案例只是偶然的,不可能真正对智能如何工作这个问题有实质性的解释。对粗陋派来说,简约的方法看起来有些形式主义,在应用到实际系统时太慢、太脆弱。

还有一些学者认为,简约和粗陋两个学派的争论还有些地理位置和文化的原因。粗陋派与明斯基 20 世纪 60 年代领导下的 MIT 的人工智能研究密切相关,MIT 人工智能实验室由于其研究人员"随心所欲"的工作方式而闻名,他们会花大量时间调试程序直到其达到要求。在 MIT 开发的比较重要的、有影响的"粗陋"系统包括威森鲍姆的 ELIZA、维诺格拉德的 SHRDLU 等。然而,由于这种做法缺乏整体设计,很难维持程序的更大版本,太杂乱以至于无法被扩展。MIT 的和其他实验室的研究方法的对比也被描述为"过程和声明的差别"。类似于 SHRDLU 那样的程序被设计成能实施行动的主体,这些主体可以执行过程;其他实验室的程序则被设计成推理机,推理机能操控关于世界的形式语句(或声明),并能把操控转换成行为。

简约派和粗陋派的分歧在 20 世纪 80 年代达到顶峰。1983 年,尼尔森在他国际人工智能学会的演说中曾讨论了这种分歧,但他认为人工智能既需要简约派,也需要粗陋派。事实上,人工智能领域大多数成功的实例来源于简约方法与粗陋方法的结合。

粗陋方法在 20 世纪 80 年代被布鲁克斯应用于机器人学,他致力于设计快速、低价并脱离控制("Out of Control"是 1989 年他与弗林(Anita Flynn)合著论文的标题)的机器人,这样的机器人与早期的机器人不同,它们没有基于机器学习算法对视觉信息进行分析,从而建立对世界的表示,也没有通过基于逻辑的形式化描述规划行为,他们只是单纯地对传感器信息作出反应,它们的目标只是生存或移动。20 世纪 90 年代,人们开始用统计和数学的方法进行人工智能研究,如贝叶斯网络和数学优化这样高度形式化的方法,这种趋势被诺维格(Peter Norvig)和罗素(Stuart Russell)描述为"简约的成功"。简约派的问题解决方式在 21 世纪获得了很大的成功,也在整个技术工业中得到应用,然而这种解决问题的方式只是特定的解法解决特定的问题,对于一般的智能问题仍然无能为力。

尽管简约和粗陋这两个学派之间的争论仍然没有结论,但简约和粗陋这两个术语在 21 世纪已经很少被人工智能的研究人员使用。诸如机器学习和计算机视觉这类问题的简约解决方式已经成为整个技术工业中不可或缺的部分,而特定的、详细的、杂乱无章的粗陋解决方案在机器人和常识方面的研究中仍然占主导地位。

1.5 人工智能的研究和应用领域

人工智能进入发展时期后的 1974 年,美国的人工智能学者尼尔森曾对人工智能的研究问题进行了归纳,提出人工智能的 4 个核心研究课题,这一论述今天已被公认为一种经典论述,这 4 个核心课题如下。

1. 知识的模型化和表示方法

人工智能的本质是要构造智能机器和智能系统,模拟延展人的智慧,为达到这个目标就必须研究人类智能在计算机上的表示形式,从而把知识存储到智能机器或系统的硬件载体中去,供问题求解使用。知识的模型化和表示方法的研究实际上是对怎样表示知识的一种研究,是要寻求适合计算机接受的对知识的描述、约定或者数据结构。

常用的知识表示方法有一阶谓词逻辑表示方法、产生式规则表示方法、框架表示方法、语义网络表示方法、脚本表示方法、过程表示方法、面向对象表示方法等。

2. 启发式搜索理论

问题求解是人工智能的早期研究成果,它有时也被称为状态图的启发式搜索。搜索可以是将问题转化到问题空间中,然后在问题空间中寻找从初始状态到目标状态(问题的解)的通路;搜索也可以是将问题简化为子问题,然后对子问题划分为更低一级的子问题,如此进行下去直到最终的子问题内具有无用的或已知的解为止。启发则强调在搜索过程中使用了有助于发现解的与问题有关的专门知识,从而减少搜索次数,提高搜索效率。

3. 各种推理方法(演绎推理、规划、常识性推理、归纳推理等)

推理是指运用知识的主要过程,如利用知识进行推断、预测、规划、问题回答或获取新知识。从不同角度,推理技术有很多的分类方式,产生了很多特定的推理方法,如演绎推理是从一般性的前提出发,通过推导即"演绎",得出具体陈述或个别结论的过程;归纳推理是根据一类事物的部分对象具有某种性质,推出这类事物的所有对象都具有这种性质的推理,是从特殊到一般的过程;常识性推理要用到大量的知识,旨在帮助计算机更自然地理解人的意思以及跟人进行交互,其方式是收集所有背景假设,并将它们教给计算机,长期以来常识推理在自然语言处理领域最为成功;规划是指从某个特定问题状态出发,寻找并建立一个操作序列,直到求得目标状态为止的一个行动过程的描述,它是一种重要的问题求解技术,要解决的问题一般是真实世界中的实际问题,更侧重于问题求解的过程。

4. 人工智能系统和语言

很多原因促进了人工智能系统和语言的发展,如很多人工智能应用程序都很大、原型设计方法学的重要性、使用搜索策略产生了庞大的空间、难以预测启发式程序的行为等。考虑到人工智能所要解决的问题以及人工智能程序的特殊性,目前的人工智能语言有函数型语言、逻辑型语言、面向对象语言及混合型语言等,其中 LISP 与 PROLOG 是其中的佼佼者。

除了以上提到的核心课题之外,目前人工智能的研究更多的是结合具体应用领域进行的,如专家系统、自然语言理解、机器学习等,以下分别对它们进行介绍。

1.5.1 专家系统

专家系统(Expert System)是人工智能的一个重要分支,也是目前人工智能中一个最活跃且最有成效的研究领域之一。自 1968 年费根鲍姆等人研制成功第一个专家系统 DENDRAL 以来,专家系统已经获得了迅速发展,应用领域涉及医疗诊断、图像处理、石油化工、地质勘探、金融决策、实时监控、分子遗传工程、教学、军事等,产生了巨大的经济效益和社会效益,有力地促进了人工智能基本理论和基本技术的研究与发展。

专家系统是一种在相关领域中具有专家水平解题能力的智能程序系统,它能运用领域专家多年积累的经验和专门知识,模拟人类专家的思维过程,求解需要专家才能解决的困难问题。

专家系统由知识库、数据库、推理机、解释模块、知识获取模块和人机接口六部分组成。其中,知识库是专家系统的知识存储器,存放求解问题的领域知识;数据库用来存储有关领域问题的事实、数据、初始状态(证据)和推理过程中得到的中间状态等;推理机是一组用来控制、协调整个专家系统的程序;解释模块以用户便于接受的方式向用户解释自己的推理过程;知识获取模块为修改知识库中的原有知识和扩充新知识提供了手段;人机接口主要用于专家系统和外界之间的通信和信息交换。专家系统一般具有以下一些基本特征。

① 具有专家水平的专门知识。

② 能进行有效的推理。

③ 具有获取知识的能力。

④ 具有灵活、透明、交互和实用性。

⑤ 具有一定的复杂性和难度。

人工智能发展史上一些比较经典的专家系统包括帮助化学家判断某待定物质的分子结构的专家系统 DENDRAL、卡内基-梅隆大学的用于语音识别的专家系统 HEARSAY-Ⅰ 和HEARSAY-Ⅱ、能帮助医生对住院的血液感染患者诊疗的专家系统 MYCIN、地矿勘探的专家系统 PROSPECTOR、用于青光眼诊疗的专家系统 CASNET、用于为 DEC 公司的VAX 计算机指定硬件配置方案的专家系统 XCON(R1)。

1.5.2　自然语言理解

自然语言理解(Nature Language Processing)又叫自然语言处理,主要研究如何使得计算机能够理解和生成自然语言,即采用人工智能的理论和技术将设定的自然语言机理用计算机程序表达出来,构造能够理解自然语言的系统。它有以下 3 个主要目标。

(1) 计算机能正确理解人类的自然语言输入的信息,并能正确答复(或响应)输入的信息。

(2) 计算机对输入的信息能产生相应的摘要,而且复述输入信息的内容。

(3) 计算机能把输入的自然语言翻译成要求的另一种语言。

目前,自然语言理解主要分为声音语言理解和书面语言理解两大类,此外,机器翻译也是自然语言理解一个重要的研究领域。其中,声音语言理解过程包括语音分析、词法分析、句法分析、语义分析和语用分析 5 个阶段;书面语言理解则包括除了语音分析之外的其他4 个阶段;机器翻译指利用计算机把一种语言翻译成另外一种语言。

自然语言理解的研究可以追溯到 20 世纪 50 年代初期。当时,由于通用计算机的出现,人们开始考虑用计算机把一种语言翻译成另外一种语言的可能性,在此之后的十多年中,机器翻译几乎是所有自然语言处理系统的中心课题。起初,主要是进行"词对词"的翻译,当时人们认为翻译工作只是要进行"查词典"和"语法分析"两个过程,即对翻译的文章,可以首先通过查词典,找出两种语言间的对应词,然后经过简单的语法分析调整次序就可以实现翻译。但这种方法未能达到预期的效果,甚至闹出了一些笑话。1966 年美国科学院公布的一个报告中指出,在可以预见的将来,机器翻译不会获得成功。在这一观点的影响下,机器翻译进入了低潮期,自然语言处理转向对语法、语义和语用等基本问题的研究,一批自然语言理解系统脱颖而出,在语言分析的深度和难度方面都比早期的系统有了长足的进步。这期间代表性的工作有维诺格拉德于 1972 年研制的 SHRDLU、伍德(W. Woods)于 1972 年研制的 LUNAR、夏克于 1973 年研制的 MARGIE 等。其中,SHRDLU 是一个在"积木世界"中进行英语对话的自然语言理解系统,系统模拟一个能操纵桌子上一些玩具积木的机器人手臂,用户通过人-机对话方式命令机器人摆弄那些积木块,系统则通过屏幕来给出回答并显示现场的相应情景;LUNAR 是一个用来协助地质专家查找、比较和评价阿波罗-11 号飞船从月球带回的演示和土壤标本的化学分析数据的系统,该系统首次实现了用普通英语与计算机对话的人-机接口;MARGIE 是一个用于研究自然语言理解过程的心理学模型。进入 20 世纪 80 年代之后,自然语言理解在理论和应用上都有了突破性进展,出现了许多具有高水平的实用化系统。但从另一方面来看,新型智能计算机、多媒体计算机以及智能人-机接口的研究等,都对自然语言理解提出了新的要求,它们要求设计出更为友好的人-机界面,使自然语言、文字、图像和声音等都能直接输入计算机,使计算机能以自然语言直接与人进行交流对话。近年来,又有学者把自然语言理解看成是人工智能是否能取得突破性进展的关键,认为如果不能用自然语言作为知识表示的基础,人工智能就永远无法实现。

1.5.3   机器学习

知识是智能的基础,要使计算机具有智能,就必须使它具有知识,使计算机具有知识一般有两种途径:一种是人们把有关的知识归纳、整理在一起,并用计算机可以接受、处理的方式输入到计算机中去;另一种是使计算机具有学习的能力,它可以直接向书本、教师学习,也可以在实践过程中不断总结经验、吸取教训,实现自身的不断完善。第二种途径一般称为机器学习(Machine Learning)。

机器学习是机器具有智能的重要标志,同时也是获取知识的根本途径。它主要研究如何使得计算机能够模拟或实现人类的学习功能。机器学习的研究,主要在以下 3 个方面进行。

(1) 研究人类学习的机理、人脑思维的过程。通过对人类获取知识、技能和抽象概念的天赋能力的研究,可以从根本上解决机器学习中存在的种种问题。

(2) 研究机器学习的方法。研究人类的学习过程,探索各种可能的学习方法,建立其独立于具体领域的学习算法。

(3) 研究如何建立针对具体任务的学习系统。即根据具体的任务要求,建立相应的学习系统。

机器学习按照学习时所用的方法分为机械式学习、指导式学习、示例学习、类比学习、解释学习等。当然,还有其他分类方式,这在后续章节中会详细介绍。

机器学习的研究是建立在信息科学、脑科学、神经心理学、逻辑学、模糊数学等多种学科基础上的,它的发展依赖于这些学科的共同发展。虽然经过近些年的研究,机器学习目前已经取得很大的进展,提出了很多的学习方法,但还没有从根本上完全解决问题。

1.5.4   分布式人工智能

分布式人工智能(Distributed Artificial Intelligence,DAI)是人工智能和分布式计算相结合的产物,主要研究在逻辑或物理上实现分散的智能群体 Agent 的行为与方法,研究协调、操作它们的知识、技能和规划,用以完成多任务系统和求解各种具有明确目标的问题。

目前,分布式人工智能的研究大约可划分为两个方向:一是分布式问题求解(Distributed Problem Solving,DPS);二是关于多智能体系统(Multi-Agent System,MAS)实现技术。其中,分布式问题求解研究如何在多个合作的和共享知识的模块、结点或子系统之间划分任务,并求解问题。多智能体系统主要研究不同的智能体之间的行为协调和进行工作任务协同,即在一群自治的 Agent 之间,通过协调它们的知识、目标、技能和系统规划,以确定采取必要的策略与操作,达到求解多任务系统及解决各种复杂问题的目标。二者的共同点在于都是研究如何对资源、知识、控制等进行划分。二者的不同点在于分布式问题求解往往需要有全局的问题、概念模型和成功标准；而多智能体系统则包含多个局部的问题、概念模型和成功标准。

分布式人工智能系统主要具有以下特性。

(1) 分布性。

无论从逻辑上还是在物理上，系统中的数据和知识的布局都以分布式表示为主，系统中各路径和结点既能并发地完成信息处理，又能并行地求解问题，从而提高了全系统的求解效率。

(2) 连接性。

在问题求解过程中，各个子系统和求解结构通过计算机网络互相连接，降低了求解问题的代价。

(3) 协作性。

各个子系统协调工作，能够求解单个结构难以解决或者无法解决的困难问题，提高求解问题的能力，扩大应用领域。

(4) 开放性。

通过网络互联和系统的分布，方便系统规模的扩充，使系统具有了比单个系统更大的开放性和灵活性。

(5) 容错性。

分布式系统具有较多的冗余度和调度处理的知识，能够使系统在出现故障时，仅仅通过调度冗余路径或降低响应速度的代价，就可以保障系统正常工作，提高系统可靠性。

(6) 独立性。

在系统中，可以把要求解的总任务划分为几个相对独立的子任务，降低各处理结点、子系统问题求解和软件设计开发的复杂性。

比起传统的集中式结构，分布式人工智能强调的是分布式智能处理，克服了集中式系统中心部件负荷太重、知识调度困难等弱点，因而极大地提高了系统知识的利用程度，提高了问题的求解能力和效率。同时，分布式人工智能系统具有并行处理或者协同求解能力，可以把复杂的问题分解成多个较简单的子问题，从而各自分别"分布式"求解，降低了问题的复杂度，改善了系统的性能。当然，也应该看到，分布式人工智能在某种程度上带来了技术的复杂性和系统实现的难度。

1.5.5 人工神经网络

人工神经网络（Artificial Neural Network，ANN）是一种由大量的人工神经元连接而成，用来模仿大脑结构和功能的数学模型或计算模型。它是在现代神经科学研究成果的基础上提出的，反映了人脑功能的基本特性，但它并不是人脑的真实描写，而只是它的某种抽象、简化与模拟。

人工神经网络的研究可追溯到1943年心理学家麦卡洛和数学家匹茨提出的M-P模型，该模型首先提出计算能力可以建立在足够多的神经元的相互连接上。20世纪50年代末，罗森布拉特提出的感知机把神经网络的研究付诸于工程实践，这种感知机能通过有教师指导的学习来实现神经元间连接权的自适应调整，以产生线性的模式分类和联想记忆能力。

然而,以感知机为代表的早期神经网络缺乏先进的理论和实现技术,感知信息处理能力低下,甚至连 XOR 这样的简单非线性分类问题也解决不了。

20 世纪 60 年代末,知识工程的兴起使得从宏观功能的角度模拟人脑思维行为的研究欣欣向荣,降低了人们从模拟人脑生理结构来研究思维行为的热情。著名人工智能学者明斯基等人以批评的观点编写的很有影响力的《Perceptrons》一书,直接导致了神经网络研究进入萧条时期。直到美国生物物理学家霍普菲尔德于 1982 年提出具有联想记忆能力的神经网络模型,才再次推动神经网络研究进入又一次兴盛。后来,该领域又陆续出现了著名的波尔兹曼机(一种具有自学习能力的神经网络)和 BP 学习算法等成果,人工神经网络重新获得了研究者的关注,目前人工神经网络已经成为人工智能中一个极其重要的研究方向,并在模式识别、经济分析和控制优化等领域得到了广泛应用。

人工神经网络具有 4 个基本特征。

(1) 非线性。

非线性关系是自然界的普遍特性。大脑的智慧就是一种非线性现象。人工神经元处于激活或抑制两种不同的状态,这种行为在数学上表现为一种非线性关系。具有阈值的神经元构成的网络具有更好的性能,可以提高容错性和存储容量。

(2) 非局限性。

一个神经网络通常由多个神经元广泛连接而成。一个系统的整体行为不仅取决于单个神经元的特征,而且可能主要由单元之间的相互作用、相互连接所决定。通过单元之间的大量连接模拟大脑的非局限性。联想记忆是非局限性的典型例子。

(3) 非常定性。

人工神经网络具有自适应、自组织、自学习能力。神经网络处理的信息不但可以有各种变化,而且在处理信息的同时,非线性动力系统本身也在不断变化,经常采用迭代过程描写动力系统的演化过程。

(4) 非凸性。

一个系统的演化方向,在一定条件下将取决于某个特定的状态函数。例如,能量函数,它的极值相应于系统比较稳定的状态。非凸性是指这种函数有多个极值,故系统具有多个较稳定的平衡态,这将导致系统演化的多样性。

关于人工神经网络的更多内容在后续章节有详细讨论。

1.5.6 自动定理证明

自动定理证明(Automatic Theorem Proving,ATP)就是让计算机模拟人类证明定理的方法,自动实现像人类证明定理那样的非数值符号演算过程。实际上,除了数学定理之外,还有很多非数学领域的任务,如医疗诊断、信息检索、难题求解等,都可以转化成定理证明的问题。自动定理证明是人工智能中最先进行并取得成功应用的一个研究领域,对人工智能的发展起到了重要的推动作用。

自动定理证明的主要方法有自然演绎法、判定法、定理证明器、计算机辅助证明等。

自然演绎法的基本思想是依据推理规则,从前提和公理中可以推出许多定理,如果待证的定理恰在其中,则定理得证。自然演绎法的突出代表是纽厄尔等人研制的逻辑理论机 LT 和格伦特尔证明平面几何定理的程序。

判定法即对一类问题找出统一的计算机上可实现的算法解,在这方面的著名成果如我国数学家吴文俊教授于 1977 年提出的初等几何定理证明方法。

定理证明器是一种研究一切可判定问题的证明方法。典型代表是 1965 年鲁滨逊提出的归结原理(Resolution Principle)。

计算机辅助证明是以计算机为辅助工具,利用机器的高速度和大容量,帮助人完成手工证明中难以完成的大量计算、推理和穷举等。典型代表是 1976 年 7 月,美国的阿佩尔(K. Appel)等人合作,解决了长达 124 年之久未能证明的四色定理。这次证明使用了 3 台大型计算机,花费了 1200h 的 CPU 时间,并对中间结果反复进行了 500 多处的人为修改。

关于自动定理证明的理论及方法,后续章节将有详细讨论。

1.5.7　博弈

诸如下棋、打牌、战争等竞争性的智能活动称为博弈(Game Playing)。博弈是人类社会和自然界中普遍存在的一种现象,博弈的双方可以是个人或群体,也可以是生物群或智能机器,各方都力图用自己的智力击败对方。

人们对博弈的研究一直抱有很大的兴趣,早在 1956 年现代人工智能刚刚兴起时,塞缪尔就研制出了跳棋程序(Checkers),它曾获得美国的州级冠军;1967 年格林布莱特(R. Grenblatt)等人设计的国际象棋程序(Chess)赢得了美国一个州的 D 级业余比赛的银杯,现在已经是美国象棋协会的名誉会员;1993 年 8 月,IBM 公司研制的 Deep Thought 2(深思)计算机击败了历史上最年轻的也是最强大的女性棋手小波尔加(Judit Polgar);1997 年 IBM 的计算机"深蓝"打败了国际象棋冠军卡斯帕罗夫;2011 年,IBM 的又一个杰出的计算机系统"沃森(Watson)"参加美国的一档智力竞赛节目《危险边缘》,战胜了该节目历史上两位最成功的选手。

人工智能研究博弈的目的并不只是为了游戏,而是为人工智能提供一个很好的试验平台,通过对博弈的研究来检验某些人工智能技术是否能达到对人类智能的模拟,人工智能中的许多概念和方法都是从博弈程序中提炼出来的,博弈的许多研究已经成功应用于军事指挥和经济决策系统之中。

1.5.8　机器人学

机器人(Robotics)是一种可编程的多功能操作装置,能模拟人类的某些智能行为。机器人学是在电子学、人工智能、控制论、系统工程、信息传感、仿生学及心理学等多种学科或技术的基础上形成的一种综合性技术学科,人工智能的所有技术几乎都可在该领域得到应用,因此它可以被当作人工智能理论、方法、技术的试验场地。反过来,对机器人学的研究又大大推动了人工智能研究的发展。

从 20 世纪 60 年代初世界上第一台工业机器人诞生以来,机器人的研究得到了快速发展,经历了遥控机器人、程序机器人、自适应机器人和智能机器人 4 个发展阶段。

遥控机器人和程序机器人是两种最简单的机器人,它们只能靠遥控装置或事先装入到机器人存储器中的程序来控制其活动,一般用来从事简单或重复性工作。

自适应机器人配备有相应的感觉传感器(如视觉、听觉、触觉传感器等),能取得作业环境、操作对象等简单的信息,并由机器人体内的计算机进行分析、处理,控制机器人的动作。

这类机器人主要从事焊接、装配、搬运等工作，它们虽然有一些初级智能，但还没有达到完全"自治"的程度，有时也被称为人-眼协调型机器人。

智能机器人具有类似于人的智能，具有感知能力、思维能力和作用于环境的行为能力。目前已经研制出肢体和行为功能灵活，能根据思维机构的命令完成许多复杂操作、能回答各种复杂问题的机器人，但这些智能机器人也还是只具备了部分智能，真正的智能机器人还在研究之中。

1.5.9　模式识别

模式识别(Pattern Recognition)是使计算机能够对给定的事物进行鉴别，并把它归于与其相同或相似的模式中。模式识别作为人工智能的一个重要研究领域，其目标在于实现人类识别能力在计算机上的模拟，使计算机具有视、听、触等感知外部世界的能力。目前，模式识别已在字符识别、医疗诊断、遥感、指纹识别、脸形识别、环境监测、产品质量监测、语音识别、军事等领域得到了广泛应用。

根据采用的理论不同，模式识别技术可分为模板匹配法、统计模式法、模糊模式法、神经网络法等。模板匹配法首先对每个类别建立一个或多个模板，然后对输入样本和数据库中的每个类别的模板进行比较，最后根据相似性大小进行决策；统计模式法是根据待识别事物的有关统计特征构造出一些彼此存在一定差别的样本，并把这些样本作为待识别事物的标准模式，然后利用这些标准模式及相应的决策函数对待识别的事物进行分类，统计模式法适用于不易给出典型模板的待识别事物，如手写体数字的识别；模糊模式法以模糊理论中的隶属度为基础，运用模糊数学中的"关系"概念和运算进行分类；神经网络法将人工神经网络与模式识别相结合，即以人工神经元为基础，对脑部工作的生理机制进行模拟，实现模式识别。

按照模式识别实现的方法来分，模式识别还可以分为有监督的分类和无监督的分类。有监督分类又叫做有人管理分类，主要利用判别函数进行分类判别，需要有足够的先验知识；无监督的分类又叫无人管理分类，用于没有先验知识的情况，主要采用聚类分析的方法。

1.5.10　自动程序设计

自动程序设计(Automatic Programming Design)的任务是设计一个程序系统，它以所设计的程序要实现的目标的高级描述作为输入，以自动生成的一个能完成这个目标的具体程序为输出，即让计算机设计程序。这相当于给机器配置了一个"超级编译系统"，它能够对高级描述进行处理，通过规划过程，生成所需的程序。但这个过程只是自动程序设计的主要内容，被称为程序的自动综合。自动程序设计还包括程序自动验证，即自动证明所设计程序的正确性。

程序正确性的验证是要研究出一套理论和方法，通过运用这套理论和方法能证明出程序的正确性。目前常用的验证方法是用一组已知其结果的数据对程序进行测试，如果程序的运行结果与已知结果一致，就认为程序是正确的。这种方法对简单程序来说未尝不可，但对复杂系统来说就会有些困难，因为复杂程序中存在更为复杂的关系，会形成难以计数的通路，即使采用很多测试数据，也很难保证实现对每个通路的测试，因而无法保证程序的正确性。程序正确性的验证至今仍然是一个比较困难的课题，有待进一步研究。

自动程序设计研究的重大贡献之一是把程序调试的概念作为问题求解的策略来使用。

实践发现,对程序设计或机器人控制问题,先产生一个代价不太高的有错误的解,然后再进行修改的做法,要比坚持要求第一次得到没有缺陷的解的做法,效率要高得多。

1.5.11　智能控制

智能控制(Intelligent Control)是指那种无须或少需人的干预,就能独立地驱动智能机器,实现其目标的自动控制,是一种把人工智能技术与经典控制理论及现代控制理论相结合,研制智能控制系统的方法和技术。

智能控制系统是能够实现某种控制任务的智能系统,由传感器、感知信息处理模块、认知模块、规划和控制模块、执行器和通信接口模块等主要部件所组成,一般应具有学习能力、自适应功能和自组织功能,还应具有相当的在线实时响应能力和友好的人机界面,以保证人-机互助和人-机协同工作。

智能控制技术主要用来解决那些用传统的方法难以解决的复杂系统的控制问题,其主要应用领域如智能机器人系统、计算机集成制造系统、复杂的工业过程控制系统、航空航天控制系统、社会经济管理系统、交通运输系统、通信网络系统和环保与能源系统等。

目前国内外智能控制研究的方向及主要内容有以下几个。

(1) 智能控制的基础理论和方法。

(2) 智能控制系统结构。

(3) 基于知识系统的专家控制。

(4) 基于模糊系统的智能控制。

(5) 基于学习及适应性的智能控制。

(6) 基于神经网络的智能控制。

(7) 基于信息论和进化论的学习控制器。

(8) 基于感知信息的智能控制。

(9) 其他,如计算机智能集成制造系统、智能计算系统、智能并行控制、智能容错控制和智能机器人等。

1.5.12　智能决策支持系统

智能决策支持系统(Intelligent Decision Support System,IDSS)最早由美国学者波恩切克(Bonczek)等人于 20 世纪 80 年代提出,指在传统决策支持系统(Decision Support System,DSS)中增加了相应的智能部件的决策支持系统,是决策支持系统与人工智能,特别是专家系统相结合的产物,它综合运用了决策支持系统在定量模型求解与分析方面的优势,以及人工智能在定性分析与不确定性推理方面的特长,利用人类在问题求解中的知识,通过人机对话的方式,为解决半结构化和非结构化问题提供了决策支持。

智能决策支持系统由数据库系统、模型库系统、方法库系统、人机接口系统及知识库系统五部分组成。数据库系统由数据库及其管理系统组成,是任何智能决策支持系统不可缺少的基本部件;模型库系统是整个系统的支柱性部件,为决策者提供推理、分析、比较选择问题的模型库;方法库系统是一个软件系统,用于向系统提供通用的决策方法、优化方法及软件工具等,并实现对方法的管理;知识库系统也叫智能部件,用于模拟人类决策过程中的某些智能行为;人机接口系统可为决策者提供方便、优化的交互环境等。智能决策支持系统具有以下特点。

　① 基于成熟的技术，容易构造出实用系统。

　② 充分利用了各层次的信息资源。

　③ 基于规则的表达方式，使用户易于掌握使用。

　④ 具有很强的模块化特性，并且模块重用性好，系统的开发成本低。

　⑤ 系统的各部分组合灵活，可实现强大功能，并且易于维护。

　⑥ 系统可迅速采用先进的支撑技术，如人工智能技术等。

1.5.13　智能电网

智能电网(Smart Grid)是以物理电网为基础(其中，中国的智能电网是以特高压电网为骨干电网，各电压等级电网协调发展的坚强电网为基础)，将现代先进的传感测量技术、通信技术、信息技术、计算机技术和控制技术与物理电网高度集成形成的新型电网。它是以充分满足用户对电力的需求和优化资源配置、确保电力供应安全、可靠、经济、环保、优质、适应发展为目标的现代电网。

从智能电网的基本技术组成来说，它包括先进的传感与量测技术、电力电子技术、数字仿真技术、可视化技术、可再生能源与新能源发电技术、储能技术、电动汽车和智能建筑等。在智能电网概念中，这些技术的应用将渗透到电力系统发、输、配、变、用的每个环节中。以下列出了智能电网建设中部分常用的人工智能相关技术。

(1) 人工神经网络，用于继电保护、自适应保护、故障诊断、安全评估、负荷预报、设备工作状况监测、电力系统暂态稳定评估、谐波源位置识别等方面。

(2) 专家系统，用于继电保护、电力系统运行规划、电力系统恢复、培训、保护系统设计、系统管理、故障诊断与警报、配电自动化、电力系统稳定控制等方面。

(3) 模糊理论，用于负荷管理、变电站选址规划、故障检测、潮流与状态估计、配电系统负荷水平估计、配电系统能量损耗估计、变压器保护等方面。

(4) 计算智能，用于电力系统经济调度、发电规划、电动机转子时间常数识别、输电系统扩展规划、参数优化配置、求解无功与电压控制问题等方面。

(5) 分布式人工智能，主要集中在多代理系统方面，如用于电力市场模拟、智能保护、最优潮流问题、输电系统规划、短期负荷预报等方面。

(6) 机器学习，用于负荷预测、安全评估、安全稳定控制、自动发电控制、电压无功控制及电力市场等方面。

人工智能作为一门交叉性的、研究活跃的技术在智能电网的发展中正在起着重要的推动作用，这里仅仅列出了部分常用技术，还有一些其他的技术及其应用实例将在后续章节中详细探讨。

本章小结

本章简要讨论了智能及人工智能的基本概念。智能是知识与智力的综合，具有感知能力、记忆与思维能力、学习能力与自适应能力和行为能力。

1956 年的达特蒙斯会议标志着现代人工智能的兴起，人工智能是指用人工的方法在机器上实现的智能,是一门研究如何构造智能机器或智能系统,使之能够模拟人类智能活动的能力,以延伸人们智能的学科。

人工智能的研究经历了孕育、形成和发展几个阶段,目前仍处在不断发展之中。

人工智能的远期目标是构造智能计算机或智能系统,使计算机像人一样具有自动发现规律和利用规律的能力。近期目标是实现智能机器,即先部分地或某种程度地实现机器的智能,使现有的计算机更聪明、更有用。

人工智能的研究途径主要有符号主义、连接主义和行为主义。

人工智能的研究领域比较广泛,核心课题有知识的模型化和表示方法、启发式搜索理论、各种推理方法和人工智能系统结构和语言。此外,还包括专家系统、自然语言理解、机器学习、分布式人工智能、人工神经网络、自动定理证明、博弈、机器人学、模式识别、自动程序设计、智能控制、智能决策支持系统和智能电网等课题。

习　题

1-1　什么是智能? 它有哪些主要特征?

1-2　什么是人工智能? 人工智能的发展过程中经历了哪些阶段?

1-3　如何理解中文房间问题?

1-4　人工智能的研究目标是什么? 它的主要研究领域有哪些?

1-5　人工智能的主要研究学术流派、研究途径有哪些?

1-6　举例说明现实生活中有哪些人工智能应用的例子。

第2章 知识表示

智能活动主要是获得知识并运用知识的过程，而知识必须有恰当的表示形式才能在智能系统的硬件载体中存储、检索、使用和修改。知识表示就是在计算机中用合适的形式对问题求解过程中用到的各种知识进行组织，它是构建智能系统的基础。因此，在人工智能的研究课题中，知识表示、或者说知识的机器表示一直都是比较重要的一部分，它们对人工智能学科的发展起到了重要的推动作用。现有的知识表示方法主要有以下几种。

① 状态空间表示法。

② 与/或图表示法。

③ 一阶谓词逻辑表示法。

④ 产生式表示法。

⑤ 语义网络表示法。

⑥ 框架表示法。

⑦ 脚本表示法。

⑧ 过程表示法。

⑨ Petri 网表示法。

⑩ 面向对象表示法。

⑪ 神经网络表示法。

⑫ 概念图表示法。

本章将对人工智能的典型知识表示技术，以及基于特定知识表示技术的推理方法进行讨论。

2.1 概　　述

符号主义学派认为，知识是所有智能行为的基础，要构建智能机器或智能系统，首先必须使其具备知识。但是，人类使用自然语言描述的知识是无法被计算机直接识别和处理的，因此必须采用一定的方法和技术将人类的知识表示出来，使其更容易被计算机接受。

根据知识中是否包含不确定性因素，知识可以分为确定性的知识和不确定性的知识，本章只研究确定性知识的表示技术，不确定性知识的表示及推理问题在后续章节中有单独讨论。

在介绍具体的知识表示技术之前，本节先给出一些关于知识表示的概念，如什么是知识、知识有些什么性质、什么是知识表示、什么是知识表示观等。

2.1.1 知识概述

人类赖以生存的物质世界中包含大量的信息(Information)，为了记载和传递这些信息，必须用一定的形式将其表示出来，尤其是在用计算机存储和处理这些信息时，更需要一组特定的符号。像这样为了描述客观世界中的具体事物而引入的一些数字、字符、文字等符号或这些符号的组合，称为数据(Data)。

信息与数据是两个密切相关的概念，信息是对客观事物的简单描述，是数据在特定场合的具体含义，而数据是信息的载体和表示。例如，用文字串"李茉莉"表示人名，用文字"女"表示人的性别，用数字"23"描述人的年龄，"李茉莉""女""23"这些都是数据；"女孩李茉莉23岁"则是一条信息，是不同数据组成的一种有意义的结构。

信息在人类的生活中占据着十分重要的地位，但只有对信息进行一定的智能加工(如整理、解释、挑选和改造等)，并形成对客观世界的规律性认识后才可以称为知识(Knowledge)。一般来说，知识可以通过对信息的关联得到，而信息的关联方式很多，其中最常用的一种是：

如果……则……

这种关联方式反映了信息之间的因果关系。例如，如果头疼并且流鼻涕，那么可能感冒了。

然而到目前为止，在人工智能的相关研究中，关于知识还没有形成一个统一的、严格的形式化定义。为了对知识有一个更全面的解释，这里列出一些有代表性的定义。

(1) 费根鲍姆：知识是经过削减、塑造、解释、选择和转换的信息。

(2) 伯恩斯坦(Bernstein)：知识是由特定领域的描述、关系和过程组成的。

(3) 海斯·罗思(Frederick Hayes-roth)：知识是事实、信念和启发式规则。

2.1.2 知识的性质

对于知识的定义，尽管目前还没有一个公认的结论，但有关知识的性质，众多的学者还是达成了一定的共识。知识主要具有以下性质。

1. 相对正确性

知识作为对客观世界认识的表达，具有相对正确性。因为任何知识都是在一定的条件和环境下产生的，因而也就只有在这种条件和环境下才是正确的。例如，现在很多人减肥，认为苗条很美，但在中国的唐朝时期是以胖为美的，崇尚的女性体态美是额宽、脸圆、体胖。再如，1+1=2，也只是在十进制的前提下适用，如果是二进制，那么就不正确了。

2. 不确定性

知识是相关信息关联在一起形成的信息结构，"信息"与"关联"是构成知识的要素。由于客观世界是复杂多变的，"信息"可能是精确的，也可能是不精确的，"关联"可能是确定的，也可能是不确定的。因此，所构成的不可能是"非真即假"的刚性知识，而应该是存在很多不确定性的柔性知识。知识不确定性的来源主要有以下几个方面。

1) 随机性

在同样条件下做同一个试验，得到的结果可能相同，也可能不相同，而且在试验之前无法预言会出现哪一个结果。例如，抛掷硬币，结果可能是正面向上，也可能是反面向上，具有偶然性；又如掷一枚骰子，结果可能是一点、二点、三点……六点，掷之前无法预知结果，这样的现象叫随机现象。在随机现象中，试验结果呈现的不确定性称为随机性。随机性不能简单地用真或假来刻画，而是用区间[0,1]上的一个数字来量化，具有随机性的事件是不确定的。

2) 模糊性

世界上有许多事物都具有模糊非定量的特点,如年轻人、老年人、胖子、瘦子、高个子、矮个子、温度偏高、温度偏低等,这些都是没有量化的模糊概念,是由于事物类属划分得不明引起的不确定性。

除了如父子关系、兄弟关系、大于关系、小于关系这种明确的经典关系之外,还有另外一类关系,其论域中的元素很难用完全肯定的属于或完全否定的不属于来回答,如大得多、长得像等,它们是普通关系的拓宽,被称为模糊关系。模糊关系使得我们不能准确地确定事物间的关系究竟是"真"还是"假"。

由模糊概念、模糊关系形成的知识显然是不确定的。

3) 不完全性

由于现实世界的复杂性,人们对其形成的认识是有一个过程的,只有在积累了大量的感性认识后才能升华到理性认识的高度,才能形成知识。因此,知识有一个逐步完善的过程,而形成过程中的知识是不完全的,关于事物的信息是不全面、不完整、不充分的。不完全性是导致知识不确定性的一个重要原因。

4) 经验性

在专家系统中,知识库中的知识一般是由领域专家提供的,它们基于专家长时间的实践及研究,是经验性的知识。例如,医疗专家系统中的一条知识,"如果头疼发烧流鼻涕,那么有可能患了感冒"。由于专家经验本身就蕴含着不精确性与模糊性,而且很难精确地表述,因此,经验性也是不确定性的一个重要来源。

3. 可表示性

可表示性是指知识可以用语言、文字、图形、神经网络等适当的形式表示、存储和传播。

4. 可利用性

可利用性是指可以利用知识解决现实世界中的问题。

5. 矛盾性

矛盾性是指不同的知识集合中的知识有时是不一致的,从不同的知识集合或不同的知识背景出发,会推导出不同的结论。

6. 相容性

相容性是指同一知识集合中的知识应该是相容的,不可能推导出不相同的、甚至是矛盾的知识。

2.1.3 知识的分类

可以从不同的角度对知识进行分类,从而得到知识的不同类型。

1. 按知识的作用范围分类

知识可以分为常识性知识和领域性知识。

(1) 常识性知识是通用的、人们普遍了解的、适用于所有领域的知识。

(2) 领域性知识则是面向某个特定领域的、专业性的知识,只有该领域的专业人员才能掌握和运用,如专家系统就是基于领域性知识进行工作的。

2. 按知识的作用效果分类

知识可以分为事实性知识、过程性知识和控制性知识。

（1）事实性知识（也称陈述性知识）用于描述事物的概念、属性、状态、环境等，如北京是中国的首都、天鹅会飞等。事实性知识反映了事物的静态特性，一般采用静态表达的形式，如用谓词逻辑表示法表示。

（2）过程性知识一般是通过对领域内各种问题的比较与分析得出的规律性知识，由领域内的规则、定律、定理及经验构成，主要描述问题求解过程需要的操作、演算或行为。这种知识说明了问题求解过程中是如何使用与问题有关的事实性知识的，如计算机维修方法、某种菜肴的烹饪方法等。其表示方法主要有产生式规则、语义网络等。

（3）控制性知识（也称为深层知识、元知识、超知识）是关于如何运用知识进行问题求解的知识，是关于知识的知识，如问题求解时用到的推理策略（正向推理、反向推理和双向推理）、状态空间搜索时用到的搜索策略（广度优先、深度优先和启发式搜索）等。

3. 按知识的形式分类

知识可以分为显式知识和隐式知识。

（1）显式知识是人能直接接收处理、能以某种方式在载体上直接表示出来的知识，如图像、声音等。

（2）隐式知识则无法用语言直接表达，只能意会不能言传，如开车、游泳等。

4. 按知识的内容分类

知识可以分为原理性知识和方法性知识。

（1）原理性知识描述对客观事实原理的认识，包括现象、本质、属性等。

（2）方法性知识是利用客观规律解决问题的方法和策略，包括操作、规则等。

5. 按知识的层次分类

知识可以分为表层知识和深层知识。

（1）表层知识描述客观事物的现象，以及现象与结论间的关系，如经验性知识、感性知识等，其形式简单、容易表达和理解，但无法反映事物的本质。

（2）深层知识能刻画事物的本质、因果关系内涵、基本原理等，如理论知识、理性知识等。

6. 按知识的确定性分类

知识可以分为确定性知识和不确定性知识。

（1）确定性知识是非真即假的知识，是精确的知识。

（2）不确定性知识具有明显的不确定性，不能简单地用真假衡量，是不精确、不完全、模糊知识的总称。其中，不精确性是指不能完全被确定为真或者不能完全被确定为假；不完全性是指在解决问题时不具备解决该问题所需要的全部知识；模糊性是指概念的类属划分不明确。

7. 按知识的结构及表现形式分类

知识可以分为逻辑性知识和形象性知识。

（1）逻辑性知识反映人类逻辑思维的过程，一般具有因果关系及难以精确描述的特点，如专家经验，表示方法有一阶谓词逻辑表示法、产生式表示法等。

（2）形象性知识通过事物的形象建立，对应人的形象思维，如看到恐龙模型后头脑中建立的"恐龙"的概念，表示方法如神经网络表示法。

8. 按知识的等级分类

知识可以分为零级知识、一级知识、二级知识等。

(1) 零级知识是指问题领域内的事实、定理、方法、试验对象和操作等常识性知识及原理性知识。

(2) 一级知识是指具有经验性、启发性的知识,如经验性规则、建议等。

(3) 二级知识是指如何运用上述两级知识的知识。在实际应用中,通常把零级和一级知识统称为领域知识,把二级及以上的知识统称为超知识(也称元知识)。

除以上列出的类型外,知识还有行为性、实例性、类比性等类型。

其中,行为性知识不直接给出事实本身,只给出它在某方面的行为,经常表示为某种数学模型,从某种意义上讲,行为性知识描述的是事物的内涵,而不是外延,如微分方程。实例性知识只给出事物的一些实例,知识隐藏在实例中,感兴趣的不是实例本身,而是隐藏在大量实例中的规律性知识,如举例说明、教学活动中的例题等。类比性知识既不给出事物的外延,也不给出事物的内涵,只给出它与其他事物的某些相似之处,类比性知识一般不能完整地刻画事物,但可以启发人们在不同的领域中做到知识的相似性共享,如比喻、谜语等。

2.1.4　知识表示

知识表示(Knowledge Representation)是对知识的一种描述或约定,这种描述或约定应该是某种适宜机器接收、管理和运用的数据结构。对知识进行表示的过程就是把知识编码成某种数据结构的过程。

知识表示方法(也称为知识表示技术)的表现形式就是知识表示模式。现有的知识表示技术大多是为了进行某种具体的研究提出的,概括起来,这些表示方法可以分为两大类,即符号表示法和连接机制表示法。符号表示法基于各种具有不同含义的符号,通过对这些符号的组合来表示知识,主要用于表示逻辑性的知识;连接表示法主要是指用神经网络表示知识,它把各种物理对象以不同方式及次序连接起来,并在其间互相传递及加工各种包含具体意义的信息,通过这种方式表示知识。

知识表示是构建智能机器或智能系统的重要前提,知识表示时采用的具体技术和方法直接关系到智能机器或智能系统的性能。对同一种知识,一般可以用多种方法表示,但由于各种知识表示技术特点不同,所以可能会产生不同的效果。在构建智能机器或智能系统时,究竟采用哪一种知识表示技术,目前还没有一个统一的标准,但应该考虑以下几个方面。

(1) 领域知识表示的充分性。知识表示技术的选择要受领域知识自然结构的制约,要根据领域知识的特点选择恰当的知识表示技术,实现充分表示。

(2) 表示范围的广泛性。除了正确、有效地表示知识,还要求知识表示技术所能表示的知识范围广泛,如数理逻辑表示的知识范围比单纯的数字表示知识的范围要广泛。

(3) 对不精确知识表示的支持程度。客观世界具有先天的不精确性,因此能否表示不精确的知识也是应该注意的重要方面。很多高水平的专家系统都能表示不精确的知识,如MYCIN 用确定性因子描述不确定性、PROSPECTOR 用充分性因子和必要性因子描述专家经验的不确定性。

(4) 求解算法的高效性。考虑到智能系统的实用性要求,基于知识表示技术的问题求解必须有高效的算法,知识表示才有意义。

（5）对推理的适应性。人工智能通常只能处理适合推理的知识，因此所选用的知识表示必须适合推理。

（6）可组织性、可维护性和可管理性。知识的不同表示方法对应于不同的组织方式，选择知识表示方法时要考虑对知识的组织方式。而且，智能系统建立之后，如增加、删除、修改等对知识的维护和管理都是不可避免的，因此确定知识表示模式时，还要充分考虑维护和管理的方便性。

（7）可实现性。知识的可实现性是指知识要便于在计算机上实现，便于计算机对其处理，否则这种知识表示技术就没有实用价值。一般说来，用文字表示的知识不便于在计算机上处理。

（8）可理解性。知识的可理解性是指知识表示模式应该是容易理解的、符合人们思维习惯的。

（9）自然性。一般在表示方法尽量自然和使用效率之间取得一个折中。例如，对于推理来说，PROLOG 比高级语言如 C++ 自然，但显然牺牲了效率。

（10）过程性表示还是说明性表示。一般认为，说明性的知识表示涉及细节少、抽象程度高，因此可靠性好、修改方便，但执行效率低。过程性知识表示则恰好相反，涉及细节多、抽象程度低，因此可靠性差、修改困难，但执行效率高。

（11）是否适合于加入启发性信息。在已知的前提下，如何最快地推得所需的结论，以及如何才能推得最佳的结论，对这一认识通常是不精确的，往往需要再加入一些启发性信息。选择知识表示模式的时候也要考虑这一因素。

事实上，由于目前知识的定义还没有严格统一，而且考虑到与知识表示有关的技术也在发展时期，所以有学者认为：严格来讲，人工智能对知识表示的认真、系统的研究才刚刚开始。

2.1.5　知识表示观

任何科学研究都有其指导思想，知识表示的研究也不例外。知识表示观是对于"什么是表示？"这一基本问题所持的不同理解和采用的方法论，是指导知识表示研究的思想观点。

人工智能知识表示观的争论焦点是常识的处理、表示与推理的关系等问题。主要的知识表示观包括认识论、本体论和知识工程论。

1. 认识论

认识论表示观最早出现于麦卡锡与海耶斯（Patrick J. Hayes）的一篇文章中，认为应将人工智能问题分成两个部分，即认识论部分和启发式部分。表示是对自然世界的描述，其自身不显示任何智能行为，其唯一作用就是携带知识，表示研究与启发式研究无关。

认识论表示观认为对智能行为的刻画是与常识知识的形式化紧密相关的，因此对常识形式化的研究就是人工智能的核心任务。常识推理在某种程度上就是问题求解中的"灵活性"，而灵活性的特点包含不完全性、不一致性、不确定性及进化性，这些最终将与常识推理的可废弃性（Defeasible）相联系。常识可以被用来说明在自然世界中的那些"什么均可以发生，什么也可以不发生"的现象。非单调推理是认识论学派研究的主流，而对"灵活性"的不同考虑与侧重产生了对常识研究的不同理论。

"知识不完全性"也许是认识论学派讨论最多的情况。在这种情况下，推理者的知识是不完全,但却是一致的,关键是在保持知识一致性的前提下得出新的结论。

"知识不一致性"是常识的另一类性质,这是一类更难以直接形式化的常识,最突出的就是"多扩张问题",具体地说,就是对将产生的矛盾结论难以排序。例如,教友派教徒是和平主义者,共和党是好战分子,已知某教授是教友派教徒且是共和党人,问他是和平主义者吗?

"知识不确定性"是一类更为复杂的常识问题,尽管人工智能已采用了如模糊理论、可信度理论、人工神经网络等丰富了对常识的研究,但是它们均不能显现地表现"可废弃性"这个重要特征,这就大大限制了对智能行为"灵活性"的描述。因此,在复杂问题的求解时,集成几种方法是有吸引力的想法。

"常识的进化性"目前在人工智能中还研究甚少,但却是认识论表示观的本质所在。理性与常识属于知识的不同集合,理性的集合是有限的,而常识的集合却是无限的,一旦对某类常识给出理性的总结,则它将不再属于常识的范畴,因此,"常识的理性化"似乎就成为悖论的命题,这样,"常识理论"理解为在认识论意义下"理性"序列的极限可能才是合理的。

在人工智能中,基于认识论思想的表示观有以下几个特点。

(1) 表示是在特定环境下对世界观察的结果,这个特点的意义在于说明表示是自然现象的一种替代形式。对人工智能研究来说,认识论表示观更加强调自然现象与表示之间的因果关系,即,如果一种表示不能刻画某种智能行为,它也就失去了在人工智能范畴内研究的意义。

(2) 认识论表示观认为启发式方法不属于表示的研究内容,认为对自然现象的表示是对这种现象的机制更深刻的刻画,至于怎样有效地得到行为描述与最后的合法结论不是认识世界的问题,而仅仅是怎样做得更好的问题。由于表示是对自然世界的刻画,因此,从事实出发而推出结论的过程是合法的。另外,这种表示观对在计算机中有效地存储的考虑并不是针对某些特定的已有表示方法,而是指由于常识知识的特点在于其存在着例外,因此需要有理论的概括才可有效地在计算机中存储它们。

(3) 基于以上两点考虑,认识论表示观认为对常识知识的形式化是重要的任务,表示的唯一作用就是携带知识,表示可以独立于知识来研究,当这个携带者中的变元被自然世界中的事实所代替时,知识将表现在其行为之中。

2. 本体论

美国斯坦福大学的教授莱纳特(Douglas Lenat)在领导研制大型知识库系统 CYC 时明确提出了本体论的知识表示观。本体论表示观认为表示是对自然世界的一种近似,它规定了看待自然世界的方式,即一个约定的集合。表示只是描述了在这个世界中,观察者当前所关心的那部分,其他部分则被忽略,认为表示研究应与启发式研究联系起来。

本体论表示观的基本考虑是:表示是对自然世界的描述,绝对的逼真是不可能的,自然世界唯一绝对精确的表示是其自身,其他表示都不是绝对逼真,任何表示不可避免地包含着简化或人为的规定。基于这样的考虑,产生了一系列的问题,这些问题的解决就是本体论表示观。

(1) 由于任何一种表示都是对自然世界事物的近似,因此,表示必然需要对世界的某个部分给予特别的注意(聚焦),忽略世界的另外部分(衰减),聚焦什么和衰减什么的聚焦-衰减效果(心理学称这种现象为注意力集中)就是看待外部世界的规定,它导致了本体论约定的集合。

（2）本体论表示观强调对自然世界可以采用不同的方法来记述，但注重的不是其语言形式，而是其内容。这与认识论表示观中"表示的唯一功能是携带知识"的观点针锋相对。但本体论表示观又与知识工程表示观不同，它所注重的"内容"不是某些特定领域的特殊专家知识，而是自然世界中具有普遍意义的一般知识（General Knowledge）。莱纳特的观点认为，在 AI 研究中使用本体论表示观的动机是为了寻找知识工程方法在知识组织上过于无序而造成的过量知识，和物理学及数学使用简洁规则而过于有序所造成的过长推理之间的折中。寻找并建立这样一个具有常识知识性质并可为大多数领域使用的一般性知识库，就是本体论表示观中关于"内容"的含义。

（3）本体论表示观认为，表示只是表述智能行为的部分理论，暗示不考虑推理的纯粹表示是不存在的。这个观点与认识论表示观没有本质区别，但强调表示研究应与启发式搜索联系起来考虑，启发式搜索是表示理论的重要组成部分。

（4）本体论表示观认为，计算效率无疑是表示的核心问题之一，是这种表示观考虑"启发式搜索是表示研究不可分割一部分"的必然结论。本体论表示观强调"启发式"方法对表示的作用，意味着有效的知识组织及与领域有关的启发式知识是其提高计算效率的手段。

（5）本体论表示观认为，使用哪种语言作为表示形式不是最重要的，为了刻画自然世界的丰富性集成多种表示方法是必然的。另外，这类表示观特别指出表示不是数据结构，这是它与知识工程表示观的重要区别之一。

（6）本体论表示观所带来的最大困难在于"本体论约定的相对性"。例如，对于电子线路分析，如果从"电路是相互连接的实体，信号顺着连线瞬时地流动"，则存在着一种本体论，而如果从电动力学来看，则存在另一种本体论。本体论研究者一般认为在智能系统中，往往需要分成不同的层次，每个层次具有其本体论的约定，这对专家系统一类的问题已被证明是有效的。

鉴于常识知识的复杂性，本体论表示观强调在解决自然世界复杂问题的系统中应该采用多种表示方法，明斯基的观点认为，"在解决非常复杂的问题时，我们将不得不同时使用几个完全不同的表示。这是因为每种特别的表示均有其自身的优点与缺点，对涉及称为常识的那些东西，没有一种表示可以说是足够了的"。采用集成的方法来克服理论不足所带来的困难，不仅对"本体论表示观"是必然的，而且对其他两种表示观也是现实的。

3. 知识工程论

知识工程表示观认为，表示是对自然世界描述的计算机模型，它应该满足计算机这一实体的具体限制，因此，表示可以理解为一类数据结构及在其上的一组操作。

这类表示观有别于其他两类表示观，它更强调其工程实现性，而不甚关心对其行为的科学解释，它具有以下两个重要特征。

（1）一般将表示理解为一类数据结构及在其上的操作。

（2）对知识的内容更强调与领域相关的、那些只适合于这个领域的、来自领域专家经验的知识。

综上所述，不同的表示观规定了智能模拟研究的不同侧重，知识工程论强调自然世界在计算机内部某类数据结构的映像形式及对存储的内容所采用的处理方法，因此，研究知识的存储结构与对其有效地使用（推理与搜索）成为这种表示观研究的主要任务，这种表示观侧重"计算机可接受"这个条件。认识论表示观认为表示是一种携带知识的理论，问题求解的有效性不在其考虑之列，它强调对自然现象抽象简洁的刻画。本体论的表示观则认为任何表示均是不完全的知识理论,而对其使用的有效性(计算困难程度)则是先决条件,因此,本体论的表示观强调一种聚焦的功能,启发式成为表示研究的一部分。

这些表示观是从不同角度及不同描述层次解释表示的内涵而产生的不同的结论。但是,本体论表示观就不能因为其强调表示的不完善及可计算而否定它的知识携带作用,它与认识论表示观的区别仅仅在于这种作用是否是唯一的。另外,由于本体论表示观承认表示与启发式研究之间的关系,因此,它与知识工程表示观必然紧密相关。

一般地说,认识论表示观强调知识的某种存在性研究,本体论表示观更多考虑知识的构造性研究,而知识工程表示观则以知识系统的可实现性作为重点。显然,对任何一门学科,存在性、构造性及可实现性均是重要的,简单地否定某种表示观是不合适的,甚至是错误的。

2.2 一阶谓词逻辑表示法

人工智能中涉及的逻辑可以分为两大类,即一阶经典逻辑和除一阶经典逻辑以外的非经典逻辑。其中,一阶经典逻辑包括一阶命题逻辑和一阶谓词逻辑,其命题或谓词是非真即假的,也称为二值逻辑;非经典逻辑主要包括三值逻辑、多值逻辑、模糊逻辑等。

命题逻辑与谓词逻辑是最先应用于人工智能的两种逻辑,在知识表示的研究、定理的自动证明方面发挥了重要作用。本节主要介绍一阶谓词逻辑的知识表示技术。

2.2.1 一阶谓词逻辑表示法的逻辑基础

本小节讨论一阶谓词逻辑用于知识表示的逻辑学基础。

1. 命题

定义 2-1 命题(Proposition)是一个非真即假的陈述句。

命题包含两个要求:首先要求是陈述句;其次要求能判断真假。命题通常用大写英文字母表示,它的值称为真值,只有真假两种情况,命题为真时其真值为真,用 T(True)表示,命题为假时其真值为假,用 F 表示(False)。

例 2-1 判断下面的句子是否是命题。

(1)"五星红旗是中华人民共和国的国旗。"是一个真值为 T 的命题。

(2)"西安是个直辖市。"是一个真值为 F 的命题。

(3)"今天是晴天。"是一个命题,其真值要根据今天的实际情况确定。

(4)"快点儿回家!"是个祈使句,不满足命题的要求,因此不是命题。

(5)"$x+y>z$"无法判断真假,不满足命题的要求,因此不是命题。

英文字母表示的命题可以有特定的含义,称为命题常量,也可以有抽象的含义,称为命题变量,把确定的命题代入命题变量后,命题变量就具有了明确的真值。

定义 2-2 原子命题是简单陈述句表达的命题,也称为简单命题。

用否定、合取、析取、蕴含、双条件等连接词连接原子命题,可以构成复合命题。

命题逻辑表示法表示知识简单、明确,但无法描述事物的结构及逻辑特性,也无法刻画不同事物间的共同特征。例如,命题逻辑中用 P 表示"小张是小王的妻子",无法显现二者的夫妻关系。又如,用 R 表示"仙人掌是植物",用 Q 表示"海棠是植物",无法形式化地表示两者的共性(都是植物)。在命题逻辑基础上发展起来的谓词逻辑则克服了这些不足。

2. 谓词

定义 2-3 设 D 是个体域，$P: D^n \rightarrow \{T, F\}$ 是一个映射，其中
$$D^n = \{(x_1, x_2, \cdots, x_n) \mid x_1, x_2, \cdots, x_n \in D\}$$
则称 P 是一个 n 元谓词（Predicate $n=1, 2, \cdots$），记为 $P(x_1, x_2, \cdots, x_n)$。其中 P 是谓词名，用于刻画个体的性质、状态或关系，$x_1, x_2, \cdots, x_n$ 为个体，表示某个独立存在的事物或某个抽象的概念。

谓词名由使用者定义，一般是具有相应意义的英文单词，或者是大写英文字母。个体一般用小写英文字母表示。

谓词中的个体可以是常量、变元或函数，它们统称为项。常量表示一个或一组指定的个体，如用 Student(wang) 表示"小王是个学生"，wang 为个体常量；变元表示没有指定的一个或一组个体，如用 Like(x, y) 表示"x 喜欢 y"，x 和 y 是个体变元；函数表示一个个体到另一个个体的映射，如 Student(Friend(wang)) 表示"小王的朋友是学生"，Friend(wang) 是个函数，表示"小王的朋友"。

谓词与函数的形式相似，但本质不同。谓词具有非真即假的真值，是个体域到 $\{T, F\}$ 的映射；函数无真值可言，其值是个体域中的个体，实现的是个体域中一个个体到另一个个体的映射。

谓词中包含的个体数目称为谓词的元数，如 $P(x)$ 是一元谓词、$R(x, y)$ 是二元谓词，……。

在谓词 $P(x_1, x_2, \cdots, x_n)$ 中，如果 $x_i (i=1, 2, \cdots, n)$ 都是个体常量、变量或函数，称它为一阶谓词。如果某个 x_i 本身又是一个一阶谓词，则称它为二阶谓词。

3. 量词

量词（Quantifier）用来刻画谓词与个体之间的关系，是用量词符号和被其量化的变元所组成的表达式。一阶谓词逻辑中有两个量词符号，即全称量词（Universal Quantifier）符号"∀"和存在量词（Existential Quantifier）符号"∃"。

（1）全称量词符号"∀"指"所有的、任一个"。"∀x"是一个全称量词，表示"对个体域中所有的（或任一个）个体 x"，读做"对于所有的 x"。$(\forall x)P(x)$ 为真，当且仅当对论域中所有的 x，都有 $P(x)$ 为真；$(\forall x)P(x)$ 为假，当且仅当论域中至少存在一个 x_0，使得 $P(x_0)$ 为假。

（2）存在量词符号"∃"指"至少有一个、存在有"。"∃x"是一个存在量词，表示"在论域中存在个体 x"，读做"存在 x"。$(\exists x)P(x)$ 为真，当且仅当论域中至少存在一个 x_0，使得 $P(x_0)$ 为真；$(\exists x)P(x)$ 为假，当且仅当对论域中所有的 x，都有 $P(x)$ 为假。

量词后面的单个谓词或者用括号括起来的谓词公式称为量词的辖域，辖域内与量词中同名的变元称为约束变元，不受约束的变元称为自由变元。例如：
$$(\forall x)(P(x) \rightarrow Q(x, y)) \vee R(x, y)$$
式中，$(P(x) \rightarrow Q(x, y))$ 是全称量词 $(\forall x)$ 的辖域，辖域内的变元 x 是受 $(\forall x)$ 约束的变元，即约束变元，$R(x, y)$ 中的 x 是自由变元，公式中所有的 y 都是自由变元。

在类似上面的式子中（这种式子称为谓词公式，后面有详细说明），变元的名字无关紧要，可以进行改名操作，但必须注意，当对辖域内的约束变元改名时，必须把同名的约束变元都统一换成另外一个相同的名字；当对辖域内的自由变元改名时，不能改成与约束变元相同的名字。例如，$(\exists x)P(x, y)$ 可以改名为 $(\exists x)P(z, v)$，约束变元 x 改为 z，自由变元 y 改为 v。

4. 谓词公式

定义 2-4 项满足以下规则：

(1) 单独一个个体是项。

(2) 若 $t_1, t_2, \cdots, t_n$ 是项，f 是 n 元函数，则 $f(t_1, t_2, \cdots, t_n)$ 是项。

(3) 由(1)、(2)生成的表达式是项。

定义 2-5 若 $t_1, t_2, \cdots, t_n$ 是项，P 是谓词符号，则称 $P(t_1, t_2, \cdots, t_n)$ 是原子谓词公式。

定义 2-6 可按以下规则得到谓词公式：

(1) 原子谓词公式是谓词公式。

(2) 若 A 是谓词公式，则 $\neg A$ 也是谓词公式。

(3) 若 A、B 是谓词公式，则 $A \wedge B$、$A \vee B$、$A \rightarrow B$、$A \leftrightarrow B$ 也是谓词公式。

(4) 若 A 是谓词公式，则 $(\forall x)A$，$(\exists x)A$ 也是谓词公式。

(5) 有限步应用(1)~(4)生成的公式也是谓词公式。

在谓词公式中，连接词的优先级从高到低是 $\neg$、$\wedge$、$\vee$、$\rightarrow$、$\leftrightarrow$。

2.2.2 一阶谓词逻辑表示知识的步骤

用一阶谓词逻辑中的谓词公式表示知识的一般步骤如下。

(1) 定义谓词及个体，并指出它们的确切含义。

(2) 根据要表达的事物和概念，为每个谓词中的变元赋予特定的值。

(3) 根据语义，用恰当的连接符将谓词连接起来，形成一个谓词公式，从而完整地表达知识。

例 2-2 用一阶谓词逻辑表示知识：所有的消防车都是红色的。

【解】 首先定义谓词和个体：Fireengine(x) 表示 x 是消防车

$\qquad\qquad\qquad$ Color(x, y) 表示 x 的颜色是 y

$\qquad\qquad\qquad$ red 表示红色

该知识用一阶谓词逻辑表示为

$$(\forall x)(\text{Fireengine}(x) \rightarrow \text{Color}(x, \text{red}))$$

可读做：对于所有 x，如果 x 是消防车，那么 x 的颜色是红色。

例 2-3 用一阶谓词逻辑表示知识：所有的自然数不是奇数就是偶数。

【解】 首先定义谓词：$N(x)$ 表示 x 是自然数

$\qquad\qquad\qquad$ $O(x)$ 表示 x 是奇数

$\qquad\qquad\qquad$ $E(x)$ 表示 x 是偶数

该知识用一阶谓词逻辑表示为

$$(\forall x)(N(x)) \rightarrow (O(x) \vee E(x))$$

可读做：对于所有 x，如果 x 是自然数，那么 x 是奇数或偶数。

例 2-4 用一阶谓词逻辑表示知识：305 房间有个物体。

【解】 首先定义谓词和个体：In(x, y) 表示 x 在 y 里面

$\qquad\qquad\qquad$ Room(x) 表示 x 是房间

$\qquad\qquad\qquad$ r305 表示房间的名称，即 305

该知识用一阶谓词逻辑表示为

$$(\exists x)\text{In}(x, \text{Room}(\text{r305}))$$

可读做：存在一个 x，x 在房间 r305 中。

例 2-5 用一阶谓词逻辑表示知识：

(1) 每个车间都有一个负责人。

(2) 有一个人是所有车间的负责人。

【解】 首先定义谓词：Workshop(x)表示 x 是个车间

$$\text{Head}(x,y)\text{表示 } x \text{ 是 } y \text{ 的负责人}$$

以上知识用一阶谓词逻辑表示为

$$(\forall x)(\exists y)(\text{Workshop}(x)\rightarrow\text{Head}(y,x))$$

$$(\exists y)(\forall x)(\text{Workshop}(x)\rightarrow\text{Head}(y,x))$$

可分别读做：对于所有 x 存在一个 y，如果 x 是个车间，那么 y 是 x 的负责人。

存在一个 y 对于所有 x，如果 x 是个车间，那么 y 是 x 的负责人。

例 2-6 用一阶谓词逻辑表示机器人推箱子问题。假设房间的 c 处有一个机器人，a 处和 b 处各有一张桌子，分别是 a 桌和 b 桌，a 桌上有一个箱子。机器人从 c 处出发把盒子从 a 桌拿到 b 桌上，然后回到 c 处。问题的初态和目态如图 2-1 所示。

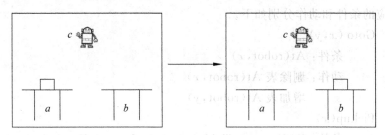

图 2-1 机器人推箱子问题

【解】 首先定义谓词和个体。

box 表示箱子

robot 表示机器人

a、b、c 表示位置，a、b 也可以表示桌子。

On(x,y)表示 x 在 y 桌上，x 的个体域是{box}，y 的个体域是{a,b}

Table(x)表示 x 是桌子，x 的个体域是{a,b}

At(x,y)表示 x 在 y 附近，x 的个体域是{robot}，y 的个体域是{a,b,c}

Empty(x)表示 x 双手空空，x 的个体域是{robot}

Holds(x,y)表示 x 拿着 y，x 的个体域是{robot}，y 的个体域是{box}

问题的初始状态是

$$\text{At(robot},c)$$

$$\text{Empty(robot)}$$

$$\text{On(box},a)$$

$$\text{Table}(a)$$

$$\text{Table}(b)$$

问题的目标状态是

$$At(robot, c)$$
$$Empty(robot)$$
$$On(box, b)$$
$$Table(a)$$
$$Table(b)$$

机器人的行动目标是将问题从初态转化为目标状态,为了实现状态的转化,机器人必须完成一系列操作。每个操作可以分为条件和动作两部分。其中,条件是完成这个操作需要的先决条件,只有先决条件满足了才能执行这个操作,先决条件可以用谓词公式表示,其成立与否可以用后续章节将要介绍的归结法来判断;动作说明了操作对问题状态的改变情况,可以用操作执行前后的状态变化表示,即指出操作后应从操作前的状态中删去和增加什么样的谓词公式。

机器人为实现行动目标,需要的操作主要有以下几个。

$Goto(x, y)$:从 x 处走到 y 处
$Pickup(x)$:在 x 处拿起盒子
$Setdown(x)$:在 x 处放下盒子

它们对应的条件和动作分别如下。

$Goto(x, y)$
    条件:$At(robot, x)$
    动作:删除表 $At(robot, x)$
          增加表 $At(robot, y)$

$Pickup(x)$
    条件:$On(box, x), Table(x), At(robot, x), Empty(robot)$
    动作:删除表 $On(box, x), Empty(robot)$
          增加表 $Holds(robot, box)$

$Setdown(x)$
    条件:$Table(x), At(robot, x), Holds(robot, box)$
    动作:删除表 $Holds(robot, box)$
          增加表 $Empty(robot), On(box, x)$

机器人在执行每个操作之前,首先判断当前状态下该操作的先决条件是否满足,如果满足就执行相应的操作,如果不满足就检查下一操作所要求的先决条件。在检查条件的满足性时进行了变量的代换。图 2-2 是整个问题的规划过程。

2.2.3　一阶谓词逻辑表示法的特点

1. 优点

一阶谓词逻辑是一种形式语言系统,它用逻辑方法研究推理的规律,其优点如下。

(1) 自然。一阶谓词逻辑的表示接近于自然语言,易于人们接受,因此用它表示的知识比较容易理解。

(2) 精确。谓词逻辑属于二值逻辑,谓词公式的真值只有真和假两种,因此可以表示精确的知识,并可以保证知识库中新旧知识在逻辑上的一致性,以及演绎推理所得结论的精确性,这是其他知识表示方式不能相比的。

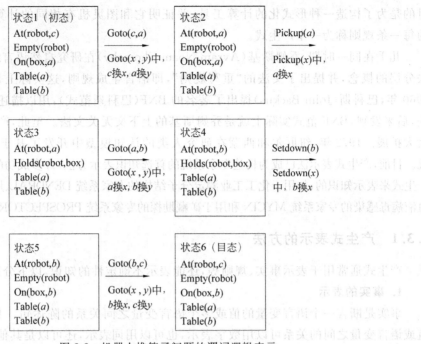

图 2-2　机器人推箱子问题的谓词逻辑表示

（3）严密。谓词逻辑的发展相对比较成熟,具有扎实的理论基础、严格的形式定义和推理规则,因此对知识表达方式的科学严密性要求就比较容易得到满足。

（4）易于模块化。谓词逻辑表示的知识可以比较容易地转换为计算机的内部形式,易于模块化,便于对知识的增加、删除和修改。

2. 缺点

除了以上描述的优点外,一阶谓词逻辑表示知识也有以下一些缺陷。

（1）无法表示不精确性的知识。谓词逻辑的知识表示能力差,无法表示不精确的知识,而不精确性是自然世界客观存在的,这就使得它表达知识的范围和能力受到限制。此外,谓词逻辑还难以表示启发性知识及元知识。

（2）不易管理。谓词逻辑表示法缺乏知识的组织原则,使得基于此形成的智能系统的知识库管理比较困难。

（3）组合爆炸问题。由于难以表示启发性知识,因此在推理过程中只能盲目地使用推理规则,一旦系统的知识量（规则数目）较大时,就可能产生组合爆炸问题。解决此问题也有一些方式,如定义控制策略来选取合适的规则。

（4）系统效率低。用谓词逻辑表示知识,其推理过程是根据形式逻辑进行的。它割裂了推理与知识的语义,往往使得推理过程冗长、效率低下。

2.3　产生式表示法

产生式（Production）表示法也称为产生式规则表示法。产生式这一术语最早来源于美国数学家波斯特（E. Post）1943 年的研究工作,他当时设计了一个名为 Post 机的计算模型,目的是为了构造一种形式化的计算工具，并证明它和图灵机有相同的计算能力，Post 机中的每一条规则称为一个产生式。

几乎在同一时期，乔姆斯基(Avram Noam Chomsky)在研究自然语言结构时，提出了文法分层的概念，并提出了文法的"重写规则"，即语言生成规则，这实际上是特殊的产生式。1960 年，巴科斯(John Backus)提出了著名的 BNF(巴科斯范式)，用以描述计算机语言的文法，后来发现，BNF 范式实际上就是乔姆斯基的上下文无关文法。至此，产生式的应用范围大大扩展。1972 年，纽厄尔和西蒙在研究人类的认知模型中开发了基于规则的产生式系统。目前，产生式表示法已成为构建专家系统的首选知识表示方法，许多成功的专家系统都是用产生式来表示知识的，如用于化工工业测定分子结构的专家系统 DENDRAL、用于诊断脑膜炎和血液病毒感染的专家系统 MYCIN 和用于矿藏勘探的专家系统 PROSPECTOR 等。

2.3.1 产生式表示的方法

产生式通常用于表示事实、规则等，还能表示不确定性的知识，以下分别讨论。

1. 事实的表示

事实是断言一个语言变量的值或多个语言变量之间关系的陈述句。其中，语言变量的值或语言变量之间的关系可以用数字表示，也可以用词表示，还可以是其他恰当的描述。例如，"天是蓝色的"中，"天"是语言变量，"蓝色的"是语言变量的值。又如，"杨洋喜欢文学"中，两个语言变量分别是"杨洋"和"文学"，它们之间的关系是"喜欢"。

对确定性的事实，一般用三元组表示，具体形式如下。

（对象，属性，值）或（关系，对象 1，对象 2）

对不确定性的事实，一般用四元组表示，具体形式如下。

（对象，属性，值，可信度）或（关系，对象 1，对象 2，可信度）

例 2-7 用产生式表示法表示以下内容。

(1) 小陈 25 岁。

(2) 老李和小张是忘年交。

(3) 小陈 25 岁左右。

(4) 老李和小张有可能是朋友。

【解】 以上知识表示为

(Chen，Age，25)
(Friend，Li，Zhang)
(Chen，Age，25，0.9)
(Friend，Li，Zhang，0.7)

其中的数字 0.9、0.7 是事实的不确定性度量，说明该事实为真的程度，可以用 0~1 之间的数字来表示。

2. 规则的表示

规则表示事物间的因果关系等，其产生式表示形式通常被称为产生式规则，简称为产生式或规则，其基本表示形式为

IF P THEN Q

或
$$P \rightarrow Q$$

其中，P 称为前件、模式或条件，指出该产生式可用的条件，Q 称为操作、后件或结论，说明前提 P 指出的条件被满足时，应该得出的结论或应该执行的操作。前件和后件也可以是由"与"、"或"、"非"等逻辑运算符组合而成的表达式。整个产生式的含义是：如果前提 P 被满足，那么推出结论 Q 或者执行 Q 所规定的操作。例如：

IF 动物有犬齿 AND 有爪 AND 眼盯前方 THEN 该动物是食肉动物

（天下雨 ∧ 外出）→（带伞 ∨ 带雨衣）

如果规则是不确定的，那么还要另附可信度度量值。不确定性规则的表示形式如

IF P THEN Q （可信度）

或

$$P \rightarrow Q \quad （可信度）$$

例如，专家系统 MYCIN 中的一条规则为

IF 本生物的染色斑是革兰氏阴性

本微生物的形状呈杆状

病人是中间宿主

THEN 该微生物是绿脓杆菌 CF＝0.6

它表示，当前提中提到的所有条件满足时，结论的可信度是 0.6。有关 MYCIN 可信度的表示和计算方法将在后续章节详细分析。

3. 产生式与蕴含式的区别

从产生式的表示形式来看，它与以前接触过的蕴含式很相似。但实际上它们并不相同，蕴含式只是产生式的特例，原因如下。

(1) 产生式描述了前件和后件的一种对应关系，其外延广泛，可以是因果、蕴含、操作、规则、变换、算子、函数等。逻辑中的蕴含式、等价式、程序设计语言中的文法规则、数学中的微分积分公式、化学中分子结构式的分解变换规则、体育比赛规则、国家法律条文、单位规章制度等，都可以用产生式表示。

(2) 蕴含式只能表示确定性的知识，其真值只能取 True 或 False，而产生式既能表示确定性的知识，也能表示不确定性知识。

(3) 产生式表示中，通过检查已知事实是否与前件描述的条件匹配来决定该规则是否可用，这种匹配可以是精确的，也可以是不精确的，而蕴含式的匹配则要求是精确的。

2.3.2 产生式系统的基本结构

将一组产生式放在一起，让它们互相匹配，协同工作，一个产生式生成的结论作为另一个产生式的前提使用，以这种方式逐步进行问题求解的系统就是产生式系统（Production System）。产生式系统是以产生式知识表示方法构造的智能系统，主要包括数据库、规则库和推理机 3 个主要模块，它们之间的关系如图 2-3 所示。

1. 数据库

数据库（Data Base，DB）也称综合数据库、事实库、

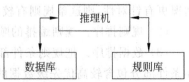

图 2-3 产生式系统的基本结构

上下文、黑板等，用于存放问题求解过程中当前生成的各种数据结构，包括问题的初始状态、原始证据、中间结论和最终结论等。数据的格式可以是常量、变量、多元组、谓词、表格、图像等。在推理过程中，当规则库中某条规则的前提可以和数据库中的已知事实相匹配时，该规则被激活，由它推出的结论作为新的事实放入数据库，成为后面推理的已知事实。

2. 规则库

规则库(Rule Base,RB)存放领域知识，是与求解有关的所有产生式规则的集合。规则库是产生式系统问题求解的基础，其知识的完整性、一致性、准确性、灵活性以及组织是否合理，将直接影响系统的性能和运行效率。因此，设计规则库时要注意对知识的合理组织和管理，检测并排除冗余、矛盾的知识等，保证知识的一致性，从而提高问题的求解效率。

规则库中的每一条知识都由前件和后件组成，系统运行时通常采用匹配的方法核实前件，即查看当前数据库中是否存在规则前件，如匹配成功则执行后件规定的动作或得到后件描述的结论。

3. 推理机

推理机(Inference Engine)也称为控制系统、推理机构，它由一组程序组成，控制协同规则库与数据库的运行，包含了推理方式和控制策略。推理方式有正向推理、反向推理和双向推理。控制策略主要是指冲突消解策略。推理机是产生式系统的核心，其性能决定了系统的性能。

推理机的主要工作如下。

(1) 按一定的策略从规则库中选择规则与数据库中的已知事实进行匹配。匹配是指把规则的前提条件与数据库中的已知事实比较，可能会产生以下 3 种情况。

① 如果两者一致，或近似一致且满足预先规定的条件，则称匹配成功，此条规则被列入激活候选集(冲突集)。

② 如果两者矛盾，或近似一致但不满足预先规定的条件，则称匹配失败，此条规则被完全放弃。

③ 如果前提条件完全与输入事实无关，将该规则列入待测试规则集，在下一轮匹配中使用。

(2) 匹配成功的规则多于一条时，推理机按照一定的冲突消解策略从中选择一个。

(3) 解释执行上一步所选规则后件的动作。如果规则后件不是问题的目标，将其加入数据库；如果后件是一个或多个操作，按照一定的策略，有选择、有顺序地执行。

(4) 掌握结束产生式系统的时机。对要执行的规则进行匹配，如果其后件满足问题的结束条件，则停止推理。

第二步中的冲突消解策略是指当有多条规则匹配成功时，从中选择一条作用于当前数据库的控制策略。冲突消解策略主要有以下几种。

(1) 专一性排序。如果某一条规则条件部分规定的情况，比另一规则条件部分规定的情况更有针对性，则这条规则有较高的优先级。

(2) 规则排序。规则编排的顺序说明了规则启用的优先级。

(3) 数据排序。把规则条件部分的所有条件按优先级次序编排起来，运行时首先使用在条件部分包含较高优先级数据的规则。

(4) 规模排序。按规则的条件部分的规模排列优先级，优先使用被满足条件较多的规则。

(5) 就近排序。把最近使用的规则放在最优先的位置。

(6) 上下文限制。把规则按上下文分组,在某种上下文条件下,只能从与其相对应的那组规则中选择可应用的规则。

2.3.3 产生式系统的推理方式

产生式系统的推理方式主要有正向推理、反向推理和双向推理。这里以一个植物识别系统的例子说明这 3 种推理方式。

假设有一个植物识别系统,可用于判断植物的类别、特性等,以下是该系统规则库的一个片段。

R_1:IF 它种子的胚有两个子叶 OR 它的叶脉为网状 THEN 它是双子叶植物

R_2:IF 它种子的胚有一个子叶 THEN 它是单子叶植物

R_3:IF 它的叶脉平行 THEN 它是单子叶植物

R_4:IF 它是双子叶植物 AND 它的花托呈杯形 OR 它是双子叶植物 AND 它的花为两性 AND 它的花瓣有 5 枚 THEN 它是蔷薇科植物

R_5:IF 它是蔷薇科植物 AND 它的果实为核果 THEN 它是李亚科植物

R_6:IF 它是蔷薇科植物 AND 它的果实为梨果 THEN 它是苹果亚科植物

R_7:IF 它是李亚科植物 AND 它的果皮上有毛 THEN 它是桃

R_8:IF 它是李亚科植物 AND 它的果皮光滑 THEN 它是李

R_9:IF 它的果实为扁圆形 AND 它的果实外有纵沟 THEN 它是桃

R_{10}:IF 它是苹果亚科植物 AND 它的果实里无石细胞 THEN 它是苹果

R_{11}:IF 它是苹果亚科植物 AND 它的果实里有石细胞 THEN 它是梨

R_{12}:IF 它的果肉为乳黄色 AND 它的果肉质脆 THEN 它是苹果

1. 正向推理

正向推理也称数据驱动方式,是从已知初始状态,正向使用规则,朝着目标状态前进的推理方式。正向使用规则,是指以问题的初始状态作为初始数据库,只有当数据库中的事实满足某条规则的前提时,该规则才能被使用。

1) 示例 1

例如,初始数据库中有事实 A,规则库中有规则 $A \rightarrow B, B \rightarrow C, C \rightarrow D, D \rightarrow E$,正向推理过程可表示为 $A \rightarrow B \rightarrow C \rightarrow D \rightarrow E$。正向推理的具体步骤如下。

(1) 将初始事实读入工作存储器。

(2) 按照某种策略从规则库取出某条规则,将规则与工作存储器中的事实进行比较。如果匹配成功,将规则加入激活候选集;如果匹配失败,将放弃该规则;如果匹配无结果,将该规则放入待测试规则集,在下一轮匹配中使用。

(3) 如果冲突集为空,转(4);否则,冲突消解,将所选择规则的结论加入工作存储器;如果达到目标结点,转(4);否则返回(2)。

(4) 结束。

2) 示例 2

假设植物识别系统输入的初始事实为{果肉乳黄色,果实里无石细胞,果实为梨果,果皮无毛,花托呈杯形,种子的胚有两个子叶}。按照正向推理的步骤,推理过程如下。

(1) 工作存储器中读入初始数据,其中的内容为:{果肉乳黄色,果实里无石细胞,果实为梨果,果皮无毛,花托呈杯形,种子的胚有两个子叶}。

(2) 按照某种策略依次选中规则集中的规则进行匹配,此时假设按规则序号选择规则进行匹配,匹配成功的放入激活候选集,匹配失败的放弃,匹配无结果的放入待测试规则集。假设冲突消解策略为按规则序号从小到大依次优先激活。

① 首先选中规则 R_1 进行匹配,因为工作存储器中有"种子的胚有两个子叶",R_1 的前提"它种子的胚有两个子叶 OR 它的叶脉为网状"被满足,R_1 匹配成功,被放入激活候选集。由于事先规定了冲突消解策略为按规则序号从小到大优先激活,所以 R_1 作为所有规则中的第一条一定会被选中激活,其结论"双子叶植物"被放入工作存储器,此时有

工作存储器:{果肉乳黄色,果实里无石细胞,果实为梨果,果皮无毛,花托呈杯形,种子的胚有两个子叶,双子叶植物}。

待测试规则集:{ }。

② 观察规则 R_2,前提为"它种子的胚有一个子叶",工作存储器中的事实无法确定其前提为真,也无法确定其前提为假,匹配无结果,将 R_2 放入待测试规则集,此时有

工作存储器:{果肉乳黄色,果实里无石细胞,果实为梨果,果皮无毛,花托呈杯形,种子的胚有两个子叶,双子叶植物}。

待测试规则集:{R_2}。

③ 观察规则 R_3,前提为"它的叶脉平行",同工作存储器中的事实进行匹配,匹配无结果,将 R_3 放入待测试规则集,此时有

工作存储器:{果肉乳黄色,果实里无石细胞,果实为梨果,果皮无毛,花托呈杯形,种子的胚有两个子叶,双子叶植物}。

待测试规则集:{R_2,R_3}。

④ 观察规则 R_4,前提为"它是双子叶植物 AND 它的花托呈杯形 OR 它是双子叶植物 AND 它的花为两性 AND 它的花瓣有 5 枚",同工作存储器中的事实进行匹配,匹配成功,R_4 被放入激活候选集。根据事先确定的冲突消解策略,R_4 作为目前优先级最高规则,一定会被选中激活,其结论"蔷薇科植物"被放入工作存储器,此时有

工作存储器:{果肉乳黄色,果实里无石细胞,果实为梨果,果皮无毛,花托呈杯形,种子的胚有两个子叶,双子叶植物,蔷薇科植物}。

待测试规则集:{R_2,R_3}。

⑤ 观察规则 R_5,同 R_2、R_3 类似,匹配无结果,此时工作存储器内容不变,待测试规则集为{R_2,R_3,R_5}。

⑥ 观察规则 R_6,匹配成功,经过冲突消解,其结论被放入工作存储器,此时有

工作存储器:{果肉乳黄色,果实里无石细胞,果实为梨果,果皮无毛,花托呈杯形,种子的胚有两个子叶,双子叶植物,蔷薇科植物,苹果亚科}。

待测试规则集:{R_2,R_3,R_5}。

⑦ 观察规则 R_7,前提为"IF 它是李亚科植物 AND 它的果皮上有毛",同工作存储器中的事实"果皮无毛"矛盾,匹配失败,R_7 在本次问题求解中被丢弃,不再考虑,此时,工作存储器和待测试规则集不变。

⑧ 依次观察规则 R_8 和 R_9，匹配无结果，放入待测试规则集，此时有

工作存储器：{果肉乳黄色，果实里无石细胞，果实为梨果，果皮无毛，花托呈杯形，种子的胚有两个子叶，双子叶植物，蔷薇科植物，苹果亚科}。

待测试规则集：{R_2,R_3,R_5,R_8,R_9}。

⑨ 观察规则 R_{10}，匹配成功，经过冲突消解，其结论被放入工作存储器，此时有

工作存储器：{果肉乳黄色，果实里无石细胞，果实为梨果，果皮无毛，花托呈杯形，种子的胚有两个子叶，双子叶植物，蔷薇科植物，苹果亚科，苹果}。

待测试规则集：{R_2,R_3,R_5,R_8,R_9}。

⑩ 依次观察规则 R_{11} 和 R_{12}，R_{11}匹配失败，丢弃，R_{12}匹配无结果，放入待测试规则集，此时有

工作存储器：{果肉乳黄色，果实里无石细胞，果实为梨果，果皮无毛，花托呈杯形，种子的胚有两个子叶，双子叶植物，蔷薇科植物，苹果亚科，苹果}。

待测试规则集：{R_2,R_3,R_5,R_8,R_9,R_{12}}。

至此，12 条规则全观察完毕。

（3）进入第二轮匹配。由于 12 条规则中匹配成功的已被激活，结论放入工作存储器，匹配失败的已被丢弃，所以只对待测试规则集中的规则 {R_2,R_3,R_5,R_8,R_9,R_{12}} 进行观察。此时，在上一工作周期结束时工作存储器的基础上，将待测试规则集清空，重复刚才的过程。

（4）在第二轮匹配结束后，发现工作存储器和待测试规则集中的结果与第一轮匹配结束后没有任何变化，推理结束。

这个例子是这样设计产生式系统工作结束时机的：如果工作存储器的内容没有变化，或者待测试规则集为空，则推理结束；否则进入下一轮匹配。事实上，也可以将问题的全部最终结论，如系统中的苹果、桃、梨、柿子等全部名称列于一个结论集合中，每当激活一条规则产生一个结论时，就检查该结论是否在该结论集合中，如果包含在此集合中，则推理结束，这也是一种常见的产生式系统结束工作的设计方式。

2. 反向推理

反向推理也称为逆向推理、目标驱动方式，是从目标状态出发，反向使用规则，朝着初始状态前进的推理方式。反向使用规则，是指以问题的目标状态作为初始数据库，仅当数据库中的事实满足某条规则的后件时该规则才能被使用。

反向推理的具体实现方法是：先假设一个可能的目标，系统试图证明它。看此假设是否在工作存储器中存在，若存在，则假设成立；否则，找出结论部分包含此假设的规则，把它们的前提作为新的假设，并试图证明它。这样周而复始，直到所有目标都被证明。

例如，植物识别的例子中，假设推理的结果是"苹果"，在初始工作存储器中寻找它，由于没有找到，而规则 R_{10} 和 R_{12} 的结论部分是"苹果"，将它们的前提作为新的假设，尝试证明……

3. 双向推理

双向推理是正向推理和反向推理的结合，显然，这种推理方式的推理网络较小，效率也较高，也叫正反向推理。

通过上面的分析发现：正向推理简单明了，能求出所有的结论，但执行效率低，有一定

的盲目性;反向推理不会寻找无用数据,也不会使用与问题无关的规则。在实际产生式系统设计时,推理方法的选择取决于推理的目标和搜索空间的形状。如果目标是从一组给定事实出发,找出所有可能的结论,通常使用正向推理。如果目标是证实或否定某一特定结论,通常使用反向推理。

2.3.4 产生式表示法的特点

产生式表示法的优点和不足之处如下。

1. 自然性

产生式表示法用"IF P THEN Q"的形式表示知识,这种表示形式与人类的判断性知识基本一致,而且直观、自然、便于推理。同时,基于产生式表示法构建的智能系统的求解问题过程与人类求解问题的思维很像,容易理解。

2. 有效性

产生式表示法对确定性知识、不确定性知识、启发性知识以及过程性知识都能有效地表示,很多高效的专家系统都是基于产生式表示法构建知识库的。

3. 模块性

产生式是规则库中最基本的知识单元,它们与推理机相对独立,每条规则仅描述了前件和后件之间的静态关系,只有通过数据库才能关联,而不能互相调用,这使得规则的模块性很强,有利于对知识的增加、删除、修改、扩展,管理方便。

4. 求解效率低

根据产生式系统的工作流程,各规则之间通过数据库联系,求解过程是一个反复进行的"匹配-冲突消解-执行"的过程,即先用规则的前提与已知事实匹配,再按照一定的策略从可用规则集中选取一条,最后执行选中的规则,如此反复进行,直到推理结束。考虑到规则库的规模一般比较大,因此求解效率低,甚至还有可能发生组合爆炸问题。

5. 不便于表示结构性知识

产生式用三元或四元组表示事实,用"IF P THEN Q"的形式表示规则,格式比较规范,适合表示具有因果关系的过程性知识,而且规则之间不能直接调用,因此那些具有结构关系或层次关系的知识不易表达。

2.4 语义网络表示法

语义网络是(Semantic Network)也是一种发展比较早的知识表示方法,是奎廉(J. R. Quillian)于1968年在他的博士论文中作为人类联想记忆的心理学模型提出的,随后,奎廉又把它用作知识表示,设计实现了一个可教式语言理解器 TLC(Teachable Language Comprehenden)。1972年,西蒙正式提出了语义网络的概念,并用于自然语言理解系统的研究设计中。1975年,亨德里克(G. G. Hendrix)又对全称量词的表示提出了语义网络分区技术。目前,语义网络已经应用于人工智能的很多领域,尤其是自然语言处理方面。

2.4.1 语义基元

语义网络是通过实体及其语义关系来表达知识的一种网络图,而且是一个带有标识的有向图。从结构上看,语义网络一般由一些最基本的语义单元组成,这些最基本的语义单元被称为语义基元,可用三元组(结点1,弧,结点2)来表示,它们在图中对应两个结点和一条有向弧,如图2-4所示。

其中,结点表示实体,对应了领域中的各种事物、概念、情况、属性、状态、事件、动作等。在语义网络的知识表示中,结点一般可以划分为实例结点和类结点两种类型。有向弧表示两个结点之间的语义关系,是语义网络组织知识的关键。应该注意的是,有向弧的方向不能随意调换,如果要调换,弧上的语义关系也要随之改变。

当把多个语义基元用相应的语义联系关联在一起时,就形成了如图2-5所示的一个语义网络。网络中的每一个结点和弧都必须带有标识,这些标识用来说明它所代表的实体或语义。

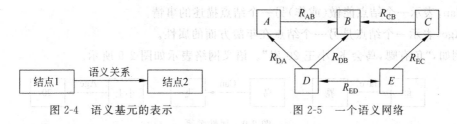

图 2-4　语义基元的表示　　　　图 2-5　一个语义网络

2.4.2　基本语义关系

由于语义关系的丰富性,不同应用系统所需要的语义关系的种类与解释也不尽相同,以下介绍一些比较典型的语义关系。

1. 类属关系

类属关系是一种具有继承性的语义关系,处在具体层、子类层或个体层的结点不仅可以具有自己特殊的属性,还可以继承处在抽象层、父类层或集体层结点的所有属性。类属关系主要包含实例关系、分类关系和成员关系等。

1) 实例关系

实例关系刻画"具体与抽象"的概念,用来描述一个事物是另一个事物的实例,通常标识为 ISA 或 Is-a。例如,"王琼是一个人,赵晶是一个教师",其语义网络表示如图2-6所示。

图 2-6　实例关系

2) 分类关系

分类关系也称泛化关系、从属关系,刻画"子类与超类"的概念,用来描述一个事物是另一个事物的一种,通常标识为 AKO 或 A-kind-of。例如,"老虎是一种动物",语义网络表示如图2-7所示。

3) 成员关系

成员关系刻画"个体与集体"的概念,用来描述一个事物是另一个事物的一个成员,通常标识为 A-Member-of。例如,"肖玲玲是一名少先队员",语义网络表示如图2-8所示。

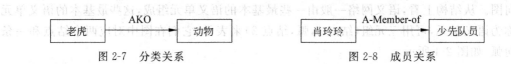

图 2-7　分类关系　　　　　　　　　　　　图 2-8　成员关系

由于类属关系的继承性,图 2-6 至图 2-8 中的结点王琼、赵晶、老虎、肖玲玲不仅可以具有自己的属性,还可以继承通过类属关系与之相连的结点的属性。

2. 属性关系

属性关系用来描述事物与其属性(如能力、状态、特征等)之间的关系,事物的属性可能很多,这里仅列出其中常见的几种。

Have,表示一个结点具有另一个结点描述的属性。

Can,表示一个结点能做(或作)另一个结点描述的事情。

Age,表示一个结点是另一个结点在年龄方面的属性。

例如,"鱼有腮,鸟会飞,小王 20 岁"。语义网络表示如图 2-9 所示。

图 2-9　属性关系

3. 聚类关系

聚类关系也称包含关系、聚集关系,刻画具有组织或结构特征的"部分与整体"概念,用来描述个体与其组成部分之间的关系。包含关系不同于类属关系,不具备继承性。常用的包含关系有 Part-of,表示一个事物是另一个事物的一部分。

例如,"镜头是相机的一部分",语义网络表示如图 2-10 所示。

4. 推论关系

推论关系描述从一个概念推出另一个概念的推理关系。推论关系有 Deduce。例如,"下雨推出出门带伞",语义网络表示如图 2-11 所示。

图 2-10　聚类关系　　　　　　　　　　　　图 2-11　推论关系

5. 时间关系

时间关系刻画不同事件在发生时间方面的先后次序关系。常用的时间关系有以下两个。

Before:表示一个事件在另一个事件之前发生。

After:表示一个事件在另一个事件之后发生。

例如,"伦敦奥运会在北京奥运会之后召开",语义网络表示如图 2-12 所示。

6. 位置关系

位置关系刻画不同事物在位置方面的关系。常用的位置关系有以下几个。

Located-at:表示一个物体所处的位置。

Located-on：表示一个物体在另一个物体之上。

Located-under：表示一个物体在另一个物体之下。

Located-inside：表示一个物体在另一个物体之内。

Located-outder：表示一个物体在另一个物体之外。

例如，"手机在书包里"，语义网络表示如图 2-13 所示。

图 2-12　时间关系　　　　　　　　　　图 2-13　位置关系

7. 相近关系

相近关系刻画不同事物在形状、内容上的相似和接近。常用的相近关系有以下两个。

Similar-to：表示一个事物与另一个事物相似。

Near-to：表示一个事物与另一个事物接近。

例如，"领角鸮是一种和猫头鹰很相似的濒危动物"，语义网络表示如图 2-14 所示。

图 2-14　相似关系

2.4.3　关系的表示

假设有 n 元谓词或关系 $R(\mathrm{arg}_1,\mathrm{arg}_2,\cdots,\mathrm{arg}_n)$，以下根据 n 的不同情形说明 n 元关系的表示方法。

1. 一元关系

$R(\mathrm{arg}_1,\mathrm{arg}_2,\cdots,\mathrm{arg}_n)$ 中 $n=1$ 时为一元关系，一元关系描述的是最简单、最直观的事物或概念，通常用来说明事物的性质、属性等，常用"是"、"有"、"会"、"能"等说明。例如，前面的例子"鸟会飞"、"王琼是个人"等的语义网络。又如"鸟有翅膀，会飞，是哺乳动物"的语义网络表示如图 2-15 所示。

2. 二元关系

$R(\mathrm{arg}_1,\mathrm{arg}_2,\cdots,\mathrm{arg}_n)$ 中 $n=2$ 时为二元关系，二元关系可以很方便地转换为语义网络，其中的 arg_1 和 arg_2 用结点表示，关系 R 用有向弧表示。例如，"卓娅和欢欢是好朋友"，语义网络表示如图 2-16 所示。

图 2-15　多个一元关系的表示　　　　　图 2-16　二元关系的表示

3. 多元关系

$R(\mathrm{arg}_1,\mathrm{arg}_2,\cdots,\mathrm{arg}_n)$ 中 $n>2$ 时为多元关系，刻画了现实世界中多种事物用某种关系

联系起来的情况,可以通过转化的方式进行表示,即将多元关系转化为多个一元或二元关系表示。例如,"巴西和荷兰的足球世界杯比赛以 0：1 结束",语义网络表示如图 2-17 所示,其中 A 是一个增加的附加结点,用来将多元关系简化。

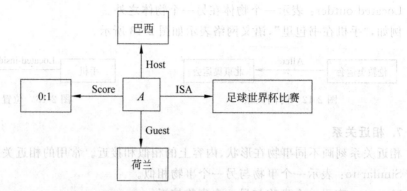

图 2-17 多元关系的表示

下面是一些语义网络表示关系的例子,通过这些例子可加深对语义网络的理解。

例 2-8 用语义网络表示:李玲玲,35 岁,女,是河海大学的教师,河海大学位于江苏省。

【解】 语义网络表示如图 2-18 所示。

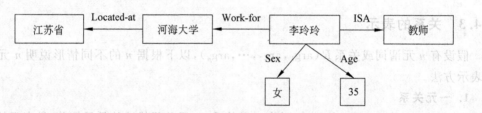

图 2-18 李玲玲的语义网络表示

例 2-9 用语义网络表示:约翰的宠物是黑色的德国黑背,名叫骑士。杰克的宠物是白色的贵宾犬,名叫雪花。

【解】 语义网络表示如图 2-19 所示。

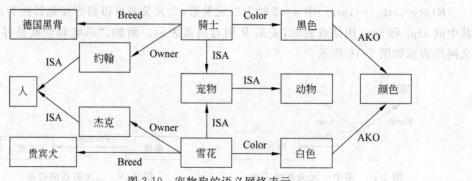

图 2-19 宠物狗的语义网络表示

2.4.4 情况、动作和事件的表示

为了表示复杂的情况、动作和事件等,可以用增加情况结点、动作结点或事件结点的方法来表示。

1. 情况的表示

语义网络表示情况时,增加一个情况结点,该结点有一组向外引出的有向弧,用于说明不同的情况。例如,用语义网络表示"小燕子 Blair 从春天到秋天一直占着一个巢",语义网络表示如图 2-20 所示。

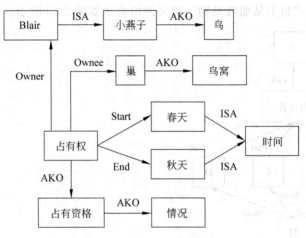

图 2-20　情况的语义网络表示

2. 事件和动作的表示

语义网络表示动作或事件时,增加一个动作或事件结点,同时向外引出一组弧,说明动作(事件)的实施者和接收者、主体和客体等关系。例如,"小虎在操场踢了小英",语义网络表示如图 2-21 所示。

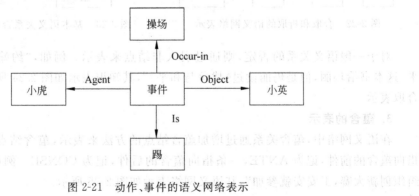

图 2-21　动作、事件的语义网络表示

2.4.5 谓词连接词的表示

谓词连接词主要有否定、合取、析取和蕴含等,下面分别说明它们的表示方式。

1. 合取和析取的表示

在语义网络中,合取通过引入"与"结点表示,析取通过引入"或"结点表示。例如,知识"参加大会的有男有女,有老人有年轻人"的表示,分析发现与会者有 4 种情况,即老年男性、老年女性、年轻男性和年轻女性,这 4 种情况来源于(老人 ∨ 年轻人)∧(男 ∨ 女),其语义网络如图 2-22 所示。

2. 否定的表示

否定分为基本语义关系的否定和一般语义关系的否定。

对于基本语义关系的否定,可以直接在语义关系前加非的符号,如¬ISA、¬AKO、¬Part-of 等。例如,"鱼不是哺乳动物",语义网络表示如图 2-23 所示。

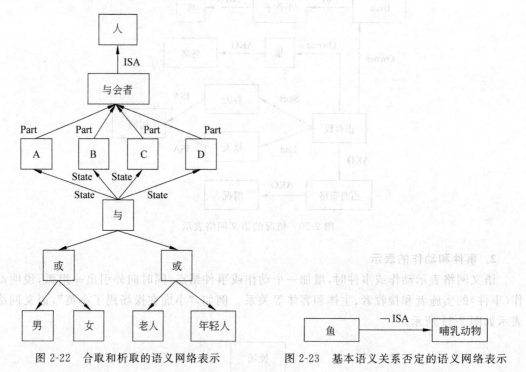

图 2-22　合取和析取的语义网络表示　　　图 2-23　基本语义关系否定的语义网络表示

对于一般语义关系的否定,则通过引入非结点来表示。例如,"约翰没有把《战争与和平》这本书给玛丽,但是玛丽读过《战争与和平》",其知识表示如图 2-24 所示,其中的"但"用合取表示。

3. 蕴含的表示

在语义网络中,蕴含关系通过增加蕴含结点的方法来表示,蕴含结点引出两条弧,一条指向蕴含的前件,记为 ANTE,一条指向蕴含的后件,记为 CONSE。例如,规则"如果学校组织创新大赛,王安安就参加",其语义网络表示如图 2-25 所示。

2.4.6　量词的表示

语义网络表示知识时,往往会涉及存在量词和全称量词。存在量词可以直接用 ISA、AKO 等弧表示,全称量词则采用亨德里克提出的语义网络分区技术表示。

例如,"每个孩子都参加了一个兴趣班",其语义网络表示如图 2-26 所示。其中,GS 是

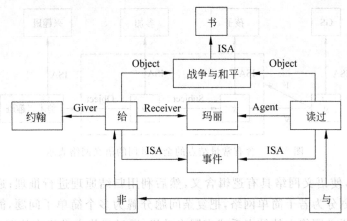

图 2-24　一般语义关系否定的语义网络表示

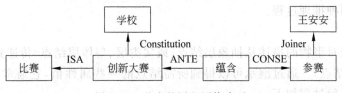

图 2-25　蕴含的语义网络表示

一个概念结点,表示具有全称量化的一般事件;g 是一个实例结点,代表 GS 的一个具体例子;k 是一个全称变量,表示任意一个孩子;p 是一个存在变量,表示一种参加;c 是一个存在变量,表示一个兴趣班;k、p、c 之间的语义联系构成一个子空间,表示对每一个孩子都存在一个参加事件 p 和一个课外辅导班 c;g 引出的 ISA 弧说明 g 是 GS 的一个实例;F 弧说明子空间及其具体形式;∀ 弧说明 g 代表的全称量词。

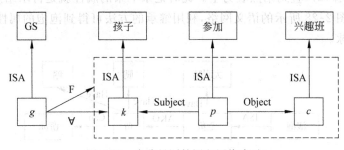

图 2-26　全称量词的语义网络表示

在网络分区技术中,要求 F 指向的子空间中的所有非全称变量结点都应该是全称变量结点的函数;否则应该放在子空间的外面。

例如,知识"每个孩子都参加了美术兴趣班"中,"美术兴趣班"是一个常量结点,不是全称变量结点的函数,所以表示为图 2-27 所示。

2.4.7　基于语义网络的推理

针对语义网络的推理问题,很多学者提出了不同的方法。例如,通过引入否定、析取、合

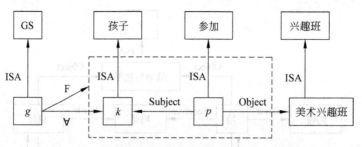

图 2-27　含有常量结点的全称量词的语义网络表示

取、蕴含等结点,使语义网络具有逻辑含义,然后利用归结原理进行推理;通过网络分区技术,将复杂网络划分为若干简单网络,把复杂问题分解为多个简单子问题,简化问题难度和推理复杂度;将语义网络中的结点看成有限自动机,通过寻找自动机中的汇合点来达到问题求解的目的。但是总体而言,基于语义网络构建的问题求解系统的推理方法还不完善,主要有继承和匹配两种推理过程。

1. 继承

继承是指把对事物的描述从抽象层结点(或父类层、集体层结点)传递到具体层结点(或子类层、个体层结点)。通过继承可以得到所需结点的一些属性值,它通常是沿着继承弧进行的。继承的一般过程如下。

(1) 建立结点表,存放待求解结点和所有通过继承弧与此结点相连的那些结点。初始情况下,结点表只有待求解的结点。

(2) 检查结点表中的第一个结点是否有继承弧连接。如果有,就将该弧所指的所有结点放入结点表的末尾,记录这些结点的所有属性,并从结点表中删除第一个结点;如果没有,仅从结点表中删除第一个结点。

(3) 重复步骤(2),直到结点表为空。此时记录下来的属性就是待求结点的所有属性。

例如,对于图 2-28 所示的语义网络,利用继承的方法可得到泡泡的属性为有大眼睛、有腮、有鳍和会游泳。

图 2-28　语义网络的继承

2. 匹配

语义网络的匹配是指在知识库的语义网络中寻找与待求问题相符的语义网络模式,匹配的一般过程如下。

(1) 根据问题的求解要求构造网络片段,该网络片段中有些结点或弧的标识是空的,称为询问处,即待求解的问题。

(2) 根据该语义网络片段在知识库中寻找相应的信息。

(3) 当待求解问题的语义网络片段和知识库中的语义网络片段匹配时,与询问处对应的事实就是问题的解。

例如,知识库中存放着图 2-18 所示的语义网络,现询问李玲玲的年龄。针对问题的求解要求,构造语义网络片段如图 2-29 所示。用该片段与知识库中的语义网络匹配,根据 Age 弧指向的结点知李玲玲的年龄是 35 岁。

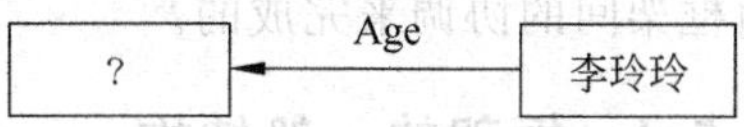

图 2-29　待求解问题的语义网络片段

2.4.8　语义网络表示法的特点

语义网络知识表示方法的特点如下。

1. 结构性

语义网络能显式地表示事物的属性、事物之间的联系,结构性较好,而且下层结点通过继承、新增和变异上层结点的属性,实现了信息共享。

2. 联想性

语义网络强调事物间的语义联系,反映了人类思维的联想过程。

3. 自索引性

通过网络的形式把结点之间的联系简洁、明确地表示出来,具有自索引性,利用与结点连接的弧很容易地查找出相关信息,而不必查找整个知识库,有效避免了搜索时的组合爆炸问题。

4. 自然性

表达知识直观、自然,符合人们的思维习惯,因此把自然语言转换成语义网络较为容易。

5. 非严格性

没有严格的形式表示体系,推理规则不十分明了,理论基础严密性较差,通过语义网络实现的推理不能保证正确性。

6. 复杂性

一旦结点个数太多,网络复杂性增强,而且由于表示方法灵活,可能造成表示形式的不一致,导致问题求解的复杂性增强。

2.5　框架表示法

1975 年,美国计算机科学家、图灵奖的获得者明斯基在论文 *A Framework for Representing Knowledge* 中提出了著名的框架理论,引起了人工智能学者和认知科学家的关注。

框架理论认为,人脑中已存储了大量的典型情景,这些情景是以一种类似于框架的结构存储的,当面临新的情景时,就从记忆中选择一个合适的框架作为基本知识结构,并根据具体情况对这个框架的细节进行修改和补充,形成对新情景的认识存储于人脑中。例如,一个人在走进酒店大堂之前就能依据以往对"酒店大堂"的认识,想象到这个大堂应该有接待台、工作人员、大堂经理、一些接待设施和价目表等。尽管他对这个大堂的规模、档次、工作人员数量、具体的接待设施等细节还不清楚,但对一些基本结构还是了解的。而他一旦进入酒店大堂,就可以对一些细节进行补充,从而形成对这个酒店大堂的具体概念。

框架理论是基于人们在理解事物情景或某一事物时的心理学模型提出的,符合人们理解问题、解决问题的思路。在知识的框架表示法中,框架是知识的基本单位,一组相关的框架联系起来就形成了框架系统。框架系统的行为由系统内框架的变化来表现,推理过程是由框架间的协调来完成的。

2.5.1 框架的一般结构

框架(Frame)是一种描述所讨论对象(事物、事件或概念)属性的数据结构,通常由若干槽(Slot)构成,槽描述了所讨论对象的某一方面的属性,其值称为槽值。每一个槽又拥有一定数量的侧面(Aspect),侧面描述了相应属性的一个方面,每个侧面拥有若干个侧面值(Aspect Value)。为了区分不同的框架、槽和侧面,分别给它们命名,称为框架名、槽名和侧面名。在设计框架时,有时还可以增加一些说明性信息,一般是一些约束条件,说明什么样的值才能加到槽和侧面中,用于提高框架结构的表达能力和推理能力。框架的一般结构如下。

<框架名>
槽名 A:	侧面名 A_1	侧面值 A_{11},侧面值 A_{12},侧面值 A_{13},…
	侧面名 A_2	侧面值 A_{21},侧面值 A_{22},侧面值 A_{23},…
	…	
槽名 B:	侧面名 B_1	侧面值 B_{11},侧面值 B_{12},侧面值 B_{13},…
	侧面名 B_2	侧面值 B_{21},侧面值 B_{22},侧面值 B_{23},…
	…	
槽名 C:	侧面名 C_1	侧面值 C_{11},侧面值 C_{12},侧面值 C_{13},…
	侧面名 C_2	侧面值 C_{21},侧面值 C_{22},侧面值 C_{23},…
	…	
约束条件:	约束条件$_1$	
	约束条件$_2$	
	…	

根据描述对象的实际情况,框架可以有任意有限数目的槽,槽可以有任意有限数目的侧面,侧面可以有任意有限数目的侧面值。槽值或侧面值可以是数值、字符串、布尔值、动作、过程,甚至还可以是另一个框架名,从而实现一个框架对另一个框架的调用。

例 2-10 用框架描述:常欢,男,28 岁,身高 180cm,在百度公司工作。

【解】 框架描述如下:

<员工-1>
姓名:常欢
性别:男
年龄:28
身高:180cm
工作单位:百度公司

例 2-11 用框架描述:据日本共同社报道,日本当地时间 2014 年 11 月 22 日 22 时许,日本中部长野县发生 6.7 级强震,已造成至少 57 人受伤,约 10 栋房屋在地震中倒塌。震源深度为 10km。首都东京地区也有震感。地震还导致部分地区停电,道路开裂,局部铁路新干线暂停运行。

【解】 框架描述如下。

<地震>
报道媒体：日本共同社
地点：日本中部长野县
时间：当地时间 2014 年 11 月 22 日 22 时许
震级：6.7 级
强度：强
震源深度：10km
损失伤亡情况：受伤人员：至少 57 人
      倒塌房屋：约 10 栋
     电力供应：部分地区停电
     道路：开裂
     铁路：局部新干线暂停运行
     其他：首都东京地区也有震感

例 2-12 用框架分别描述教师、副教授和计算机学院副教授王楠楠的概念。

【解】 教师框架如下。

<教师>
姓名：单位(姓,名)
性别：范围(男,女)
   Default：男
年龄：单位(岁)
   If-Needed：Ask-Age
地址：<教师地址>
电话：家庭电话(电话号码)
   移动电话(电话号码)
   If-Needed：Ask-Telephone

教师框架中一共有 5 个槽，分别描述了一个教师的姓名、性别、年龄、地址和电话。其中，"姓名"槽有 1 个侧面"单位"，侧面值是"姓,名"；"性别"槽有两个侧面，"范围"侧面的侧面值是"男,女"，Default 侧面的侧面值是"男"；"年龄"槽也有两个侧面，"单位"侧面的侧面值是"岁"，If-Needed 侧面的侧面值是 Ask-Age 过程；"地址"槽的槽值是"教师地址"框架，即"教师"框架和"教师地址"框架发生了横向的联系；"电话"槽有 3 个侧面，"家庭电话"侧面的侧面值是"电话号码"，"移动电话"侧面的侧面值是"电话号码"，If-Needed 侧面的侧面值是 Ask-Telephone 过程。

副教授框架如下：

<副教授>
AKO：<教师>
专业：单位(专业)
   If-needed：Ask-Major
   If-Added：Check-Major
研究方向：单位(方向)

```
        If-needed: Ask-Field
项目：范围(国家级,省级,其他)
        Default: 国家级
论文：范围(SCI,EI,核心,一般)
        Default: 核心
```

副教授框架中一共有 5 个槽,分别描述了一个副教授的职业类型、专业、研究方向、项目信息和发表论文情况。其中,AKO 是一个系统预定义槽名,是框架表示法中事先定义好的一些可以公用的标准槽名,含义为"是一种",当 AKO 作为下层框架的槽名时,其槽值为上层框架的框架名,表示下层框架是上层框架的子框架,而且可以像语义网络表示法中的 AKO 弧一样,使得下层框架继承上层框架的属性和操作;"专业"槽有 3 个侧面,"单位"侧面的侧面值是"专业",If-Needed 侧面的侧面值是 Ask-Major 过程,If-Added 侧面的侧面值是 Check-Major 过程;"研究方向"槽有两个侧面,"单位"侧面的侧面值是"方向",If-Needed 侧面的侧面值是 Ask-Field 过程;"项目"槽也有两个侧面,"范围"侧面的侧面值是"国家级,省级,其他",Default 侧面的侧面值是"国家级";"论文"槽有两个侧面,"范围"侧面的侧面值是"SCI,EI,核心,一般",Default 侧面的侧面值是"核心"。

副教授王楠楠的框架如下。

```
<副教授-1>
ISA: <副教授>
姓名：王楠楠
专业：计算机专业
研究方向：大数据处理方向
项目：其他
```

这是一个实例槽,描述了副教授王楠楠的具体情况,其中用到了一个预定义槽 ISA,其含义为"是一个",表示下层框架是上层框架的一个实例,也具有继承性。

在这 3 个逐层具体的框架中有 3 个特殊的侧面,即 Default、If-Needed 和 If-Added,这是常用于框架继承技术中的 3 个侧面。

Default 侧面可以为相应槽提供默认值,当其所在的槽没有填入槽值时,系统以 Default 侧面的侧面值为槽值,如"教师"框架中的性别槽默认值为"男"。

If-Needed 侧面为相应槽提供一个赋值的过程,当其所在的槽不能提供默认值时,可在该槽中增加一个 If-Needed 侧面,系统通过调用侧面提供的过程,产生相应的槽值。例如,"教师"框架中的 Age 槽,由于没有默认值,系统通过调用 If-Needed 侧面的侧面值 Ask-Age 过程,进行询问,获得年龄属性。

If-Added 侧面提供了一个因相应槽值发生变化而引起的后续处理的过程。当某个槽的槽值发生变化时,可能会影响到一些相关槽的槽值,因此需要给该槽增加一个 If-Added 侧面,系统通过调用 If-Added 侧面提供的过程完成对相关槽的处理。例如,"副教授"框架中,专业和研究方向是两个相关的信息,当"专业"槽的槽值发生变化时,可能会引起"研究方向"槽的变化,因此系统调用"专业"槽的 If-Added 侧面提供的过程 Check-Major 进行后续处理,对"研究方向"等相关槽进行修改。

上述例子中,还见到了 AKO 和 ISA 两个特殊的槽,除了它们,还有很多系统预定义槽,常见的有以下几个。

（1）Subclass 槽，含义是"子类"，作为下层框架的槽时表示下层框架是上层框架的一个子类。

（2）Instance 槽，是 AKO 槽的逆关系，用它作为某上层框架的槽时用来指出下层框架有哪些。

（3）Part-of 槽，指出部分和整体的关系，用它作为某下层框架的槽时，表示下层框架是上层框架的一部分。

（4）Infer 槽，含义是"推理"，用于指出两个框架之间的逻辑推理关系，可以表示产生式规则。

（5）Possible-Reason 槽，与 Infer 槽作用相反，连接某个结论和可能的原因。

2.5.2 框架系统

当一个框架的槽值或侧面值是另外一个框架的名字时，就在两个框架之间建立了横向的联系，可以通过一个框架找到另一个框架，如"教师"框架和"教师地址"框架之间的联系。

当下层框架和上层框架之间有继承关系时，就在两个框架之间建立了纵向的联系，下层框架可以继承上层框架的属性和操作，如"副教授"框架通过 AKO 槽与"教师"框架建立联系。

用框架来表示某个领域的复杂知识时，会涉及一组互相联系的框架，这些框架之间有横向联系，也有纵向联系，像这些具有横向和纵向联系的一组框架构成了框架系统。图 2-30 是一个关于学生的框架系统。

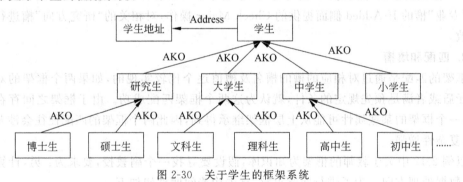

图 2-30　关于学生的框架系统

2.5.3 基于框架的推理

框架表示法没有固定的推理方法，在基于框架的系统中，问题的求解主要通过继承、匹配和填槽来实现。进行问题求解时，首先把问题用框架表示出来，接着利用框架之间的继承关系与知识库中的框架进行匹配，找出一个或多个可匹配的候选框架，然后在这些候选框架引导下进一步获取更多信息，填充尽量多的槽值，从而建立一个描述当前情况的实例，最后用某种评价方法对候选框架进行评估，以确定最终的解。

1. 继承

继承是指由于框架之间的继承关系，一个框架所描述的某些属性及值可以从它的上层、上上层框架继承过来，继承主要通过 ISA 和 AKO 槽实现。当询问某个事物的某个属性，但该事物的框架没有提供相应的属性值时,系统就沿着 ISA 或 AKO 链向上追溯。如果上层框架的对应槽提供有 Default 侧面,则继承该默认值作为询问结果;如果上层框架的对应槽没有 Default 侧面,但提供了 If-Needed 侧面,则执行 If-Needed 侧面提供的继承,执行相应的操作(过程),获得查询值。

如果对某个框架的某个属性进行了赋值或修改操作,系统会自动沿着 ISA 和 AKO 链追溯到相应的上层框架,只要发现上层框架的同名槽中有 If-Added 侧面,则执行 If-Added 侧面提供的操作(过程),进行后续处理,保证概念的一致性。

由上述分析可以得出,If-Needed 侧面是在系统查询概念的某个属性时激活,被动地查询所需要的属性值;If-Added 侧面是在系统赋值、修改概念的某个属性时激活,主动地做好后续处理。

下面以例 2-12 中关于教师的框架为知识库,说明 Default、If-Needed 和 If-Added 侧面的用法。

(1)假设要查询"副教授-1"的姓名,可以直接查询姓名槽,得到"王楠楠"。

(2)假设要查询"副教授-1"的性别,但该框架没有直接提供相应的槽,因此沿着 ISA 链追溯到"副教授"框架,再沿着 AKO 链追溯到"教师"框架,找到"性别"槽,Default 侧面,获得默认值"男"。

(3)假设要查询"副教授-1"的年龄,则类似地追溯到"教师"框架,根据"年龄"槽 If-Needed 侧面提供的 Ask-Age 过程,产生一个值。如果产生的值是 40,则表示"副教授-1"的年龄是 40 岁。

(4)假设要修改"副教授-1"的专业为"思政专业",则沿着 ISA 链追溯到"副教授框架",执行"专业"槽的 If-Added 侧面提供的 Check-Major 操作,对相关的"研究方向"槽进行一致性修改。

2. 匹配和填槽

框架的匹配是通过对相应的槽的槽名及槽值逐个比较实现的,如果两个框架的对应槽没有矛盾或者满足预先规定的条件,就认为这两个框架匹配成功。由于框架之间存在纵向联系,一个框架的某些属性可能从上层框架继承得到,因此两个框架的匹配往往会涉及上层框架,复杂性增强。

以例 2-12 中关于教师的框架为知识库,假设要寻找一个副教授,要求为:男,计算机专业,大数据处理方向。为了进行问题求解,首先构造问题框架如下:

```
<副教授-x>
姓名:
性别:男
专业:计算机专业
研究方向:大数据处理
```

用问题框架同知识库中的框架匹配,查找到<副教授-1>可以匹配成功,因为"专业"、"研究方向"槽都没有矛盾,虽然<副教授-1>没有"性别"槽,但可以通过继承得到其默认值"男",也满足要求,所以<副教授-1>可以作为候选框架,要找的副教授可能是"王楠楠"。为了明确最终的解,可以采用某种评价方法。例如,进一步搜集信息,提出要求,使问题求解向前推进,直到最终确定问题的解就是"王楠楠"或其他。

2.5.4 框架表示法的特点

框架表示法的特点如下。

1. 结构性

善于表示结构性的知识，能将知识的内部关系及知识间的特殊联系表示出来，属于结构化的知识表示方法。在框架表示法中，知识的基本单位是框架，框架由若干槽构成，槽由若干侧面构成，因此知识的内部结构得到了很好的显现。同时，由于设计了各种预定义槽，如ISA、AKO、Infer 等，框架可以自然地表达事物间的因果联系或更深层次的联系。

2. 自然性

框架理论是根据人们在理解情景、故事时的心理学模型提出的，与人们观察事物时的思维活动是一致的，所以比较自然。

3. 继承性

利用如 ISA 和 AKO 槽等实现了框架间的纵向联系，这种联系使得下层框架继承了上层框架的一些属性和操作，而且还可以进行补充和修正，不仅减少了知识的冗余，还可以保证知识的一致性。

4. 不严密性

同语义网络一样，框架表示法缺乏严格的形式理论，没有明确的推理机制保证问题求解的可行性，一致性检查也并非基于良好定义的语义。

5. 不清晰性

框架系统中的各个框架数据结构不一定一致，无法保证系统的清晰性，也增加了推理的难度。

6. 不擅长过程性知识的表达

框架系统不擅长表示过程性的知识，因此常与产生式表示法结合使用，取得互补的效果。

2.6 脚本表示法

1972 年，美国耶鲁大学的夏克教授将自己关于自然语言处理方面的工作总结发表在著名期刊 *Cognitive Psychology* 上，并提出了"概念依赖（Concept Dependency，CD）"理论，从而给自然语言的深层语义结构建立了形式化模型。1977 年，为了便于计算机进行自然语言理解时表示事件信息，夏克又基于概念依赖理论提出了脚本（Script）的概念。脚本是一种结构化的知识表示方法，是框架表示方法的特殊形式，用一组槽来描述某些事件的发生序列，就像剧本一样，所以被称为脚本。

2.6.1 概念依赖理论

常识是各种类型的知识中数量最大、涉及面最宽、关系最复杂的知识，很难形式化地表示出来交给计算机处理。针对这一问题，夏克将人类生活中各种故事情节的基本概念抽取出来构成一组原子概念，并确定这些原子概念之间的相互依赖关系，然后基于原子概念及其相互依赖关系表示所有的故事情节，这就是概念依赖理论的基本原理。

由于处理问题的人经历不同,考虑问题的角度和方法不同,所以抽取出来的原子概念可能会有差异,但都应该遵守概念抽取的一些基本原则,如原子概念不能有二义性、原子概念相互独立等。

夏克曾基于概念依赖理论设计实现了一个 SAM(Script Applier Mechanism)系统,这个系统在接收一个故事之后,首先进行语法分解,按照概念依赖关系的模式转化成内部表示,然后从库中取出相应的脚本进行匹配,最后根据事先确定的脚本情节理解故事。为了设计好库中的脚本,夏克事先对动作一类的概念进行了原子化,抽取了 11 种原子动作,并把它们设计成槽来表示一些典型行为,这 11 种原子动作如下。

（1）PROPEL,对某一对象施加外力,如推、拉。

（2）GRASP,行为主体控制某一对象,如抓起某物。

（3）MOVE,行为主体变换自己身体的某一部位,如坐下。

（4）ATRANS,某种抽象关系的转移,如某物的所有权转移。

（5）PTRANS,某一物理对象的位置改变,如某人移动到另一处。

（6）ATTEND,用某个感觉器官获取信息,如眼睛看东西。

（7）INGEST,把某物放入体内,如吃饭。

（8）EXPEL,把某物排出体外,如流眼泪。

（9）SPEAK,发出声音,如说话。

（10）MTRANS,信息转移,如交谈。

（11）MBUILD,已有信息形成新的信息。

夏克定义这些原子概念不是为了表示动作本身,而是为了表示动作的结果,并且是本质结果,因此可以认为是这些概念的推理。基于这 11 种原子概念及其依赖关系,就可以把生活中的事件变成脚本,每个脚本代表一类事件,从而把事件的典型情节规范化。

2.6.2 脚本表示方法

脚本采用一个专用的框架来表示知识,通过一些原语作为槽名来表示对象的基本行为,描述某些事件的发生序列,有些类似于电影剧本。脚本描述的是特定范围内一串原型事件的结构,而不只是描述事件本身,并且在描述时规定了一系列的动作以及进入此脚本的条件、原因和有关的决定性步骤。

脚本表示法描述的知识由开场条件、角色、道具、场景和尾声 5 个部分组成,其含义和要求如下。

1. 开场条件

开场条件也称为进入条件,说明了脚本所描述的事件可能发生的先决条件,即事件发生的前提条件。

2. 角色

角色说明了脚本所描述的事件中可能出现的主体、实体等。

3. 道具

道具说明了脚本所描述的事件中可能出现的动作的对象或工具。

4. 场景

场景是脚本组成部分中最主要的一个,说明了脚本所描述的事件序列,这些序列是一个个独立发展过程的描述。场景还可以再细分为几部分。

5. 尾声

尾声也称为结局,给出了脚本所描述的事件发生以后必须满足的条件。

下面用夏克构建的"餐厅"的脚本为例,说明脚本表示的方法。

脚本:餐厅

开场条件:顾客饿了,需要就餐;顾客有钱。

道具:食品,桌子,菜单,钱。

场景:

第一场:进入餐厅

PTRANS	顾客进入餐厅
ATTEND	顾客注视桌子
MBULID	确定往哪儿坐
PTRANS	朝确定的桌子走去
MOVE	在桌子旁坐下

第二场:定菜

MTRANS	顾客招呼服务员
PTRANS	服务员朝顾客走来
MTRANS	顾客向服务员要菜单
PTRANS	服务员去拿菜单
PTRANS	服务员向顾客走来
ATRANS	服务员把菜单交给顾客
ATTEND	顾客看菜单
MBUILD	顾客选食品
MTRANS	顾客招呼服务员
PTRANS	服务员向顾客走来
MTRANS	顾客告诉服务员所要的食品
PTRANS	服务员去找厨师
MTRANS	服务员告诉厨师所要的食品
DO	厨师加工食品(调用加工食品脚本)

第三场:上菜进餐

ATRANS	厨师把食品交给服务员
PTRANS	服务员走向顾客
ATRANS	服务员把食品交给顾客
INGEST	顾客吃食品

此时,如果顾客还想要食品则转入第二场;否则进入第四场。

第四场:顾客离开

MTRANS	顾客告诉服务员要结账
PTRANS	服务员向顾客走来
ATRANS	服务员把账单交给顾客
ATRANS	顾客把饭费及小费交给服务员
PTRANS	服务员走向老板
ATRANS	服务员把钱交给老板
MOVE	老板招手送别顾客
PTRANS	顾客走出餐厅

尾声：顾客吃了饭；顾客花了钱；老板挣了钱；餐厅食品减少了。

脚本表示的知识有强烈的因果结构，系统对事件的处理必须是一个动作完成之后才能完成另一个。整个过程的启动取决于开场条件，只有满足脚本的开场条件，脚本中的事件才有可能发生，而脚本的结果就是所有动作完成后的结果。由于脚本是以非常固定的形式描述的，在预言一些没有直接提及的事件方面特别有用。例如，对于知识"约翰走进餐厅，要了一份汉堡包，回家了"。利用以上的餐厅脚本可以回答如"约翰吃饭了吗"、"约翰付钱了吗"这样的问题。

2.6.3　脚本表示法的特点

由于脚本是以非常固定的形式描述的，在预言一些没有直接提及的事件方面特别有用。但如果事件被强行中断，即给定情节中的某个事件与脚本中的事件不能对应时，脚本就不能预测被中断以后的事件。同语义网络、框架相比，脚本显得比较呆板，表示范围比较窄，能力也有限，但是对于预先就已经构思好的特定知识而言不失为一个相当合适的表示方法。

2.7　过程表示法

人工智能领域关于知识表示的研究有两种不同的观点，一种认为知识主要是陈述性的，另一种认为知识主要是过程性的，由此产生两种不同的知识表示方法，即陈述性知识表示方法和过程性知识表示方法。前面讨论的谓词逻辑表示法、产生式表示法、语义网络表示法和框架表示法等都属于陈述性的知识表示方法，本节重点介绍过程性知识表示技术。

2.7.1　陈述性知识表示与过程性知识表示

陈述性知识表示，也称为说明性知识表示，认为知识主要是陈述性的，应着重表示其静态特性，即重点关注事物的属性以及事物之间的关系。陈述性知识表示的主要特征是把领域内的过程性知识与控制性知识（即问题的求解策略）分离开来。例如，产生式系统中，规则库只是用来存储领域知识，而控制性知识则隐含在推理机中，二者是分离的。

过程性知识表示认为知识主要是过程性的，重点关注对知识的利用，它所给出的是事物的一些客观规律，表达的是如何求解问题，它把与问题有关的知识以及如何运用这些知识求解问题的控制策略表述为一个或多个求解问题的过程，所有的信息均隐含在过程之中，每一个过程就是一段程序，程序可以完成对具体事件或情况的处理。知识库就是一组程序的集合，对知识库的增、删、改就是对有关程序的增、删、改。

假设：如果 x 是 y 的弟弟，且 x 是 z 的父亲，那么 y 是 z 的伯父。

利用陈述性的知识表示方法，如产生式表示法，可以将上面的知识描述为一条产生式规则，即

IF　Brother(x,y)　AND　Father(x,z)　THEN　Uncle(y,z)

其中，Brother(x,y)表示 x 是 y 的弟弟；Father(x,z)表示 x 是 z 的父亲；Uncle(y,z)表示 y 是 z 的伯父。产生式规则静态地表述了兄弟、父子及叔侄关系，说明 Uncle(y,z) 是 Brother(x,y) 和 Father(x,z) 的逻辑结论。当数据库中发现与 Brother(x,y) 和 Father(x,z) 同时匹配的事实时，推理机可以退出结论 Uncle(y,z)。至于推理的方法、步骤、原理等，由推理机

完成,与知识库没有关系,产生式规则没有给出任何有关推理的控制信息。

2.7.2 过程知识表示方法

过程表示法没有固定的形式,知识如何描述完全取决于具体问题。这里以过程规则的表示形式为例说明过程表示方法。一般来说,一个过程规则包括 4 个部分,即激发条件、演绎操作、状态转换和返回。

1. 激发条件

激发条件由推理方向和调用模式两部分组成。推理方向指出推理是正向推理还是反向推理,正向推理用 FR 表示,反向推理用 BR 表示。如果是正向推理,则只有当数据库中的已有事实与"调用模式"匹配时,该过程规则才能被激活;若为反向推理,只有当"调用模式"与查询目标或子目标匹配时,该过程规则才能被激活。

2. 演绎操作

演绎操作由一系列子目标构成,当前面的激发条件被满足时,才执行列出的演绎操作。

3. 状态转换

状态转换用于对数据库的增加、删除和修改。

4. 返回

过程规则的最后一个语句是 RETURN,用于指出将控制权返回到调用该过程规则的上一级过程规则那里去。

对于上面叔侄关系的例子,采用过程规则描述,具体如下。

$$BR(Uncle \quad ? \ y \ ? \ z)$$
$$GOAL(Brother \quad ? \ x \quad y)$$
$$GOAL(Father \quad x \quad z)$$
$$INSERT(Uncle \quad y \quad z)$$
$$RETURN$$

其中,BR 是反向推理的标志;GOAL 表示求解子目标,即进行过程调用;INSERT 表示对数据库进行插入操作;RETURN 是结束标志;带"?"的变量表示其值将在该过程中求得。

上述过程规则的含义是:按照反向推理方式进行推理,为求解(Uncle ? y ? z),首先应该通过过程调用求解(Brother ? x y)得到 x 的值,然后将得到的 x 值传递给(Father x z)并求解它,如果这些操作都成功,就将(Uncle y z)插入到数据库中,并将控制权返回给调用者。

2.7.3 过程表示的问题求解过程

在用过程规则表示知识的系统中,问题求解的基本过程为:每当有一个新的目标时,就从可用的过程规则中选择一个(假设为 R),并执行该过程规则 R。在 R 的执行过程中可能会产生新的目标,此时就调用相应的过程规则并执行它。如此反复进行下去,直到执行到RETURN 语句,这时就将控制权返回给调用当前过程规则的上一级控制规则(设为 Q),对 Q 也做同样的处理,并按调用时的相反次序逐级返回。在这个过程中,如果某个过程规则运行失败,就选择另一个同层的可匹配的过程规则执行,如果不存在这样的过程规则,则返回失败标志,并将控制权移交给上级过程规则。

还是针对以上叔侄关系的例子,假设数据库中已有的事实为

$$（Brother\quad 常江\quad 常河）$$

$$（Father\quad 常江\quad 常欢）$$

其中,第一个事实表示常江是常河的弟弟;第二个事实表示常江是常欢的父亲。

假设要求解的问题是:找出两个人 u 和 v,其中 u 是 v 的伯父。因此,待求解的问题可描述为

$$GOAL(Uncle\ ?\ u\ ?\ v)$$

根据以上给出的求解方法,求解过程如下。

（1）在过程规则库中找出对于问题 GOAL(Uncle ? u ? v),其激发条件可被满足的过程规则。显然 BR(Uncle ? y ? z)经过变量代换 u/y、v/z 后可以匹配,所以选用该过程规则。

（2）执行该过程规则中的第二个语句 GOAL(Brother ? x y)。由于 y 已经被 u 代换,而且经过与事实(Brother 常江 常河)匹配,可求得变量 x 和 u 的值,即

$$x=常江,\quad u=常河$$

（3）执行该过程规则中的第二个语句 GOAL(Father x z),此时 x 的值在上步已经求出,z 在第(1)步已被 v 替换,而且经过与已知事实(Father 常江 常欢)的匹配,可以求得变量 v 的值,即

$$v=常欢$$

（4）执行该过程规则中的第三个语句 INSERT(Uncle y z)。此时 y 和 z 的值都已经知道,即

$$y=常河,\quad z=常欢$$

所以插入数据库的事实为

$$Uncle(常河,常欢)$$

表明"常河是常欢的伯父",问题求解结束。

2.7.4 过程表示的特点

过程表示的特点如下。

1. 效率较高

过程表示法用过程(程序)表示知识,而程序能准确地表明操作的步骤,即先做什么、后做什么、怎么做,用户还可以给程序加入一些启发式的控制知识,避免选择和匹配那些无关的知识,避免跟踪不必要的路径,问题求解效率较高。

2. 控制系统容易设计

由于控制性的知识已经嵌入程序中,所以控制系统比较容易设计,它仅起着解释过程规则的作用。

3. 不易修改维护

过程表示法没有固定的形式,不易修改和添加新知识,对某个过程的修改可能会影响到其他过程,系统维护不便。因此,不少学者尝试将陈述性知识表示和过程性知识表示结合,以提高系统的可维护性、可理解性和运行效率。

2.8 Petri 网表示法

Petri 网的概念是德国科学家 Carl Adam Petri 于 1962 年在其博士论文 *Communication with Automata* 中首次提出的一种网状结构模型,用于描述和构造通信系统并进行动态分析,后来逐渐被用作表示知识的方法。Petri 网既有直观的图形表达方式,又有严谨的数学分析方法,在描述和分析异步、并发、不确定现象等方面有独到的优势。

2.8.1 表示知识的方法

Petri 网是一种网状信息流模型,它的结构元素主要包括库所(Place)、变迁(Transition)和弧(Arc)。其中,库所也称为位置,表示系统的状态,如计算机与通信系统的队列、缓冲和资源等;变迁也称为转换,表示资源的消耗、使用及使系统状态产生的变化,如计算机和通信系统的信息处理、发送和资源存取等,变迁的发生受到系统状态的控制;弧规定局部状态和事件之间的关系。以下给出 Petri 网的一些基本定义。

定义 2-7 三元组 $N=(P,T;F)$ 构成网的充分必要条件如下。

(1) $P=\{p_1,p_2,\cdots,p_n\}$ 是位置的有限集合。

(2) $T=\{t_1,t_2,\cdots,t_n\}$ 是转换的有限集合。

(3) $P\cup T\neq\varnothing$(非空性),$P\cap T\neq\varnothing$(二元性)。

(4) $F\subseteq(P\times T)\cup(T\times P)$。

(5) $\mathrm{dom}(F)\cup\mathrm{cod}(F)=P\cup T$。

式中,$\mathrm{dom}(F)=\{x\mid\exists y:(x,y)\in F\}$,$\mathrm{cod}(F)=\{y\mid\exists x:(x,y)\in F\}$,它们分别是 F 的定义域和值域;P 和 T 是网的基本元素,P 元素用圆圈表示,T 元素用短线表示;F 是网的流关系,用带箭头的有向弧表示。

针对不同的应用,Petri 网表示法中网的构成及构成元素意义均不相同,但有三种元素是基本相同的,即位置、转换和标记,这三者之间的关系如图 2-31 所示。

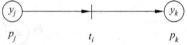

图 2-31 Petri 网的 3 个元素

图 2-31 中,p_j 与 p_k 分别表示第 j 个位置和第 k 个位置,y_j 与 y_k 分别表示这两个位置的标记,t_i 是某个转换。

如果用 p_j 与 p_k 分别对应产生式规则的前提 d_j 以及结论 d_k,用 t_i 表示规则的强度 μ_i,那么图 2-31 所示的 Petri 网的含义为

$$\mathrm{IF}\quad d_j\quad\mathrm{THEN}\quad d_k\quad(\mathrm{CF}=\mu_i)$$

对于比较复杂的系统或知识,Petri 网用一个八元组来表示知识间的因果关系,其形式为

$$(P,T,D,I,O,f,\alpha,\beta)$$

其中,P 是位置的有限集合,$P=\{p_1,p_2,\cdots,p_n\}$;T 是转换的有限集合,$T=\{t_1,t_2,\cdots,t_n\}$;D 是命题的有限集合,$D=\{d_1,d_2,\cdots,d_n\}$;I 为输入函数,表示从位置到转换的映射;O 为输出函数,表示从转换到位置的映射;f 为相关函数,表示从转换到 0~1 之间的一个实数映射,刻画了规则强度;α 为相关函数,表示从转换到 0~1 之间的一个实数映射,刻画了位置对应命题的可信度;β 为相关函数,表示从位置到命题的映射,刻画了表示位置对应的命题。

上面提到的规则强度和可信度的概念来自于不确定性推理技术,是用于描述不确定性知识的。可信度是描述知识不确定性的众多方法中的一种,一般值越大表示知识的可信程度越高,对于一个产生式规则,其可信度称为规则强度。关于不确定性知识的表示和推理将在后续章节详细介绍。

假设有以下产生式规则,即

$$\text{IF} \quad d_j \quad \text{THEN} \quad d_k \quad (\text{CF} = \mu_i)$$

若 d_j 的可信为 0.8,规则强度 $\mu_i = 0.9$,则 Petri 网中各元素的内容分别为

$$P = \{p_j, p_k\}, \quad T = \{t_i\}, \quad D = \{d_j, d_k\}$$
$$I(p_j) = \{t_i\}, \quad O(t_i) = \{p_k\}, \quad f(t_i) = \mu_i = 0.9$$
$$\alpha(p_j) = 0.8, \quad \beta(p_j) = d_j, \quad \beta(p_k) = d_k$$

又如,对于以下产生式规则集,其 Petri 网如图 2-32 所示。

$$R_1: \quad \text{IF} \quad d_1 \quad \text{THEN} \quad d_2 \quad (\text{CF} = 0.85)$$
$$R_2: \quad \text{IF} \quad d_2 \quad \text{THEN} \quad d_3 \quad (\text{CF} = 0.8)$$
$$R_3: \quad \text{IF} \quad d_2 \quad \text{THEN} \quad d_4 \quad (\text{CF} = 0.8)$$
$$R_4: \quad \text{IF} \quad d_4 \quad \text{THEN} \quad d_5 \quad (\text{CF} = 0.9)$$
$$R_5: \quad \text{IF} \quad d_1 \quad \text{THEN} \quad d_6 \quad (\text{CF} = 0.9)$$
$$R_6: \quad \text{IF} \quad d_6 \quad \text{THEN} \quad d_9 \quad (\text{CF} = 0.95)$$
$$R_7: \quad \text{IF} \quad d_1 \quad \text{AND} \quad d_8 \quad \text{THEN} \quad d_7 \quad (\text{CF} = 0.7)$$
$$R_8: \quad \text{IF} \quad d_7 \quad \text{THEN} \quad d_4 \quad (\text{CF} = 0.82)$$

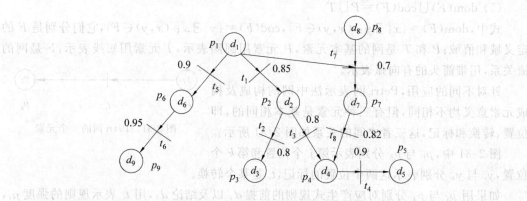

图 2-32　产生式规则集的 Petri 网

除了能将产生式规则转换为 Petri 网外,用谓词逻辑和语义网络表示的知识也可以用 Petri 网表示,以下是谓词逻辑与 Petri 网以及语义网络与 Petri 网映射的基本原理和一些例子。

由于 Horn 子句逻辑与一阶谓词逻辑具有相同的表达能力,即任何一个谓词公式都可转换成等价的一组 Horn 子句,因此可以将谓词逻辑与 Petri 网的映射方法限定在 Horn 子句逻辑范围内。Horn 逻辑将在后续章节详细说明,这里不做过多讨论。

一个 Horn 子句一般有以下形式,即

$$B \leftarrow A_1, A_2, \cdots, A_n$$

其中,符号 ← 的含义为当 $A_1, A_2, \cdots, A_n$ 所有条件都成立,则蕴含结论 B 成立。在 Hom 子句中,可以有零个或多个条件的"与",但最多只能有一个结论。Horn 子句分为三类:过程

是下列形式的蕴含式,即 $B \leftarrow A_1, A_2, \cdots, A_n$;断言或事实是下列形式的正单位子句,即 $B \leftarrow$;目标子句是下列形式的负子句,即 $\leftarrow A_1, A_2, \cdots, A_n$。这三种形式的子句用 Petri 网表示,如图 2-33 所示。

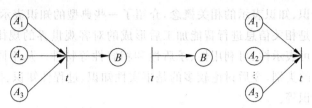

图 2-33　三类 Horn 子句的 Petri 网

语义网络是用网络来模拟人类的联想记忆的,从图论的观点来看,它其实就是一个带标识的有向图。将这样一个有向图转换为 Petri 网,直观上只需将每个结点转化为 Petri 网中的位置,每条有向边都变为一个转换,结点的＜属性-值对＞也应和结点分开表示。例如,图 2-34 所示的语义网络可以转换为图 2-35 所示的 Petri 网。

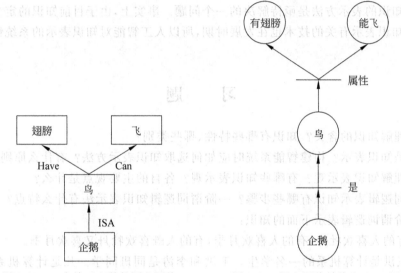

图 2-34　一个关于企鹅的语义网络　　　图 2-35　语义网络转换为 Petri 网

2.8.2　Petri 网表示法的特点

Petri 网表示法的特点如下。

1. 直观易理解

Petri 网具有很好的模型描述特性,如并发、异步和不确定性等,便于描述系统状态的变化以及对系统特性进行分析。

2. 便于研究理解

可以在不同层次上变换描述,而不必注意细节及相应的物理表示,这样就可以把注意力集中到某一个层次的研究上。

本 章 小 结

本章讨论了知识、知识表示的相关概念,介绍了一些典型的知识表示方法。

知识可以看作是相关信息进行智能加工后形成的对客观世界的规律性认识,具有相对正确性、不确定性、可表示性、可利用性、矛盾性和相容性等特性。从不同的角度,可以将知识划分为很多不同的类别,今后讨论较多的是事实性知识、过程性知识、控制性知识、确定性知识和不确定性知识等。

知识表示是对知识的一种描述或约定,应该是适合机器接收、管理和运用的数据结构。知识表示观是指导知识表示研究的思想观点,主要有认识论、本体论和知识工程论。

本章介绍了 7 种知识表示方法及其推理技术,并讨论了它们的优、缺点。对同一知识可以选择不同的知识表示方法(或模式)来表示,应根据具体的应用领域,基于一些原则选择最合适的一种。

目前已有的知识表示方法大多偏重于实际应用,缺乏严格的底层理论支撑,还没有形成规范,常识知识的表示方法是亟待解决的一个问题。事实上,由于目前知识的定义还没有严格统一,与知识表示有关的技术也在发展时期,所以人工智能对知识表示的系统性研究才刚刚开始。

习 题

2-1 如何理解知识的含义?知识有哪些特性、哪些类别?

2-2 什么是知识表示?构建智能系统时应如何选取知识表示方法?有什么原则?

2-3 如何理解知识表示观?有哪些知识表示观?各自的主要观点是什么?

2-4 用谓词逻辑表示知识有哪些步骤?一阶谓词逻辑知识表示法有什么特点?

2-5 用一阶谓词逻辑表示下面的知识:

(1) 有的人喜欢牡丹,有的人喜欢月季,有的人既喜欢牡丹又喜欢月季。

(2) 王洪是计算机系的一名学生。王洪和李涛是同班同学。凡是计算机系的学生都喜欢编程序。

(3) 如果停车场里有辆银灰色的斯柯达,那么它一定是王强的。

(4) 并不是每个计算机系的学生都喜欢写代码。

2-6 房间内有一只猴子,位于 a 处。在 c 处上方的天花板上有一串香蕉,猴子想吃但摘不到。在房间 b 处还有一只箱子,如果猴子站到箱子上,可以摸到天花板。请用一阶谓词逻辑表示猴子为了摘到香蕉要完成的操作过程。问题初始状态和目标状态如图 2-36 所示。

2-7 产生式知识表示方法如何表示事实和规则?产生式与蕴含式有什么区别和联系?

2-8 产生式知识表示方法有什么特点?

2-9 什么是产生式系统?它由哪些模块构成?这些模块各自有什么作用?

2-10 什么是语义网络?语义网络表示法有什么特点?

2-11 用语义网络表示法表示下面的知识:

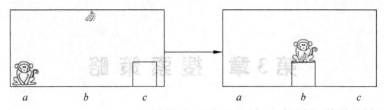

图 2-36　猴子摘香蕉问题的初始状态和目标状态

(1) 树和草都是植物,树和草都有叶和根,水草是草,水草生活在水中,果树是树,果树会结果,苹果树是一种果树,苹果树能结苹果。

(2) 动物能运动、会吃,鸟是一种动物,鸟有翅膀、会飞,鱼是一种动物,鱼生活在水中,知更鸟是一种鸟,其寿命有 15 年,秋秋是一只知更鸟,从春天到秋天占有一个巢。

(3) All branch managers of DEC participate in a profit-sharing plan.

(4) Stephen William Hawking,1942 年出生于英国牛津,是英国剑桥大学应用数学与理论物理学系的物理学家,主要研究领域是宇宙论和黑洞。宇宙论是研究宇宙的大尺度结构和演化的学科,黑洞是根据广义相对论所预言、在宇宙空间中存在的一种质量相当大的天体和星体。Hawking 在 1979—2009 年间担任卢卡斯数学教授,卢卡斯数学教授是英国剑桥大学的一个荣誉职位,授予对象为数理相关的研究者。

2-12　什么是框架? 框架的一般表示形式是什么?

2-13　简要说明框架表示法的特点。

2-14　写出一个表示学生的框架。

2-15　构建一个描述师生员工的框架系统。

2-16　写出一个描述去医院看病的脚本。

2-17　简要说明脚本表示法有什么特点。

2-18　陈述性表示与过程性表示有什么区别?

2-19　试写出下面产生式规则集的 Petri 网:

R_1:IF　d_1　THEN　d_2　(CF=0.7)

R_2:IF　d_2　THEN　d_3　(CF=0.8)

R_3:IF　d_3　AND　d_4　THEN　d_5　(CF=0.85)

R_4:IF　d_5　AND　d_6　THEN　d_7　(CF=0.9)

第3章 搜索策略

在进行问题的智能求解时，一般会涉及两个部分。

第一部分是问题的表示，也就是把待求解的问题表示出来。如果一个问题找不到一种合适的表示方法，对它的求解也就无从谈起。在第 2 章中已经讨论过各种知识表示技术，可以基于这些技术表示待求解的问题。

第二部分是问题的具体求解，即针对问题，分析其特征，选择一种相对合适的方法进行求解。目前问题求解的基本方法有搜索法、归约法、归结法、推理法、约束满足法、规划和产生式、模拟退火法、遗传算法等。

本章主要讨论问题的搜索求解策略，即采用搜索法求解问题时怎样表示问题、怎样基于具体的搜索策略解决问题。

3.1 概　　述

搜索是人工智能的经典问题之一，它与推理密切相关，搜索策略的优劣直接影响智能系统的性能。以下给出搜索的概念，并对搜索的基本过程、控制策略以及搜索策略的分类等做一个简单的介绍。

3.1.1 搜索概述

人工智能所要解决的问题大多数是结构不良或非结构化的问题。对于这样的问题，一般很难获得其全部信息，也没有成熟的求解算法可供利用，问题求解只能依靠经验，利用已有的知识一步步地摸索着前进。例如，对于医疗诊断的智能系统，基于已知的初始症状，需要在规则库中寻找可以使用的医疗知识，逐步诊断出患者的疾病，这就存在按照何种线路进行诊断的问题。另外，从初始的症状到最后疾病的判断可能存在多条诊断路线，这就存在按照哪条路线进行诊断可以获得较高求解效率的问题。像这种根据问题的实际情况，不断寻找可以利用的知识，从而构造出一条代价较少的推理路线，使得问题得到圆满解决的过程称为搜索。

人工智能进行问题求解时，即使对于结构性能较好，理论上也有算法可依的问题，如果问题本身或算法的复杂性较高（如按照指数级增长），同时受计算机在时间和空间上的限制，会产生人们常说的组合爆炸问题。例如，64 阶汉诺塔问题有 3^{64} 种状态，仅从空间上看，这是任何计算机都无法存储的问题。再如，在实现一个能进行人机对弈的智能系统时，计算机为了取得胜利，需要考虑所有的可能性，然后选择最佳的走步方式，设计这样的算法并不困难，但却需要计算机惊人的时间和空间代价。对于这种虽然理论上有算法但却无法付诸实现的问题，有时也需要通过搜索策略来解决。

搜索中需要解决的基本问题有以下几个。

(1) 搜索过程是否一定能找到一个解？

(2) 搜索过程是否能终止运行？或是否会陷入一个死循环？

（3）当搜索过程找到一个解时，找到的是否是最佳解？

（4）搜索过程的时间和空间复杂性如何？

我们曾经遇到过的走迷宫问题、旅行商问题、八数码问题等，都是很经典的搜索问题，后文会基于这些典型问题的求解，探讨不同的搜索策略及其特征。

3.1.2 搜索的主要过程

不同的搜索策略，搜索的具体步骤并不一样，但它们都具有以下主要过程。

（1）从初始状态或目标状态出发，并把它们作为当前状态。

（2）扫描操作算子集（操作算子用于实现状态的转换），将适用于当前状态的一些操作算子作用于当前状态得到新的状态，并建立指向其父结点的指针。

（3）检查所生成的新状态是否满足结束状态？如果满足，则得到问题的一个解，并可以沿着有关指针从结束状态逆向到达开始状态，给出这一解的路径；否则，将新状态作为当前状态，返回第（2）步再进行搜索。

3.1.3 搜索策略的分类

可以根据搜索过程中是否使用了启发性的信息将搜索分为盲目搜索和启发式搜索两种类型。

盲目搜索，也称无信息引导的搜索，是指没有利用和问题相关的知识，按照预定的控制策略进行搜索，在搜索过程中获得的中间信息也不用来改进控制策略。由于搜索总是按照预先设定的路线进行，没有考虑待求解问题本身的特性，因此这种搜索具有盲目性，效率不高，不擅长解决复杂问题。但盲目搜索具有通用性，当一时难以找到待求解问题的有效知识时，是一种不得不采用的方法。

启发式搜索，也称有信息引导的搜索，它与盲目搜索正好相反，在搜索中加入了与问题有关的启发性信息，用以指导搜索朝着最有希望的方向前进，加速了问题求解的过程，以尽快找到（最佳）解。启发式搜索由于利用了问题的有关知识，一般来说，问题的搜索范围会有所缩小，搜索效率会有所提高。但如何找到对问题求解有帮助的知识，以及如何利用这些知识，是启发式搜索的关键和难点。

根据问题的表示方式，也可以将搜索分为状态空间搜索和与/或图搜索。由于涉及的细节较多，这里不做过多阐述，状态空间搜索策略将在 3.2 节～3.4 节详细讨论，与/或图搜索策略则放在 3.5 节、3.6 节说明。

3.1.4 搜索的方向

搜索可以沿着两个方向进行，即正向搜索和逆向搜索。

1. 正向搜索

正向搜索指从初始状态出发的搜索，也称为数据驱动的搜索。它从问题给出的条件和一个用于状态转换的操作算子集出发，不断应用操作算子从给定的条件中产生新的条件，再用操作算子从新条件中产生更多的新条件，直到有满足目标要求的解产生为止。

2. 逆向搜索

逆向搜索指从目标状态出发的搜索，也称为目标驱动的搜索。它从想要达到的目标入手,看哪些操作算子能产生该目标,以及应用这些操作算子产生该目标时需要哪些条件,这些条件就成为想要达到的新目标,即子目标。通过反向搜索不断寻找子目标,直到找到问题给定的条件为止,这样就找到了从初始状态到目标状态的解,尽管搜索方向和解正好相反。

究竟采用正向搜索还是逆向搜索,一般应该考虑以下 3 个因素。

(1) 初始状态和目标状态中,哪个状态多? 一般从小的状态集合出发朝大的状态集合搜索,这样问题求解更容易一些。

(2) 正向搜索和逆向搜索哪个分支因素低? 一般朝着分支因素低的方向进行搜索。分支因素是指从一个结点出发可以直接到达的平均结点数。

(3) 选择搜索方向时还可以考虑操作算子的数目和复杂性、状态空间的形状和人们的思考方法等。

当然,也可以将正向搜索和逆向搜索结合起来构成双向搜索,即两个方向同时进行,直到在中间的某处汇合为止。

3.1.5　主要的搜索策略

到目前为止,人工智能领域已经出现了很多具体的搜索方法,概括起来有以下几种。

1. 求任一解的搜索策略

(1) 回溯法(BackTracking)。

(2) 爬山法(Hill Climbing)。

(3) 宽度优先法(Breadth-first)。

(4) 深度优先法(Depth-first)。

(5) 限定范围搜索法(Beam Search)。

(6) 最佳优先法(Best-first)。

2. 求最佳解的搜索策略

(1) 大英博物馆法(British Museum)。

(2) 分支界限法(Branch and Bound)。

(3) 动态规划法(Dynamic Programming)。

(4) 最佳图搜索法(A^*)。

3. 求与/或关系解图的搜索法

(1) 一般与/或图搜索法(AO^*)。

(2) 极小极大法(Minimax)。

(3) α-β 剪枝法(Alpha-beta Pruning)。

(4) 启发式剪枝法(Heuristic Pruning)。

本章将对其中几个基本的搜索策略做进一步讨论。

3.2　状态空间知识表示方法

人工智能虽然有很多研究领域,而且每个研究领域又有自己的特点和规律,但从它们解决实际问题的过程来看,都可以归纳抽象成一个"问题求解"的过程。采用搜索法进行问题求解时,首先必须采用某种知识表示技术将待求解的问题表示出来,其表示方法是否恰当将直接影响问题求解的效率。

本节介绍的状态空间表示法和后文将要介绍的与/或图表示法是两种基本的知识表示方法,可以用来表示问题及其求解过程。考虑到它们和搜索问题的密切关系,以及搜索问题在人工智能研究中的核心地位,将这两种知识表示技术放在本章详细讨论,而没有将它们同谓词逻辑、产生式、语义网络等知识表示技术一起放在"第 2 章 知识表示"中单独说明。

3.2.1 状态空间表示法

状态空间表示法是用"状态"和"操作"来表示和求解问题的一种方法。其中,"状态"用来描述问题求解过程中的各种情况,"操作"用来实现"状态"之间的转换。

1. 状态

状态(State)是描述问题求解过程中每一步问题状况的数据结构,一般采用以下形式表示,即

$$S_k = (S_{k0}, S_{k1}, \cdots)$$

其中,当对每一个分量 S_{ki} 赋予一个确定的值时,就得到了一个具体的状态。在实际问题求解时,可以采用任何恰当类型的数据结构来描述状态,如符号、字符串、向量、多维数组、树和表格等,使之有利于问题的解决。

2. 操作

操作(Operator),也称为算符,是将问题从一个状态转换为另一个状态的手段。当对一个状态使用某个可用的操作时,会引起该状态中某些分量的值的变化,导致问题从这个状态转换为另一个状态。简单地说,操作可以看成是状态集合上的一个函数,它描述了状态之间的关系。操作可以是一个运算、一条规则、一个过程或一个机械步骤。例如,在产生式系统中,操作实际就是一条条的产生式规则。

3. 状态空间

状态空间(State Space)是由问题的全部状态和全部可用操作构成的集合,它描述了问题的所有状态和它们之间的相互关系,一般用一个四元组表示,即

$$(S, O, S_0, G)$$

其中,S 是状态集合,S 中的每一个元素表示一个状态;O 是操作的集合,O 中的每一个元素表示一个操作;S_0 是问题的初始状态集合,是 S 的非空子集,$S_0 \subset S$;G 是问题的目标状态集合,是 S 的非空子集,$G \subset S$,G 可以是若干具体的状态,也可是满足某些性质的路径信息描述。

从 S_0 结点到 G 结点的路径被称为求解路径。

状态空间的一个解是一个有限操作算子序列,它使初始状态转化为目标状态,即

$$S_0 \xrightarrow{O_1} S_1 \xrightarrow{O_2} S_2 \xrightarrow{O_3} \cdots \xrightarrow{O_k} G$$

其中,O_i 为操作算子,$O_1, O_2, O_3, \cdots, O_k$ 是状态空间的一个解。解也可以用对应的状态序列来表示。当然,解往往不是唯一的。

例 3-1 八数码问题的状态空间表示。

八数码问题(重排九宫问题)是在图 3-1 所示的 3×3 的方格棋盘上,放置 8 张标记为 $1 \sim 8$ 的将牌,还有一个空格,空格四周上下

1	2	5
3		4
8	7	6

图 3-1 八数码问题的
一个状态

左右的将牌可以移动到空格中。需要找到一种将牌移动的方式,使 8 张将牌的排列由某种情况转换为另一种情况。用状态空间表示法表示八数码问题。

【解】 现对八数码问题的状态空间表示中状态、操作和状态空间的形式进行说明。

(1)8 张将牌的任何一种排列方式都是一种状态,所有的排列方式构成了状态集合 S,其大小为 9!个。

(2)操作是进行状态变换的手段,可以从两个角度进行设计。从将牌的角度看,操作可以是对将牌的移动,每张将牌可以有上、下、左、右 4 个移动方向,一共有 8 张将牌,因此操作算子共有 $4 \times 8 = 32$ 个;从空格的角度看,操作也可以看成是对空格的移动,空格可以有上、下、左、右 4 个移动方向,而且只有 1 个空格,因此操作算子共有 $4 \times 1 = 4$ 个,即空格上移Up、空格下移 Down、空格左移 Left 和空格右移 Right。显然后一种操作的设计方式更为简单。值得注意的是,并不是任何状态都可以使用这 4 个操作,对某个状态实施操作时还要确保空格不会被移出方格棋盘之外。例如,当空格在左下角时,只有两个操作可以使用,它们是空格上移 Up 和空格右移 Right。同理,如果从将牌移动的角度设计操作,也并不是任何状态都可以使用 32 个操作,毕竟只有和空格相邻的将牌才能移动。

(3)状态空间描述了问题所有的状态和它们之间的关系,在四元组(S,O,S_0,G)中,状态集合与操作集合都已在上面说明,问题的初始状态集合 S_0 和目标状态集合 G 可以是需要的任何布局,如图 3-2 就是其中的一种。在搜索问题中,其实就是要寻找到一个将牌移动的序列(操作序列),使得问题由初始状态变换为目标状态。

图 3-2 八数码问题的初始状态和目标状态

例 3-2 二阶汉诺塔问题的状态空间表示。

假设有编号为 1 号、2 号和 3 号的 3 个钢针,初始情况下,1 号钢针上穿有 A 和 B 两个金片,A 比 B 小,A 位于 B 的上面。要求通过金片的移动将 A 和 B 移动到另外一根钢针上,规定每次只能移动一个金片,而且任何时刻都不能使大的金片位于小的金片上方。问题的初始状态和目标状态如图 3-3 所示。

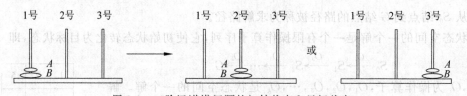

图 3-3 二阶汉诺塔问题的初始状态和目标状态

【解】 现对汉诺塔问题用状态空间表示法表示时,状态、操作和状态空间的形式进行说明。

(1)两个金片任意一种合法的放置方式都是一种状态,假设状态用二元组 $S_k = (S_{k0},$

S_{k1})表示,其中 S_{k0} 表示金片 A 所在的钢针号,S_{k1} 表示金片 B 所在的钢针号。如 $S_0 = (1,1)$ 表示 A 片在 1 号钢针上,B 片也在 1 号钢针上,且 A 片在 B 片上面。

(2) 问题全部可能的状态一共有 9 种,即

$$S_0 = (1,1) \quad S_1 = (1,2) \quad S_2 = (1,3)$$
$$S_3 = (2,1) \quad S_4 = (2,2) \quad S_5 = (2,3)$$
$$S_6 = (3,1) \quad S_7 = (3,2) \quad S_8 = (3,3)$$

如图 3-4 所示。它们构成了状态集合 S,其大小为 9 个。

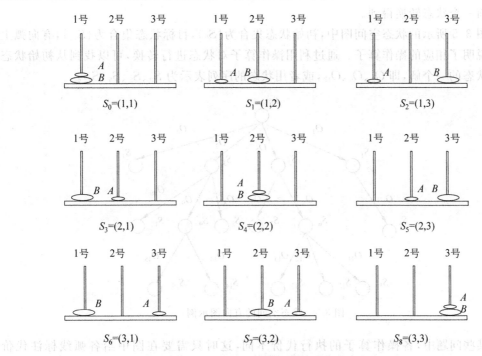

图 3-4　二阶汉诺塔问题的所有状态

(3) 初始状态集合为 $\{S_0\}$,目标状态集合为 $\{S_4, S_8\}$。

(4) 操作是进行状态变换的手段,分别用 $A(i,j)$ 和 $B(i,j)$ 表示,其中 $A(i,j)$ 表示把 A 片从第 i 号钢针移动到第 j 号钢针上,$B(i,j)$ 表示把 B 片从第 i 号钢针移动到第 j 号钢针上。操作共有 12 种,它们分别是:

$$A(1,2) \quad A(1,3) \quad A(2,1) \quad A(2,3) \quad A(3,1) \quad A(3,2)$$
$$B(1,2) \quad B(1,3) \quad B(2,1) \quad B(2,3) \quad B(3,1) \quad B(3,2)$$

在进行问题求解时,应当注意保证状态的合法性,即保证操作算子使用后不会使大的金片位于小的金片上方。

(5) 状态空间描述了问题所有的状态和它们之间的关系,状态集合、操作集合、初始状态集,目标状态集在上面都已说明。在搜索问题中,其实就是要寻找到一个移动金片的操作序列,使得问题由初始状态变换为目标状态。

3.2.2　状态空间图

状态空间可以用有向图来描述,因为图是最直观的。图中的结点表示问题的状态,图中

的有向弧表示状态之间的关系,也就是操作。

进行问题求解时,初始状态对应实际问题的已知信息,是图的根结点。问题求解就是寻找从初始状态转换为目标状态的某个操作算子序列,也就是寻找从初始状态到目标状态的一条路径。因此,问题的解又可以很形象地称为解路径。

和操作算子序列对应的,问题的解也可以是一个合法状态的序列,其中序列的第一个状态是问题的初始状态,最后一个状态是问题的结束状态。介于初始状态和结束状态之间的则是中间状态。除了第一个状态外,该序列中任何一个状态,都可以通过一个操作,由与它相邻的前一个状态转换得到。

在图 3-5 所示的状态空间图中,初始状态集合为 $\{S_0\}$,目标状态集合为 $\{S_{12}\}$,有向弧上的标识说明了相应的操作算子。通过利用操作算子对状态进行转换,可以找到从初始状态到目标状态的一个解,即 O_2、O_6、O_{12},或者用状态的序列表示为 S_0、S_2、S_6、S_{12}。

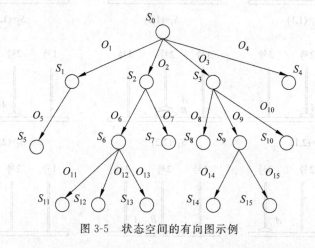

图 3-5 状态空间的有向图示例

在某些问题中,各操作算子的执行代价不同,这时只需要在图中给各弧线标注代价即可。

一般来说,实际待求解问题的规模是比较大的,即问题所有可能出现的状态数是比较多的。当问题有解时,如何缩小搜索范围,快速有效地找到问题的解,甚至是问题的最佳解,正是搜索问题所要研究和探讨的。不难想象,对同一个问题来说,采用不同的搜索策略,找到解的搜索空间是有区别的。一般来说,对大空间问题,搜索策略就是要解决组合爆炸的问题。

例 3-3 旅行商问题(Traveling Salesman Problem,TSP)的状态空间图。

假设一个推销员从图 3-6 所示的 A 城市出发,到其他所有城市去推销产品,最终再回到出发地 A 城市,需要找到一条路径,能使推销员访问每个城市后回到出发地经过的路径最短或费用较少。各个城市之间的距离(或费用)标注在弧线上。

图 3-7 描述了旅行商问题的部分状态空间图。最下方的表格里列出了各条路径及其耗散(代价)。

在前面的例子中,都可以画出问题的全部状态空间图,即使对于例 3-3 的五城市旅行商问题而言,虽然只画出了状态空间图的一部分,但将其补充完整是可能的。但是,如果是 80 个城市的旅行商问题,要在有限时间画出问题的全部状态空间图难度却很大,因此,这类显

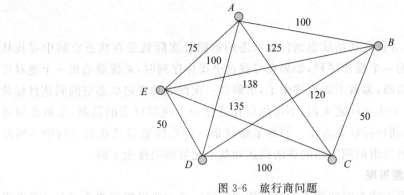

图 3-6　旅行商问题

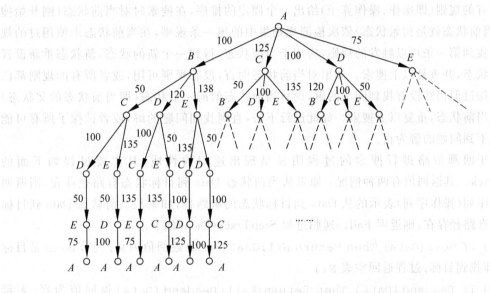

路径：	ABC	ABC	ABD	ABD	ABE	ABE	…
	DEA	EDA	CEA	ECA	CDA	DCA	…
距离：	375	435	530	530	573	513	…

图 3-7　旅行商问题的部分状态空间图

示的描述对于复杂问题来说是不切实际的,而对于包含无限结点的问题更是不可能的,此时,一个问题的状态空间是客观存在的,只不过是用 n 元组之类的隐式描述而已。

3.3　状态空间的盲目搜索

盲目搜索的过程中由于没有利用与问题有关的启发性知识,其搜索效率可能不如启发式搜索,但由于启发式搜索需要启发性信息,而启发性信息的获取和利用一般比较困难,因此在难以获取启发性信息的情况下,盲目搜索不失为一种比较好的选择。本节主要讨论状态空间的盲目搜索策略。

3.3.1 回溯策略

前面已经分析过,寻找从初始状态到目标状态的解路径实际就是在状态空间中寻找从初始状态到目标状态的一个操作序列,如果在寻找这个操作序列时,系统能给出一个绝对可靠或绝对正确的选择策略,那就不需要搜索了,求解会一次性成功穿过状态空间到达目标状态,得到解路径。但对于实际问题来说,不可能存在这样一个绝对可靠的预测,求解必须通过不断地尝试,直到找到目标状态为止。回溯策略就是一种系统地尝试状态空间中不同路径的搜索技术。以下将给出回溯策略的算法描述和基于此策略的搜索实例。

1. 一个基本的回溯策略

回溯策略是一种用于状态空间搜索的盲目搜索策略。其主要思想简单来说是:首先将问题所有的规则(即操作、操作算子)给出一个固定的排序,在搜索时对当前状态(刚开始搜索时,当前状态就是初始状态)依次检测规则集中的每一条规则,在当前状态未使用过的规则集中找到第一条可以触发的规则,应用于当前状态,得到一个新的状态,新状态重新设置为当前状态,并重复以上搜索。如果对当前状态而言,没有规则可用,或者所有的规则都已经被试探过但仍然没有找到问题的解,则将当前状态的前一个状态(即当前状态的父状态)设置为当前状态,重复以上搜索。如此进行下去,直到找到问题的解,或者试探了所有可能后仍找不到问题的解为止。

基于回溯策略进行搜索的过程明显呈现出递归的性质,其主要过程如下面的StepTrack。其返回值有两种情况:如果从当前状态 Data 到目标状态有路径存在,则返回以规则序列(操作序列)表示的从 Data 到目标状态的解路径;如果从当前状态 Data 到目标状态没有路径存在,则返回 Fail。递归过程 StepTrack(Data)如下。

(1) If Goal(Data) Then Return Nil;Goal(Data)返回值为真,表示 Data 是目标状态,即找到目标,过程返回空表 Nil

(2) If Deadend(Data) Then Return Fail;Deadend(Data)返回值为真,表示 Data 是非法状态,过程返回 Fail,即需要回溯

(3) Rules :=Apprules(Data);如果 Deadend(Data)返回值为假,执行 Apprules 函数,计算 Data 所有可应用的规则,再按照某种原则排列后赋给 Rules

(4) Loop: If Null(Rules) Then Return Fail;Null(Rules)返回值为真,表示规则用完未找到目标或根本没有可应用的规则,过程返回 Fail,即需要回溯

(5) R :=First(Rules);取头条可应用的规则

(6) Rules :=Tail(Rules);删去头条规则,更新未被使用的规则集

(7) Newdata :=Gen(R,Data);调用规则 R 作用于当前状态,生成新状态

(8) Path :=StepTrack(Newdata);对新状态递归调用本过程

(9) If Path=Fail Then Go Loop Else Return Cons(R,Path);当 Path=Fail 时,表示递归调用失败,没有找到从 Newdata 到目标的解路径,转移到 Loop 处调用下一条规则进行测试;否则过程返回解路径

递归过程 StepTrack(Data)将递归和循环结合在一起,实现了解路径的纵向和横向搜索。如图 3-8 所示,如果当前状态 A 不是目标状态,则对它第一个子状态 B 调用回溯过程

StepTrack(B)，在 StepTrack(B) 中，又首先对 B 的第一个子状态 E 调用回溯过程 StepTrack(E)，…，这是一种纵向的搜索，依靠递归来实现。如果在以 B 为根的子图中没有找到目标状态，就对 B 的兄弟状态 C 调用回溯过程 StepTrack(C)，如果在以 C 为根的子图中没有找到目标状态，就对 B 和 C 的兄弟状态 D 调用回溯过程 StepTrack(D)，…，这是一种横向的搜索，依靠循环来实现。图 3-8 给出了一个状态空间中搜索 A 到 D 的解路径的回溯搜索过程，图中虚线箭头指出了搜索的轨迹，结点旁边的数字说明了该结点被搜索到的次序。

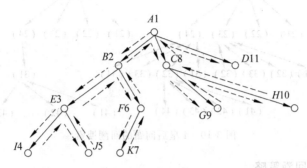

图 3-8 回溯搜索示意图

算法 StepTrack(Data) 有以下几点需要注意。

(1) 当某一个状态 t 满足结束条件时，算法在第(1)步结束并返回 Nil，此时 StepTrack(t) 的返回值为 Nil，即 t 到目标状态的解路径是一张空的规则表。

(2) 算法返回 Fail 发生在第(2)和第(4)步，第(2)步由于不合法状态返回 Fail，第(4)步由于所有规则都试探失败返回 Fail。一旦返回 Fail，意味着过程会回溯到上一层继续运行，而在最高层返回 Fail 则整个过程失败退出。

(3) 如果找到解路径，算法在第(9)步通过 Cons 函数构造出解路径。

例 3-4 N 皇后问题的回溯实现。

在一个 $N \times N$ 的国际象棋棋盘上，依次摆放 N 个皇后棋子，摆好后要求满足每行、每列和每个对角线上只允许出现一个皇后，即皇后之间不许相互俘获。

图 3-9 给出 4 皇后问题的几种摆放方式，其中 a 和 b 满足摆放要求，皇后在行、列和对角线上均没有冲突，而 c、d、e 和 f 为非法状态，c 中有列的冲突，d 中有行的冲突，e 中是 4×4 棋盘的主对角线冲突，f 则是一个较短对角线（3×3 的棋盘上）的冲突。

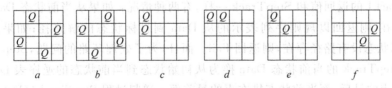

图 3-9 皇后问题的合法状态和非法状态

对于 4 皇后问题，求解前首先给所有规则排序，这里的规则就是操作算子，是摆放皇后的方法。假设皇后摆放的次序为棋盘上从左到右，从上到下，依次为 r_{11}、r_{12}、r_{13}、r_{14}、r_{21}、r_{22}、r_{23}、r_{24}、r_{31}、r_{32}、…、r_{44}，其中 r_{ij} 表示将一个皇后放置在第 i 行第 j 列。

问题的状态用一个表来表示，如图 3-9 中的 a 图为（12 24 31 43），每个分量表示一个皇后所在的行列编号,由于 4 皇后问题中最多有 4 个皇后,所以表中最多有 4 个分量。根据 StepTrack 的基本流程,可以得到图 3-10 所示的搜索图。其中,为简单起见,每个状态只写出其增量部分。由图中向上的箭头可知,为了解决问题,共进行了 22 次回溯。

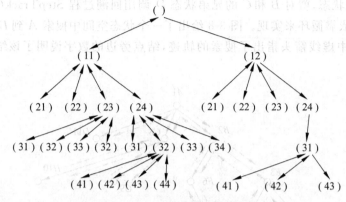

图 3-10 4 皇后问题的回溯搜索

2. 一个改进的回溯策略

在递归过程 StepTrack(Data) 中,第(2)步和第(4)步设置了两个回溯点,一个是非法状态回溯,一个是试探了一个状态的所有子状态后,仍然找不到解时回溯。然而,对于某些问题还可能会遇到其他一些情况,StepTrack(Data) 无法解决。

例如,如果问题的状态空间图中有某个分支可以向纵深无限深入进去,即这个分支是一个"无限深渊",StepTrack(Data) 可能会落入这个"深渊"中永远回溯不回来,这样,即使问题在旁边的分支上有解,算法一旦落入这个无限深渊中就不能找到这个解。

又如,问题的状态空间图的某一个分支上具有环路,搜索一旦进入这个环路就会陷入无限循环,在这个环路中一直搜索,同样也回溯不回来,这样,即使问题在旁边的分支上有解,也不可能找到这个解。

为了解决这两个问题,可以对 StepTrack(Data) 做一些改进,通过增加回溯点的方法解决"无限深渊"与"环路"的问题。下面给出的算法 StepTrack1,它将 StepTrack 增加了两个回溯点:一个是超过深度限制 Bound 的回溯点,一旦发现当前结点的深度超过深度限制,强制回溯;另一个是出现环路的回溯点,算法记录了从初始结点到当前结点的搜索路径,一旦发现当前结点已经在搜索路径上出现过,就说明有环路存在,强制回溯。

StepTrack1 的返回值和 StepTrack 一样,有两种情况:如果从当前状态 Data 到目标状态有路径存在,则返回以规则序列表示的从 Data 到目标状态的解路径;如果从当前状态 Data 到目标状态没有路径存在,则返回 Fail。而且,为了处理环路的问题,StepTrack1 的形参由原先 StepTrack 的当前状态 Data 换为从初始状态到当前状态的逆序表 Datalist,即初始状态排在表的最后,而当前状态排在表的最前面。递归过程 StepTrack1(Datalist)如下。

(1) Data:=First(Datalist);设置 Data 为当前状态

(2) If Member(Data,Tail(Datalist)) Then Return Fail;函数 Tail 是取尾操作,Tail(Datalist) 表示取 Datalist 中除了第一个元素以外的所有元素。Member(Data,Tail(Datalist)) 取值为真,表示 Data 在 Tail(Datalist) 中存在,即有环路出现,过程返回 Fail,需要回溯

(3) If Goal(Data) Then Return Nil;Goal(Data)返回值为真,表示 Data 是目标状态,即找到目标,过程返回空表 Nil

(4) If Deadend(Data) Then Return Fail; Data 是非法状态,过程返回 Fail,即需要回溯

(5) If Length (Datalist) > Bound Then Return Fail;函数 Length 计算 Datalist 的长度,即搜索的深度,当搜索深度大于给定常数 Bound 时,返回 Fail,即需要回溯

(6) Rules:=Apprules(Data);执行 Apprules 函数,计算 Data 所有可应用的规则,再按照某种原则排列后赋给 Rules

(7) Loop: If Null(Rules) Then Return Fail;Null(Rules)返回值为真,表示规则用完未找到目标或根本没有可应用的规则,返回 Fail,即需要回溯

(8) R:=First(Rules);取头条可应用的规则

(9) Rules:=Tail(Rules);删去头条规则,更新未被使用的规则集

(10) Newdata:=Gen(R,Data);调用规则 R 作用于当前状态,生成新状态

(11) Newdatalist:=Cons(Newdata,Datalist);将新状态加入到表 Datalist 前面,构成新的状态列表

(12) Path:=StepTrack1(Newdatalist);递归调用本过程

(13) If Path=Fail Then Go Loop Else Return Cons(R,Path);当 Path=Fail 时,表示递归调用失败,没有找到从 Newdata 到目标的解路径,转移到 Loop 处调用下一条规则进行测试;否则过程返回解路径

StepTrack1 比 StepTrack 增加了两个回溯点,即第(2)步的环路回溯和第(5)步的深度超限回溯。当然,在 StepTrack1 中也可能存在深度限制不合理的问题,如问题的解的深度为 Bound+1,但由于设定的深度界限为 Bound 不太合理,导致找不到问题的解。此时,可以做可变深度限制的处理,即在遍历过深度 Bound 之内的结点后仍然没有找到问题的解,适当增加 Bound 的值接着搜索。

3. 避免多次试探同一个结点的回溯策略

上面介绍的 StepTrack 和 StepTrack1 尽管已经能处理非法状态的回溯、试探过所有子结点的回溯、无限深渊回溯和环路回溯,但还是有可能出现多次试探同一个结点的问题。对于什么是多次试探同一个结点,可以通过几个例子说明。

在图 3-8 中的 StepTrack 或 StepTrack1 的搜索轨迹,如果增加一条从 C 结点到 F 结点的路径,如图 3-11 所示,即 F 结点可以由 B 结点生成,也可以由 C 结点生成,搜索的情况就会稍稍发生变化。此时由于 StepTrack 和 StepTrack1 只保留了从初始结点到当前结点的一条路径,而没有其他的数据结构记录那些试探过的、但不在从初始结点到当前结点的路径上的结点,导致 F 结点被试探两次,试探其是否能通向目标结点。其中,第一次试探来自 B 结点,B 的第一个子结点 E 无法通向目标,因此试探 E 的兄弟 F,此时算法记录的结点序列是 A→B→F,发现 F 也无法通向目标,由于 E 和 F 没有其他兄弟结点,回溯至 B 结点,回溯至 A 结点。接着试探 B 的兄弟 C 是否能通向目标,C 有两个孩子结点,第一个是 F,此时算法记录的结点序列为 A→C→F,由于没有数据结构记录刚刚 F 的试探结果,此时会对 F 进行第二次向纵深进行的试探,而这次试探来自 C 结点。试探后发现 F 无法通向目标,再去

试探 C 的另一个孩子、F 的兄弟 G 结点。与 F 结点类似，K 结点也会被试探两次。图中虚线箭头指出了搜索的轨迹，结点旁边的数字说明了该结点被搜索到的次序。

再来看图 3-12 所示的一个更极端的例子，初始结点有若干个子结点，每个子结点都链接到 3 条很深的路径中，且其中两条是最左边的 A 路径和 B 路径，而目标结点 t 位于最右边路径的最深处。

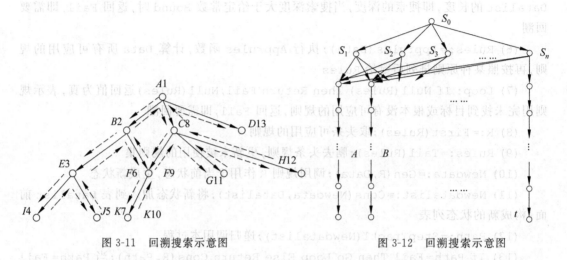

图 3-11　回溯搜索示意图　　　　　　　　图 3-12　回溯搜索示意图

当采用 StepTrack 或 StepTrack1 时，由于它们只保留了从初始结点 S_0 到当前结点的一条路径，所以从 S_1 进入 A 路径搜索，回溯后，又进入 B 路径、第三条路径。由于没有找到解，又从 S_2 往下搜索。对 S_2 而言，同样要搜索 A 和 B 路径。对 S_0 的其他孩子也是同样。这样，A 和 B 路径将被多次搜索，影响了搜索的效率。

为了处理某个结点被多次试探的问题，可以通过增加 3 张保存不同类型结点的表对前面的算法进一步改进。这 3 张表分别如下。

（1）PS（Path State）表，路径状态表，保存当前搜索路径上的状态。如果找到了目标状态，PS 就是以状态序列表示的解路径。

（2）NPS（New Path State）表，新路径状态表，保存了等待搜索的状态，其后裔状态还没有被搜索到，即还没有被生成扩展。

（3）NSS（No Solvable State）表，不可解状态表，保存了不可解的结点，即找不到解路径的状态，如果在搜索中扩展出的结点属于 NSS 表，则可立刻将其排除，不必沿着该结点往下搜索试探。

每次生成一个新状态后，都判断其是否在 PS、NPS 或 NSS 中出现过，如果出现过，说明它已经被搜索到而不必再考虑。

对于当前正在被检测的状态（即前面提到的当前状态），记做 CS（Current State）。CS 总是最近加入 PS 中的状态，对 CS 应用各种规则后得到一些新状态，即 CS 的子状态的有序集合，再将该集合中的第一个子状态作为 CS，加入到 PS 中，其余子状态则按顺序放入 NPS 中，用于以后的搜索。如果 CS 没有子状态，则要从 PS 和 NPS 删除它，同时将它加入NSS 中，之后回溯查找 NPS 中的首元素。

具体的算法描述如下。

```
Function BackTrack:
  Begin
    PS:=[Start];NPS:=[Start];NSS:=[];CS:=Start;          * 初始化
    While NPS≠[] Do
      Begin
        If CS=目标状态 Then Return(PS);                   * 搜索成功,返回解路径
        If CS 没有子状态(不包括 PS、NPS 和 NSS 中已有的状态)
          Then
            Begin
              While((PS 非空) and (CS=PS 中第一个元素)) Do
                Begin
                  将 CS 加入 NSS;                          * 标明此状态不可解
                  从 PS 中删除第一个元素 CS;               * 回溯
                  从 NPS 中删除第一个元素 CS;
                  CS:=NPS 中第一个元素;
                End;
              将 CS 加入 PS;
            End;
          Else
            Begin
              将 CS 的子状态(不包括 PS、NPS 和 NSS 中已有的)加入 NPS;
              CS:= NPS 中第一个元素;
              将 CS 加入到 PS;
            End;
      End;
    Return Fail;                                          * 整个空间搜索完
End
```

例 3-5 用 BackTrack 搜索算法求解图 3-13 中 A 到 G 的解路径。

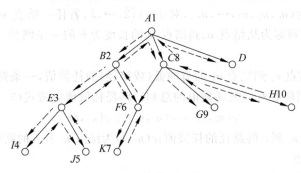

图 3-13　回溯搜索示例

【解】 算法的搜索轨迹图 3-13 中的数字编号如表 3-1 所示。

初始化：PS:=[A];NPS:=[A];NSS=[];CS:=A

表 3-1　例 3-5 的搜索过程

循环次数	CS	PS	NPS	NSS
0	A	$[A]$	$[A]$	$[\ ]$
1	B	$[BA]$	$[BCDA]$	$[\ ]$
2	E	$[EBA]$	$[EFBCDA]$	$[\ ]$
3	I	$[IEBA]$	$[IJEFBCDA]$	$[\ ]$
4	J	$[JEBA]$	$[JEFBCDA]$	$[I]$
5	F	$[FBA]$	$[FBCDA]$	$[EJI]$
6	K	$[KFBA]$	$[KFBCDA]$	$[EJI]$
7	C	$[CA]$	$[CDA]$	$[BFKEJI]$
8	G	$[GCA]$	$[GHCDA]$	$[BFKEJI]$

算法返回值为 PS，即解路径为 $A \rightarrow C \rightarrow G$。

BackTrack 是状态空间搜索的一个比较基本的盲目搜索策略，各种状态空间图的搜索算法，如深度优先搜索、广度优先搜索、最好优先搜索等都有回溯的思想。BackTrack 有以下几个要注意的地方。

（1）用 NPS 表使算法回溯到任一状态。

（2）用 NSS 表来避免算法重复探索无解的路径。

（3）用 PS 表记录当前搜索的路径，一旦找到目标，就将 PS 作为解路径返回。

（4）为避免陷入死循环，每次新状态生成后都检查其是否在这 3 张表中，如果在其中，就不做任何处理。

3.3.2　一般的图搜索策略

首先简要给出后面各搜索策略可能用到的一些术语。

1. 一些术语

1）路径

设一结点序列为 $(n_0, n_1, n_2, \cdots, n_k)$，对 $i = 1, 2, \cdots, k$，若任一结点 n_{i-1} 都具有一个后继结点 n_i，则该结点序列称为从结点 n_0 到结点 n_k 的长度为 k 的一条路径。

2）路径耗散值

令 $c(n_i, n_j)$ 为结点 n_i 到结点 n_j 的有向弧（或路径）的耗散值，一条路径的耗散值等于连接这条路径各结点间所有有向弧耗散值的总和。路径耗散值可按式（3-1）递归计算，即

$$c(n_i, t) = c(n_i, n_j) + c(n_j, t) \tag{3-1}$$

式中，$c(n_i, t)$ 为结点 n_i 到 t 的路径的耗散值；$c(n_j, t)$ 为结点 n_j 到 t 的路径的耗散值。

3）扩展一个结点

扩展一个结点是指对结点使用规则（操作算子），生成出其所有后继结点，并给出连接弧线的耗散值（相当于使用规则的代价）。

2. 一般的图搜索算法

下面将要给出的一般的图搜索算法实际是状态空间图搜索策略的一个总框架，后面讨

论的深度优先搜索策略、宽度优先搜索策略、各种启发式搜索策略等都是基于此框架进行修改得到的。在给出这个算法的具体描述之前，先对算法中使用的一些数据结构做简要说明。

(1) 一般将初始结点记为 S 或 S_0，目标结点记为 t 或 g 或 S_g。

(2) 图是通过规则或操作产生的结点（状态）之间的连接关系，一般记为 G。

(3) 为了记录搜索过程中探索过的结点信息，设计了两个重要的数据结构，即 OPEN 表和 CLOSED 表，它们的大致形式如表 3-2 和表 3-3 所示。

<table>
<tr><td colspan="2">表 3-2　OPEN 表</td></tr>
<tr><td>状 态 结 点</td><td>父 结 点</td></tr>
<tr><td></td><td></td></tr>
<tr><td></td><td></td></tr>
<tr><td></td><td></td></tr>
</table>

<table>
<tr><td colspan="3">表 3-3　CLOSED 表</td></tr>
<tr><td>编　号</td><td>状 态 结 点</td><td>父 结 点</td></tr>
<tr><td></td><td></td><td></td></tr>
<tr><td></td><td></td><td></td></tr>
<tr><td></td><td></td><td></td></tr>
</table>

(4) OPEN 表记录搜索过程中所有生成的但还未被扩展的结点，也就是在状态空间图中出现的、但还没有孩子的结点。CLOSED 表记录搜索过程中所有被扩展过的结点，也就是在状态空间图中出现的、有孩子的结点。很显然，OPEN 表和 CLOSED 表没有交集，它们的合集为扩展出的所有结点，也就是状态空间图中的所有结点。

(5) 搜索主要是对 OPEN 表和 CLOSED 表这两个表的交替处理。首先判断 OPEN 表是否为空，如果是空那么搜索失败，结束，这是因为只有通过扩展结点才能逐渐到达目标结点，而能被扩展的结点是那些未被扩展过的结点，也就是 OPEN 表中的结点，如果 OPEN 表为空，意味着没有结点可被扩展，也就无法到达目标结点；否则，OPEN 表不空，取出其中第一个结点，判断是否为目标，如果是目标，算法成功结束；如果不是目标，对它进行扩展，同时修改 OPEN 表和 CLOSED 表的状态，对 OPEN 表排序，继续判断。

具体的算法描述如下。

(1) $G:=G_0$ ($G_0=S$)，OPEN$:=(S)$；G 为图，S 为初始结点，设置 OPEN 表，OPEN 表中最初只包含初始结点

(2) CLOSED $:=()$；设置 CLOSED 表，初始情况下 CLOSED 表为空表

(3) Loop: If OPEN$=()$ Then Exit(Fail)；OPEN 表为空，算法失败退出

(4) $n:=$First(OPEN)，Remove(n,OPEN)，Add(n,CLOSED)；称 OPEN 表的第一个结点为 n，将其移出 OPEN 表，放入 CLOSED 表

(5) If Goal(n) Then Exit(Success)；如果 n 是目标结点，算法成功退出，此时通过查找 CLOSED 表，得到由 n 返回 S 的路径，即逆向的解路径

(6) Expand(n)，生成一组子结点 $M=\{m_1, m_2, m_3, \cdots\}$，$M$ 中不包含 n 的父辈结点，$G:=$ Add(M,G)；扩展结点 n，将其子结点加入图中

(7) 根据 M 中结点的不同性质，标记和修改它们到父结点的指针

① 对于未在 OPEN 表和 CLOSED 表中出现过的子结点，即刚刚由 n 扩展出来的子结点而言，将其加入 OPEN 表，并标记其到父结点 n 的指针

② 对于已经在 OPEN 表中出现的子结点，即图中已经由其他结点扩展出来并且未被扩展的、这次又由结点 n 扩展出来的子结点而言，计算是否要修改其父结点的指针

③ 对于已经在 CLOSED 表中出现的子结点,即图中已经由其他结点扩展出来并且已经被扩展的、这次又由结点 n 扩展出来的子结点而言,计算是否要修改其父结点的指针,以及计算是否要修改其后继结点指向父结点的指针。

(8) 对 OPEN 中的结点按某种原则重新排序。

(9) Go Loop;跳转到 Loop 标号处接着搜索。

一般的图搜索策略有以下几点需要特别说明。

(1) 一般的图搜索算法是后面所有要讨论的状态空间图搜索算法的总框架,各种状态空间图搜索算法都是在这个框架的基础上做修改得到的,它们最主要的区别在于对 OPEN 表中结点的排序方式不同。

(2) 当 OPEN 表为空但仍然没有找到解路径时,算法失败退出。

(3) 当目标结点位于 OPEN 表最前面的时候,算法才成功结束,而仅仅是目标结点在 OPEN 表中出现但不在 OPEN 表最前面时,算法还需要继续进行。

(4) 算法一旦成功结束,可以根据目标结点指向父结点的指针逆向地追溯至初始结点,从而获得问题的解路径。

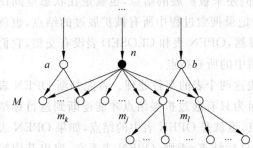

图 3-14 结点 n 的不同类型的子结点

(5) 算法的难点和重点是第(7)步,即标记和修改指针,此时要对结点 n 的不同类型的子结点做分别处理。结点 n 的子结点的类型如图 3-14 所示。

在对结点 n 进行扩展后,生成了一组子结点 $M=\{m_1,m_2,m_3,\cdots\}$,M 中不包含 n 的父辈结点。M 中的结点分为以下 3 种类型。

① 第一种是以前没有在图中出现过的结点,即没有在 OPEN 表和 CLOSED 表中出现过的结点,如图 3-14 中的 m_j 结点,它们刚刚由结点 n 扩展出来,这种结点直接加到 OPEN 表中(因为它们还没有孩子,没有被扩展过),并且要标记指向父结点 n 的指针。

② 第二种结点是已经在图中出现但还没有被扩展过的、这次又由结点 n 扩展出来的结点,即 OPEN 表中已有的结点,如图 3-14 中的 m_k 结点。对 m_k 结点要计算是否修改其到父结点的指针。如果从初始结点经过原先的父结点 a 到达 m_k 的路径的耗散值大于从初始结点经过结点 n 到达 m_k 的路径的耗散值,也就是新路径比旧路径耗散小,那么修改 m_k 的父结点的指针,由原先的 a 改为 n;否则,父结点的指针不变,仍然指向 a。

③ 第三种结点是已经在图中出现而且已经被扩展过的、这次又由结点 n 扩展出来的结点,即 CLOSED 表中已有的结点,如图 3-14 中的 m_l 结点。对 m_l 结点要处理两件事情。首先要计算是否修改其到父结点的指针,如果从初始结点经过原先的父结点 b 到达 m_l 的路径的耗散值大于从初始结点经过结点 n 到达 m_l 的路径的耗散值,也就是新路径比旧路径耗散小,那么修改 m_l 的父结点的指针,由原先的 b 改为 n;否则,父结点的指针不变,仍然指向 b。其次要计算是否修改 m_l 的后继结点指向其父结点的指针,修改的原则仍然是保证从初始结点到 m_l 的后继结点的路径的耗散值最小,哪条路径的耗散值小,m_l 的后继结点的父指针就存在于该路径上。

事实上,如果要搜索的状态空间图是树状结构,则 n 的子结点只有一种形式,即第一种

m_j 结点,不存在 m_k 和 m_l 这两种类型的子结点,因此不必进行修改指针的操作。然而,如果要搜索的状态空间图不是树状结构,情况就比较复杂,可能这 3 种类型的子结点都会存在,这样就要比较不同路径的耗散值,保证指向父结点的指针在具有较小耗散值的路径上。

(6) 在搜索图中,除了初始结点外,任何结点都有且只有一个指向父结点的指针。因此,由所有结点及其指向父结点的指针所构成的集合是一个树,称为搜索树。

例 3-6　图 3-15 是一个状态空间图搜索过程中的一种情形,其中实心的结点表示已经被扩展过的结点,即 CLOSED 表中的结点,空心的结点表示未被扩展的结点,即 OPEN 表中的结点,父结点的指针在有向弧旁边标注,每条有向弧的耗散值为单位耗散值,现在假设先要扩展结点 6,接着扩展结点 1,基于一般的图搜索算法,分析扩展后各结点的情况。

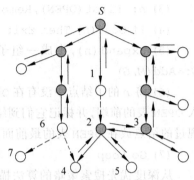

图 3-15　扩展结点 6 之前的情况

【解】　首先扩展结点 6,生成了两个子结点,即结点 7 和结点 4。结点 7 是刚刚在图中由结点 6 扩展出来的新结点,直接加到 OPEN 表中,并标记指向结点 6 的指针,如图 3-16 所示。结点 4 已经由结点 2 扩展,这次又由结点 6 扩展出来,而且结点 4 还未被扩展,所以结点 4 是 OPEN 表中的已有结点。现在有两条从初始结点 S 到结点 4 的路径,一条是老路径 $S{\rightarrow}3{\rightarrow}2{\rightarrow}4$,耗散值是 5 个单位,一条是新路径 $S{\rightarrow}6{\rightarrow}4$,耗散值是 4 个单位,因此结点 4 的父结点指针从原先的结点 2 修改为结点 6,如图 3-16 所示。

接着扩展结点 1,结点 1 只有一个子结点,即结点 2。结点 2 已经在图中出现,原先是由结点 3 扩展而来的,而且结点 2 还有两个子结点,即结点 4 和结点 5,说明结点 2 是 CLOSED 表中的结点。现在有两条从初始结点 S 到结点 2 的路径,一条是老路径 $S{\rightarrow}3{\rightarrow}2$,耗散值是 4 个单位,一条是新路径 $S{\rightarrow}1{\rightarrow}2$,耗散值是 2 个单位,因此结点 2 的父结点指针从原先的结点 3 修改为结点 1,如图 3-17 所示。同时,结点 2 的子结点中,结点 4 要继续考虑,因为现在可以有两条从初始结点 S 到结点 4 的路径,一条是老路径 $S{\rightarrow}6{\rightarrow}4$,耗散值是 4 个单位,一条是新路径 $S{\rightarrow}1{\rightarrow}2{\rightarrow}4$,耗散值是 3 个单位,因此结点 4 的父结点指针从原先的结点 6 又修改为结点 2,如图 3-17 所示。

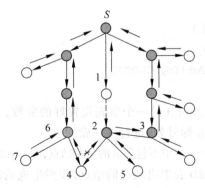

图 3-16　扩展结点 6 之后的情况

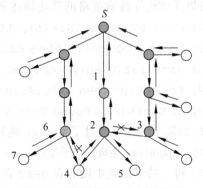

图 3-17　扩展结点 1 之后的情况

3.3.3　深度优先搜索策略

深度优先搜索没有利用与问题有关的知识,是一种盲目的搜索策略。深度优先是指在每次扩展结点时,优先选择到目前为止深度最深的结点扩展。深度优先搜索的过程如下。

(1) $G:=G_0$ ($G_0=S$),OPEN:=(S),CLOSED:=()

(2) Loop: If OPEN=() Then Exit(Fail)

(3) n:=First(OPEN),Remove(n, OPEN),Add(n, CLOSED)

(4) If Goal(n) Then Exit (Success)

(5) Expand(n),生成一组子结点 $M=\{m_1, m_2, m_3, \cdots\}$,$M$ 中不包含 n 的父辈结点,G:=Add(M, G)

(6) 将 n 的子结点中没有在 OPEN 表和 CLOSED 表中出现过的结点,按照生成的次序加入 OPEN 表的前端,并标记它们到结点 n 的指针;把刚刚由结点 n 扩展出来的、以前没有出现过的结点放在 OPEN 表的最前面,使深度大的结点优先扩展

(7) Go Loop

从深度优先搜索策略的算法描述中不难发现,它是在一般的图搜索框架基础上变换得到的,更具体地说,深度优先搜索的特色体现在标记和修改指针上,它只对结点 n 的第一种子结点(即那些以前没有在图中出现过的,刚刚由结点 n 扩展而来的子结点,亦即那些没有在 OPEN 表和 CLOSED 表中出现过的结点)进行处理,按照生成的顺序将它们放在 OPEN 表的最前端。由于子结点的深度大于父辈结点的深度,导致深度深的结点在 OPEN 表的前面,深度浅的结点在 OPEN 表的后面,也就是说,OPEN 表是按照结点的深度由大到小进行排序的。这样,当下一个循环再次取出 OPEN 表的第一个元素时,实际上选择的就是到目前为止深度最深的结点,从而保证了搜索的深度优先。

很明显,深度优先搜索策略不一定能找到最佳解。由于是盲目的搜索策略,在最糟糕的情况下,深度优先搜索等同于遍历(穷举),这时的搜索空间就是问题的全部状态空间。

而且,如果状态空间中有"无限深渊"时,深度优先搜索有可能找不到解。为了处理"无限深渊"的问题,可以将其改进为有界深度优先搜索。当然,这个深度限制应该设置得合适,深度过深影响搜索的效率,而深度过浅,有可能找不到解,这时可以进一步将算法改进为可变深度限制的深度优先搜索。

有界深度优先搜索策略的算法描述如下。

(1) $G:=G_0$ ($G_0=S$),OPEN:=(S),CLOSED:=( )

(2) Loop: If OPEN=( ) Then Exit(Fail)

(3) n:=First(OPEN),Remove(n, OPEN),Add(n, CLOSED)

(4) If Goal(n) Then Exit(Success)

(5) If Depth(n)≥Bound Then Go Loop;Bound 是一个事先设置好的常数,表示深度界限,如果 n 的深度超过了 Bound,跳转至 Loop 标号处,进行下一轮搜索

(6) Expand(n),生成一组子结点 $M=\{m_1, m_2, m_3, \cdots\}$,$M$ 中不包含 n 的父辈结点,G:=Add(M, G)

(7) 将 n 的子结点中没有在 OPEN 表和 CLOSED 表中出现过的结点,按照生成的次序加入 OPEN 表的前端,并标记它们到结点 n 的指针

(8) Go Loop

例 3-7 八数码问题的深度为 4 的有界深度优先搜索，问题的初始状态和目标状态如图 3-2 所示。画出搜索图，写出 OPEN 表和 CLOSED 表的变化情况。

【解】 可用的规则为空格的上、下、左、右移动，每次对状态使用规则时，也按照空格的上移、下移、左移、右移来依次使用规则。搜索图如图 3-18 所示，OPEN 表和 CLOSED 表的变化情况如表 3-4 所示，其中略去了父结点指针情况。

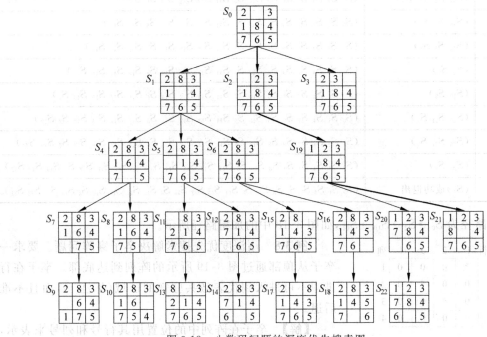

图 3-18　八数码问题的深度优先搜索图

表 3-4　八数码问题深度优先搜索的 OPEN 表和 CLOSED 表的变化情况

循环次数	OPEN 表	CLOSED 表
0	(S_0)	( )
1	$(S_1\ S_2\ S_3)$	(S_0)
2	$(S_4\ S_5\ S_6\ S_2\ S_3)$	$(S_0\ S_1)$
3	$(S_7\ S_8\ S_5\ S_6\ S_2\ S_3)$	$(S_0\ S_1\ S_4)$
4	$(S_9\ S_8\ S_5\ S_6\ S_2\ S_3)$	$(S_0\ S_1\ S_4\ S_7)$
5	$(S_8\ S_5\ S_6\ S_2\ S_3)$	$(S_0\ S_1\ S_4\ S_7\ S_9)$
6	$(S_{10}\ S_5\ S_6\ S_2\ S_3)$	$(S_0\ S_1\ S_4\ S_7\ S_9\ S_8)$
7	$(S_5\ S_6\ S_2\ S_3)$	$(S_0\ S_1\ S_4\ S_7\ S_9\ S_8\ S_{10})$
8	$(S_{11}\ S_{12}\ S_6\ S_2\ S_3)$	$(S_0\ S_1\ S_4\ S_7\ S_9\ S_8\ S_{10}\ S_5)$
9	$(S_{13}\ S_{12}\ S_6\ S_2\ S_3)$	$(S_0\ S_1\ S_4\ S_7\ S_9\ S_8\ S_{10}\ S_5\ S_{11})$
10	$(S_{12}\ S_6\ S_2\ S_3)$	$(S_0\ S_1\ S_4\ S_7\ S_9\ S_8\ S_{10}\ S_5\ S_{11}\ S_{13})$
11	$(S_{14}\ S_6\ S_2\ S_3)$	$(S_0\ S_1\ S_4\ S_7\ S_9\ S_8\ S_{10}\ S_5\ S_{11}\ S_{13}\ S_{12})$

循环次数	OPEN 表	CLOSED 表
12	$(S_6\ S_2\ S_3)$	$(S_0\ S_1\ S_4\ S_7\ S_9\ S_8\ S_{10}\ S_5\ S_{11}\ S_{13}\ S_{12}\ S_{14})$
13	$(S_{15}\ S_{16}\ S_2\ S_3)$	$(S_0\ S_1\ S_4\ S_7\ S_9\ S_8\ S_{10}\ S_5\ S_{11}\ S_{13}\ S_{12}\ S_{14}\ S_6)$
14	$(S_{17}\ S_{16}\ S_2\ S_3)$	$(S_0\ S_1\ S_4\ S_7\ S_9\ S_8\ S_{10}\ S_5\ S_{11}\ S_{13}\ S_{12}\ S_{14}\ S_6\ S_{15})$
15	$(S_{16}\ S_2\ S_3)$	$(S_0\ S_1\ S_4\ S_7\ S_9\ S_8\ S_{10}\ S_5\ S_{11}\ S_{13}\ S_{12}\ S_{14}\ S_6\ S_{15}\ S_{17})$
16	$(S_{18}\ S_2\ S_3)$	$(S_0\ S_1\ S_4\ S_7\ S_9\ S_8\ S_{10}\ S_5\ S_{11}\ S_{13}\ S_{12}\ S_{14}\ S_6\ S_{15}\ S_{17}\ S_{16})$
17	$(S_2\ S_3)$	$(S_0\ S_1\ S_4\ S_7\ S_9\ S_8\ S_{10}\ S_5\ S_{11}\ S_{13}\ S_{12}\ S_{14}\ S_6\ S_{15}\ S_{17}\ S_{16}\ S_{18})$
18	$(S_{19}\ S_3)$	$(S_0\ S_1\ S_4\ S_7\ S_9\ S_8\ S_{10}\ S_5\ S_{11}\ S_{13}\ S_{12}\ S_{14}\ S_6\ S_{15}\ S_{17}\ S_{16}\ S_{18}\ S_2)$
19	$(S_{20}\ S_{21}\ S_3)$	$(S_0\ S_1\ S_4\ S_7\ S_9\ S_8\ S_{10}\ S_5\ S_{11}\ S_{13}\ S_{12}\ S_{14}\ S_6\ S_{15}\ S_{17}\ S_{16}\ S_{18}\ S_2\ S_{19})$
20	$(S_{22}\ S_{21}\ S_3)$	$(S_0\ S_1\ S_4\ S_7\ S_9\ S_8\ S_{10}\ S_5\ S_{11}\ S_{13}\ S_{12}\ S_{14}\ S_6\ S_{15}\ S_{17}\ S_{16}\ S_{18}\ S_2\ S_{19}\ S_{20})$
21	$(S_{21}\ S_3)$	$(S_0\ S_1\ S_4\ S_7\ S_9\ S_8\ S_{10}\ S_5\ S_{11}\ S_{13}\ S_{12}\ S_{14}\ S_6\ S_{15}\ S_{17}\ S_{16}\ S_{18}\ S_2\ S_{19}\ S_{20}\ S_{22})$
22	(S_3)成功退出	$(S_0\ S_1\ S_4\ S_7\ S_9\ S_8\ S_{10}\ S_5\ S_{11}\ S_{13}\ S_{12}\ S_{14}\ S_6\ S_{15}\ S_{17}\ S_{16}\ S_{18}\ S_2\ S_{19}\ S_{20}\ S_{22}\ S_{21})$

解路径为 $S_0 \rightarrow S_2 \rightarrow S_{19} \rightarrow S_{21}$，如图 3-18 中的加粗路径所示。

例 3-8 用深度优先搜索解决卒子穿阵问题。要求一卒子从顶部通过图 3-19 所示的阵列到达底部。卒子在行进中不可进入到代表敌兵驻守的区域（标注 *），而且不准后退。

行	1	2	3	4	列
	*	0	0	0	1
	0	0	*	0	2
	0	*	0	0	3
	*	0	0	0	4

图 3-19 卒子穿阵问题的阵列图

【解】 卒子在阵列中的位置用其行号和列号来表示，即（行号，列号），问题的操作（状态转换的规则）可以是卒子的左移、前进和右移，初始情况下卒子在阵列之外。实际搜索时，对每一个状态，按照卒子左移、前进和右移依次使用规则，问题的搜索图如图 3-20 所示。OPEN 表和 CLOSED 表的变化情况如表 3-5 所示。

表 3-5 卒子穿阵问题的 OPEN 表和 CLOSED 表的变化情况

循环次数	OPEN 表	CLOSED 表
0	(S_0)	( )
1	$(S_1\ S_2\ S_3\ S_4)$	(S_0)
2	$(S_2\ S_3\ S_4)$	$(S_0\ S_1)$
3	$(S_5\ S_3\ S_4)$	$(S_0\ S_1\ S_2)$
4	$(S_6\ S_7\ S_8\ S_3\ S_4)$	$(S_0\ S_1\ S_2\ S_5)$
5	$(S_9\ S_7\ S_8\ S_3\ S_4)$	$(S_0\ S_1\ S_2\ S_5\ S_6)$
6	$(S_{10}\ S_7\ S_8\ S_3\ S_4)$	$(S_0\ S_1\ S_2\ S_5\ S_6\ S_9)$
7	$(S_7\ S_8\ S_3\ S_4)$	$(S_0\ S_1\ S_2\ S_5\ S_6\ S_9\ S_{10})$
8	$(S_8\ S_3\ S_4)$	$(S_0\ S_1\ S_2\ S_5\ S_6\ S_9\ S_{10}\ S_7)$
9	$(S_3\ S_4)$	$(S_0\ S_1\ S_2\ S_5\ S_6\ S_9\ S_{10}\ S_7\ S_8)$

循环次数	OPEN 表	CLOSED 表
10	(S_4)	$(S_0\ S_1\ S_2\ S_5\ S_6\ S_9\ S_{10}\ S_7\ S_8\ S_3)$
11	(S_{11})	$(S_0\ S_1\ S_2\ S_5\ S_6\ S_9\ S_{10}\ S_7\ S_8\ S_3\ S_4)$
12	(S_{12})	$(S_0\ S_1\ S_2\ S_5\ S_6\ S_9\ S_{10}\ S_7\ S_8\ S_3\ S_4\ S_{11})$
13	$(S_{13}\ S_{14})$	$(S_0\ S_1\ S_2\ S_5\ S_6\ S_9\ S_{10}\ S_7\ S_8\ S_3\ S_4\ S_{11}\ S_{12})$
14	$(S_{15}\ S_{14})$	$(S_0\ S_1\ S_2\ S_5\ S_6\ S_9\ S_{10}\ S_7\ S_8\ S_3\ S_4\ S_{11}\ S_{12}\ S_{13})$
15	(S_{14})成功退出	$(S_0\ S_1\ S_2\ S_5\ S_6\ S_9\ S_{10}\ S_7\ S_8\ S_3\ S_4\ S_{11}\ S_{12}\ S_{13}\ S_{15})$

解路径为：$S_0 \rightarrow S_4 \rightarrow S_{11} \rightarrow S_{12} \rightarrow S_{13} \rightarrow S_{15}$，如图 3-20 中的加粗路径所示。

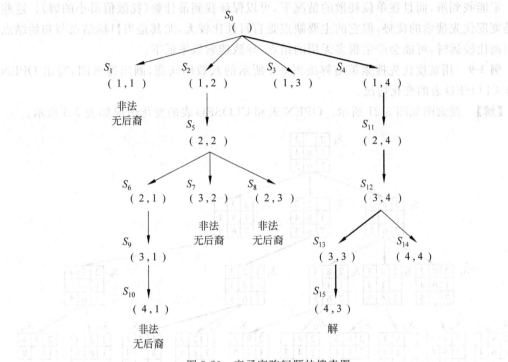

图 3-20　卒子穿阵问题的搜索图

3.3.4　宽度优先搜索策略

宽度优先搜索也称为广度优先搜索，它同深度优先搜索一样，也是一种盲目的搜索策略，即搜索过程中没有利用与问题有关的知识。宽度优先搜索是从一般的图搜索算法变化而来，但不同于深度优先搜索每次选择深度最深的结点优先进行扩展，宽度优先搜索每次选择深度最浅的结点优先进行扩展。具体来说，宽度优先搜索策略在算法的第(7)步，将刚刚生成的子结点放在了 OPEN 表的末端，从而实现了对 OPEN 表中的结点按深度从小到大的排序，这样，每次都是选择深度最浅的结点优先扩展，搜索是宽度优先的。

宽度优先搜索策略的算法描述如下。

(1) $G := G_0\ (G_0 = S)$，OPEN$:= (S)$，CLOSED$:= (\ )$

(2) Loop: If OPEN=() Then Exit(Fail)

(3) n:=First(OPEN),Remove(n, OPEN),Add(n, CLOSED)

(4) If Goal(n) Then Exit (Success)

(5) Expand(n),生成一组子结点 $M=\{m_1,m_2,m_3,\cdots\}$,M 中不包含 n 的父辈结点,G:= Add(M,G)

(6) 将 n 的子结点中没有在 OPEN 表和 CLOSED 表中出现过的结点,按照生成的次序加入 OPEN 表的末端,并标记它们到结点 n 的指针;把刚刚由结点 n 扩展出来的、以前没有出现过的结点放在 OPEN 表的最后面,使深度浅的结点优先扩展

(7) Go Loop

很显然,宽度优先搜索是一种完备的搜索策略,即当问题有解时,宽度优先搜索策略不但一定能找到解,而且在单位耗散的情况下,可以保证找到最佳解(耗散值最小的解)。这些都是宽度优先搜索的优势,但它的主要缺点是盲目性比较大,尤其是当目标结点与初始结点的距离比较远时,可能会产生很多无用的结点,导致搜索效率低下。

例 3-9 用宽度优先搜索策略解决图 3-2 所示的八数码问题,画出搜索图,写出 OPEN 表和 CLOSED 表的变化情况。

【解】 搜索图如图 3-21 所示。OPEN 表和 CLOSED 表的变化情况如表 3-6 所示。

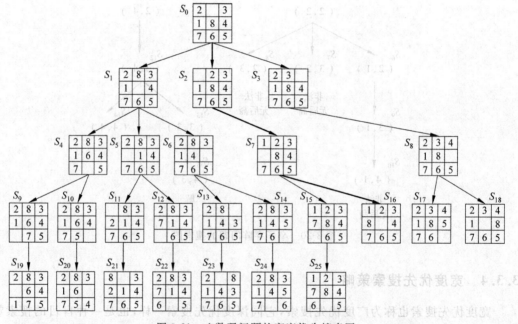

图 3-21 八数码问题的宽度优先搜索图

表 3-6 八数码问题的 OPEN 表和 CLOSED 表的变化情况

循环次数	OPEN 表	CLOSED 表
0	(S_0)	( )
1	$(S_1\ S_2\ S_3)$	(S_0)
2	$(S_2\ S_3\ S_4\ S_5\ S_6)$	$(S_0\ S_1)$

循环次数	OPEN 表	CLOSED 表
3	$(S_3\ S_4\ S_5\ S_6\ S_7)$	$(S_0\ S_1\ S_2)$
4	$(S_4\ S_5\ S_6\ S_7\ S_8)$	$(S_0\ S_1\ S_2\ S_3)$
5	$(S_5\ S_6\ S_7\ S_8\ S_9\ S_{10})$	$(S_0\ S_1\ S_2\ S_3\ S_4)$
6	$(S_6\ S_7\ S_8\ S_9\ S_{10}\ S_{11}\ S_{12})$	$(S_0\ S_1\ S_2\ S_3\ S_4\ S_5)$
7	$(S_7\ S_8\ S_9\ S_{10}\ S_{11}\ S_{12}\ S_{13}\ S_{14})$	$(S_0\ S_1\ S_2\ S_3\ S_4\ S_5\ S_6)$
8	$(S_8\ S_9\ S_{10}\ S_{11}\ S_{12}\ S_{13}\ S_{14}\ S_{15}\ S_{16})$	$(S_0\ S_1\ S_2\ S_3\ S_4\ S_5\ S_6\ S_7)$
9	$(S_9\ S_{10}\ S_{11}\ S_{12}\ S_{13}\ S_{14}\ S_{15}\ S_{16}\ S_{17}\ S_{18})$	$(S_0\ S_1\ S_2\ S_3\ S_4\ S_5\ S_6\ S_7\ S_8)$
10	$(S_{10}\ S_{11}\ S_{12}\ S_{13}\ S_{14}\ S_{15}\ S_{16}\ S_{17}\ S_{18}\ S_{19})$	$(S_0\ S_1\ S_2\ S_3\ S_4\ S_5\ S_6\ S_7\ S_8\ S_9)$
11	$(S_{11}\ S_{12}\ S_{13}\ S_{14}\ S_{15}\ S_{16}\ S_{17}\ S_{18}\ S_{19}\ S_{20})$	$(S_0\ S_1\ S_2\ S_3\ S_4\ S_5\ S_6\ S_7\ S_8\ S_9\ S_{10})$
12	$(S_{12}\ S_{13}\ S_{14}\ S_{15}\ S_{16}\ S_{17}\ S_{18}\ S_{19}\ S_{20}\ S_{21})$	$(S_0\ S_1\ S_2\ S_3\ S_4\ S_5\ S_6\ S_7\ S_8\ S_9\ S_{10}\ S_{11})$
13	$(S_{13}\ S_{14}\ S_{15}\ S_{16}\ S_{17}\ S_{18}\ S_{19}\ S_{20}\ S_{21}\ S_{22})$	$(S_0\ S_1\ S_2\ S_3\ S_4\ S_5\ S_6\ S_7\ S_8\ S_9\ S_{10}\ S_{11}\ S_{12})$
14	$(S_{14}\ S_{15}\ S_{16}\ S_{17}\ S_{18}\ S_{19}\ S_{20}\ S_{21}\ S_{22}\ S_{23})$	$(S_0\ S_1\ S_2\ S_3\ S_4\ S_5\ S_6\ S_7\ S_8\ S_9\ S_{10}\ S_{11}\ S_{12}\ S_{13})$
15	$(S_{15}\ S_{16}\ S_{17}\ S_{18}\ S_{19}\ S_{20}\ S_{21}\ S_{22}\ S_{23}\ S_{24})$	$(S_0\ S_1\ S_2\ S_3\ S_4\ S_5\ S_6\ S_7\ S_8\ S_9\ S_{10}\ S_{11}\ S_{12}\ S_{13}\ S_{14})$
16	$(S_{16}\ S_{17}\ S_{18}\ S_{19}\ S_{20}\ S_{21}\ S_{22}\ S_{23}\ S_{24}\ S_{25})$	$(S_0\ S_1\ S_2\ S_3\ S_4\ S_5\ S_6\ S_7\ S_8\ S_9\ S_{10}\ S_{11}\ S_{12}\ S_{13}\ S_{14}\ S_{15})$
17	$(S_{17}\ S_{18}\ S_{19}\ S_{20}\ S_{21}\ S_{22}\ S_{23}\ S_{24}\ S_{25})$ 成功退出	$(S_0\ S_1\ S_2\ S_3\ S_4\ S_5\ S_6\ S_7\ S_8\ S_9\ S_{10}\ S_{11}\ S_{12}\ S_{13}\ S_{14}\ S_{15}\ S_{16})$

解路径为 $S_0 \rightarrow S_2 \rightarrow S_7 \rightarrow S_{16}$,如图 3-21 中的加粗路径所示。

例 3-10 用宽度优先搜索策略解决图 3-22 所示的积木问题。要求通过搬动积木块,使问题从初始状态到达目标状态。解决问题时,可用的操作算子为 MOVE(X,Y),即把积木 X 搬到 Y 的上方,Y 可以是积木,也可以是桌面,如 MOVE(A,Table)表示将积木 A 搬到桌面上。MOVE(X,Y)使用的先决条件是:①被搬动的积木块 X 顶部必须是空的;②如果 Y 是积木块,Y 的顶部必须是空的;③同一状态下,使用操作算子的次数不得多于一次。画出搜索图,写出 OPEN 表和 CLOSED 表的变化情况。

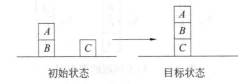

初始状态　　　　　　　目标状态

图 3-22　积木问题的初始状态和目标状态

【解】 搜索图如图 3-23 所示。OPEN 表和 CLOSED 表的变化情况如表 3-7 所示。

表 3-7　积木问题的 OPEN 表和 CLOSED 表的变化情况

循环次数	OPEN 表	CLOSED 表
0	(S_0)	( )
1	$(S_1\ S_2\ S_3)$	(S_0)

循环次数	OPEN 表	CLOSED 表
2	$(S_2\ S_3\ S_4\ S_5\ S_6\ S_7)$	$(S_0\ S_1)$
3	$(S_3\ S_4\ S_5\ S_6\ S_7)$	$(S_0\ S_1\ S_2)$
4	$(S_4\ S_5\ S_6\ S_7\ S_8)$	$(S_0\ S_1\ S_2\ S_3)$
5	$(S_5\ S_6\ S_7\ S_8\ S_9)$	$(S_0\ S_1\ S_2\ S_3\ S_4)$
6	$(S_6\ S_7\ S_8\ S_9\ S_{10})$	$(S_0\ S_1\ S_2\ S_3\ S_4\ S_5)$
7	$(S_7\ S_8\ S_9\ S_{10}\ S_{11})$	$(S_0\ S_1\ S_2\ S_3\ S_4\ S_5\ S_6)$
8	$(S_8\ S_9\ S_{10}\ S_{11}\ S_{12})$	$(S_0\ S_1\ S_2\ S_3\ S_4\ S_5\ S_6\ S_7)$
9	$(S_9\ S_{10}\ S_{11}\ S_{12})$	$(S_0\ S_1\ S_2\ S_3\ S_4\ S_5\ S_6\ S_7\ S_8)$
10	$(S_{10}\ S_{11}\ S_{12})$	$(S_0\ S_1\ S_2\ S_3\ S_4\ S_5\ S_6\ S_7\ S_8\ S_9)$
11	$(S_{11}\ S_{12})$成功退出	$(S_0\ S_1\ S_2\ S_3\ S_4\ S_5\ S_6\ S_7\ S_8\ S_9\ S_{10})$

解路径为 $S_0 \rightarrow S_1 \rightarrow S_5 \rightarrow S_{10}$，如图 3-23 中的加粗路径所示。

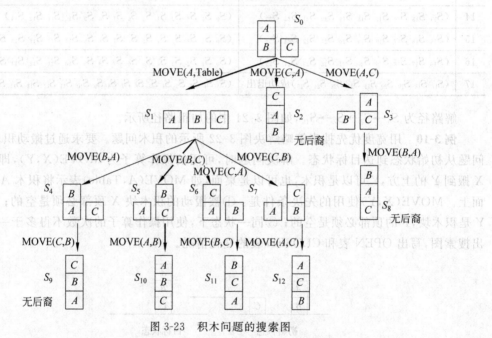

图 3-23　积木问题的搜索图

3.4　状态空间的启发式搜索

前面讨论的回溯策略、深度优先搜索策略和宽度优先策略都属于盲目的图搜索策略，都是按照事先规定的路线进行搜索的。例如回溯策略从初始状态出发，不断地试探性的寻找路径，直到到达目标或进入某个"死胡同"为止，如果进入"死胡同"，回溯策略会返回到路径中最近的父结点上，继续这样的搜索；宽度优先搜索是一层一层的进行搜索的；深度优先搜索则是优先沿着纵深的方向进行的。它们的共同特点是没有利用与问题本身有关的特征信息,在决定要扩展的结点时,没有考虑这个结点在解路径上的可能性有多大,扩展它是否有利于尽快得到问题的解等。所以,这些搜索策略有很大的盲目性,在搜索出目标结点之前可能会产生大量的无用结点,搜索空间大,效率低。

状态空间的启发式搜索则不同,它是一种能利用与问题相关的知识来引导搜索过程、缩小搜索范围、提高搜索效率的一种搜索方法。

3.4.1　启发性信息与评价函数

启发式搜索是利用与问题有关的启发信息引导搜索,以达到减少搜索范围、提高搜索效率、降低问题复杂度的目的。"启发"(Heuristic)是关于发现和发明操作算子及搜索方法的研究,在状态空间搜索中,启发式被定义为一系列操作算子,并能从状态空间中选择最有希望到达问题解的路径。问题求解系统可以在两种情况下运用启发式搜索策略:

(1) 由于问题在陈述和数据获取方面固有的模糊性,可能会使它没有一个确定的解,这就要求系统能运用启发式策略做出最有可能的解释。例如,医疗诊断中,对于已知的一系列症状,可能会有很多种可能导致的原因,此时医生必须使用启发式策略来选取最有可能的诊断结果并制定相应的治疗计划。

(2) 虽然一个问题可能有确定解,但是其状态空间特别大,搜索中生成的状态数会随着搜索深度的增加呈指数级增长。遍历式的搜索在一个给定的较实际的时空内很可能找不到问题的解,而启发式搜索可以通过一些引导帮助搜索朝最有希望的方向进行,把没有希望的状态以及这些状态的后裔从搜索中排除,克服组合爆炸问题,提高搜索效率。

在讨论具体的启发式搜索策略之前,先说明一下启发式信息的强度和搜索效率之间的一个大致关系。一般来说:启发式信息比较弱,在找到解路径之前会扩展较多的结点,求得解路径花费的工作量比较大;启发式信息比较强,有可能大大降低搜索的工作量,但不能保证找到最佳解,有可能找到的是次优解,甚至一无所获。

由于启发式搜索常常根据经验和直觉来决定优先扩展哪个结点,因此要想利用有限的关于问题的信息准确地预测下一步的行为是很难办到的。而在实际问题求解时,我们总是希望加入的启发式信息能很好地降低搜索工作量,同时又能保证找到最佳解,这几乎是一个两难问题,需要从理论上研究启发信息和最佳路径的关系,从实际上解决获取启发信息方法的问题。所以,启发式搜索策略的研究一直是人工智能的一个核心研究课题。

在一般的图搜索策略中,要按照某种原则对 OPEN 表中的元素进行排序,对于启发式搜索策略来说,对 OPEN 表排序的原则是越有希望通向目标结点的那些结点越要排在 OPEN 表的前面,这就需要一种计算方法来计算 OPEN 表中的结点通向目标结点的希望程度,然后按照这种希望程度对 OPEN 表中的元素进行排序。

通常的做法是定义一个评价函数 $f(n)$(Evaluation Function),用 $f(n)$ 来衡量 OPEN 表中各个结点通向目标的希望程度(n 表示结点),而究竟如何设计 $f(n)$,使得它能合理地衡量 OPEN 表结点通向目标结点的希望程度,一般有以下参考原则。

(1) 从概率的角度来设计,将 $f(n)$ 定义为结点 n 处在最佳路径上的概率,概率值越大,说明越有希望通向目标结点。

(2) 从距离或差异的角度来设计,将 $f(n)$ 定义为结点 n 与目标结点 t 的距离或差异,其值越小,说明距目标结点越近(或与目标结点差异越小),越有希望通向目标结点。

（3）从打分的角度来设计，对结点 n 所表示的格局进行打分，$f(n)$ 表示结点 n 的得分，得分越高，说明越有希望通向目标结点。

当然，以上设计 $f(n)$ 的参考原则对于解决实际问题来说很抽象，因此还可以再根据求解问题的最终要求进行细化。考虑到问题的解是从初始结点开始，到目标结点结束的一条路径，因此量化一个结点通向目标结点的希望程度，必须综合考虑两方面的情况，即已经付出的代价和将要付出的代价，所以，将评价函数 $f(n)$ 定义为从初始结点经过结点 n 到达目标结点的最短路径的耗散值，即 $f(n)$ 的一般形式为

$$f(n) = g(n) + h(n) \tag{3-2}$$

式中，$g(n)$ 是从初始结点 S 到结点 n 的实际路径的耗散值，即从初始结点 S 到结点 n 已经付出的代价；$h(n)$ 是从结点 n 到目标结点 t 的最佳路径的耗散值的估计，即从结点 n 到目标结点 t 将要付出的代价。

这样，考察结点 n 通向目标结点的希望程度时就综合考虑了已付出的代价和将要付出的代价两部分。$g(n)$ 的值可以按照指向父结点的指针，从结点 n 逆向地追溯至初始结点 S，得到一条从初始结点 S 到结点 n 的路径，然后将路径上各有向弧的耗散相加，即为 $g(n)$ 的值；对于 $h(n)$ 的值，则需要根据待求解问题自身的性质设置，它体现了问题自身的启发性信息，因此 $h(n)$ 也被称为启发式函数。

一般来说，在评价函数 $f(n)$ 中，$g(n)$ 的比例越大，搜索越倾向于宽度优先的方式，而 $h(n)$ 的比例越大，启发性能越强。$g(n)$ 的作用一般是不能忽略的，因为它代表了从初始结点 S 经过 n 到达目标结点 t 的总代价中已经付出的那一部分，保持 $g(n)$ 就是保持了搜索宽度优先的趋势，这有利于保持搜索的完备性，但会影响搜索的效率。在特殊情况下，如果问题求解只关心找到解而不关心付出什么代价，那么 $g(n)$ 项可以忽略。另外，当 $h(n) \gg g(n)$ 时，$g(n)$ 的作用也可以忽略。此时有 $f(n) = h(n)$，有利于获得较高的搜索效率，但会影响搜索的完备性。综上所述，在实际设计 $f(n)$ 时，要根据问题的特性和解的特性，权衡利弊，获得最好的结果。

例 3-11 对于图 3-2 表示的八数码问题，设计启发式搜索中可以用到的评价函数。

【解】 由于评价函数的一般形式为 $f(n) = g(n) + h(n)$，其中 $g(n)$ 是从初始结点 S 到结点 n 的实际路径的耗散值，$h(n)$ 是从结点 n 到目标结点 t 的最佳路径的耗散值的估计，因此，$g(n)$ 可以用结点 n 在搜索过程中的深度 $d(n)$ 来表示，即

$$g(n) = d(n) \tag{3-3}$$

同时，从结点 n 与目标结点 t 的差异角度来设计启发式函数 $h(n)$，即

$$h(n) = W(n) \tag{3-4}$$

式中，$W(n)$ 为"不在位的将牌数"，即与目标状态 t 相比，查看结点 n 中有哪些将牌不在目标状态的位置上，这些不在位的将牌数目就是"不在位的将牌数"。例如，图 3-24 所示八数码问题状态 n 中，与图 3-25 所示的目标状态 t 相比，不在位的将牌有将牌 1、将牌 2、将牌 6 和将牌 8，即不在位的将牌数为 4，故 $W(n) = 4$。

综上所述，八数码问题的一个评价函数可以设计为

$$f(n) = d(n) + W(n) \tag{3-5}$$

如果图 3-24 所示的结点为初始结点，那么其深度为 0，此时 $f(S) = 0 + 4 = 4$。

例 3-12 设计图 3-26 所示的移动将牌游戏的启发式函数。

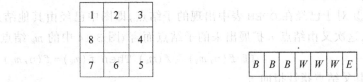

| 图 3-24 八数码问题的
某个状态 n | 图 3-25 八数码问题的
目标状态 t | 图 3-26 移动将牌游戏
的初始状态 |

图中，B 代表黑色将牌；W 代表白色将牌；E 代表该位置为空，游戏的玩法如下。

（1）当一个将牌移入相邻的位置时，费用为 1 个单位。

（2）一个将牌至多可以跳过两个将牌进入空位，其费用等于跳过的将牌数加 1。

要求把所有的黑色将牌 B 都移动至所有的白色将牌 W 的右边。

【解】 根据问题要求可知，从初始状态到某个状态的耗散（费用）$g(n)$ 可通过游戏的玩法说明计算得到。而由于目标状态要求所有的 B 将牌在所有的 W 将牌右边，也就是说 W 左边的 B 将牌越少，越接近目标，因此可以从差异的角度设计启发式函数 $h(n)$，即

$$h(n) = a \times (\text{每个 } W \text{ 左边 } B \text{ 的个数的总和}) \tag{3-6}$$

式中，a 为一个正常数，可以用来扩大 $h(n)$ 在 $f(n)$ 中的比例，如 $a=3$，此时对于图 3-26 所示的初始状态，

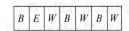

$$h(S_0) = 3 \times (3+3+3) = 27,$$

如果对于图 3-27 所示的某个中间状态 n 而言，

图 3-27 移动将牌游戏的某个中间状态 n

$$h(n) = 3 \times (1+2+3) = 18。$$

3.4.2 A 算法

在状态空间的图搜索算法中，如果在搜索的每一步都能按照 $f(n)$ 值的大小对 OPEN 表中的元素进行排序，即每次扩展结点时都选择了当前最有希望通向目标的结点，那么这个搜索算法就是 A 算法。由于评价函数 $f(n)=g(n)+h(n)$ 中包含了与问题自身相关的启发式信息，因此 A 算法是启发式的搜索算法。

A 算法的描述如下。

(1) OPEN:=(S)，CLOSED:=( )，$f(S)=g(S)+h(S)$；初始化

(2) Loop: If OPEN=( ) Then Exit(Fail)

(3) n:=First(OPEN)，Remove(n,OPEN)，Add(n,CLOSED)

(4) If Goal(n) Then Exit(Success)

(5) Expand(n)，生成一组子结点 $M=\{m_1, m_2, m_3, \cdots\}$，$M$ 中不包含 n 的父辈结点，G:=Add(M,G)，对每个子结点 m_i 的计算式 (3-7) 的值

$$f(n, m_i) = g(n, m_i) + h(m_i) \tag{3-7}$$

式中，$g(n, m_i)$ 是从初始结点 S 通过 n 到达 m_i 的耗散值；$h(m_i)$ 是从子结点 m_i 到目标结点 t 的最短路径的耗散值的估计；$f(n, m_i)$ 是以 n 为父结点的子结点 m_i 的评价函数值

(6) 根据 M 中结点的不同性质，标记和修改它们到父结点的指针

① 对于未在 OPEN 表和 CLOSED 表中出现过的子结点，即刚刚由 n 扩展出来的子结点而言（图 3-14 中的 m_j 结点），应将其加入 OPEN 表，并标记到其父结点 n 的指针，此时

$$f(m_j) = f(n, m_j)$$

② 对于已经在 OPEN 表中出现的子结点,即图中已经由其他结点扩展出来并且未被扩展的、这次又由结点 n 扩展出来的子结点而言(图 3-14 中的 m_k 结点),有

$$\text{If } f(n, m_k) \leqslant f(m_k) \text{ Then } f(m_k) = f(n, m_k)$$

修改其父结点指针指向 n

③ 对于已经在 CLOSED 表中出现的子结点,即图中已经由其他结点扩展出来并且已经被扩展的、这次又由结点 n 扩展出来的子结点而言(图 3-14 中的 m_l 结点),有

$$\text{If } f(n, m_l) \leqslant f(m_l) \text{ Then } f(m_l) = f(n, m_l)$$

修改其父结点指针指向 n,并将该子结点从 CLOSD 表移到 OPEN 表中,不必计算是否要修改其后继结点指向父结点的指针。

(7) OPEN 中的结点按评价函数值从小到大排序

(8) Go Loop

从 A 算法的描述中可以看到,它同样也是由一般的图搜索算法变换而成。而在算法的第(7)步,按照 f 值从小到大对 OPEN 表中的结点排序,体现了 A 算法的启发式特性。

A 算法的重点和难点在算法的第(6)步标记和修改指针上,此时要对结点 n 的不同类型的子结点做分别处理。

(1) 第一种是以前没有在图中出现过的结点,即没有在 OPEN 表和 CLOSED 表中出现过的结点,亦即图 3-14 中的 m_j 结点,由于它们刚刚出现,从初始结点经过 m_j 到目标结点的路径没有歧义,即只有一条,因此直接加入 OPEN 表,记录评价函数值 $f(m_j) = f(n, m_j)$,并标记指向父结点 n 的指针。

(2) 第二种结点是已经在图中出现但还没有被扩展过的、这次又由结点 n 扩展出来的结点,即 OPEN 表中已有的结点,亦即图 3-14 中的 m_k 结点。由于从初始结点经过 m_k 到目标结点的路径有两条:一条是旧路,即从初始结点经过原先的父结点 a 再到 m_k 最终到达目标结点的路径,其耗散值为 $f(m_k)$;另一条是新路,即从初始结点经过结点 n 再到 m_k 最终到达目标结点的路径,其耗散值刚刚计算出来,为 $f(n, m_k)$。如果新路的耗散值比旧路小,说明它更好,修改 m_k 的评价函数值为新路的耗散值,即 $f(n, m_k)$,同时使父结点的指针从原先的结点 a 改为结点 n;否则,m_k 的评价函数值不变,仍然为原先的 $f(m_k)$,父结点的指针也不变,仍然指向 a。

(3) 第三种结点是已经在图中出现而且已经被扩展过的、这次又由结点 n 扩展出来的结点,即 CLOSED 表中已有的结点,亦即图 3-14 中的 m_l 结点。同 m_k 结点的处理原则一样,由于从初始结点经过 m_l 到目标结点的路径有两条,选择一条更短的路径,保证 m_l 的父结点指针指向耗散值更小的那条路径上的父结点,m_l 的评价函数值也为更短的那条路径的耗散值。同时应该注意的是,一旦将 m_l 的父结点指针从原先的父结点 b 修改为现在的父结点 n,就要把 m_l 结点从 CLOSED 表移到 OPEN 表中,意味着以后可能会重新对它扩展。由于有这样的处理,所以不必再考虑是否修改第三类结点的后继结点到其父结点的指针了。

在有些文献中,以上讨论的 A 算法也被称为最佳优先(Best-first)搜索算法或全局择优搜索算法。与全局择优搜索算法对应的启发式搜索算法还有局部择优搜索算法,它们的区别仅在算法的第(7)步,全局择优搜索是对 OPEN 表中的全部结点按评价函数值从小到大排序,而局部择优搜索则具有局部特性,即将 n 的子结点按照评价函数值从小到大依次放在

OPEN 表的首部。

在 A 算法中,如果令启发式函数 $h(n)=0$、$g(n)=d(n)$ 即 $f(n)=d(n)$,此时 A 算法变成宽度优先搜索算法,所以宽度优先搜索算法实际是 A 算法的一个特例。

A 算法是一种启发式搜索任何状态空间的通用算法(就像深度、宽度优先搜索策略一样,具有通用性)。它既适用于数据驱动的搜索,也适用于目标驱动的搜索,还支持不同的启发式函数,而且也是分析启发式搜索特性的基础,甚至由于具有很好的通用性,它还可以和其他不同的启发方法一起使用。

例 3-13 图 3-28 给出了一个状态空间图,图中各结点旁边标注的数字是其评价函数值,采用 A 算法求解从初始结点 A 到目标结点 P 的解路径,画出搜索图,写出 OPEN 表和 CLOSED 表的变化情况。

【解】 搜索图如图 3-29 所示。OPEN 表和 CLOSED 表的变化情况如表 3-8 所示。OPEN 表和 CLOSED 表中的 $x(y)$ 组合表示结点及其评价函数值,如 $A(5)$ 表示结点 A 评价函数 f 的值为 6。

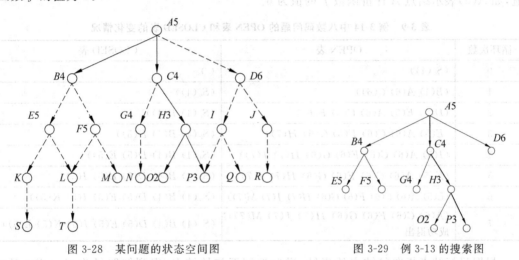

图 3-28 某问题的状态空间图　　　　图 3-29 例 3-13 的搜索图

表 3-8 例 3-13 问题的 OPEN 表和 CLOSED 表的变化情况

循环次数	OPEN 表	CLOSED 表
0	$(A(5))$	( )
1	$(B(4)\ C(4)\ D(6))$	$(A(5))$
2	$(C(4)\ E(5)\ F(5)\ D(6))$	$(A(5)\ B(4))$
3	$(H(3)\ G(4)\ E(5)\ F(5)\ D(6))$	$(A(5)\ B(4)\ C(4))$
4	$(O(2)\ P(3)\ G(4)\ E(5)\ F(5)\ D(6))$	$(A(5)\ B(4)\ C(4)\ H(3))$
5	$(P(3)\ G(4)\ E(5)\ F(5)\ D(6))$	$(A(5)\ B(4)\ C(4)\ H(3)\ O(2))$
6	$(G(4)\ E(5)\ F(5)\ D(6))$ 成功退出	$(A(5)\ B(4)\ C(4)\ H(3)\ O(2)\ P(3))$

从图 3-29 所示的搜索图中可以看出,图 3-28 中实线弧箭头所指示的结点实际上是被扩展的结点,而图 3-28 中有些结点没有标注评价函数值,是因为搜索过程中没有遇到计算其评价函数值的情况。

解路径为 $A \to C \to H \to P$，如图 3-29 中的加粗路径所示。

例 3-14 对于图 3-30 所示的八数码问题的初始状态和目标状态，采用 A 算法求其解路径，画出搜索图，写出 OPEN 表和 CLOSED 表的变化情况。

图 3-30 八数码问题的初始状态和目标状态

【解】 评价函数定义为式(3-5)，即 $f(n) = d(n) + W(n)$，其中 $d(n)$ 表示结点 n 的深度，$W(n)$ 表示结点 n 所示的状态中不在位的将牌数。

搜索图如图 3-31 所示，OPEN 表和 CLOSED 表的变化情况如表 3-9 所示。其中，空格移动的顺序为左、上、右、下，OPEN 表和 CLOSED 表中的 $x(y)$ 组合表示结点及其评价函数值，如 $A(6)$ 表示结点 A 评价函数 f 的值为 6。

表 3-9　例 3-14 中八数码问题的 OPEN 表和 CLOSED 表的变化情况

循环次数	OPEN 表	CLOSED 表
0	$(S_0(4))$	( )
1	$(B(4)\ A(6)\ C(6))$	$(S_0(4))$
2	$(D(5)\ E(5)\ A(6)\ C(6)\ F(6))$	$(S_0(4)\ B(4))$
3	$(E(5)\ A(6)\ C(6)\ F(6)\ G(6)\ H(7))$	$(S_0(4)\ B(4)\ D(5))$
4	$(I(5)\ A(6)\ C(6)\ F(6)\ G(6)\ H(7)\ J(7))$	$(S_0(4)\ B(4)\ D(5)\ E(5))$
5	$(K(5)\ A(6)\ C(6)\ F(6)\ G(6)\ H(7)\ J(7))$	$(S_0(4)\ B(4)\ D(5)\ E(5)\ I(5))$
6	$(L(5)\ A(6)\ C(6)\ F(6)\ G(6)\ H(7)\ J(7)\ M(7))$	$(S_0(4)\ B(4)\ D(5)\ E(5)\ I(5)\ K(5))$
7	$(A(6)\ C(6)\ F(6)\ G(6)\ H(7)\ J(7)\ M(7))$ 成功退出	$(S_0(4)\ B(4)\ D(5)\ E(5)\ I(5)\ K(5)\ L(5))$

根据目标结点指向父结点的指针，逆向追溯至初始结点，得到解路径为 $S_0 \to B \to E \to I \to K \to L$，如图 3-31 中的加粗路径所示。

3.4.3　分支界限法

在前面的讨论中，都没有考虑到搜索中不同操作的代价问题，即都假设状态空间中各有向弧的耗散是相同的，都是单位耗散，但对于实际问题而言，往往不是这样的，就像前面例 3-3 的 TSP 问题一样，它们的状态空间图中各有向弧的耗散不可能完全相同。以后称各边标有代价的树为代价树。下面将要讨论 3 种代价树的搜索算法，由于利用了与问题相关的信息，所以有些文献也将其归入启发式搜索算法中。

分支界限法(Branch and Bound)也称为有序法，它是代价树的宽度优先搜索算法，其基本思想是：在 OPEN 表中保留所有已生成而未考查的结点，并用 $g(n)$ 对它们一一进行评价，按照 g 的值从小到大进行排列，即每次选择 g 值最小的结点进行考查，而不管这个结点出现在搜索树的什么地方。这好像是一队资源有限但又相互协作的探索山区最高峰的登山者，他们彼此保持着无线电联系，时刻将海拔最高的队伍向上推移，并在岔路口把子队分成

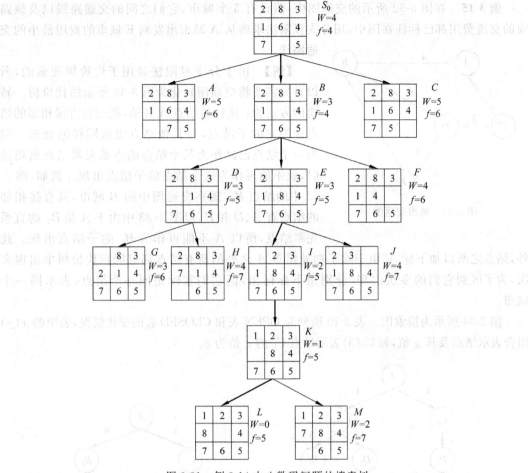

图 3-31   例 3-14 中八数码问题的搜索树

相应的子子队。

分支界限法的算法描述如下。

(1) $G:=G_0(G_0=S)$,OPEN$:=(S)$,CLOSED$:=( )$,$g(S)=0$

(2) Loop: If OPEN$=()$ Then Exit(Fail)

(3) $n:=$First(OPEN),Remove(n,OPEN),Add(n,CLOSED)

(4) If Goal(n) Then Exit(Success)

(5) Expand(n),生成一组子结点 $M=\{m_1,m_2,m_3,\cdots\}$,将这些子结点放入 OPEN 表中,并为它们配上指向父结点 n 的指针,按式 (3-8) 计算各子结点的代价,即

$$g(m_i)=g(n)+c(n,m_i) \tag{3-8}$$

(6) 根据 g 值的大小,对 OPEN 中的结点从小到大重新排序

(7) Go Loop

在分支界限法中,如果问题有解,目标结点 t 一定会在 OPEN 表中出现,而且在找到解 t 时,所有代价小于 $g(t)$ 的结点都已经被考查过,因此不会漏掉比 t 更好的解,所以分支界限法是一个可采纳的算法,也就是说,如果问题有解,它一定能找到解,而且找到的是最佳解。

例 3-15   在图 3-32 所示的交通图中,假设有 5 个城市,它们之间的交通路线以及该路线的交通费用都已标注在图中,用分支界限法求解从 A 城市出发到 E 城市的费用最小的交通路线。

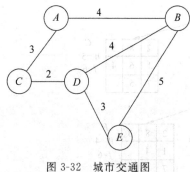

图 3-32   城市交通图

【解】   由于分支界限法是用于代价树搜索的,所以首先需要将交通图转化为图 3-33 所示的代价树。转换的方法为:从初始结点 A 开始,把与它直接相邻的结点作为它的子结点,对其他结点也做同样的处理。但当一个结点已经作为某个结点的直系先辈结点出现过时,就不能再作为这个结点的子结点出现。例如,图 3-33 中的结点 B_1,观察交通图中的 B 城市,其直接相邻的结点有 A、D 和 E,但图 3-33 中由于 A 是 B_1 的直系先辈结点,所以 A 不能再作为 B_1 的子结点出现。此外,结点之所以加下标,是由于除了初始结点 A 之外的所有结点都可能在代价树中出现多次,为了区别它们的多次出现,分别用下标标出,但它们实际是同一个结点,表示同一个城市。

图 3-34 所示为搜索图。表 3-10 所列为 OPEN 表和 CLOSED 表的变化情况,表中的 $x(y)$ 组合表示结点及其 g 值,如 $C_1(3)$ 表示结点 C_1 的 g 值为 3。

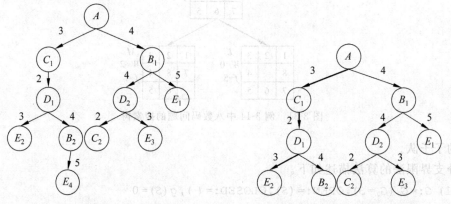

图 3-33   城市交通图的代价树   图 3-34   分支界限法的搜索图

表 3-10   分支界限法的 OPEN 表和 CLOSED 表的变化情况

循环次数	OPEN 表	CLOSED 表
0	$(A(0))$	$(\ )$
1	$(C_1(3)\ B_1(4))$	$(A(0))$
2	$(B_1(4)\ D_1(5))$	$(A(0)\ C_1(3))$
3	$(D_1(5)\ D_2(8)\ E_1(9))$	$(A(0)\ C_1(3)\ B_1(4))$
4	$(D_2(8)\ E_2(8)\ E_1(9)\ B_2(9))$	$(A(0)\ C_1(3)\ B_1(4)\ D_1(5))$
5	$(E_2(8)\ E_1(9)\ B_2(9)\ C_2(10)\ E_3(11))$	$(A(0)\ C_1(3)\ B_1(4)\ D_1(5)\ D_2(8))$
6	$(E_2(8)\ B_2(9)\ C_2(10)\ E_3(11))$ 成功退出	$(A(0)\ C_1(3)\ B_1(4)\ D_1(5)\ D_2(8)\ E_2(8))$

解路径为 $A \to C_1 \to D_1 \to E_2$，如图 3-34 中的加粗路径所示，其代价为 8，即从 A 城市到 E 城市的最小费用路线为 $A \to C \to D \to E$。

3.4.4 动态规划法

如果在 A 算法中，令 $h(n) \equiv 0$，那么 A 算法演变为动态规划算法。由于在 A 算法中，很多问题的启发函数 h 难以定义，因此动态规划算法是一种经常被使用的算法。

动态规划法实际上也是对分支界限法的改进。在例 3-14 的 OPEN 表和 CLOSED 表中看到，第 4 轮循环搜索对结点 $D_1(5)$ 进行了扩展，生成结点 $E_2(8)$ 和 $B_2(9)$，第 5 轮循环搜索对结点 $D_2(8)$ 进行了扩展，生成结点 $C_2(10)$ 和 $E_3(11)$，它们都是对 D 结点进行的扩展，但一个是对耗散为 5 的路径的端结点 D 扩展，一个是对耗散为 8 的路径的端结点 D 扩展，而从 A 到 D 显然耗散小的路径比较好，因此可以删掉耗散大的路径。

动态规划法的基本思想为：求 $S \to t$ 的最佳路径时，对某个中间结点 I，只要考虑 S 到 I 耗散值最小的这条局部路径即可，其余 S 到 I 的路径是多余的，不必加以考虑。下面给出具有动态规划原理的分支界限算法。

在 OPEN 表中保留所有已生成而未考察的结点，并用 $g(n)$ 对它们一一进行评价，按照 g 的值从小到大进行排列，即每次选择 g 值最小的结点进行考察，而不管这个结点出现在搜索树的什么地方。同时，对于某个中间结点 I，只要考虑 S 到 I 中最小耗散值这条局部路径即可，其余以 I 为端结点的、耗散较大的路径是多余的，应从 OPEN 表中删除相应的 I 结点。

动态规划法的算法描述如下。

(1) $G:=G_0 (G_0 = S)$, OPEN:=(S), CLOSED:=$(\ )$, $g(S) = 0$

(2) Loop: If OPEN=$(\ )$ Then Exit(Fail)

(3) n:=First(OPEN), Remove(n, OPEN), Add(n, CLOSED)

(4) If Goal(n) Then Exit(Success)

(5) Expand(n), 生成一组子结点 $M = \{m_1, m_2, m_3, \cdots\}$, 将这些子结点放入 OPEN 表中，并为它们配上指向父结点 n 的指针，按式(3-8)的 $(g(m_i) = g(n) + c(n, m_i))$ 计算各子结点的代价。若新生成的子结点是多条路径都能到达的结点，则只选择耗散小的路径，其余路径对应的结点从 OPEN 表中删除

(6) 根据 g 值的大小，对 OPEN 中的结点从小到大重新排序

(7) Go Loop

很显然，使用动态规划法的搜索效率比分支界限法要高。

例 3-16 用动态规划法解决图 3-32 描述的交通图问题，找到从 A 到 E 的解路径。

【解】 由于动态规划法只保留从初始结点到某个中间结点的较短的路径，搜索图如图 3-35 所示。OPEN 表和 CLOSED 表的情况如表 3-11 所示，表中的

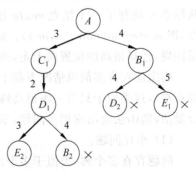

图 3-35 动态规划法的搜索图

$x(y)$组合表示结点及其 g 值,如 $C_1(3)$ 表示结点 C_1 的 g 值为3。

表 3-11　动态规划法的 OPEN 表和 CLOSED 表的变化情况

循环次数	OPEN 表	CLOSED 表
0	$(A(0))$	( )
1	$(C_1(3)\ B_1(4))$	$(A(0))$
2	$(B_1(4)\ D_1(5))$	$(A(0)\ C_1(3))$
3	$(D_1(5)\ E_1(9))$	$(A(0)\ C_1(3)\ B_1(4))$
4	$(E_2(8))$	$(A(0)\ C_1(3)\ B_1(4)\ D_1(5))$
5	( ) 成功退出	$(A(0)\ C_1(3)\ B_1(4)\ D_1(5)\ E_2(8))$

解路径为 $A \rightarrow C_1 \rightarrow D_1 \rightarrow E_2$,如图 3-35 中的加粗路径所示,其代价为8,即从 A 城市到 E 城市的最小费用路线为 $A \rightarrow C \rightarrow D \rightarrow E$。

3.4.5 爬山法

爬山法(Hill Climbing)也称为代价树的深度优先搜索,它与分支界限法的区别在每次从 OPEN 表选择待考查结点的范围不同。分支界限法每次从 OPEN 表的全体结点中选择一个 g 值最小的结点,而爬山法每次从刚扩展出的子结点中选择一个 g 值最小的结点。虽然爬山法选择的范围小,但较节省时间上的开销。

爬山法的算法描述如下。

(1) $G:=G_0\ (G_0=S)$,OPEN$:=(S)$,CLOSED$:=(\ )$,$g(S)=0$

(2) Loop: If OPEN= () Then Exit(Fail)

(3) $n:=$First(OPEN),Remove(n,OPEN),Add(n,CLOSED)

(4) If Goal(n) Then Exit(Success)

(5) Expand(n),生成一组子结点 $M=\{m_1, m_2, m_3, \cdots\}$,将这些子结点放入 OPEN 表,并为它们配上指向父结点 n 的指针,按式(3-8)的 $(g(m_i)=g(n)+c(n,m_i))$ 计算各子结点的代价

(6) 根据 g 值的大小,将刚刚生成的子结点从小到大移动至 OPEN 表的前面

(7) Go Loop

值得注意的是,由于结点 n 的子结点 m_i 的代价如式(3-8)所示 $(g(m_i)=g(n)+c(n,m_i))$,那么对 m_i 按照 g 值从小到大的排序实际是按照 $c(n, m_i)$ 值从小到大的排序。因此,爬山法从结点 n 选择下一个结点 $nextn$ 继续向前搜索的准则是:选择 n 最小耗散边对应的子结点,即 $nextn=m(\min\ c(n,m_i))$。这就犹如盲人爬山一样,无法纵观全局,只能用导盲棍测量四周,选择最高的位置向上走,所以爬山法也叫盲人爬山法。

爬山法在许多简单情况下都十分有效,尤其是一维参数问题中的单极值情况(只有一个解存在),这类似于只有一座最高峰,盲人一般能很快地找到它。但实际问题中,情况往往十分复杂,爬山法会出现很多问题,举例如下。

(1) 小丘问题。

问题存在多个解,类似于多个山头并立,其中有一个最高峰(最佳解)和多个次高峰甚至小丘(非最佳解),使用爬山法有可能登上其中的一个小丘就宣告成功退出了,尽管最终的目

标是最高峰。

（2）山脊问题。

如果盲人站在一条从东北到西南走向的刀锋般的山脊上，他选择下一个方向的方法是用导盲棍东、西、南和北各测试一点，结果发现"各个方向都是下坡路"，因此得到结论"我已到达最高峰"，而其实该点连一个小丘都不是。改进的方法是增加测试点，即让每个结点有更多的分支。

（3）平地问题。

众多孤立的山峰中间有一块平地，盲人正站在平地中央，无论他如何测试，都无法找到登高的线索。要解决此问题最简单的方法是随机选择一个方向继续搜索，但这要增大搜索的风险（即不完备性）。

例 3-17 用爬山法解决图 3-32 描述的交通图问题，找到从 A 到 E 的解路径。

【解】 图 3-36 所示为搜索图。表 3-12 所列为 OPEN 表和 CLOSED 表的变化情况，表中的 $x(y)$ 组合表示结点及其 g 值，如 $C_1(3)$ 表示结点 C_1 的 g 值为 3。

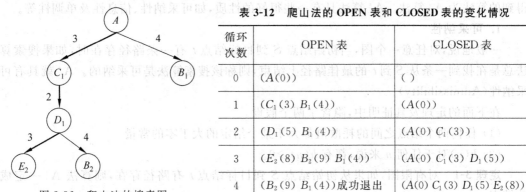

图 3-36　爬山法的搜索图

表 3-12　爬山法的 OPEN 表和 CLOSED 表的变化情况

循环次数	OPEN 表	CLOSED 表
0	$(A(0))$	( )
1	$(C_1(3)\ B_1(4))$	$(A(0))$
2	$(D_1(5)\ B_1(4))$	$(A(0)\ C_1(3))$
3	$(E_2(8)\ B_2(9)\ B_1(4))$	$(A(0)\ C_1(3)\ D_1(5))$
4	$(B_2(9)\ B_1(4))$ 成功退出	$(A(0)\ C_1(3)\ D_1(5)\ E_2(8))$

解路径为 $A \rightarrow C_1 \rightarrow D_1 \rightarrow E_2$，如图 3-36 中的加粗路径所示，其代价为 8，即从 A 城市到 E 城市的最小费用路线为 $A \rightarrow C \rightarrow D \rightarrow E$。

同分支界限法相比，找到的路径是相同的，但这只是一种巧合，由前面的分析可知，用爬山法找到的解不一定是最佳解，爬山法也不是完备的策略，甚至当搜索进入无穷分支（无限深渊）时，该算法将找不到解。

3.4.6　A* 算法

前面讨论的 A 算法中，并没有对评价函数 $f(n)$ 作任何限制，而实际上评价函数对搜索过程是十分重要的，如果选择不当，有可能导致找不到问题的解，或找不到问题的最佳解。以下将要讨论的 A* 算法是一种对评价函数进行了一定限制后的 A 算法，因此，A* 算法实际是 A 算法的一个特例，$f^*(n)$ 定义为

$$f^*(n) = g^*(n) + h^*(n) \tag{3-9}$$

其中，$g^*(n)$ 表示从初始结点 S 到结点 n 的最短路径的耗散值；$h^*(n)$ 表示从结点 n 到目标结点 t 的最短路径的耗散值；$f^*(n)$ 表示从初始结点 S 经过结点 n 到目标结点 t 的最短路径的耗散值。

如果 S 是初始结点，t 是目标结点，n 是从初始结点到目标结点的最短路径上的结点，有

$$f^*(S) = f^*(t) = h^*(S) = g^*(t) = f^*(n) \qquad (3\text{-}10)$$

原因如下：$f^*(S) = g^*(S) + h^*(S) = 0 + h^*(S) = h^*(S)$，$h^*(S)$ 表示从 S 到 t 的最短路径的耗散值；$f^*(t) = g^*(t) + h^*(t) = g^*(t) + 0 = g^*(t)$，$g^*(t)$ 表示从 S 到 t 的最短路径的耗散值；$h^*(S)$ 和 $g^*(t)$ 表示的是同一条路径的耗散值，因此 $h^*(S) = g^*(t)$，即式(3-10)的前四项相等成立。

又有 $f^*(n) = g^*(n) + h^*(n)$，表示从 S 经过 n 到达 t 的最短路径的耗散值，由于 n 在从 S 到 t 的最短路径上，所以从 S 经过 n 到达 t 的最短路径就是从 S 到 t 的最短路径，因此可知式(3-10)最后一项与前四项相等。

把评价函数 $f(n)$ 与 $f^*(n)$ 相比，由于 A 算法中的 $g(n)$ 是从初始结点 S 到结点 n 的实际路径的耗散值，因此它是 $g^*(n)$ 的一个合理估计，但它们并不相等，有 $g(n) \geqslant g^*(n)$，只有当搜索发现了从初始结点 S 到结点 n 的最佳路径时，才有 $g(n) = g^*(n)$。而 $h(n)$ 是对 $h^*(n)$ 的估计，$f(n)$ 是对 $f^*(n)$ 的估计。

如果在 A 算法中，对任意结点都有 $h(n) \leqslant h^*(n)$ 成立，即 $h(n)$ 是 $h^*(n)$ 的下界，那么，得到的算法为 A* 算法。A* 算法具有一些很好的性质，如可采纳性、信息性及单调性等。

1. 可采纳性

一般地说，对任意一个图，当初始结点 S 到目标结点 t 有一条路径存在时，如果搜索算法总是在找到一条从 S 到 t 的最佳路径上结束，则称该搜索算法是可采纳的。A* 就具有可采纳性(Admissibility)。

在下面的定理及其证明中，隐含了两个假设。

(1) 任何两个结点之间的耗散值都大于某个给定的大于零的常量。

(2) $h(n)$ 对于任何 n 来说，都有 $h(n) \geqslant 0$。

定理 3-1 对有限图，如果从初始结点 S 到目标结点 t 有路径存在，则算法 A* 一定成功结束。

【证明】 首先证明算法一定结束。由于搜索图为有限图，如果算法能找到解，则成功结束；如果算法找不到解必然会由于 OPEN 表变空而失败结束，因此对有限图 A* 一定会结束。

然后证明算法必然成功结束。由于从初始结点 S 到目标结点 t 有路径存在，假设该路径为

$$n_0 = S, \quad n_1, \quad n_2, \cdots, \quad n_k = t$$

算法开始时，由于 $n_0 = S$ 为初始结点，结点 n_0 在 OPEN 表中，而且路径中任何一个结点 n_i 离开 OPEN 表后，其后继结点 n_{i+1} 必然会进入 OPEN 表，如此一来，在 OPEN 表变空之前，目标结点 $n_0 = t$ 必然出现在 OPEN 表中。因此，算法一定会成功结束。

证毕。

引理 3-1 对无限图，若有从初始结点 S 到目标点 t 的一条路径，则 A* 不结束时，在 OPEN 表中即使最小的一个 f 值也将增大到任意大，或有 $f(n) > f^*(s)$。

【证明】 设 $d^*(n)$ 是 A* 算法生成的搜索树中，从 S 到任一结点 n 最短路径的长度(假设每个弧的长度均为 1，得到路径长度)，搜索图上每个弧的耗散值为一个正数，设 e 是这些正数中最小的一个，则有

$$g^*(n) \geqslant d^*(n) \times e \qquad (3\text{-}11)$$

由于 $g^*(n)$ 是 S 到 n 的最佳路径的耗散值,因此有

$$g(n) \geqslant g^*(n) \geqslant d^*(n) \times e \qquad (3\text{-}12)$$

又由于 $h(n) \geqslant 0$,因此有

$$f(n) = g(n) + h(n) \geqslant g(n) \geqslant d^*(n) \times e \qquad (3\text{-}13)$$

若 A^* 算法不结束,$d^*(n)$ 将趋向于 $+\infty$,此时 f 值将增大到任意大。

设 $M = f^*(s)/e$,由于 $f^*(s)$ 和 e 都是定数且为正,因此 M 也是一个正的定数,所以 A^* 算法不结束时,即搜索进行到一定程度会有 $d^*(n) > M$ 或 $d^*(n)/M > 1$,则有

$$f(n) \geqslant d^*(n) \times e = d^*(n) \times \left(\frac{f^*(s)}{M} \right) = f^*(s) \times \left(\frac{d^*(n)}{M} \right) > f^*(s) \qquad (3\text{-}14)$$

证毕。

引理 3-2　在 A^* 算法终止之前的任何时刻,OPEN 表总存在结点 n',它是从初始结点到目标结点的最佳路径上的结点,满足 $f(n') \leqslant f^*(s)$。

【证明】　设从初始结点到目标结点的一条最佳路径序列为

$$n_0 = S, \quad n_1, \quad n_2, \cdots, \quad n_k = t$$

算法开始时,S 在 OPEN 表中,当结点 S 离开 OPEN 表进入 CLOSED 表时,结点 n_1 进入 OPEN 表。因此,在 A^* 算法终止之前,在 OPEN 表中必然存在最佳路径上的结点。

设 OPEN 表中的某结点 n' 处在最佳路径序列中,显然 n' 的先辈结点 n'_p 已经在 CLOSED 表中,因此能找到 S 到 n'_p 的最佳路径,而 n' 也在最佳路径上,因而 S 到 n' 的最佳路径也能找到,即 $g(n') = g^*(n')$,故有

$$f(n') = g(n') + h(n') = g^*(n') + h(n') \qquad (3\text{-}15)$$

又由于 A^* 算法满足条件 $h(n) \leqslant h^*(n)$,且由式(3-10)知,当 n' 处在从 S 到 t 的最佳路径上时,$f^*(n') = f^*(s)$,因此有

$$f(n') = g^*(n') + h(n') \leqslant g^*(n') + h^*(n') = f^*(n') = f^*(s) \qquad (3\text{-}16)$$

即 $f(n') \leqslant f^*(s)$,证毕。

定理 3-2　对无限图,若从初始结点 S 到目标结点 t 有路径存在,则算法 A^* 必然成功结束。

【证明】　(反证法)假设算法 A^* 不结束,由引理 3-1 有 $f(n) > f^*(s)$,或 OPEN 表中最小的一个 f 值也将增大到无穷大,这与引理 3-2 的结论(对 OPEN 表中处在最佳路径上的结点 n,有 $f(n') \leqslant f^*(S)$)矛盾,所以 A^* 只能成功结束。

推论 3-1　OPEN 表上任一具有 $f(n) < f^*(S)$ 的结点 n,最终都将被 A^* 选作为扩展的结点。

【证明】　由于 A^* 算法每次选择 f 值最小的结点优先扩展,由定理 3-1 和定理 3-2 可知,只要问题有解,则 A^* 算法总能找到一个解,这个解的耗散值要大于等于最佳解的耗散值 $f^*(S)$,所以 OPEN 表中满足条件 $f(n) < f^*(S)$ 的任何结点 n,肯定会在 A^* 结束前被扩展。

定理 3-3　A^* 算法是可采纳的,即如果存在初始结点 S 到目标结点 t 的路径,则 A^* 算法必能找到最佳解结束,或者说 A^* 算法必能结束在最佳路径上。

【证明】　先证明 A^* 一定能找到解。

由定理 3-1 和定理 3-2 可知,无论是有限图还是无限图,A^* 算法都能找到目标结点成功结束。

再证明 A* 找到的是最佳解(反证法)。

假设 A* 找到一个目标结点 t 结束,而此时从 S 到 t 的解不是一条最佳路径,即

$$f(t) = g(t) + h(t) = g(t) > f^*(s) \tag{3-17}$$

而根据引理 3-2 知,A* 结束前,对于 OPEN 表中处在最佳路径上的结点 n',满足 $f(n') \leqslant f^*(S)$,代入式(3-17),有

$$f(t) > f^*(s) \geqslant f(n') \tag{3-18}$$

这时算法 A* 应选 n' 作为当前结点扩展,而不可能选 t,从而也不会去测试 t 是否为目标结点而成功结束。这与假定 A* 选 t 成功结束矛盾,所以 A* 只能结束在最佳路径上,即一定能找到最佳解结束。

推论 3-2 对于 A* 算法选作扩展的任一结点 n,有 $f(n) \leqslant f^*(S)$。

【证明】 令 n 是由 A* 选作扩展的任一结点,因此 n 不会是目标结点,且搜索没有结束,由引理 3-2 知,算法结束前在 OPEN 表中有满足 $f(n') \leqslant f^*(S)$ 的结点。若 $n = n'$,则显然 $f(n) \leqslant f^*(S)$ 成立;若 $n \neq n'$,而 A* 选 n 扩展,必有 $f(n) \leqslant f(n') \leqslant f^*(S)$ 成立。

证毕。

例 3-18 设计八数码问题的启发式函数,使其满足 A* 算法的要求。

【解】 对八数码问题,在前面的讨论中已经看到了一种启发式函数的设计方法,即 $h(n) = W(n)$,其中 $W(n)$ 表示"不在位的将牌数"。还有一种也是从当前状态与目标状态差异的角度设计启发式函数的方法,即 $h(n) = P(n)$,$P(n)$ 表示"将牌不在位的距离和",即每一张将牌与其目标位置之间距离的总和(不考虑夹在其间的将牌)。图 3-37 说明了这两个启发式函数的计算方法。

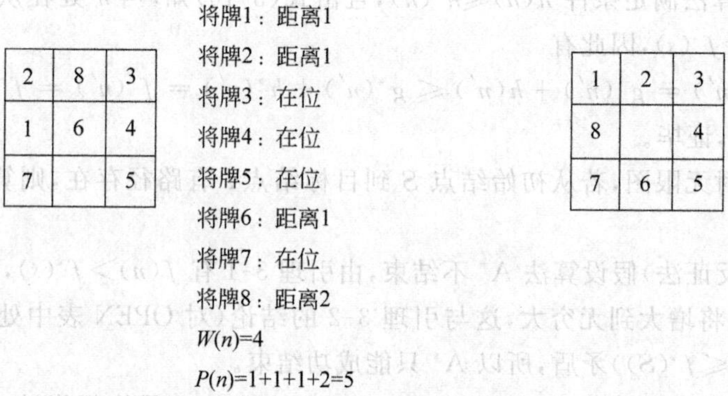

将牌1：距离1
将牌2：距离1
将牌3：在位
将牌4：在位
将牌5：在位
将牌6：距离1
将牌7：在位
将牌8：距离2
$W(n) = 4$
$P(n) = 1+1+1+2 = 5$

图 3-37 八数码问题的启发式函数设计

这两种启发式函数的设计都满足 A* 算法的要求,分析如下。

取 $h(n) = W(n)$ 时,尽管对具体的 $h^*(n)$ 是多少很难确切知道,但当采用单位耗散时,通过对"不在位的将牌数"的计算,就能得出至少要移动 $W(n)$ 步才能达到目标,显然有 $W(n) \leqslant h^*(n)$,因为只有一个空格,将牌不是想往哪个位置移动就能直接移动的。

取 $h(n) = P(n)$ 时,尽管对具体的 $h^*(n)$ 是多少很难确切知道,但当采用单位耗散时,通过对"将牌不在位的距离和"的计算,就能得出至少要移动 $P(n)$ 步才能达到目标,显然有 $P(n) \leqslant h^*(n)$,因为只有一个空格,将牌不是想往哪个位置移动就能直接移动的。

例 3-19 传教士和野人问题(Missionaries and Cannibals,M-C 问题)。有 N 个传教士

和 N 个野人来到河边准备渡河,河岸有一条船,每次至多可供 K 人乘渡,传教士和野人都会划船。问传教士为了安全起见,应如何规划摆渡方案,使得任何时刻,在河的两岸和船上的野人数目不超过传教士的数目(但允许在河的某岸只有野人没有传教士)。设 $N=5,k\leqslant 3$,设计传教士和野人问题的启发式函数,使其满足 A* 算法的要求。

【解】 假设传教士和野人要从左岸到右岸(从右岸到左岸的解决方案是一样的)。在某时刻,河的左岸的传教士数目为 M,野人数目为 C,$B=1$ 表示船在左岸,$B=0$ 表示船在右岸。

通过对 M、C 和 B 的组合,可以得到几种启发式函数的设计方法。

(1) $h(n)=0$。

此时,相当于没有启发性信息,搜索效率低,但也满足 A* 条件,即 $h(n)\leqslant h^*(n)$。

(2) $h(n)=M+C$。

如果算法采用 $h(n)=M+C$ 作为启发式函数,引入了一些启发性信息,但不满足 A* 算法的 $h(n)\leqslant h^*(n)$ 的条件。对此结论的证明只需给出一个反例即可。例如,对于状态 $(M,C,B)=(1,1,1)$ 而言,此时 $h(n)=M+C=1+1=2$,而实际上只要一次摆渡就可以达到目标状态,即 $h^*(n)=1$,有 $h(n)>h^*(n)$。所以这种设计不满足 A* 算法的条件。

(3) $h(n)=M+C-2B$。

满足 A* 算法的条件,分析过程如下。

分两种情况考虑,即船在左岸和船在右岸两种情况。

先考虑船在左岸的情况,$B=1$。如果不考虑安全限制条件,船一次可以将 3 人(可以是传教士、可以是野人、也可以是传教士和野人)从左岸运到右岸,然后再有 1 个人将船送回来。这样,船一个来回可以运过河两人,而船仍然在左岸。而最后剩下的 3 个人,可以一次将他们全部从左岸运到右岸。所以,在不考虑限制条件的情况下,至少需要的摆渡次数为式 $\lceil (M+C-3)/2 \rceil \times 2+1$。其中的"$-3$"表示剩下 3 个留待最后一次运过去的 3 人,"$/2$"是由于一个来回可以运过去两人,而需要的来回数不能是小数,需要向上取整,"$\times 2$"是因为一个来回包含两次摆渡,最后的"$+1$"则表示将剩下的 3 个运过去,需要一次摆渡。化简后有

$$\left\lceil \frac{(M+C-3)}{2} \right\rceil \times 2+1 \geqslant \left(\frac{(M+C-3)}{2} \right) \times 2+1 = M+C-2 = M+C-2B$$

再考虑船在右岸的情况,$B=0$。同样不考虑安全限制条件,由于船在右岸,需要一个人将船先运到左岸。因此对于状态 $(M,C,0)$ 来说,其所需要的最少摆渡数,相当于船在左岸时的状态 $(M+1,C,1)$(或 $(M,C+1,1)$)所需要的最少摆渡数,再加上第一次将船从右岸送到左岸的一次摆渡数。这时,所需要的最少摆渡数为 $(M+C+1)-2+1$。其中 $(M+C+1)$ 中的"$+1$"表示送船回到左岸的那个人,而最后边的"$+1$"表示送船到左岸时的一次摆渡。化简有

$$(M+C+1)-2+1 = M+C = M+C-2B$$

综合船在左岸和船在右岸两种情况下,所需要的最少摆渡次数可以用一个式子表示为 $M+C-2B$,其中 $B=1$ 表示船在左岸,$B=0$ 表示船在右岸。

由于该摆渡次数 $M+C-2B$ 是在不考虑安全限制条件下的最少摆渡次数,而一旦考虑安全限制条件,所需要的最少摆渡次数只能不小于 $M+C-2B$,即设计的启发式函数 $h(n)=M+C-2B$ 满足 A* 条件 $h(n)\leqslant h^*(n)$。

2. 信息性

A* 算法的搜索效率在很大程度上由启发式函数 $h(n)$ 决定。一般来说,在满足 A* 算法条件 $h(n) \leqslant h^*(n)$ 的前提下,$h(n)$ 的值越大越好,$h(n)$ 的值越大,A* 算法携带的启发性信息越多,A* 算法搜索时扩展的结点数越少,搜索效率就越高。这描述的是 A* 算法的信息性。

定理 3-4 假设有两个 A* 算法,即 A_1^* 和 A_2^*,若 A_2^* 比 A_1^* 有较多的启发信息,即对所有非目标结点均有 $h_2(n) > h_1(n)$,则在搜索过程中,被 A_2^* 扩展的结点也必然被 A_1^* 扩展,即 A_1^* 扩展的结点数不会比 A_2^* 扩展的结点数少,亦即 A_2^* 扩展的结点集是 A_1^* 扩展的结点集的子集。

【证明】 数学归纳法。

(1) 对深度 $d(n) = 0$ 的结点,即 n 为初始结点 S。如果 n 为目标结点,则 A_1^* 和 A_2^* 都不扩展 n;否则,A_1^* 和 A* 都会扩展 n,定理结论成立。(归纳法前提)

(2) 假设深度 $d(n) = k$ 时,定理结论都成立,即被 A_2^* 扩展的结点也必然被 A_1^* 扩展。(归纳法假设)

(3) 要证明 $d(n) = k+1$ 时结论成立,即被 A_2^* 扩展的结点也必然被 A_1^* 扩展,用反证法证明。

设 A_2^* 搜索树上有一个满足 $d(n) = k+1$ 的结点 n,A_2^* 扩展了该结点,但 A_1^* 没有扩展它。根据第(2)条的假设,知道 A_1^* 扩展了结点 n 的父结点。因此,n 必然在 A_1^* 的 OPEN 表中。既然结点 n 没有被 A_1^* 扩展,那么有

$$f_1(n) \geqslant f^*(S) \tag{3-19}$$

即

$$g_1(n) + h_1(n) \geqslant f^*(S) \tag{3-20}$$

$$h_1(n) \geqslant f^*(S) - g_1(n) \tag{3-21}$$

另一方面,A_2^* 扩展了 n,有

$$f_2(n) \leqslant f^*(S) \tag{3-22}$$

即

$$g_2(n) + h_2(n) \leqslant f^*(S) \tag{3-23}$$

$$h_2(n) \leqslant f^*(S) - g_2(n) \tag{3-24}$$

但由于 $d = k$ 时,A_2^* 扩展的结点也必然被 A_1^* 扩展,因此有

$$g_1(n) \leqslant g_2(n) \tag{3-25}$$

根据式(3-21)、式(3-24)和式(3-25)可得

$$h_2(n) \leqslant h_1(n) \tag{3-26}$$

这与假设 $h_2(n) > h_1(n)$ 矛盾,因此假设不成立。

证毕。

关于定理 3-4,即有关 A* 算法信息性的描述,有以下几点需要注意。

(1) 定理 3-4 中两个 A* 算法 A_1^* 和 A_2^* 是针对同一个问题的,它们的启发式函数 $h_1(n)$ 和 $h_2(n)$ 都满足 A* 算法的条件。

(2) 只有当对于任何一个非目标结点 n,都满足 $h_2(n) > h_1(n)$,而不是 $h_2(n) \geqslant h_1(n)$ 时,定理 3-4 才成立,才能保证被 A_2^* 扩展的结点也必然被 A_1^* 扩展。

（3）这里所说的"扩展的结点数"是这样计算的,同一个结点不管它被扩展多少次(在 A 算法的第(6)步,CLOSED 表中的结点可能被扩展多次),在计算"扩展的结点数"时都只算作一次。

（4）根据该定理,在使用 A^* 算法求解问题时,定义的启发函数 $h(n)$ 应在满足 A^* 的条件下尽可能大,以提高搜索效率。

例 3-20　用特殊的 A^* 算法,即宽度优先搜索和 $h(n)=W(n)$ 的 A^* 算法分别解决图 3-2 所示的八数码问题,比较它们扩展的结点情况。

【解】　前面已经分析过,宽度优先搜索等价于启发式函数 $h_1(n)\equiv 0$ 时的 A^* 算法。而八数码问题中,如果 $h_2(n)=W(n)$,在前面的例子中也分析过它是满足 A^* 条件的。而且对于非目标结点都有 $h_1(n)<h_2(n)$,即定理 3-4 中描述的,$A_2^*(h_2(n)=W(n))$比 $A_1^*(h_1(n)\equiv 0)$有较多的启发性信息。

图 3-38 比较了这两个 A^* 算法的搜索空间。A_1^* 的评价函数为 $f_1(n)=d(n),h_1(n)\equiv 0$,实际是宽度优先搜索;$A_2^*$ 的评价函数为 $f_2(n)=d(n)+w(n),h_2(n)=W(n)$;对于非目标结点都有 $h_1(n)<h_2(n)$。这两个 A^* 算法都找到了问题的最佳解,如图 3-38 中的加粗路径,但是 A_2^* 搜索的空间更小,扩展的结点数更少,其搜索空间为图中的阴影部分,而整个图形为 A_1^* 的搜索空间。

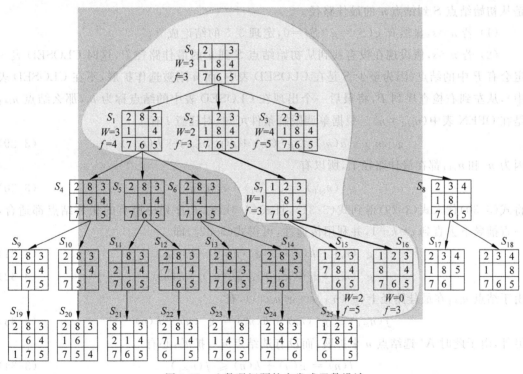

图 3-38　八数码问题的启发式函数设计

3. 单调性

在上面 A^* 算法的信息性中讨论了启发式函数对扩展结点数所起的作用,但也应指出,同一个结点不管它被扩展多少次,在计算"扩展的结点数"时,都只算作一次。可以想象,如果出现了同一结点被多次扩展的问题,即使扩展的结点数少,也会导致搜索效率的下降。而之所以多次扩展同一个结点,是因为在扩展该结点时还没有找到到达这个结点的最佳路径。如果算法能够保证,每当扩展一个结点时,就找到了到达这个结点的最佳路径,就不会出现重复扩展结点的问题。为满足这一要求,可以对启发式函数 $h(n)$ 增加单调性限制。

定义 3-1 如果启发式函数 $h(n)$ 满足下面两个条件,则称启发式函数 $h(n)$ 满足单调限制。

（1）对目标结点 t 有 $h(t)=0$。

（2）对任意结点 n 及其子结点 n_{i+1},都有

$$0 \leqslant h(n_i) - h(n_{i+1}) \leqslant c(n_i, n_{i+1}) \tag{3-27}$$

$$h(n_i) \leqslant c(n_i, n_{i+1}) + h(n_{i+1}) \tag{3-28}$$

式中,$c(n_i, n_{i+1})$ 表示有向弧 (n_i, n_{i+1}) 的耗散值（代价）。式(3-27)或式(3-28)说明从结点 n_i 到目标结点 t 的最短路径耗散值的估计不会超过其子结点 n_{i+1} 到目标结点 t 的最短路径耗散值的估计加上它们之间的耗散值。

定理 3-5 若 $h(n)$ 满足单调限制条件,则 A* 扩展了结点 n 之后,就已经找到了到达结点 n 的最佳路径。即在单调限制条件下,若 A* 选 n 来扩展,有 $g(n)=g^*(n)$。

【证明】 设 n 是 A* 选作扩展的任一结点,而结点序列 $P=(n_0=S, n_1, n_2, \cdots, n_k=n)$ 是从初始结点 S 到结点 n 的最佳路径。

（1）若 $n=s$,显然有 $g(S)=g^*(S)=0$,定理 3-5 的结论成立。

（2）若 $n \neq s$,假设现在没有找到从初始结点 S 到 n 的最佳路径 P,这时 CLOSED 表一定会有 P 中的结点（因为至少 S 是在 CLOSED 表中,而 n 刚被选作扩展,不在 CLOSED 表中）,从左到右检查序列 P,将最后一个出现在 CLOSED 表中的结点称为 n_i,那么结点 n_{i+1} 是在 OPEN 表中（$n_{i+1} \neq n$）。根据单调限制条件可知,对任意 i 有

$$g^*(n_i) + h(n_i) \leqslant g^*(n_i) + c(n_i, n_{i+1}) + h(n_{i+1}) \tag{3-29}$$

因为 n_i 和 n_{i+1} 都在最佳路径上,所以有

$$g^*(n_{i+1}) = g^*(n_i) + c(n_i, n_{i+1}) \tag{3-30}$$

将式(3-30)代入式(3-29)得到式(3-31),且式(3-31)对 P 序列中所有的相邻结点都适合,一直推导下去直到 $i=k-1$,并利用传递性,可得式(3-32),即

$$g^*(n_i) + h(n_i) \leqslant g^*(n_{i+1}) + h(n_{i+1}) \tag{3-31}$$

$$g^*(n_{i+1}) + h(n_{i+1}) \leqslant g^*(n_k) + h(n_k) \tag{3-32}$$

由于结点 n_{i+1} 在最佳路径上 $(g^*(n_{i+1})=g(n_{i+1}))$,有

$$f(n_{i+1}) \leqslant g^*(n_k) + h(n_k) = g^*(n) + h(n) \tag{3-33}$$

另外,由于此时 A* 选结点 n 来扩展,而没有选结点 n_{i+1} 扩展,必有

$$f(n) = g(n) + h(n) \leqslant f(n_{i+1}) \tag{3-34}$$

比较式(3-33)和式(3-34),可得

$$f(n) = g(n) + h(n) \leqslant f(n_{i+1}) \leqslant g^*(n) + h(n)$$

即

$$g(n) \leqslant g^*(n) \tag{3-35}$$

但开始假设没有找到到达 n 的最佳路径，即 $g(n) \geqslant g^*(n)$，因此选 n 扩展时必 $g(n) = g^*(n)$，即找到了到达 n 的最佳路径。

证毕。

定理 3-6 若 $h(n)$ 满足单调限制，则由 A* 所扩展的结点序列，其 f 值是非递减的，即 $f(n_i) \leqslant f(n_{i+1})$。

【证明】 由单调限制条件 $h(n_i) - h(n_{i+1}) \leqslant c(n_i, n_{i+1})$，可得

$$f(n_i) - g(n_i) - f(n_{i+1}) + g(n_{i+1}) \leqslant c(n_i, n_{i+1})$$

即

$$f(n_i) - g(n_i) - f(n_{i+1}) + g(n_i) + c(n_i, n_{i+1}) \leqslant c(n_i, n_{i+1})$$

亦即

$$f(n_i) - f(n_{i+1}) \leqslant 0$$

因此

$$f(n_i) \leqslant f(n_{i+1})$$

3.5 与/或图搜索

与/或图的搜索问题与状态空间图的搜索问题类似，也是用各种搜索策略进行问题求解的。本节首先介绍用与/或图表示问题的方法，然后介绍几种与/或图的搜索策略。

3.5.1 与/或图表示法

在现实世界中，经常会遇到这样的问题：一个问题可以有多种求解方法，只要使用其中一种方法完成求解，那么该问题就被成功求解。也就是说，对该问题的求解来说，各方法之间是"或"的关系。而在用每一种方法求解时，又可能需要求解几个子问题，只有这些子问题全部求解成功，这种方法才能用于原始问题求解。也就是说，这些子问题之间是"与"的关系。现在来看一个具体的例子。

例 3-21 有图 3-39 所示的两个多边形，证明它们全等。

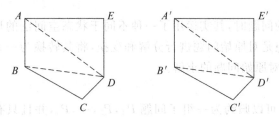

图 3-39 多边形 $ABCDE$ 和多边形 $A'B'C'D'E'$

【解】 连接 AD、BD 和 $A'D'$、$B'D'$，原问题 Q（证明两个多边形全等）转化为 3 个子问题，即

$$Q_1：证明 \triangle AED \cong \triangle A'E'D'$$

$$Q_2：证明 \triangle ABD \cong \triangle A'B'D'$$

$$Q_3: 证明 \triangle CBD \cong \triangle C'B'D'$$

只有这 3 个子问题都被解决了，原始问题才能被解决，因此它们之间是与的关系。

进一步，对 Q_1 而言，证明两个三角形全等有很多方法，如中学学习的证明三角形全等的定理有"边边边"（Q_{11}）、"边角边"（Q_{12}）、"角边角"（Q_{13}）、"角角边"（Q_{14}），只要用其中的一种解决 Q_1 即可，因此 Q_{11}、Q_{12}、Q_{13} 和 Q_{14} 之间是或的关系。对 Q_2 和 Q_3 而言，也有类似的或的子结点，它们分别是 Q_{21}、Q_{22}、Q_{23} 和 Q_{24} 以及 Q_{31}、Q_{32}、Q_{33} 和 Q_{34}。

更进一步，如果 Q_1 采用"边边边"（Q_{11}）方法解决，根据图 3-39，就是要解决下面 3 个子问题：

$$Q_{111}: 证明 AE = A'E'$$
$$Q_{112}: 证明 DE = D'E'$$
$$Q_{113}: 证明 AD = A'D'$$

只有这 3 个子问题都解决了，采用 Q_{11} 方法才能成功解决 Q_1，因此它们之间是与的关系。

对应的 Q_{12}、Q_{13}、$\cdots$、Q_{33} 和 Q_{34} 也有对应的与的子结点，将它们画在一个图里，得到图 3-40 所示的与/或图。图中某些边上的小圆弧表示它们所指向的结点之间是与的关系（如 Q_1、Q_2 和 Q_3）；否则结点之间是或的关系（如 Q_{11}、Q_{12}、Q_{13} 和 Q_{14}）。

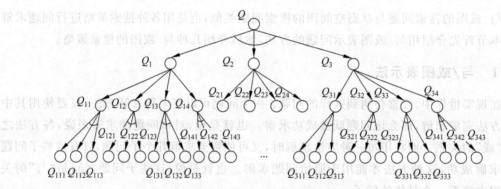

图 3-40 证明两个多边形全等的方法

1. 问题归约法

在分析例 3-21 的问题时，其实运用了一种不同于状态空间法的形式化方法，被称为问题归约法，其基本思想是对原始问题进行分解和变换，将其转换为一系列简单问题，通过对简单问题的求解实现对原始问题的求解。

1）分解

如果一个问题 P 可以归约为一组子问题 $P_1, P_2, \cdots, P_n$，并且只有当所有子问题 P_i 都有解时原问题 P 才有解，任何一个子问题 P_i 无解都会导致原问题 P 无解，则称这种归约为问题的分解，分解所得到的子问题的"与"与原问题 P 等价。把原始问题分解为若干子问题可以用"与树"来表示，如图 3-41 所示，结点 P 分解为 3 个子问题，即 P_1、P_2 和 P_3，注意其中连接 3 条有向边的小弧线，表明 P_1、P_2 和 P_3 之间是与的关系。

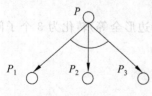

图 3-41 问题的分解与"与树"

图 3-40 中的结点 Q_1、Q_2 和 Q_3 就是用问题分解的方法形成的,类似的还有结点 Q_{111}、Q_{112} 和 Q_{113} 等。

2) 等价变换

如果一个问题 P 可以归约为一组子问题 $P_1,P_2,\cdots,P_n$,并且子问题 P_i 中只要有一个有解原问题 P 就有解,只有当所有子问题 P_i 都无解时原问题 P 才无解,则称这种归约为问题的等价变换,简称变换,变换所得到的子问题的"或"与原问题 P 等价。原始问题变换为若干子问题可以用"或树"来表示,如图 3-42 所示,结点 P 变换为 3 个子问题,即 P_1、P_2 和 P_3,注意其中 3 条有向边不需要小弧线连接,表明 P_1、P_2 和 P_3 之间是或的关系。

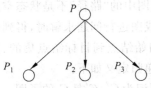

图 3-42　问题的变换与"或树"

图 3-40 中的结点 Q_{11}、Q_{12}、Q_{13} 和 Q_{14} 就是用问题变换的方法形成的,类似的还有结点 Q_{21}、Q_{22}、Q_{23} 和 Q_{24} 等。

把原始问题归约为一系列本原问题的过程可以很方便地用与/或树来表示,图 3-40 所示是这样一个过程。

2. 与/或图的基本概念

事实上,图 3-40 中的与/或图是一种特殊的与/或图,它是树形的,被称为与/或树。而图 3-43 所示为一个典型的与/或图。

图 3-43 所示的与/或图也称为超图,其中一个父结点指向一组 k 个后继结点的结点集称为 k-连接符。例如,图中的结点 n_0 有两个连接符,一个 1-连接符指向结点 n_1,一个 2-连接符指向结点集 $\{n_4,n_5\}$。而且当 $k>1$ 时,k-连接符应有小圆弧标记,表明结点间"与"的关系,如图中 n_0 的 2-连接符上的小圆弧。

显然,当图中所有结点间全部通过 1-连接符相连,就构成了前面几节里提到的状态空间图,这就是说,与/或图是状态空间图的推广,状态空间图是与/或图的特例。

此外,把图中没有任何父结点的结点称为根结点,把没有任何后继结点的结点称为端结点、叶结点或叶子结点。

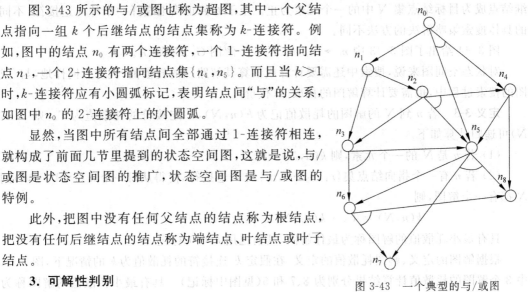

图 3-43　一个典型的与/或图

3. 可解性判别

与/或图中执行搜索过程,其目标在于标明初始结点是可解的。结点可解与不可解通过下述规则判断。

一个结点被称为可解结点(Solved),其递归定义如下。

(1) 终结点是可解结点。

(2) 若非终结点有"或"的子结点时,当且仅当其子结点至少有一可解,该非终结点才可解。

(3) 若非终结点有"与"的子结点时,当且仅当其子结点均可解,该非终结点才可解。

类似地,一个结点被称为不可解结点(Unsolved),其递归定义如下。

（1）没有后裔的非终结点是不可解结点。

（2）若非终结点有"或"的子结点时，当且仅当所有子结点均不可解时，该非终结点才不可解。

（3）非终结点有"与"的子结点时，当至少有一子结点不可解时，该非终结点才不可解。

4. 解图及其耗散值

在与/或图中，由于某些结点之间是"与"的关系，使得与/或图中的"路径"不是状态空间图中那样的线性路径，而是图或树形的"路径"。因此，基于与/或图进行问题求解时，得到的解是从初始结点 n 到目标结点集 N 的一个解图，它是包含了初始结点到目标结点集的、连通的可解结点的子图，类似于普通图中的一条解路径。解图可递归定义如下。

定义 3-2 一个与/或图 G 中，从结点 n 到结点集 N 的解图记为 G'，G' 是 G 的子图。

（1）若 n 是 N 的一个元素，则 G' 由单一结点 n 组成。

（2）若 n 有一个指向结点集 $\{n_1, n_2, \cdots, n_k\}$ 的 k-连接符，使得从每一个 $n_i (i=1, \cdots, k)$ 到 N 都有一个解图，则 G' 由结点 n、k-连接符以及 $\{n_1, n_2, \cdots, n_k\}$ 中的每一个结点到 N 的解图组成。

（3）否则，n 到 N 的解图 G' 不存在。

解图的一般求法是：从初始结点 n 开始，正确选择一个外向连接符，再从该连接符所指的每一个后继结点出发，继续选一个外向连接符，如此进行下去，直到由此产生的每一个后继结点成为目标结点集 N 中的一个元素为止。至于如何正确地选择一个外向连接符，不同的具体搜索策略解决的方法不同。

图 3-44 给出了图 3-43 中 $n_0 \rightarrow \{n_7, n_8\}$ 的 3 个解图 G_1'、G_2' 和 G_3'。

对状态空间图来说，搜索中还需要计算或估算其解路径的耗散值（代价），同样地，与/或图的搜索过程中，也需要计算解图的耗散值（代价）。

定义 3-3 若 n 到 N 的解图的耗散值记为 $k(n, N)$，k-连接符的耗散值为 C_k，则 $k(n, N)$ 可递归计算如下。

（1）若 n 是 N 的一个元素，则 $k(n, N) = 0$。

（2）若 n 有一个指向结点集 $\{n_1, n_2, \cdots, n_k\}$ 的 k-连接符，使得从每一个 $n_i (i=1, \cdots, k)$ 到 N 都有一个解图，则

$$k(n, N) = C_k + k(n_1, N) + k(n_2, N) + \cdots + k(n_k, N)$$

具有最小耗散值的解图称为最佳解图，其值也用 $h^*(n)$ 标记。

根据解图的定义、解图耗散值的定义，在假定 k-连接符的耗散值为 k 的情况下，图 3-44 中 3 个解图的耗散值计算结果分别为 8、7 和 5（见图中标记）。具有最小耗散值的解图称为最佳解图，其值 $h^*(n_0) = 5$。

与/或图的搜索也分为盲目搜索和启发式搜索。下面将着重讨论与/或图的搜索策略及特殊的与/或图——与/或树的搜索策略。

3.5.2 与/或图的搜索策略

在状态空间图中，问题的求解是要寻找一条从初始结点 S 到目标结点 t 的解路径，而在与/或图中，由于"与"结点的存在，问题的求解是要寻找一个从初始结点 n 到目标结点集 N 的解图。

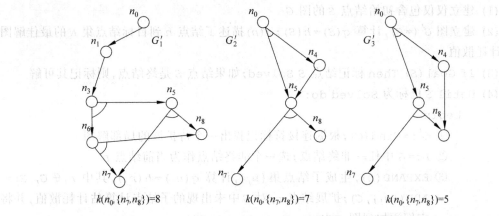

图 3-44   图 3-43 的 3 个解图

寻找解图时，必须对当前已生成出的与/或图中的所有结点实施可解性的标注过程。如果初始结点被标注为可解，则搜索过程成功结束；如果初始结点被标注为不可解，则搜索过程失败结束；如果初始结点还不能被标注为可解或不可解，则应继续扩展结点，而且尽可能地记录在所有生成的结点中，哪些结点被标注为可解或不可解，以便减少下一次标注过程的工作量。

由于结点具有可解性或不可解性，因此可以从搜索图中删去可解结点的任何不可解的子结点，或删去不可解结点的任何可解的子结点，因为搜索这些可被删除的结点没有任何意义，对初始结点的可解性判断也没有帮助，而只会降低搜索效率。

与状态空间图的搜索类似，与/或图也有各种搜索策略，这里主要讨论与/或图的启发式搜索策略 AO*算法。在 AO*算法中也使用了一个启发式函数 $h(n)$，它是 $h^*(n)$ 的一个估计，而 $h^*(n)$ 是从初始结点到目标结点集的最佳解图的耗散值。

AO*算法可以划分为以下两个主要阶段。

(1) 第一阶段是图生长的过程，即自上而下扩展结点的过程。

对于每一个已经扩展了的结点，AO*算法都配置了一个指针，这个指针指向该结点的后继结点中耗散值小的那个连接符。第一阶段图生成的过程，就是从初始结点出发，沿着指针的方向向下寻找，直到找到一个未被扩展的结点，然后扩展该结点，对其后继结点赋予到目标结点集的估计耗散值，并加可解标记或不可解标记。

(2) 第二阶段是修正和标记的过程，即自下而上地完成耗散值的修正、连接符的标记等。

假设 n 为刚刚第一阶段被扩展的结点，该结点有 m 个外向连接符连接 n 的所有后继结点，基于每个子结点到目标结点集的估计耗散值，可以计算出结点 n 相对于每一个外向连接符到目标结点集的耗散值。从中选择最小的一个作为结点 n 的耗散值，并标记一个指针指向产生最小耗散值的外向连接符(这就是第一阶段描述的"对于每一个已经扩展了的结点 AO*算法都配置了一个指针，指向该结点的后继结点中耗散值小的那个连接符")。对于 n 的父辈结点，进行同样的计算。重复这一过程，直到初始结点 S 为止。这时，从 S 出发，选择那些指针所指向的连接符得到的局部图，为当前耗散值最小的局部图。

AO*算法的描述如下。

(1) 建立仅仅包含初始结点 S 的图 G

(2) 建立图 $G'(=G)$，计算 $q(S)=h(S)$；$q(n)$ 描述了结点 n 到目标结点集 N 的最佳解图的估计耗散值

(3) If Goal(S) Then 标记结点 S Solved；如果结点 S 是终结点，则标记其可解

(4) Until S 已标为 Solved do：

    begin

      ① $G':=$Find(G)；根据连接符标记找出一个待扩展的局部解图 G'

      ② $n:=G'$ 中任一非终结点；选一个非终结点作为当前结点 n

      ③ EXPAND(n)，生成子结点集 $\{n_j\}$，计算 $q(n_j)=h(n_j)$，其中 $n_j \notin G$，$G:=$ADD($\{n_j\}$,G)；扩展结点 n，对 G 中未出现的子结点计算估计耗散值，并将它们添加到图 G 中

      ④ If Goal(n_j) Then 标记 n_j Solved；若子结点可解，加可解标记

      ⑤ $M:=\{n\}$；建立含 n 的单一结点集合 M

      ⑥ Until M 为空 do

    begin

      • Remove(m,M)，$m_c \notin M$；从集合 M 中移出一个结点 m，要求 m 的子结点 m_c 不在 M 中

      • 修正 m 的耗散值 $q(m)$：对 m 指向结点集 $\{n_{1i},n_{2i},\cdots,n_{ki}\}$ 的第 i 个连接符，计算耗散值 $q_i(m)=C_i+q(n_{1i})+\cdots+q(n_{ki})$；$q(m):=\min q_i(m)$；对 m 的连接符，取计算结果最小的那个耗散值为 $q(m)$

      • 对结点 m，加指针到 $\min q_i(m)$ 的连接符上，或把指针修改到 $\min q_i(m)$ 的连接符上

      • If 该连接符的所有子结点都已标注为 Solved Then 标记结点 m 为 Solved

      • If 结点 m 已标注为 Solved Or 结点 m 的耗散值发生了修正 Then 把 m 的所有父结点（这些父结点通过某个指针指向的连接符连接的后继结点之一就是结点 m）添加到 M 中

    end

    end

例 3-22 对于图 3-43 所示的与/或图，用 AO*求解 n_0 到 $\{n_7,n_8\}$ 的解图，其中，k-连接符的耗散值为 k，各结点的启发式函数 $h(n)$ 分别为

$h(n_0)=3$，$h(n_1)=2$，$h(n_2)=4$，$h(n_3)=4$，$h(n_4)=1$，$h(n_5)=1$，$h(n_6)=2$，$h(n_7)=0$，$h(n_8)=0$。

【解】 问题的搜索过程如图 3-45 所示，图中结点旁边标记的不带括号的数字是启发式函数 $h(n)$ 的值，估计了从结点 n 到目标结点集 N 的最佳解图的耗散值，带括号的数字是它到目标结点集的修正耗散值 $q(n)$，箭头指示了该结点后继结点中耗散值小的连接符，实心的结点表示被标注为可解的结点。

开始时，只有一个初始结点 n_0，$h(n_0)=3$，n_0 不是终结点，扩展 n_0，生成结点 n_1、n_4 和 n_5，且通过一个 1-连接符指向 n_1，一个 2-连接符指向 n_4 和 n_5。这两个连接符之间是"或"的

关系。由已知条件 $h(n_1)=2$、$h(n_4)=1$、$h(n_5)=1$，k-连接符的耗散值为 k。所以对于 n_0，从 1-连接符计算出 n_0 的耗散值 $q_1(n_0)=1+2=3$（1-连接符的耗散值加上结点 n_1 的耗散值 $q_1(n_1)$，由于 n_1 是叶子结点，此时耗散值用估计耗散值 $h(n_1)=2$ 代替），从 2-连接符计算出 n_0 的耗散值 $q_2(n_0)=2+1+1=4$。从两个不同的连接符计算得到的耗散值中取最小值作为 n_0 的耗散值，即 $q(n_0)$ 来自于 1-连接符，将 $q(n_0)=3$ 标记在图中，并标记指向 1-连接符的指针。算法的第 1 个循环结束。搜索图如图 3-45(a)所示。

在第 2 个循环中，首先从 n_0 开始，沿指针所指向的连接符，寻找一个未被扩展的非终结点。这时找到的是 n_1。扩展 n_1，生成结点 n_2 和 n_3，它们都是通过 1-连接符与 n_1 连接。由于 $h(n_2)=4$、$h(n_3)=4$，所以通过这两个连接符计算的耗散值也一样，即 $q_1(n_1)=q_2(n_1)=1+4=5$。取其最小者还是 5，从而更新 n_1 的耗散值 $q(n_1)=5$，指向连接符的指针可以指向两个连接符中的任何一个，假定指向了 n_3 这一边。由于 n_1 的耗散值由 2 更新为 5，所以需要重新计算 n_0 的耗散值。对于 n_0 来说，此时从 1-连接符这边算得的耗散值为 $q_1(n_0)=1+5=6$，大于从 2-连接符这边得到的耗散值 $q_2(n_0)=2+1+1=4$，所以 n_0 的耗散值更新为 $q(n_0)=4$，并将指向连接符的指针由指向 1-连接符改为指向 2-连接符。注意，这时由 n_1 出发的指向连接符的指针并没有被改变或删除。至此第 2 个循环结束，搜索图如图 3-45(b)所示。

在第 3 个循环中，同样从 n_0 开始，沿指针所指向的连接符寻找未被扩展的非终结点。这时从 n_4 和 n_5 中任选一个扩展。假定选择的是 n_5。n_5 生成 n_6、n_7 和 n_8，而且是一个 1-连接符指向 n_6，一个 2-连接符指向 n_7 和 n_8。同上面一样计算 n_5 的耗散值，得到 n_5 的耗散值为 $q(n_5)=2$，指针指向 2-连接符。由于 n_5 的耗散值改变了，因此需要重新计算 n_0 的耗散值 $q_2(n_0)=2+1+2=5$，仍然比 n_0 通过 1-连接符计算得到的耗散值小，因此只需更新 n_0 的耗散值为 $q(n_0)=5$，不需要改变 n_0 指向连接符的指针。在本次循环中，由于 n_7 和 n_8 都是目标结点集中的结点，是可解结点，而 n_5 通过一个 2-连接符连接 n_7 和 n_8，所以 n_5 也被标记为可解，但由于 n_0 是通过一个 2-连接符连接 n_4 和 n_5 的，而此时 n_4 还不是可解的，所以 n_0 还不是可解的，搜索需要继续进行。至此第 3 个循环结束，搜索图如图 3-45(c)所示。

第 4 个循环，从 n_0 开始，沿指针所指向的连接符寻找未被扩展的非终结点，这次找到的是 n_4。扩展 n_4，生成 n_5 和 n_8，并分别以 1-连接符连接。对 n_4 来说，从 n_5 这边计算得耗散值为 $q_1(n_4)=1+2=3$（n_5 已经被扩展过，其耗散值已经被更新为 2，因此在计算 n_4 的耗散值时，应使用更新后的 $q(n_5)=2$，而不是 $h(n_5)=1$），从 n_8 这边计算得耗散值为 $q_2(n_4)=1+0=1$。取小者，得 $q(n_4)=1$，并且将指向连接符的指针指向 n_8 这边的 1-连接符。因为扩展 n_4 并没有改变它的耗散值（即 $h(n_4)=q(n_4)=1$），因此 n_0 的耗散值也不需修正。由于 n_8 是目标结点，可解，而 n_4 通过一个 1-连接符连接 n_8，因此 n_4 也被标记为可解。此时，由于上一轮 n_5 被标记为可解，因此 n_0 可解。至此第 4 个循环结束，搜索图如图 3-45(d)所示。

而 n_0 是初始结点，由于被标记可解，搜索全部结束，从 n_0 开始，沿指向连接符的指针找到的解图即为搜索的结果，如图 3-45(e)所示。

AO*算法是用于与/或图搜索的一种启发式搜索算法，除了上面算法描述中提到的问题外，还有以下几点值得注意。

（1）算法每一次循环都会选择"G' 中任一非终结点"进行扩展，选择时一般会选择一个最有可能导致该局部解图耗散值发生较大变化的结点，因为这样更有可能促使及时修改局

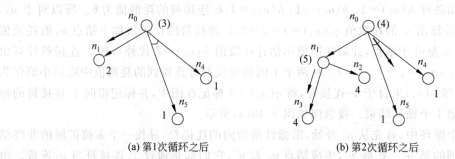

(a) 第1次循环之后   (b) 第2次循环之后

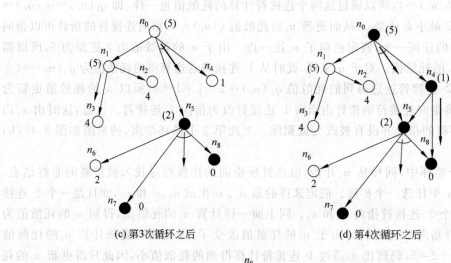

(c) 第3次循环之后   (d) 第4次循环之后

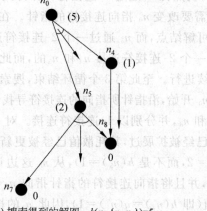

(e) 搜索得到的解图，$k(n_0,\{n_7,n_8\})=5$

图 3-45　AO*的搜索过程

部解图的指针标记。

（2）"EXPAND(n)"时，如果 n 无后继结点，算法陷入了死胡同，此时可以在后续步骤"修正 m 的耗散值 $q(m)$"（此时的 m 即 n）时，给结点 n 赋予一个较高的 q 值，这个较高的耗散值会传递到初始结点 S，使得含有结点 n 的子图具有较高的 $q(S)$，从而排除了被当作候选局部解图的可能性。

（3）如果存在 $S\to N$ 的解图，当 $h(n)\leqslant h^*(n)$ 且 $h(n)$ 满足单调限制条件时，AO*一定能

找到最佳解图,即 AO* 具有可采纳性。当 $h(n) \equiv 0$ 时,AO* 算法就变成宽度优先搜索算法。单调限制条件是指,在隐含图中,从结点 $n \rightarrow \{n_1, n_2, \cdots, n_k\}$ 的每一个连接符都施加限制,使得 $h(n) \leqslant C_k + h(n_1) + h(n_2) + \cdots + h(n_k)$,其中 c_k 是连接符的耗散值。

(4) AO* 算法仅仅适用于无环图的假设,否则耗散值递归计算不能收敛,因而在算法中还必须检查新生成的结点已在图中时,是否是正被扩展结点的先辈结点。

(5) AO* 算法没有前面各算法中用到的 OPEN 表和 CLOSED 表,只用一个结构 G,它代表到目前为止已明显生成的部分搜索图。

有关 AO* 算法的更具体的特性分析和应用等,可以进一步参阅人工智能的有关文献资料。

3.5.3　与/或树的搜索策略

在例 3-21 中已经见过与/或树的例子,下面的段落将重点讨论这种特殊的与/或图的搜索策略。

1. 与/或树的一般搜索过程

用与/或树的搜索方法求解问题时,首先要定义原始问题的描述方法以及分解和变换的算符,然后利用它们生成与/或树。与/或树搜索的目标是寻找解树,从而找到原始问题的解,其一般搜索过程描述如下。

(1) 把原始问题作为初始结点 S,并把它作为当前结点。

(2) 应用分解或等价变换操作对当前结点进行扩展。

(3) 为每个子结点设置指向父结点的指针。

(4) 选择合适的子结点作为当前结点,反复执行第(2)步和第(3)步,并调用可解标记过程或不可解标记过程,直到初始结点被标记为可解或不可解为止。

整个过程将形成一棵与/或树,这种由搜索过程所形成的与/或树称为搜索树。如果在搜索的某一时刻,初始结点被标记为可解,则由初始结点及其下属的可解结点就构成了解树。

就像前面 AO* 算法一样,结点可解性的标记过程都是自下而上进行的。而且,在搜索过程中,如果已经确定某个结点可解,那么它的不可解后裔结点就不再有用,可以从搜索树中删除;同样地,如果已经确定某个结点不可解,那么它的全部后裔结点就不再有用,可以从搜索树中删除,但这个不可解结点还不能删除,因为在判断其先辈结点的可解性时还会用到它。这是与/或树搜索的两个特殊性质,可以用来提高搜索效率。

2. 与/或树的宽度优先搜索

与/或树的宽度优先搜索与状态空间的宽度优先搜索很类似,也是按照"先生成的结点先扩展"的原则搜索,只需要在搜索过程中反复对结点进行可解标记或不可解标记的操作。其算法描述如下。

(1) `OPEN:=(S),CLOSED:=( )`

(2) n`:=First(OPEN),Remove(`n`,OPEN),Add(`n`,CLOSED)`

(3) `If 结点` n `可扩展 Then 完成下述工作`

　　① 扩展结点 n,将其子结点放入 OPEN 表的尾部,并为每一个子结点设置指向父结点的指针

② 考查这些子结点中是否有终结点。若有，则标记这些终结点可解，并将它们放入 CLOSED 表，然后用可解标记过程对其父辈结点中的可解结点做标记。如果初始结点 S 能标记为可解，就得到了解树，成功退出；如果不能确定 S 可解，则从 OPEN 表中删去具有可解先辈的结点 (因为其父辈结点已经可解，所以无须再考虑该结点)

③ 转第 (2) 步

(4) If 结点 n 不可扩展 Then 完成下述工作

① 标记结点 n 不可解

② 应用不可解标记过程对结点 n 的先辈中不可解的结点进行标记。如果初始解结点 S 也被标记为不可解，则搜索失败退出，说明原始问题无解；如果不能确定 S 不可解，则从 OPEN 表中删去具有不可解先辈的结点 (因为其父辈结点已经不可解，所以无须再考虑该结点)

③ 转第 (2) 步

例 3-23 设有图 3-46 所示的与/或树，结点按照图中标注的顺序号进行扩展，其中结点 t_1、t_2、t_3 和 t_4 为终结点，结点 A 和 B 为不可解的端结点，用与/或树的宽度优先搜索寻找解树。

图 3-46　一棵与/或树

【解】 首先扩展结点 1，得到结点 2 和结点 3，将它们放入 OPEN 表尾部。由于结点 2 和结点 3 都不是终结点，接着扩展结点 2，此时 OPEN 表中只有结点 3。

扩展结点 2 后，生成结点 4 和 t_1。此时 OPEN 表中的结点依次为：结点 3、结点 4 和结点 t_1。由于 t_1 为终结点，可解，放入 CLOSED 表，但其父结点 2 通过 2-连接符连接结点 4 和 t_1，结点 4 的可解性不能确定，因此结点 2 的可解性也不能确定。搜索继续进行。

扩展结点 3，生成结点 5 和结点 A，它们都不是终结点，继续扩展。此时 OPEN 表中的结点为结点 4、结点 5 和结点 A。

扩展结点 4，生成结点 B 和 t_2，OPEN 表中依次有结点 5、结点 A、结点 B、结点 t_2。t_2 为终结点，可解，放入 CLOSED 表，此时结点 4、结点 2 都可解，但结点 1 还不能确定为可解，从 OPEN 表中删除具有可解先辈的结点，即删除结点 B，OPEN 表中结点依次为结点 5、结点 A。

扩展结点 5，生成 t_3 和 t_4。t_3 和 t_4 为终结点，可解，因此结点 5、结点 3 和结点 1 均可解。

搜索成功，得到了由结点 1、2、3、4、5 及 t_1、t_2、t_3、t_4 构成的解树，如图 3-46 中的加粗路径所示。

3. 与/或树的深度优先搜索

与/或树的深度优先搜索和广度优先搜索都属于盲目的搜索策略，而且过程基本相同，其主要区别在于扩展结点 n 后，对子结点的放置方式不同，深度优先搜索将子结点放在 OPEN 表的首部，宽度优先搜索将子结点放在 OPEN 表的尾部。

为了防止算法陷入"无限深渊"，也可以像状态空间搜索那样，给与/或树的深度优先搜索加一个深度限制 Bound,其算法描述如下。

(1) OPEN:=(S),CLOSED:=( )

(2) n:=First(OPEN),Remove(n,OPEN),Add(n,CLOSED)

(3) If Depth(n)≥Bound Then 跳转至第(5)步第①点

(4) If 结点 n 可扩展 Then 完成下述工作

    ① 扩展结点 n,将其子结点放入 OPEN 表的首部,并为每一个子结点设置指向父结点的指针

    ② 考查这些子结点中是否有终结点。若有,则标记这些终结点可解,并将它们放入 CLOSED 表,然后用可解标记过程对其父辈结点中的可解结点做标记。如果初始结点 S 能标记为可解,就得到了解树,成功退出;如果不能确定 S 可解,则从 OPEN 表中删去具有可解先辈的结点(因为其父辈结点已经可解,所以无须再考虑该结点)

    ③ 转第(2)步

(5) If 结点 n 不可扩展 Then 完成下述工作

    ① 标记结点 n 不可解

    ② 应用不可解标记过程对结点 n 的先辈中不可解的结点进行标记。如果初始解结点 S 也被标记为不可解,则搜索失败退出,说明原始问题无解;如果不能确定 S 不可解,则从 OPEN 表中删去具有不可解先辈的结点(因为其父辈结点已经不可解,所以无须再考虑该结点)

    ③ 转第(2)步

例 3-24 对图 3-46 所示的与/或树进行界限为 4 的有界深度优先搜索。

【解】 首先扩展结点 1,得到结点 2 和结点 3,放入 OPEN 表首部,OPEN 表依次为结点 3、结点 2。由于结点 2 和结点 3 都不是终结点,接着扩展结点 3,此时 OPEN 表中只有结点 2。

扩展结点 3 后,生成结点 5 和结点 A。此时 OPEN 表中的结点依次为结点 A、结点 5 和结点 2。不能进行可解性的标记。

扩展结点 A,结点 A 无法扩展,不可解,但结点 3 的可解性不能确定。继续搜索,此时 OPEN 表中的结点为结点 5 和结点 2。

扩展结点 5,生成结点 t_3 和结点 t_4,它们都是终结点,可解,放入 CLOSED 表,此时结点 5 可解、结点 3 可解,但无法确定结点 1 的可解性,OPEN 表中只有结点 2。

扩展结点 2,生成结点 4 和 t_1,t_1 为终结点,可解,放入 CLOSED 表,但此时结点 2 的可解性不能确定,OPEN 表中结点为结点 4。

扩展结点 4,生成结点 B 和 t_2,t_2 为终结点,可解,放入 CLOSED 表,此时,结点 4、结点 2 和结点 1 均可解,搜索成功。

结点扩展的顺序为 1、3、A、5、2 和 4,解树仍然由结点 1、2、3、4、5 及 t_1、t_2、t_3、t_4 构成。

4. 与/或树的启发式搜索

与/或树的盲目搜索策略按照事先规定好的路线进行,当选择一个结点扩展时,只是基于该结点在与/或树中的位置,并没有考虑所要付出的代价,因此求得的解树不一定是最佳解树,即代价最小的解树。

与/或树的启发式搜索是寻找代价最小的解树的一种方法,在搜索过程中利用了与问题有关的知识。在这种方法中,用到了解树的代价和希望树两个比较重要的概念。

定义 3-4 解树的代价可以按照以下规则进行计算。

(1) 若 n 为终结点，则其代价为 $h(n)=0$。

(2) 若 n 为"或"结点，子结点为 $\{n_1,n_2,\cdots,n_k\}$，则其代价可用式(3-36)计算，其中的 $c(n,n_i)$ 是结点 n 到其子结点 n_i 的有向弧的代价。

$$h(n) = \min_{1\leqslant i\leqslant k}\{c(n,n_i)+h(n_i)\} \tag{3-36}$$

(3) 若 n 为"与"结点，且子结点为 $\{n_1,n_2,\cdots,n_k\}$，则 n 的代价可用式(3-37)的和代价法或式(3-38)的最大代价法求取，即

$$h(n) = \sum_{i=1}^{k}\{c(n,n_i)+h(n_i)\} \tag{3-37}$$

$$h(n) = \max_{1\leqslant i\leqslant k}\{c(n,n_i)+h(n_i)\} \tag{3-38}$$

(4) 若 n 是端结点，但又不是终结点，则 n 不可扩展，其代价为 $h(n)=+\infty$。

(5) 根结点的代价即为解树的代价。

从定义 3-4 可知，无论用什么方法计算与/或树中某个结点 n 的代价 $h(n)$ 时，都需要知道其子结点 n_i 的代价 $h(n_i)$，但实际问题求解时，搜索是自上而下进行的，即先有父结点 n，后有子结点 n_i，$h(n_i)$ 的值一般是不知道的。为了解决这个问题，可以利用与问题有关的信息定义一个启发式函数，用此启发式函数来估计子结点的 $h(n_i)$ 值，然后再按照和代价法或最大代价法求得其父结点的代价 $h(n)$，乃至其父辈结点，直到初始结点 S 的代价 $h(S)$。而一旦结点 n_i 被扩展，也是用启发式函数求出 n_i 的子结点的代价，然后重新计算出 $h(n_i)$。此时计算出的 $h(n_i)$ 和 n_i 被扩展之前的估计的 $h(n_i)$ 并不相同，应该利用计算出的 $h(n_i)$ 代替原先估计的 $h(n_i)$，并自下而上地对 n_i 的父辈结点进行代价值更新。当 n_i 的子结点被扩展后，再进行重复计算、更新操作。这是一个自上而下地生成结点，再自下而上地计算结点代价的反复进行的过程。

例 3-25 图 3-47 是一棵与/或树，它包括两棵解树（图中的加粗路径显示），一棵解树由 S、A、t_1 和 t_2 构成，另外一棵由 S、B、C、D、G、t_3、t_4 和 t_5 组成，图中的结点 $t_i(i=1,2,\cdots,5)$ 为终结点，E 和 F 为不可解的端结点，有向弧上的数字是它的代价，求这两棵解树的代价。

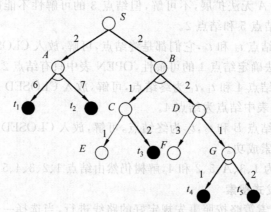

图 3-47　与/或树的解树的代价

【解】 左边的解树代价：

　　　　按和代价法，$h(A)=6+7=13$，$h(S)=13+2=15$

　　　　按最大代价法，$h(A)=7$，$h(S)=7+2=9$

右边的解树代价：

按和代价法，$h(G)=1+2=3$，$h(D)=3+1=4$，$h(C)=2$，

$\qquad h(B)=2+1+4+2=9$，$h(S)=9+2=11$

按最大代价法，$h(G)=2$，$h(D)=2+1=3$，$h(C)=2$，$h(B)=2+3=5$，

$\qquad h(S)=5+2=7$

因此，如果按照和代价法计算，右边的解树是最佳解树，代价是 11；如果按照最大代价法计算，右边的解树也是最佳解树，代价为 7，但有时采用不同方法计算解树的代价时，得到的最佳解树可能不同。

为了求得最佳解树，搜索过程的任何时刻都应优先选择那些最有希望成为最佳解树一部分的结点进行扩展。由于这些结点及其父辈结点所构成的与/或树最有可能成为最佳解树的一部分，因此称它为希望树。但要注意，随着新结点的不断出现，结点的代价值不断变化，希望树也在不断变化。

定义 3-5 希望树 T：

(1) 初始结点 S 在希望树 T 中。

(2) 若 n 为"或"结点，且子结点为 $\{n_1, n_2, \cdots, n_k\}$，那么具有

$$\min_{1 \leqslant i \leqslant k} \{c(n, n_i) + h(n_i)\}$$

值的那个子结点 n_i 在希望树 T 中。

(3) 若 n 为"与"结点，且子结点为 $\{n_1, n_2, \cdots, n_k\}$，那么它的全部子结点 $\{n_{1i}, n_{2i}, \cdots, n_{ki}\}$ 都在希望树 T 中。

与/或树的启发式搜索过程就是不断地选择、修正希望树的过程，在该过程中，希望树是不断变化的。其算法描述如下。

(1) OPEN:=(S),CLOSED:=( )

(2) 求出希望树，即根据当前搜索树中的结点代价 h 求出以 S 为根的希望树 T

(3) 依次把 OPEN 表中 T 的端结点取出放入 CLOSED 表，并记该结点为 n

(4) If 结点 n 为终结点 Then 做下列工作

① 标记结点 n 可解

② 在 T 上应用可解标记过程，对 n 的先辈结点中的所有可解结点进行标记

③ 如果初始结点 S 被标记为可解，则 T 就是最佳解树，成功退出

④ 否则，从 Open 表中删去具有可解先辈的所有结点

⑤ 转第 (2) 步

(5) If 结点 n 不是终结点且不可扩展 Then 做下列工作

① 标记结点 n 不可解

② 在 T 上应用不可解标记过程，对 n 的先辈结点中的所有不可解结点进行标记

③ 如果初始结点 S 能够被标记为不可解，失败退出

④ 否则，从 OPEN 表中删去具有不可解先辈的所有结点

⑤ 转第 (2) 步

(6) If 结点 n 不是终结点但可扩展 Then 做下列工作

① 扩展结点 n，生成 n 的所有子结点

② 把这些子结点都放入 OPEN 表中，并为每一个子结点设置指向父结点 n 的指针

③ 计算这些子结点及其先辈结点的 h 值

④ 转第 (2) 步

例 3-26 一个与/或树启发式搜索的例子。

【解】 假设初始结点为 S，搜索时每次扩展结点都扩展两层，且一层"或"结点，一层"与"结点。S 扩展后得到图 3-48 所示的与/或树。

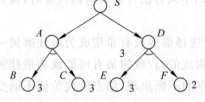

图 3-48 扩展初始结点 S 后的与/或树

其中结点 B、C、E 和 F 的启发式函数估算的代价值用结点旁边的数字标识，即 $h(B)=3$、$h(C)=3$、$h(E)=3$ 和 $h(F)=2$。若按照和代价法，得到 $h(A)=8$、$h(D)=7$、$h(S)=8$，此时，S 的右子树是当前的希望树。

接着对 OPEN 表中的结点 E 进行扩展，得到图 3-49 所示的与/或树。其中，用启发式函数估计的端结点的代价值标记在结点旁边，按照和代价法，得到 $h(G)=7$、$h(H)=6$、$h(E)=7$、$h(D)=11$、$h(S)=9$，此时，S 的左子树是当前的希望树。

对结点 B 进行扩展，得到图 3-50 所示的与/或树。其中，用启发式函数估计的端结点的代价值标记在结点旁边，可解结点用实心结点表示，按照和代价法，得到 $h(L)=2$、$h(M)=6$、$h(B)=3$、$h(A)=8$、$h(S)=9$，此时，S 的左子树是当前的希望树，结点 L、B 可解，但结点 A 和 S 的可解性还不能确定。

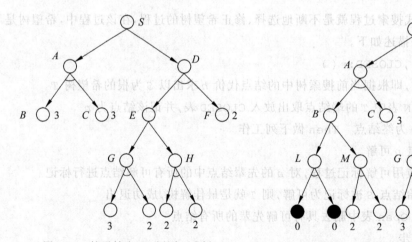

图 3-49 扩展结点 E 后的与/或树

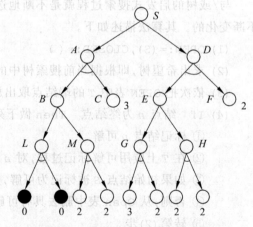

图 3-50 扩展结点 B 后的与/或树

对结点 C 进行扩展，得到图 3-51 所示的与/或树。其中，用启发式函数估计的端结点的代价值标记在结点旁边，可解结点用实心结点表示，按照和代价法，得到 $h(N)=2$、$h(P)=7$、$h(C)=3$、$h(A)=8$、$h(S)=9$，此时，S 的左子树是当前的希望树，且结点 N、C 可解，最终使得结点 A 和 S 可解。

这样求得了代价最小的解树，即最佳解树，如图 3-51 中的加粗路径部分所示，它是用和代价法求得的，代价为 9。

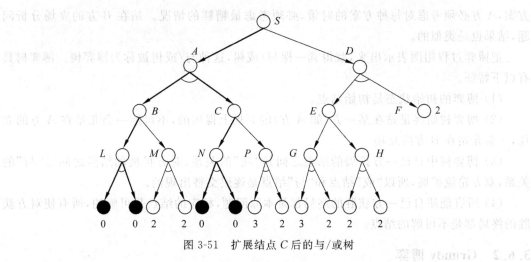

图 3-51　扩展结点 C 后的与/或树

3.6　博弈树搜索

博弈问题是人工智能重要的研究课题之一,很早就受到人工智能界的重视,早在 20 世纪 60 年代就已经出现若干博弈程序,并达到一定水平,近年来还不断涌现出一些新的研究方向,进一步推动了人工智能的发展。

3.6.1　博弈概述

诸如下棋、打牌、战争等竞争性的智能活动称为博弈(Game Playing),博弈是人类社会和自然界中普遍存在的一种现象,博弈的双方可以是个人或群体,也可以是生物群或智能机器,各方都力图用自己的智力击败对方。博弈的类型很多,其中最简单的一种被称为"二人零和、全信息、非偶然"博弈,如一字棋、余一棋、西洋跳棋、国际象棋、中国象棋、围棋等,这是本节重点讨论的博弈类型。至于带有机遇性的博弈,如掷硬币等,因为不具有完备的信息、存在不可预测性,不属于这里讨论的范围。

"二人零和、全信息、非偶然"博弈具有以下特征。

(1) 双人对弈,对垒的双方轮流走步。

(2) 博弈的结果只有 3 种情况:A 方胜 B 方败、B 方胜 A 方败、双方战成平局。

(3) 信息完备,对弈的双方得到的信息是一样的,都了解当前的格局及过去的历史,不存在一方能看到,而另一方看不到的情况。

(4) 博弈的双方在采取行动前都要根据当时的情况进行得失分析,经过深思熟虑之后选择对自己最有利而且对对方最不利的对策,不存在"碰运气"的偶然因素。

在博弈过程中,双方都希望自己能获得胜利。假设站在 A 方的立场分析问题,在 A 方具有的多种行动方案中,他总是挑选对自己最有利对对方最不利的行动方案,即可供选择的行动方案之间是"或"的关系,他只要选择其中一个即可。之后,如果 B 方也有若干个可供选择的行动方案时,B 方也肯定选择对 A 最不利但对自己最有利的方案,而对 A 方来说,这些行动方案之间是"与"的关系,因为主动权在 B 方手中,B 方可能选择其中任何一个行动方案,A 方必须考虑对每种方案的对策,必须考虑最糟糕的情况。站在 B 方的立场分析问题,结果也是类似的。

把博弈过程用图表示出来,就得到一棵与/或树,这种与/或树被称为博弈树。博弈树具有以下特征。

（1）博弈的初始状态是初始结点。

（2）博弈树始终是站在某一方(如 A 方)的立场上得出的,不可能一会儿站在 A 方的立场,一会儿站在 B 方的立场。

（3）博弈树中自己一方扩展的结点之间是"或"的关系,对方扩展的结点之间是"与"的关系,双方轮流扩展,所以"或"结点和"与"结点是逐层交替出现的。

（4）所有能使自己一方获胜的终局都是本原问题,相应的结点是可解的,所有使对方获胜的终局都是不可解的结点。

3.6.2 Grundy 博弈

Grundy 博弈是一个分钱币的游戏。假设有一堆数目为 N 的钱币,由两位选手轮流进行分堆,要求每个选手每次只能把其中某一堆分成数目不等的两小堆。例如,有一堆有 6 枚硬币,可以将其分成 5 和 1 两堆、4 和 2 两堆,但绝不能分成各有 3 个硬币的两堆。游戏双方轮流分钱币,如此进行下去直到有一位选手无法把钱币再分成不相等的两堆时就得认输。

对于适当的硬币数量,Grundy 博弈的状态空间可以穷举搜索。例如,图 3-52 展示了有 7 枚硬币的状态空间。在图中,博弈的双方分别称为 MIN 和 MAX,MAX 表示试图获胜或试图使优势最大化的一方,MIN 是试图使 MAX 的成绩最小化的对手,由于状态空间图是站在博弈某一方的立场上描述问题的,可以把 MAX 看成我方,把 MIN 看成对方。

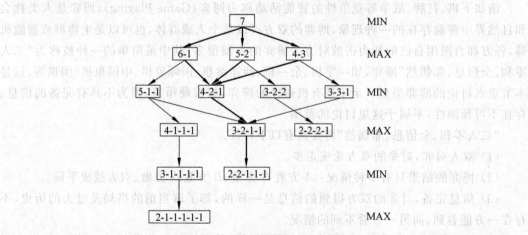

图 3-52 7 枚硬币的 Grundy 博弈

由于初始的钱币数只有 7 枚,因此图 3-52 能给出钱币数为 7 时问题的全部状态图,其中初始结点是 MIN 结点,代表对方先走,接着是 MAX(我方)走,然后一人一步往下进行。从图中可以看出,在第一轮次对方一共有 3 种可能的走法,而不管对方如何走,我方都可以走到(4-2-1)这个状态,此时对方只能走到(3-2-1-1),接着我方走到(2-2-1-1-1),面对这样的状态,对方只能把两枚钱币划分成 1 和 1,失败。所以,对于这样一个 7 枚硬币的分钱币问题,可以找到一个我方必胜的走法,如图3-52中的加粗路径说明。

对于简单博弈或者复杂博弈的残局,可以用类似上面7枚硬币的Grundy博弈方法找到较好的弈法,但对于复杂问题来说,这种方法在时间和空间上就受到了限制。以中国象棋为例,每个势态有40种不同的走法,如果一盘棋双方平均走50步,总结点数约为10^{161}个,考虑完整的搜索策略,需要花以天文数字计的时间,即使用了强有力的启发式搜索技术,也不可能使分支压到很少,而西洋跳棋、国际象棋也是如此,围棋则更为复杂。下面所要讨论的就是如何根据有限的状态,得到较好走步的搜索方法。也就是说,像人类进行博弈一样,通过看有限步以内的棋局情况,选择出比较好的走步方式。

3.6.3 极大极小搜索法

基于极大极小搜索方法的博弈问题求解,就是对当前正在考察的结点生成一棵博弈树,通过对这棵博弈树的分析,找到最佳的走步方式。根据前面的分析可知,对这棵博弈树而言,考虑到时间和空间的限制,不可能生成出直到终局的所有结点,博弈树的端结点一般不是哪方获胜的结点,因此,需要用一个评价函数对端结点进行静态评价。评价函数有以下特征。

(1) 当评价函数值大于0时,表示棋局对MAX(我方)有利,对MIN(对方)不利。

(2) 当评价函数小于0时,表示棋局对MAX不利,对MIN有利。

(3) 评价函数值越大,表示对MAX越有利,当评价函数值等于正无穷大时,表示MAX必胜。

(4) 评价函数值越小,表示对MAX越不利,当评价函数值等于负无穷大时,表示对方必胜。

当轮到我方(MAX)走棋时,如何选择恰当的走步方式,按照极大极小搜索策略的主要步骤如下。

(1) 首先生成给定深度d以内的所有结点,并计算端结点的评价函数值。深度d要根据问题所允许的时间或空间代价适当选择。

(2) 从博弈树的$d-1$层开始,利用后辈结点的评价函数值(或倒推值)逆向计算父辈结点的倒推值。对于我方要走的结点(子结点是“或”的关系,从子结点说明的走步方式中选择一个即可),用MAX标记,称为极大结点,因为我方总是选择对我方有利的走步方式,因此取其子结点中的最大值为该结点的倒推值,这也就是为什么用MAX标记我方结点的原因;对于对方要走的结点(子结点是“与”的关系,我方必须考虑对对手每种走步方式的对策),用MIN标记,称为极小结点,因为对方总是选择对我方最不利的走步方式,因此取其子结点中的最小值为该结点的倒推值,这也就是为什么用MIN标记对方结点的原因。对于$d-2$层、$d-3$层也是如此,……,一直到计算出根结点的倒推值为止。根结点倒推值来自哪个分支,哪个分支就是应选择的最佳走步方式。

在逆向计算倒推值的过程中,一层求极大值,一层求极小值,极大极小交替进行,所以这种方法被称为极大极小搜索法。

例3-27 一字棋游戏。假设有一个3行3列的棋盘,如图3-53所示,两个棋手轮流走步,每个棋手走步时往空格中摆放一个棋子,谁先使自己的棋子成三子一线谁赢。用极大极小方法搜索最佳走步方式。

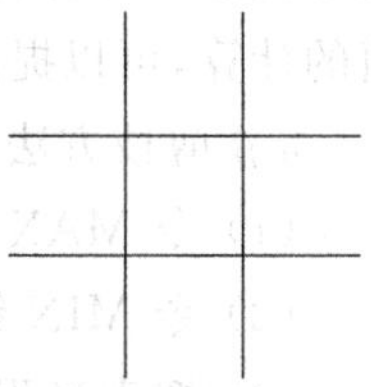

图3-53 一字棋棋盘

【解】 假设 MAX 用×表示,MIN 用○表示,MAX 方先走。首先定义评价函数 $f(P)$,P 为博弈树中某端结点表示的棋盘格局,$f(P)$ 用来计算端结点的静态估值。$f(P)$ 满足:

(1) 若 P 是 MAX 获胜的格局,则 $f(P)=+\infty$。

(2) 若 P 是 MIN 获胜的格局,则 $f(P)=-\infty$。

(3) 若 P 对任何一方来说都不是获胜的格局,则 $f(P)=f(+P)-f(-P)$,其中,$f(+P)$ 表示所有空格都放上 MAX 的棋子之后,MAX 的三子成线的总数,$f(-P)$ 表示所有空格都放上 MIN 的棋子之后,MIN 的三子成线的总数。

例如,对图 3-54 所示的棋盘格局 P 而言,$f(P)=f(+P)-f(-P)=6-4=2$。而 $f(+P)$ 和 $f(-P)$ 的计算如图 3-55 所示。

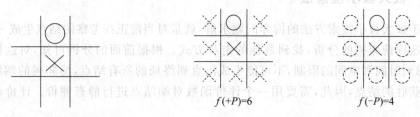

图 3-54 一字棋的某个格局 图 3-55 $f(+P)$ 和 $f(-P)$ 的计算

在一字棋中,具有对称性的格局可以认为是同一格局,这样可以大大缩小搜索空间。如图 3-56 所示的格局可以认为是同一格局。

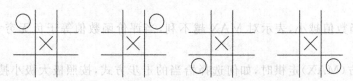

图 3-56 具有对称性的格局可以认为是同一格局

按照极大极小搜索方法,对一字棋游戏的开局状态而言,先生成深度在 2 以内的所有格局,给出端结点的评价函数值,再逆向计算父辈结点的倒推值,整个过程如图 3-57 所示。图中结点旁边的数字为评价函数值或倒推值。开局状况的最佳走步方式如图 3-57 中的箭头。

3.6.4 α-β 剪枝方法

极大极小搜索过程的第一阶段是生成博弈树,第二阶段是计算各结点的倒推值,结点生成和倒推值计算是两个分离的过程,只有当生成了给定深度 d 以内的所有结点,才能完成倒推值的计算和确定最佳走步方式,这种分离使得极大极小搜索方法的效率比较低。如果能够边生成博弈树,边利用一些与问题有关的信息剪去一些没有用的分枝,完成对结点倒推值的计算,可以提高搜索的效率。α-β 剪枝方法就是这样一种技术。

α-β 剪枝方法的主要原理如下。

(1) 令 MAX 结点的 α 值等于它的当前子结点中的最大倒推值(评价函数值)。

(2) 令 MIN 结点的 β 值等于它的当前子结点中的最小倒推值(评价函数值)。

(3) 搜索过程中,任何 MAX 结点 n 的 α 值大于或等于它先辈 MIN 结点的 β 值时,则 n 以下的分枝可以停止搜索,并令结点 n 的倒推值为 α,这种操作称为 β 剪枝。

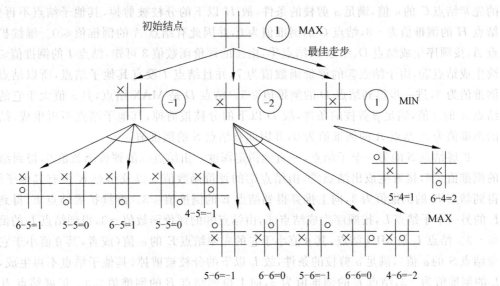

图 3-57 一字棋深度为 2 的极大极小搜索

（4）搜索过程中，任何 MIN 结点 n 的 β 值小于或等于它先辈 MAX 结点的 α 值时，则 n 以下的分枝可以停止搜索，并令结点 n 的倒推值为 β，这种操作称为 α 剪枝。

下面通过一个具体的 α-β 剪枝的例子进一步说明其原理和过程（见图 3-58）。

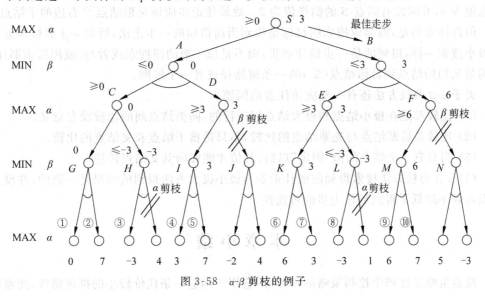

图 3-58 α-β 剪枝的例子

在搜索过程中，假定结点的生成次序是从上到下、从左到右。

首先，从根结点 S 开始，向下生成出到达指定深度的结点①，由结点①的评价函数值 0 可知，结点 G 的倒推值 $\leqslant 0$（由于不涉及剪枝，所以没有在图中标出），继续扩展生成结点②，由于结点②的评价函数值为 7，并且结点 G 没有其他的子结点，所以结点 G 的倒推值为 0。由结点 G 的倒推值 0 可以确定结点 C 的倒推值 $\geqslant 0$。接着向下扩展结点 C，得到结点 H、结点③，由③的评价函数值 -3，得到 H 的倒推值 $\leqslant -3$。结点 H 是 MIN 结点，其 β 值小于它

的先辈结点 C 的 α 值,满足 α 剪枝的条件,故 H 以下的分枝被剪掉,其他子结点不再生成,结点 H 的倒推值为 -3,结点 C 的倒推值为 0,并因此有结点 A 的倒推值 $\leqslant 0$。继续扩展结点 A,按顺序生成结点 D、结点 I、结点④,由④的评价函数值 3 可知,结点 I 的倒推值 $\leqslant 3$,继续生成结点⑤,由于结点⑤的评价函数值为 7,并且结点 I 没有其他子结点,所以结点 I 的倒推值为 3,进一步得到结点 D 的倒推值 $\geqslant 3$。结点 D 是 MAX 结点,其 α 值大于它的先辈结点 A 的 β 值,满足 β 剪枝的条件,故 D 以下的分枝被剪掉,其他子结点不再生成,结点 D 的倒推值为 3,结点 A 的倒推值为 0,并因此有结点 S 的倒推值 $\geqslant 0$。

扩展结点 S 的另一个子结点,一直到指定深度。由结点⑥的评价函数值 6,得到结点 K 的倒推值 $\leqslant 6$,接着生成出结点⑦,由结点⑦的评价函数值 3 以及结点 K 没有其他子结点,得到结点 K 的倒推值为 3,向上推算得到结点 E 的倒推值 $\geqslant 3$。继续扩展结点 E,得到结点 E 的另一个子结点 L,按顺序生成结点⑧,由结点⑧的评价函数值 -3,得到结点 L 的倒推值 $\leqslant -3$。结点 L 是 MIN 结点,其 β 值小于它的先辈结点 E 的 α 值(或者,其 β 值小于它的先辈结点 S 的 α 值),满足 α 剪枝的条件,故 L 以下的分枝被剪掉,其他子结点不再生成,结点 L 的倒推值为 -3,结点 E 的倒推值为 3,向上得到结点 B 的倒推值 $\leqslant 3$。扩展结点 B 右边的子结点 F 及其后继结点,得到结点⑨及其评价函数值 6,结点 M 的倒推值 $\leqslant 6$,接着生成结点⑩,由结点⑩的评价函数值 7 以及结点 M 没有其他子结点,得到结点 M 的倒推值为 6,结点 F 的倒推值 $\geqslant 6$。结点 F 是 MAX 结点,其 α 值大于它的先辈结点 B 的 β 值,满足 β 剪枝的条件,故 F 以下的分枝被剪掉,其他子结点不再生成,结点 F 的倒推值为 6,结点 B 的倒推值为 3,并因此有结点 S 的倒推值为 3。故最佳走步应该是根结点 S 右边的子结点 B。

值得注意的是,博弈树搜索的目标是找到当前格局的一步走法,所以 α-β 剪枝和前面极大极小搜索一样,得到的是一步最佳走步,而不是像一般的图搜索或者与/或图搜索那样,得到的是从初始结点到目标结点(集)的一条解路径或者一个解图。

关于 α-β 剪枝方法还有一些应该注意的问题。

(1) 比较都是在极小结点和极大结点间进行的,同类结点间的比较没有意义。

(2) 比较是后辈结点与先辈结点的比较,不只是孩子结点和父结点的比较。

(3) 当只有一个结点的值"固定"以后,其值才能够向其父结点传递。

(4) α-β 剪枝方法搜索得到的最佳走步与极小极大方法得到的结果是一致的,并没有因为提高效率降低了得到最佳走步的可能性。

本章小结

搜索策略是推理中控制策略的一部分,它用于构造一条代价较小的推理路线,搜索策略的优劣直接影响到问题求解系统的性能及效率。本章主要讨论了状态空间的搜索策略、与/或图的搜索策略以及博弈树的搜索策略,并对它们的特点和性能进行了分析。

搜索策略可分为盲目搜索策略和启发式搜索策略。盲目搜索策略没有利用与问题相关的知识、按照预定的控制策略进行搜索,效率较低,但它是一种与问题无关的通用的方法。启发式搜索策略在搜索过程中利用了与问题相关的知识,缩小了问题的搜索范围,提高了搜索效率,但启发式信息的获取和利用是个难点。

在介绍了状态空间知识表示方法之后,本章给出了状态空间的盲目搜索策略和启发式搜索策略。盲目搜索策略中重点讨论了回溯策略、深度优先搜索策略和宽度优先搜索策略；启发式搜索策略中则重点讨论了 A 算法、分支界限法、动态规划法、爬山法和 A* 算法。

除了回溯策略之外，其他的搜索策略都是在一般的图搜索策略基础上进行相应变换得到的。深度优先搜索策略将刚刚生成的结点放在 OPEN 表的首部，后生成的结点先被扩展，搜索优先朝着纵深的方向进行。广度优先搜索策略将刚刚生成的结点放在 OPEN 表的尾部，先生成的结点先被扩展，搜索优先朝着广度的方向进行。启发式搜索策略中为了评价 OPEN 表中的结点通向目标结点的希望程度，定义了一个评价函数 $f(n)=g(n)+h(n)$，其中的 $g(n)$ 是从初始结点到结点 n 的实际路径的耗散值，$h(n)$ 是从结点 n 到目标结点的最佳路径的耗散值的估计。A 算法按照评价函数 $f(n)$ 的大小对 OPEN 表中的结点进行排序，优先扩展是最有希望通向目标结点的结点。分支界限法在 OPEN 表中保留所有已生成而未考察的结点，并用 $g(n)$ 对它们一一进行评价，按照 g 值从小到大进行排列，即每次选择 g 值最小的结点进行考察。动态规划法是分支界限法的改进，OPEN 表中的结点也是按照 $g(n)$ 的值从小到大排列，但对于某个中间结点 I，只考虑 S 到 I 中最小耗散值这一条局部路径，其余的删除，因此动态规划法较分支界限法提高了搜索效率。爬山法与分支界限法从 OPEN 表的全体结点中选择一个 g 值最小的结点不同，它每次从刚扩展出的子结点中选择一个 g 值最小的结点进行扩展，虽然选择范围小，但较节省时间上的开销。A* 算法是特殊的 A 算法，它要求启发式函数满足 $h(n) \leqslant h^*(n)$，其中的 $h^*(n)$ 是从结点 n 到目标结点 t 的最短路径的耗散值。A* 算法具有可采纳性。

在介绍了与/或图的知识表示方法之后，本章给出了与/或图的 AO* 搜索策略，在与/或图中，由于出现了"与"结点，因此问题的解由状态空间图中的"解路径"变为"解图"。接着讨论了特殊的与/或图——与/或树的宽度优先搜索、深度优先搜索和启发式搜索策略。考虑到博弈问题是人工智能的重要研究课题，本章最后专门给出了针对博弈问题的极大极小搜索策略和 $\alpha\text{-}\beta$ 剪枝方法。

习 题

3-1 说说你对搜索的理解？搜索要解决的问题有哪些？

3-2 盲目搜索和启发式搜索各指什么？它们各自有什么特征？

3-3 搜索的方向有哪些？在解决实际问题时如何设计搜索的方向？

3-4 什么是状态空间？用状态空间表示问题时什么是问题的解？什么是最佳解？

3-5 用状态空间表示传教士和野人问题。假设在河的左岸有 3 个野人、3 个传教士和 1 条船，现在想用这条船把所有的传教士和野人送到河的右岸，但要受到以下条件限制：①传教士和野人都会划船，但船上至多能承载两人；②在河的任何一岸，如果野人的人数超过传教士的人数，野人就会吃掉传教士；③野人服从传教士的过河安排。试规划一个安全的过河方案，让传教士和野人都到达河的右岸。

3-6 试用回溯的策略解决二阶汉诺塔问题。

3-7 在状态空间的搜索中，OPEN 表和 CLOSED 表都有什么用途？它们有什么区别？

3-8 深度优先搜索和宽度优先搜索各有什么特征？它们的主要区别是什么？

3-9 用深度限制为 4 的有界深度优先搜索解决图 3-19 所示的卒子穿阵问题，画出搜索图，写出 OPEN 表和 CLOSED 表的变化情况。

3-10 用宽度优先搜索策略解决图 3-19 所示的卒子穿阵问题,画出搜索图,写出 OPEN 表和 CLOSED 表的变化情况。

3-11 在启发式搜索中,什么是评价函数? 设计评价函数有些什么方法?

3-12 基于 A 算法,解决图 3-59 所示的移动将牌游戏,其中 B 代表黑色将牌,W 代表白色将牌,E 代表该位置为空,游戏的玩法是:①当一个将牌移入相邻的位置时,费用为 1 个单位;②一个将牌至多可以跳过两个将牌进入空位,其费用等于跳过的将牌数加 1。要求把所有的黑色将牌 B 都移动至所有的白色将牌 W 的右边。

3-13 分支界限法、动态规划法和爬山法有什么区别和联系?

3-14 分析爬山法有哪些问题。

3-15 比较分支界限法和动态规划法解决图 3-60 所示的 8 个城市交通问题时搜索图和 OPEN 表、CLOSED 表的差异,要求找到 S 到 t 的费用最小的路径。

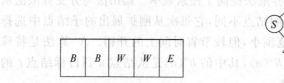

图 3-59 移动将牌游戏的初始状态

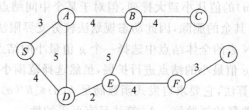

图 3-60 八城市交通图

3-16 采用爬山法找到图 3-60 所示的 8 个城市问题中,从 S 到 t 的最小费用的路线,画出搜索图,写出 OPEN 表和 CLOSED 表的变化情况。

3-17 A 算法和 A* 算法有什么关系?

3-18 什么叫 A* 算法的可采纳性、信息性和单调性?

3-19 用 A* 算法解决 3 个传教士、3 个野人用 1 条船(船上至多载 2 人)从左岸到右岸的传教士野人问题,画出搜索图,写出 OPEN 表和 CLOSED 表的变化情况。

3-20 基于图 3-30 所示的八数码问题,验证 A* 算法的信息性,画出搜索图,写出不同 A* 算法的 OPEN 表和 CLOSED 表的变化情况。

3-21 用与/或树表示 3 阶汉诺塔问题。问题的初始状态和目标状态如图 3-61 所示。

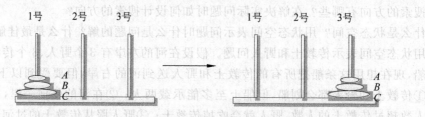

图 3-61 3 阶汉诺塔问题的初始状态和目标状态

3-22 什么是与/或图的解图? 解图的耗散值如何计算?

3-23 用 AO* 算法求解图 3-62 所示与/或图的解图,图中结点旁边的数字是该结点的估计耗散值,实心的结点表示可解结点。

3-24 与/或图、状态空间图、与/或树有什么区别和联系?

3-25 说明 AO* 算法的主要流程。

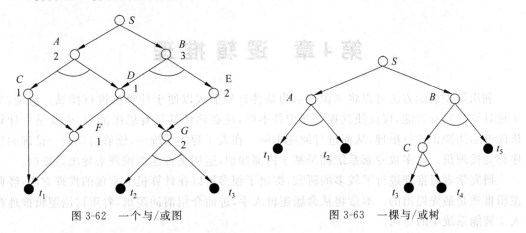

图 3-62 一个与/或图　　　　　图 3-63 一棵与/或树

3-26 分别用与/或树的深度优先搜索和宽度优先搜索求解图 3-63 所示的与/或树的解树。

3-27 分别用和代价法和最大代价法求解图 3-64 所示的与/或树的解树的代价。

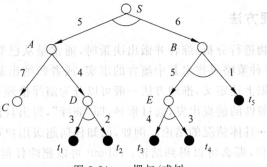

图 3-64 一棵与/或树

3-28 什么是博弈？什么是"二人零和、全信息、非偶然"博弈？

3-29 对图 3-65 所示的博弈树,分别采用极大极小的方法和 α-β 剪枝方法计算各结点的倒推值并找到最佳走步,对于 α-β 剪枝方法,说明剪枝在哪里,是何种类型的剪枝。

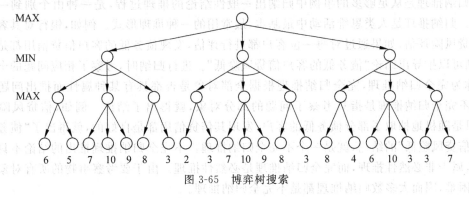

图 3-65 博弈树搜索

3-30 极大极小搜索方法和 α-β 剪枝方法有什么区别和联系?

第4章 逻辑推理

利用知识表示方法可以将知识表示为某种符号形式以便于计算机进行操纵。但是,为了使计算机具有智能,仅仅使其拥有知识并不够,还必须使其具有思维能力,也就是让计算机能够运用知识进行推理,从而进行问题求解。在人工智能系统中,能够自动进行推理的程序称为推理机。大多数专家系统都是基于内部知识,运用某种逻辑推理来导出策略的。

研究学者对推理进行了较多的研究,提出了很多可以在计算机上实现的推理方法,经典逻辑推理是最先提出的。本章将从命题逻辑入手,进而介绍谓词逻辑,着重讨论逻辑推理在人工智能系统中的应用。

4.1 概　述

4.1.1 推理和推理方法

人们在对各种事物进行分析、综合并做出决策时,通常是从已知的事实出发,通过运用已掌握的知识,按照某种策略寻找出其中蕴含的事实,或者归纳出新的事实,这样的思维过程通常称为推理。根据上述定义,推理方法一般可以分为演绎推理和归纳推理。

演绎推理是从一般性的前提出发,通过推导,即"演绎",得出具体结论的过程,即由一般性知识推出适合于某一具体情况的结论。例如,已知任何超级用户可以删除任何文件,而且robot9是一个超级用户,那么可以得到结论: robot9可以删除任何文件。这就是常用的三段论推理规则,"任何超级用户都可以删除任何文件"是已知的一般性前提;"robot9是一个超级用户"是关于个别事实的判断,经演绎推出的结论"robot9可以删除任何文件"是由大前提推出的适用于小前提所示情况的新判断。演绎推理是从一般到特殊的推理,由演绎推理导出的结论都蕴含于大前提的一般性知识中。

归纳推理是从足够多的事例中归纳出一般性结论的推理过程,是一种由个别到一般的推理。归纳推理是人类思维活动中最基本、最常用的一种推理形式。例如,银行对其客户进行信贷风险评估,如果通过对每一位客户进行评估,发现债务低的客户信贷信用都是良好的,则可以推导出结论"债务低的客户信贷风险低"。进行归纳时,考察了相应问题的全部对象,称为完全归纳推理,完全归纳推理根据全部对象是否都具有某种属性而推出问题的结论。不完全归纳推理是指只考察了问题的部分对象,就得出了结论。例如,信贷风险评估时,只是随机地抽取了部分债务低的客户,发现其信贷信用都是良好的,就得出了"债务低的客户信贷风险低"的结论,就是一个不完全归纳推理。不完全归纳推理推出的结论不具有必然性,属于非必然性推理,而完全归纳推理是必然性推理。由于要考察事物的所有对象通常比较困难,因而大多数归纳推理都是不完全归纳推理。

4.1.2 推理控制策略

推理过程不仅依赖于所用的推理方法,也依赖于推理的控制策略。推理的控制策略是指如何使用领域知识使推理过程尽快达到目标的策略。由于智能系统的推理过程一般表现为一种搜索过程，因此，推理控制策略又可分为推理策略和搜索策略。推理策略主要解决推理方向、冲突消解等问题，如推理方向控制策略、求解策略、限制策略、冲突消解策略等。搜索策略主要解决推理线路、推理效果、推理效率等问题。

1. 推理方向

推理方向是指推理过程是从初始证据开始到目标，还是从目标开始到初始证据。推理方向一般包括正向推理、逆向推理和双向推理等。

正向推理是以已知事实作为出发点的一种推理，又称为数据驱动推理。正向推理的基本思想是：从初始已知事实出发，在知识库中找出当前可适用的知识，构成适用知识集，然后依据某种冲突消解策略从适用知识集中选出一条知识进行推理，并将推出的新事实加入到数据库中作为下一步推理的证据，如此重复进行这一过程，直到完成求解或者知识库中再无可适用的知识为止。正向推理具有盲目、效率低等缺点，推理过程中可能会推出许多与问题求解无关的子目标。

逆向推理是以某个假设目标作为出发点的一种推理，又称为目标驱动推理。逆向推理的基本思想是：首先选定一个假设目标，然后寻找支持该假设的证据，如果所需的证据都能找到，则说明原假设是成立的；如果无法找到所需要的证据，则说明原假设不成立，此时需要另作新的假设。在逆向推理中，如果提出的假设目标不符合实际，将会降低系统的效率。

为了解决正向推理和逆向推理存在的问题，双向推理方法将二者结合起来，使其各自发挥优势。双向推理分为两种情况：一种是先进行正向推理，帮助选择某个目标，即从已知事实推理出部分结果，然后再用逆向推理证实该目标或提高其可信度；另一种情况是先假设一个目标进行逆向推理，然后再利用逆向推理得到的信息进行正向推理，以推出更多的结论。

在自动定理证明等问题中，经常采用将正向推理与逆向推理同时进行的双向推理。双向推理的基本思想是：一方面根据已知事实进行正向推理，但并不推到最终目标；另一方面从某假设目标出发进行逆向推理，但并不推至原始事实，而是让二者在中途相遇，即由正向推理所得的中间结论恰好是逆向推理此时所要求的证据，这时推理就可结束，逆向推理所做的假设就是推理的最终结论。双向推理的困难在于"碰头"的判断，另外，如何权衡正向推理与逆向推理的比例，即如何确定"碰头"的时机也是一个困难问题。

2. 模式匹配与冲突消解

推理过程中需要从知识库中选出可适用的知识，这就要用数据库中的已知事实与知识库中的知识进行匹配，通常，匹配都难以做到完全一致，为此就需要确定适当的匹配方法。推理中还需要解决一个重要问题，进行匹配的过程需要查找知识库，这就涉及知识库的搜索策略。另外，当适用的知识有多条的时候，应该选用哪一条，即冲突消解策略。

3. 求解策略

推理的求解策略包括只求单一解，还是求出全部解，或者只求最优解；以及为了防止无穷的推理过程，或者由于推理过程太长增加时间及空间的复杂性，而在控制策略中指定推理的限制条件，以对推理的深度、宽度、时间、空间等进行限制。

4.1.3 经典逻辑推理

逻辑学是研究推理和证明的科学，逻辑推理着重于推理的过程是否正确、推理过程中各

个语句之间的关系,而不考虑某一个特定语句蕴含的语义。例如,有以下语句:

所有的金属都是导电的

铁是金属

所以铁是导电的

依据逻辑推理规则,当前两个语句为真时,可以推理判断第三个句子是真的。这就是著名的亚里士多德三段论。亚里士多德研究三段论推理的重心在于,探讨三段论中两个前提与一个结论具备什么逻辑形式才具有"必然地得出"这种关系。无论语句的含义是什么,上述推理过程都成立。虽然每个语句都在表达自己想要表达的含义,但是逻辑推理并不需要这些句子的具体含义,只需要根据其中所出现的逻辑连接词的含义,对推理的结构进行检查就可以保证推理的合法性。

当逻辑学家们认识到形式逻辑的弱点在于语言表述上的缺陷时,便自然地产生了精确的描述形式的要求。为了精确化,就需要符号化。符号化即采用一套符号体系及组合成的语句、公式等,加上一些必要的白话叙述,以完全代替经典形式逻辑的完全白话式的推理方式。

逻辑推理与数学求解的工作完全类似,数学家就是努力从已知的公理和定理推理发现新的定理。因此,形式逻辑和数学有紧密的联系。用数学的方法研究关于推理、证明等逻辑问题的学科称为符号逻辑,或者数理逻辑。符号逻辑的研究对象是将证明和计算进行符号化以后的形式系统,并且满足形式逻辑的 3 个基本要求,包括表示命题、命题间的关系以及如何根据假设为真的命题推断出新的命题。

简而言之,符号逻辑就是精确化、数学化的形式逻辑,其最基本的也是最重要的组成部分是"命题逻辑"和"谓词逻辑"。谓词逻辑是一种表达能力很强的形式语言,同时又有许多种成熟的推理方法。因此,谓词逻辑及其推理方法就成为知识表示和机器推理的基本方法之一。命题逻辑是谓词逻辑的基础,在讨论谓词逻辑之前,先讨论命题逻辑的推理,以便于内容上的理解。

4.2　命题逻辑

数理逻辑研究的中心问题是推理,而推理的前提和结论都是表达判断的陈述句。因而,表达判断的陈述句构成了推理的基本单位。命题逻辑是数理逻辑的一个重要组成部分。在命题逻辑中,将能判断真假(不是既真又假)的陈述句称为命题。命题只是对事物情况的陈述,一旦一个命题被判定为真或者被判定为假,命题就成为断言。所有的断言都是命题,但不是所有的命题都是断言。当客观地陈述事物情况,不对所陈述的内容真假做出判定时,就只是一个命题;如果对陈述内容的真假做出了判断,所表达的就是断言。断言有对错之分,如果断定一个真命题为真,就是一个正确的判断;否则就是一个错误的判断。

命题之间存在着真假的推导和制约关系。命题逻辑就是以命题为基本对象,研究和总结这些规律,形成推理规则的一个数学化的逻辑系统。人们掌握这些逻辑规则,就可以通过已知的命题推理得到新命题。为了深入理解推理的含义,需要首先了解命题逻辑的语义。

4.2.1 命题公式的解释

原子命题与复合命题也被称为合式公式,利用符号的形式描述的合式公式称为命题公式。利用命题公式描述的自然语言语句的含义就是其命题的真值,真值获取的方式是解释。

定义 4-1 设 P 为一个命题公式,对 P 中各个命题变元的一次真值指派称为对 P 的一个解释。

解释就是对命题公式中的各原子命题的含义赋值。在相应解释下,依据各连接词的意义就可以求出命题公式的真值。例如,对于命题符号 A 和 B 有 4 种不同的真值指派方式,在这 4 种不同的解释下,由 A 和 B 以及不同的连接词组成的语句的含义通常由真值表的形式给出,如表 4-1 所示。

表 4-1   由命题符号 A 和 B 以及不同连接词组成的公式的真值表

A	$\neg A$	B	$\neg A \vee B$	$A \wedge B$	$A \vee B$	$A \rightarrow B$	$A \leftrightarrow B$
T	F	T	T	T	T	T	T
T	F	F	F	F	T	F	F
F	T	T	T	F	T	T	F
F	T	F	T	F	F	T	T

定义 4-2 设 P 为一个命题公式,如果:

(1) 在任何解释之下,P 的真值都为真,那么 P 称为重言式或者永真式。

(2) 在任何解释之下,P 的真值都为假,那么 P 称为矛盾式或者永假式。

(3) 至少存在一个解释使得 P 的真值为真,那么 P 称为可满足式。

4.2.2 等价式

命题演算是命题逻辑的基本运算,等价式是命题演算的基础。

定义 4-3 设 P 和 Q 是两个命题公式,如果 $P \leftrightarrow Q$ 为重言式,则称 P 和 Q 等值,记做 $P \Leftrightarrow Q$,此时,称 $P \leftrightarrow Q$ 为等价重言式。

需要注意,符号 $\Leftrightarrow$ 并不是连接词,而是公式之间的关系符号。因此,$P \Leftrightarrow Q$ 不是公式,而是表示命题公式 P 和 Q 具有逻辑等价关系。

由定义 4-3 以及连接词 $\leftrightarrow$ 的逻辑含义可知,命题公式 P 和 Q 等值的条件是对于任何一个解释都具有相同的真值。真值表是判断两个命题公式是否等值的一种重要方法。例如,表 4-1 证明了 $P \rightarrow Q$ 与 $\neg P \vee Q$ 的等价性。利用基本等价式判断命题公式是否等值将更为简洁。下面将利用命题公式 P、Q 和 R 列举出一些基本等价式。

交换律

$$P \wedge Q \Leftrightarrow Q \wedge P \quad P \vee Q \Leftrightarrow Q \vee P$$

结合律

$$(P \vee Q) \vee R \Leftrightarrow P \vee (Q \vee R) \quad (P \wedge Q) \wedge R \Leftrightarrow P \wedge (Q \wedge R)$$

分配律

$$P \vee (Q \wedge R) \Leftrightarrow (P \vee Q) \wedge (P \vee R)$$

$$P \wedge (Q \vee R) \Leftrightarrow (P \wedge Q) \vee (P \wedge R)$$

摩根律

$$\neg(P \lor Q) \Leftrightarrow \neg P \land \neg Q \quad \neg(P \land Q) \Leftrightarrow \neg P \lor \neg Q$$

双重否定律

$$\neg(\neg P) \Leftrightarrow P$$

吸收律

$$P \lor (P \land Q) \Leftrightarrow P \quad P \land (P \lor Q) \Leftrightarrow P$$

等幂律

$$P \lor P \Leftrightarrow P \quad P \land P \Leftrightarrow P$$

互补律

$$P \lor \neg P \Leftrightarrow T$$

矛盾律

$$P \land \neg P \Leftrightarrow F$$

蕴含等价式

$$P \rightarrow Q \Leftrightarrow \neg P \lor Q$$

等价等价式

$$P \leftrightarrow Q \Leftrightarrow (P \rightarrow Q) \land (Q \rightarrow P)$$

归谬律

$$(P \rightarrow Q) \land (P \rightarrow \neg Q) \Leftrightarrow \neg P$$

逆反律

$$P \rightarrow Q \Leftrightarrow \neg Q \rightarrow \neg P$$

由已知的等价式推演出另一些等价式的过程称为等值演算,等值演算通过不断使用代入和替换规则,可以将命题公式由一种形式转换为另一种形式,而不改变其语义。

在重言式 A 中,任何命题变元出现的每一处,用另一公式代入,所得公式 B 仍为重言式,这就是代入规则。

例如,由互补律可知 $P \lor \neg P \leftrightarrow T$ 为重言式,将公式 $A \rightarrow B$ 代入等价式中的 P,则可得 $(A \rightarrow B) \lor \neg(A \rightarrow B) \Leftrightarrow T$,由代入规则,所得公式为重言式,即

$$(A \rightarrow B) \lor \neg(A \rightarrow B) \Leftrightarrow T$$

设 C 是 A 的一个子公式,$C \Leftrightarrow D$,将 C 置换为 D 后得到公式 B,则 $A \Leftrightarrow B$,这就是替换规则。其中,子公式是原公式中的一个连续部分,并且其自身也是公式。

例如,公式 A 为 $(P \land Q) \rightarrow (Q \lor (R \land \neg S))$,则 $P \land Q, R \land \neg S, Q \lor (R \land \neg S)$ 都是 A 的子公式,对几个子公式都可以进行等值替换,所得公式与原公式等值。

4.2.3 范式

如上节所示,一个命题通常可以有多种表达形式,如 $P \rightarrow Q$、$\neg P \lor Q$ 和 $\neg(P \land \neg Q)$ 在逻辑上都是等价的。如果能够对命题公式的表达形式进行约定,那么,编写运算这些公式的计算机程序将会更加方便,这个约定称为"范式"。范式能够将知识表达的形式标准化,命题公式的标准化将对自动推理过程起到简化作用。

定义 4-4 设 P 为以下形式的命题公式

$$P_1 \land P_2 \land \cdots \land P_n$$

其中，$P_i(i=1, 2, \cdots, n)$ 形如 $L_1 \vee L_2 \vee \cdots \vee L_m$，$L_j(j=1, 2, \cdots, m)$ 为原子公式或原子公式否定式，则 P 称为合取范式。

例如：
$$(P \vee Q) \wedge (\neg P \vee Q \vee R) \wedge (\neg Q \vee \neg R)$$
就是一个合取范式。

应用等值演算，任何命题公式都可以转化为与之等价的合取范式。需要注意的是，一个命题公式的合取范式一般不唯一。

定义 4-5 设 P 为以下形式的谓词公式
$$P_1 \vee P_2 \vee \cdots \vee P_n$$
其中，$P_i(i=1, 2, \cdots, n)$ 形如 $L_1 \wedge L_2 \wedge \cdots \wedge L_m$，$L_j(j=1, 2, \cdots, m)$ 为原子公式或原子公式否定式，则 P 称为析取范式。

例如：
$$(P \wedge Q) \vee (\neg P \wedge Q \wedge R) \vee (\neg Q \wedge \neg R)$$
就是一个析取范式。

应用等值演算，任何命题公式都可以转化为与之等价的析取范式。一个命题公式的析取范式一般也不唯一。

4.2.4 命题逻辑的推理规则

推理是指从前提出发推出结论的思维过程，数理逻辑的主要任务是用数学的方法研究推理。在命题逻辑中，前提表示为已知真值为真的命题公式的集合，结论是由前提出发运用形式逻辑中正确的推理规则进行推理演算而得到的命题公式。

定理 4-1 命题公式 $A_1, A_2, \cdots, A_n$ 对于 B 的推理是正确的，或者是有效的，当且仅当
$$A_1 \wedge A_2 \wedge \cdots \wedge A_n \rightarrow B$$
为重言式。

【证明】 充分性：如果蕴含式 $A_1 \wedge A_2 \wedge \cdots \wedge A_n \rightarrow B$ 为重言式，则对于任何赋值蕴含式均为真，因而不会出现前件为真、后件为假的情况，即在任何赋值下，或者 $A_1 \wedge A_2 \wedge \cdots \wedge A_n$ 为假，或者 $A_1, A_2, \cdots, A_n$ 和 B 同时为真。因此，命题公式 $A_1, A_2, \cdots, A_n$ 对于 B 的推理正确。

必要性：如果命题公式 $A_1, A_2, \cdots, A_n$ 推 B 的推理正确，则对于 $A_1, A_2, \cdots, A_n$ 和 B 中所含命题变量的任意赋值，不会出现 $A_1 \wedge A_2 \wedge \cdots \wedge A_n$ 为真而 B 为假的情况，因而在任何赋值下，蕴含式 $A_1 \wedge A_2 \wedge \cdots \wedge A_n \rightarrow B$ 为重言式。

根据定理 4-1，推理前提的合取式作为蕴含式的前件，结论作为蕴含式的后件，推理正确可记为
$$A_1 \wedge A_2 \wedge \cdots \wedge A_n \Rightarrow B$$
其中，符号 $\Rightarrow$ 表示蕴含式为重言式。推理所得的结论称为前提的逻辑结论，或者是有效的结论。需要注意的是，这里的推理是指形式推理，推理正确并不能保证结论 B 一定成立，因为根据蕴含式的逻辑含义，如果前提不正确，无论结论是否正确，推理都是正确的。因而，只有在推理正确并且前提成立的条件下，结论才一定成立。需要注意的是，正确的推理仅仅说明结论与前提真值的一致性，并不意味着结论确实是由前提演绎而来的。

定义 4-6 如果推理规则能够产生出给定前提的所有逻辑结论,则称这个推理规则是完备的。

判断推理的正确性可以采用真值表法、等值演算法等方法。在判断推理正确性的等值演算中,有一些重言蕴含式需要经常使用,利用命题公式 P、Q 和 R,可以将其表示为以下形式。

化简式(与消除)为

$$P \land Q \Rightarrow P \quad P \land Q \Rightarrow Q$$

与引入

$$P, Q \Rightarrow P \land Q$$

附加式

$$P \Rightarrow P \lor Q$$

假言推理

$$P, P \to Q \Rightarrow Q$$

拒取式

$$\neg Q, P \to Q \Rightarrow \neg P$$

析取三段论

$$\neg P, P \lor Q \Rightarrow Q$$

假言三段论

$$P \to Q, Q \to R \Rightarrow P \to R$$

二难推理

$$P \lor Q, P \to R, Q \to R \Rightarrow R$$

以上的重言蕴含式称为推理定律。将具体的命题公式代入某条推理定律后就可以得到推理定律的一个实例。例如,根据附加规则 $P \Rightarrow P \lor Q$,可得 $p \to q \Rightarrow (p \to q) \lor r$。此外,4.2.2 小节给出的每一个等价式都能产生出两条推理定律。例如,利用蕴含等价式 $P \to Q \Leftrightarrow \neg P \lor Q$ 可以产生 $P \to Q \Rightarrow \neg P \lor Q$ 和 $\neg P \lor Q \Rightarrow P \to Q$ 两条推理定律。

证明是一个描述推理过程的命题公式序列,其中每个公式或者是已知前提,或者是由前面的公式应用推理规则得到的结论。证明中常用的推理规则包括以下内容。

(1) 前提引入规则:在证明的任何步骤上,都可以引入前提。

(2) 结论引入规则:在证明的任何步骤上,所得到的结论都可以作为后继证明的前提。

(3) 置换规则:在证明的任何步骤上,命题公式中的子公式都可以用等价的公式置换,得到公式序列中又一个公式。

例 4-1 证明命题公式 q 是命题公式集 $\{p \lor q, p \to \neg r, s \to t, \neg s \to r, \neg t\}$ 的逻辑结论。

【证明】

① $s \to t$ 　　　　前提引入

② $\neg t$ 　　　　　前提引入

③ $\neg s$ 　　　　　①、②拒取

④ $\neg s \to r$ 　　　前提引入

⑤ r 　　　　　　③、④假言推理

⑥ $p \to \neg r$ 　　　前提引入

⑦ ¬p   ⑤、⑥拒取

⑧ p∨q   前提引入

⑨ q   ⑦、⑧析取三段论

例 4-2 假设如果数 a 是实数,则它不是有理数就是无理数。如果数 a 不能表示为分数,则 a 不是有理数。如果数 a 是实数且不能表示成分数,则 a 是无理数。

【解】 将上述前提和结论转换为命题符号。设置如下简单命题。

p:a 是实数。

q:a 是有理数。

r:a 是无理数。

s:a 能够表示成为分数。

前提:$p \rightarrow q \vee r, \neg s \rightarrow \neg q, p \wedge \neg s$

结论:r

【证明】

① $p \wedge \neg s$ 前提引入

② p ①化简

③ $\neg s$ ①化简

④ $p \rightarrow q \vee r$ 前提引入

⑤ $q \vee r$ ②、④假言推理

⑥ $\neg s \rightarrow \neg q$ 前提引入

⑦ $\neg q$ ③、⑥假言推理

⑧ r ⑤、⑦析取三段论

可以看出,上述的推理过程完全是一个符号变换过程。这种推理十分类似于人们用自然语言推理的思维过程,因而也称为自然演绎推理。自然演绎推理实际上几乎与命题公式所表示的语句的含义完全无关,而是一种纯形式的推理。

4.2.5 命题逻辑的归结方法

归结原理是命题演算和谓词演算中的一种定理证明技术。计算机科学的早期时代就对自动的定理证明过程有很大兴趣。在自动定理证明方面最重要的突破,是锡拉库扎大学的阿兰·鲁滨逊(Alan Robinson)在 1965 年一篇重要的论文中提出的归结原理。鲁滨逊归结原理是在海伯伦(Herbrand)理论的基础上提出的一种基于逻辑"反证法"的机械化定理证明方法,其基本思想与推理方法中的归谬法有相似之处。

1. 归谬法

大多数情况下,永真性的证明都是十分困难的,有时甚至是不可能的。通过研究发现,可以将永真性的证明转化为不可满足性的证明,即:希望证明 $P \rightarrow Q$ 永真,只需要证明其否定式 $P \wedge \neg Q$ 是不可满足的。

在构造形式结构为

$$A_1 \wedge A_2 \wedge \cdots \wedge A_n \Rightarrow B$$

的推理证明中,若将 $\neg B$ 作为前提能推出矛盾式,如得出 $A \wedge \neg A$,则说明推理正确,其原因如下。

$$A_1 \wedge A_2 \wedge \cdots \wedge A_n \rightarrow B$$
$$\Leftrightarrow \neg(A_1 \wedge A_2 \wedge \cdots \wedge A_n) \vee B$$
$$\Leftrightarrow \neg\neg(\neg(A_1 \wedge A_2 \wedge \cdots \wedge A_n) \vee B)$$
$$\Leftrightarrow \neg(A_1 \wedge A_2 \wedge \cdots \wedge A_n \wedge \neg B)$$

如果 $A_1 \wedge A_2 \wedge \cdots \wedge A_n \wedge \neg B$ 为矛盾式，则说明 $A_1 \wedge A_2 \wedge \cdots \wedge A_n \rightarrow B$ 为重言式，即

$$A_1 \wedge A_2 \wedge \cdots \wedge A_n \Rightarrow B$$

这种将结论的否定式作为附加前提引入并推出矛盾式的证明方法称为归谬法。数学中经常使用的反证法就是归谬法。

例 4-3　利用归谬法证明公式 $\neg q$ 是公式集 $\{(p \wedge q) \rightarrow r, \neg r \vee s, \neg s, p\}$ 的逻辑结论。

【证明】

① q　　　　　　　结论的否定引入

② $\neg r \vee s$　　　　　前提引入

③ $\neg s$　　　　　　前提引入

④ $\neg r$　　　　　　②、③析取三段论

⑤ $(p \wedge q) \rightarrow r$　　前提引入

⑥ $\neg(p \wedge q)$　　　④、⑤拒取

⑦ $\neg p \vee \neg q$　　　⑥置换

⑧ p　　　　　　　前提引入

⑨ $\neg q$　　　　　　⑦、⑧析取三段论

⑩ $q \wedge \neg q$　　　①、⑨合取

由于最后一步 $q \wedge \neg q \Leftrightarrow \mathrm{F}$，即

$$(((p \wedge q) \rightarrow r) \wedge (\neg r \vee s) \wedge \neg s \wedge p) \wedge q \Rightarrow \mathrm{F}$$

所以 $\neg q$ 是前提公式集的逻辑结论。

2. 子句

命题演算的一个问题是，有太多不同的方式来描述具有相同意义的命题，也就是说有大量冗余。这对于逻辑学家来说不是个问题，但如果将命题演算用于自动化的推理系统，这就是个严重的问题。为了简化问题，需要一种标准的命题形式，子句形式就是这样一种标准的相对简单的命题形式。

定义 4-7　文字的析取式称为子句。其中，文字是原子命题或者原子命题的否定式。

例如，$\neg p \vee \neg q \vee r$，$\neg r \vee s$ 和 $\neg s$ 都是子句。

归结原理是在命题逻辑公式的子句集合之上进行归结的。根据上述讨论可知，逻辑公式的子句集是其合取范式形式下的所有合取项的集合。因此，求取一个命题公式的子句集的过程通常包括以下步骤。

(1) 利用蕴含式和等价式消去蕴含连接词 $\rightarrow$ 和等价连接词 $\leftrightarrow$。

(2) 用双重否定律消去双重否定符 $\neg\neg$，用摩根律内移否定符 $\neg$。

(3) 使用对合取符号 $\wedge$ 对析取符号 $\vee$ 的分配律将公式转化为其合取范式。

(4) 将各个合取项之间的析取符号替换为逗号，进而构造集合。

例 4-4　将命题公式 $(p \rightarrow q) \leftrightarrow r$ 转化为子句集。

【解】　$(p \rightarrow q) \leftrightarrow r$

$$\Leftrightarrow(\neg p \vee q) \leftrightarrow r$$

$$\Leftrightarrow((\neg p \vee q) \rightarrow r) \wedge (r \rightarrow (\neg p \vee q))$$

$$\Leftrightarrow(\neg(\neg p \vee q) \vee r) \wedge (\neg r \vee \neg p \vee q)$$

$$\Leftrightarrow((p \wedge \neg q) \vee r) \wedge (\neg p \vee q \vee \neg r)$$

$$\Leftrightarrow(p \vee r) \wedge (\neg q \vee r) \wedge (\neg p \vee q \vee \neg r)$$

因此,原命题公式的子句集 $S = \{p \vee r, \neg q \vee r, \neg p \vee q \vee \neg r\}$

3. 归结过程

定义 4-8 假设有以下子句形式的两个命题:

$$C_1: A_1 \vee A_2 \vee \cdots \vee A_i \vee A_{i+1} \vee \cdots \vee A_m \quad C_2: B_1 \vee B_2 \vee \cdots \vee B_j \vee B_{j+1} \vee \cdots \vee B_n$$

其中,A_i 和 B_j 是一对互否的文字,即 $A_i \Leftrightarrow \neg B_j$,将 C_1 和 C_2 进行归结得到

$$C_{12}: A_1 \vee A_2 \vee \cdots \vee A_{i+1} \vee \cdots \vee A_m \vee B_1 \vee B_2 \vee \cdots \vee B_{j+1} \vee \cdots \vee B_n$$

所得到的新命题 C_{12} 称为父子句 C_1 和 C_2 的归结式,归结式是将两个父子句去掉一对互否文字后所有文字的析取。

例 4-5 设 $C_1 = \neg P \vee Q \vee R, C_2 = \neg Q \vee S$,那么 C_1 和 C_2 的归结式为

$$\neg P \vee R \vee S$$

定理 4-2 归结式是其父子句的逻辑结论。

定理 4-2 可以通过一个简单的例子进行说明。假设已知以下两个子句

$$a \vee \neg b \quad b \vee c$$

其中,b 和 $\neg b$ 中总有一个为真,一个为假。如果 b 为假,那么 c 肯定为真;如果 $\neg b$ 为假,那么 a 肯定为真;因此,a 或 c 中至少有一个为真,即两个父子句的归结式 $a \vee c$ 为真。下面将给出定理 4-2 的严格证明过程。

【证明】 设 C_1 和 C_2 是以下形式的两个子句,即

$$C_1 = L \vee C_1' \quad C_2 = \neg L \vee C_2'$$

其中,L 和 $\neg L$ 是一对互否的文字,C_1' 和 C_2' 是文字的析取式。那么,C_1 和 C_2 的归结式为 $C_1' \vee C_2'$。由于

$$C_1 = C_1' \vee L = \neg C_1' \rightarrow L \quad C_2 = \neg L \vee C_2' = L \rightarrow C_2'$$

由假言三段论可以得到

$$\neg C_1' \rightarrow L, \quad L \rightarrow C_2' \Rightarrow \neg C_1' \rightarrow C_2' = C_1' \vee C_2'$$

因此,可以证明归结式是其父子句的逻辑结论。

由定理 4-2 可以得到以下推理规则,即

$$C_1 \wedge C_2 \Rightarrow (C_1 - \{L_1\}) \bigcup (C_2 - \{L_2\})$$

其中,C_1 和 C_2 是两个子句,L_1 和 L_2 分别是 C_1 和 C_2 中的文字,且 L_1 和 L_2 互补。将两个父子句去掉一对互否文字后所有文字进行析取得到归结式,这一规则称为命题逻辑的归结原理。

例 4-6 利用归结原理证明拒取式 $\neg Q, P \rightarrow Q \Rightarrow \neg P$。

【证明】

$$\neg Q, P \rightarrow Q \Leftrightarrow \neg Q, \neg P \vee Q \Rightarrow \neg P$$

类似地,其他推理规则也可以通过归结原理进行证明。由此,利用归结原理可以代替其他所有的推理规则,而且归结过程的推理步骤比较机械,这就为机器推理提供了方便。

4. 归结反演

归结原理一般不用于直接从前提推导结论,而是将命题集合相容性证明问题转化成为不可满足性问题的证明。由子句集的求法可以看出,子句集中的各个子句间为合取的关系,有了子句集,就可以通过一个命题公式的子句集的不可满足性来判断该公式的不可满足性。

定理 4-3 设有命题公式 P,其标准形的子句集为 S,则 P 不可满足的充要条件是 S 不可满足。

由此定理可知,为要证明一个谓词公式是不可满足的,只要证明相应的子句集是不可满足的即可。由于归结式是其父子句的逻辑结论,因此,将归结式加入到原子句集所得的新子句集保持原子句集的不可满足性。为证明子句集 S 的不可满足性,只要对其中可进行归结的子句进行归结,并把归结式加入子句集 S,然后对新子句集证明不可满足性就可以了。如果经过归结能得到空子句,根据空子句的不可满足性,立即可得到原子句集 S 是不可满足的结论。

在命题逻辑中,对不可满足的子句集 S,归结原理是完备的。即,若子句集不可满足,则必然存在一个从 S 到空子句的归结演绎;若存在一个从 S 到空子句的归结演绎,则 S 一定是不可满足的。

定义 4-9 不包含任何文字的子句称为空子句。

由归结原理可知,如果两个互否的单元子句 L 和 $\neg L$ 进行归结,则归结式为空子句,记做 $\square$ 或者 nil。由于子句集中的子句都是合取关系,在归结过程中如果出现一对互否的命题,则说明子句空间出现了冲突($L \wedge \neg L \Leftrightarrow F$,用空子句表示),子句集是不可满足的。

例 4-7 利用归结原理证明命题集合

$$\{b \wedge c \rightarrow a, \ b, \ d \wedge e \rightarrow c, e \vee f, d \wedge \neg f, \neg a\}$$

是不可满足的。

【证明】 将各个命题化为子句集合

$$\{\neg b \vee \neg c \vee a, b, \neg d \vee \neg e \vee c, e \vee f, d, \neg f, \neg a\}$$

归结过程可以表示为归结演绎树,如图 4-1 所示。

基于归谬法,对于由前提推导结论的问题,只需要将待证明的结论的否定式加入前提公式集合,然后利用归结原理证明这个命题集合是不可满足的,从而间接证明结论是前提的逻辑结论。

例 4-8 利用归结原理证明 r 是公式集

$$\{(p \wedge q) \rightarrow r, (s \vee u) \rightarrow q, p, u\}$$

的逻辑结论。

【证明】 首先,将前提转化为子句集合

$$\{\neg p \vee \neg q \vee r, \neg s \vee q, \neg u \vee q, p, u\}$$

然后,将结论的否定式加入前提子句集合中,可得

$$S = \{\neg p \vee \neg q \vee r, \neg s \vee q, \ \neg u \vee q, p, u, \neg r\};$$

最后,通过归结证明 S 是不可满足的,归结过程如下。

① $\neg p \vee \neg q \vee r$

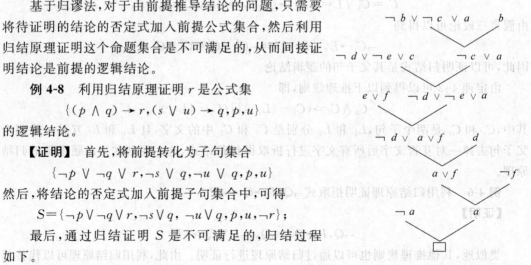

图 4-1 例 4-7 的归结演绎树

   ② $\neg s \lor q$

   ③ $\neg u \lor q$

   ④ p

   ⑤ u

   ⑥ $\neg r$

   ⑦ $\neg p \lor \neg q$ ①、⑥归结

   ⑧ $\neg q$ ④、⑦归结

   ⑨ $\neg u$ ③、⑧归结

   ⑩ □   ⑤、⑨归结

由于归结过程得到了空子句,从而证明 r 是前提公式集合的逻辑结论。

4.3 谓词逻辑

命题逻辑能够利用符号描述命题,却无法描述命题中所涉及的讨论对象。与命题逻辑相比,谓词逻辑是一种表达能力更强的形式语言。谓词可以用来描述对象的属性或者对象之间的关系。例如,利用命题逻辑表达"星期一是阴雨天气"和"星期二是阴雨天气"两个命题需要两个命题常量符号 p 和 q;利用谓词逻辑表达类似的命题,只需要一个谓词 Weather(x, rainy) 就可以表明不同日期的各种天气情况。由于谓词逻辑的语句中包含变量,为了说明个体变量的讨论范围,还需要利用量词进行限制。

与介绍命题逻辑的方式一致,本节需要首先了解谓词逻辑的语义。

4.3.1 谓词公式的解释

谓词演算公式的真值与个体域有关,即与个体变量的取值范围有关,因此,在演算谓词公式的真值之前,需要首先为公式中的常量、变量、函数进行指派,然后再为原子谓词进行真值的指派。

定义 4-10 设 D 是谓词公式 P 的个体域,P 在 D 上的解释,是对 P 中的常量、变量、函数和谓词按以下方式进行指派。

(1) 为每个常量指派 D 中的一个元素。

(2) 为每个变量指派 D 的一个子集,子集中的元素是对变量允许的取值。

(3) 为每个 n 元函数指派一个由 D^n 到 D 的映射。

(4) 为每个 n 元谓词 P 指派一个 D^n 到 $\{F, T\}$ 的映射。

定义 4-11 设 D 是谓词公式 P 的个体域,I 是 P 在 D 上的解释,P 的真值由以下方式决定。

(1) 如果 P 是原子语句,其真值由 I 决定。

(2) 如果 P 的真值是 F,那么 $\neg P$ 的真值是 T;如果 P 的真值是 T,那么 $\neg P$ 的真值是 F。

(3) 如果 P 是使用合取、析取、蕴含和等价连接词构成的复合语句,其真值依据表 4-1 定义的连接词语义进行计算。

如果 P 是形如 $\forall x S$ 或 $\exists x S$ 的谓词公式,那么:

(4) 如果在解释 I 之下,对 x 的所有赋值 S 的值都是 T,则 $\forall x S$ 的值是 T;否则是 F。

（5）如果至少存在一个解释使得 S 的值为 T,则 $\exists x S$ 的值是 T;否则是 F。

例 4-9　设个体域 $D=\{1,2\}$,求谓词公式 $\forall x \exists y P(x,y)$ 在 D 上的解释,并指出在每一种解释下公式的真值。

【解】　可以按照表 4-2 所示的方式为公式中各原子谓词进行指派。

表 4-2　例 4-9 表

$P(1,1)$	$P(1,2)$	$P(2,1)$	$P(2,2)$
T	F	T	F
T	T	F	F

在第一种解释下,对于任意的 x 都存在一个 y 等于 1,使得公式真值为真;而在第二种解释之下,不存在这样一个 y,因此公式真值为假。

例 4-10　设个体域 $D=\{1,2\}$,求公式 $\forall x(P(x)\rightarrow Q(f(x),b))$ 在 D 上的解释,并指出在每一种解释下公式的真值。

【解】　首先,需要为公式中的常量和函数进行指派,可以按以下方式进行指派,即
$$b=1,\quad f(1)=2,\quad f(2)=1$$
表 4-3 是对公式中各原子谓词的真值进行指派的一种方式,以及在这个解释之下计算出的复合公式的真值。

表 4-3　例 4-10 表

$P(1)$	$P(2)$	$Q(1,1)$	$Q(2,1)$	$P(1)\rightarrow Q(f(1),1)$	$P(2)\rightarrow Q(f(2),1)$
F	T	T	F	T	T

此时,对于任意的 x 取值,公式真值均为真。

定义 4-12　对于谓词公式 P 以及其个体域 D 上的一种解释 I:

（1）如果 I 使 P 的值为真,那么称 I 满足 P。

（2）如果至少存在一个解释 I 使得 P 为真,则称 P 在 D 上是可满足的;否则,称 P 是不可满足的。

（3）如果公式在解释 I 之下的真值为真,则称 I 为公式的一个模型。

（4）如果在所有解释下 P 的真值都为真,那么 P 是有效的,P 称为永真式。

（5）如果一种解释满足公式集合 S 中的所有成员,那么 S 是可满足的;如果 S 不可满足,那么 S 就是不一致的。

由于谓词公式中存在变量,使得谓词演算系统可能潜在无限数量的解释。例如,为测试公式 $\forall x\,\mathrm{Robot}(x)\rightarrow\mathrm{Smart}(x)$ 的真值,必须针对个体域上的每个解释逐一判定语句的可满足性。如果个体域是无限的,那么穷举式的测试在计算上是不可行的,此时公式称为不可判定的。

4.3.2　谓词等价公式与范式

1. 谓词公式的等价式

为了能够正确地进行谓词公式的等值演算,需要掌握谓词逻辑的基本等价公式。命题逻辑中的等价公式同样也适用于谓词逻辑,此外,谓词公式中存在变量,对于形如 $\forall x P(x)$

或 $\exists x P(x)$ 的谓词公式,有以下等价公式。

约束变量换名规则
$$\forall x P(x, z) \Leftrightarrow \forall y P(y, z) \quad \exists x P(x, z) \Leftrightarrow \exists y P(y, z)$$

量词转换律
$$\neg \forall x P(x) \Leftrightarrow \exists x \neg P(x)$$
$$\neg \exists x P(x) \Leftrightarrow \forall x \neg P(x)$$

量词分配律
$$\forall x(P(x) \wedge Q(x)) \Leftrightarrow \forall x P(x) \wedge \forall x Q(x)$$
$$\exists x(P(x) \vee Q(x)) \Leftrightarrow \exists x P(x) \vee \exists x Q(x)$$

量词辖域扩张及收缩律
$$\forall x P(x) \wedge Q \Leftrightarrow \forall x(P(x) \wedge Q)$$
$$\exists x P(x) \wedge Q \Leftrightarrow \exists x(P(x) \wedge Q)$$
$$\forall x P(x) \vee Q \Leftrightarrow \forall x(P(x) \vee Q)$$
$$\exists x P(x) \vee Q \Leftrightarrow \exists x(P(x) \vee Q)$$
$$\forall x P(x) \rightarrow Q \Leftrightarrow \exists x(P(x) \rightarrow Q)$$
$$\exists x P(x) \rightarrow Q \Leftrightarrow \forall x(P(x) \rightarrow Q)$$
$$Q \rightarrow \forall x P(x) \Leftrightarrow \forall x(Q \rightarrow P(x))$$
$$Q \rightarrow \exists x P(x) \Leftrightarrow \exists x(Q \rightarrow P(x))$$

式中,Q 为不含约束变元 x 的谓词公式。

2. 前束范式

为了更方便地处理符号公式,研究人员试图为各种表达方法设计规范化的形式,4.2.3 小节讨论的合取范式和析取范式就是规范化的一种方法。但是,在谓词逻辑中,量词的引入使规范化形式的设计变得困难。

定义 4-13 设 P 为一阶谓词公式,如果 P 具有以下形式,即
$$(Q x_1)(Q x_2) \cdots (Q x_n) B(x_1, x_2, \cdots, x_n)$$
其中,每个 $Q x_i$ 为 $\forall x$ 或 $\exists x$,B 为不含量词的谓词公式,则称 P 为前束范式。

由定义 4-13 可知,前束范式中的所有量词都位于公式的最左边,而且这些量词的辖域都延伸至公式的末端。此外,一个公式的前束范式的各指导变量应该是各不相同的,原公式中自由出现的个体变量在前束范式中还应是自由出现的。应用逻辑等价式,任何谓词公式都可以转化为与之等价的前束范式。

例 4-11 求下述公式的前束范式。

(1) $\forall x F(x) \rightarrow \exists x G(x)$

(2) $(\forall x F(x, y) \rightarrow \exists y G(y)) \rightarrow \forall x H(x, y)$

【解】

(1) $\forall x F(x) \rightarrow \exists x G(x)$

$\Leftrightarrow \neg \forall x F(x) \vee \exists x G(x)$

$\Leftrightarrow \exists x \neg F(x) \vee \exists x G(x)$

$\Leftrightarrow \exists x(\neg F(x) \vee G(x))$

(2) $(\forall x F(x, y) \rightarrow \exists y G(y)) \rightarrow \forall x H(x, y)$

$$\Leftrightarrow (\forall x F(x, y) \rightarrow \exists s G(s)) \rightarrow \forall t H(t, y)$$
$$\Leftrightarrow \exists x (F(x, y) \rightarrow \exists s G(s)) \rightarrow \forall t H(t, y)$$
$$\Leftrightarrow \exists x \exists s (F(x, y) \rightarrow G(s)) \rightarrow \forall t H(t, y)$$
$$\Leftrightarrow \forall x \forall s((F(x, y) \rightarrow G(s)) \rightarrow \forall t H(t, y))$$
$$\Leftrightarrow \forall x \forall s \forall t((F(x, y) \rightarrow G(s)) \rightarrow H(t, y))$$

需要注意的是,一个谓词公式的前束范式一般不唯一。例如:
$$\exists x \exists y (F(x) \rightarrow G(y)), \quad \exists y \exists x(F(x) \rightarrow G(y))$$
也是例 4-11 中(1)的前束范式。

定义 4-14 设 P 为以下形式的前束范式,即
$$(Qx_1)(Qx_2) \cdots (Qx_n)B$$
如果 B 具有以下形式,即
$$B_1 \wedge B_2 \wedge \cdots \wedge B_n$$
其中,$B_i(i=1, 2, \cdots, n)$ 形如 $L_1 \vee L_2 \vee \cdots \vee L_m$,$L_j(j=1, 2, \cdots, m)$ 为原子公式或原子公式否定式,则 P 称为前束合取范式;如果 B 具有以下形式,即
$$B_1 \vee B_2 \vee \cdots \vee B_n$$
其中,$B_i(i=1, 2, \cdots, n)$ 形如 $L_1 \wedge L_2 \wedge \cdots \wedge L_m$,$L_j(j=1, 2, \cdots, m)$ 为原子公式或原子公式否定式,则 P 称为前束析取范式。

例如,$\forall x \exists y \forall z((P(x, y) \vee \neg R(x,z)) \wedge (\neg Q(y, z) \vee \neg P(x, y)))$ 是前束合取范式。

$\exists x \forall y \forall z (S(x, y) \vee (\neg P(x, y) \wedge Q(y,z)))$ 是前束析取范式。

3. Skolem 标准型

前束型范式将谓词公式中的量词全部集中在公式的前面,公式的其余部分实际上就成为一个命题公式。但是,前束型范式的量词的排列没有一定的规则,不便于应用。在前束范式的基础上,为了克服前束型范式的缺点,斯科伦(L. Skolem)对其进行了改进,使前束型范式中不再出现存在量词。从前束型范式中消去全部存在量词所得到的公式即为 Skolem 范式(斯科伦范式),或称 Skolem 标准型。

定义 4-15 从前束范式中消去全部存在量词所得到的公式即为 Skolem 标准型。
Skolem 标准型的一般形式为
$$(\forall x_1)(\forall x_2) \cdots (\forall x_n)M(x_1, x_2, \cdots, x_n)$$
其中,$M(x_1, x_2, \cdots, x_n)$ 是一个合取范式,称为 Skolem 标准型的母式。

删除存在量词的方法是将存在量词的约束变元进行实例化。一般地,存在语句说明存在满足条件的对象,实例化的过程仅仅是给这个对象进行命名。例如,对于以下语句,即
$$\exists x \, \text{Color}(x, \text{red})$$
可以推断出至少有一个赋值可以使其为真,可将其转化为 $\text{Color}(a, \text{red})$,其中,$a$ 是个体论域中的使得语句为真的一个对象的名称。需要注意的是,这个名称应该是新定义的,不能属于其他对象。新定义的名称称为 Skolem 常数。Skolem 化不必指出如何得出该值,只是一种为必然存在的赋值给出名称的方法。但是,如果将上述实例化的方法应于以下语句:
$$\forall x \exists y \, \text{Ontable}(x, y) \wedge \text{Color}(y, \text{red})$$
将得到
$$\forall x \, \text{Ontable}(x,\text{obj}) \wedge \text{Color}(\text{obj}, \text{red})$$

此时，语句的含义是每张桌子上的物体 obj 都是红色的。但是，原语句的含义却是每张桌子上都有红色的物体。因此，希望 Skolem 实例依赖于 x，这种依赖关系可以利用函数进行描述，即

$$\forall x\ \text{Ontable}(x, f(x)) \wedge \text{Color}(f(x), \text{red})$$

其中，f 称为 Skolem 函数。一般地，如果存在量词位于全称量词的辖域内，那么存在量词的约束变元的取值依赖于全称量词的取值，可将存在量词的约束变元实例化为 Skolem 函数。以上将存在量词的约束变元实例化的方法称为 Skolem 化。

定理 4-4 当原谓词公式可满足时，Skolem 化的公式也是可满足的。

4.3.3 谓词逻辑的推理规则

有了形式化的前提之后，还需要推理规则才能够得到所需的结论。推理规则提供了计算上可行的方法来确定结论是否是前提的逻辑结论，即在某个使得前提为真的解释下结论的真值也为真。命题逻辑的推理规则同样也适用于谓词逻辑，但是，谓词逻辑中存在变量及其量词，因此，谓词逻辑的推理规则还包括关于量词的一些特殊规则。

全称指定规则，即

$$\forall x\ P(x) \Rightarrow P(a) \quad a \text{ 是个体域中任一确定个体}$$

存在指定规则，即

$$\exists x\ P(x) \Rightarrow P(a) \quad a \text{ 是个体域中某一确定个体}$$

全称推广规则，即

$$P(a) \Rightarrow \forall x\ P(x) \quad a \text{ 是个体域中任一确定个体}$$

存在指定规则，即

$$P(a) \Rightarrow \exists x\ P(x) \quad a \text{ 是个体域中某一确定个体}$$

例 4-12 操作系统文件都存放于 C 盘，具有 sys 前缀名的文件是操作系统文件；超级用户可以清除 C 盘的任何文件。机器人 robot5 是超级用户。文件 file_1 的前缀名是 sys。利用自然演绎推理方法证明负责清理操作系统文件的机器人 robot5 可以删除文件 file_1。

【证明】 首先将上述语句所描述的事实和问题表示为谓词逻辑的语句，即

$$\forall x\ \text{Os\_file}(x) \rightarrow \text{C\_disk}(x)$$
$$\forall x\ \text{Predix\_sys}(x) \rightarrow \text{Os\_file}(x)$$
$$\forall x \forall y (\text{Supervisor}(x) \wedge \text{C\_disk}(y)) \rightarrow \text{Delete}(x, y)$$
$$\text{Supervisor}(\text{robot5})$$
$$\text{Predix\_sys}(\text{file\_1})$$

结论：$\text{Delete}(\text{robot5}, \text{file\_1})$

应用推理规则进行推理，即

$\forall x\ \text{Predix\_sys}(x) \rightarrow \text{Os\_file}(x)$

$\forall x\ \text{Predix\_sys}(\text{file\_1}) \rightarrow \text{Os\_file}(\text{file\_1})$ 全称固化

$\text{Predix\_sys}(\text{file\_1})$

$\text{Os\_file}(\text{file\_1})$ 假言推理

$\forall x\ \text{Os\_file}(x) \rightarrow \text{C\_disk}(x)$

$\text{Os\_file}(\text{file\_1}) \rightarrow \text{C\_disk}(\text{file\_1})$ 全称固化

| C_disk(file_1) | 假言推理 |

$\forall x \forall y$ (Supervisor$(x) \land$ C_disk$(y)) \rightarrow$ Delete(x, y)

| $\forall y$ (Supervisor(robot5) $\land$ C_disk$(y)) \rightarrow$ Delete(robot5, y) | 全称固化 |
| Supervisor(robot5) $\land$ C_disk(file_1) $\rightarrow$ Delete(robot5, file_1) | 全称固化 |

Supervisor(robot5)

| Delete(robot5, file_1) | 假言推理 |

自然演绎推理是传统谓词逻辑中的基本推理方法。自然演绎推理的优点是表达定理证明过程自然,容易理解,而且拥有丰富的推理规则,推理过程灵活。但是,将自然演绎推理方法引入机器的自动推理却存在许多困难。例如,推理规则太多,应用规则需要很强的模式识别能力、中间结论的指数递增等。这对于规模较大的推理问题来说是十分不利的,甚至是难以实现的。所以,在机器推理中直接应用谓词逻辑中的形式演绎推理方法存在很多困难。

4.3.4 谓词逻辑的归结方法

谓词逻辑的归结方法与命题逻辑的归结方法基本一样,只是由于变量与函数的存在,在判断文字是否互补的时候需要进行变量的替换,以使得文字匹配。

1. 子句集

在应用谓词归结原理之前,首先需要将谓词公式形式的前提和结论转换为子句的集合。

定义 4-16 文字的析取式称为子句。在谓词逻辑中,文字是原子谓词公式或者原子谓词公式否定式。

由定义 4-16 可知,谓词逻辑中的子句形式的命题不含有存在量词,原子命题的变量都是隐式的全称限定的,并且命题中不含有合取和析取以外的连接词。所有的命题都可以通过算法转化为子句形式。Nilsson(1971)证明了这是可以做到的,同时给出了一个简单的转化算法,其步骤如下。

(1) 消去蕴含词和等价词。可以利用以下等价式,即

$$P \rightarrow Q \Leftrightarrow \neg P \lor Q$$

$$P \leftrightarrow Q \Leftrightarrow (P \rightarrow Q) \land (Q \rightarrow P)$$

例 4-13 将公式 $\forall x((\forall y P(x, y) \rightarrow \neg(\forall y(Q(x, y) \rightarrow R(x, y))))$ 化为子句形式。

通过对原始语句消去蕴含词可得

$$\forall x(\neg \forall y P(x, y) \lor \neg \forall y(\neg Q(x, y) \lor R(x, y)))$$

(2) 缩小否定词的作用范围,使其仅作用于原子公式。

$$\neg(\neg P) \Leftrightarrow P$$

$$\neg(P \lor Q) \Leftrightarrow \neg P \land \neg Q \quad \neg(P \land Q) \Leftrightarrow \neg P \lor \neg Q$$

$$\neg \forall x P(x) \Leftrightarrow \exists x \neg P(x) \quad \neg \exists x P(x) \Leftrightarrow \forall x \neg P(x)$$

通过对消去蕴含词的语句缩小否定词的作用范围可得

$$\forall x(\exists y \neg P(x, y) \lor \exists y(Q(x, y) \land \neg R(x, y)))$$

(3) 进行变量重命名,使得不同量词限定的变量具有不同名字。上式中含有同名变量 y,将第二个 y 改名为 z,可得

$$\forall x(\exists y \neg P(x, y) \lor \exists z(Q(x, z) \land \neg R(x, z)))$$

(4) 将所有量词移动至最左端,不更改顺序。此时所得公式为前束范式,即所有的量词

在目式的最左端。于是,上式变为

$$\forall x \exists y \exists z(\neg P(x,y) \lor (Q(x,z) \land \neg R(x,z)))$$

(5) 消去存在量词。所有存在量词可以利用 Skolem 标准化过程消除。经过以上几步所得公式即为原公式的 Skolem 标准型。继续化简例 4-13 中的公式,第(4)步所得语句中的两个存在量词都位于全称量词的作用范围内,因此需要替换为与指导变量 x 相关的两个不同的函数,即

$$\forall x(\neg P(x,f(x)) \lor (Q(x,g(x)) \land \neg R(x,g(x))))$$

(6) 消去全称量词。所有的变量为隐式的全称量化。将上式的全称变量直接删除,可得

$$\neg P(x,f(x)) \lor (Q(x,g(x)) \land \neg R(x,g(x)))$$

(7) 将公式转化为合取范式。合取范式是子句的合取形式。利用如下分配律,即

$$P \lor (Q \land R) \Leftrightarrow (P \lor Q) \land (P \lor R)$$

将第 6 步中公式转化为合取范式:

$$(\neg P(x,f(x)) \lor Q(x,g(x))) \land (\neg P(x,f(x)) \lor \neg R(x,g(x)))$$

(8) 消去合取词,将合取项分为单独子句。上式中包含两个子句,即

$$\neg P(x,f(x)) \lor Q(x,g(x))$$
$$\neg P(x,f(x)) \lor \neg R(x,g(x))$$

(9) 重命名变量,使得不同子句之间无同名变量。经过最后一步标准化过程,例 4-13 最终得到子句集为

$$\{\neg P(x,f(x)) \lor Q(x,g(x)), \quad \neg P(y,f(y)) \lor \neg R(y,g(y))\}$$

由此可以看出,一个公式的子句集可以通过先求其前束范式,再求 Skolem 标准型而得到。一个谓词公式的子句集也就是该公式的 Skolem 标准型的另一个表达形式。

2. 合一和替换

为了应用推理规则,推理系统必须能够判断两个公式是否相同,也就是两个公式是否匹配。在命题演算中,这是显而易见的,两个公式是匹配的,当且仅当它们在语句构成上相同。在谓词演算中,变量的存在使得两个公式的匹配过程变得复杂。例如,直接观察子句 Online(x,y) 和 Online$(z,$ josiah$)$ 将无法确定两个子句是匹配的。为了实现上述子句的匹配可以将替换 $\lambda = \{x/z,$ josiah$/y\}$ 应用于两个子句,那么两个子句都将变为 Online$(x,$ josiah$)$,λ 就是进行合一而需要的替换。

定义 4-17 替换是如下所示的有限集合:

$$\left\{ \frac{t_1}{x_1}, \frac{t_2}{x_2}, \cdots, \frac{t_n}{x_n} \right\}$$

其中,$x_1,x_2,\cdots,x_n$ 是互不相同的变量,$t_1,t_2,\cdots,t_n$ 是不同于 x_i 的项(常量、变量、函数);t_i/x_i 表示用 t_i 替换 x_i,并且要求 t_i 与 x_i 不能相同,而且 x_i 不能循环地出现在另一个 t_i 中。

替换的目的是要将某些变量用另外的变量、常量或函数取代,使其不在公式中出现。例如,$\{a/x, f(x)/y, y/z\}$ 是一个替换;而 $\{g(y)/x, f(x)/y\}$ 不是一个替换,因为在 x 和 y 之间出现了循环替换现象,既没有消去 x,也没有消去 y。若改为 $\{g(a)/x, f(x)/y\}$ 就可以了,这样就可以将公式中的 x 用 $g(a)$ 代换,而 y 用 $f(g(a))$ 代换,从而消去了变量 x 和 y。

另一个替换的重要概念是替换的合成。

定义 4-18 如果 $\theta = \{t_1/x_1, t_2/x_2, \cdots, t_n/x_n\}$ 和 $\lambda = \{u_1/y_1, u_2/y_2, \cdots, u_m/y_m\}$ 是两个替

换集合,那么 θ 与 λ 的合成也是一个替换,记做 $\theta \cdot \lambda$。θ 与 λ 的合成是由集合

$$\{t_1 \cdot \lambda / x_1, t_2 \cdot \lambda / x_2, \cdots, t_n \cdot \lambda / x_n, u_1 / y_1, u_2 / y_2, \cdots, u_m / y_m\}$$

中删去以下两种元素:

$$\frac{t_i \lambda}{x_i}(i = 1, 2, \cdots, n) \quad \text{当 } t_i\lambda = x_i \text{ 时}$$

$$\frac{u_j}{y_j}(j = 1, 2, \cdots, m) \quad \text{当 } y_i \in \{x_1, x_2, \cdots, x_n\} \text{ 时}$$

后得到的集合。

简单地说,替换的合成是对 t_i 先做 λ 替换,然后再做 θ 替换。

例 4-14 设有以下替换:

$$\theta = \left\{ \frac{f(y)}{x}, \frac{z}{y} \right\} \quad \text{和} \quad \lambda = \left\{ \frac{a}{x}, \frac{b}{y}, \frac{y}{z} \right\}$$

则

$$\theta \cdot \lambda = \left\{ \frac{f(b)}{x}, \frac{y}{y}, \frac{a}{x}, \frac{b}{y}, \frac{y}{z} \right\} = \left\{ \frac{f(b)}{x}, \frac{y}{z} \right\}$$

可以简单地将合一理解为"寻找相对变量的替换,使两个谓词公式一致"的过程。

定义 4-19 设有公式集 $S = \{P_1, P_2, \cdots, P_n\}$,若存在一个替换 θ 可使 $P_1\theta = P_2\theta = \cdots = P_n\theta$,则称 θ 是 S 的一个合一,称 S 是可合一的。

谓词公式集的合一不是唯一的。合一会由于一个变量可以替换为任何项而变得复杂。而且,如果在推理过程中失去了一般性,就将缩小最终解的适用范围,或者排除了解的可能性。例如,在合一 $P(x)$ 和 $P(y)$ 时,任何常量,如 $\{a/x, a/y\}$ 都可以实现两个表达式的匹配。然而,这个合一替换并不是最一般合一。可以使用变量产生更一般的公式,如使用替换 $\{x/y\}$。第一种替换得到的解限制了最终的推理,虽然实现了匹配,却降低了结果的一般性。因此,对合一算法的最后要求是合一式要尽可能通用,也就是找到两个公式的最一般合一 (Most General Unifier, MGU)。

定义 4-20 设 σ 是公式集 S 的一个合一,如果对 S 的任意一个合一 θ 都存在一个替换 λ,使得 $\theta = \sigma \cdot \lambda$,则称 σ 是一个最一般合一。

谓词公式集的最一般合一是唯一的。最一般合一求取算法的思想是:对于给定的谓词公式,首先,比较谓词公式的第一个参数,如果参数匹配,则比较第二个参数;否则,实施替换使其匹配,并将替换应用于公式后续的参数。然后,比较谓词公式的第二个参数,如果参数匹配,则比较第三个参数;否则,实施替换使其匹配,并将替换与之前的替换进行合成,将合成结果应用于公式后续的参数。重复上述过程,最后,如果公式的参数都得到匹配,则所求替换为最一般合一;否则,给定公式不存在最一般合一。

```
function unify(E1, E2);
  begin
    case
      both E1, E2 are constants or the empty list:
        if E1=E2 then return {}
          else return FAIL;
      E1 is a variable:
        if E1 occurs in E2 then return FAIL
          else return { E2/ E1};
```

```
E2 is a variable:
    if E2 occurs in E1 then return FAIL
        else return { E1/ E2}
either E1 or E2 are empty then return FAIL
otherwise:
        begin
        HE1:=first element of E1;
        HE2:=first element of E2;
        SUBS1:=unify(HE1, HE2);
        if SUBS1:=FAIL then return FAIL;
        TE1:=apply(SUBS1, rest of E1);
        TE2:=apply(SUBS1, rest of E2);
        SUBS2:=unify(TE1, TE2);
        if SUBS2:=FAIL then return FAIL;
            else return composition(SUBS1, SUBS2)
        end
    end.
```

例 4-15 求公式集 $S=\{P(x, y, f(y)), P(a, g(x), z)\}$ 的最一般合一。

【解】 逐一比对谓词的各个项,将不匹配的项通过利用项替换变量的过程。首先,比较两个谓词公式的名称;谓词名称相同,则进而比较谓词公式的第一个参数,由于 x 和 a 不匹配,因此需要利用替换 $\{a/x\}$ 进行合一,并将这个替换应用于后续参数,可得

$$P(a, y, f(y)), \quad P(a, g(a), z)$$

然后,比较第二个参数,由于 y 和 $g(a)$ 不匹配,因此需要利用替换 $\{g(a)/y\}$ 进行合一,并将这个替换应用于后续参数,可得

$$P(a, g(a), f(g(a))), \quad P(a, g(a), z)$$

最后,比较第三个参数,由于 $f(g(a))$ 和 z 不匹配,因此需要利用替换 $\{f(g(a))/z\}$ 进行合一,可得

$$P(a, g(a), f(g(a))), \quad P(a, g(a), f(g(a)))$$

此时,两个谓词公式是完全一致的。将上述所使用的 3 个替换依据算法递归退出的顺序依次进行合成,将得到 $\lambda=\{a/x, g(a)/y, f(g(a))/z\}$,$\lambda$ 就是为了实现谓词公式匹配的最一般合一。

3. 归结原理

在谓词逻辑中,由于子句中含有变元,所以不像命题逻辑那样可直接消去互补文字,而需要先用最一般合一对变元进行替换,然后才能进行归结。

定义 4-21 设 C_1 和 C_2 是两个没有相同变元的子句,L_1 和 L_2 分别是 C_1 和 C_2 中的文字,若 σ 是 L_1 和 L_2 的最一般合一,则称

$$C_{12}=(C_1\sigma-\{L_1\sigma\})\bigcup(C_2\sigma-\{L_2\sigma\})$$

为 C_1 和 C_2 的二元归结式。

例 4-16 设 $C_1=P(x) \lor Q(x)$,$C_2=\neg P(a) \lor R(y)$,求 C_1 和 C_2 的归结式。

【解】 取 $L_1=P(x)$,$L_1=\neg P(a)$,则 L_1 和 $\neg L_2$ 的最一般合一 $\sigma=\{a/x\}$,于是

$$C_{12}=(C_1\sigma-\{L_1\sigma\})\bigcup(C_2\sigma-\{L_2\sigma\})$$

$$=(\{P(a),Q(a)\}-\{\ P(a)\})\bigcup(\{\neg P(a),R(y)\}-\{\neg P(a)\})$$
$$=\{Q(a),R(y)\}$$
$$=Q(a)\bigvee R(y)$$

谓词演算中,参加归结的子句中如果存在两个或两个以上可合一的文字,那么,在归结前需要对这些文字进行合一。例如,以下包含两个子句的子句集,即

$$\{P(x)\lor P(f(y)),\neg P(w)\lor\neg P(f(z))\}$$

即使包含该子句的子句集是矛盾的,该子句集也无法归结得到空子句。因为在归结过程中,这些子句将化简为重言式。此时,需要将子句中可合一的文字,利用其最一般合一进行合一。谓词演算中的归结将利用原子句的因式进行归结,因式是原子句应用 MGU 并去掉冗余子句的结果。例如,$C_1=P(x)\lor P(f(y))$ 在其最一般合一 $\sigma=\{\ f(y)/x\}$ 下将得到子句 $C_1\sigma=P(f(y))\lor P(f(y))$,然后用因式 $P(f(y))$ 代替此子句。

在上例中,将 $C_1\sigma$ 称为 C_1 的因子。一般来说,若子句 C 中有两个或两个以上的文字具有最一般合一 σ,则称 $C\sigma$ 为子句 C 的因子。如果 $C\sigma$ 是一个单文字,则称它为 C 的单元因子。

应用因子的概念,可对谓词逻辑中的归结原理给出以下定义。

定义 4-22 子句 C_1 和 C_2 的归结式是下列二元归结式之一:

(1) C_1 和 C_2 的二元归结式。

(2) C_1 和 C_2 的因子 $C_2\sigma$ 的二元归结式。

(3) C_1 的因子 $C_2\sigma$ 与 C_2 的二元归结式。

(4) C_1 的因子 $C_2\sigma$ 与 C_2 的因子 $C_2\sigma$ 的二元归结式。

对于谓词逻辑,定理 4-2 仍然适用,即归结式是其父子句的逻辑结论。用归结式取代它在子句集 S 中的父子句所得到的新子句集仍然保持着原子句集 S 的不可满足性。

另外,对于一阶谓词逻辑,从不可满足的意义上说,归结原理也是完备的。即若子句集是不可满足的,则必存在一个从该子句集到空子句的归结演绎;若从子句集存在一个到空子句的演绎,则该子句集是不可满足的。

4. 归结反演

归结反演通过将要证明的命题的否定形式加入到已知为真的公理集合中来证明定理。然后使用归结过程证明这将导致矛盾。如果定理证明过程说明目标的否定形式与给定的公理集合不一致,那么就证明原来的目标是一致的。这样就证明了定理。

用归结反演进行定理证明的步骤如下:

(1) 将前提(公理)转化为子句形式。

(2) 将待证明的命题(定理)的否定式转化为子句形式,加入公理集合。

(3) 对上述子句集应用归结原理,并将归结得到的归结式加入原子句集合。

(4) 重复步骤(3),通过得到空子句证明定理的否定形式与公理是矛盾的。

例 4-17 如果一篇论文的摘要存放在文件服务器上,而且机器人可以访问该服务器,那么使用 FTP 协议就可以得到这篇摘要。如果一篇论文出现在 IEEE 出版的期刊上,那么该论文的摘要就放在 JOSIAH 文件服务器上。如果一个服务器提供匿名 FTP 服务,那么该服务器是可访问的。JOSIAH 文件服务器提供匿名 FTP 服务。MCD83 刊登于 IEEE Transaction 发行的 PAMI 期刊上。证明机器人利用 FTP 能够得到 MCD83 的摘要。

【证明】 首先将上述自然语言所描述的事实和问题表示为谓词演算的语句。

$\forall x \forall y$(Online(x,y) $\wedge$ Access(y))→Ftp(x)

$\forall x \forall y$(Journal(x,y) $\wedge$ Publisher(y, ieee))→Online(x,josiah)

$\forall x$ Anonymous(y)→Access(x)

Anonymous(josiah)

Journal(mcd83, pami)

Publisher(pami, ieee)

结论：Ftp(mcd83)

将上述公理和定理的否定式转化为子句形式，即

¬Online(x,y) $\vee$ ¬Access(y)) $\vee$ Ftp(x)

¬Journal(w,z) $\vee$ ¬Publisher(z,ieee) $\vee$ Online(w, josiah)

¬Anonymous(u) $\vee$ Access(u)

Anonymous(josiah)

Journal(mcd83, pami)

Publisher(pami, ieee)

¬Ftp(mcd83)

应用推理规则进行推理的过程，如图 4-2 所示。

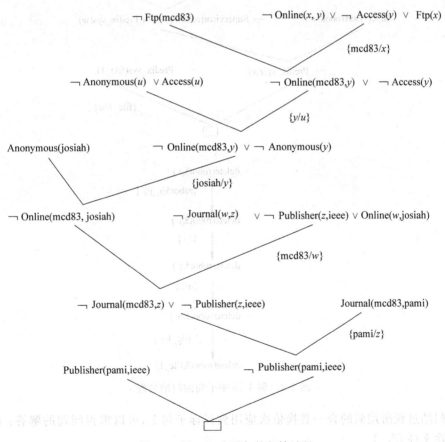

图 4-2　例 4-17 中子句的归结过程

通过保留归结反演中合一替换的信息就可以给出答案。首先需要保留要证明的结论，并将归结过程所做的每个合一都引入该结论。

例 4-18 利用归结原理证明例 4-12 中的负责清理操作系统文件的机器人问题，求解 robot5 可以删除什么文件。

【解】 首先，将问题表示为谓词演算的语句，即证明：$\exists f\ \text{Delete}(\text{robot5}, f)$。公理和定理否定式的子句形式以及归结的过程如图 4-3 所示。

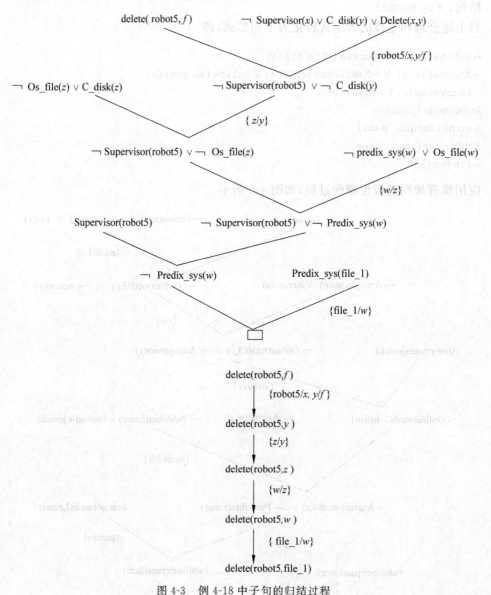

图 4-3　例 4-18 中子句的归结过程

将归结过程所用到的合一替换依次应用到目标子句上，可以求得问题的解答：robot5，可以删除文件 file_1。

5. 归结策略

对子句集进行归结时，关键的一步是从子句集中找出可进行归结的一对子句。由于无法确定哪两个子句可以进行归结,更无法确定通过对哪些子句对的归结可以尽快地得到空子句,一种简单而直接的想法就是逐个考察子句集合中的子句,利用穷举式进行归结。其步骤如下。

(1) 在原始子句空间中,逐一对子句进行比较,凡是可以归结的都进行归结。经过这一轮的比较及归结后,得到的归结式称为第一级归结式。

(2) 将原始子句空间中的子句,分别与第一级归结式中的子句逐个地进行比较、归结,这样又会得到一组归结式,称为第二级归结式。

(3) 将原始子句空间中的子句以及第一级归结式中的子句逐个地与第二级归结式中的子句进行比较,得到第三级归结式。

(4) 如此继续,直到出现了空子句或者不能再继续归结时为止。

以上的归结过程实际上是基于宽度优先搜索策略的。只要子句集是不可满足的,上述归结过程一定会归结出空子句而终止。宽度优先搜索策略是完备的,但是在处理大问题时很快便难以控制。因为在归结过程中必须对子句集中的所有子句逐对地进行比较,对任何一对可归结的子句对都进行归结,这样不仅要耗费许多时间,而且还会因为归结出许多无用的归结式而占用了大量的存储空间,造成了时空的浪费,降低了效率。因此,启发式搜索在归结证明过程中非常重要。为解决这些问题,人们研究出多种归结策略,通过对参加归结的子句进行种种限制,尽可能地减小归结的盲目性,使其尽快地归结出空子句。

1) 支持集策略

支持集策略(Wos 和 Robinson,1968)是一种对大的子句空间的极好策略。对于输入的子句集 S 可以定义一个 S 的子集 T,称为支持集。策略要求每次归结的亲本子句中之一在支持集中。

可以证明,如果 S 是不可满足的并且 S-T 是可满足的,那么支持集策略是完备的(Wos 等人,1984)。也就是说,如果子句集是不可满足的,则由支持集策略一定可以归结出空子句。

如果原子句集是一致的,那么包含原查询的否定的任何支持集都满足这些要求。这一策略基于对以下事实的洞察:要证明的目标的否定是导致子句空间中矛盾形成的原因。支持集强制归结的子句中至少有一个是目标的否定或者是由其归结生成的子句。

2) 线性输入策略

线性输入策略是对目标的否定式和原始公理的直接使用:对于目标的否定式,用公理之一进行归结,得到新的子句。再将结果和公理之一进行归结得到另一个新子句,再和一个公理进行归结。过程一直进行,直到产生空子句。线性输入归结过程的每一步,都对最近生成的子句和来源于问题原始描述的一条公理进行归结。不使用前面导出的子句,也不归结两个公理。

线性输入策略可限制生成归结式的数量,具有简单、高效的优点。但是线性输入策略是不完备的,也就是说,即使子句集是不可满足的,用线性输入策略进行归结时也不一定能归结出空子句。

3) 单文字子句优先策略

归结中的矛盾导出是得到没有文字的子句。于是,每次归结生成一个比原子句包含更少文字的结果子句,就离生成没有文字的子句更近了。特别是,归结只包含一个文字的子句,称为单文字子句,将保证归结式比最大的父子句小。单文字子句优先策略是只要存在个体子句就使用个体子句归结。用单文字子句策略归结时,归结式将比亲本子句含有较少的文字,这有利于朝着空子句的方向前进,因此这种策略有较高的归结效率。

个体归结是与单文字子句优先相关的一个策略,需要归结式之一总是个体子句。个体归结有比单文字子句优先策略更强的要求。但是,这种归结策略是不完备的。当初始子句集中不包含单文字子句时,归结就无法进行。

4) 简化技术

归结过程是一个不断寻找可归结子句的过程,子句越多,付出的代价就越大。如果在归结时能将子句集中的无用子句删除掉,就会缩小寻找范围,减少比较次数,从而提高归结效率。删除策略正是基于这一考虑提出来的,一般包括以下几种删除方法。

（1）纯文字删除法。如果文字 L 在子句集中不存在可与之互补的文字 $\neg L$,则称该文字为纯文字。显然,在归结时纯文字不可能被消去,因而用包含它的子句进行归结时不可能得到空子句,即这样的子句对归结是无意义的,所以可以将其所在的子句从子句集中删去,这样不会影响子句集的不可满足性。例如,设有子句集:
$$S = \{P \vee Q \vee R, \neg Q \vee R, Q, \neg R\}$$
其中,P 是纯文字,因此可将子句 $P \vee Q \vee R$ 从 S 中删去。

（2）重言式删除法。如果一个子句中同时包含互补文字对,则称该子句为重言式。例如,$P(x) \vee \neg P(x) \vee Q(x)$ 是重言式,不管 $P(x)$ 为真还是为假,$P(x) \vee \neg P(x) \vee Q(x)$ 均为真。对于一个子句集来说,不管是增加还是删去一个真值为真的子句,都不会影响它的不可满足性,因而可从子句集中删去重言式。

（3）包孕删除法。设有子句 C_1 和 C_2,如果存在一个替换 σ,使得 $C_{1\sigma} \subseteq C_{2\sigma}$,则称 C_1 包孕于 C_2。例如:
$$P(x) \text{ 包孕于 } P(x) \vee Q(z)$$
$$P(x) \text{ 包孕于 } P(a)$$
$$P(x) \vee Q(y) \text{ 包孕于 } P(a) \vee Q(w) \vee R(z)$$
将子句集中包孕的子句删去后,不会影响子句集的不可满足性,因而可从子句集中删去。

4.4 非单调逻辑

4.4.1 非单调推理

使用谓词演算的常规推理过程首先要求谓词描述对于应用来说必须是充分的。也就是说,解决问题所需的信息都能被表示出来,并且信息库必须是一致的。也就是说,各条知识不能相互矛盾。最后,通过运用可靠的推理规则从正确的前提推出新的正确的结论。传统的数理逻辑是单调逻辑,在单调逻辑下,从一个假定为真的原子集开始推出结论。如果对系统增加新的信息,就会引起命题集合的扩大。增加知识永远不会让真命题集合减小。得到的信息单调增长。如果一个公式是某个形式化理论的定理,那么当向这个理论添加一些公理而形成一个新的理论时,这个公式仍然是这个新的形式化理论的定理。但是传统逻辑也有其局限性,尤其是在信息丢失或不确定的情况下,传统推理过程可能就难以派上用场。

非单调性是人类求解问题的一个重要特征,许多基于常识的推理就是非单调的。非单调推理解决变化信息的问题。例如,在规划问题中出行前人们将对道路和交通情况作大量的假设,当发现其中的一个假设被推翻了,人们会改变计划而寻找其他的路线。在进行不确定推理的时候,人们从当前的信息集合来下结论,当更多信息可供使用时这些信息连同其结论就会发生变化,这个公式就未必是这个新的形式化理论的定理。

非单调推理系统处理不确定性是通过将不确定信息作最合理的假设的方式来实现的。然后基于这些假设进行推理。非单调逻辑推理系统的定理集合并不随推理过程的进行而单调增大,新推出的结论就有可能提供充分的理由来否定、改变以前的结论。导致这一现象的根本原因就是人们推理时所依据的知识具有不完全性。

非单调推理有 3 个主要流派。McCarthy 提出的限制理论:当且仅当没有事实证明 S 在更大的范围内成立时,S 只在指定的范围成立;Reiter 的默认逻辑:"S 在默认的条件下成立"是指"当且仅当没有事实证明 S 不成立时 S 是成立的";Moore 的自认知逻辑:如果知道 S,并且不知道有其他任何事实与 S 矛盾,则 S 是成立的。

对逻辑进行扩展,将非单调推理形式化,称为非单调逻辑。非单调逻辑包括语言方面的扩充和语义方面的扩充,语言方面的扩充是指增强其表达能力;语义方面的扩充是指对真值的真假两种情况进行修正;也是对推理模式的扩展,这涉及非单调推理的过程化方面,称为非单调系统。

非单调系统的实现,可以通过对矛盾的检测进行真值的修正来维护相容性,可称为真值维护系统,包括 Doyle 提出的真值维护系统 TMS、Dekleer 提出的基于假设的真值维护系统 ATMS 等。

关于在非单调逻辑中进行非单调推理的问题已经构成了人工智能一个重要分支领域。本节主要讨论如何通过扩展传统的单调逻辑来处理一些非单调的推理。

4.4.2 封闭世界假设、限制和最小模型

1. 封闭世界假设

推理系统经常会缺少领域知识,但缺少关于 P 的知识是否意味着对 P 为真不太确定还是确信$\neg P$ 为真呢? 这种问题的一种处理方法就是使用封闭世界假设。封闭世界假设(Closed World Assumption)的基本思想是仅创建求解所必需的谓词,将推理系统不能证明为真的都认为是假的,也就是对于每一个不是定理的基本原子公式,将其否定形式加入到理论中,使理论完备化。封闭世界假设假定知道所有关于世界的情况,即世界是封闭的。封闭世界假设常用来在信息不充分的情况下得出结论。例如,如果想知道两个城市之间是否有直达的班机,可以查看所有航班的列表。如果直达航班不在列表中,则认为不存在直达航班。

封闭世界假设扩大了知识库的推理能力,允许不能由原始知识库导出的结论可以在其完备后导出。显然,封闭世界假设是非单调的。因为为完备而生成的扩充的知识集中的每个基本原子公式的否定式都是假设的暂时信息,一旦以后有新的原子公式作为定理加入知识库,扩充的知识集合就必须收缩,即删除原子公式的否定式。

2. 限制

限制逻辑是一种容错逻辑。人们对于容错逻辑的关注由来已久。然而容错逻辑不等于

不合逻辑的胡思乱想,而是有规律可循的。但要研究这些规律,首先要弄清所"容"的"错"是什么。"错"的性质不同,逻辑的规律也不同。人类的日常逻辑思维中,可能有各种各样的"错",通过加以分析研究,就可以建立起一般的容错逻辑系统。例如,下面的推理:

　　某厂有 3 个工程师,老季、老墨与老王。昨天,该厂有一位工程师被选为市的人民代表。另一方面,已经知道市人民代表中没有姓墨的,也没有姓季的。可见王工程师是人民代表。

这种推理是极为普遍的,然而其中是有"错"的。因为前提中并未说过该厂只有这 3 位工程师,而当选人民代表的可能是另一位张工程师。利用演绎法无法做出上面的推理。

　　下面来分析这个错误的性质。为了分析方便,用 a、b、c 分别表示季、墨、王 3 位工程师。"是该厂的工程师"写成"具性质 P","是该厂的工程师又是人民代表"写成"具性质 Q"。于是,可将推理为:

　　　　前提:(1) a、b、c 都具有性质 P。

　　　　　　　(2) 具有性质 Q 的人都具有性质 P。

　　　　　　　(3) a、b 都不具有性质 Q。

　　　　结论:(4) c 具有性质 Q。

推理的过程首先由前提(1)和前提(2)推出了某个结论(5),结论(5)与前提(3)结合起来推出了结论(4)。结论(5)是什么呢? 比较(3)与(4)可得

　　　　结论:(5) 具有性质 Q 的,只有 a、b、c。

很明显,结论(5)并不是前提(1)和前提(2)的推论,但是,如果将前提(1)改为:

　　　　前提:(1′)具有性质 P 的,只有 a、b、c,那么,从前提(1′)和前提(2)推出结论(5)就十分合理了。

　　前提(1)与(1′)的差异在于是否还有别的个体具有性质 P,也就是说,该厂还有没有别的工程师。这件事在原来的前提中没有提到。然而从上下文来看,也不知道这第四位工程师的存在。所以,原来的推理中含有这种逻辑:"既然从上下文中无法推断还有别的工程师的存在,那么该厂就只有那 3 位工程师"。这就是其中"错"的实质性根源。上面的例子就是一种容错推理,其中的"错"可以看成是(对论域的)一种限制,所以这种推理就叫做限制推理,有关的逻辑系统就叫做限制逻辑。上例在寻常的逻辑中是不合法的,但在限制逻辑中却是合法的。

　　从上面的讨论可以看出,限制逻辑与通常的逻辑的不同之处主要在于限制逻辑隐蔽地使用了关于前提(1)的某种限制命题(1′)作为补充的前提。因此,只要找到如何做出这种"限制性命题"的原则,将其加到前提中去,就可以将限制逻辑中的推理变为普通的逻辑推理了。

　　限制逻辑(CIRCumscription logic,CIRC)是 McCarthy 提出的一种非单调逻辑,在常识推理中占有极为重要的地位。限制的基本思想是"从某些事实 A 出发能够推出具有某一性质 P 的对象就是满足性质 P 的全部对象"(McCarthy,1980)。在常识推理中,人们经常把已发现的、具有某些性质的对象,看作具有该性质的全部对象,并据此进行推理。只有当发现其他对象也具有该性质时,才修改这种看法。因此,限制逻辑是一种非单调逻辑,就是说,前提增加时,结论反而减少(或减弱)。比如说,在上例中增加一个前提:"老李也是该厂的工程师",那么原来的结论就反而得不到了。一般说来,容错逻辑是在知识不完全的情况下

"冒险"做出的结论,当知识增加时,结论可能就不那么冒险了。

限制是另外一个解决缺少知识的问题的方法。限制对为真的情况作明确的假定,是封闭世界假设的一个更加强大和准确的版本。限制的基本思想是除了已知为真的对象之外的每个对象都为假。例如,假设想要断言鸟会飞的规则,引入一个谓词 $\text{Abnormal}(x)$,将规则书写为

$$\text{Bird}(x) \wedge \neg\text{Abnormal}(x) \rightarrow \text{Fly}(x)$$

上式可以理解为除非 x 是一个反常的实例,比如一只翅膀断了的鸟,可以有以下推理:如果 x 是一只鸟,那么 x 会飞。限定推理器在无法判断 $\neg\text{Abnormal}(x)$ 时,倾向于认为其为真,除非 $\text{Abnormal}(x)$ 已知为真。结论在最小(异常)模型解释下为真。

当两个不同谓词相互关联时,这种使理论完备化的方法可能会产生相矛盾的结论。例如,假定进行描述:

$$\text{Engineer}(x) \wedge \neg\text{Abnormal1}(x) \rightarrow \text{Practical}(x)$$
$$\text{Scientist}(x) \wedge \neg\text{Abnormal2}(x) \rightarrow \text{Theoretical}(x)$$
$$\text{Practical}(x) \Leftrightarrow \neg\text{Theoretical}(x)$$
$$\text{Engineer}(\text{thomas}) \wedge \text{Scientist}(\text{thomas})$$

在两个模型中,限定推理器对 thomas 的情况完全不可推断。为了保证理论的一致性,$\text{Engineer}(\text{thomas})$ 和 $\text{Scientist}(\text{thomas})$ 中只有一个可以添加到理论中,即两条规则只能使用一条。在这种情况下,规则的使用顺序会导致不同的结论,也可以利用优化限定的方式对两个模型进行优先选择。

3. 最小模型

为了对现实世界通常的情况进行推理,放松对于知识完备性的要求,希望能用一种更加灵活和可更正的观点来看待现实世界。封闭世界假设和限制都可以看成是在最小模型上的推理。

模型就是对所有变量赋值满足谓词公式集合 S 的解释。当进行问题描述时,只希望创建与问题相关并且是求解问题所必需的谓词。最小模型可以定义为对所有变量赋值满足谓词公式集合 S 的模型当中最小的模型。

使用最小模型处理问题时,保留了谓词演算的语法而改变了其语义。使用命题演算和谓词演算的形式化系统并不足以为这种新语义提供一个可靠和完善的理论。然而在非单调逻辑推理的文献中,很多证明技术还是建立在这些形式化系统的基础之上。

4.4.3 默认逻辑

人类的推理是基于通常情况的,人类经常采用某种办法来假定一些事情为真,除非它可以被明确地看出是假的。

人类对客观事物的认识,往往具有一定的规律。例如,很多事实几乎都"为真",仅少数例外,这是一种在了解某事物后很容易得出的结论。例如,大多数鸟都会飞,除了企鹅、鸵鸟和马耳他的猎鹰等例外。已知某只鸟,一般都认为它会飞,除非它是例外的情况。如用一阶谓词可以表示为

$$\forall x (\text{Bird}(x) \wedge \neg\text{Pengin}(x) \wedge \neg\text{Orstrich}(x)) \rightarrow \text{Fly}(x)$$

但是,这种表示形式不能得出"一般的鸟会飞"的事实。例如,要想证明 $\text{Fly}(\text{tweety})$ 为真,而

所知道的所有情况仅仅是 tweety 是一种鸟。那么必须建立子目标，即

$$\neg\text{Pengin}(\text{tweety}) \wedge \neg\text{Orstrich}(\text{tweety})$$

可是这种目标是无法达到的。因为除了知道 tweety 是一种鸟外，并无任何其他信息。因此，尽管直观上要推演出 Fly(tweety) 很明显，但无法得出 tweety 能飞的结论。

默认推理是建立在与现实世界相一致的假设的基础上进行推理的，例如，如果认为"工程师是有经验的"不会与理论产生不一致，那么就认为"工程师是有经验的"。默认推理是一类似然推理，其思想是如果能够证明某个必要条件成立，且与理论又是一致的，那么就能够证明成立。

对于上例，所需要的是对 tweety 会飞的事实进行默认，即如果"x 是一只鸟"，那么，在缺乏任何相反信息（证据）的情况下，允许导出"x 会飞"的事实。问题是如何定义"缺乏任何相反信息"，严格地讲，即解释为"假若 x 会飞是相容的"，因此，默认概念应理解为"若 x 是鸟，且假定 x 会飞是相容的，那么可以导出 x 会飞"。例外情况可以表示为

$$\forall x \ \text{Pengin}(x) \rightarrow \neg\text{Fly}(x)$$
$$\forall x \ \text{Orstrich}(x) \rightarrow \neg\text{Fly}(x)$$

需要注意的是，如果 Fly(tweety) 是用默认规则导出，那么，其状态应该是一种信念，而并非定理，也就是说，Fly(tweety) 是完全可以改变的。例如，如果以后发现 tweety 是企鹅，那么，就要修改以前的结论。根据以上讨论，可更精确地解释默认规则，即"若 x 是鸟，且相信 x 会飞是相容的，那么相信 x 会飞"。

默认推理采用以下推理规则形式，即

$$A(x) : M B(x) \rightarrow C(x)$$

其中，M 读做"假定 $B(x)$ 是相容的"。默认推理规则的含义是：如果 $A(x)$ 可被证实并且 $B(x)$ 与知识库相一致，就可以推出结论 $C(x)$。其中，$A(x)$ 称为先决条件，$C(x)$ 是结论，$B(x)$ 是准则，如果任何一个准则能够被证明是假的，那么就不能得出结论。

默认推理规则可以从原始的公理集合中推出似真的推论，并且允许用似真的推论推出任一定理作为进一步推理的公理，这就必须要有一些其他的策略来决定哪一个推论用来进行问题求解。

4.4.4 溯因推理

在演绎逻辑中，可以证明只有肯定前件式和否定后件式是重言式，是有效演绎推理形式。而否定前件式和肯定后件式则不是有效演绎推理形式，因为它们不是重言式。在逻辑学家心目中，无效演绎推理形式显然是应该排除在逻辑范围之外的。然而，心理学家并不这样看，也不接受这种规定。他们想要知道，人们在日常思维中是怎样应用和接受这些推理形式的。为此，心理学家沃森设计了一个"沃森选择任务（Wason Selection Task）试验"。

沃森试验选择的被试者都是没有系统学习过逻辑学的人。试验结果表明，有一半以上的人懂得使用肯定前件式和否定后件式。让人感到吃惊的是，肯定后件式假言推理竟有 33% 支持率，尽管它在演绎逻辑中是无效推理形式，但却有 1/3 的人选择使用它。举例来说，如果天下雨地就湿，现在地上湿了，能不能断定一定是下雨了呢？当然不能，但是下雨却是一种可能的选择，它是地湿的一个可能的原因。在分析问题时，人们通常会对一个情景给出多种解释，并假定一些是真的直到其他假定被证实更为有效。比如，在分析飞机事故原因

的时候,空难专家会给出多种原因,直到发现新的信息才排除一部分原因。

有多种可能情况时,人们用常识来试图指导推理。因此,也希望逻辑系统能给出多种可能的假设。溯因推理是从结果出发,运用一般规律性知识,推测出事件发生的原因的推理方法,即给定 $P \rightarrow Q$ 和 Q 的信念,在某种解释下得到 P 为真的推理规则,称为溯因推理。已知一个蕴含式的后件成立,而且认为蕴含式的前件成立并不会与理论产生不一致,那么利用溯因推理就可以得出这个前件也成立的结论。溯因推理规则经常被应用于诊断性推理中。例如,已知汽车没有汽油就不能启动,并且汽车不能启动,又没有某种理由令人相信还有其他的可能,就可以利用溯因推理得到汽车没有汽油的结论。这种后向式推理的方法是很自然的,因为支持后向推理的条件可以被认为是因果律。

溯因推理的前提与结论之间的联系是或然的,前提并不蕴含结论。前提真,结论未必真,从整个推理形式来看,溯因推理不符合必然性推理中充分条件假言推理规则:肯定后件不能因此肯定前件。这是因为,在描述一般规律性知识的充分条件假言命题"如果 P 成立则 Q 成立"中,前件 P 是后件 Q 的充分条件,从 P 可以演绎出 Q,但是前件 P 并不是后件 Q 的必要条件。所以溯因是不可靠的推理,例如,汽车无法启动不一定是因为没有汽油而造成的。但是溯因对于解决问题来说却很重要,如在医疗诊断中必须利用症状后向寻找原因。

4.4.5　真值维护系统

可以允许添加基于假设的新知识。这些新知识被假定是正确的,因此它们可以用来推出新的知识。前面的小节讨论了从知识表示系统得到的推论只有默认情况,而不是绝对确定。不可避免地,这里面某些推论的事实最后发现是错误的,将不得不在新的信息面前撤销。由于结论可能会调整,新的信息可能会使前面的结果失效。例如,假设将命题 Q 添加到数据库中是因为 P 和 $P \rightarrow Q$ 存在于数据库中,如果存在一个方法,能够在从数据库中删除 P 时同时自动删除 Q,那么这个方法将会很有用。然而问题出现了,如果 Q 具有除了 P 以外的其他证据,如 $R \rightarrow Q$,那么 Q 则是不需要删除的。

真值维护系统(Truth Maintenance System,TMS)正是被设计用于处理这类复杂情况的。真值维护系统可以被用来保持一个推理系统的逻辑完整性。TMS 是一种通过跟踪基于假设的推理结论而保持知识库一致性的机制。如前所述,每当用子句来表示的知识信息被修改时,对知识库中的条目的支持情况重新计算是很有必要的。推理维护系统是通过存储每条推理的理由,再重新考虑根据新的信息得出结论的支持情况。

非常简单的真值维护的方法可以通过对语句进行编号,编号表明语句加入知识库的顺序。假设知识库当前知识的编号为 P_1,P_2,$\cdots$,P_n。当在推理过程中撤销 P_i 时,系统恢复到 P_i 被添加前的状态。因此,将删除 P_i 以及任何从 P_i 得到的推论,而语句 P_{i+1} 到 P_n 需要重新判断是否能够加入知识库。这种方法非常简单,并且能够保证知识库是一致的。但是撤销 P_i 需要撤销和重新断言 $n-i$ 个语句,以及撤销和重新完成从这些语句得到的推论。对已经添加了许多事实的系统而言是不切实际的。

在基于逻辑的搜索中,希望能够直接回溯到空间中出现问题的点,并在那个状态对解进行修正的能力。这种方法称为相关性指导回溯。

JonDoyle(1979)研制了一种更加有效的方法是基于准则的真值维护系统,基于理由的真值维护系统(或者称为 JTMS)。JTMS 是最早的真值维护系统之一。在一个 JTMS 中,知识库的每条语句都由推理出它的语句集来标记,这个语句集称为准则。例如,如果知识库已经包含了$P{\to}Q$,那么对P的断言将触发准则$\{P,P \to Q\}$,从而将Q添加到知识库。通常,一个语句可以有任何数目的准则。准则可以使得撤销保持高效率,当P被撤销时,JTMS会准确地删除那些以P为准则的成员的语句。例如,如果一个语句Q有唯一准则$\{P,P \to Q\}$,那么Q将被删除,如果Q有其他准则$\{P,P \lor R \to Q\}$,Q仍然会被删除,但是如果还有准则$\{R,P \lor R \to Q\}$,那么Q将被保留。因此,撤销P需要的时间只依赖于从P推导出的语句数,而不是从P进入知识库以后添加的语句数。

当一个语句失去所有准则时,JTMS并不会将其从知识库中完全删除,而是将语句标记为out(在知识库外)。如果随后的断言使得任何准则恢复,则将语句标记为in(返回知识库中)。这样,JTMS保留了其全部推理链,并当一条准则再次变得有效时,不需要重新推导语句。

第二种真值维护系统是基于假设的真值维护系统(或称ATMS)。ATMS可以使得假设世界之间的上下文切换特别高效。在JTMS中,准则的维护允许通过少量的撤销和断言从一个状态,迅速地移动到另一个状态,但是在任何时刻只表示一个状态。JTMS只需要简单地用in或out标记每个语句,ATMS则需要对每个语句记录哪些假设会使该语句为真。ATMS通过记录支持每个语句的前提集,使得语句不是只有单一状态,而是一组可能的状态,语句只有在一个假设集中的全部假设都成立时才成立。ATMS比JTMS优越的地方就体现在ATMS提供了处理语句的多种可能状态的灵活性。

真值维护系统同时也提供一种生成解释的机制。技术上,语句P的一个解释是一个语句集合E,这样的E蕴含P。如果E中的语句已知为真,那么E提供了足够的基础来证明P也一定是成立的。但是解释也可以包括假设——并不已知为真的语句,但是如果它们正确的话,仍然足够来证明P。例如,一个人可能没有足够的信息证明他的汽车不能启动,但是一个合理的解释可能包括电池失效的假设。这与汽车如何运转的知识相结合,解释了观察到的无行为的状况。在大部分情况下,人们倾向于一个最小的解释E,意味着E中没有合适的子集也是一个解释。ATMS能够通过我们希望的任何顺序的假设(如"车内的汽油"或者"电池失效"),甚至一些互相矛盾的假设来生成对"汽车不能启动"问题的解释。然后通过看语句"汽车不能启动"的标记来很快地读出将证明该语句的假设集。创建不同的信息集就会允许对选择不同前提得出的结论的比较,问题不同答案的存在,还允许矛盾的发现和恢复。

用来实现真值维护系统的准确算法相对复杂,真值维护问题的计算复杂度至少与命题推理一样大,也就是NP难题。因此,不应该期待真值维护是万能的。不过,只要合理使用,TMS能够在逻辑系统的能力上提供一个实质的增强以处理复杂环境和假设。

4.5 多值逻辑和模糊逻辑

逻辑学是研究思维形式和规律的学科。19世纪英国数学家布尔(G. Boole. 1815—1864)用数学方法研究逻辑问题,成功地建立了第一个逻辑演算。布尔代数的重要特点是二值的,被看作是数理逻辑的基本方法。用经典逻辑表达命题的形式如"明天将会下雨是真",其反命题是:"明天将不会下雨是真",二值逻辑没有任何过渡。

1921 年,波兰逻辑学家和哲学家卢卡西维奇(J. Lukasiewicz)在二值逻辑学基础上,提出用三值逻辑系统来解决亚里士多德(Aristotle)关于未来发生偶然事件的问题,即加上了另外一种表述"明天将下雨是可能的"。这样的命题实际上既不真也不假,真和假都可能,在事件发生以前,至少有 3 个未定值,这与二值逻辑是不相容的。三值逻辑就是将命题的真伪分为 3 种——真、假和可能,用 1 表示真,0 表示假,另外用 1/2 表示可能性。这看起来好像仅仅是插入了一个值,然而却是一个突破,因为由此而产生了多值逻辑。于是,从事物一分为二迈向了事物一分为三,显然是对黑格尔对立统一规律的冲击。卢卡西维奇将三值逻辑进一步推广到更多值的情形,实际上构成了无限逻辑系统。这些值可以用 0~1 之间的实数来表示。

二值逻辑的两个值为:0、1

三值逻辑的两个值为:0、1/2、1

四值逻辑的两个值为:0、1/3、2/3、1

五值逻辑的两个值为:0、1/4、2/4、3/4、1

以此类推,n 值逻辑的两个值为:0、$1/n-1$、$2/n-1$……$n-2/n-1$、1

在多值逻辑系统中,用 $|P|$ 表示 P 具有多个值。与二值逻辑的 5 个基本连接词相对应,包含连接词的多值逻辑公式的值的计算方法可定义为

$$|p \wedge q| = \min\{|p|,|q|\}$$
$$|p \vee q| = \max\{|p|,|q|\}$$
$$|\neg p| = 1 - |p|$$
$$|p \rightarrow q| = \begin{cases} 1 & \text{若 } |p| \leqslant |q| \\ 1-|p|+|q| & \text{其他} \end{cases}$$
$$|p \leftrightarrow q| = \begin{cases} 1 & \text{若 } |p| \leqslant |q| \\ 1-|p|+|q| & \text{若 } |p| > |q| \\ 1-|q|+|p| & \text{若 } |p| < |q| \end{cases}$$

多值逻辑否定了逻辑真值的绝对两极性,认为逻辑真值具有离散的中间过渡,在某种程度上具有亦此亦彼性。因为多值逻辑在真与假之间有多个中间状态,在一定程度上承认了真值的中间过渡,因此多值逻辑在人工智能中有较多的应用,可以用来表示不确定性的知识。但是,多值逻辑是通过穷举中间值的方式表现这种过渡性,将所有中间值视为若干完全分立离散、界限分明的对象,而不承认相邻中介是相互渗透、交叉重叠的。因此,多值逻辑本质上仍然属于精确逻辑,而不是真正的亦此亦彼的逻辑。

模糊逻辑是在卢卡瑟维兹多值逻辑基础上发展起来的,如前所述,多值逻辑中命题的真值可取 0~1 之间的任何值,但此值是确切的。然而在许多情况下,要给命题的真实程度赋予确切数值也是困难的。但是人用某些约定的模糊语言却能对模糊命题给予贴切的描述,这些语言虽然不是精确的,然而相互之间却都能理解接受,并且一般不但不会引起误解,反而显得更贴切有效,体现了人脑模糊思维的逻辑特征。这说明这些模糊语言是具有逻辑真值功能的。由此用带有模糊限定算子(如很、略、比较、非常等)的从自然语言提炼出来的语言真值(如年轻、非常年轻等)或者模糊数(如大约 25、45 左右等)来代替多值逻辑中命题的确切数字真值,就构成模糊语言逻辑,通常就简称为模糊逻辑。在经典二值逻辑中实际上也有语言真值,那就是真和假,但是在模糊逻辑中则有无穷多个语言真值。

基于模糊数学的各种运算,就可以进行模糊命题演算。但要注意,虽然模糊逻辑中的逻辑连接词的名称、符号与数理逻辑中一样,含义却与数理逻辑不尽相同。例如,模糊否定词"非",似非而不是严格的非,又否定又不完全否定,其余几个连接词也一样。模糊逻辑引入语言真值,不同的中介真值没有明确的分界线,反映了相互渗透的特征,这是模糊逻辑与传统逻辑的本质区别之一。

本 章 小 结

推理是人工智能中的一个非常重要的问题,为了让计算机具有智能,就必须使其能够进行推理。推理是根据一定的原则,从已知的判断得出另一个新判断的思维过程,是对人类思维的模拟。大多数的专家系统都是依靠某种逻辑推理来保证其基本操作的正确性。人类有多种思维方式,其中演绎推理与归纳推理是用得较多的两种。

按逻辑规则进行的推理称为逻辑推理。逻辑有经典逻辑与非经典逻辑之分,逻辑推理也分为经典逻辑推理与非经典逻辑推理两大类。经典逻辑主要是指命题演算与一阶谓词演算。经典逻辑通过定义对公式指派为 true 或 false 的解释而提供了语义理论。如果存在某种解释使得公式取值为 true,那么这个公式就是可满足的。判断一个命题是否是可满足的,在计算上来说是很困难的。

形式化系统提供了用于构造证明的各种公理和推理规则。证明就是一系列的推理步骤,其中的每一步都得到形式化系统中公理和推理规则的支持,每一步的结果都是一条定理。经典逻辑推理是通过运用经典逻辑规则,从已知事实中演绎出逻辑上蕴含的结论的。按演绎方法不同,可分为两大类,即归结演绎推理与非归结演绎推理。归结演绎推理通过将公式化为子句集并运用归结规则实现对定理的证明。非归结演绎推理可运用的推理规则比较丰富,有多种推理方法。

由于真值只有"真"与"假",因而经典逻辑推理中的已知事实以及推出的结论都是精确的,所以又称经典逻辑推理为精确推理或确定性推理。经典逻辑也是单调的,在单调逻辑中,公理的增加将使得系统中的定理也同步增加。而在非单调逻辑中,公理的增加有可能使系统删除某些原来得到过支持的陈述。封闭世界假设允许进行一种特定的非单调推理,这种推理可以基于不完整的信息来得到结论。特殊的推理规则可以用于支持涉及到默认推理和限定推理的非单调推理。

随着科学技术的发展与对事物复杂性的深入研究,人们逐步认识到以二值逻辑为基础的传统数学和传统逻辑的局限性,数学家才自觉地背离二值逻辑,背离一分为二的传统,自觉地采用一分为多的分析法,创立多值逻辑、模糊数学和模糊逻辑。这是历史发展的必然结果,也是数学思想、方法上的重大进步。同时,世界本身也非常复杂,既有一分为二的情况,更有一分为多的情况。

习 题

4-1 什么是推理?简述推理的方式及其特点。

4-2 推理的控制策略包括哪些方面的内容?用以解决哪些问题?

4-3 设个体域 $D=\{1,2\}$,给出谓词公式 $\exists x \forall y P(x,y) \rightarrow Q(x,y)$ 的所有解释,并指出在每种解释下谓词公式的真值。

4-4 什么是命题公式的可满足性?

4-5 什么是命题公式的等价式?

4-6 什么是命题公式的范式?

4-7 什么是谓词公式的前束范式? 什么是谓词公式的 Skolem 范式?

4-8 什么是自然演绎推理? 自然演绎的推理规则有哪些?

4-9 什么是替换? 什么是合一?

4-10 判断以下公式是否可合一,如果可合一,给出其最一般合一:

(1) $P(x,y)\ P(a,z)$

(2) $P(f(x),b)\ P(y,z)$

(3) $P(x,x)\ P(a,b)$

(4) $\text{Parents}(x,\text{father}(x),\text{mother}(\text{bill}))\quad \text{Parents}(\text{bill},\text{father}(\text{bill}),y)$

4-11 什么是子句集? 如何将谓词公式化为子句集?

4-12 将下列谓词公式化为子句集:

(1) $\forall x \forall y(P(x,y) \wedge Q(x,y))$

(2) $\forall x \forall y(P(x,y) \rightarrow Q(x,y))$

(3) $\forall x \exists y(P(x,y) \vee (Q(x,y) \rightarrow R(x,y)))$

(4) $\forall x \forall y \exists z(P(x,y) \rightarrow (Q(x,y) \vee R(x,y)))$

4-13 设已知:①能阅读者是识字的;②海豚不识字;③有些海豚是聪明的;利用自然演绎推理规则证明:有些聪明者不能阅读。

4-14 利用归结方法判断下列子句集哪些是不可满足的:

(1) $\{\neg P \vee Q, \neg Q, P\}$

(2) $\{P \vee Q, \neg P \vee Q, P \vee \neg Q, \neg P \vee \neg Q\}$

(3) $\{P(y) \vee Q(y), \neg P(f(x)) \vee R(a)\}$

(4) $\{\neg P(x) \vee Q(x), \neg P(y) \vee R(y), P(a), S(a), \neg S(z) \vee \neg R(z)\}$

(5) $\{\neg P(x) \vee Q(f(x),a), \neg P(h(y)) \vee Q(f(h(y)),a) \vee \neg P(z)\}$

4-15 对下列各题利用归结原理证明 G 是否为 F 的逻辑结论。

(1) $F: \exists x \exists y P(x,y)$

$G: \forall y \exists x P(x,y)$

(2) $F: \forall x (P(x) \wedge (Q(a) \vee Q(b)))$

$G: \exists x (P(x) \wedge Q(x))$

(3) $F_1: \forall x (P(x) \rightarrow \forall y (Q(y) \rightarrow \neg L(x,y)))$

$F_2: \exists x (P(x) \wedge \forall y (R(y) \rightarrow L(x,y)))$

$G: \forall x (R(x) \rightarrow \neg Q(x))$

(4) $F_1: \forall x (P(x) \rightarrow (Q(y) \wedge R(x)))$

$F_2: \exists x (P(x) \wedge S(x))$

$G: \exists x (S(x) \wedge R(x))$

4-16 设已知:①所有不贫穷并且聪明的人是快乐的;②喜欢读书的人是聪明的;③Bill

喜欢读书并且不贫穷；④快乐的人过着幸福的生活。利用归结原理证明 Bill 过着幸福的生活。

4-17 某公司招聘工作人员，a、b、c 三人应试，经面试后，公司决定：①三人中至少录取一人；②如果录取 a 而不录取 b，则一定录取 c；③如果录取 b，则一定录取 c。利用归结原理证明公司一定录取 c。

4-18 设已知：①如果 x 和 y 是同班同学，则 x 的老师也是 y 的老师；②王先生是小李的老师；③小李和小张是同班同学。利用归结原理求解小张的老师是谁。

4-19 利用归结原理以及某种归结策略证明习题 4-13 中的问题。

4-20 什么是非单调推理？有哪些处理非单调性的理论？

4-21 真值维护系统解决的问题是什么？简述其工作过程。

第5章 不确定性推理

在科学研究和日常生活中，人们曾经一度追求用某一确定的数学模型来解决问题或表征现象，但逐渐发现大多数情况下并不具有这种确定性和清晰性。事实上人脑中的大多数概念和经验都没有明确的边界，不确定性是客观存在的，它在专家系统、乃至人工智能的很多研究中都是不可避免的。

5.1 概　　述

从上一章的学习中已经知道，推理就是从已知事实出发，运用相关知识推出结论或者证明某一假设成立或不成立的思维过程。其中，已知事实也称为证据，用于指出推理的出发点；知识则是推理得以进行并最终达到目标的依据。

确定性推理中，已知事实和规则都是确定性的，推出的结论或证明了的假设也都是确定性的，它们的真值或者为真，或者为假，是非真即假的刚性存在，如上一章讨论的归结原理就是建立在经典逻辑基础上的确定性推理。

本章将要讨论的不确定性推理则不然，对于已知事实和规则、推出的结论等，它们的真值都是柔性的，可能为真、可能为假，这与现实世界中事物及事物之间关系的复杂性是对应的。不确定性推理也是众多推理技术中非常重要的一种。

5.1.1 不确定性推理概述

人工智能的本质是要构建一个智能机器或智能系统，来模拟、延展人的智能，而这个智能系统的核心就是知识库。在这个知识库中，包含了大量具有模糊性、随机性、不可靠性或不知道等不确定性因素的知识，采用标准逻辑意义下的推理方法很难达到模拟延展人类智能的目的，因此，不确定性推理方法应运而生。

不确定性推理一直是人工智能与专家系统的一个重要的研究课题，相关学者也提出了多种表示和处理不确定性的方法。例如，考虑到随机性是不确定性的一个重要表现形式，而概率论作为研究随机性的一门学科已经有很深厚的理论发展，因此概率论是解决不确定性推理问题的主要理论基础之一；贝叶斯网络由于其广泛的适应性和坚实的数学理论基础，成为表示不确定性专家知识和推理的流行方法；同属概率推理的主观贝叶斯方法被成功应用于著名专家系统 PROSPECTOR；结合专家系统 MYCIN 的开发提出的确定性理论在20世纪70年代非常有名；作为经典概率论的一种扩充形式，证据理论不仅在人工智能、专家系统的不确定性推理中得到广泛应用，还被用于模式识别领域；扎德提出的模糊逻辑理论也被应用在不确定性推理、智能控制等方面。

不确定性推理是建立在非经典逻辑基础上的一种推理，它是对不确定性知识的运用与处理。严格地说，不确定性推理就是从不确定的初始证据出发，通过运用不确定的知识，最终推出既保持了一定程度的不确定性，又合理或基本合理的结论的推理过程。

在第 4 章中介绍的确定性推理是一种单调性推理。单调推理系统是指,在基于谓词逻辑的系统中,随着新命题的加入(包括经过系统推出的),系统中的真命题数是严格增加的,而且新加入的命题与系统已有的命题是相容的,不会因为新命题的加入而使旧命题变得无效。

在进行不确定性推理时,推出的结论并不总是随着知识的增加而单调增加的,其研究还涉及非单调性推理。非单调性推理系统是指,在非单调系统中,一个新命题的加入,可能会导致一些老命题为假。非单调推理系统模型适合以下 3 种情况。

(1) 知识不完全情况下要求进行默认推理的系统。

在知识不完全的情况下进行推理或判断,通常可以借助一些经验或知识。例如,假设约翰要去朋友杰克家吃饭,在经过路边的花店时,对于"杰克的太太珍妮喜欢花吗?"这个问题,约翰可能没有任何头绪,但考虑到一般的知识"大多数女人都喜欢花",约翰就买了一束鲜花,打算送给珍妮。如果珍妮喜欢花,她会非常高兴。然而,如果珍妮看到花,突然打起喷嚏来,说明约翰以前的假设"珍妮喜欢花"是错误的,应该撤销掉,因为珍妮的行为说明她对花粉过敏。

(2) 一个不断变化的世界必须用适应不断变化的知识库来描述。

在非单调系统中,应该对知识库的一致性进行维护。一旦新的命题加入引起了知识库的不相容,就应该取消某个或某些命题以及这些命题的一些推论命题,保证知识库的一致性。

(3) 产生一个问题的完全解可能需要利用暂时假设的部分解的系统。

例如,教学秘书要找一个适当的时间使 3 个工作繁忙的教授能同时参加一个会议。一个方法是首先假设会议在某个具体的时间举行,如周二上午,并将此假设命题放入数据库中,再从 3 个教授的时间安排表中检查不相容性。如果出现冲突,说明假设的命题必须取消,代之以一个希望不矛盾的命题,再进行不相容性检查。如此进行下去,直到一个假设加入数据库后库中的命题是相容的,则这个假设就是问题的解。如果再也没有假设可以提出了,此时问题无解。当然,上述过程中一个假设命题被取消后,依赖于此命题而建立起来的所有命题都应被取消。

5.1.2 不确定性的表现

在不确定性推理中,已知事实(或证据)、规则及推理过程在某种程度上都是不确定的,它们的不确定性主要表现在以下方面。

1. 事实的不确定性

事实的不确定性主要表现在事实的歧义性、不完全性、不精确性、模糊性、可信性、随机性和不一致性上。

(1) 歧义性是指证据中含有多种意义明显不同的解释,如果离开具体的上下文和环境,往往难以判断其明确含义。

(2) 不完全性是指对于某个事物来说,对于它的知识还不全面、不完整、不充分。

(3) 不精确性是指证据的观测值与真实值存在一定的差别。

(4) 模糊性是指命题中的词语从概念上讲不明确,无明确的内涵和外延。

(5) 可信性是指专家主观上对证据的可靠性不能完全确定。

(6) 随机性是指事实的真假性不能完全肯定,而只能对其真伪给出一个估计。

(7) 不一致性是指在推理过程中发生了前后不相容的结论,或者随着时间的推移或范围的扩大,原来成立的命题变得不成立了。

2. 规则的不确定性

规则的不确定性主要表现在规则的前件、规则自身以及规则的后件几个方面。

(1) 规则前件的不确定性主要是指规则的前件一般是若干证据的组合,证据本身是不确定的,因此组合起来的证据到底有多大程度符合前提条件,其中包含着不确定性。

(2) 规则自身的不确定性是指领域专家对规则也持有某种信任程度,专家有时也没有十足把握在某种前提下必能得到结果为真的结论,只能给出一个可能性的度量。

(3) 规则后件的不确定性是指基于不确定的前提条件,运用不确定的规则,得到的后件不可避免地含有不确定性因素。

事实上,从系统的高层看,知识库中的规则还可能有冲突,规则的后件也可能不相容,知识工程的目的就是要尽可能地减少或消解这些不确定性。

3. 推理的不确定性

推理的不确定性主要是由知识不确定性的动态积累和传播造成的。为此,整个推理过程要通过某种不确定度量,寻找尽可能符合客观世界的计算,最终得到结论的不确定性度量。

5.1.3 不确定性推理要解决的基本问题

在不确定性推理中,除了要解决在确定性推理过程中所提到的推理方向、推理方法、控制策略等基本问题外,一般还需要解决不确定性的表示方式与取值范围、不确定性的匹配算法及阈值的设计、组合证据不确定性的算法、不确定性的传播算法以及结论不确定性的合成算法等问题。对这些问题进行总结归类,大致可以分为 3 个方面,即不确定性的表示问题、不确定性的计算问题和不确定性的语义问题。

1. 表示问题

表示问题是指用什么方法描述不确定性,这是解决不确定推理问题关键的一步。表示的对象一般分为两类,即知识和证据,它们都要求有相应的表示方式和取值范围。在设计不确定性的表示方法时,一般要考虑两方面的因素:一是要能根据领域问题的特征把不确定性比较准确地描述出来,以满足问题求解的需要;二是要便于在推理过程中对不确定性的计算。事实上,由于要解决的问题不同、采用的理论基础不同,各种不确定性推理技术在表示问题的解决上也各有侧重。

目前,在专家系统中知识的不确定性一般是由领域专家给出的,通常是一个数值,它表示相应知识的不确定性程度,也称为知识的静态强度。静态强度可以是相应知识在应用中成功的概率,也可以是该条知识的可信程度或其他,它的取值范围可以根据它的意义与使用方法的不同而不同。当然,知识的不确定性也可以用非数值的方法表示。

在不确定性推理中,证据主要有两种来源:一种是用户在进行问题求解时提供的初始证据,如医疗诊断专家系统中用户提供的病患症状、检查结果等,由于初始证据一般来源于观察,通常是不精确的、不完全的、模糊的,因此具有不确定性;另一种是在推理过程中得到的中间结果,会用作后续推理的证据,如医疗诊断时根据病患描述先将其划分至不同的科室就诊,由于中间结论也是基于不确定性推理得到的,因此包含不确定性。

证据的不确定性一般也是一个数值,它表示相应证据的不确定性程度,也称为动态强度。对于初始证据,其值用户给出;对于中间结果,其值由推理中不确定性的传播算法计算得到。同样，证据的不确定性也可以用非数值的方法表示。

一般来说，为了便于推理过程中对不确定性的统一处理，知识和证据不确定性的表示方法应该保持一致。尽管在某些系统中，为了方便用户使用，知识和证据的不确定性用不同的方法表示，但这只是形式上的，在系统内部会做相应的转换处理。

在不确定性的表示问题中，除了要考虑用什么样的数据来表示不确定性，还要考虑这个数据应该具有的取值范围，只有这样数据才有确定的意义，不确定性的表示问题才算圆满解决。例如，在确定性理论中，用一个 [−1,1] 闭区间上的数据来描述知识或证据的不确定性，其值越大表示相应的知识或证据越接近于"真"，其值为 1 表示知识或证据必为真，其值越小表示相应的知识或证据越接近于"假"，其值为 −1 表示知识或证据必为假。

在设计不确定性的表示方式和取值范围时，应注意以下几点。

（1）表示方式要能充分表达相应知识及证据不确定性的程度。

（2）取值范围的制定应便于领域专家级用户对不确定性的估计。

（3）表示方式要便于对不确定性的传播的计算，计算出的结论的不确定性不能超过设计的取值范围。

（4）表示方式应该是直观的，同时有相应的理论基础。

2. 计算问题

计算问题主要是指不确定性的传播和更新，也是获得新信息的过程。在不确定性推理中可能涉及的计算问题有以下几个。

（1）不确定性的匹配及阈值设计。

在前面几章关于推理的讨论中可以发现，推理中会不断利用知识的前件与数据库中的已知事实进行匹配，只有匹配成功的知识（规则）才有可能被激活。在确定性推理中，匹配是否成功很容易确定。但在不确定推理中，由于知识和证据都包含了不确定性，知识所要求的不确定性程度与证据实际具有的不确定性程度不一定相同，因而出现了"怎样才算匹配成功？"的复杂问题。

为了解决这个问题，可以设计一个方法用于计算知识和证据匹配的程度，再设计一个阈值用以限定匹配的"门槛"。如果匹配程度大于阈值，就认为知识和数据库中的证据匹配成功，知识可以被激活，进而冲突消解，执行；否则，就认为知识和数据库中的证据匹配失败，知识不可用。

（2）组合证据的不确定性计算。

在产生式系统的推理中已经看到，知识的前提条件可以是简单条件，也可以是用"与"、"或"把简单条件连接起来构成的复合条件，进行匹配时，简单条件对应于一个单一的证据，复合条件对应于一组证据，这一组证据就被称为是组合证据。在不确定性推理中，为了计算结论的不确定性，往往需要知道前提条件的不确定性，如果前提条件是一组复合条件，就需要设计组合证据不确定性的求取算法。目前，已有很多学者提出了组合证据不确定性的计算方法，归纳起来，大致分为以下三类，具体如式(5-1)至式(5-3)所示。其中，用 $T(E)$ 表示证据 E 的不确定性度量。

① 最大最小法，即

$$T(E_1 \quad \text{AND} \quad E_2) = \min\{T(E_1), T(E_2)\}$$
$$T(E_1 \quad \text{OR} \quad E_2) = \max\{T(E_1), T(E_2)\}$$

(5-1)

② 概率法，即

$$T(E_1 \quad \text{AND} \quad E_2) = T(E_1) \times T(E_2)$$
$$T(E_1 \quad \text{OR} \quad E_2) = T(E_1) + T(E_2) - T(E_1) \times T(E_2)$$

(5-2)

③ 有界法，即

$$T(E_1 \quad \text{AND} \quad E_2) = \max\{0, T(E_1) + T(E_2) - 1\}$$
$$T(E_1 \quad \text{OR} \quad E_2) = \min\{1, T(E_1) + T(E_2)\}$$

(5-3)

(3) 不确定性的传播。

不确定性推理的根本目的是根据用户提供的初始证据,通过运用不确定性知识,最终推出不确定性的结论,并给出结论的不确定性程度。在这个求解的过程中,必然会遇到不确定性的传递问题,即如何把证据及知识的不确定性传递给结论,把不确定性传播下去。

(4) 结论不确定性的合成。

在不确定性推理中有时会遇到这样的情况:基于不同的知识和证据推出了相同的结论,如从一些证据和一个规则得到 H 的可信度度量 $T_1(H)$,又从另一些证据和另一个规则得到 H 的又一个可信度度量 $T_2(H)$,如何从两个规则合成 H 最终的可信度度量 $T(H)$?这就需要设计结论不确定性的合成算法来解决。

3. 语义问题

语义问题解释上述表示问题和计算问题的含义。例如,$T(H, E)$ 可理解为当前提 E 为真时对结论 H 为真的一种影响程度,$T(E)$ 可理解为 E 为真的程度。在语义问题中特别关注一些特殊点,举例如下。

(1) E 为 True,H 为 True,规则 $E \rightarrow H$ 的不确定性度量 $T(H, E)$ 的值是多少?

(2) E 为 True,H 为 False,规则 $E \rightarrow H$ 的不确定性度量 $T(H, E)$ 的值是多少?

(3) H 独立于 E 时,规则 $E \rightarrow H$ 的不确定性度量 $T(H, E)$ 的值是多少?

(4) E 为 True 时,证据 E 的不确定性度量 $T(E)$ 的值是多少?

(5) E 为 False 时,证据 E 的不确定性度量 $T(E)$ 的值是多少?

5.1.4 不确定性推理方法的分类

目前,不确定性推理技术有很多分类方法,如果按照是否采用数值来描述不确定性,可以将其分为数值方法和非数值方法两大类。数值方法用数值对不确定性进行定量表示和处理,是研究和应用比较多的一种类型,目前已经形成了多种不确定性的推理模型,本章主要介绍其中典型的几种。非数值方法是指除了数值方法以外的其他各种对不确定性表示和处理的方法,如邦地(Bundy)于 1984 年提出的发生率计算方法等。

数值方法按其依据的理论基础又可以分为两类,即基于概率论的相关理论发展起来的方法和基于模糊理论发展起来的方法,前者如确定性理论、主观贝叶斯方法、证据理论等,后者如模糊推理方法。

5.2　确定性理论

确定性理论(Confirmation Theory)是美国斯坦福大学的绍特里夫等人在 1975 年提出的一种不确定性推理模型,并在 1976 年成功应用于血液病诊断的专家系统 MYCIN。

MYCIN 系统是 20 世纪 70 年代美国斯坦福大学研制的专家系统,用 LISP 语言编写,包含约 450 条规则。它从功能与控制结构上可分成两部分:第一部分以患者的病史、症状和化验结果等为原始数据,运用医疗专家的知识进行逆向推理,找出导致感染的细菌,若是多种细菌,则用 0~1 的数字给出每种细菌的可能性;第二部分在上述推理基础上,给出针对这些可能的细菌的治疗方案。MYCIN 系统中推理所用的知识是用相互独立的产生式方法表示的,其知识表达方式和控制结构基本上与应用领域不相关,这导致了后来专家系统建造工具 EMYCIN 的出现。

在确定性理论中,不确定性主要是用可信度因子(也称确定性因子)来表示的,因此人们也称该方法为可信度方法。本节主要介绍可信度的基本概念、确定性理论中不确定性的表示、计算和语义问题以及该方法的改进和推广。

5.2.1 可信度的基本概念

人们在长期的实践活动中,对客观世界的认识积累了大量的经验,当面对一个新的事物或新的情况时,往往可以基于这些经验对问题的真、假或为真的程度作出判断。这种根据以往经验对某个事物或现象为真的程度的判断,或对某个事物或现象为真的相信程度就称为可信度。

例如,小王今天开会迟到了,他的理由是路上遇到了交通事故,堵车了。就此理由而言,实际只有两种情况:一种是确实有交通事故发生,路上比较拥堵,导致开会迟到,理由为真;另一种是小王忘记开会的时间了,想以堵车为借口逃避单位制度的惩罚,理由为假。对小王的理由而言,既可以绝对相信,也可以完全不信,甚至可以以某种程度相信,具体选择哪种完全依赖于对小王以往表现以及当天路况的认识。

显然,可信度具有较大的主观性和经验性,其准确度难以把握。但考虑到人工智能所处理的大多数是结构不良的复杂问题,难以给出精确的数学模型,用概率的方法解决也比较困难,同时,领域专家具有丰富的专业知识和实践经验,能够较好地给出领域知识的可信度。因此,可信度方法可以用来解决领域内的不确定性推理问题。

由于不确定性推理要解决的主要问题包括表示问题、计算问题和语义问题,下面两部分分别讨论确定性理论是如何解决表示问题和计算问题的,由于语义问题是对表示和计算问题的语义说明,因此分别囊括在表示问题和计算问题中说明。

5.2.2 表示问题

CF(Certainty Factor)模型是绍特里夫等人在确定性理论基础上,结合概率论和模糊集合论提出的一种不确定性推理方法,CF 模型采用可信度因子来表示不确定性。

1. 知识不确定性的表示

在 CF 模型中,知识用产生式规则表示,一般形式为

$$\text{IF} \quad E \quad \text{THEN} \quad H \quad (\text{CF}(H,E))$$

其中:

(1) E 表示知识的前提条件,它可以是一个简单条件,也可以是用 AND 和(或)OR 连接多个简单条件构成的复合条件。例如

$$E = (E_1 \text{ OR } E_2) \text{ AND } (E_3 \quad \text{OR} \quad E_4)) \quad \text{OR} \quad E_5$$

（2）H 是知识的结论，它可以是一个单一的结论，也可以是多个结论。

（3）$CF(H,E)$ 是该条知识的可信度，称为可信度因子（Certainty Factor），也称为规则强度，即前文所说的静态强度。$CF(H,E)$ 是闭区间 $[-1,1]$ 上的一个数值，其值表示当前提 E 为真时，该前提对结论 H 为真的支持程度。$CF(H,E)$ 越大，说明 E 对 H 为真的支持程度越大。例如，知识

IF 头痛 AND 流鼻涕 THEN 感冒 （0.7）

表示当病患确实头痛并流鼻涕，有七成把握认为他得了感冒。可见，$CF(H,E)$ 反映了前提与结论之间的联系强度，即相应知识的知识强度。

在 CF 模型中，$CF(H,E)$ 被定义为规则的信任增长度与不信任增长度之差，即

$$CF(H,E) = MB(H,E) - MD(H,E) \tag{5-4}$$

式中，$MB(H,E)$ 为规则的信任增长度（Mesure Belief），表示因前提条件 E 的出现，使结论 H 为真的信任增长度，其定义为

$$MB(H,E) = \begin{cases} 1 & \text{若 } P(H) = 1 \\ \dfrac{\max\{P(H|E), P(H)\} - P(H)}{1 - P(H)} & \text{否则} \end{cases} \tag{5-5}$$

式中，$P(H)$ 为 H 的先验概率，$P(H|E)$ 为在前提条件 E 出现的情况下结论 H 的条件概率。

信任增长度 $MB(H,E) > 0$ 时，有 $P(H|E) > P(H)$，这说明由于证据 E 的出现增加了对 H 的信任程度；信任增长度 $MB(H,E) = 0$ 时，表示 E 的出现对 H 的真实性没有影响，即此时或者 E 与 H 相互独立，或者 E 否认 H。

$MD(H,E)$ 为规则的不信任增长度（Mesure Disbelief），表示因前提条件 E 的出现，对结论 H 为真的不信任增长度，或对结论 H 为假的信任增长度，其定义为

$$MD(H,E) = \begin{cases} 1 & \text{若 } P(H) = 0 \\ \dfrac{\min\{P(H|E), P(H)\} - P(H)}{-P(H)} & \text{否则} \end{cases} \tag{5-6}$$

不信任增长度 $MD(H,E) > 0$ 时，有 $P(H|E) < P(H)$，这说明由于证据 E 的出现增加了对 H 的不信任程度；不信任增长度 $MD(H,E) = 0$ 时，表示 E 的出现对 H 为假没有影响，即此时或者 E 与 H 相互独立，或者 E 支持 H。

由于一个证据 E 不可能既增加对 H 的信任程度，同时又增加对 H 的不信任程度，因此 $MB(H,E)$ 和 $MD(H,E)$ 是互斥的，具有互斥性，即

$$\begin{cases} \text{当 } MB(H,E) > 0 \text{ 时} \quad MD(H,E) = 0 \\ \text{当 } MD(H,E) > 0 \text{ 时} \quad MB(H,E) = 0 \end{cases} \tag{5-7}$$

由式（5-4）至式（5-7）可以得到 $CF(H,E)$ 的计算公式为

$$CF(H,E) = \begin{cases} MB(H,E) - 0 = \dfrac{P(H|E) - P(H)}{1 - P(H)} & \text{若 } P(H|E) > P(H) \\ 0 & \text{若 } P(H|E) = P(H) \\ 0 - MD(H,E) = -\dfrac{P(H) - P(H|E)}{P(H)} & \text{若 } P(H|E) < P(H) \end{cases} \tag{5-8}$$

式中，$P(H|E) = P(H)$ 表示 E 所对应的证据与 H 无关。

（4）CF(H,E)的意义、性质和典型值。

① 若 CF(H,E)＞0,则 $P(H|E)$＞$P(H)$。说明前提条件 E 增加了 H 为真的概率,即增加了 H 为真的可信度,CF(H,E)越大,增加 H 为真的可信度就越大。

② 若 CF(H,E)＝1,则 $P(H|E)$＝1。说明由于 E 的出现使 H 为真,此时,MB(H,E)＝1,MD(H,E)＝0。

③ 若 CF(H,E)＜0,则 $P(H|E)$＜$P(H)$。说明前提条件 E 减少了 H 为真的概率,即增加了 H 为假的可信度,CF(H,E) 越小,增加 H 为假的可信度就越大。

④ 若 CF(H,E)＝－1,则 $P(H|E)$＝0。说明由于 E 的出现使 H 为假,此时,MB(H,E)＝0,MD(H,E)＝1。

⑤ 若 CF(H,E)＝0,则 $P(H|E)$＝$P(H)$。说明 H 与 E 独立,即 E 的出现对 H 没有影响。

⑥ MB(H,E)、MD(H,E)和 CF(H,E)的值域分别为 $0 \leqslant$ MB(H,E)$\leqslant 1$、$0 \leqslant$ MD(H,E)$\leqslant 1$、$-1 \leqslant$ CF(H,E)$\leqslant 1$。

⑦ CF(H,E)＋CF($\neg H$,E)＝MB(H,E)－MD($\neg H$,E)＝0,即对 H 的可信度与对非 H 的可信度之和等于 0,对 H 的信任增长度等于对非 H 的不信任增长度。原因如式(5-9)和式(5-10)所示,即

$$\text{MD}(\neg H,E) = \frac{P(\neg H|E) - P(\neg H)}{-P(\neg H)} = \frac{(1-P(H|E)) - (1-P(H))}{-(1-P(H))}$$

$$= \frac{-P(H|E) + P(H)}{-(1-P(H))} = \frac{-(P(H|E) - P(H))}{-(1-P(H))} \quad (5\text{-}9)$$

$$= \frac{P(H|E) - P(H)}{1-P(H)} = \text{MB}(H,E)$$

$$\begin{aligned}
&\text{CF}(H,E) + \text{CF}(\neg H,E) \\
&= (\text{MB}(H,E) - \text{MD}(H,E)) + (\text{MB}(\neg H,E) - \text{MD}(\neg H,E)) \\
&= (\text{MB}(H,E) - \text{MB}(\neg H,E)) + (\text{MB}(\neg H,E) - \text{MD}(\neg H,E)) \\
&= \text{MB}(H,E) - \text{MD}(\neg H,E) = 0
\end{aligned} \quad (5\text{-}10)$$

⑧ 对同一证据 E,如果支持多个不同的结论 $H_i(i=1,2,\cdots,n)$,那么有

$$\sum_{i=1}^{n} \text{CF}(H_i,E) \leqslant 1 \quad (5\text{-}11)$$

因此,如果设计专家系统时,发现专家给出的知识有式(5-12)所示的情况,即

$$\text{CF}(H_1,E) = 0.8, \quad \text{CF}(H_2,E) = 0.4 \quad (5\text{-}12)$$

由于 CF(H_1,E)＋CF(H_2,E)＞1,则应进行调整和规范化。

应该注意的是,由于实际应用中各个公式中的概率值很难获得,因此知识的可信度因子 CF(H,E)应由领域专家直接给出。其原则是:如果由于相应证据的出现增加结论 H 为真的可信度,则 CF(H,E)＞0,证据越支持 H 为真,CF(H,E)越大;如果由于相应证据的出现减少结论 H 为真的可信度,则 CF(H,E)＜0,证据越支持 H 为假,CF(H,E) 越小;如果相应证据的出现与 H 无关,则 CF(H,E)＝0。

2. 证据不确定性的表示

在 CF 模型中,证据的不确定性对应前文提到的动态强度,也用可信度因子来表示,其取值范围仍然是[－1,1]闭区间。对于初始证据,其可信由用户给出;对于中间结果,其可

信度是通过相应的不确定性传递算法计算得到。

对于证据 E 而言,其不确定性可信度用 $CF(E)$ 来表示,其含义如下。

(1) $CF(E) = -1$,表示证据 E 肯定为真。

(2) $CF(E) = -1$,表示证据 E 肯定为假。

(3) $CF(E) = 0$,表示对证据 E 一无所知。

(4) $0 < CF(E) < 1$,表示证据 E 以 $CF(E)$ 程度为真。

(5) $-1 < CF(E) < 0$,表示证据 E 以 $CF(E)$ 程度为假。

5.2.3 计算问题

在计算问题的解决中,不可避免地要设计组合证据可信度的计算方法、设计不确定性的传递算法、设计结论不确定性的合成算法等,以下分别加以说明。

1. 组合证据的不确定性

(1) 当组合证据是多个单一证据的合取时,计算方法为

$$CF(E_1 \text{ AND } E_2) = \min\{CF(E_1), CF(E_2)\} \tag{5-13}$$

(2) 当组合证据是多个单一证据的析取时,计算方法为

$$CF(E_1 \text{ OR } E_2) = \max\{CF(E_1), CF(E_2)\} \tag{5-14}$$

(3) 当组合证据是单一证据的非时,计算方法为

$$CF(\neg E) = -CF(E) \tag{5-15}$$

2. 不确定性的传递

当从不确定的初始证据出发,运用不确定性的知识,推出结论并求结论的不确定性时,会用到不确定性的传递算法。此时,根据证据 E 的可信度 $CF(E)$,知识 $E \rightarrow H$ 的可信度 $CF(H, E)$,基于式(5-16)可以求得结论 H 的可信度 $CF(H)$,即

$$CF(H) = \max\{0, CF(E)\} \times CF(H, E) \tag{5-16}$$

由式(5-16)可知,若 $CF(E) < 0$,则 $CF(H) = 0$,即该模型没有考虑证据为假时对结论 H 所产生的影响。而且,若 $CF(E) = 1$,则 $CF(H) = CF(H, E)$,即该模型认为证据必然真时结论 H 的可信度就是规则的可信度。

3. 结论不确定性的合成

如果有多条知识可以推出相同的结论,而且这些知识的前提条件相互独立,那么利用这多条知识和各自的前提,可以计算得到同一结论的多个可信度。此时,可以用结论不确定性的合成算法求出该结论的综合可信度。具体步骤为:首先将第一个可信度与第二个可信度合成,然后再用该合成后的可信度与第三个可信度合成,如此进行下去,直到求出最终的综合可信度。下面以两条规则的情况为例,说明结论不确定性的合成算法。

假设有以下知识:

$$\text{IF} \quad E_1 \quad \text{THEN} \quad H \quad (CF(H, E_1))$$
$$\text{IF} \quad E_2 \quad \text{THEN} \quad H \quad (CF(H, E_2))$$

首先根据不确定性的传递算法计算得到

$$CF_1(H) = \max\{0, CF(E_1)\} \times CF(H, E_1)$$
$$CF_2(H) = \max\{0, CF(E_2)\} \times CF(H, E_2) \tag{5-17}$$

然后利用式(5-18)求出合成后结论的可信度,即

$$CF(H) = \begin{cases} CF_1(H) + CF_2(H) - CF_1(H) \times CF_2(H) & CF_1(H) \geqslant 0, CF_2(H) \geqslant 0 \\ CF_1(H) + CF_2(H) + CF_1(H) \times CF_2(H) & CF_1(H) < 0, CF_2(H) < 0 \\ CF_1(H) + CF_2(H) & CF_1(H) \text{ 与 } CF_2(H) \text{ 异号} \end{cases}$$

$$(5\text{-}18)$$

需要注意的是,式(5-18)不满足组合交换性,即如果有 n 个证据同时作用于一个假设,对应可求得 $CF_1(H)$、$CF_2(H)$、$\cdots$、$CF_n(H)$,那么使用式(5-18)进行逐一计算时,$CF(H)$ 的计算结果与各条规则合成的先后顺序有关。为了解决这个问题,在 MYCIN 的发展 EMYCIN 中,将式(5-18)修正为式(5-19),式(5-19)满足组合交换性。

$$CF(H) = \begin{cases} CF_1(H) + CF_2(H) - CF_1(H) \times CF_2(H) & CF_1(H) \geqslant 0, CF_2(H) \geqslant 0 \\ CF_1(H) + CF_2(H) + CF_1(H) \times CF_2(H) & CF_1(H) < 0, CF_2(H) < 0 \\ \dfrac{CF_1(H) + CF_2(H)}{1 - \min\{|CF_1(H)|, |CF_2(H)|\}} & CF_1(H) \text{ 与 } CF_2(H) \text{ 异号} \end{cases}$$

$$(5\text{-}19)$$

4. 结论不确定性的更新

如果已知证据 E 的可信度 $CF(E)$、结论 H 的可信度 $CF(H)$ 以及知识 $E \rightarrow H$ 的可信度 $CF(H, E)$,可以求得结论 H 的可信度的更新值 $CF(H|E)$。更新与不确定性的传递算法描述的情况不同,更新是指结论已经有了一个先验值。此时,$CF(H|E)$ 的计算可依据以下算法求得。

(1) 当 E 必然发生,即 $CF(E) = 1$ 时,由式(5-20)求 $CF(H|E)$。

$$CF(H|E) = \begin{cases} CF(H) + CF(H, E)(1 - CF(H)) & CF(H) \geqslant 0, CF(H, E) \geqslant 0 \\ CF(H) + CF(H, E)(1 + CF(H)) & CF(H) < 0, CF(H, E) < 0 \\ CF(H) + CF(H, E) & \text{其他} \end{cases}$$

$$(5\text{-}20)$$

(2) 当 E 可能发生,即 $0 < CF(E) < 1$ 时,由式(5-21)求 $CF(H|E)$,即
$$CF(H|E) =$$
$$\begin{cases} CF(H) + CF(E) \times CF(H, E)(1 - CF(H)) & CF(H) \geqslant 0, CF(E) \times CF(H, E) \geqslant 0 \\ CF(H) + CF(E) \times CF(H, E)(1 + CF(H)) & CF(H) < 0, CF(E) \times CF(H, E) < 0 \\ CF(H) + CF(E) \times CF(H, E) & \text{其他} \end{cases}$$

$$(5\text{-}21)$$

(3) 当 E 不可能发生,即 $CF(E) \leqslant 0$ 时,知识不可用,不可能发生的事情对结果没有影响,$CF(H|E) = CF(H)$。

同样,以上算法不满足组合交换性,EMYCIN 对其进行了改进,这里不再说明。

例 5-1 假设有以下一组规则:

$$R_1: \text{IF } A \text{ AND } (B \text{ OR } C) \text{ THEN } D \ (0.8)$$
$$R_2: \text{IF } E \text{ AND } F \text{ THEN } G \ (0.7)$$
$$R_3: \text{IF } D \text{ THEN } H \ (0.9)$$
$$R_4: \text{IF } K \text{ THEN } H \ (0.6)$$
$$R_5: \text{IF } G \text{ THEN } H \ (-0.5)$$

已知 $CF(A) = 0.5$,$CF(B) = 0.6$,$CF(C) = 0.7$,$CF(E) = 0.6$,$CF(F) = 0.9$,$CF(K) = 0.8$,

求 CF(H)的值。

【解】 根据已知规则,可以得到问题的推理网络如图 5-1 所示。

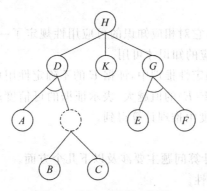

图 5-1 例 5.1 的推理网络

由 R_1 知

$$CF(D) = \max\{0, CF(A \text{ AND } (B \text{ OR } C))\} \times CF(D, A \text{ AND } (B \text{ OR } C))$$
$$= \max\{0, \min\{0.5, \max\{0.6, 0.7\}\}\} \times 0.8 = 0.4$$

由 R_2 知

$$CF(G) = \max\{0, CF(E \text{ AND } F)\} \times CF(G, E \text{ AND } F)$$
$$= \max\{0, \min\{0.6, 0.9\}\} \times 0.7 = 0.42$$

由 R_3 知

$$CF_1(H) = \max\{0, CF(D)\} \times CF(H, D) = \max\{0, 0.4\} \times 0.9 = 0.36$$

由 R_4 知

$$CF_2(H) = \max\{0, CF(K)\} \times CF(H, K) = \max\{0, 0.8\} \times 0.6 = 0.48$$

由 R_5 知

$$CF_3(H) = \max\{0, CF(G)\} \times CF(H, G) = \max\{0, 0.42\} \times (-0.5) = -0.21$$

根据结论不确定性的合成算法得

$$CF_{1,2}(H) = CF_1(H) + CF_2(H) - CF_1(H) \times CF_2(H) = 0.36 + 0.48 - 0.36 \times 0.48 = 0.67$$

$$CF_{1,2,3}(H) = \frac{CF_{1,2}(H) + CF_3(H)}{1 - \min\{|CF_{1,2}(H)|, |CF_3(H)|\}} = \frac{0.67 - 0.21}{1 - \min\{|0.67|, |-0.21|\}} = 0.58$$

由于现实世界中的问题是复杂多样的,为了使可信度方法的适用范围更广泛,很多学者对 CF 模型进行了改进,使其更具一般性,以下部分介绍两种比较典型的改进方法。

5.2.4 带有阈值限度的不确定性推理

1. 表示问题

在带有阈值限度的不确定性推理中,知识用下面的形式表示,即

$$\text{IF} \quad E \quad \text{THEN} \quad H \quad (CF(H, E), \lambda)$$

其中:

(1) E 表示知识的前提条件,它可以是一个简单条件,也可以是用 AND 和(或)OR 连接多个简单条件构成的复合条件。

（2）H 是知识的结论。

（3）$CF(H,E)$ 是该知识的可信度，即规则强度，$0<CF(H,E)\leqslant 1$，其值越大，说明相应知识的可信度越高。

（4）λ 是阈值，$0<\lambda\leqslant 1$，它对相应知识的可应用性规定了一个限度，只有当前提条件 E 的可信度 $CF(E)\geqslant\lambda$ 时，相应的知识才可用。

在带有阈值限度的不确定性推理中，证据 E 的不确定性用可信度 $CF(E)$ 表示，其取值范围满足 $0\leqslant CF(E)\leqslant 1$。$CF(E)$ 的值越大，表示证据的可信度越高。初始证据的可信度由用户给出，中间结果的可信度由推理计算得到。

2. 计算问题

同常规 CF 模型一样，计算问题主要涉及以下几个方面。

（1）组合证据的不确定性。

对于组合证据是多个简单证据的合取、析取的情况，其可信度分别通过求极小值和极大值得到，满足式（5-13）和式（5-14）。

（2）不确定性的传递。

当 $CF(E)\geqslant\lambda$ 时，结论 H 的可信度由式（5-22）得到，即

$$CF(H) = CF(E) \times CF(H,E) \tag{5-22}$$

其中，"$\times$"可以是乘法运算，也可以是求极小值或其他运算，根据实际应用确定。

（3）结论不确定性的合成。

假设有多条规则有相同的结论，即

$$IF \quad E_1 \quad THEN \quad H \quad (CF(H,E_1),\lambda_1)$$
$$IF \quad E_2 \quad THEN \quad H \quad (CF(H,E_2),\lambda_2)$$
$$\vdots$$
$$IF \quad E_n \quad THEN \quad H \quad (CF(H,E_n),\lambda_n)$$

如果这 n 条规则都满足

$$CF(E_i)\geqslant\lambda_i,\quad i=1,2,\cdots,n \tag{5-23}$$

那么它们都将被启用，可以计算得到

$$CF_i(H) = CF(E_i) \times CF(H,E_i) \tag{5-24}$$

结论的可信度可以用下列任何一种方法求得。

① 求极大值，选用 $CF_i(H)$ 中的极大值作为 $CF(H)$，即

$$CF(H) = \max\{CF_1(H),CF_2(H),\cdots,CF_n(H)\} \tag{5-25}$$

② 加权求和，即

$$CF(H) = \frac{1}{\sum\limits_{i=1}^{n} CF(H,E_i)}\sum_{i=1}^{n} CF(H,E_i) \times CF(E_i) = \frac{1}{\sum\limits_{i=1}^{n} CF(H,E_i)}\sum_{i=1}^{n} CF_i(H) \tag{5-26}$$

③ 有限和，即

$$CF(H) = \min\left\{\sum_{i=1}^{n} CF_i(H),1\right\} \tag{5-27}$$

④ 递推计算，其基本思想是：从 $CF_1(H)$ 开始，按知识被启用的顺序逐步进行递推，每

增加一条结论为 H 的知识,H 的可信度增加一点,直到最终求出 H 的可信度为止。令 $C_1 = \mathrm{CF}(E_1) \times \mathrm{CF}(H, E_1)$,对任意的 $k > 1$,用式(5-28)进行递推,即

$$C_k = C_{k-1} + (1 - C_{k-1}) \times \mathrm{CF}(E_k) \times \mathrm{CF}(H, E_k) \tag{5-28}$$

当 $k = n$ 时,求出的 C_n 就是综合可信度 $\mathrm{CF}(H)$。

5.2.5 带有权重的不确定性推理

当知识的前提条件是复合条件时,前面介绍的各种计算方法实际都隐含要求了构成复合条件的各简单条件应该是彼此独立的,互不存在依赖关系,但现实情况下往往不能保证这一点。例如,下面的规则:

IF 天气预报说有寒流来到本地 AND 气温急剧下降 AND 感到有点儿冷
  THEN 多穿衣服

同样,如果构成复合条件的简单条件中各个子条件的重要程度各不相同时,也会遇到类似的问题。例如,下面的规则:

  IF 论文有创新 AND 理论正确 AND 文字通顺 AND 书写规范
   THEN 论文可以发表

其中,"论文有创新"、"理论正确",比"文字通顺"、"书写规范"更为重要。

为了解决上述问题,可以对 CF 模型做相应的改进,如带有权重的不确定性推理。

1. 表示问题

在带有权重的不确定性推理中,知识的表示形式为

  IF $E_1(w_1)$ AND $E_2(w_2)$ AND $\cdots$ AND $E_n(w_n)$
   THEN H $(\mathrm{CF}(H, E), \lambda)$

其中,$w_i (i = 1, 2, \cdots, n)$ 为加权因子,表示相应子条件的权值。权值的设计应考虑到子条件的重要性或(和)独立性。一般重要性越大,权值越大;独立性越大,权值越大;如果重要性与独立性同时存在,权值的设计则要综合考虑这两方面的因素。权重的取值范围一般是 $0 \leqslant w_i \leqslant 1$,且满足归一条件,即

$$0 \leqslant w_i \leqslant 1 \quad i = 1, 2, \cdots, n$$

$$\sum_{i=1}^{n} w_i = 1 \tag{5-29}$$

在带有权重的不确定性推理中,证据的不确定性仍然用可信度表示。

2. 计算问题

(1) 组合证据的不确定性。

对于前提条件 $E = E_1(w_1)$ AND $E_2(w_2)$ AND $\cdots$ AND $E_n(w_n)$,组合证据的可信度依据式(5-30)计算得到,即

$$\mathrm{CF}(E) = \sum_{i=1}^{n} w_i \times \mathrm{CF}(E_i) \tag{5-30}$$

如果 $w_i (i = 1, 2, \cdots, n)$ 不满足归一条件,组合证据的可信度依据式(5-31)计算得到,即

$$\mathrm{CF}(E) = \frac{1}{\sum\limits_{i=1}^{n} w_i} \sum_{i=1}^{n} (w_i \times \mathrm{CF}(E_i)) \tag{5-31}$$

（2）不确定性的传递。

如果知识的可信度满足条件 $\mathrm{CF}(E) \geqslant \lambda$ 时，该知识就可被应用，从而推出结论 H。其中的 λ 是相应知识的阈值，结论 H 的可信度可以根据式（5-32）计算得到，即

$$\mathrm{CF}(H) = \mathrm{CF}(E) \times \mathrm{CF}(H, E) \tag{5-32}$$

其中，"$\times$"可以是乘法运算，也可以是求极小值或其他恰当的运算。

5.2.6　确定性理论的特点

基于 CF 模型的不确定性推理方法比较简单、直观，但推理结果的准确性依赖于领域专家对可信度因子的指定，主观性和片面性比较强。另外，随着推理链的延伸，可信度的传递会越来越不可靠，误差会越来越大，当推理达到一定深度时，有可能出现推出结论不再可信的情况。

5.3　主观 Bayes 方法

在其他课程的学习中，已经知道概率论是研究随机性的一门学科，其具有严谨深厚的理论基础。而随机性是不确定性的一个重要表现形式，因此，在解决不确定性推理问题时，人工智能的研究人员自然不会放弃概率论这个有效的手段。然而，在实际应用中发现，直接使用概率中的一些公式时，有些概率值很难求得。为此，杜达（R. O. Duda）和哈特（P. E. Hart）等人于 1976 年在概率论中 Bayes 公式的基础上进行改进，提出了主观 Bayes 方法，建立了相应的不确定性推理模型，并成功应用于地矿勘探的专家系统 PROSPECTOR 中。

PROSPECTOR 是美国斯坦福大学于 1976 年开始研制的一个地质勘探专家系统，该系统具有 12 种矿藏知识，含有 1100 多条规则，约 400 种岩石和地质术语，能帮助地质学家解释地质矿藏数据，提供硬岩石矿物勘探方面的咨询，如勘探评价、区域资源估计、钻井井位选择等。

以下依然从表示问题、计算问题和语义问题 3 个方面介绍主观 Bayes 方法是如何解决不确定性推理问题的。其中，前两部分说明表示问题是如何解决的，接着的三部分说明计算问题是如何解决的，语义问题的解决则囊括在其中。

5.3.1　证据不确定性的表示

在主观 Bayes 方法中，无论是初始证据还是作为推理结果的中间证据，它们的不确定性都是用概率或几率来表示的，即证据 E 的不确定性用 $P(E)$ 或 $O(E)$ 表示。概率与几率之间的转换公式为

$$\begin{cases} O(E) = \dfrac{P(E)}{P(\neg E)} = \dfrac{P(E)}{1 - P(E)} \\[2mm] P(E) = \dfrac{O(E)}{1 + O(E)} \end{cases} \tag{5-33}$$

$O(E)$ 表示证据 E 的出现概率和不出现的概率之比，显然 $O(E)$ 是 $P(E)$ 的增函数，且有

$$O(E) = \frac{P(E)}{1-P(E)} = \begin{cases} 0 & P(E)=0, E\text{ 为假} \\ +\infty & P(E)=1, E\text{ 为真} \\ (0, +\infty) & \text{其他，} E\text{ 非真非假} \end{cases} \qquad (5\text{-}34)$$

除了式(5-33)和式(5-34)说明的证据 E 的先验几率和先验概率之间的关系，在主观 Bayes 方法中，有时还需要用到 E 的后验概率或后验几率。以概率为例，对初始证据 E，用户可以根据当前的观察 S 将其先验概率 $P(E)$ 更改为后验概率 $P(E|S)$，相当于给出了证据 E 的动态强度。

后验几率和后验概率的转换关系与先验几率和先验概率的转换关系一样，即

$$\begin{cases} O(E|S) = \dfrac{P(E|S)}{P(\neg E|S)} = \dfrac{P(E|S)}{1-P(E|S)} \\[3mm] P(E|S) = \dfrac{O(E|S)}{1+O(E|S)} \end{cases} \qquad (5\text{-}35)$$

5.3.2 知识不确定性的表示

在主观 Bayes 方法中，知识是使用产生式规则表示的，具体形式为

IF　E　THEN　(LS, LN)　H　$(P(H))$

1. 各符号的含义

(1) E 是知识的前提条件，它既可以是一个简单条件，也可以是多个简单条件用 AND 或(和)OR 连接而成的复合条件。

(2) H 是结论，$P(H)$ 是 H 的先验概率，说明了在没有任何证据的情况下结论 H 为真的概率，$P(H)$ 的值由领域专家根据其实践经验给出。

(2) (LS, LN) 表示了知识的静态强度，其中 LS 为充分性因子，体现了规则成立的充分性，LN 为必要性因子，体现了规则成立的必要性，这种表示既考虑了事件 E 的出现对结果 H 的影响，又考虑了事件 E 的不出现对结果 H 的影响。

2. LS 和 LN 的表示形式

以下分别说明规则中 LS 和 LN 的表示形式。

(1) 充分性因子。

根据概率论中的 Bayes 定理，E 发生后 H 发生的概率以及 E 发生后 H 不发生的概率如式(5-36)所示，这两个概率相除得到式(5-37)，即

$$P(H|E) = \frac{P(E|H)P(H)}{P(E)}, \quad P(\neg H|E) = \frac{P(E|\neg H)P(\neg H)}{P(E)} \qquad (5\text{-}36)$$

$$\begin{aligned} \frac{P(H|E)}{P(\neg H|E)} &= \frac{P(E|H)P(H)}{P(E|\neg H)P(\neg H)} = \frac{P(E|H)}{P(E|\neg H)} \times \frac{P(H)}{P(\neg H)} \\ &= \frac{P(E|H)}{P(E|\neg H)} \times \frac{P(H)}{1-P(H)} = \frac{P(E|H)}{P(E|\neg H)} \times O(H) \end{aligned} \qquad (5\text{-}37)$$

而式(5-37)等号的左端实际为 H 的一种后验几率，即

$$\frac{P(H|E)}{P(\neg H|E)} = \frac{P(H|E)}{1-P(H|E)} = O(H|E) \qquad (5\text{-}38)$$

以上两式联立可得

$$O(H|E) = \frac{P(E|H)}{P(E|\neg H)} \times O(H) = \text{LS} \times O(H) \qquad (5\text{-}39)$$

由式(5-37)和式(5-39)可得 LS 的表示形式为

$$LS = \frac{O(H|E)}{O(H)} = \frac{\dfrac{P(H|E)}{P(\neg H|E)}}{\dfrac{P(H)}{P(\neg H)}} \tag{5-40}$$

由式(5-40)分析可得,LS 表征了 E 为真时对 H 的影响。如果 LS$=\infty$,则 $P(\neg H|E)=0$,即 $P(H|E)=1$,说明 E 对于 H 是逻辑充分的,即规则成立是充分的。因此,LS 被称为充分似然性因子,也称为充分性因子。其特殊点为

$$\begin{cases} LS = 1 & O(H|E) = O(H) & E \text{ 对 } H \text{ 无影响} \\ LS > 1 & O(H|E) > O(H) & E \text{ 支持 } H \\ LS < 1 & O(H|E) < O(H) & E \text{ 不支持 } H \end{cases} \tag{5-41}$$

(2) 必要性因子。

根据概率论中的 Bayes 定理,E 不发生后 H 发生的概率以及 E 不发生后 H 不发生的概率如式(5-42)所示,这两个概率相除后得到式(5-43),即

$$P(H|\neg E) = \frac{P(\neg E|H)P(H)}{P(\neg E)} \quad P(\neg H|\neg E) = \frac{P(\neg E|\neg H)P(\neg H)}{P(\neg E)} \tag{5-42}$$

$$\begin{aligned} \frac{P(H|\neg E)}{P(\neg H|\neg E)} &= \frac{P(\neg E|H)P(H)}{P(\neg E|\neg H)P(\neg H)} = \frac{P(\neg E|H)}{P(\neg E|\neg H)} \times \frac{P(H)}{P(\neg H)} \\ &= \frac{P(\neg E|H)}{P(\neg E|\neg H)} \times \frac{P(H)}{1 - P(H)} = \frac{P(\neg E|H)}{P(\neg E|\neg H)} \times O(H) \end{aligned} \tag{5-43}$$

而式(5-43)等号的左端实际为 H 的一种后验几率,即

$$\frac{P(H|\neg E)}{P(\neg H|\neg E)} = \frac{P(H|\neg E)}{1 - P(H|\neg E)} = O(H|\neg E) \tag{5-44}$$

以上两式联立可得

$$O(H|\neg E) = \frac{P(\neg E|H)}{P(\neg E|\neg H)} \times O(H) = LN \times O(H) \tag{5-45}$$

由式(5-43)和式(5-45)可得 LN 的表示形式为

$$LN = \frac{O(H|\neg E)}{O(H)} = \frac{\dfrac{P(H|\neg E)}{P(\neg H|\neg E)}}{\dfrac{P(H)}{P(\neg H)}} \tag{5-46}$$

由式(5-46)分析可得,LN 表征了 E 为假时对 H 的影响。如果 LN$=0$,则 $P(H|\neg E)=0$,说明 E 对于 H 是逻辑必要的,即规则成立是必要的。因此,LN 被称为必要似然性因子,也称为必要因子。其特殊点为

$$\begin{cases} LN = 1 & O(H|\neg E) = O(H) & \neg E \text{ 对 } H \text{ 无影响} \\ LN > 1 & O(H|\neg E) > O(H) & \neg E \text{ 支持 } H \\ LN < 1 & O(H|\neg E) < O(H) & \neg E \text{ 不支持 } H \end{cases} \tag{5-47}$$

(3) LS 和 LN 的关系。

LS$\geqslant 0$,LN$\geqslant 0$,而且 LS 和 LN 是不相互独立的,原因分析如下。

根据式(5-39)可以推出式(5-48),即

$$LS = \frac{P(E|H)}{P(E|\neg H)} \tag{5-48}$$

如果 LS>1,那么 $P(E|H)>P(E|\neg H)$,所以有

$$LN = \frac{P(\neg E|H)}{P(\neg E|\neg H)} = \frac{1-P(E|H)}{1-P(E|\neg H)} < 1 \tag{5-49}$$

即 LS>1 和 LN<1 同时成立,LS 和 LN 互不独立。

理论上,LS 和 LN 的取值范围为

$$\begin{cases} LS > 1, LN < 1 \\ LS < 1, LN > 1 \\ LS = LN = 1 \end{cases} \tag{5-50}$$

值得注意的是,在实际应用中 LS 和 LN 的值都是专家给定的,以便计算后验几率。LS 表明证据存在时先验几率的变化有多大,LN 表明证据不存在时先验几率的变化有多大,表 5-1 简要说明了 LS、LN 的取值与证据之间的关系。

表 5-1 LS、LN 的取值与证据之间的关系

取 值		影 响
LS	0	E 为真则 H 为假,即 $\neg E$ 对 H 是必然的
	0<LS≪1	E 为真时对 H 不利
	1	E 为真时对 H 无影响
	1≪LS	E 为真时对 H 有利
	∞	E 为真时对 H 逻辑充分,即 H 必然为真
LN	0	E 为假则 H 为假,即 E 对 H 是必然的
	0<LN≪1	E 为假时对 H 不利
	1	E 为假时对 H 无影响
	1≪LN	E 为假时对 H 有利
	∞	E 为假时对 H 逻辑充分,即 H 必然为真

例如,PROSPECTOR 中的两条规则如下。

规则 1：如果有石英矿,则必有钾矿带。LS＝300,LN＝0.2。

这意味着：发现石英矿,对判断发现钾矿带非常有利。而没有发现石英矿,并不暗示一定没有钾矿带。

规则 2：如果有玻璃褐铁矿,则有最佳矿产结构。LS＝1 000 000,LN＝0.01。

这意味着：发现玻璃褐铁矿,对判断有最佳矿产结构非常有利。而没有发现玻璃褐铁矿,对发现最佳矿产结构非常不利。

5.3.3 组合证据的不确定性

当证据是多个简单证据的合取时,即

$$E = E_1 \quad AND \quad E_2 \quad AND \quad \cdots \quad AND \quad E_n$$

如果已知在当前观察 S 下,每个单一证据 E_i 有概率 $P(E_1|S), P(E_2|S), \cdots, P(E_n|S)$,则组合证据的不确定性为

$$P(E|S) = \min\{P(E_1|S), P(E_2|S), \cdots, P(E_n|S)\} \tag{5-51}$$

当证据是多个简单证据的析取时,即

$$E = E_1 \quad \text{OR} \quad E_2 \quad \text{OR} \quad \cdots \quad \text{OR} \quad E_n$$

如果已知在当前观察 S 下,每个单一证据 E_i 有概率 $P(E_1|S), P(E_2|S), \cdots, P(E_n|S)$,则组合证据的不确定性为

$$P(E|S) = \max\{P(E_1|S), P(E_2|S), \cdots, P(E_n|S)\} \tag{5-52}$$

当证据是简单证据的否定时,有 $P(\neg E|S) = 1 - P(E|S)$。

5.3.4 结论不确定性的更新

主观 Bayes 方法的主要推理任务就是依据证据 E 的概率 $P(E)$、结论 H 的先验概率 $P(H)$ 和知识的不确定性(LS,LN),把结论的先验概率更新为后验概率 $P(H|E)$ 或 $P(H|\neg E)$。由于一条知识所对应的证据可能是肯定为真、肯定为假、不确定的,因此,要根据证据的不同情况计算结论的后验概率。

1. 证据 E 肯定为真

当证据 E 肯定为真,即 $P(E) = P(E|S) = 1$ 时,依据式(5-39)可得后验几率与先验几率的关系为

$$O(H|E) = \text{LS} \times O(H) \tag{5-53}$$

如果要求结论的后验概率,可利用几率与概率的转换公式得到

$$P(H|E) = \frac{\text{LS} \times O(H)}{1 + \text{LS} \times O(H)} = \frac{\text{LS} \times P(H)}{(\text{LS}-1)P(H) + 1} \tag{5-54}$$

2. 证据 E 肯定为假

当证据 E 肯定为假,即 $P(E) = P(E|S) = 0$、$P(\neg E) = 1$ 时,依据式(5-45)可得后验几率与先验几率的关系为

$$O(H|\neg E) = \text{LN} \times O(H) \tag{5-55}$$

如果要求结论的后验概率,可利用几率与概率的转换公式得到

$$P(H|\neg E) = \frac{\text{LN} \times O(H)}{1 + \text{LN} \times O(H)} = \frac{\text{LN} \times P(H)}{(\text{LN}-1)P(H) + 1} \tag{5-56}$$

3. 证据 E 不确定,既非为真又非为假

上面讨论的 E 肯定为真和 E 肯定为假的极端情况在现实世界中是不常见的,更多是介于两者之间的情况,即证据 E 不确定。因为对初始证据来说,一般是用户观察得到的,而观察结果是不精确的;如果证据是推理产生的中间结果,由于不确定性的传递,也是不确定的。

对于证据 E 不确定,既非为真又非为假的情况,式(5-53)和式(5-55)将不再适用,而要用到杜达在 1976 年提出的一个算法,其表示形式为

$$P(H|S) = P(H|E) \times P(E|S) + P(H|\neg E) \times P(\neg E|S) \tag{5-57}$$

其中,S 代表与 E 有关的所有证据,即系统中能对 E 产生影响或者与 E 有关系的观察,也就是 E 的前项。下面分 4 种情况进行分析。

(1) 当 $P(E|S) = 1$ 时。

此时,$P(\neg E|S) = 1 - 1 = 0$,根据式(5-54)和式(5-57)可得如式(5-58)的计算公式,它实际对应证据肯定存在的情况,即

$$P(H|S) = P(H|E) = \frac{LS \times P(H)}{(LS-1)P(H)+1} \tag{5-58}$$

（2）当 $P(E|S)=0$ 时。

此时，$P(\neg E|S)=1-0=1$，根据式(5-56)和式(5-57)可得如式(5-59)的计算公式，它实际对应了证据肯定不存在的情况，即

$$P(H|S) = P(H|\neg E) = \frac{LN \times P(H)}{(LN-1)P(H)+1} \tag{5-59}$$

（3）当 $P(E|S)=P(E)$ 时。

此时，说明 E 与 S 无关，由式(5-57)和全概率公式可得

$$\begin{aligned}
P(H|S) &= P(H|E) \times P(E|S) + P(H|\neg E) \times P(\neg E|S) \\
&= P(H|E) \times P(E) + P(H|\neg E) \times P(\neg E) \\
&= P(H)
\end{aligned} \tag{5-60}$$

通过以上 3 种情况，找到了与 $P(H|S)$ 和 $P(E|S)$ 有关的 3 个特殊值，它们分别对应图 5-2 所示的平面直角坐标系中的 3 个特殊点，其中 y 轴表示 $P(H|S)$，x 轴表示 $P(E|S)$。

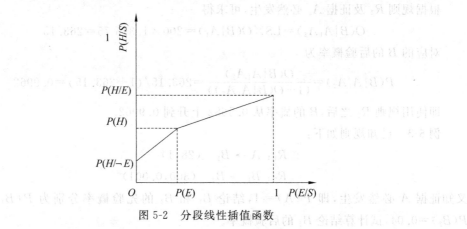

图 5-2　分段线性插值函数

（4）当 $P(E|S)$ 为其他情况时

当 $P(E|S)$ 为其他情况时，$P(H|S)$ 的值可以通过图 5-2 所示的分段线性插值函数求得，具体的计算方法为

$$P(H|S)$$
$$= \begin{cases} P(H|\neg E) + \dfrac{P(H)-P(H|\neg E)}{P(E)} \times P(E|S) & 0 \leqslant P(E|S) < P(E) \\[3mm] P(H) + \dfrac{P(H|E)-P(H)}{1-P(E)} \times [P(E|S)-P(E)] & P(E) \leqslant P(E|S) \leqslant 1 \end{cases} \tag{5-61}$$

即，如果插值点 $[0,P(E))$ 区间时，采用函数的前半段，当插值点在 $[P(E),1]$ 区间时，采用函数的后半段。

5.3.5　结论不确定性的合成

如果有 n 条知识都能得出相同的结论 H，每条知识的前提条件 $E_i(i=1,2,\cdots,n)$ 相互独立，且都有与之有关的证据 $S_i(i=1,2,\cdots,n)$ 相对应。在这些观察下，求 H 的后验概率的步骤是：首先对每条知识分别求出 H 的后验几率 $O(H|S_i)$，然后用式(5-62)对这些后验几

率进行综合，即

$$O(H \mid S_1, S_2, \cdots, S_n) = \frac{O(H \mid S_1)}{O(H)} \times \frac{O(H \mid S_2)}{O(H)} \times \cdots \times \frac{O(H \mid S_n)}{O(H)} \times O(H) \quad (5\text{-}62)$$

例 5-2 已知规则如下：

$$R_1: A_1 \rightarrow B \quad (25,1)$$
$$R_2: A_2 \rightarrow B \quad (200,1)$$

又知证据 A_1 和 A_2 必然发生，结论 B 的先验概率 $P(B)=0.05$，求结论 B 的后验概率。

【解】 根据 $P(B)=0.05$，可以求得 $O(B)=0.05/(1-0.05)=0.052\ 63$。

根据规则 R_1 及证据 A_1 必然发生，可求得

$$O(B \mid A_1) = \text{LS} \times O(B) = 25 \times 0.052\ 63 = 1.315\ 75$$

对应的 B 的后验概率为

$$P(B \mid A_1) = O(B \mid A_1)/(1 + O(B \mid A_1)) = 1.315\ 75/\ (1 + 1.315\ 75) = 0.5682$$

即使用规则 R_1 之后，B 的概率从 0.05 上升到 0.5682。

根据规则 R_2 及证据 A_2 必然发生，可求得

$$O(B \mid A_1 A_2) = \text{LS} \times O(B \mid A_1) = 200 \times 1.315\ 75 = 263.15$$

对应的 B 的后验概率为

$$P(B \mid A_1 A_2) = \frac{O(B \mid A_1 A_2)}{(1 + O(B \mid A_1 A_2))} = 263.15/(1 + 263.15) = 0.9962$$

即使用规则 R_2 之后，B 的概率从 0.5682 上升到 0.9962。

例 5-3 已知规则如下：

$$R_1: A \rightarrow B_1 \quad (28,1)$$
$$R_2: B_1 \rightarrow B_2 \quad (300,0.001)$$

又知证据 A 必然发生，即 $P(A)=1$，结论 B_1 和 B_2 的先验概率分别为 $P(B_1)=0.03$、$P(B_2)=0.04$，试计算结论 B_2 的后验概率。

【解】 根据 $P(B_1)=0.03$，可以求得 $O(B_1)=0.03/(1-0.03)=0.03$

根据规则 R_1 及证据 A 必然发生，可求得

$$O(B_1 \mid A) = \text{LS} \times O(B_1) = 28 \times 0.03 = 0.84$$

对应的 B_1 的后验概率为

$$P(B_1 \mid A) = O(B_1 \mid A)/(1 + O(B_1 \mid A)) = 0.84/(1 + 0.84) = 0.457$$

由于 $P(B_1 \mid A)=0.457$，即规则 R_2 的证据不是必然的，所以要用插值法求取 $P(B_2 \mid A)$ 的值。

根据以上计算发现 $P(B_1 \mid A) > P(B_1)$，因此插值时要用到分段线性函数的后半段。

根据 $P(B_2)=0.04$，可以求得 $O(B_2)=0.04/(1-0.04)=0.0417$。

假设 $P(B_1 \mid A)=1$，根据规则 R_2，可得 $O(B_2 \mid B_1) = \text{LS} \times O(B_2) = 300 \times 0.0417 = 12.51$。

对应的 $P(B_2 \mid B_1) = O(B_2 \mid B_1)/(1 + O(B_2 \mid B_1)) = 12.51/13.51 = 0.926$

利用插值机制可得

$$P(B_2 \mid A) = 0.04 + (0.926 - 0.04)(0.457 - 0.03)/(1 - 0.03) = 0.43$$

故 B_2 的后验概率 $P(B_2 \mid A)=0.43$。

5.3.6 主观 Bayes 方法的特点

主观 Bayes 方法中的计算公式大多基于概率论,理论基础扎实,灵敏度高。知识的不确定性描述不仅考虑了规则成立的充分性,而且考虑了规则成立的必要性,较全面地反映了证据与结论间的因果关系,符合现实世界中的情况。但在主观 Bayes 方法的使用过程中,需要专家给出很多的主观值,如 LS、LN 和 $P(H)$ 等,比较困难,而且 Bayes 定理中关于事件的独立性要求也使主观 Bayes 方法的应用受到了限制。

5.4 证据理论

证据理论也称为信度函数理论,是哈佛大学的数学家戴普斯特(A. P. Dempster)在 20 世纪 60 年代首先提出的,他试图用一个概率范围而不是一个简单的概率来模拟不确定性,后来戴普斯特的学生谢弗(G. Shafer)在其著作《证据的数学理论》中进一步拓展了该理论,因此人们也将证据理论称为 D-S 理论。1981 年,学者巴尼特(J. A. Barnett)将该理论引入专家系统中,同年,嘉维(J. Garey)等人用它实现了不确定性推理。

证据理论是概率论的一种扩充形式,满足比概率论更弱的公理体系,能够区分"不确定"与"不知道"的差异,能处理"不知道"引起的不确定性,因此它比概率论更适合用作专家系统的推理方法,而且,由于证据理论较大的灵活性,它还能很好地应用于模式识别领域。

本节首先对证据理论做简要介绍;然后基于一个特殊的概率分配函数建立一个具体的不确定性推理模型;最后对该模型如何解决表示问题、计算问题和语义问题做详细说明。

5.4.1 D-S 理论

证据理论是用集合表示命题的。

假设 D 是变量 x 所有可能取值的集合,且 D 中的元素是互斥的,在任一时刻 x 都取且只能取 D 中的某一个元素为值,则称 D 为 x 的样本空间或辨别框。在证据理论中,D 的任何一个子集 A 都对应一个关于 x 的命题,称该命题为"x 的值在 A 中"。例如,用 x 代表打靶时击中的环数,即 $D=\{0,1,2,\cdots,10\}$,则 $A=\{8\}$ 表示"x 的值是 8"或"击中的环数是 8";而 $A=\{8,9\}$ 表示"x 的值是 8 或 9"或"击中的环数是 8 或 9"。又如,用 x 代表外出时使用的交通工具,即 $D=\{飞机,火车,汽车,自行车\}$,则 $A=\{火车,汽车\}$ 表示"x 的值是火车或汽车"或"外出时使用的交通工具是火车或汽车"。

在证据理论中,为了描述和处理不确定性,需要引入概率分配函数、信任函数及似然函数等概念。

1. 概率分配函数

设 D 为变量 x 的样本空间,领域内的命题都用 D 的子集表示,则概率分配函数定义如下。

定义 5-1 设有函数 $m: 2^D \rightarrow [0,1]$,且满足 $m(\varnothing)=0, \sum_{A\subseteq D} m(A)=1$,则称 m 是 2^D 上的概率分配函数,$m(A)$ 称为 A 的基本概率数。

关于定义 5-1 有以下几点需要说明。

（1）如果样本空间 D 中有 n 个元素，那么 D 的所有子集构成的幂集记为 2^D，幂集的元素个数是 2^n，且其中的每一个元素都对应了一个关于 x 的取值情况的命题。

例 5-4　设 $D=\{\text{red},\text{yellow},\text{white}\}$，求 D 的幂集 2^D。

【解】 D 的幂集应该包括以下子集：

$A_0=\varnothing,A_1=\{\text{red}\},A_2=\{\text{yellow}\},A_3=\{\text{white}\},A_4=\{\text{red},\text{yellow}\},A_5=\{\text{red},\text{white}\},A_6=\{\text{yellow},\text{white}\},A_7=\{\text{red},\text{yellow},\text{white}\}$，即幂集的元素个数是 $2^3=8$。

（2）概率分配函数把 D 的任意一个子集 A 都映射为 $[0,1]$ 上的一个数 $m(A)$。

当 $A\subset D$ 时，$m(A)$ 表示对相应命题的精确信任度。概率分配函数实际上是对 D 的各个子集进行信任分配，$m(A)$ 表示分配给 A 的那一部分。例如，当 $A=\{\text{red}\}$ 时，$m(A)=0.3$，表示对命题"x is red"的精确信任度是 0.3。当 $B=\{\text{red},\text{yellow}\}$ 时，$m(B)=0.2$，表示对命题"x is red or yellow"的精确信任度是 0.2。

当 A 由多个元素构成时，$m(A)$ 不包括对 A 的子集的精确信任度，而且也不知道该对它如何进行分配。例如，在 $m(\{\text{red},\text{yellow}\})=0.2$ 中，不包括对 $A=\{\text{red}\}$ 的精确信任度 0.3，也不知道该把 0.2 分配给 $\{\text{red}\}$ 还是分配给 $\{\text{yellow}\}$。

当 $A=D$ 时，$m(A)$ 是对 D 的各个子集进行信任分配后剩下的部分，它表示不知道该对这部分如何进行分配。例如，当 $m(D)=m(\{\text{red},\text{yellow},\text{white}\})=0.1$ 时，表示不知道该对这个 0.1 如何分配，但它不是属于 $\{\text{red}\}$，就一定是属于 $\{\text{yellow}\}$ 或 $\{\text{white}\}$，只是由于存在某些未知信息，不知道该如何进行分配。

（3）概率分配函数不是概率。

例如，设 $D=\{\text{red},\text{yellow},\text{white}\}$，且有 $m(\{\text{red}\})=0.3,m(\{\text{yellow}\})=0,m(\{\text{white}\})=0.1,m(\{\text{red},\text{yellow}\})=0.2,m(\{\text{red},\text{white}\})=0.2,m(\{\text{yellow},\text{white}\})=0.1,m(\{\text{red},\text{yellow},\text{white}\})=0.1,m(\varnothing)=0$。显然，$m$ 符合概率分配函数的定义，但 $m(\{\text{red}\})+m(\{\text{yellow}\})+m(\{\text{white}\})=0.4$，如果按概率要求，这三者的和应该是 1，即 $P(\text{red})+P(\text{yellow})+P(\text{white})=1$。

2. 信任函数

定义 5-2　信任函数 $\text{Bel}:2^D\to[0,1]$，且 $\text{Bel}(A)=\sum_{B\subseteq A}m(B)$ 对所有的 $A\subseteq D$，其中，2^D 表示 D 的幂集。

Bel 函数又称为下限函数，$\text{Bel}(A)$ 表示对命题 A 为真的信任程度。根据信任函数及概率分配函数的定义可得

$$\text{Bel}(\varnothing)=m(\varnothing)=0,\quad \text{Bel}(D)=\sum_{B\subseteq D}m(B)=1 \qquad (5\text{-}63)$$

基于例 5-4 以及上面的数据，可以求出

$\text{Bel}(\{\text{red}\})=m(\{\text{red}\})=0.3$

$\text{Bel}(\{\text{red},\text{white}\})=m(\{\text{red}\})+m(\{\text{white}\})+m(\{\text{red},\text{white}\})=0.3+0.1+0.2=0.6$

$\text{Bel}(\{\text{red},\text{yellow}\})=m(\{\text{red}\})+m(\{\text{yellow}\})+m(\{\text{red},\text{yellow}\})=0.3+0+0.2=0.5$

$\text{Bel}(\{\text{red},\text{yellow},\text{white}\})=m(\{\text{red}\})+m(\{\text{yellow}\})+m(\{\text{white}\})$

$$+m(\{\text{red},\text{yellow}\})+m(\{\text{red},\text{white}\})+m(\{\text{yellow},\text{white}\})$$

$$+m(\{\text{red},\text{yellow},\text{white}\})$$

$$=0.3+0+0.1+0.2+0.2+0.1+0.1=1$$

3. 似然函数

似然函数也称为不可驳斥函数或上限函数,其定义如下。

定义 5-3 似然函数 $Pl: 2^D \to [0,1]$,且 $Pl(A) = 1 - Bel(\neg A)$ 对所有的 $A \subseteq D$,由于 $Bel(A)$ 表示对 A 为真的信任程度,所以 $Bel(\neg A)$ 表示对非 A 为真的信任程度,即对 A 为假的信任程度。由此可推出 $Pl(A)$ 表示对 A 为非假的信任程度。

仍然用例 5-4 和前面提到的数据看几个例子。

$$Pl(\{red\}) = 1 - Bel(\neg\{red\}) = 1 - Bel(\{yellow,white\})$$
$$= 1 - [m(\{yellow\}) + m(\{white\}) + m(\{yellow,white\})]$$
$$= 1 - [0 + 0.1 + 0.1] = 0.8$$

其中的 0.8 表示对"x is red"为非假的信任程度是 0.8。由于对"x is red"为真的精确信任程度为 0.3,那么 $0.8 - 0.3 = 0.5$,这剩下的部分则是知道"x is red"为非假但却不能肯定为真的那部分。

$$Pl(\{yellow,white\}) = 1 - Bel(\neg\{yellow,white\}) = 1 - Bel(\{red\})$$
$$= 1 - m(\{red\}) = 1 - 0.3 = 0.7$$

其中的 0.7 表示对"x is yellow or white"为非假的信任程度是 0.7。由于对"x is yellow or white"为真的精确信任程度为 0.1,那么 $0.7 - 0.1 = 0.6$,这剩下的部分则是知道"x is yellow or white"为非假但却不能肯定为真的那部分。

另外,由于

$$\sum_{\{red\} \cap B \neq \varnothing} m(B) = m(\{red\}) + m(\{red,yellow\}) + m(\{red,white\}) + m(\{red,yellow,white\})$$
$$= 0.3 + 0.2 + 0.2 + 0.1 = 0.8$$

$$\sum_{\{yellow,white\} \cap B \neq \varnothing} m(B) = m(\{yellow\}) + m(\{white\}) + m(\{yellow,white\}) + m(\{red,yellow\})$$
$$+ m(\{red,white\}) + m(\{red,yellow,white\})$$
$$= 0 + 0.1 + 0.1 + 0.2 + 0.2 + 0.1 = 0.7$$

可见 $Pl(\{red\})$ 和 $Pl(\{yellow,white\})$ 也可以用下面的式子计算,即

$$Pl(\{red\}) = \sum_{\{red\} \cap B \neq \varnothing} m(B)$$

$$Pl(\{yellow,white\}) = \sum_{\{yellow,white\} \cap B \neq \varnothing} m(B)$$

推广到一般情况为

$$Pl(A) = \sum_{A \cap B \neq \varnothing} m(B) \tag{5-64}$$

式(5-64)的证明过程如下。

因为

$$Pl(A) - \sum_{A \cap B \neq \varnothing} m(B) = 1 - Bel(\neg A) - \sum_{A \cap B \neq \varnothing} m(B) = 1 - \left(Bel(\neg A) + \sum_{A \cap B \neq \varnothing} m(B) \right)$$
$$= 1 - \left(\sum_{C \subseteq \neg A} m(C) + \sum_{A \cap B \neq \varnothing} m(B) \right) = 1 - \sum_{E \subseteq D} m(E) = 1 - 1 = 0$$

所以

$$Pl(A) = \sum_{A \cap B \neq \varnothing} m(B)$$

4. 信任函数与似然函数的关系

因为

$$\mathrm{Bel}(A) + \mathrm{Bel}(\neg A) = \sum_{B \subseteq A} m(B) + \sum_{C \subseteq \neg A} m(C) \leqslant \sum_{E \subseteq D} m(E) = 1$$

所以

$$\mathrm{Pl}(A) - \mathrm{Bel}(A) = 1 - \mathrm{Bel}(\neg A) - \mathrm{Bel}(A) = 1 - (\mathrm{Bel}(\neg A) + \mathrm{Bel}(A)) \geqslant 0$$

故

$$\mathrm{Pl}(A) \geqslant \mathrm{Bel}(A)$$

即信任函数与似然函数的关系为 $\mathrm{Pl}(A) \geqslant \mathrm{Bel}(A)$。

由于信任函数 $\mathrm{Bel}(A)$ 表示对 A 为真的信任程度,似然函数 $\mathrm{Pl}(A)$ 表示对 A 为非假的信任程度,因此,分别称 $\mathrm{Bel}(A)$ 和 $\mathrm{Pl}(A)$ 为对 A 信任程度的下限与上限,记为

$$A(\mathrm{Bel}(A), \mathrm{Pl}(A))$$

关于 $A(\mathrm{Bel}(A), \mathrm{Pl}(A))$ 的特殊点分析如下。

(1) $A(0,0)$:由 $\mathrm{Bel}(A) = 0$,说明对 A 为真不信任;由 $\mathrm{Pl}(A) = 0$,说明 $\mathrm{Bel}(\neg A) = 1 - \mathrm{Pl}(A) = 1$,对 $\neg A$ 信任,即 $A(0,0)$ 表示 A 为假。

(2) $A(0,1)$:由 $\mathrm{Bel}(A) = 0$,说明对 A 为真不信任;由 $\mathrm{Pl}(A) = 1$,说明 $\mathrm{Bel}(\neg A) = 1 - \mathrm{Pl}(A) = 0$,对 $\neg A$ 也不信任,即 $A(0,1)$ 表示对 A 一无所知。

(3) $A(1,1)$:由 $\mathrm{Bel}(A) = 1$,说明对 A 为真信任;由 $\mathrm{Pl}(A) = 1$,说明 $\mathrm{Bel}(\neg A) = 1 - \mathrm{Pl}(A) = 0$,对 $\neg A$ 不信任。即 $A(1,1)$ 表示 A 为真。

(4) $A(0.25, 1)$:由 $\mathrm{Bel}(A) = 0.25$,说明对 A 为真有一定程度的信任,且信任度为 0.25;由 $\mathrm{Pl}(A) = 1$,说明 $\mathrm{Bel}(\neg A) = 1 - \mathrm{Pl}(A) = 0$,对 $\neg A$ 不信任。即 $A(0.25, 1)$ 表示对 A 为真有 0.25 的信任。

(5) $A(0, 0.85)$:由 $\mathrm{Bel}(A) = 0$,说明对 A 为真不信任;由 $\mathrm{Pl}(A) = 0.85$,说明 $\mathrm{Bel}(\neg A) = 1 - \mathrm{Pl}(A) = 0.15$,对 $\neg A$ 有一定程度的信任。即 $A(0, 0.85)$ 表示对 A 为假有一定程度的信任,信任度为 0.15。

(6) $A(0.25, 0.85)$:由 $\mathrm{Bel}(A) = 0.25$,说明对 A 为真有 0.25 的信任度;由 $\mathrm{Pl}(A) = 0.85$,说明 $\mathrm{Bel}(\neg A) = 1 - \mathrm{Pl}(A) = 0.15$,对 $\neg A$ 有 0.15 的信任。即 $A(0.25, 0.85)$ 表示对 A 为真的信任度比对 A 为假的信任度略高一些。

在上面的讨论中已经指出,$\mathrm{Bel}(A)$ 表示对 A 为真的信任程度,$\mathrm{Bel}(\neg A)$ 表示对 $\neg A$ 的信任程度,即对 A 为假的信任程度,$\mathrm{Pl}(A)$ 表示对 A 为非假的信任程度。那么,$\mathrm{Pl}(A) - \mathrm{Bel}(A)$ 表示对 A 不知道的程度,即既非对 A 信任又非不信任的那部分。例如,$A(0.25, 0.85)$ 中,$0.85 - 0.25 = 0.6$,表示了对 A 不知道的程度是 0.6。

5. 概率分配函数的正交和

在实际问题求解过程中,由于证据的来源不同,有时对同样的证据会得到两个不同的概率分配函数。例如,对 x 的样本空间 $D = \{\mathrm{red}, \mathrm{yellow}\}$,如果从不同的知识来源,得到以下不同的概率分配函数。

$$m_1(\{\mathrm{red}\}) = 0.3, \quad m_1(\{\mathrm{yellow}\}) = 0.6, \quad m_1(\{\mathrm{red}, \mathrm{yellow}\}) = 0.1, \quad m_1(\varnothing) = 0$$
$$m_2(\{\mathrm{red}\}) = 0.4, \quad m_2(\{\mathrm{yellow}\}) = 0.4, \quad m_2(\{\mathrm{red}, \mathrm{yellow}\}) = 0.2, \quad m_2(\varnothing) = 0$$

针对这种情况,戴普斯特提出一种利用正交和来组合概率分配函数的方法。

定义 5-4 设 m_1 和 m_2 是两个概率分配函数，其正交和 $m = m_1 \oplus m_2$ 满足

$$m(\varnothing) = 0$$

$$m(A) = K^{-1} \times \sum_{x \cap y = A} m_1(x) \times m_2(y)$$

其中，$K = 1 - \sum\limits_{x \cap y = \varnothing} m_1(x) \times m_2(y) = \sum\limits_{x \cap y \neq \varnothing} m_1(x) \times m_2(y)$

如果 $K \neq 0$，那么正交和 m 也是一个概率分配函数；如果 $K = 0$，那么不存在正交和 m，称 m_1 和 m_2 矛盾。

例 5-5 已知样本空间 $D = \{black, white\}$，从不同角度得到两个概率分配函数为

$$m_1(\{black\}, \{white\}, \{black, white\}, \varnothing) = (0.3, 0.5, 0.2, 0)$$
$$m_2(\{black\}, \{white\}, \{black, white\}, \varnothing) = (0.6, 0.3, 0.1, 0)$$

求这两个概率分配函数的正交和 $m = m_1 \oplus m_2$。

【解】 由正交和的计算公式可得

$$K = 1 - \sum_{x \cap y = \varnothing} m_1(x) \times m_2(y)$$
$$= 1 - [m_1(\{black\}) \times m_2(\{white\}) + m_1(\{white\}) \times m_2(\{black\})]$$
$$= 1 - [0.3 \times 0.3 + 0.5 \times 0.6] = 0.61$$

$$m(\{black\}) = K^{-1} \times \sum_{x \cap y = \{black\}} m_1(x) \times m_2(y)$$
$$= \frac{1}{0.61} \times [m_1(\{black\}) \times m_2(\{black\}) + m_1(\{black\}) \times m_2(\{black, white\})$$
$$+ m_1(\{black, white\}) \times m_2(\{black\})]$$
$$= \frac{1}{0.61} \times [0.3 \times 0.6 + 0.3 \times 0.1 + 0.2 \times 0.6] = 0.54$$

$$m(\{white\}) = K^{-1} \times \sum_{x \cap y = \{white\}} m_1(x) \times m_2(y)$$
$$= \frac{1}{0.61} \times [m_1(\{white\}) \times m_2(\{white\}) + m_1(\{white\}) \times m_2(\{black, white\})$$
$$+ m_1(\{black, white\}) \times m_2(\{white\})]$$
$$= \frac{1}{0.61} \times [0.5 \times 0.3 + 0.5 \times 0.1 + 0.2 \times 0.3] = 0.43$$

$$m(\{black, white\}) = K^{-1} \times \sum_{x \cap y = \{black, white\}} m_1(x) \times m_2(y)$$
$$= \frac{1}{0.61} \times [m_1(\{black, white\}) \times m_2(\{black, white\})]$$
$$= \frac{1}{0.61} \times [0.2 \times 0.1] = 0.03$$

因此，正交和 $m(\{black\}, \{white\}, \{black, white\}, \varnothing) = (0.54, 0.43, 0.03, 0)$。

对于多个概率分配函数 $m_1, m_2, \cdots, m_n$，如果它们可以组合，也可以通过正交运算组合为一个概率分配函数，具体方法如下。

定义 5-5 设 m_1、m_2、$\cdots$、m_n 是 n 个概率分配函数，其正交和 $m = m_1 \oplus m_2 \oplus \cdots \oplus m_n$ 满足

$$m(\varnothing) = 0$$

$$m(A) = K^{-1} \times \sum_{\cap A_i = A} \prod_{1 \leqslant i \leqslant n} m_i(A_i)$$

其中，$K = \sum_{\cap A_i \neq \varnothing} \prod_{1 \leqslant i \leqslant n} m_i(A_i)$。

5.4.2　一个特殊的概率分配函数

从以上分析可知，可以用信任函数 Bel(A) 和似然函数 Pl(A) 表示命题 A 的信任度下限和上限，同样，也可以用它来表示知识静态强度的下限和上限，这样就解决了不确定性推理中的表示问题。

然而，信任函数和似然函数都是建立在概率分配函数的基础上的，概率分配函数不同，将会得到不同的不确定性推理模型。以下将给出一个特殊的概率分配函数，并在此基础上解决不确定性的表示问题、计算问题和语义问题。

1. 概率分配函数

定义 5-6　假设样本空间 $D = \{s_1, s_2, \cdots, s_n\}$ 上的一个特殊的概率分配函数满足以下要求：

(1) $m(\{s_i\}) \geqslant 0$ 对任何 $s_i \in D$。

(2) $\sum_{i=1}^{n} m(\{s_i\}) \leqslant 1$。

(3) $m(D) = 1 - \sum_{i=1}^{n} m(\{s_i\})$。

(4) 当 $A \subset D$ 且 $|A| > 1$ 或 $|A| = 0$ 时，$m(A) = 0$。

其中，$|A|$ 表示命题 A 对应集合中的元素个数。

在此概率分配函数中，只有单个元素构成的子集及样本空间 D 的概率分配函数才有可能大于 0，其他子集的概率分配函数均为 0，这是定义 5-1 中没有的特殊要求。

对此特殊的概率分配函数，有以下结论成立。

(1) $\mathrm{Bel}(A) = \sum_{s_i \in A} m(\{s_i\})$。

(2) $\mathrm{Bel}(D) = \sum_{i=1}^{n} m(\{s_i\}) + m(D) = 1$。

(3) $\mathrm{Pl}(A) = 1 - \mathrm{Bel}(\neg A) = 1 - \sum_{s_i \in \neg A} m(\{s_i\}) = 1 - \left[\sum_{i=1}^{n} m(\{s_i\}) - \sum_{s_i \in A} m(\{s_i\}) \right]$
$\qquad = 1 - [1 - m(D) - \mathrm{Bel}(A)] = M(D) + \mathrm{Bel}(A)$。

(4) $\mathrm{Pl}(D) = 1 - \mathrm{Bel}(\neg D) = 1 - \mathrm{Bel}(\varnothing) = 1$。

(5) 对任意 $A \subset D$ 和 $B \subset D$ 满足：$\mathrm{Pl}(A) - \mathrm{Bel}(A) = \mathrm{Pl}(B) - \mathrm{Bel}(B) = m(D)$，根据前文的分析 $\mathrm{Pl}(A) - \mathrm{Bel}(A)$ 表示对 A 不知道的程度。

例 5-6　设样本空间 $D = \{\mathrm{left}, \mathrm{middle}, \mathrm{right}\}$，有以下概率分配函数：

$m(\{\mathrm{left}\}, \{\mathrm{middle}\}, \{\mathrm{right}\}, \{\mathrm{left}, \mathrm{middle}\}, \{\mathrm{left}, \mathrm{right}\}, \{\mathrm{middle}, \mathrm{right}\}, \{\mathrm{left}, \mathrm{middle}, \mathrm{right}\}, \varnothing)$
$= \{0.3, 0.5, 0.1, 0, 0, 0, 0.1, 0\}$

很显然满足定义 5-6 的要求。

例 5-7　设样本空间 $D = \{\mathrm{red}, \mathrm{yellow}, \mathrm{white}\}$，有以下概率分配函数

$m(\{\text{red}\},\{\text{yellow}\},\{\text{white}\},\{\text{red},\text{yellow}\},\{\text{red},\text{white}\},\{\text{yellow},\text{white}\},\{\text{red},\text{yellow},\text{white}\},\varnothing)$

$=\{0.6,0.2,0.1,0,0,0,0.1,0\}$

设 $A=\{\text{red},\text{yellow}\}$，求 $\text{Bel}(A)$ 和 $\text{Pl}(A)$ 的值。

【解】 由于概率分配函数满足定义 5-6，因此根据定义 5-6 及其性质，可得

$$\text{Bel}(A)=\sum_{s_i\in A}m(\{s_i\})=m(\{\text{red}\})+m(\{\text{yellow}\})=0.6+0.2=0.8$$

$$\text{Pl}(A)=M(D)+\text{Bel}(A)=0.1+0.8=0.9$$

2. 概率分配函数的正交和

定义 5-7 假设有两个满足定义 5-6 的概率分配函数 m_1 和 m_2，它们的正交和为

$$m(\{s_i\})=K^{-1}\times[m_1(\{s_i\})\times m_2(\{s_i\})+m_1(\{s_i\})\times m_2(D)+m_1(D)\times m_2(\{s_i\})]$$

其中，

$$K=m_1(D)\times m_2(D)$$

$$+\sum_{i=1}^{n}[m_1(\{s_i\})\times m_2(\{s_i\})+m_1(\{s_i\})\times m_2(D)+m_1(D)\times m_2(\{s_i\})]$$

例 5-8 设样本空间 $D=\{\text{left},\text{middle},\text{right}\}$，有以下两个概率分配函数

$m_1(\{\text{left}\},\{\text{middle}\},\{\text{right}\},\{\text{left},\text{middle}\},\{\text{left},\text{right}\},\{\text{middle},\text{right}\},\{\text{left},\text{middle},\text{right}\},\varnothing)$

$=\{0.3,0.5,0.1,0,0,0,0.1,0\}$

$m_2(\{\text{left}\},\{\text{middle}\},\{\text{right}\},\{\text{left},\text{middle}\},\{\text{left},\text{right}\},\{\text{middle},\text{right}\},\{\text{left},\text{middle},\text{right}\},\varnothing)$

$=\{0.4,0.3,0.2,0,0,0,0.1,0\}$

求这两个概率分配函数的正交和 $m=m_1\oplus m_2$。

【解】 观察发现题目中给出的两个概率分配函数满足定义 5-6 的要求，根据定义 5-7 计算可得

$$K=m_1(D)\times m_2(D)+\sum_{i=1}^{n}[m_1(\{s_i\})\times m_2(\{s_i\})+m_1(\{s_i\})\times m_2(D)+m_1(D)\times m_2(\{s_i\})]$$

$$=0.1\times0.1+(0.3\times0.4+0.3\times0.1+0.1\times0.4)$$

$$+(0.5\times0.3+0.5\times0.1+0.1\times0.3)$$

$$+(0.1\times0.2+0.1\times0.1+0.1\times0.2)=0.48$$

$$m(\{\text{left}\})=K^{-1}\times[m_1(\{\text{left}\})\times m_2(\{\text{left}\})+m_1(\{\text{left}\})\times m_2(D)+m_1(D)\times m_2(\{\text{left}\})]$$

$$=\frac{1}{0.48}(0.3\times0.4+0.3\times0.1+0.1\times0.4)=0.4$$

$$m(\{\text{middle}\})=K^{-1}\times[m_1(\{\text{middle}\})\times m_2(\{\text{middle}\})+m_1(\{\text{middle}\})\times m_2(D)$$

$$+m_1(D)\times m_2(\{\text{middle}\})]=\frac{1}{0.48}(0.5\times0.3+0.5\times0.1+0.1\times0.3)$$

$$=0.48$$

$$m(\{\text{right}\})=K^{-1}\times[m_1(\{\text{right}\})\times m_2(\{\text{right}\})+m_1(\{\text{right}\})\times m_2(D)$$

$$+m_1(D)\times m_2(\{\text{right}\})]=\frac{1}{0.48}(0.1\times0.2+0.1\times0.1+0.1\times0.2)=0.1$$

$$m(D)=1-\sum_{i=1}^{n}m(\{s_i\})=1-(0.4+0.48+0.1)=0.02$$

即正交和 $m(\{\text{left}\},\{\text{middle}\},\{\text{right}\},\{\text{left},\text{middle}\},\{\text{left},\text{right}\},$
$\{\text{middle},\text{right}\},\{\text{left},\text{middle},\text{right}\},\varnothing)=\{0.4,0.48,0.1,0,0,0,0.02,0\}$

3. 类概率函数

定义 5-8 基于定义 5-6 定义的特殊的概率分配函数,命题 A 的类概率函数为

$$f(A)=\text{Bel}(A)+\frac{|A|}{|D|}\times[\text{Pl}(A)-\text{Bel}(A)]$$

其中,$|A|$ 和 $|D|$ 分别是 A 和 D 中的元素个数。

$f(A)$ 具有以下性质

(1) $\sum\limits_{i=1}^{n}f(\{s_i\})=1$。

【证明】 因为

$$f(\{s_i\})=\text{Bel}(\{s_i\})+\frac{|\{s_i\}|}{|D|}\times[\text{Pl}(\{s_i\})-\text{Bel}(\{s_i\})]$$

$$=m(\{s_i\})+\frac{1}{n}\times m(D)\quad i=1,2,\cdots,n$$

所以

$$\sum_{i=1}^{n}f(\{s_i\})=\sum_{i=1}^{n}\left[m(\{s_i\})+\frac{1}{n}\times m(D)\right]=\sum_{i=1}^{n}m(\{s_i\})+m(D)=1$$

(2) 对任何 $A\subseteq D$,有 $\text{Bel}(A)\leqslant f(A)\leqslant\text{Pl}(A)$。

【证明】 根据 $f(A)$ 的定义,有 $f(A)\geqslant\text{Bel}(A)$ 又有

$$\text{Pl}(A)-\text{Bel}(A)=m(D)\geqslant0$$

且

$$0\leqslant\frac{|A|}{|D|}\leqslant1$$

所以

$$f(A)\leqslant\text{Bel}(A)+\text{Pl}(A)-\text{Bel}(A)=\text{Pl}(A)$$

(3) 对任何 $A\subseteq D$,有 $f(\neg A)=1-f(A)$。

【证明】 过程如下。

因为

$$f(\neg A)=\text{Bel}(\neg A)+\frac{|\neg A|}{|D|}\times[\text{Pl}(\neg A)-\text{Bel}(\neg A)]$$

$$\text{Bel}(\neg A)=\sum_{s_i\in\neg A}m(\{s_i\})=1-\sum_{s_i\in A}m(\{s_i\})-m(D)=1-\text{Bel}(A)-m(D)$$

$$|\neg A|=|D|-|A|$$

$$\text{Pl}(\neg A)-\text{Bel}(\neg A)=m(D)$$

所以

$$f(\neg A)=1-\text{Bel}(A)-m(D)+\frac{|D|-|A|}{|D|}\times m(D)$$

$$=1-\text{Bel}(A)-m(D)+m(D)-\frac{|A|}{|D|}\times m(D)$$

$$=1-\left[\text{Bel}(A)+\frac{|A|}{|D|}\times m(D)\right]=1-f(A)$$

根据以上定义和性质,可推出以下推论。

(1) $f(\emptyset) = 0$。

(2) $f(D) = 1$。

(3) 对任何 $A \subseteq D$,有 $0 \leqslant f(A) \leqslant 1$。

例 5-9 设样本空间 $D = \{\text{left}, \text{middle}, \text{right}\}$,有以下概率分配函数 $m(\{\text{left}\}, \{\text{middle}\}, \{\text{right}\}, \{\text{left}, \text{middle}\}, \{\text{left}, \text{right}\}, \{\text{middle}, \text{right}\}, \{\text{left}, \text{middle}, \text{right}\}, \emptyset) = \{0.3, 0.5, 0.1, 0, 0, 0, 0.1, 0\}$

设 $A = \{\text{left}, \text{middle}\}$,求 $f(A)$。

【解】 根据 $f(A)$ 的定义和已知条件,可得

$$f(A) = \text{Bel}(A) + \frac{|A|}{|D|} \times [\text{Pl}(A) - \text{Bel}(A)]$$

$$= m(\{\text{left}\}) + m(\{\text{middle}\}) + \frac{2}{3} \times m(\{\text{left}, \text{middle}, \text{right}\})$$

$$= 0.3 + 0.5 + \frac{2}{3} \times 0.1 = 0.87$$

5.4.3 表示问题

1. 证据不确定性的表示

在 D-S 理论中,将所有输入的已知数据、规则的前提条件及结论部分的命题都称为证据。证据 A 的不确定性用该证据的确定性 $\text{CER}(A)$ 表示。

定义 5-9 假设 A 是规则条件部分的命题,E' 是外部输入的证据和已证实的命题,在证据 E' 的条件下,命题 A 与证据 E' 的匹配程度为

$$\text{MD}(A|E') = \begin{cases} 1, & \text{如果 } A \text{ 的所有元素都出现在 } E' \text{ 中} \\ 0, & \text{否则} \end{cases}$$

定义 5-10 条件部分命题 A 的确定性为

$$\text{CER}(A) = \text{MD}(A|E') \times f(A)$$

其中,$f(A)$ 为类概率函数。由于 $f(A) \in [0, 1]$,因此 $\text{CER}(A) \in [0, 1]$。

值得注意的是,在实际应用中,如果是初始证据,其确定性由用户给出,如果是推理得到的中间结果,其确定性通过推理计算得到。

2. 知识不确定性的表示

在 D-S 理论中,知识是用产生式规则表示的,形式为

$$\text{IF} \quad E \quad \text{THEN} \quad H = \{h_1, h_2, \cdots, h_n\} \quad \text{CF} = \{c_1, c_2, \cdots, c_n\}$$

其中,E 为前提条件,它可以是简单条件,也可以是用合取或(和)析取连接起来的复合条件。H 是结论,它用样本空间中的子集表示,$h_1, h_2, \cdots, h_n$ 是该子集中的元素。CF 是可信度因子,用集合的形式表示,该集合中的元素 $c_1, c_2, \cdots, c_n$ 表示 $h_1, h_2, \cdots, h_n$ 的可信度,c_i 与 h_i 一一对应,且满足以下条件,即

$$\begin{cases} c_i \geqslant 0 & i = 1, 2, \cdots, n \\ \sum_{i=1}^{n} c_i \leqslant 1 \end{cases}$$

5.4.4 计算问题

1. 组合证据的不确定性

(1) 当组合证据是多个简单证据的合取时,有

$$E = E_1 \ \text{AND} \ E_2 \ \text{AND} \ \cdots \ \text{AND} \ E_n$$
$$\text{CER}(E) = \min\{\text{CER}(E_1), \text{CER}(E_2), \cdots, \text{CER}(E_n)\}$$

(2) 当组合证据是多个简单证据的析取时,有

$$E = E_1 \ \text{OR} \ E_2 \ \text{OR} \ \cdots \ \text{OR} \ E_n$$
$$\text{CER}(E) = \max\{\text{CER}(E_1), \text{CER}(E_2), \cdots, \text{CER}(E_n)\}$$

2. 不确定性的传递

设有知识: IF E THEN $H = \{h_1, h_2, \cdots, h_n\}$, $\text{CF} = \{c_1, c_2, \cdots, c_n\}$

求结论 H 的确定性 $\text{CER}(H)$ 的方法如下。

(1) 求 H 的概率分配函数。

$$m(\{h_1\}, \{h_2\}, \cdots, \{h_n\}) = (\text{CER}(E) \times c_1, \text{CER}(E) \times c_2, \cdots, \text{CER}(E) \times c_n)$$

$$m(D) = 1 - \sum_{i=1}^{n} \text{CER}(E) \times c_i$$

如果有两条知识支持同一结论 H,即

$$\text{IF} \ E_1 \ \text{THEN} \ H = \{h_1, h_2, \cdots, h_n\} \ \text{CF}_1 = \{c_{11}, c_{12}, \cdots, c_{1n}\}$$
$$\text{IF} \ E_2 \ \text{THEN} \ H = \{h_1, h_2, \cdots, h_n\} \ \text{CF}_2 = \{c_{21}, c_{22}, \cdots, c_{2n}\}$$

则按照正交和的求取方法求 $\text{CER}(H)$,即先求出每条知识的概率分配函数

$$m_1(\{h_1\}, \{h_1\}, \cdots, \{h_1\}) \ \text{和} \ m_2(\{h_1\}, \{h_1\}, \cdots, \{h_1\})$$

然后对它们求正交和,得到 $m = m_1 \oplus m_2$,从而得到 H 的概率分配函数 m。

同样地,如果有 n 条规则支持统一结论 H,则用公式 $m = m_1 \oplus m_2 \oplus \cdots \oplus m_n$ 求 H 的概率分配函数 m。

(2) 求 $\text{Bel}(H)$、$\text{Pl}(H)$ 和 $f(H)$。

$$\text{Bel}(H) = \sum_{i=1}^{n} m(\{h_i\})$$

$$\text{Pl}(H) = 1 - \text{Bel}(\neg H)$$

$$f(H) = \text{Bel}(H) + \frac{|H|}{|D|} \times [\text{Pl}(H) - \text{Bel}(H)] = \text{Bel}(H) + \frac{|H|}{|D|} \times m(D)$$

(3) 求 $\text{CER}(H)$。

$$\text{CER}(H) = \text{MD}(H|E) \times f(H)$$

需要注意的是,当 D 中的元素个数很多时,以上计算是相当复杂的,工作量很大。而且,证据理论中对 D 中元素的互斥性要求,限制了其在很多领域中的应用。为了解决这些问题,巴尼特提出了一种可以降低计算复杂性和解决互斥问题的方法,拓宽了证据理论的应用前景。

例 5-10 假设规则库中有以下知识,即

$$R_1: \text{IF} \ E_1 \ \text{AND} \ E_2 \ \text{THEN} \ G = \{g_1, g_2\} \ \text{CF} = \{0.2, 0.6\}$$
$$R_2: \text{IF} \ G \ \text{AND} \ E_3 \ \text{THEN} \ A = \{a_1, a_2\} \ \text{CF} = \{0.3, 0.5\}$$

R_3: IF E_4 AND (E_5 OR E_6) THEN $B=\{b_1\}$ CF$=\{0.7\}$

R_4: IF A, THEN $H=\{h_1,h_2,h_3\}$ CF$=\{0.2,0.6,0.1\}$

R_5: IF B THEN $H=\{h_1,h_2,h_3\}$ CF$=\{0.4,0.2,0.1\}$

用户给出了初始证据的确定性为 CER$(E_1)=0.7$,CER$(E_2)=0.8$,CER$(E_3)=0.6$ CER$(E_4)=0.9$,CER$(E_5)=0.5$,CER$(E_6)=0.7$。假设 D 中的元素个数为 10 个。求 CER(H) 的值。

【解】 依据证据理论,按以下步骤求得。

(1) 根据规则 R_1 求 CER(G)。

CER$(E_1$ AND $E_2)=\min\{$CER(E_1),CER$(E_2)\}=\min\{0.7,0.8\}=0.7$

$m(\{g_1\},\{g_2\})=(0.7\times0.2,0.7\times0.6)=(0.14,0.42)$

$\mathrm{Bel}(G)=\sum_{i=1}^{2}m(\{g_i\})=m(\{g_1\})+m(\{g_2\})=0.14+0.42=0.56$

$\mathrm{Pl}(G)=1-\mathrm{Bel}(\neg G)=1-0=1$

$f(G)=\mathrm{Bel}(G)+\dfrac{|G|}{|D|}\times[\mathrm{Pl}(G)-\mathrm{Bel}(G)]=0.56+\dfrac{2}{10}\times(1-0.56)=0.65$

因此,CER$(G)=$MD$(G|E)\times f(G)=1\times0.65=0.65$

(2) 根据规则 R_2 求 CER(A)。

CER$(G$ AND $E_3)=\min\{$CER(G),CER$(E_3)\}=\min\{0.65,0.6\}=0.6$

$m(\{a_1\},\{a_2\})=(0.6\times0.3,0.6\times0.5)=(0.18,0.3)$

$\mathrm{Bel}(A)=\sum_{i=1}^{2}m(\{a_i\})=m(\{a_1\})+m(\{a_2\})=0.18+0.3=0.48$

$\mathrm{Pl}(A)=1-\mathrm{Bel}(\neg A)=1-0=1$

$f(A)=\mathrm{Bel}(A)+\dfrac{|A|}{|D|}\times[\mathrm{Pl}(A)-\mathrm{Bel}(A)]=0.48+\dfrac{2}{10}\times(1-0.48)=0.58$

因此,CER$(A)=$MD$(A|E)\times f(A)=1\times0.58=0.58$

(3) 根据规则 R_3 求 CER(B)。

CER$(E_4$ AND $(E_5$ OR $E_6))=\min\{$CER(E_4),$\max\{$CER(E_5),CER$(E_6)\}\}$

$=\min\{0.9,\max\{0.5,0.7\}\}=0.7$

$m(\{b_1\})=(0.7\times0.7)=(0.49)$

$\mathrm{Bel}(B)=\sum_{i=1}^{1}m(\{b_i\})=m(\{b_1\})=0.49$

$\mathrm{Pl}(B)=1-\mathrm{Bel}(\neg B)=1-0=1$

$f(B)=\mathrm{Bel}(B)+\dfrac{|B|}{|D|}\times[\mathrm{Pl}(B)-\mathrm{Bel}(B)]=0.49+\dfrac{1}{10}\times(1-0.49)=0.54$

因此,CER$(B)=$MD$(B|E)\times f(B)=1\times0.54=0.54$

(4) 根据规则 R_4,求 H 的概率分配函数。

$m_1(\{h_1\},\{h_2\},\{h_3\})=(CER(A)\times0.2,CER(A)\times0.6,CER(A)\times0.1)$

$=(0.58\times0.2,0.58\times0.6,0.58\times0.1)=(0.116,0.348,0.058)$

$m_1(D)=1-(m_1(\{h_1\})+m_1(\{h_2\})+m_1(\{h_3\}))=1-(0.116+0.348+0.058)=0.478$

(5) 根据规则 R_5,求 H 的概率分配函数。

$$m_2(\{h_1\},\{h_2\},\{h_3\}) = (\text{CER}(B) \times 0.2, \text{CER}(B) \times 0.6, \text{CER}(B) \times 0.1)$$
$$= (0.54 \times 0.4, 0.54 \times 0.2, 0.54 \times 0.1) = (0.216, 0.108, 0.054)$$
$$m_2(D) = 1 - (m_2(\{h_1\}) + m_2(\{h_2\}) + m_2(\{h_3\})) = 1 - (0.216 + 0.108 + 0.054) = 0.622$$

(6) 求 H 的两个概率分配函数的正交和 m。

$$K = m_1(D) \times m_2(D) + \sum_{i=1}^{3} \left[m_1(\{h_i\}) \times m_2(\{h_i\}) + m_1(\{h_i\}) \times m_2(D) + m_1(D) \times m_2(\{h_i\}) \right]$$
$$= 0.478 \times 0.622 + (0.116 \times 0.216 + 0.116 \times 0.662 + 0.478 \times 0.216)$$
$$+ (0.348 \times 0.108 + 0.348 \times 0.662 + 0.478 \times 0.108)$$
$$+ (0.058 \times 0.054 + 0.058 \times 0.662 + 0.478 \times 0.054)$$
$$= 0.868$$

$$m(\{h_1\}) = K^{-1} \times \left[m_1(\{h_1\}) \times m_2(\{h_1\}) + m_1(\{h_1\}) \times m_2(D) + m_1(D) \times m_2(\{h_1\}) \right]$$
$$= \frac{1}{0.868}(0.116 \times 0.216 + 0.116 \times 0.622 + 0.478 \times 0.216) = 0.23$$

$$m(\{h_2\}) = K^{-1} \times \left[m_1(\{h_2\}) \times m_2(\{h_2\}) + m_1(\{h_2\}) \times m_2(D) + m_1(D) \times m_2(\{h_2\}) \right]$$
$$= \frac{1}{0.868}(0.348 \times 0.108 + 0.348 \times 0.622 + 0.478 \times 0.108) = 0.35$$

$$m(\{h_3\}) = K^{-1} \times \left[m_1(\{h_3\}) \times m_2(\{h_3\}) + m_1(\{h_3\}) \times m_2(D) + m_1(D) \times m_2(\{h_3\}) \right]$$
$$= \frac{1}{0.868}(0.058 \times 0.054 + 0.058 \times 0.622 + 0.478 \times 0.054) = 0.075$$

因此，$m(\{h_1\},\{h_2\},\{h_3\}) = (0.23, 0.35, 0.075)$

(7) 求 $\text{CER}(H)$。

$$\text{Bel}(H) = \sum_{i=1}^{3} m(\{h_i\}) = m(\{h_1\}) + m(\{h_2\}) + m(\{h_3\}) = 0.23 + 0.35 + 0.075 = 0.655$$
$$\text{Pl}(H) = 1 - \text{Bel}(\neg H) = 1 - 0 = 1$$
$$f(H) = \text{Bel}(H) + \frac{|H|}{|D|} \times [\text{Pl}(H) - \text{Bel}(H)] = 0.655 + \frac{3}{10} \times (1 - 0.655) = 0.759$$

因此，$\text{CER}(H) = \text{MD}(H|E) \times f(H) = 1 \times 0.759 = 0.759$。

所以有，结论 H 的确定性为 $\text{CER}(H) = 0.759$。

5.4.5 证据理论的特点

证据理论只需要满足比概率论更弱的公里系统，能处理由"不知道"引起的不确定性。而且由于 D 的子集可以是多个元素的集合，因而知识的结论部分可以更一般化，便于领域专家从不同语义层次上表达知识。在应用证据理论求解不确定性推理问题时，要注意计算的复杂性和 D 中元素的互斥性要求等方面。

5.5 贝叶斯网络

概率模型是处理随机现象的有力工具，人们就如何使用概率理论处理不确定性进行了长期的、坚持不懈的努力，提出并实现了许多基于概率理论的不确定性推理模型和方法，贝叶斯网络（Bayesian Network）是其中最具有代表性的一种。

贝叶斯网络的奠基性工作可以追溯至数学家贝叶斯(Thomas Bayes)于1763年撰写的一篇文章"An Essay toward Solving a Problem in the Doctrine of Chances"。杰弗里斯(Harold Jeffreys)的著作《概率论》标志着贝叶斯学派的形成,针对无信息先验分布,杰弗里斯提出了重要的杰弗里斯准则。在对图的拓扑结构与变量之间条件独立性之间的关系深入研究的基础上,美国加州大学的珀尔(Judea Pearl)于1988年首次提出了贝叶斯网络模型。

贝叶斯网络不仅具有强大的建模功能,而且具有完美的推理机制,贝叶斯网络能够通过有效融合先验知识和当前观察值来完成各种查询。在诞生之后的将近30年里,贝叶斯网络在很多领域证明了其价值,其中包括医疗诊断、治疗规划、故障诊断、用户建模、自然语言理解、规划、计算机视觉、机器人、数据挖掘、欺诈侦察等众多领域。

由于贝叶斯网络的不确定性表示和计算保持了概率的方法,只是在实现时各个具体系统根据应用背景的需要采取不同的近似计算方法,因此本节的安排从表示、计算、语义3个方面看,划分不如前述方法那么明显。

5.5.1 贝叶斯网络概述

贝叶斯网络也称为信念网络(Belief Network)、因果网络(Causal Network)、概率网络(Probability Network)、知识图(Knowledge Map)等,是一种以随机变量为结点,以条件概率为结点间关系强度的有向无环图(Directed Acyclic Graph,DAG)。

具体来讲,贝叶斯网络一般包含两个部分。

第一部分是贝叶斯网络的拓扑结构图,贝叶斯网络的拓扑结构为一个不含回路的有向图,图中的结点表示随机变量,如事件、对象、属性或状态等;有向边描述了相关结点或变量之间的某种依赖关系,如因果关系等。

例如,图5-3所示的图满足贝叶斯网络的拓扑结构要求,图5-4所示的图则不满足贝叶斯网络的拓扑结构要求,因为其中含有回路。如果结点间有反馈回路,从各个方向就可能得到不同的连接权值,而使得最终难以确定。到目前为止,还没有计算方法可以计算有循环的因果关系。

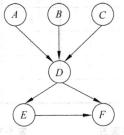 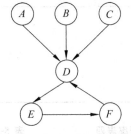

图 5-3 贝叶斯网络示例   图 5-4 非贝叶斯网络示例

第二部分是结点和结点之间的条件概率表(Condition Probability Table,CPT),也就是一系列的概率值,是局部条件概率分布,它刻画了相关结点对该结点的影响,条件概率可看作是结点之间的关系强度,有向边的发出端结点称为因结点(或父结点),指向端结点称为果结点(或子结点)。

由此可见,贝叶斯网络有两个要素,一是贝叶斯网络的拓扑结构,即各结点的继承关系,二是条件概率表CPT,即相关结点之间的关系强度。如果一个贝叶斯网络可计算,那么这两个条件缺一不可。

贝叶斯网络的构造可以按以下步骤进行。

（1）确定网络中的相关变量及解释。

在这一环节中，确定模型的目标，即确定问题的相关解释，确定与问题有关的可能的观测值，确定其中值得建立模型的子集，将这些观测值组织成互不相容的而且穷尽所有状态的变量。值得注意的是，尽管都采用这样的方法，但最后得到的网络模型可能是不唯一的，而且没有一个通用的解决方案，但可以从决策分析和统计学中得到一些指导性的原则。

（2）建立有向无环图。

即建立一个表示条件独立断言的有向无环图。从原理上说，从 n 个变量中找出适合条件独立关系的顺序，是一个组合爆炸问题。但考虑到现实世界中的问题常常是具有因果关系的，而且因果关系一般都对应于条件独立的断言，因此，可以从原因变量到结果变量画一个带箭头的弧来直观表示变量之间的因果关系。

（3）设置局部概率分布。

即构建条件概率表。

在实际贝叶斯网络的构建中，可能需要对以上步骤交叉并反复进行，不大可能一蹴而就，尤其是网络中的结点数目较大时，仅仅利用领域知识构造贝叶斯网络的拓扑结构并给出 CPT 分布是比较困难的，而且是不太准确的。因此，很多学者试图使用一些其他技术来协助完成贝叶斯网络的建立，如通过对大量数据的分析构建贝叶斯网络和确定概率分布，这就是所说的贝叶斯网络的学习，包括参数学习和结构学习。

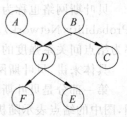

图 5-5　一个简单贝叶斯网络

图 5-5 所示为一个简单交通问题的贝叶斯网络。其中结点 $A\sim F$ 为随机变量，有向边描述了相关结点或变量之间的关系，每个结点的条件概率表如表 5-2～表 5-7 所示。

表 5-2　条件概率表一

$P(A)$
0.2

表 5-3　条件概率表二

$P(B)$
0.1

表 5-4　条件概率表三

A	B	$P(D|A,B)$
t	t	1
t	f	0.85
f	t	0.6
f	f	0

表 5-5　条件概率表四

B	$P(C|B)$
t	0.98
f	0

表 5-6　条件概率表五

D	$P(F|D)$
t	0.85
f	0.15

表 5-7　条件概率表六

D	$P(E|D)$
t	1
f	0

5.5.2　基于贝叶斯网络的不确定性知识表示

下面用一个具体的例子说明用贝叶斯网络如何表示不确定性的知识。

例如,大多数人有这样的医学常识:吸烟可能会导致肺炎或气管炎;感冒也会引起气管炎,同时伴有发烧、头痛;气管炎可能会有咳嗽、气喘的症状。通过因果关系,可以建立图5-6所示的贝叶斯网络。

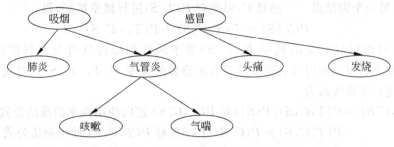

图 5-6 一个医学常识的贝叶斯网络

为了后面便于表示,将吸烟(Smoking)、感冒(Cold)、气管炎(Tracheitis)、咳嗽(Cough)、气喘(Asthma)、肺炎(Pneumonia)、头痛(Headache)和发烧(Fever)分别用字母 S、C、T、O、A、P、H 和 F 来表示,部分条件概率如表 5-8 所示。

表 5-8　条件概率表

条件概率	值	条件概率	值	条件概率	值
$P(S)$	0.4	$P(T \mid S,C)$	0.35	$P(O \mid T)$	0.85
$P(\neg S)$	0.6	$P(T \mid \neg S,C)$	0.25	$P(O \mid \neg T)$	0.15
$P(C)$	0.8	$P(T \mid S,\neg C)$	0.011	$P(A \mid T)$	0.5
$P(\neg C)$	0.2	$P(T \mid \neg S,\neg C)$	0.002	$P(A \mid \neg T)$	0.1

5.5.3 基于贝叶斯网络的推理模式

假设所有变量的集合为 $X = \{X_1, X_2, \cdots, X_n\}$,贝叶斯网络推理就是要在给定证据变量集合 $E = e$ 后,计算查询变量 Q 的概率分布,即

$$P(Q \mid E = e) = \frac{P(Q, E = e)}{P(E = e)} = \alpha \sum_{x - (Q \cup E)} P(X) \tag{5-65}$$

其中,α 是一个常数,可以是任意的变量集合,即不限于只顺着弧的方向推理,可以做因果推理、诊断推理、原因之间的推理,甚至是它们之间的混合等。

在贝叶斯网络的实际应用中,由于条件概率和边缘概率通常很难求得,为了简化问题求解过程,提高问题求解效率,通常进行一些数学简化和近似。以下分别介绍基于贝叶斯网络的因果推理和诊断推理。

1. 因果推理

因果推理是由原因到结果的推理,即已知网络中的祖先结点,计算后代结点的条件概率,是一种自上而下的推理。具体步骤如下。

(1) 对询问结点的条件概率,用所给证据结点和询问结点的所有因结点的联合概率进行重新表达。

(2) 对(1)得到的表达式进行适当变形,直到其中所有概率值均可以从贝叶斯网络的

CPT 中获得。

(3) 将相关概率值代入(2)得到的最终表达式进行计算。

以图 5-6 所示的贝叶斯网络为例，假设已知某人吸烟，求他患气管炎的概率 $P(T|S)$。由于 T 还有另一个因结点——感冒 C，因此对 $P(T|S)$ 进行概率扩展，得

$$P(T|S) = P(T,C|S) + P(T,\neg C|S) \tag{5-66}$$

意思是因吸烟而得气管炎的概率 $P(T|S)$ 等于因吸烟而得气管炎并且患感冒的概率 $P(T,C|S)$ 加上因吸烟而得气管炎并且没有患感冒的概率 $P(T,\neg C|S)$。对式(5-66)中的 $P(T,C|S)$ 进行等价变换为

$$
\begin{aligned}
P(T,C|S) &= P(T,C,S)/P(S) \text{（对 } P(T,C|S) \text{ 逆向使用概率的乘法公式）} \\
&= P(T|C,S) \times P(C,S)/P(S) \text{（对 } P(T,C,S) \text{ 使用乘法公式）} \\
&= P(T|C,S) \times P(C|S) \text{（对 } P(C,S)/P(S) \text{ 使用概率的乘法公式）} \\
&= P(T|C,S) \times P(C) \text{（}C \text{ 与 } S \text{ 条件独立）}
\end{aligned}
$$

同理可得

$$P(T,\neg C|S) = P(T|\neg C,S) \times P(\neg C)$$

因此，使式(5-66)重写为

$$P(T|S) = P(T|C,S) \times P(C) + P(T|\neg C,S) \times P(\neg C) \tag{5-67}$$

根据图 5-6 对应的表 5-8 条件概率表，可得

$$P(T|S) = 0.35 \times 0.8 + 0.011 \times 0.2 = 0.2822$$

2. 诊断推理

诊断推理是从结果到原因的推理，即已知网络中的后代结点计算祖先结点的条件概率，是一种自下而上的推理。具体步骤如下。

(1) 利用 Bayes 公式将诊断推理问题转化为因果推理问题。

(2) 进行因果推理。

(3) 用(2)的结果，导出诊断推理的结果。

仍以图 5-6 所示的贝叶斯网络为例，假设某人患了气管炎，计算他吸烟的后验概率 $P(S|T)$。

根据 Bayes 公式，有

$$P(S|T) = \frac{P(T|S)P(S)}{P(T)} \tag{5-68}$$

其中的 $P(T|S)$ 已经在上面因果推理的例子中计算得到，即 $P(T|S) = 0.2822$。

而根据图 5-6 所示的贝叶斯网络的 CPT 表知 $P(S) = 0.4$。因此，可以得到

$$P(S|T) = \frac{P(T|S)P(S)}{P(T)} = \frac{0.2822 \times 0.4}{P(T)} \tag{5-69}$$

同理，根据 Bayes 公式有

$$P(\neg S|T) = \frac{P(T|\neg S)P(\neg S)}{P(T)} \tag{5-70}$$

其中，

$$
\begin{aligned}
P(T|\neg S) &= P(T,C|\neg S) + P(T,\neg C|\neg S) \\
&= P(T,C,\neg S)/P(\neg S) + P(T,\neg C,\neg S)/P(\neg S) \\
&= P(T|C,\neg S) \times P(C,\neg S)/P(\neg S) + P(T|\neg C,\neg S) \times P(\neg C,\neg S)/P(\neg S)
\end{aligned}
$$

$$= P(T|C,\neg S) \times P(C) + P(T|\neg C,\neg S) \times P(\neg C) \tag{5-71}$$

将 CPT 表中的数据代入式(5-71),得到 $P(T|\neg S)=0.25\times0.8+0.002\times0.2=0.2004$,此时,式(5-70)更新为

$$P(\neg S|T) = \frac{P(T|\neg S)P(\neg S)}{P(T)} = \frac{0.2004\times0.6}{P(T)} \tag{5-72}$$

由于 $P(S|T)+P(\neg S|T)=1$,基于式(5-69)至式(5-72)得到

$$\frac{0.2822\times0.4}{P(T)} + \frac{0.2004\times0.6}{P(T)} = 1 \tag{5-73}$$

根据式(5-73),计算得到 $P(T)=0.11288+0.12024=0.23312$

式(5-69)可计算得到

$$P(S|T) = \frac{P(T|S)P(S)}{P(T)} = \frac{0.2822\times0.4}{P(T)} = \frac{0.2822\times0.4}{0.23312} = 0.4842$$

即该人气管炎是由吸烟导致的概率为 0.4822。

5.5.4 基于贝叶斯网络的不确定性推理的特点

贝叶斯网络基于概率理论和图论,既有牢固的数学基础,又有形象直观的语义。基于贝叶斯网络结构和条件概率,可以由祖先结点推算后代结点的后验概率,或通过后代结点推算祖先结点的后验概率,是目前不确定知识表示和推理领域中最有效的理论模型之一。

5.6 模 糊 推 理

现实世界中有很多概念具有模糊性,即客观事物差异的中间过渡不分明,难以划定界限,如高个子和矮个子、强和弱等。模糊概念源自于实践,而且无处不在,它拥有更大的信息容量、更丰富的内涵,更符合客观世界。

模糊推理是利用具有模糊性的知识进行的一种不确定性推理。模糊推理技术最早可追溯至 1965 年美国加利福尼亚大学的学者扎德(L. A. Zadeh)在《Information and Control》杂志上先后发表的题为"Fuzzy Set"和"Fuzzy Sets & Systems"的论文,文中首次提出了模糊集合的概念和研究方法,也揭开了模糊理论诞生的序幕。在随后的 1968 年和 1972 年,扎德教授又先后在其论文"Fuzzy Algorithm"和"A Rationale for Fuzzy Control"中进一步阐述和引入了模糊集合、模糊逻辑与模糊控制的概念。1973 年扎德发表文章,提出了语言与模糊逻辑相结合的系统建立方法。1974 年伦敦大学的麦姆德尼(E. H. Mamdani)博士利用模糊逻辑成功地开发了世界上第一台模糊控制的蒸汽引擎。至此模糊逻辑、模糊推理、模糊控制等模糊理论都初具雏形。而扎德本人也由于他在模糊理论方面的先驱性工作获得了电气电子工程师学会(IEEE)的教育勋章。

在模糊理论刚刚提出的时候,由于计算机相关技术发展的限制,以及科技界对"模糊"这一含义的误解,模糊理论发展受限,实际应用寥寥无几。随着麦姆德尼博士设计的模糊控制蒸汽引擎的出现,模糊理论在控制领域崭露头角,其中,欧洲主要将模糊控制应用于工业自动化,美国主要将其应用于军事领域。到了 20 世纪 80 年代,随着计算机技术的发展,日本科学家将模糊理论成功应用于工业控制和消费品控制,在世界范围掀起了模糊控制的应用高潮。目前,各种模糊产品屡见不鲜,如智能洗衣机、微波炉、吸尘器、空调、照相机、摄录机、

水净化处理机、电梯、自动扶梯、纸币识别装置和机器人等。2002 年,我国学者李洪兴基于模糊控制技术在世界上首次实现了直线运动四级倒立摆实物系统的控制,其相关的研究成果也被逐步应用于其他领域。

本节主要介绍模糊理论在不确定性推理方面的应用,主要涉及模糊集合、模糊逻辑和模糊推理的一些基本原理和方法。以下将首先给出模糊理论的基本概念,然后从不确定性(主要是模糊性)的表示问题、计算问题和语义问题 3 个角度介绍模糊推理,和前面几种方法一样,语义问题的解释包含在了计算问题和表示问题中。

5.6.1　模糊理论的基本概念

1. 模糊集合

模糊集合(Fuzzy Set)是经典集合的扩充,用来描述模糊现象和模糊概念,通常用隶属函数来刻画。扎德给出了模糊集和隶属函数的定义。

定义 5-11　如果 U 是一个给定论域,μ_F 是把任意 $u \in U$ 映射到区间[0,1]上的一个函数,即

$$\mu_F : U \rightarrow [0,1]$$

$$u \rightarrow \mu_F(u)$$

那么 μ_F 为定义在 U 上的一个隶属函数,由 $\mu_F(u)$(对所有的 $u \in U$)所构成的集合 F 称为 U 上的一个模糊集,$\mu_F(u)$ 称为 u 对 F 的隶属度。

隶属度 $\mu_F(u)$ 表示了 u 隶属于 F 的程度,其值越大,表示 u 属于 F 的程度越高。对所有的 $u \in U$ 而言,当 $\mu_F(u)$ 的值都为 0 时,F 就是个空集;对所有的 $u \in U$ 而言,当 $\mu_F(u)$ 的值都为 1 时,F 就是全集 U;对所有的 $u \in U$ 而言,当 $\mu_F(u)$ 的值仅限定为 0 或 1 时,F 就是全集 U 的普通子集。

一般来说,一个非空的论域,可以对应多个不同的模糊集;一个空的论域,只能对应一个空的模糊集。一个模糊集合与其隶属函数之间是一一对应的,即一个模糊集只能由一个隶属函数定义,一个隶属函数也只能刻画一个模糊集,模糊集合与其隶属函数是等价的。

例如,设论域 $U = \{-10,0,10,20,30,40\}$ 给出的是气温,可以用隶属函数说明模糊概念"高温"的模糊集合 H。其中,U 中各元素的隶属度如下:

$\mu_H(-10) = 0$, $\mu_H(0) = 0$, $\mu_H(10) = 0.1$, $\mu_H(20) = 0.3$, $\mu_H(30) = 0.9$, $\mu_H(40) = 1$

即模糊概念"高温"的模糊集合 $H = (0,0,0.1,0.3,0.9,1)$,H 中的元素指 U 中对应元素的隶属函数值,表示某气温对"高温"集合 H 的隶属程度,如 30℃对高温的隶属度就是 0.9。

2. 模糊集合的表示

模糊集合的表示要考虑到论域的性质。

(1) 当论域有限且离散时。

即 $U = \{u_1, u_2, \cdots, u_n\}$,此时模糊集合可以表示为式(5-74),称为向量表示法,注意其中隶属度为 0 的项不能省略,即

$$F = (\mu_F(u_1), \mu_F(u_2), \cdots, \mu_F(u_n)) \tag{5-74}$$

为了能够清晰地说明论域中的元素与其隶属度的一一对应关系,通常用模糊集合的 Zadeh 表示法,其形式为

$$F = \mu_F(u_1)/u_1 + \mu_F(u_2)/u_2 + \cdots + \mu_F(u_n)/u_n \tag{5-75}$$

式中,u_i 为模糊集合所对应的论域中的元素;$\mu_F(u_i)$ 为相应元素的隶属度,"/"只是一个分隔符,"+"用于把各个 $\mu_F(u_i)/u_i$ 连接起来。

式(5-75)也可以写成

$$F = \sum_{i=1}^{n} \mu_F(u_i)/u_i \tag{5-76}$$

同样,其中的 $\sum$ 也不是要求和,只是为了表示模糊集合在论域上的整体。

在 Zadeh 表示法中,如果 u 的隶属度为 0 时,该项可以省略不写。例如,前文关于高温模糊集合的例子中,模糊集合也可以写成

$$H = 0.1/10 + 0.3/20 + 0.9/30 + 1/40$$

模糊集合还可以等价地表示为式(5-77)或式(5-78)的形式,即

$$F = \{\mu_F(u_1)/u_1, \mu_F(u_2)/u_2, \cdots, \mu_F(u_n)/u_n\} \tag{5-77}$$

$$F = \{(\mu_F(u_1), u_1), (\mu_F(u_2), u_2), \cdots, (\mu_F(u_n), u_n)\} \tag{5-78}$$

其中,式(5-77)称为单点形式,式(5-78)称为序偶形式。

(2) 当论域是连续时。

此时模糊集合可以用一个实函数来表示。例如,扎德以 $[0, 100]$ 为年龄论域,给出了"年轻"与"年老"两个模糊集合的隶属函数,即

$$\begin{cases} \mu_{\text{Young}}(u) = \begin{cases} 1 & 0 \leqslant u \leqslant 25 \\ \left[1 + \left(\dfrac{u-25}{5}\right)^2\right]^{-1} & 25 < u \leqslant 100 \end{cases} \\ \mu_{\text{Old}}(u) = \begin{cases} 0 & 0 \leqslant u \leqslant 50 \\ \left[1 + \left(\dfrac{5}{u-50}\right)^2\right]^{-1} & 50 < u \leqslant 100 \end{cases} \end{cases} \tag{5-79}$$

(3) 综合表示。

无论论域是有限的还是无限的、是连续的还是离散的,扎德给出了一种综合的表示方法,将模糊集合 F 表示为

$$F = \int_{x \in U} \mu_F(u)/u \tag{5-80}$$

自然,$\int$ 也不是要求积分,只是一个表示论域中元素与其隶属度对应关系的符号。

例如,上面关于"年轻"与"年老"两个模糊集合,可以采用式(5-81)的形式来表示,即

$$\begin{cases} \text{Young} = \int_{0 \leqslant u \leqslant 25} 1/u + \int_{25 < u \leqslant 100} \left[1 + \left(\dfrac{u-25}{5}\right)^2\right]^{-1} \Big/ u \\ \text{Old} = \int_{50 < u \leqslant 100} \left[1 + \left(\dfrac{5}{u-50}\right)^2\right]^{-1} \Big/ u \end{cases} \tag{5-81}$$

值得注意的是,模糊集合隶属函数的定义至今没有一个统一的方法和形式,常见的隶属函数的确定方法有以下几个。

(1) 模糊统计法。

(2) 专家经验法。

(3) 二元对比排序法。

(4) 基本概念扩充法。

常见的模糊隶属函数有三角形分布、梯形分布、钟形分布、正态分布、S形分布等。

3. 模糊集合的运算

模糊集合是经典集合的推广,所以,经典集合的运算也可以推广至模糊集合。但由于模糊集合及其隶属函数的特殊性,模糊集合的运算又有其特殊性,下面对模糊集合的运算进行简要说明。

假设论域 U 上有模糊集合 A、B 和 C,它们的隶属函数分别为 $\mu_A(x)$、$\mu_B(x)$ 和 $\mu_C(x)$。

(1) 模糊集合的相等关系。

如果对任意 $x \in U$,都有 $\mu_A(x) = \mu_B(x)$ 成立,则称模糊集合 A 与 B 相等,记为 $A = B$。

(2) 模糊集合的包含关系。

如果对任意 $x \in U$,都有 $\mu_A(x) \geqslant \mu_B(x)$ 成立,则称模糊集合 A 包含 B,记为 $A \supseteq B$ 或称模糊集合 B 包含于 A,记为 $B \subseteq A$。

(3) 模糊集合的交运算。

模糊集合 A 与 B 的交运算(Intersection)为 $A \cap B$,其隶属函数为

$$\mu_{A \cap B} = \min\{\mu_A(x), \mu_B(x)\} = \mu_A(x) \wedge \mu_B(x) \tag{5-82}$$

(4) 模糊集合的并运算。

模糊集合 A 与 B 的并运算(Union)为 $A \cup B$,其隶属函数

$$\mu_{A \cup B} = \max\{\mu_A(x), \mu_B(x)\} = \mu_A(x) \vee \mu_B(x) \tag{5-83}$$

(5) 模糊集合的补运算。

模糊集合 A 的补运算(Complement)为 $\neg A$ 或 $\overline{A}$,其隶属函数为

$$\mu_{\overline{A}} = 1 - \mu_A(x) \tag{5-84}$$

例 5-11 设论域 $U = \{x_1, x_2, x_3, x_4\}$,$A$ 与 B 是论域 U 上的两个模糊集合,且

$$A = 0.2/x_1 + 0.4/x_2 + 0.8/x_3 + 0.5/x_4$$
$$B = 0.3/x_1 + 0.6/x_2 + 0.1/x_3 + 0.4/x_4$$

求 $A \cap B$、$A \cup B$、$\overline{A}$ 和 $\overline{B}$。

【解】 根据以上说明,进行以下计算,即

$$A \cap B = 0.2 \wedge 0.3/x_1 + 0.4 \wedge 0.6/x_2 + 0.8 \wedge 0.1/x_3 + 0.5 \wedge 0.4/x_4$$
$$= 0.2/x_1 + 0.4/x_2 + 0.1/x_3 + 0.4/x_4$$
$$A \cup B = 0.2 \vee 0.3/x_1 + 0.4 \vee 0.6/x_2 + 0.8 \vee 0.1/x_3 + 0.5 \vee 0.4/x_4$$
$$= 0.3/x_1 + 0.6/x_2 + 0.8/x_3 + 0.5/x_4$$
$$\overline{A} = (1-0.2)/x_1 + (1-0.4)/x_2 + (1-0.8)/x_3 + (1-0.5)/x_4$$
$$= 0.8/x_1 + 0.6/x_2 + 0.2/x_3 + 0.5/x_4$$
$$\overline{B} = (1-0.3)/x_1 + (1-0.6)/x_2 + (1-0.1)/x_3 + (1-0.4)/x_4$$
$$= 0.7/x_1 + 0.4/x_2 + 0.9/x_3 + 0.6/x_4$$

(6) 模糊集合的代数和运算。

模糊集合 A 与 B 的代数和记为 $A + B$,其隶属函数为

$$\mu_{A+B}(x) = \mu_A(x) + \mu_B(x) - \mu_{A \cdot B}(x) = \mu_A(x) + \mu_B(x) - \mu_A(x)\mu_B(x) \tag{5-85}$$

(7) 模糊集合的代数积运算。

模糊集合 A 与 B 的代数积记为 $A \cdot B$,其隶属函数为

$$\mu_{A \cdot B}(x) = \mu_A(x)\mu_B(x) \tag{5-86}$$

(8) 模糊集合的有界和运算。

模糊集合 A 与 B 的有界和记为 $A \oplus B$，其隶属函数为

$$\mu_{A \oplus B}(x) = \min\{1, \mu_A(x) + \mu_B(x)\} = 1 \wedge (\mu_A(x) + \mu_B(x)) \tag{5-87}$$

(9) 模糊集合的有界积运算。

模糊集合 A 与 B 的有界积记为 $A \otimes B$，其隶属函数为

$$\mu_{A \otimes B}(x) = \max\{0, \mu_A(x) + \mu_B(x) - 1\} = 0 \vee (\mu_A(x) + \mu_B(x) - 1) \tag{5-88}$$

例 5-12 设论域 $U = \{x_1, x_2, x_3, x_4, x_5\}$，$A$ 与 B 是论域 U 上的两个模糊集合，且

$$A = 0.2/x_1 + 0.4/x_2 + 0.8/x_3 + 0.5/x_4 + 0.6/x_5$$

$$B = 0.3/x_1 + 0.6/x_2 + 0.1/x_3 + 0.4/x_4 + 0.7/x_5$$

求 $A \cdot B$、$A + B$、$A \oplus B$ 和 $A \otimes B$。

【解】 根据以上说明，进行以下计算，即

$$A \cdot B = 0.2 \cdot 0.3/x_1 + 0.4 \cdot 0.6/x_2 + 0.8 \cdot 0.1/x_3 + 0.5 \cdot 0.4/x_4 + 0.6 \cdot 0.7/x_5$$
$$= 0.06/x_1 + 0.24/x_2 + 0.08/x_3 + 0.2/x_4 + 0.42/x_5$$

$$A + B = (0.2 + 0.3 - 0.2 \cdot 0.3)/x_1 + (0.4 + 0.6 - 0.4 \cdot 0.6)/x_2 + (0.8 + 0.1 - 0.8 \cdot 0.1)/x_3$$
$$+ (0.5 + 0.4 - 0.5 \cdot 0.4)/x_4 + (0.6 + 0.7 - 0.6 \cdot 0.7)/x_5$$
$$= 0.44/x_1 + 0.76/x_2 + 0.82/x_3 + 0.7/x_4 + 0.88/x_5$$

$$A \oplus B = 1 \wedge (0.2 + 0.3)/x_1 + 1 \wedge (0.4 + 0.6)/x_2 + 1 \wedge (0.8 + 0.1)/x_3$$
$$+ 1 \wedge (0.5 + 0.4)/x_4 + 1 \wedge (0.6 + 0.7)/x_5$$
$$= 0.5/x_1 + 1/x_2 + 0.9/x_3 + 0.9/x_4 + 1/x_5$$

$$A \otimes B = 0 \vee (0.2 + 0.3 - 1)/x_1 + 0 \vee (0.4 + 0.6 - 1)/x_2 + 0 \vee (0.8 + 0.1 - 1)/x_3$$
$$+ 0 \vee (0.5 + 0.4 - 1)/x_4 + 0 \vee (0.6 + 0.7 - 1)/x_5$$
$$= 0/x_1 + 0/x_2 + 0/x_3 + 0/x_4 + 0.3/x_5 = 0.3/x_5$$

(10) 模糊集合运算的基本性质。

① 幂等律，即

$$\begin{cases} A \cup A = A \\ A \cap A = A \end{cases} \tag{5-89}$$

② 交换律，即

$$\begin{cases} A \cup B = B \cup A \\ A \cap B = B \cap A \end{cases} \tag{5-90}$$

③ 结合律，即

$$\begin{cases} (A \cup B) \cup C = A \cup (B \cup C) \\ (A \cap B) \cap C = A \cap (B \cap C) \end{cases} \tag{5-91}$$

④ 分配率，即

$$\begin{cases} (A \cup B) \cap C = (A \cap C) \cup (B \cap C) \\ (A \cap B) \cup C = (A \cup C) \cap (B \cup C) \end{cases} \tag{5-92}$$

⑤ 吸收率，即

$$\begin{cases} (A \cup B) \cap A = A \\ (A \cap B) \cup A = A \end{cases} \tag{5-93}$$

⑥ 同一律,即

$$\begin{cases} A \bigcup U = U \\ A \bigcap U = A \\ A \bigcup \varnothing = A \\ A \bigcap \varnothing = \varnothing \end{cases} \tag{5-94}$$

⑦ 复原律,即

$$\overline{\overline{A}} = A \tag{5-95}$$

⑧ 对偶律,即

$$\begin{cases} \overline{A \bigcup B} = \overline{A} \bigcap \overline{B} \\ \overline{A \bigcap B} = \overline{A} \bigcup \overline{B} \end{cases} \tag{5-96}$$

4. 模糊关系

普通关系描述两个集合的元素之间是否有联系,而模糊关系作为普通关系的推广,用来描述两个模糊集合中元素之间的关联程度。

(1) 普通关系。

在普通集合中,关系是用笛卡儿积定义的。假设 V 与 W 是两个普通集合, V 与 W 的笛卡儿积为

$$V \times W = \{(v,w) \mid 任意 v \in V, 任意 w \in W\}$$

即 V 与 W 的笛卡儿积是 V 与 W 上所有可能的序偶 (v,w) 构成的一个集合。

从 V 到 W 的关系 R,是指 $V \times W$ 上的一个子集,即 $R \subseteq V \times W$,记为

$$V \xrightarrow{R} W$$

对于 $V \times W$ 中的元素,如果 $(v,w) \in R$,则称 v 与 w 有关系 R;如果 $(v,w) \notin R$,则称 v 与 w 没有关系 R。

(2) 模糊关系。

普通集合上的关系都是确定性的关系, v 与 w 有没有关系非常明确,但模糊集合中的这种关系则是一种"软关系",是一种模糊的、具有不确定性的关系。

定义 5-12 在 $U_1 \times U_2 \times \cdots \times U_n$ 上的一个 n 元模糊关系 R 是以 $U_1 \times U_2 \times \cdots \times U_n$ 为论域的模糊集,记为

$$R = \int_{U_1 \times U_2 \times \cdots \times U_n} \mu_R(u_1, u_2, \cdots, u_n)/(u_1, u_2, \cdots, u_n)$$

式中, $\mu_R(u_1, u_2, \cdots, u_n)$ 为模糊关系 R 的隶属函数,它把 $U_1 \times U_2 \times \cdots \times U_n$ 上的每一个元素 $(u_1, u_2, \cdots, u_n)$ 映射为 $[0,1]$ 上面的一个实数,该实数反映了 $u_1, u_2, \cdots, u_n$ 具有关系 R 的程度。

当 $n = 2$ 时,有

$$R = \int_{U \times V} \mu_R(u,v)/(u,v)$$

其中, $\mu_R(u,v)$ 反映了 u 和 v 具有关系 R 的程度。

例 5-13 假设某学校社团 IT 工作室有 5 个学生,即

$$U = \{u_1, u_2, u_3, u_4, u_5\} = \{lichao, wangjia, songhao, lily, anran\}$$

该社团能采用一些计算机技术进行相关的应用设计,即

$$V = \{v_1, v_2, v_3, v_4\} = \{android, robot, webdesign, internet\}$$

社团的每个学生在不同领域的擅长程度不同，分别为

$\mu_R(\text{lichao},\text{android})=0.7$，　$\mu_R(\text{lichao},\text{robot})=0.4$，　$\mu_R(\text{lichao},\text{webdesign})=0.9$，

$\mu_R(\text{lichao},\text{internet})=0.2$，　$\mu_R(\text{wangjia},\text{android})=0.2$，　$\mu_R(\text{wangjia},\text{robot})=0.9$，

$\mu_R(\text{wangjia},\text{webdesign})=0.5$，　$\mu_R(\text{wangjia},\text{internet})=0.4$，　$\mu_R(\text{songhao},\text{android})=0.8$，

$\mu_R(\text{songhao},\text{robot})=0.6$，　$\mu_R(\text{songhao},\text{webdesign})=0.5$，　$\mu_R(\text{songhao},\text{internet})=0.8$，

$\mu_R(\text{lily},\text{android})=0.5$，　$\mu_R(\text{lily},\text{robot})=0.5$，　$\mu_R(\text{lily},\text{webdesign})=0.9$，

$\mu_R(\text{lily},\text{internet})=0.6$，　$\mu_R(\text{anran},\text{android})=0.99$，　$\mu_R(\text{anran},\text{robot})=0.7$，

$\mu_R(\text{anran},\text{webdesign})=0.6$，　$\mu_R(\text{anran},\text{internet})=0.7$

此时，$U \times V$ 上的模糊关系 $R = \int_{U \times V} \mu_R(u,v)/(u,v)$ 可以写成

$$R = \begin{bmatrix} 0.7 & 0.4 & 0.9 & 0.2 \\ 0.2 & 0.9 & 0.5 & 0.4 \\ 0.8 & 0.6 & 0.5 & 0.8 \\ 0.5 & 0.5 & 0.9 & 0.6 \\ 0.99 & 0.7 & 0.6 & 0.7 \end{bmatrix}$$

5. 模糊关系的合成

模糊关系的合成是普通关系合成的推广，定义如下。

定义 5-13　设 R_1 是 $U \times V$ 上的模糊关系，R_2 是 $V \times W$ 上的模糊关系，那么 R_1 和 R_2 的合成是 $U \times W$ 上的一个模糊关系 $R_1 \circ R_2$，其隶属函数为

$$\mu_{R_1 \cdot R_2}(u,w) = \vee \{\mu_{R_1}(u,v) \wedge \mu_{R_2}(v,w)\}$$

其中的 $\vee$ 和 $\wedge$ 分别表示取最大值和最小值。

例 5-14　假设有以下两个模糊关系，即

$$R_1 = \begin{bmatrix} 0.1 & 0.6 & 0.3 & 0.4 \\ 0.4 & 0.7 & 0.9 & 0.5 \end{bmatrix}$$

$$R_2 = \begin{bmatrix} 0.1 & 0.4 \\ 1 & 0.9 \\ 0.7 & 0.8 \\ 0.3 & 0.6 \end{bmatrix}$$

求 $R_1 \circ R_2$。

【解】　根据模糊关系的合成法则，可得

$$R_1 \circ R_2 = \begin{bmatrix} 0.6 & 0.6 \\ 0.7 & 0.8 \end{bmatrix}$$

方法是把 R_1 第 i 行元素分别与 R_2 第 j 列元素比较，两个数中取最小者，然后再在所得的一组数中取最大的一个，作为 $R_1 \circ R_2$ 的元素 $R(i,j)$ 的值。

6. 模糊变换

定义 5-14　设 $F = \mu_F(u_1)/u_1 + \mu_F(u_2)/u_2 + \cdots + \mu_F(u_n)/u_n$ 是论域 U 上的模糊集合，R 是 $U \times V$ 上的模糊关系，则

$$F \circ R = G$$

称为模糊变换。G 是 V 上的模糊集，其一般形式为

$$G = \int_{v \in V} \bigvee_u (\mu_F(u) \land R)/v$$

例 5-15　设 $F = 0.8/u_1 + 0.6/u_2 + 0.3/u_3$，则

$$R = \begin{bmatrix} 0.5 & 0.4 \\ 0.7 & 0.6 \\ 0.4 & 0.9 \end{bmatrix}$$

求 $G = F \circ R$。

【解】

$$G = F \circ R = (0.8 \land 0.5 \lor 0.6 \land 0.7 \lor 0.3 \land 0.4)/v_1$$
$$+ (0.8 \land 0.4 \lor 0.6 \land 0.6 \lor 0.3 \land 0.9)/v_2$$
$$= 0.6/v_1 + 0.6/v_2$$

5.6.2　表示问题

1. 语言变量和语言值

模糊逻辑中使用的变量可以是语言变量，语言变量是指用自然语言中的词表示的、可以有语言值的变量。简单来说，语言变量就是通常所说的属性名，如"年纪"、"身高"等，语言值作为语言变量的值，相当于通常所说的属性值，如"年纪"的值可以是"老"、"中"和"青"，"身高"的值可以是"高"和"矮"等。

通常，语言变量的值可以由一个或多个原始值再加上一个修饰词和连接词组成，如语言变量"身高"的原始值为"高"、"矮"，还可以加上修饰词"非常"、"比较"、"不很"变成"非常高"、"比较矮"、"不很高"，甚至还可以加上连接词"且"，得到"不很高且不很矮"。

2. 证据的不确定性表示

模糊推理中的证据是用模糊命题表示的，其一般形式为

$$x \quad \text{is} \quad F$$

其中，F 为论域 U 上的模糊集。

模糊命题是指由模糊概念、模糊数据或带有确信程度词组成的语句。例如，"Mary 是个美女"，"Jake 的身高大约是 180cm"，"明天是个好天气的可能性在 80% 左右"。

模糊逻辑通过模糊谓词、模糊量词、模糊概率、模糊可能性、模糊真值、模糊修饰语等对命题的模糊性进行描述。

（1）模糊谓词。

模糊命题中的 F 是 U 上的模糊集，也是模糊谓词，可以是大、小、多、少、高、低、长、短、美和丑等。

（2）模糊量词。

模糊量词是指诸如极少、很少、几个、少数、多数、大多数、几乎所有等这样的词，可以使命题的描述更形象，如大多数成功之士都工作很努力。

（3）模糊概率、模糊可能性和模糊真值。

模糊概率、模糊可能性和模糊真值可以对模糊命题附加概率限定、可能性限定和真值限定。假设模糊概率为 λ，模糊可能性为 π，模糊真值为 τ，模糊命题可以表示为

$$(x \quad \text{is} \quad F) \quad \text{is} \quad \lambda$$

式中，λ 可以是"或许"、"必须"等。

$$(x \ is \ F) \ is \ \pi$$

式中，π 可以是"非常可能"、"很可能"、"很不可能"等。

$$(x \ is \ F) \ is \ \tau$$

式中，τ 可以是"有些真"、"非常假"等。

例如，"常欢很可能是年轻的"可表示为

$$(Age(Chang \ huan) \ is \ young) \ is \ likely$$

（4）模糊修饰语。

如果 m 是模糊修饰语，x 是变量，F 是模糊谓词，则模糊命题表示为

$$x \ is \ mF$$

模糊修饰语也称为程度词，常见的程度词有"很"、"非常"、"有些"、"绝对"等。模糊修饰语的表达主要通过以下 4 种运算实现。

① 求补。表示否定，如"不"、"非"等，其隶属函数为

$$\mu_{\text{非}F}(u) = 1 - \mu_F(u) \quad u \in [0,1] \tag{5-97}$$

② 集中。表示"很"、"非常"等，其效果是减少隶属函数的值，其隶属函数为

$$\mu_{\text{非常}F}(u) = \mu_F^2(u) \quad u \in [0,1] \tag{5-98}$$

③ 扩张。表示"有些"、"稍微"等，其效果是增加隶属函数的值，其隶属函数为

$$\mu_{\text{有些}F}(u) = \mu_F^{\frac{1}{2}}(u) \quad u \in [0,1] \tag{5-99}$$

④ 加强对比。表示"明确"、"确定"等，其效果是增加 0.5 以上隶属函数的值，减少 0.5 以下隶属函数的值，其隶属函数为

$$\mu_{\text{确实}F}(u) = \begin{cases} 2\mu_F^2(u) & 0 \leqslant \mu_F(u) \leqslant 0.5 \\ 1 - 2(1 - \mu_F(u))^2 & 0.5 \leqslant \mu_F(u) \leqslant 1 \end{cases} \tag{5-100}$$

3. 规则不确定性的表示

在 Zadeh 提出的模糊推理模型中，产生式规则的表示形式为

$$IF \ x \ is \ F \ THEN \ y \ is \ G$$

式中，x 和 y 是变量，表示对象；F 和 G 分别是论域 U 和论域 V 上的模糊集，表示概念。规则的前提部分可以是简单证据，也可以是多个简单证据"x_i is F_i"构成的复合证据。此时，可以用前文讨论过的模糊集合的运算方法求出复合证据的隶属度函数。

5.6.3 计算问题

这里主要讨论进行模糊推理时可能会遇到的模糊概念的匹配问题、模糊关系的构造方法及各种不同的模糊推理算法，以下分别说明。

1. 模糊匹配

在模糊推理中，由于知识的前提条件"x is F"可能与证据"x is F'"不一定完全相同，因此在决定这条知识是否可以被触发时会涉及前提条件与证据的匹配问题，只有当它们的相似程度大于某个事先设定好的阈值或它们的距离小于某个事先设定好的阈值时，该条知识才有可能被触发激活。例如，有以下知识和证据，即

$$IF \ x \ is \ 高 \ THEN \ y \ is \ 大 \ (0.7)$$

$$x \quad is \quad 有点儿高$$

此时,需要采用某种方法计算知识的前提部分"$x \quad is \quad 高$"和证据"$x \quad is \quad 有点儿高$"的相似程度是否会落在阈值 0.7 指定的范围内,从而决定该条规则是否能被触发。

由于"高"和"较高"是两个模糊的概念,都可以用模糊集合与隶属函数来刻画,因此对它们之间匹配程度的计算可以转化为对相应模糊集合的计算。两个模糊集合所表示的模糊概念的相似程度也叫匹配度,目前常用的匹配度计算方法有贴近度、语义距离和相似度等。

(1) 贴近度。

两个模糊概念互相贴近的程度称为贴近度,可以用来衡量两个模糊概念的匹配度。当用贴近度作为匹配度时,其值越大越好,当贴近度大于某个事先给定的阈值时(如上面例子中的 0.7),认为两个模糊概念是匹配的。

设 A 与 B 分别是论域 $U=\{u_1, u_2, \cdots, u_n\}$ 上的两个表示相应模糊概念的模糊集合,即

$$A = \mu_A(u_1)/u_1 + \mu_A(u_2)/u_2 + \cdots + \mu_A(u_n)/u_n$$
$$B = \mu_B(u_1)/u_1 + \mu_B(u_2)/u_2 + \cdots + \mu_B(u_n)/u_n$$

则它们的贴近度定义为

$$(A, B) = \frac{1}{2} \left[\bigvee_U (\mu_A(u_i) \wedge \mu_B(u_i)) + \left(1 - \bigwedge_U (\mu_A(u_i) \vee \mu_B(u_i))\right) \right] \quad (5\text{-}101)$$

式中,"$\wedge$"表示求极小值;"$\vee$"表示求极大值。

例 5-16 设论域 $U=\{a, b, c, d, e\}$,论域 U 上的两个模糊集合定义为

$$A = 0.6/a + 0.8/b + 1/c + 0.7/d + 0.4/e$$
$$B = 0.4/a + 0.9/b + 0.5/c + 0.3/d + 0.7/e$$

求 A 和 B 的贴近度 (A, B)。

【解】 根据贴近度的定义可得

$$(A, B) = \frac{1}{2} \left[\bigvee_U (\mu_A(u_i) \wedge \mu_B(u_i)) + \left(1 - \bigwedge_U (\mu_A(u_i) \vee \mu_B(u_i))\right) \right]$$

$$= \frac{1}{2} \left[(0.6 \wedge 0.4 \vee 0.8 \wedge 0.9 \vee 1 \wedge 0.5 \vee 0.7 \wedge 0.3 \vee 0.4 \wedge 0.7) \right.$$

$$\left. + (1 - (0.6 \vee 0.4) \wedge (0.8 \vee 0.9) \wedge (1 \vee 0.5) \wedge (0.7 \vee 0.3) \wedge (0.4 \vee 0.7)) \right]$$

$$= \frac{1}{2} [0.8 + (1 - 0.6)] = 0.6$$

(2) 语义距离。

语义距离刻画两个模糊概念之间的差异,可以用来判断两个模糊概念是否匹配。语义距离越小,说明两者越相似。当语义距离小于某个给定阈值时,两个模糊概念匹配成功。

常用的语义距离计算方法有汉明距离、欧几里得距离、明可夫斯基距离、切比雪夫距离等,这里介绍前两种距离的计算方法。

设 A 与 B 分别是论域 $U=\{u_1, u_2, \cdots, u_n\}$ 上的两个表示模糊概念的模糊集合,即

$$A = \mu_A(u_1)/u_1 + \mu_A(u_2)/u_2 + \cdots + \mu_A(u_n)/u_n$$
$$B = \mu_B(u_1)/u_1 + \mu_B(u_2)/u_2 + \cdots + \mu_B(u_n)/u_n$$

① 汉明距离。汉明距离 $d(A, B)$ 的计算方法为

$$d(A, B) = \frac{1}{n} \times \sum_{i=1}^{n} |\mu_A(u_i) - \mu_B(u_i)| \quad (5\text{-}102)$$

式(5-102)适用于论域是有限集合的情形。如果论域是实数域的某个闭区间$[a,b]$,那么汉明距离的计算采用

$$d(A,B) = \frac{1}{b-a} \times \int_a^b |\mu_A(u) - \mu_B(u)| \, \mathrm{d}u \tag{5-103}$$

例 5-17　设论域$U=\{a,b,c,d\}$,论域U上的两个模糊集合定义为

$$A = 0.6/a + 0.8/b + 1/c + 0.7/d$$
$$B = 0.4/a + 0.9/b + 0.5/c + 0.3/d$$

求它们之间的汉明距离。

【解】

$$\begin{aligned}
d(A,B) &= \frac{1}{n} \times \sum_{i=1}^n |\mu_A(u_i) - \mu_B(u_i)| \\
&= \frac{1}{4}\big[|0.6-0.4| + |0.8-0.9| + |1-0.5| + |0.7-0.3|\big] \\
&= (0.2 + 0.1 + 0.5 + 0.4)/4 = 0.3
\end{aligned}$$

② 欧几里得距离。欧几里得距离$d(A,B)$的计算方法式为

$$d(A,B) = \frac{1}{\sqrt{n}} \times \sqrt{\sum_{i=1}^n (\mu_A(u_i) - \mu_B(u_i))^2} \tag{5-104}$$

例 5-18　设论域$U=\{a,b,c,d\}$,论域U上的两个模糊集合定义为

$$A = 0.6/a + 0.8/b + 1/c + 0.7/d$$
$$B = 0.4/a + 0.9/b + 0.5/c + 0.3/d$$

求它们之间的欧几里得距离。

【解】

$$\begin{aligned}
d(A,B) &= \frac{1}{\sqrt{n}} \times \sqrt{\sum_{i=1}^n (\mu_A(u_i) - \mu_B(u_i))^2} \\
&= \frac{1}{\sqrt{4}} \sqrt{[(0.6-0.4)^2 + (0.8-0.9)^2 + (1-0.5)^2 + (0.7-0.3)^2]} \\
&= \sqrt{(0.04 + 0.01 + 0.25 + 0.16)/2} = 0.678/2 = 0.339
\end{aligned}$$

（3）相似度。

相似度也可以用来判断两个模糊概念之间的匹配程度。设A与B分别是论域$U=\{u_1,u_2,\cdots,u_n\}$上的两个表示模糊概念的模糊集合,即

$$A = \mu_A(u_1)/u_1 + \mu_A(u_2)/u_2 + \cdots + \mu_A(u_n)/u_n$$
$$B = \mu_B(u_1)/u_1 + \mu_B(u_2)/u_2 + \cdots + \mu_B(u_n)/u_n$$

则A与B之间的相似度$r(A,B)$可以用下列方法计算。

① 最大最小法,即

$$r(A,B) = \frac{\displaystyle\sum_{i=1}^n \min\{\mu_A(u_i), \mu_B(u_i)\}}{\displaystyle\sum_{i=1}^n \max\{\mu_A(u_i), \mu_B(u_i)\}} \tag{5-105}$$

② 算术平均法,即

$$r(A,B) = \frac{\sum\limits_{i=1}^{n} \min\{\mu_A(u_i), \mu_B(u_i)\}}{\frac{1}{2}\sum\limits_{i=1}^{n}(\mu_A(u_i) + \mu_B(u_i))} \tag{5-106}$$

③ 几何平均最小法,即

$$r(A,B) = \frac{\sum\limits_{i=1}^{n} \min\{\mu_A(u_i), \mu_B(u_i)\}}{\sum\limits_{i=1}^{n}\sqrt{\mu_A(u_i) \times \mu_B(u_i)}} \tag{5-107}$$

④ 相关系数法,即

$$r(A,B) = \frac{\sum\limits_{i=1}^{n}(\mu_A(u_i) - \overline{\mu_A}) \times (\mu_B(u_i) - \overline{\mu_B})}{\sqrt{\left[\sum\limits_{i=1}^{n}(\mu_A(u_i) - \overline{\mu_A})^2\right] \times \left[\sum\limits_{i=1}^{n}(\mu_B(u_i) - \overline{\mu_B})^2\right]}} \tag{5-108}$$

其中,

$$\overline{\mu_A} = \frac{1}{n}\sum\limits_{i=1}^{n}\mu_A(u_i), \overline{\mu_B} = \frac{1}{n}\sum\limits_{i=1}^{n}\mu_B(u_i)$$

2. 模糊关系的构造

模糊推理是按照给定的推理模式,通过模糊集合的合成来实现的,而模糊集合的合成实际上是通过模糊集与模糊关系的合成来实现的。由此可见,模糊关系对模糊推理至关重要。

以下给出几种构造模糊关系的常见方法。

(1) 模糊关系 R_m。

模糊关系 R_m 是扎德提出的一种构造模糊关系的方法。设 F 是论域 U 上的模糊集合, G 是论域 V 上的模糊集合,则 R_m 由公式(5-109)求得,即

$$R_m = \int_{U \times V} (\mu_F(u) \wedge \mu_G(v)) \vee (1 - \mu_F(u))/(u,v) \tag{5-109}$$

例 5-19 设论域 $U = V = \{a,b,c\}$, F 是论域 U 上的模糊集合, G 是论域 V 上的模糊集合,并且有隶属函数为

$$F = 1/a + 0.6/b + 0.3/c$$
$$G = 0.2/a + 0.6/b + 0.8/c$$

求 $U \times V$ 上的模糊关系 R_m。

【解】 $R_m(a,a) = (\mu_F(a) \wedge \mu_G(a)) \vee (1 - \mu_F(a)) = (1 \wedge 0.2) \vee (1-1) = 0.2$

$R_m(a,b) = (\mu_F(a) \wedge \mu_G(b)) \vee (1 - \mu_F(a)) = (1 \wedge 0.6) \vee (1-1) = 0.6$

$R_m(a,c) = (\mu_F(a) \wedge \mu_G(c)) \vee (1 - \mu_F(a)) = (1 \wedge 0.8) \vee (1-1) = 0.8$

$R_m(b,a) = (\mu_F(b) \wedge \mu_G(a)) \vee (1 - \mu_F(b)) = (0.6 \wedge 0.2) \vee (1-0.6) = 0.4$

$\cdots$

有

$$\boldsymbol{R}_m = \begin{bmatrix} 0.2 & 0.6 & 0.8 \\ 0.4 & 0.6 & 0.6 \\ 0.7 & 0.7 & 0.7 \end{bmatrix}$$

(2) 模糊关系 R_c。

模糊关系 R_c 是麦姆德尼提出的,是一个用条件命题的最小运算规则构造的模糊关系。设 F 是论域 U 上的模糊集合,G 是论域 V 上的模糊集合,则 R_c 由式(5-110)求得,即

$$R_c = \int_{U \times V} (\mu_F(u) \land \mu_G(v))/(u,v) \qquad (5\text{-}110)$$

例 5-20 设论域 $U = V = \{a,b,c\}$,F 是论域 U 上的模糊集合,G 是论域 V 上的模糊集合,并且有隶属函数为

$$F = 1/a + 0.6/b + 0.3/c$$
$$G = 0.2/a + 0.6/b + 0.8/c$$

求 $U \times V$ 上的模糊关系 R_c。

【解】 $R_c(a,a) = \mu_F(a) \land \mu_G(a) = 1 \land 0.2 = 0.2$

$R_c(a,b) = \mu_F(a) \land \mu_G(b) = 1 \land 0.6 = 0.6$

$R_c(a,c) = \mu_F(a) \land \mu_G(c) = 1 \land 0.8 = 0.8$

$R_c(b,a) = \mu_F(b) \land \mu_G(a) = 0.6 \land 0.2 = 0.2$

$\cdots$

有

$$\mathbf{R}_c = \begin{bmatrix} 0.2 & 0.6 & 0.8 \\ 0.2 & 0.6 & 0.6 \\ 0.2 & 0.3 & 0.3 \end{bmatrix}$$

(3) 模糊关系 R_g。

模糊关系 R_g 是米祖莫托(Mizumoto)根据多值逻辑中计算 $T(A \rightarrow B)$ 的方法构造的一种模糊关系。设 F 是论域 U 上的模糊集合,G 是论域 V 上的模糊集合,则 Rg 由公式(5-111)求得,即

$$R_g = \int_{U \times V} (\mu_F(u) \rightarrow \mu_G(v))/(u,v) \qquad (5\text{-}111)$$

其中,

$$\mu_F(u) \rightarrow \mu_G(v) = \begin{cases} 1 & \mu_F(u) \leqslant \mu_G(v) \text{ 时} \\ \mu_G(v) & \mu_F(u) > \mu_G(v) \text{ 时} \end{cases}$$

例 5-21 设论域 $U = V = \{a,b,c\}$,F 是论域 U 上的模糊集合,G 是论域 V 上的模糊集合,并且有隶属函数为

$$F = 1/a + 0.6/b + 0.3/c$$
$$G = 0.2/a + 0.6/b + 0.8/c$$

求 $U \times V$ 上的模糊关系 R_g。

【解】 $R_g(a,a) = \mu_F(a) \rightarrow \mu_G(a) = 1 \rightarrow 0.2 = 0.2$

$R_g(a,b) = \mu_F(a) \rightarrow \mu_G(b) = 1 \rightarrow 0.6 = 0.6$

$R_g(a,c) = \mu_F(a) \rightarrow \mu_G(c) = 1 \rightarrow 0.8 = 0.8$

$R_g(b,a) = \mu_F(b) \rightarrow \mu_G(a) = 0.6 \rightarrow 0.2 = 0.2$

$\cdots$

有

$$\boldsymbol{R}_g = \begin{bmatrix} 0.2 & 0.6 & 0.8 \\ 0.2 & 1 & 1 \\ 0.2 & 1 & 1 \end{bmatrix}$$

3. 模糊推理

同自然演绎推理对应,模糊推理也有 3 种基本形式,以下分别说明。

(1) 模糊假言推理。

设 F 是论域 U 上的模糊集合,G 是论域 V 上的模糊集合,且有知识

$$\text{IF } x \text{ is } F \text{ THEN } y \text{ is } G$$

若有 U 上的一个模糊集 F',且 F' 与 F 匹配,则可以推出 y is G',且 G' 是论域 V 上的一个模糊集合。这种推理模式称为模糊假言推理,即

知识:IF x is F THEN y is G

证据: x is F'

———————————————————————————

结论: y is G'

在这种推理模式下,模糊知识

$$\text{IF } x \text{ is } F \text{ THEN } y \text{ is } G$$

表示在 F 和 G 之间存在确定的模糊关系 R。当已知证据 F' 与 F 匹配时,可以通过 F' 与 R 的合成得到 G',即

$$G' = F' \circ R$$

其中的模糊关系 R 可以是 R_m、R_c 或 R_g。

例 5-22 设论域 $U = V = \{a, b, c\}$,F 是论域 U 上的模糊集合,G 是论域 V 上的模糊集合,且有知识"IF x is F THEN y is G"。F 与 G 之间的模糊关系

$$\boldsymbol{R}_m = \begin{bmatrix} 0.2 & 0.6 & 0.8 \\ 0.4 & 0.6 & 0.6 \\ 0.7 & 0.7 & 0.7 \end{bmatrix}$$

已知事实"x is 较矮",较矮 $= 1/a + 0.7/b + 0.5/c$,且已知事实与 F 匹配。求基于该已知事实和知识的模糊结论 G'。

【解】

$$G' = F' \circ \boldsymbol{R}_m = \begin{bmatrix} 1 & 0.7 & 0.5 \end{bmatrix} \circ \begin{bmatrix} 0.2 & 0.6 & 0.8 \\ 0.4 & 0.6 & 0.6 \\ 0.7 & 0.7 & 0.7 \end{bmatrix} = \begin{bmatrix} 0.5 & 0.6 & 0.8 \end{bmatrix}$$

即结论为 $G' = 0.5/a + 0.6/b + 0.8/c$。

(2) 模糊拒取式推理。

设 F 是论域 U 上的模糊集合,G 是论域 V 上的模糊集合,且有知识

$$\text{IF } x \text{ is } F \text{ THEN } y \text{ is } G$$

若有 V 上的一个模糊集 G',且 G' 与 G 的补集 $\neg G$ 匹配,则可以推出 x is F',且 F' 是论域 U 上的一个模糊集合。这种推理模式称为模糊拒取式推理,即

知识:IF x is F THEN y is G

证据: y is G'

———————————————————————————

结论: x is F'

在这种推理模式下，模糊知识

$$\text{IF} \quad x \quad \text{is} \quad F \quad \text{THEN} \quad y \quad \text{is} \quad G$$

表示在 F 和 G 之间存在确定的模糊关系 R。当已知证据 G' 与 $\neg G$ 匹配时，可以通过 R 与 G' 的合成得到 F'，即

$$F' = R \circ G'$$

其中的模糊关系 R 可以是 R_m、R_c 或 R_g。

例 5-23 设论域 $U = V = \{a, b, c\}$，F 是论域 U 上的模糊集合，G 是论域 V 上的模糊集合，且有知识"IF $\quad x \quad$ is $\quad F \quad$ THEN $\quad y \quad$ is $\quad G$"。F 与 G 之间的模糊关系

$$\boldsymbol{R}_c = \begin{bmatrix} 0.2 & 0.6 & 0.8 \\ 0.2 & 0.6 & 0.6 \\ 0.2 & 0.3 & 0.3 \end{bmatrix}$$

已知事实"$y \quad$ is $\quad$ 较高"，$G' = 较高 = 0.2/a + 0.7/b + 0.9/c$，已知 G' 与 $\neg G$ 匹配。基于该已知事实和知识，求 F'。

【解】 根据已知条件，可得

$$F' = R \circ G' = \begin{bmatrix} 0.2 & 0.6 & 0.8 \\ 0.2 & 0.6 & 0.6 \\ 0.2 & 0.3 & 0.3 \end{bmatrix} \circ \begin{bmatrix} 0.2 \\ 0.7 \\ 0.9 \end{bmatrix} = \begin{bmatrix} 0.8 \\ 0.6 \\ 0.3 \end{bmatrix}$$

即 $F' = 0.8/a + 0.6/b + 0.3/c$。

(3) 模糊假言三段论推理。

设 F、G 和 H 分别是论域 U、V 和 W 上的 3 个模糊集合，且有知识

$$\text{IF} \quad x \quad \text{is} \quad F \quad \text{THEN} \quad y \quad \text{is} \quad G$$
$$\text{IF} \quad y \quad \text{is} \quad G \quad \text{THEN} \quad z \quad \text{is} \quad H$$

则可以推出

$$\text{IF} \quad x \quad \text{is} \quad F \quad \text{THEN} \quad z \quad \text{is} \quad H$$

这种推理模式称为模糊假言三段论，即

$$\begin{array}{c} \text{IF} \quad x \quad \text{is} \quad F \quad \text{THEN} \quad y \quad \text{is} \quad G \\ \underline{\text{IF} \quad y \quad \text{is} \quad G \quad \text{THEN} \quad z \quad \text{is} \quad H} \\ \text{IF} \quad x \quad \text{is} \quad F \quad \text{THEN} \quad z \quad \text{is} \quad H \end{array}$$

在这种推理模式下，有

模糊知识"IF $\quad x \quad$ is $\quad F \quad$ THEN $\quad y \quad$ is $\quad G$"表示在 F 与 G 之间存在着确定的模糊关系，设此模糊关系为 R_1。

模糊知识"IF $\quad y \quad$ is $\quad G \quad$ THEN $\quad z \quad$ is $\quad H$"表示在 G 与 H 之间存在着确定的模糊关系，设此模糊关系为 R_2。

若模糊假言三段论成立，则结论表示的模糊关系 R_3 可以由 R_1 和 R_2 合成得到，即

$$R_3 = R_1 \circ R_2$$

这里的关系 R_1、R_2 和 R_3 可以是 R_m、R_c 或 R_g 中的任何一种。

例 5-24 设论域 $U = V = W = \{a, b, c\}$，论域上的 3 个模糊集合为

$$E = 1/a + 0.6/b + 0.2/c$$
$$F = 0.8/a + 0.5/b + 0.1/c$$

$$G = 0.2/a + 0.6/b + 1/c$$

按照 R_c 求 $E \times F \times G$ 上的关系 R。

【解】 $E \times F$ 上的关系

$$R_{c1} = \begin{bmatrix} 0.8 & 0.5 & 0.1 \\ 0.6 & 0.5 & 0.1 \\ 0.2 & 0.2 & 0.1 \end{bmatrix}$$

$F \times G$ 上的关系

$$R_{c2} = \begin{bmatrix} 0.2 & 0.6 & 0.8 \\ 0.2 & 0.5 & 0.5 \\ 0.1 & 0.1 & 0.1 \end{bmatrix}$$

则 $E \times F \times G$ 上的关系

$$R = R_{c1} \circ R_{c2} = \begin{bmatrix} 0.8 & 0.5 & 0.1 \\ 0.6 & 0.5 & 0.1 \\ 0.2 & 0.2 & 0.1 \end{bmatrix} \circ \begin{bmatrix} 0.2 & 0.6 & 0.8 \\ 0.2 & 0.5 & 0.5 \\ 0.1 & 0.1 & 0.1 \end{bmatrix} = \begin{bmatrix} 0.2 & 0.6 & 0.8 \\ 0.2 & 0.6 & 0.6 \\ 0.2 & 0.2 & 0.2 \end{bmatrix}$$

5.6.4 模糊推理的特点

模糊推理实际是将推理转化成计算,为不确定性推理开辟了一条新的途径。这种方法很适合于控制领域,用模糊推理原理构造的模糊控制器结构简单,可用硬件芯片实现,且造价低、体积小,现已广泛应用于控制领域。然而,模糊推理的理论基础不够坚实,很多计算公式完全是人为构造的,为此,包括扎德在内的很多学者仍然致力于模糊推理的理论和方法研究,模糊推理理论与技术仍然是人工智能的一个重要研究课题。

本 章 小 结

本章重点讨论了不确定性的推理问题。

不确定性推理就是从不确定的初始证据出发,通过运用不确定的知识,最终推出既保持了一定程度的不确定性,又合理或基本合理的结论的推理过程。不确定性推理技术主要解决 3 个方面的问题,即不确定性的表示问题、不确定性的计算问题和不确定性的语义问题。

确定性理论用 $CF(E)$ 表示证据的不确定性,用 $CF(H,E)$ 表示规则 $E \rightarrow H$ 的不确定性,通过一系列计算公式完成不确定性的传播问题。

主观 Bayes 方法用概率 $P(E)$ 或几率 $O(E)$ 来表示证据的不确定性,用二元组(LS,LN)来说明规则成立的充分性和必要性,根据证据发生的不同情形,确定结论的不确定性程度。

证据理论通过引入概率分配函数、信任函数和似然函数等来完成不确定性的表示问题、计算问题和语义问题的解决。

贝叶斯网络是一种以随机变量为结点,以条件概率为结点间关系强度的有向无环图,包括网络拓扑结构和 CPT 两个要素,既有牢固的数学基础,又有形象直观的语义,可以由祖先结点推算后代结点的后验概率,或通过后代结点推算祖先结点的后验概率。

模糊推理是利用具有模糊性的知识进行的一种不确定性推理,理论基础来源于扎德提出的模糊逻辑。模糊推理中的证据是用模糊命题表示的,规则是用模糊关系表示的,本章主要讨论了模糊推理中的假言推理、拒取式推理和假言三段论推理。

习　题

5-1　什么是不确定性推理? 不确定性推理要解决的基本问题有哪些?

5-2　不确定性推理方法有哪些类型? 简要说明之。

5-3　CF 模型中是如何描述证据和知识的不确定性的? 简要说明之。

5-4　假设有以下一组推理规则:

$$R_1: \text{IF} \quad E_1 \quad \text{OR} \quad E_3 \quad \text{THEN} \quad E_2(0.7)$$

$$R_2: \text{IF} \quad E_2 \quad \text{AND} \quad E_3 \quad \text{THEN} \quad E_4(0.6)$$

$$R_3: \text{IF} \quad E_4 \quad \text{THEN} \quad H(0.9)$$

$$R_4: \text{IF} \quad E_5 \quad \text{THEN} \quad H(-0.3)$$

又知 $\text{CF}(E_1) = 0.5, \text{CF}(E_3) = 0.6, \text{CF}(E_5) = 0.7$。试画出推理网络,并求出 $\text{CF}(H) = ?$

5-5　主观贝叶斯方法中是如何描述证据和知识的不确定性的? 简要说明之。

5-6　已知某气候预测专家系统有以下规则:

R_1: 如果吹偏北到偏东风 3～4 级(A_1),则下雨(15,1)

R_2: 如果空气湿度为 60%～90%(A_2),则下雨(25,1)

R_3: 如果前一天下雨(A_3),则下雨(72,1)

又知下雨事件(设为 B)的先验概率 $P(B) = 0.04$,如果证据 A_1、A_2、A_3 必然发生,求下雨 B 的概率。

5-7　已知有以下规则:

R_1: IF E_1 THEN (2,0.001) H_1

R_2: IF E_1 AND E_2 THEN (100,0.001) H_1

R_3: IF H_1 THEN (200,0.01) H_2

又知 $P(E_1) = P(E_2) = 0.6, P(H_1) = 0.09, P(H_2) = 0.01$。

用户输入 $P(E_1|S_1) = 0.75, P(E_2|S_2) = 0.68$,求 $P(H_2|S_2, S_2) = ?$

5-8　解释证据理论中的概率分配函数、信任函数、似然函数以及类概率函数的含义。

5-9　在基于证据理论进行不确定性的推理时,是如何解决表示问题、计算问题和语义问题的?

5-10　在 D-S 理论中,已知样本空间 $D = \{a, b\}$ 上的两个概率分配函数 m_1 和 m_2,求它们的正交和 $m_1 \oplus m_2$。

$$m_1 = (\{\varnothing\}, \{a\}, \{b\}, \{a, b\}) = (0, 0.3, 0.5, 0.2)$$

$$m_2 = (\{\varnothing\}, \{a\}, \{b\}, \{a, b\}) = (0, 0.6, 0.2, 0.2)$$

5-11　用证据理论解决下面的推理问题。已知知识库中有如下规则:

R_1: IF E_1 AND E_2 THEN $A = \{a_1, a_2\}$ CF $= \{0.3, 0.4\}$

R_2: IF E_3 AND (E_4 OR E_5) THEN $B = \{b_1\}$ CF $= \{0.6\}$

R_3: IF A THEN $H = \{h_1, h_2, h_3\}$ CF $= \{0.1, 0.6, 0.2\}$

R_4: IF B THEN $H = \{h_1, h_2, h_3\}$ CF $= \{0.3, 0.4, 0.1\}$

用户给出了初始证据的确定性为 CER(E_1)=0.7, CER(E_2)=0.6, CER(E_3)=0.8 CER(E_4)=0.5, CER(E_5)=0.7, 假设 D 中的元素个数为 10 个。求 CER(H) 的值。

5-12 已知吸烟容易导致气管炎、肺癌等疾病, 建筑工人由于长期工作在建筑工地, 容易引起气管炎。其贝叶斯网络如图 5-7 表示, 相应的 CPT 值如表 5-9 所示。

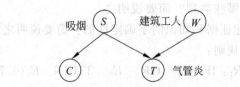

图 5-9 吸烟与建筑工人的贝叶斯网络

表 5-7 CPT 值

条件概率	值	条件概率	值
$P(S)$	0.4	$P(T|S,W)$	0.9
$P(\neg S)$	0.6	$P(T|\neg S,W)$	0.5
$P(W)$	0.3	$P(T|S,\neg W)$	0.3
$P(\neg W)$	0.7	$P(T|\neg S,\neg W)$	0.1

(1) 假设某人吸烟(S), 计算它患气管炎(T)的概率 $P(T|S)$。

(2) 计算"不得气管炎不是建筑工人的"概率 $P(\neg W|\neg T)$。

5-13 在模糊推理中, 证据和规则的不确定性是如何表示的?

5-14 设论域 $U=V=\{a,b,c\}$, F 是论域 U 上的模糊集合, G 是论域 V 上的模糊集合, 并且有隶属函数为

$$F = 0.7/a + 0.6/b + 0.4/c$$
$$G = 0.5/a + 0.6/b + 0.2/c$$

求 $U \times V$ 上的模糊关系 R_m, R_c 和 R_g。

5-15 设论域 $U=V=\{a,b,c\}$, F 是论域 U 上的模糊集合, G 是论域 V 上的模糊集合, 且有知识"IF x is F THEN y is G"。已知事实"y is G'", $G' = 0.4/a + 0.6/b + 0.9/c$, G' 与 $\neg G$ 匹配。基于该已知事实和知识, 利用习题 5-14 求得的 R_m, 求 F'。

5-16 设论域 $U=V=\{a,b,c\}$, F 是论域 U 上的模糊集合, G 是论域 V 上的模糊集合, 且有知识"IF x is F THEN y is G"。已知事实"x is F'",

$$F' = 0.9/a + 0.8/b + 0.2/c,$$

F' 与 F 匹配。基于该已知事实和知识, 利用习题 5-14 求得的 R_c, 求模糊结论 G'。

第6章 专家系统

专家系统(Expert System)是一种模拟人类专家解决领域问题的计算机程序系统,是人工智能的一个重要分支。自从 1965 年美国斯坦福大学的费根鲍姆(E. A. Feigenbaum)等人开始研制第一个专家系统 DENDRAL 以来,专家系统技术迅速发展并日臻完善和成熟,各种专家系统已经遍布工业、农业、医疗、商业、科学技术、工程等领域,同时也促进了计算机科学本身和人工智能基本理论的发展。

6.1 概　　述

费根鲍姆在 1982 年给出了专家系统的定义:专家系统是一种智能的计算机程序,它使用知识和推理过程,求解那些需要人类专家的知识才能解决的复杂问题。从这个定义中可以看出,不同于传统的计算机应用程序,专家系统是一个智能程序系统,它内部含有相关领域内大量的专家级知识,模拟人类专家解决问题的经验方法来进行推理和判断,解决领域内的高水平难题。专家系统在所有方面都表现得像人类专家一样,自世界上第一个专家系统问世以来,专家系统的开发和应用一直颇受人们的关注。

6.1.1 专家系统发展历程

1965 年,费根鲍姆等人开始研究世界上第一个专家系统程序 DENDRAL———化学分子结构分析系统,并于 1968 年研制成功。该系统包含化学家关于分子结构质谱测定法的知识,利用质谱仪数据推断某待定有机化合物的分子结构。DENDRAL 的成功使人们看到,在某个专门领域,以知识为基础的计算机系统能够承担这个领域里人类专家的功能。事实上,在开发第一个专家系统之前,费根鲍姆就已经通过试验和研究证明,实现智能行为的主要手段在于知识。这就为以专门知识为核心的专家系统的产生奠定了思想基础。DENDRAL 验证了费根鲍姆关于知识的理论的正确性,为人工智能的研究和应用开辟了新的方向和道路,被认为是人工智能发展史上的一个历史性突破。

此后,美国麻省理工学院于 1968 年开始研制的大型符号数学专家系统 MACSYMA,于 1971 年开发成功并投入应用。该系统包含大量从数学家获得的专门知识,能够求解包括微积分、解方程、泰勒级数展开、矩阵运算、向量代数分析等在内的数学问题。由于 MACSYMA 具有很强的符号运算能力,很多数学家和物理学家以及各类工程人员都积极使用该系统。DENDRAL 和 MACSYMA 是早期专家系统的代表,针对特定的应用领域而开发,具有高度专业化、求解能力强的优点。

受 DENDRAL 和 MACSYMA 的影响,20 世纪 70 年代出现了一大批专家系统。比较有代表性的专家系统有 MYCIN、CASNET、CADUCEUS、PROSPECTOR、HEARSAY。

著名的专家系统 MYCIN 由斯坦福大学人工智能研究所于 1973 开始研制,研究人员耗时 5～6 年开发而成,用 LISP 语言编写。该系统与早些年的 DENDRAL 系统同在一个实验室开发。MYCIN 是一个帮助医生对血液感染患者进行诊断和选用抗生素类药物进行治疗的专家系统。系统的名称即取自抗生素的英文后缀 MYCIN。基于产生式规则，系统中的知识以"IF-THEN"的形式出现。根据医生输入的病人信息，运行医疗专家知识进行推理，最终给出患者诊断和治疗的咨询性建议。系统可分成两部分：一是以患者的病史、症状和化验结果等为原始数据，运用医疗专家的知识进行反向推理，找出导致感染的细菌；二是给出针对这些可能的细菌的药方。MYCIN 系统可以用英语同用户对话并回答有关问题，还具有学习新知识的能力。虽然 MYCIN 并没有被用于实践中，但是研究报告显示这个系统所给出的治疗方案可接受度比大部分使用同一参考标准给出的治疗方案要好得多。MYCIN 至今仍是一个具有代表性的专家系统。

青光眼诊断和治疗系统 CASNET、内科诊断疑难杂症专家系统 CADUCEUS 都是医疗咨询专家系统，其诊断能力接近专家水平，已经被学术团体和医疗机构用于疾病研究。美国卡内基-梅隆大学于 20 世纪 70 年代先后研制了语音理解系统 HEARSAYI 和 HEARSAYII，这是由美国国防部高级研究项目局（Defense Advanced Research Projects Agency，DARPA）资助的项目，目标是设计和实现一个口语理解系统，其中 HEARSAY II 提出的黑板结构已经成为非常流行的系统构造技术。斯坦福大学开发研制的地质勘探专家系统——PROSPECTOR 系统，可帮助地质学家解释地质矿藏数据，提供勘探方面的咨询。该系统已经成功应用到华盛顿地区的实地探测，找到了开采价值超亿美元的钼矿。这一时期的专家系统多属于单学科专业型、应用型专家系统，特点是体系结构完整、移植性好以及在人机接口、解释机制、不确定推理、不精确推理、知识获取、知识表示方面有明显改进。

从 20 世纪 70 年代末及 80 年代初开始，专家系统的研究领域迅速扩大。这一时期，专家系统数量急剧增多，大多属于多学科综合型专家系统，而且出现了大量的商业化专家系统。例如，DEC 公司与卡内基-梅隆大学联合开发的 XCON-R1，用于辅助完成计算机系统的配置，产生了可观经济效益。20 世纪 90 年代之后，随着面向对象、神经网络、模糊技术和知识工程等技术的迅速崛起，专家系统迎来了新的发展机遇，出现了一些新型专家系统，如模糊专家系统、神经网络专家系统、基于 Web 的专家系统、分布式专家系统及协同式专家系统等，这些新型专家系统的智能化水平越来越高，应用也更加广泛。

专家系统依靠特定领域的高水平知识实现高性能，具有传统的计算机应用程序无可比拟的优越性。专家系统在其特定的问题域中给出解决方案，其中特定问题域是专家能成功解决问题的领域。但是通常不能期望一个领域的专家系统能够解决其他领域的问题。

6.1.2　专家系统特点

专家系统汇集多领域专家的知识和经验以及他们协作解决重大问题的能力，拥有更渊博的知识、更丰富的经验和更强的工作能力，正是当今信息社会所亟须的。它使各领域专家的专业知识和经验得到总结和精炼，能够广泛有力地传播专家的知识、经验和能力，推广珍贵和稀缺的专家知识与经验，促进各领域的快速发展，而且专家系统能够高效、准确并不知疲倦地进行工作，解决实际问题时不受周围环境以及时间和空间的限制，也不会遗漏忘记，这正是人类专家所欠缺的。专家系统研究者们积极开发各种专家系统用于满足科研和实际应用的需要，尽管实际开发的专家系统各不相同，但它们都有一些共同的特点。

（1）启发性。专家系统能运用专家的知识与经验进行推理、判断和决策。

（2）透明性。专家系统不仅能够回答用户提出的问题，而且还能解释专家系统给出的结论，给出推理的依据以方便用户了解推理过程，提高对专家系统的信赖程度。

（3）灵活性。人类的知识不断更新，特别是经验知识，人们希望专家系统的知识库能以最小的代价执行知识的增加、修改和更新等任务；专家系统强调将知识与推理机分离，使专家系统具有较大的灵活性和可扩充性。

（4）具有专家级水平的专业知识。这是专家系统的最大特点，专家系统具有的知识越丰富、质量越高，解决问题的能力越强。

（5）能进行不确定推理。一般领域专家解决问题的方法大多是经验性的，这些经验性的知识往往是以不精确的形式存在，要解决的问题本身也包含一些不确定信息，因此，专家系统必须表现专家的技能和高度的技巧以及足够的鲁棒性，能够综合利用模糊的信息和知识进行推理，得到正确的结论或者指出错误。

专家系统是包含知识和推理的智能计算机程序系统，它应该具备 3 个基本要素，即相当于某个专门领域的专家级知识、模拟专家思维的推理机制和专家级的问题求解能力。专家系统的能力来自于它所拥有的知识，而且主要是专家的经验性知识，可以看作一种特殊的基于知识的系统。前面也指出，专家系统是一种智能的计算机程序系统。那么，专家系统与传统的计算机程序有哪些区别呢？

传统的计算机程序设计是以算法和数据为中心展开的。传统的计算机程序以指令序列（即程序）为核心，由编译程序和硬件共同决定程序的执行。专家系统与传统程序的区别主要如下。

（1）传统的计算机程序善于求解能够用数学精确描述的问题，专家系统模拟人类专家的思考过程，能够解决不确定、非结构化、没有算法解之类的复杂问题。

（2）传统的计算机程序把问题求解的知识隐含地编入计算机程序，而专家系统强调知识与推理的分离，把应用领域的问题求解知识组成一个独立的实体，即知识库，包括原理性知识、专家的经验知识及有关的事实；传统程序把知识组织为两级，即数据级和程序级，大多数专家系统则将知识组织成三级，即数据、知识库和控制。

（3）传统的计算机程序主要是面向精确的数值计算和数据处理，无法处理不确定性；而专家系统的处理对象是符号，主要表示人类推理所需的各类知识，专家系统具有处理不确定、不精确或不完全数据和知识的能力，知识的模式匹配也多是不精确的。

（4）因为传统的计算机程序是通过算法来求解问题，所以每次都必须产生精确的答案；而专家系统则像人类专家一样求解问题，通常产生正确的答案，但是有时也会出错。

（5）传统的计算机程序一般不具有解释功能，而专家系统具有解释机构，在运行中能回答用户提出的问题，对自身的行为作出解释。

（6）传统的计算机程序通过修改程序可以提高问题求解能力或排除错误，而专家系统具有自学习能力，从错误中学习，不断对已有知识进行修改、完善和提炼，提高系统性能。

6.1.3　专家系统的类型

专家系统已经成功应用在许多领域，从不同的角度分析专家系统，通常可以按用途、知识表示方法、控制策略、系统规模等对专家系统进行分类。

按用途分类，专家系统分为解释型、诊断型、预测型、设计型、规划型、控制型、监督型、维修型、教学型、调试型和决策型等。

（1）解释型专家系统。系统根据已知信息和数据（包括不完整的信息及有矛盾的数据）解释其深层含义，如卫星图像分析、信号理解、染色体分类、化学结构分析 DENDRAL、地质勘探数据解释等专家系统 PROSPECTOR。

（2）诊断型专家系统。系统根据获取的数据、事实或现象推断出对象出现故障的原因，并给出排除故障的方案，如细菌性感染疾病诊断治疗系统 MYCIN、肺功能检验系统 PUFF、青光眼治疗系统 CASNET、IBM 公司的计算机故障诊断系统 DART/DASD 和电子机械诊断和材料失效诊断系统等。

（3）预测型专家系统。系统根据以往和现在的信息预测未来可能发生的情况，系统能够从不完全和不准确的信息中得出结论，如天气预测、人口预测、财政预测、交通预测和军事预测等。

（4）设计型专家系统。系统根据设计要求和指标求出相应的设计结果，系统必须满足多方面的约束，处理好各个子问题之间的相互作用，形成完整正确的方案，如大规模集成电路设计、生产工艺设计、计算机结构设计、自动程序设计等。

（5）规划型专家系统。根据任务进行总体规划、行动规划及优化等，寻找出达到给定目标的动作序列或步骤，如机器人规划系统 NOAH、交通运输调度和农作物施肥方案规划等。

（6）控制型专家系统。系统依据专家经验自适应地管理受控对象的全部行为，适用于各种大型设备及系统和各种实时控制型系统，如战场指挥、自主机器人控制、生产过程控制和生产质量控制等。

（7）监督型专家系统。系统实时收集对象的信息，并快速地进行分析和处理，建立对象的数据模型，观察系统行为并与其应当具有的行为进行比较，判读是否发现异常，如防空监视与警报、电话监控、核电站的安全监视及农作物病虫害监视与警报等。

（8）调试型专家系统。系统检测被测试对象存在的错误，给出最佳的纠错方案，主要用于维修站被修设备的调试、计算机辅助调试系统等。

（9）教育型专家系统。系统主要用于教学和培训任务，根据学生的特点，实现个性化教学和学生学习辅导，典型的系统是符号积分与定理证明系统 MACSYMA、计算机辅助教学系统等。

有些专家系统常常完成几种任务，具有多种功能。例如，调试型专家系统同时具有规划、设计和诊断等专家系统的功能，教育型专家系统同时具有诊断和调试等专家系统的功能。

按输出结果分类，专家系统可分为分析型专家系统、设计型专家系统及综合型专家系统。分析型专家系统通过一系列推理完成任务，输出结果一般是"结论"；设计型专家系统通过一系列操作完成任务，输出结果一般是"方案"；综合型专家系统兼具分析型专家系统和设计型专家系统的特点，输出问题的推断和解决方案。

按知识表示分类，分为基于产生式规则专家系统、基于一阶谓词逻辑专家系统、基于框架专家系统和基于语义网络专家系统等。

按结构分类，专家系统可以分为集中式专家系统和分布式专家系统、单机型专家系统和网络型专家系统等。

按规模分类，可分为大型协同式专家系统和微专家系统。

通过讨论专家系统的分类，在开发实际的专家系统时，可以在同类或相似的专家系统的基础上进行研究，为问题的求解提供快捷、准确的处理方式。例如，相邻学科的应用系统具有相同的规则和知识，在开发新系统时可以直接引用或共享原来的知识库，提高开发效率。

6.1.4 新型专家系统

传统的专家系统已趋于成熟，人工智能学者在研究专家系统的进一步发展时，引入了人工智能和计算机技术的多种新思想和新技术，如并行与分布处理、协同机制、机器学习等，提出了各种新型专家系统，以更好地解决实际问题。

1. 模糊专家系统

模糊专家系统是在知识获取、知识表示和推理机中部分或全部使用模糊技术解决问题的系统。模糊专家系统能够解决那些含有模糊性数据、信息或知识的复杂问题，但也可以通过把精确数据或信息模糊化，然后通过模糊推理处理复杂问题。模糊推理机是模糊专家系统的核心，它根据系统输入的不确定证据，利用知识库和数据库中的不确定性知识，按照模糊推理策略进行问题求解。这里所说的模糊推理包括基于模糊规则的串行演绎推理和基于模糊集并行计算（即模糊关系合成）的推理。模糊专家系统现已发展成为智能控制的一个分支，用于解决控制领域的问题。

2. 神经网络专家系统

神经网络专家系统基于神经元，用多层神经元所构成的网络来表示知识并进行推理。利用神经网络技术建造专家系统，使专家系统能够继承神经网络的自学习、自适应、分布存储、联想记忆及并行处理等一系列特点。神经网络专家系统的建造过程是：先根据问题的规模构造一个神经网络，再用专家提供的典型样本规则对网络进行训练，然后利用学成的网络，对输入数据进行处理，便得到所期望的输出。这种系统具有自学习能力，它将知识获取和知识利用融为一体，所得知识往往高于专家知识，而且系统还像神经网络一样具有鲁棒性和容错性的特点。

3. 网络（多媒体）专家系统

网络专家系统是建在 Internet 上的专家系统，可采取浏览器/服务器结构。浏览器（如Web 的浏览器）作为人机接口，而知识库、推理机和解释模块等则安装在服务器上。多媒体专家系统把多媒体技术引入人机界面，使其具有多媒体信息（语音、图像等）处理功能，改善人机交互方式，进一步增强专家系统的便利性和实用性。将网络和多媒体相结合，是专家系统的一种理想应用模式，具有广阔的应用前景。

4. 分布式专家系统及协同式专家系统

随着高性能计算机和计算机网络技术的发展，分布式专家系统及协同式专家系统应运而生，能够提高大型专家系统的运行速度，实现专家的知识共享和协同工作。

分布式专家系统把知识库或推理机分布在计算机网络上，或者两种均分布在网络上。为了利用分布式技术，此类专家系统要处理问题分解、问题分布和合作推理等操作，即把待求解问题分解为若干个子问题，然后分配到不同的系统进行并行处理，当各子问题求解后，再进行综合，协调各子问题求解结果的矛盾，最终得到待求解问题的解决方案。合作推理就是分布在各结点的专家系统通过通信方式，进行协调工作，当出现分歧时进行辩论和折中。分布式专家系统的运行环境可以是紧耦合的多处理机系统，也可以是松耦合的计算机网络系统。

协同式专家综合利用若干个相近领域或一个领域的多个专家系统,共同协作解决一个更广领域的问题。这是一种要求多学科、多专家联合作业,协同工作的大型专家系统,其体系结构是分布式的,通常采用计算机网络作为开发平台。与分布式专家系统相比,协同式专家系统更强调各专家系统的协同合作,扩大整体专家系统求解问题的能力,可利用多代理技术实现分布式协同问题求解。将在第 9 章介绍多代理系统的相关技术。

5. 深层知识专家系统

深层知识专家系统不仅具有专家经验性表层知识,而且具有深层次的专业知识。这样,系统的智能性更强,也更接近于专家水平。例如一个故障诊断专家系统,如果不仅有专家的经验知识,而且也有设备本身的原理性知识,那么,对于故障判断的准确性将会进一步提高。深层的知识量往往很庞大,基于深层知识的推理通常非常精细,因此,基于深层知识的推理效率相当低下。相比之下,浅层知识相当精炼、效率高,但具有脆弱性。所以,应综合浅层推理和深层推理,专家知识和专业知识融合,提高求解效率和精确性。

6.2 专家系统结构

专家系统的结构是指专家系统的各个组成部分及其组织形式。在实际使用中各个专家系统的结构可能略有不同,但一般都应该包括知识库、推理机、数据库、知识获取机构、解释机构和人机接口这 6 个部分,它们之间的相互关系如图 6-1 所示。

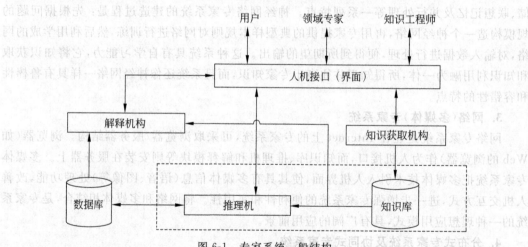

图 6-1　专家系统一般结构

专家系统的基本工作过程:用户通过人机界面回答系统的提问,推理机将用户输入的信息与知识库中的知识进行推理,不断地由已知的前提推出未知的结论即中间结果,并将中间结果放到综合数据库中,最后将得出的最终结论呈现给用户。在专家系统运行过程中,会不断地通过人机接口与用户进行交互,向用户提问,并为用户做出解释。知识库和推理机是专家系统的核心部分,其中知识库存储解决某领域问题的专家级水平的知识,推理机根据环境从知识库中选择相应的专家知识,按一定的推理方法和控制策略进行推理,直至得出相应的结论。

下面简要介绍专家系统的各主要部分。

1. 知识库

知识库中的知识来源于知识获取机构,同时为推理机提供求解问题所需要的知识。专家知识是指特定问题域方面的知识。例如,在医学领域,把医术高明的医生的医疗实践经验进行分析、归纳、提炼并以某种模式存储到计算机中,则形成了可以被专家系统使用的专家知识,这也是专家系统的基础,医疗专家系统可以利用提取的专家知识模拟人类专家的治疗过程,给出诊断和治疗建议。知识库中的知识包括概念、事实和规则。例如,在一个控制系统中,事实包括对象的有关知识,如结构、类型及特征等;控制规则有自适应、自学习、参数自调整等方面的规则;其他的还有经验数据和经验公式,如对象的参数变化范围、控制参数的调整范围及其限幅值、控制系统的性能指标等。一个专家系统的能力很大程度上取决于其知识库中所含知识的数量和质量。

知识库中的知识通常以文件的形式存放于外部介质上,运行时被调入内存。系统通过知识库管理模块实现对知识库知识存储、检索、编辑、增删、修改、扩充、更新及维护等功能。构建知识库时,必须解决知识获取和知识表示的问题。知识获取要解决的问题是从哪里获取以及如何获取专门知识;而知识表示则要解决如何用计算机能理解的形式来表达所获取的专家知识并存入知识库中。按照知识获取的自动化程序,目前知识获取主要有手工获取、半自动获取和自动获取3种模式,将在后面进行详细介绍。

知识库中的知识可以更详细地分为求解问题所需的专门知识和领域专家的经验知识。专门知识是应用领域的基本原理和常识,可以精确地定义和使用,为普通技术人员所掌握,是求解问题的基础;专门知识的不足是它不与求解的问题紧密结合,知识量大和推理步小,利用专门知识求解领域问题效率低。经验知识是领域专家多年工作经验的积累,是对如何使用专门知识解决问题所做的高度集中和浓缩,能够高效、高质地解决复杂问题,但推理的前提条件比较苛刻。

2. 推理机

推理机是实现机器推理的程序,它模拟领域专家的思维过程,控制并执行对问题的求解。在推理机的控制和管理下,整个专家系统能够以逻辑方式协调工作,相当于专家的思维机构。推理机根据输入的问题以及描述问题初始状态的数据,利用知识库中的知识,在一定的推理策略下,按照类似领域专家的问题求解方法,推出新的结论或者执行某个操作。需要注意的是,推理机能够根据知识进行推理和产生新的结论,而不是简单地搜索现成的答案。推理机的推理方法分为精确推理和不精确推理。推理控制策略主要指推理方向的控制和推理规则的选择策略,按推理方向有正向推理、反向推理和双向推理,推理策略一般还与搜索策略有关。系统可请求用户输入推理必需的数据,并根据用户的要求解释推理结果和推理过程。

专家系统的核心是推理机和知识库,这两部分是相辅相成、密切相关的。推理机的推理方式和工作效率与知识库中知识表示方法和知识库组织有关。然而,专家系统强调推理机和知识库分离,推理机应符合专家的推理过程,与知识的具体内容无关,即推理机与知识库是相对独立的,这是专家系统的重要特征。采用这种方式的优点在于,对知识库进行修改和扩充时不必改动推理机,保证了系统的灵活性和可扩展性。

3. 数据库

数据库也称为综合数据库、动态数据库、黑板,用于存放求解问题过程中所用到的信息(数据),包括用户提供的原始信息、问题描述、中间推理结果、控制信息和最终结果等。因此,数据库中的内容可以而且也是经常变化的,这也是"动态数据库"的由来。开始时,数据库中存放着用户提供的初始事实,随着推理过程的进行,推理机会根据数据库的内容从知识库中选择合适的知识进行推理,并将得到的中间结果存放在数据库中。因此,数据库是推理机工作的重要场所,它们之间存在双向交互作用。对于实时控制专家系统,数据库中除了存放推理过程中的数据、中间结果,还会存放实时采集与处理的数据。

数据库也为解释机构提供支持。解释机构从数据库中获取信息,为向用户解释系统行为提供依据。数据库由数据库管理系统进行管理,完成数据检索、维护等任务。

4. 知识获取机构

知识获取机构负责知识库中的知识,是构建专家系统的关键。知识获取机构负责根据需要建立、修改与删除知识以及一切必要的操作,维护知识库的一致性、完整性等。有的系统由知识工程师和领域专家共同完成知识获取,即首先由知识工程从领域专家那里获取知识,然后通过专门的软件工具或编程用适当的方法表示出来送入到知识库中,并不断地充实和完善知识库中的知识。通常,知识获取机构自身具有部分学习功能,通过系统的运行实践自动获取新知识添加到知识库中。有的系统还可以直接与领域专家对话获取知识,使领域专家可以修改知识库而不必了解知识库中知识的表示方法、组织结构等实现细节。

5. 解释机构

解释机构专门负责回答用户提出的问题,向用户解释专家系统的行为和结果,使用户了解推理过程及其所运用的知识和数据。因此,专家系统对用户来说是透明的,这对于用户来说是一项重要的功能。专家系统的透明性使普通用户了解系统的动态运行情况,更容易接受系统,也使系统开发者便于调试系统。解释结构由一组程序跟踪并记录推理过程,通常要用到知识库中的知识、数据库推理过程中的中间结果、中间假设和记录等。当用户提出的询问需要给出解释时,它将根据问题的要求分别做出相应的处理,然后通过人机接口把结果输出给用户。解释结构对于诊断型、操作指导型等的专家系统尤为重要,成为专家系统与用户之间沟通的桥梁。

6. 人机接口

为了提供一个友好的交互环境,专家系统都提供一个人机接口,作为最终用户、领域专家、知识工程师与专家系统的交互界面。人机接口由一组程序及相应的硬件组成,用于完成用户到专家系统、专家系统到用户的双向信息转换。领域专家或知识工程师通过人机接口输入领域知识,更新、完善、扩充知识库,普通用户通过人机接口输入待求解问题、已知事实和询问。系统可通过人机接口回答用户提出的问题,对系统行为和最终结果进行必要的解释。人机接口一般要求界面友好,方便操作。目前,可视化图形界面已广泛应用于专家系统,人机接口可能是带有菜单的图形接口界面。在专家系统中引入多媒体技术,将会大大改善和提高专家系统人机界面的交互性。如果人机接口包括某种自然语言处理系统,它将允许用户用一个有限的自然语言形式与系统交互。

在系统内部,知识获取机构通过人机接口与领域专家及知识工程师进行交互,通过人机接口输入专家知识;推理机通过人机接口与用户交互,推理机根据需要会不断地向用户提问以得到相应的实时数据,推理机通过人机接口向用户显示结果;解释机构通过人机接口向系统开发者解释系统决策过程,向普通用户解释系统行为回答用户提问。可见,人机接口对于专家系统来说至关重要。

人机接口需要完成专家系统内部表示形式与外部表示形式的相互转换。在输入时,人机接口把领域专家、知识工程师或最终用户输入的信息转换为计算机内部表示形式,然后交给不同的机构去处理;输出时,人机接口把系统要输出的信息由内部表示形式转换为外部表示形式,使用户容易理解。

上面介绍的专家系统结构只是一个基本模型,只强调了知识和推理这两个核心特征。专家系统的求解问题领域不能太狭窄;否则系统求解问题的能力较弱。但也不能太宽泛;否则涉及的知识太多,知识库过于庞大,不仅不能保证知识的质量,而且也会影响系统的运行效率,难以维护和管理。专家系统广泛应用在多个领域解决实际问题,各个系统的结构错综复杂,而且必须满足实际应用的各种要求,因此,在设计专家系统时需要根据具体情况,在一般结构的基础上进行适当的调整。

6.3 专家系统设计

尽管专家系统技术日臻成熟,许多专家系统相继问世,但是目前还没有形成一种规范化的开发方法。由于专家系统也是一种计算机软件系统,所以,其开发过程在某些方面与传统软件程序类似,但不完全相同。专家系统是一个基于知识的问题求解系统,面向知识密集型的问题进行求解,完成推理、评估、规划、解释、决策等任务,主要处理对象是知识和数据。传统的软件系统目标在于建立用于事务处理的信息系统,完成查询、统计、计算等任务,主要处理对象是数据。此外,从系统的实现过程来看,专家系统比传统软件系统更强调渐进性、可扩充性。因此,专家系统的设计与建造方法还有其独特之处。

6.3.1 专家系统的设计步骤

1. 开发步骤

结合软件工程的生命周期方法,专家系统开发的步骤为需求分析阶段、概念化阶段、形式化阶段、实现阶段、测试阶段和运行维护阶段。

(1)需求分析。在建立专家系统之前,必须进行问题分析、问题评估和方案综合、建模、规约、复审。具体来说,确定适合用专家系统求解问题的范围,规划求解问题的领域,总结和提取问题类型、重要特征,对系统功能和性能提出要求,全面了解领域专家的情况及其求解问题的模式,专家知识在系统中的地位,各专家模块的输入、输出和处理操作;在该阶段还要确定系统开发所需的资源,如硬件软件环境、人员、经费和进度要求等。

(2)概念化。建立问题求解的概念模型,确定求解问题所需要的专家知识涉及的关键概念及其关系,如数据类型、已知条件(状态)和目标(状态)、提出的假设等,建立必要的永久性的概念集,确定任务划分、推理控制要求和约束条件。

(3)形式化。应用人工智能的各种知识表示方法,把概念化阶段的内容进行提炼、组织,形成合适的结构和规则,并用适合于计算机表示和处理的形式进行描述和表示,确定问题的求解策略,选择合适的系统结构、推理机制、知识库形式和用户接口方式等,建立问题求解模型。

（4）实现。选择适当的程序设计语言或专家系统工具，建立可执行的原型系统。

（5）测试。这一阶段的主要任务是通过各种测试手段评价原型系统的性能，确认知识的合理性和一致性、规则的有效性、系统可靠性、运行效率和解释能力等。测试过程中要运行大量实例并分析测试结果，根据反馈的信息对原型系统进行必要的修改，包括重新认识问题、建立新的概念和概念之间的关系、改进推理方法、完善人机界面等。测试和修改过程应该反复进行，直到满意为止。

（6）运行维护。一个系统越依赖于真实世界，发生变化的可能性越大。专家系统交付使用后，实际运行过程中仍然会发现隐藏的故障和缺陷，或者用户还会提出新的功能或性能要求。因此，需要对专家系统进行修改、扩充或完善。

专家系统的开发过程如图 6-2 所示。在开发过程中，任一阶段发现问题，都要返回前面的阶段进行调整。

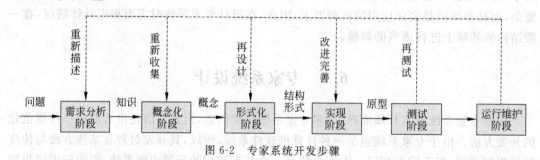

图 6-2　专家系统开发步骤

2. 设计基本原则

专家系统是一个比较复杂的程序系统，设计专家系统可采取一些基本原则，有利于快速构建专家系统。

（1）设计系统时，首先集中精力研究一小部分假设，即使用一部分结论，只取那些确实可信的观察和肯定的规则，先不要考虑那些不十分确定的事物。

（2）建立中间假设以减少规则数量和简化推理过程。

（3）以各种事例来验证所设计的系统，研究那些产生不准确结论的事例，并且确定系统可以做些什么修改以校正错误。

（4）快速原型和增量式开发方法非常适合专家系统的开发。一旦知识工程师获得足够的知识去建立一个非常简单的系统时，就可以建立一个"最小系统"，然后从运行该模型中得到反馈来指导和精细化其工作，从而不断地修改、扩充和完善系统，最终生成一个高效实用的具有一定规模的专家系统。

快速原型技术强调交付的速度而不是系统性能，开发者迅速建造一个可以运行的软件原型，可以更好地分析和理解系统，用户也能尽快看到系统的概貌，以便及早反馈信息，使开发人员与用户尽快达成共识。增量式开发方法建立在软件总体设计基础之上，先完成总体设计，然后进行模块设计，并顺序增加。一旦系统的总框架得到认可，除非在以后的开发中发现错误；否则就不必对框架和组成部分进行任何修改，但用户的反馈意见会影响后续开发的组件。

（5）从问题的一般特征出发来考虑建立模型，更有利于抓住问题的本质。对于一些问题相似的专家系统，它们具有类似的求解方法，提炼出各类专家系统一些共同的问题，可以借鉴成熟专家系统的经验为待求解问题提供解决方案。

专家系统本身比较复杂,需要设计并建立知识库和综合数据库,编写知识获取机构、推理机、解释机构等模块程序,工作量较大。另外,领域专家的知识是长期积累的经验和专门知识,知识工程师也不可能在短期内获得所需的全部专家知识,如果希望一次就能够开发很完善的系统是不现实的,专家系统开发是一个不断完善的过程。

需要说明的是,在设计和建立专家系统时,需要用户参与,以充分了解未来用户的实际情况和知识水平,建立适合用户操作的界面友好的人机交互界面。另外,这里介绍的"专家系统"事实上是实际专家系统中的专家模块部分,实际的专家系统还包括更丰富的功能和模块。

6.3.2 知识获取

知识库的设计是建立专家系统最重要和最艰巨的任务。知识获取是建造专家系统首要解决的问题,也是较为困难的一步,被称为建造专家系统的"瓶颈"。知识获取是把用于问题求解的领域知识从某些知识源提炼出来,转化为计算机内部的表示方式存入知识库的过程。潜在的知识源包括领域专家、书本、数据库、专门操作人员以及普通人的经验等。知识获取需要做以下工作:从知识源抽取知识;把知识从一种表示形式转换为另一种形式;知识输入,即把知识经编辑、编译送入知识库;知识的检测。在完成这些工作后,为专家系统建立了健全完善的知识库,才能满足求解问题的需要。目前,知识获取大致有 3 种途径。

1. 人工获取

这种知识获取分为两步:第一步,知识工程师与领域专家交流,提取专家的经验知识,或者查阅文献获得有关概念的描述及参数,对有关领域知识和专家知识进行分析、综合和归纳;第二步,知识工程师用某种知识编辑软件把知识输入到知识库。其工作方式如图 6-3 所示。

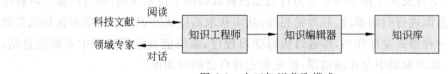

图 6-3　人工知识获取模式

人工获取方式是目前专家系统建造中使用最广泛的一种知识获取方式,需要领域专家与知识工程师的密切合作,也是一个十分耗时的过程。当今专家系统的主要知识源是领域专家,因为领域专家一般不熟悉知识工程,不能强求他们把自己的知识按专家系统的要求抽取并表示处理,知识工程师必须长时间与专家一同工作。有时候专家是凭直觉和经验解决实际问题,他们表达结论和推理的方式过于笼统,甚至他们自己也难以说清楚,这也给知识抽取增加了一定难度。领域专家和知识工程师合作是知识获取成功的关键。知识工程师需要与领域专家反复交流和协作,获取原始知识并进行分析、比较、归纳和整理,找出知识的内在联系及规律。此后,知识工程师将整理出的知识交专家审查,如果存在不同意见,知识工程师和领域专家还要进行交流,知识工程师再重复前面的步骤,直到最后确定下来。由此可见,知识工程师作为专家系统和领域专家的中介,在知识获取阶段承担着艰巨的任务。

在实际应用中,知识工程师与应用领域专家反复沟通交流,获取知识并将知识输入到知识库,这个过程经常由一个知识采集子系统协助,该子系统还要负责检查知识库的一致性和完备性。

知识获取界面提供知识的编辑、查错和一致性维护等功能，可以提高知识获取的效率和自动化程度。

2. 自动获取

自动获取是指系统具有直接从环境获取全部知识的能力。自动获取又可分为两种形式：一种是系统由机器感知接收外部环境的信息，包括文字、图形和语音等，从原始信息中学习到专家系统所需要的一些简单的事实性知识，并填充知识库；另一种是经过机器学习和机器识别获得更高层次的知识。其工作方式如图 6-4 所示。

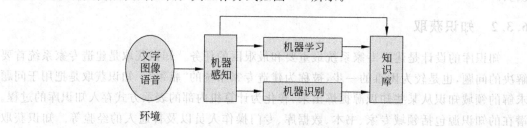

图 6-4 自动知识获取模式

自动获取方式是知识获取技术的一个努力方向。在这种方式中，由系统取代知识工程师，通过可视化交互式知识获取界面，按预先制定的问题求解模型，指导领域专家自行抽取和输入知识。为了使系统能与领域专家对话和阅读有关的科技资料，还要求系统具有识别语音、文字和图像的能力以及从运行实践中学习的能力。

机器学习是解决知识获取困难的最理想途径。机器学习研究利用机器获取新知识和新技能，并识别现有知识，这里的"机器"是指计算机。机器学习方法，如示例学习、解释学习、类比学习、归纳学习及人工神经网络等为自动知识获取提供了技术基础，通过机器学习程序可以自动对信息源进行归纳推理、假设猜想等，从而获取高层次知识。机器学习在知识获取中还可以以另一种形式发挥作用，即通过机器学习程序，系统能在运行过程中不断地总结、归纳出新知识，发现知识中存在的错误，扩充和完善自己的知识库。

3. 半自动获取

在实际应用中，人工获取方式浪费大量的时间和资源。虽然自动知识获取吸引了研究者的极大兴趣，但其实现难度依然很大，许多理论及技术仍需要进一步研究。介于二者之间的半自动知识获取方式是较为实用的方法，并得到了广泛应用。

半自动知识获取是利用某种专门的知识获取系统，通过提示、指导或问答的方式，帮助专家提取、归纳有关知识，并自动记入知识库。在建造专家系统时，应充分利用人工智能领域取得的成果，逐渐向自动知识获取方向过渡。事实上，研究者们正在朝着这个方向努力，在非自动知识获取的基础上增加部分学习功能，提高系统的智能程度。领域专家通过与系统会话，告知系统必要的信息，知识获取子系统便自动地将这些信息转换成内部表示形式存入知识库。尽管这样的系统没有达到完全的自动知识获取能力，但是已经具有一定的智能和自动水平。

知识库是专家系统能力的基础。目前，知识获取仍是人工智能的一个热门研究课题，是建造专家系统的关键步骤。随着机器学习技术的发展和计算机技术的进步，将机器学习、机器识别等先进技术结合是知识获取的发展方向,目标就是使专家系统能够达到专家水平,像人类专家一样进行决策、诊断及规划等。

6.3.3　知识库设计和知识管理

1．知识表示

知识表示就是知识的形式化,把知识用计算机能接受的形式表示出来。前面已经介绍的知识表示方式有一阶谓词逻辑表示法、产生式规则表示法、框架表示法、语义网络表示法、状态图表示法、面向对象表示法等。在建立知识库时,必须根据不同领域的知识特点选择或设计合适的知识表示方式,并设计相应的知识描述语言,实现较好的表达效果。

目前在专家系统中用得最多的表示方法是产生式规则表示法、框架表示法和语义网络表示法。至于采用哪种知识表示方式,目前还没有统一的标准,总体来说,可以考虑以下 4 个方面。

(1) 充分表示领域知识。

(2) 能充分有效地进行推理。

(3) 便于对知识的组织、维护与管理。

(4) 便于理解和实现。

产生式表示法通常表示具有因果关系的知识,专家系统 DENDRAL、MYCIN 就是采用产生式规则表示法来表示知识。知识库中存放若干规则,每条产生式规则是一个以"如果满足这个条件,就应当采取这个操作"形式表示的语句,具体如下。

```
IF(条件 1  AND 条件 2 …AND 条件 n)
THEN (结论或者动作)
```

语义网络表示法是一种结构化图解表示,由结点和有向弧组成,其中结点表示问题领域的实体、概念、事件或情况等,有向弧表示结点之间的语义关系。这种表示方法能简明直观地把实体、概念等的相关属性及相互关系表达出来,易于理解,适用于知识工程师描述专门知识。框架表示法将有关对象和事件等内容的知识组织起来构成一个结构化整体,也是一种通用的知识表示形式。语义网络表示法和框架表示法都能很好地描述事物结构及事物之间的关系。

有时需要把几种表示方法结合起来。例如,在大规模集成电路设计和计算机结构设计这类设计型专家系统中,系统在满足多方面约束的同时必须协调各个子问题间的相互关系,既要找出所有子问题的共性,又要识别每个子问题的个性,此时,可能需要结合框架表示法和产生式规则表示法,以反映系统内部的结构关系。专家系统 PROSPECTOR 则采用语义网络和规则表示法相结合的方式,把知识库分为三级网络。

在面向对象技术出现后,人们开始把面向对象的思想和方法引入到智能系统的设计和构造中。在面向对象的知识表示中,一组具有相同或相似结构和处理能力的对象抽象为一个类,父类、子类和具体对象构成一个层次结构,子类可以继承父类的数据和操作。这种机制支持知识的分类表示,与框架表示方法有许多相似之处。面向对象知识表示方法适合大型知识库的开发和维护,是构造专家系统的知识库时应该优先考虑的知识表示方法。

2．知识库设计

知识库的质量直接影响专家系统的效率。知识库设计首先要确定知识库的结构,即知识的组织形式。知识库的结构设计受到多种因素的影响,如知识逻辑表示形式、知识规模等。但无论如何,知识库设计都应遵循以下基本原则。

(1) 知识库的组织方式应该保证知识库与处理机的相对独立性,使得不会由于知识库内部组织方式的改动而引起知识处理机构的大改动。

(2) 知识库的设计要尽量便于对知识库的扩充、维护与修改。

(3) 知识库的设计要便于对其内容的各种运用和输入输出等。

(4) 知识库的设计要考虑到不同的领域知识的组织形式,包容多种知识表示方法并存的可能性。

(5) 知识库的设计要便于一致性和完整性等的检查和维护。

(6) 知识库的组织应便于内存和外存的交换。

(7) 知识库的设计要便于对其内容进行各种处理以提高处理效率,尽量节省存储空间,这里对时间和空间的设计要求对于具有庞大知识库容量的专家系统尤为重要。

专家系统中的知识库一般采取层次结构或网状结构。在层次结构中,把知识按某种原则进行分类,然后分层分块组织存放,而每一块和每一层还可以再细分。采用层次结构的知识库极大地方便了知识的调度和搜索,从而使推理机在推理时能灵活、迅速地调度和搜索知识,加快推理速度。此外,知识分块存放还可以扩大知识库容量,从而使知识库仅受磁盘空间的限制。

对于复杂的专家系统,将问题划分成相互关联的若干子问题,同时将知识库分解为相应的若干较小的子知识库,缩小求解问题的知识库规模,再根据各个子问题的性质和特点,采用相应的推理机制并行处理。以农作物施肥量决策专家系统为例,先导知识库中存储关于肥量运筹方面的规则或模型,根据品种、苗情长势、土壤肥力等确定各种肥料的需要量,子知识库包括品种选择知识库、产量计划知识库、苗情诊断知识库、肥力评估知识库等。专家系统在利用前导知识库推理时,根据任务需要逻辑调用激活相应的子问题求解单元,并加载相应的子知识库进行求解。

传统的知识库采用集中式管理,由管理中心对知识库进行统一更新和维护。随着专家系统应用领域的扩大和系统规模的扩展,有些会需要多个信息源联合起来提供一体化服务,形成组织结构分散且异构的多知识库协同工作情况,这时,分布式知识库是一个必然选择,也是知识库技术的一个重要发展方向。

3. 知识库管理

知识库管理系统是知识库的支撑软件,专家系统通过知识库管理模块实现对知识库的统一管理和使用,实现知识的组织、存储、编辑、增删、修改、检索、扩充、更新以及维护等功能。知识库管理包括知识库的重组、知识库操作管理、知识库维护以及知识库的安全与保护等。

知识库基本操作可以采用两种方式来实现:一种方法就是利用屏幕窗口通过人机对话方式实现知识的增删、修改、查询、统计等;另一种就是用全屏幕编辑方式,让用户直接用键盘按知识描述语言的语法格式编辑知识。

在进行知识库维护时,知识库管理系统应该能消除知识的冗余和矛盾,保证知识库的一致性和完整。这对于专家系统非常重要。知识的一致性是指知识库中的知识必须是相容的、无矛盾的。例如,下面的两条规则:

$$R_1: \text{IF } P \text{ THEN } Q$$
$$R_2: \text{IF } P \text{ THEN } \sim Q$$

这两条规则在相同的条件下得到的结论是互斥的,则它们是矛盾的,因此,知识库不能同时包含两条这样的规则。如果两条规则虽然有相同的结论,但规则强度不同,则它们也是矛盾的。

知识的完整性是指知识库中的知识必须满足约束条件,保证知识的合理性、有效性和正确性。例如,小李今年 10 岁,小李的哥哥今年 x 岁,则必须满足 $x \geqslant 10$;否则就破坏了知识的完整性。

冗余性检查就是检查知识库中的知识是否存在重复、多余。冗余的表现有重复、包含、环路等现象。例如,下面的两条规则:

$$R_1: \text{IF } P \text{ 且 } Q \text{ THEN } R$$
$$R_2: \text{IF } Q \text{ 且 } P \text{ THEN } R$$

这两条规则是等价规则,如果同时存在于一个知识库,则存在冗余。又如,

$$R_1: \text{IF } P \text{ THEN } Q$$
$$R_2: \text{IF } Q \text{ THEN } R$$
$$R_3: \text{IF } P \text{ THEN } S$$
$$R_4: \text{IF } S \text{ THEN } R$$

R_1、R_2 和 R_3、R_4 是等效的规则链,如果同时存在于一个知识库,则存在冗余。又如,

$$R_1: \text{IF } P \text{ THEN } Q$$
$$R_2: \text{IF } Q \text{ THEN } R$$
$$R_3: \text{IF } R \text{ THEN } P$$

则形成了一条环路。

推理过程中还会产生错判和漏判,即错判是指系统运行时得出了给定条件所不期望的某一结论,漏判是指在给定的条件下没有得到本应该推导出的结论。针对这两种情况,需要根据错判率和漏判率对知识进行求精处理,即做特化处理或泛化处理。

随着系统的运行,可能会发现当前的知识组织结构不合理,因此就需要重新组合,这时就需要知识库的分解和合并功能。关于这一点,可以从数据库和数据管理系统得到借鉴和启发。

知识库的安全是指防止知识库遭到破坏,包括操作失误和恶意破坏等主客观因素产生的破坏。知识库是领域专家和知识工程师通过多次反复地交流而建立的,也是专家系统赖以生存的基础,必须建立严格的安全保护机制,以防止由于操作失误等原因使知识库遭到破坏,造成严重后果。一般地,知识库的安全保护措施可以像数据库那样通过设置口令来验证操作者的身份、对不同的操作者设置不同的权限、预留备份等技术来实现。

完备的知识是建立高效、实用的专家系统的基础,系统开发者需要反复对知识库及推理规则进行改进试验,归纳出更完善的结果,经过相当长时间的努力才能使系统在一定范围内达到人类专家的水平。

6.3.4 推理机设计

推理是建立在知识库和数据库的基础上,根据知识库中的一系列条件、规则,从用户提

供的已有事实,推导出新的结论。推理机必须与知识库及知识相适应,也就是说推理机必须与知识库的结构、层次以及知识表示形式相协调、相匹配。就推理机本身而言,还需要考虑推理方式、方法和控制策略。当推理机使用一条规则时,通常要分成3步:①匹配,即把数据库和规则的条件部分相匹配;②冲突解决,即当有一个以上的规则条件和当前数据库相匹配时,根据优先级、可信度决定首先使用哪一条规则;③操作,即执行规则的操作部分,并修改当前数据库。

根据问题求解时推理过程中选择的推理方向,推理机可以选择正向推理、反向推理或和双向推理。

(1) 正向推理。正向推理是由原始数据出发,按照一定策略,运用知识库中专家的知识推断出结论的方法。推理机在综合数据库中查找已知的事实,正向使用规则,即把规则的前件同当前数据库的内容进行匹配来选取可用的规则。若有多条规则可用,按冲突消解策略从中选择一条规则执行,并将结论添加到数据库中。这种推理方式是由数据到结论,也叫数据驱动策略。例如,在一个实时控制系统中,其推理机根据一定的推理策略从知识库中选择有关知识,对控制专家提供的控制算法、事实、证据以及实时采集的系统特性数据进行推理,直到得出相应的最佳控制决策,由决策的结果指导控制作用。上述推理方法采用的就是正向推理。

(2) 反向推理。反向推理是先提出假设(结论),然后查找支持这个结论的证据的方法。推理机根据综合数据库中给出的假设,反向使用规则,即把规则的后件同当前数据库的内容进行匹配选取可用的规则。若有多条规则可用,按冲突消解策略从中选择一条规则执行,并将规则的前件添加到数据库中,直到问题求解。这种由结论到数据的策略称为目标驱动策略。

(3) 双向推理。双向推理采用正向推理和反向推理同时进行,运用正向推理帮助系统提出假设,然后运用反向推理寻找支持该假设的证据。

根据应用领域的特征和问题求解任务的要求,选择合适的推理方式。例如,对于简单的知识结构,可采用以数据驱动的正向推理方法,逐次判别各规则的条件,若满足条件则执行该规则;否则继续搜索。

推理机还需要考虑的其他因素包括是采用精确推理还是不精确推理、是归结法还是自然演绎法等,这些都要进行准确分析,才能设计出高、效实用的专家系统。

对于复杂的大规模问题求解任务,使用多知识库的专家系统可包含多个推理机,每个子知识库对应一个推理机,根据知识性质的不同采用不同的推理机制,子知识库与子推理机构成相对独立的低级问题求解单元,这些子问题求解单元相互协作,共同解决复杂和困难的问题。

6.3.5 解释功能设计

专家系统一般具有解释功能,用人们易于理解的方式向系统开发者或用户解释或说明问题求解过程及结果的合理性。在推理过程中专家系统还可以通过解释机构向用户解释"系统为什么要向用户提出该问题?"、"计算机是如何得出最终结论?"等诸如此类问题。

系统的解释机构就是专家系统为完成解释功能而设置的程序模块。从系统结构上来说,解释机构一般作为一个独立的模块,但实际上解释功能与推理机密切相关,因为解释机构必须对推理进行实时跟踪。可以采用以下方法实现解释功能。

（1）预置文本法。把问题的解释预先用自然语言或领域的专业语言形式插入程序段或存储在一个文件中，一旦用户询问到已有预置解释文本的问题，只需把相应的解释文本填入解释框并提交给用户。

（2）过程跟踪。对推理过程进行跟踪，把问题求解所激活使用的知识按次序记录下来，当用户需要解释时，向用户直接输出问题求解路径，为了便于用户理解，还可以将规则转变为自然语言的形式。

（3）策略解释法。解释机构跟踪推理策略中的元规则，从而向用户解释问题求解过程中所采用的基本方法和策略，让用户在更高层次把握系统求解问题的行为特征，表示出高级的智能行为。为了提高解释能力，解释结构可以综合使用自然语言、表格、图形、声音和图像，提供更强大的解释功能。

系统开发者和普通用户对解释功能的要求不同。系统开发者注重求解结论及推理过程是否符合领域专家的思路，更注意系统内部的执行流程，那么只要显示为了推导出最终结论所需要的相关规则即可。普通用户关注的是系统给出某个结论的表层原因，需要用语句来说明结论，这些语句要更自然、易懂，可以采用预置文本法实现。

6.3.6　系统结构设计

从系统组成结构角度来看，专家系统的核心是知识库、数据库和推理机构。但由于每个专家系统所要完成的任务和特点各不相同，系统结构也难以形成固定模式。体系结构研究的核心问题就是如何根据应用领域和求解任务的要求来组织系统内部的各个功能模块。对于问题求解任务相对容易的系统，只需采用简单的体系结构。随问题求解任务复杂程度的增加，在体系结构设计时需要渐进地采用一些相适应的知识库技术和推理技术。一般的系统结构有独立式（一个“纯”专家模块）、集中式、分布式、层次式和“黑板模型”等。

由于社会、生活、经济的不断发展，人们需要处理的信息量越来越庞大，对大型知识系统的需求不断增强，为适应复杂的问题求解，人们也提出了新的体系结构方案，如多级专家系统、多库协同系统以及大型协同分布式专家系统等。协同分布式专家系统受益于计算机网络，把知识库、推理机分布在计算机网络上，对知识进行分布式存储和处理，是一类非常具有发展前景的专家系统。

在构建专家系统时遵循一些原则可提高系统开发效率，也便于日后的调试和系统维护。例如，恰当地划定求解问题的领域，获取完备的知识，知识库与推理机分离，建立友好的交互环境以及快速原型和增量式开发策略等。

6.3.7　专家系统的评价

系统具备了可用性之后仍需提炼精华，使系统在性能、效率等各方面得到完善，真正达到专家级水平。系统评价是改进系统设计和性能的一个重要手段。专家系统评价贯穿于建立专家系统的整个过程，主要目的是检查程序的正确性和有用性。

从技术角度进行评价，主要由知识工程师和领域专家参与，评价内容包括以下几项。

（1）系统设计思想、设计方法、设计工具的正确性。

（2）知识的完备性，判断知识库是否具有完善的知识，是否与领域专家的知识保持一致,知识库逻辑一致性和完整性。

（3）知识表示及组织方法的适当性,判断能否充分表达领域知识,知识库是否是最小表示,是否便于知识维护和管理。

（4）所用推理技术的正确性,系统是否能产生正确的答案。

（5）求解问题的质量,评价系统提供的建议和结论的准确性,与领域专家所得结论的符合程度,解释的正确性及可信度估算的准确性。

（6）系统测试和检验方法的正确性,从运行性能角度进行评价,主要由用户完成,包括一般用户和专业用户。

（7）系统的效率,即系统运行时对系统资源的利用率以及时间、空间开销等。

（8）人机交互的便利性,用户能否方便使用系统决定用户是否最终接受这个系统。

（9）问题求解能力和适用范围,求解结果的有用性。

（10）系统的易维护性、易扩充性、可移植性、可靠性,是否易于与其他软件集成。

（11）易用性、可理解性、自然性和是否提供联机帮助及解释。

（12）系统的经济性,包括软硬件投资、设计开发费用、取得的直接或间接经济效益等,建造一个实用专家系统需要耗费大量的人力和物力,从经济方面进行分析也是系统开发可行性的一种重要考虑因素。

评价是为了改进专家系统的水平。对于复杂的系统不能以单项标准来作评价,应该和系统的各方面内容联系起来,采用多项评价标准和大量测试数据,从而获得准确的反馈,指导开发人员工作以满足用户的需求。

6.4 专家系统应用案例

专家系统综合利用人工智能技术和计算机技术进行推理和判断,根据某领域一个或多个专家提供的知识和经验,求解那些只有人类专家才能求解的高难度的复杂问题。前面介绍了专家系统结构和专家系统设计方法,在此基础上,本节介绍专家系统的两个应用案例,以增强读者对专家系统的具体认识,掌握专家系统的实现方法。

6.4.1 动物识别专家系统

该系统是一个比较流行的专家系统试验模型,用以识别金钱豹、虎、长颈鹿、斑马、企鹅、鸵鸟、信天翁7种动物。下面讨论该系统的知识表示、推理机制、模块结构等。

1. 知识库

该系统用产生式规则来表示知识,知识库中共有以下15条规则。

规则1: IF 动物有毛发 THEN 动物是哺乳动物

规则2: IF 动物有奶 THEN 动物是哺乳动物

规则3: IF 动物有羽毛 THEN 动物是鸟

规则4: IF 动物会飞 AND 会下蛋 THEN 动物是鸟

规则5: IF 动物吃肉 THEN 动物是肉食动物

规则6: IF 动物有犬齿 AND 有爪 AND 眼盯前方 THEN 动物是食肉动物

规则7: IF 动物是哺乳动物 AND 有蹄 THEN 动物是有蹄类动物

规则 8：IF 动物是哺乳动物 AND 反刍 THEN 动物是有蹄类动物

规则 9：IF 动物是哺乳动物 AND 是食肉动物 AND 是黄褐色的 AND 有暗斑点 THEN 动物是金钱豹

规则 10：IF 动物是黄褐色的 AND 是哺乳动物 AND 是食肉 AND 有黑条纹 THEN 动物是虎

规则 11：IF 动物有暗斑点 AND 有长腿 AND 有长脖子 AND 是有蹄类动物 THEN 动物是长颈鹿

规则 12：IF 动物有黑条纹 AND 是有蹄类动物 THEN 动物是斑马

规则 13：IF 动物有长腿 AND 有长脖子 AND 是黑色的 AND 是鸟 AND 不会飞 THEN 动物是鸵鸟

规则 14：IF 动物是鸟 AND 不会飞 AND 会游泳 AND 是黑色的 THEN 动物是企鹅

规则 15：IF 动物是鸟 AND 善飞 THEN 动物是信天翁

知识库中包含将问题从初始状态转换到目标状态的变化规则。规则库中并不是简单地给每一种动物一条规则。首先用 6 条规则将动物粗略分成哺乳动物、鸟、食肉动物三大类，然后逐步缩小分类范围，最后给出金钱豹、虎、长颈鹿、斑马、企鹅、鸵鸟、信天翁这 7 种动物的识别规则。这些规则比较简单，可以修改原规则或增加新规则对系统进行完善或功能扩充，也可以加进其他领域的新规则来取代这些规则对其他事物进行识别。

在 15 条规则中，共出现 30 个概念，也称为事实：有毛发、能产奶、哺乳动物、有羽毛、会飞、产蛋、鸟、吃肉、有犬齿、有爪、眼盯前方、食肉动物、有蹄、反刍、有蹄类动物、黄褐色、身上有暗斑点、黑色条纹、有长脖子、有长腿、不会飞、黑白色、会游泳、信天翁、企鹅、鸵鸟、斑马、长颈鹿、老虎、猎豹。

为了推导出结论，需要根据数据库中的已知事实从知识库中选用合适的知识。动物识别专家系统采用精确匹配的方法，若产生式规则的前提条件所要求的事实在数据库中存在，就认为它是一条适用的知识。

2. 综合数据库

综合数据库为事实库，主要存放问题求解的相关信息，包括原始事实、中间结果和最终结论，中间结果又可以作为下一步推理的事实。事实上，综合数据库是计算机中开辟的一块存储空间。

3. 推理机

本系统采用正向推理，并且精确推理，推理过程如图 6-5 所示。推理步骤如下。

（1）用户首先初始化综合数据库，即把已知事实存放到综合数据库。

（2）推理机检查规则库中是否有规则的前提条件可与综合数据库中已知事实相匹配，若有，则把匹配成功的规则的结论部分作为新的事实放入综合数据库。

（3）检查综合数据库中是否包含待解决问题的解，若是，说明问题求解成功；否则用更新后的综合数据库中的所有事实重新进行匹配，重复上述过程，直到推理结束。

一般来说，推理终止的情况有以下两种。

（1）经推理已经求得问题的解。

（2）知识库中再无可适用的知识。

若一条规则的结论在其他规则的前提条件中都不出现，则这条规则的结论部分就是最

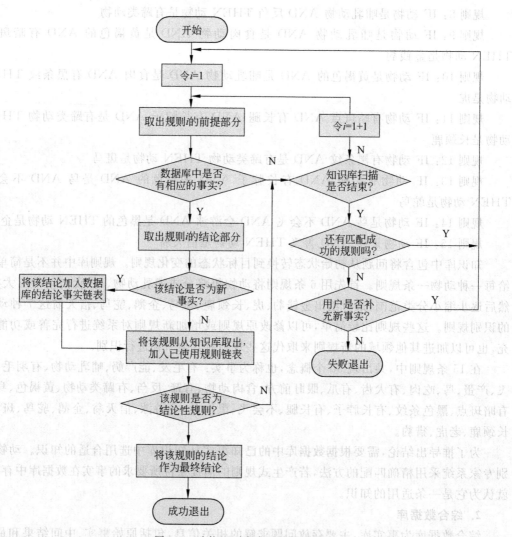

图 6-5　动物识别专家系统推理过程

终结论,把含有最终结论的规则称为结论性规则。对于第(1)种情况,每当推理机用到结论性规则进行推理时,推出的结论就是最终结论,此时可终止推理过程。对于第(2)种情况,检查当前知识库中是否还有未使用的规则,但均不能与综合数据库中的已有事实相匹配时,则说明该问题无解,终止问题求解过程。

4. 解释机构

解释机构回答系统如何推出最终结论,解释功能的实现与推理机密切相关。动物识别专家系统的解释机构对推理进行实时跟踪。在推理过程中,每匹配成功一条规则,解释机构就记下该规则的序号,推理结束后,则把问题求解所使用的规则按次序记录下来,得到整个推理路径。当用户需要解释时,就可以向用户解释为何得到某个结论。为了便于理解,可以将规则转变为自然语言的形式。

尽管动物识别专家系统简单,但基本包含了一个专家系统的基本组成部分:知识库模块、数据库模块、推理机和解释机构。该系统可作为一个基本模型,只要对知识库中的知识进行扩充,就可以实现更复杂的功能,或者用其他领域的专家知识替换,以完成其他领域的任务,保证了系统的灵活性和可扩展性。

6.4.2 PROSPECTOR 系统

地质勘探专家系统 PROSPECTOR 能根据岩石标本及地质勘探数据对矿产资源进行估计和预测,提供勘探方面的咨询。该系统集中多个领域专家的知识,具有以下功能。

(1) 勘探结果评价。系统对获得的有限的地质矿藏信息进行分析和评价,预测成矿的可能性,并指导用户下一步应采集哪些对判别矿藏有用的信息。

(2) 区域资源评价。系统采用脱机方式处理某一大范围区域的地质数据,给出区域内资源的分布情况,在矿床分布、蕴藏量、品位及开采价值等方面作出合理的推断。

(3) 钻井井位选择。已知某一区域含有某种矿藏后,根据地质图和井位选择模型,帮助工作人员选择最佳钻井位置,以避免不必要的浪费。

PROSPECTOR 系统的总体结构如图 6-6 所示。

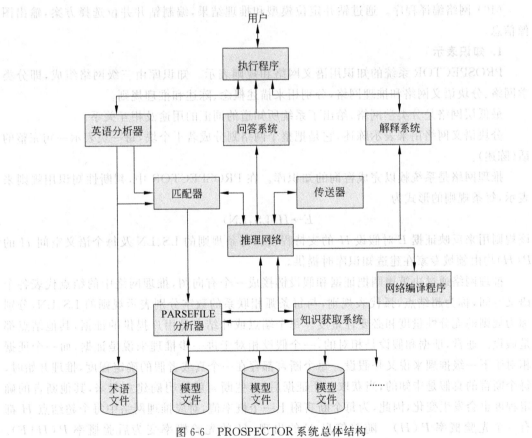

图 6-6 PROSPECTOR 系统总体结构

(1) 知识库。由术语文件和模型文件库组成,术语文件库中存放岩石、地质名字、地质年代和语义网络中用到的其他术语,模型文件库中存放推理规则网络形式的矿床模型。系统的勘探知识以外部文件形式存储在磁盘中,需要时调用。

(2) 英语分析器。负责理解用户输入的英语自然语言中包含的信息,并转换成匹配器可以使用的语义网络形式。

（3）问答系统。检查推理网络的推理过程，随时对系统进行查询，负责向用户提问，要求提供勘探证据。

（4）解释系统。用于向用户解释结论和推理过程，解答用户提问。

（5）匹配器。比较语义空间的关系，进行语义网络匹配，同时也把用户输入的信息加入推理网络中，或检查推理网络的一致性。

（6）传送器。用于在推理网络中传播结论的概率值，实现系统的似然推理。

（7）推理网络。系统的推理网路是具有层次结构的与/或树，它将勘探数据和有关地质假设联系起来，进行从顶到底的逐级推理，上一级的结论作为下一级的证据，直到结论可由勘探数据直接证实的端结点为止。

（8）PARSEFILE 分析器。用于把矿床模型知识库中的模型文件转换成系统内部的表示形式，即推理网络。

（9）知识获取系统。获取专家知识，生成、修改或保存推理网络。

（10）网络编译程序。通过钻井定位模型和推理结果，编制钻井井位选择方案，输出图像信息。

1. 知识表示

PROSPECTOR 系统的知识用语义网络和规则表示。知识库由三级网络组成，即分类学网络、分块语义网络和推理网络，分别用来描述概念、陈述和推理规则。

最低层网络是分类学网络，给出了系统所知道的词汇的用途及相互关系。

分块语义网络用来表示陈述，它是把整个网络划分成若干个块，每一块表示一句完整的话（陈述）。

推理网络是系统赖以完成咨询的知识库。在 PROSPECTOR 中，判断性知识用规则来表示，每条规则的形式为

$$E \rightarrow H(\text{LS}, \text{LN})$$

该规则用来反映证据 E 对假设 H 的支持程度。每条规则的 LS、LN 及每个语义空间 H 的 $P(H)$ 均由领域专家在建造知识库时提供。

推理网络通过决策规则把证据和假设链接成一个有向图，推理网络中的结点代表各个语义空间，称为超结点，弧代表规则，与每条弧相联系的数字分别表示规则的 LS、LN，分别称为规则的充分性量度和必要性量度。每个端点或叶结点是用户提供的证据，其他结点都是假设。通常，证据和假设是相对的，一个假设相对于进一步推理来说是证据，而一个证据相对于下一级推理来说又是假设。每个断言都存在一个真或者假的确定程度，推理开始时，每个断言的真假是未知的，当获取一个证据后，有些断言就被明确建立起来，其他断言的确定程度也会发生变化，因此，为每个断言附上一个概率值，对应推理网络中每个超结点 H 都有一个先验概率 $P(H)$。随着信息 E 的出现，H 的先验概率变为后验概率 $P(H|E)$。PROSPECTOR 系统中没有独立于知识库而存在的综合数据库，它的推理网络同时兼有知识库和数据库两种身份。

PROSPECTOR 系统的知识按用途可分为两类，即分类学网络，是通用知识库，系统每次运行都需要使用它；其他矿藏模型，是专用知识库，根据用户需要，系统运行时只把需要的模型调入内存。

2. 推理机制

PROSPECTOR 系统的不精确推理是建立在概率论的基础上，采用主观贝叶斯方法，即根据前提 E 的概率，利用规则的 LS 和 LN，把结论 H 的先验概率 $P(H)$ 更新为后验概率 $P(H|E)$。

PROSPECTOR 系统采用多种推理方式，称为混合主动式推理，即正反向混合推理与接纳用户自愿提供信息相结合的推理方式。

PROSPECTOR 系统的正向推理实际上就是概率传播。系统运行时，用户输入一个证据 E 并指出它在观察 S 下成立的后验概率 $P(E|S)$。系统在推理网络中搜索以 E 为前提或前提包含 E 的规则 R，利用 $P(E|S)$ 计算在规则 R 的作用下结论 H 的后验概率，然后再从推理网络中搜索前提中包含 H 的规则 R'，重复以上过程。PROSPECTOR 推理过程实际上就是重复地将规则前提的后验概率沿推理网络中的规则弧传到规则的结论部分，修改结论的后验概率，直到推理网络的顶层语义空间。PROSPECTOR 系统的概率传播过程由传送器完成。

当正向推理（概率传播）结束后，如果系统已能确定存在某种矿藏，则输出结果；否则进入反向推理过程。反向推理由提问系统负责，它为断定某种矿藏的成矿可能性寻求有关的数据。

系统在推理过程中，用户可根据自己的观察为系统提供信息，包括可用空间的信息和推理网络任意层次上的假设空间的信息。这样有利于充分发挥用户的作用，加快推理速度，增加了系统的灵活性。系统推理时可能需要考虑上下文先后次序的语义关系，基于上下文语义关系进行推理。

3. 解释系统

PROSPECTOR 系统的解释系统可以为用户提供几种不同类型的解释。解释系统可随时检查推理网络中某个语义空间的后验概率，还可以向用户显示推断某一结论所使用的规则，或者检查某一数据对推理网络中任一特定空间概率的影响。通过这些解释方法，用户可以了解所采集数据的意义以及进一步需要的数据。

PROSPECTOR 系统帮助勘探人员推断矿床分布、储藏量、品位、开采价值等信息，制定开采计划和钻井井位布局方案，目前已成为世界上公认的经典专家系统之一。

6.5 开发工具与环境

专家系统的成功应用促使世界范围内的各大研究机构和企业纷纷投入到专家系统技术的研究行列中，但是专家系统的研制是一项十分复杂且耗时耗力的工作。为了提高专家系统开发效率，共享已取得的成果，缩短研制周期，一些大学和研究所把注意力转向开发工具的研究，并且取得了一些成果。

从目前已有的开发工具来看，专家系统开发工具大致可分为以下五类。

（1）程序设计语言。

（2）骨架系统。

（3）通用型知识表达语言。

（4）辅助工具箱。

（5）专家系统开发环境。

6.5.1 程序设计语言

专家系统开发从本质上来说也是一种程序设计,程序设计语言是专家系统的最基本开发工具,包括面向数据处理的语言和面向符号处理的语言。

面向数据处理的语言是为特定的问题类型而设计,主要代表有 C、PASCAL、FORTRAN、BASIC 等,能方便地处理代数运算,适合科学、数学和统计领域。面向对象程序设计语言(如 C++ 语言)具有的强大的功能和面向对象的特性,与人工智能特别是知识表示和知识库产生了天然联系,因此也成为专家系统的常用开发工具。尤其是 Visual C++ 的发展,为专家系统的可视化界面设计、多媒体信息处理提供了很好的语言环境。

专家系统与一般程序设计还存在区别,主要是面向符号处理和逻辑推理。人工智能专家研究和设计了面向人工智能的程序设计语言,其中最常用的是 LISP 语言和 PROLOG 语言。它们能方便地表示知识和设计各种推理机,具有灵活简便的处理能力、与领域无关、通用性强、用户能随心所欲地设计自己的系统等优点,因此被广泛用于各个领域的专家系统研制。LISP 语言是第一个函数型程序设计语言,最早是为研究人工智能而开发的,典型的专家系统 MYCIN 和 PROSPECTOR 都是用 LISP 语言开发。PROLOG 语言是基于演绎推理的逻辑型程序设计语言,内部配备了逆向推理机构,设计者输入一阶谓词形式的知识和事实,系统能自动进行演绎推理,寻求适当的策略对问题进行求解。这类程序设计语言适用范围较广,但不容易掌握,需要有一定的软件专业知识的人员才能使用,且生成的系统运行效率较低。

程序设计语言的优点是使用灵活,通用性强,开发者可以根据问题特点设计知识表示及推理机制,程序质量高;缺点是工作量大,开发周期长,在不同的专家系统开发过程中存在大量的重复性工作,增加了系统开发成本。

6.5.2 骨架系统

骨架专家系统开发工具也称为外壳系统,是最早出现的专家系统开发工具。它由已经成熟的专家系统演变而来,典型代表有由 MYCIN 系统演化而来的 EMYCIN 系统、基于 PROSPECTOR 系统建立的 KAS 系统、EXPERT 系统。从一个已经成功应用的专家系统出发,抽出原系统知识库中的具体领域知识,而保留原系统的体系结构、知识表示方式、推理机制、知识获取机制及解释机制和其他辅助工具,再把领域专用的界面改为通用界面,就可以得到一个骨架系统。

利用骨架系统构建专家系统时,领域专家在知识工程师的协助下,把特定领域的知识按照骨架系统规定的知识表示方式输入到知识库中,就构成了一个特定应用领域的专家系统。例如,MYCIN 系统是一个对血液感染患者进行诊断和治疗的专家系统,当抽去血液感染病的知识,保留系统骨架就形成了开发工具,称为 EMYCIN。它保留了 MYCIN 系统的全部功能,包括解释程序、知识编辑器、知识库管理和维护手段、跟踪和调试功能等。EMYCIN 骨架系统特别适合开发各种领域咨询、诊断型专家系统,已经用于开发医学、地质、农业和其他领域的专家系统。例如,在知识库中加载肺功能的有关知识,就构成了一个肺功能测试专家系统 PUFF。KAS 是用于诊断和分类的骨架系统,它是由 PROSPECTOR 系统去掉关于地质勘探方面的知识而形成的。如果把某个领域知识用 KAS 所要求的知识表示形式输入到知识库,就可以利用 PROSPECTOR 预先给的推理策略求解问题,使用起来很方便。

骨架系统开发工具易于使用,不用从头开发新的专家系统,借用已有的专家系统的骨架,避免了许多系统建造上的重复劳动,缩短了研制周期,基于成熟的专家系统框架而生成的专家系统运行效率高。由于新系统继承了外壳系统的知识表示方式和推理机制,系统灵活性和通用性受到限制,只适合于与原系统同类型的专家系统开发,系统功能受到原有水平的限制。此外,原有专家系统中有些领域知识可能部分隐含在推理机制中,对新的领域问题这些隐含知识不一定能够适用,因此骨架系统又有一定程度的局限性。

6.5.3　知识表示语言

知识表示语言是针对知识工程发展起来的程序设计语言,又称为知识工程语言。这类工具通常配置相应的推理机构,其控制策略不局限于一种或几种形式,能够处理不同问题领域和问题类型。因此,知识工程语言工具适应的范围要比骨架系统广泛得多。比较有代表性的知识表示语言工具有 OPS、CLIPS、ROSIE 等。这里只对 OPS 进行简要介绍。

OPS 是美国卡内基-梅隆大学开发的一类著名的通用知识表达语言。自 1975 年出现以来,已经有多种版本,如 OPS1、OPS2、OPS3、OPS4、OPS5 等。它的特点是将通用的表达和控制结合起来,为用户提供建立专家系统所需的基本控制策略和知识表示方法。OPS 不与特定的问题求解领域和知识表达结构紧密联系,便于实现广泛的问题求解。OPS 预先不定义任何符号的具体含义以及符号之间的关系,符号的含义及其之间的关系完全由设计者所写的产生式规则所确定。OPS 用 LISP 语言实现,由产生式规则库、推理机及数据库 3 个部分组成。规则的一般形式为

$$P<规则号>　<前提>\to<结论>$$

其中,前提是条件序列,结论部分是由基本动作构成的集合,定义的基本动作包括 MAKE、MODIFY、REMOVE 等。数据库存储当前求解问题有关的已知事实及中间结果等。推理机利用规则库中的规则和数据库中的事实进行推理。只要使用者输入产生式形式的知识和事实,系统就靠内部的推理机制获得问题的解。OPS5 已被用于开发模式识别、计算机设计、实时控制、故障诊断等方面的许多专家系统,图 6-7 给出了 OPS5 的典型应用。

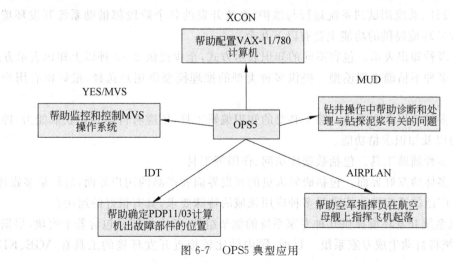

图 6-7　OPS5 典型应用

另一个专家系统开发工具 ROSIE 是 Rand 公司在 20 世纪 80 年代初开发的,也是第一个专家系统的通用程序设计系统。它的主要特点是基于规则和面向英语解释,可用于开发战况分析、空战规则等专家系统。CLIPS 是美国宇航局于 1985 年推出的通用语言工具,具有产生式系统的使用特征,并集成了 C 语言的基本语言成分,已广泛用于开发各类专家系统和知识处理系统。

利用知识工程语言开发专家系统,推理机和知识库的设计更为方便灵活,可以实现特别的控制结构,能适用于较宽广的应用领域。同时,这类工具在功能上的通用性增加了专家系统的开发和维护的难度,由于开发者不得不考虑专家系统可能遇到的各种问题,因此使用过程比较复杂,用户不易掌握。

6.5.4 辅助型工具

辅助型工具由一些程序模块组成,实现多种类型的推理机制和知识库预构件,主要用于辅助建造高质量的专家系统。目前,辅助型工具主要分为两类,即系统设计辅助工具和知识获取辅助工具。

(1) 系统设计辅助工具用来帮助开发者设计专家系统,如斯坦福大学开发的 AGE 和 ROGET,或者辅助开发者从大量的初始实例中归纳出规则或决策树,用于设定咨询时向用户提问的顺序。

(2) 知识获取辅助工具用于帮助获得和表达领域专家的知识,加快专家系统知识获取过程,提高系统开发效率,主要有自动知识获取工具、知识编辑工具和面对特定问题领域的知识获取工具等。例如,美国斯坦福大学开发的 TEIRESIAS 编辑器,能够帮助开发者获得有效的专家领域知识并编辑到知识库中。

6.5.5 专家系统开发环境

随着专家系统技术的发展,人们对专家系统开发工具提出了更高的要求。专家系统开发环境以一种或多种工具和方法为核心,加上与之配套的各种辅助工具和界面环境的完整的集成系统。系统开发环境为用户提供多方面支持,包括从系统分析、知识获取、知识库管理、程序设计、系统调试到系统运行与维护,系统开发的各个阶段都借助系统开发环境。专家系统开发环境提供的功能主要有以下几个。

(1) 多种知识表示。包容不同的知识表示方式,至少提供 2~3 种以上知识表示方式。

(2) 多种不精确推理模型。提供多种类型的推理模型供用户选择,最好留有用户自定义接口。

(3) 多种知识获取手段。除了必要的知识编辑工具,还应有自动知识获取能力,即机器学习能力以及知识求精功能。

(4) 多种辅助工具。包括数据库访问、作图等工具。

(5) 多样的友好界面。包括研发人员的开发界面和产品的用户界面,最好是多媒体的。

(6) 广泛的适应性。能满足多种应用领域的特殊要求,具有很好的通用性。

专家系统开发环境提供几种专家系统的框架组件,每个框架又包含若干模块,根据需求说明,系统将自动生成专家系统。目前,国内外比较接近开发环境的工具有 AGE、KEE 和 ART 等。

AGE 是斯坦福大学研制的第一个专家系统开发环境,通过对 DENDRAL、MYCIN、AM 等系统进行解剖分析,并抽取其中关键技术而形成的一个建造工具。它把从各系统中抽取出来的有关技术用 LISP 编程为单独的建造模块,以供系统开发者进行选择。开发者选择不同的模块组合并装入领域知识,可以构造出各种不同的问题求解系统。

KEE 把基于框架的知识表示、基于规则的推理、逻辑表示、数据驱动的推理、面向对象程序设计等结合,满足多个领域开发专家系统的需求。

ART Enterprise 是美国 Inference 公司于 1993 年推出的一种集成化的智能应用软件开发工具,它具有面向对象、多种数据库管理、基于示例推理和多媒体用户界面的特点,在金融业、电子工业、航空航天、通信业等领域的信息咨询与决策、故障诊断、设计规划方面已有广泛的应用。

国内也出现了许多专用的专家系统工具,如"天马"专家系统开发环境、ASCS 农业专家咨询系统开发平台等,已经用于开发实用的专家系统,如应用"天马"工具开发的台风预报专家系统、石油测井数据分析专家系统等。

专家系统开发环境为用户提供多种类型的推理机制和知识表示方式,帮助开发者选择系统结构、设计知识库和数据库及各种组件,快速构建专家系统。在适当的条件下,可考虑运用专家系统开发工具进行辅助设计,借鉴已有系统的经验,减少重复工作,提高开发效率,缩短研制周期。

本 章 小 结

专家系统是人工智能的一个重要分支,正在向着更为成熟的方向发展,其应用范围也在不断深入与拓展。专家系统的工作过程是专家工作过程的一种机器模拟,它根据知识库中的知识和用户提供的事实进行推理,不断地由已知前提推出未知结论,并把推导的结论添加到知识库,作为已知的新事实继续推理,从而把求解的问题由未知状态转换为已知状态。本章围绕专家系统的基本知识,详细介绍了专家系统基本概念、系统结构、系统各部分设计、应用案例、开发工具与环境。随着信息技术的不断发展以及多媒体等计算机主流技术的新突破,专家系统将具有更强的生命力。专家系统的研制和应用能够促进整个科学技术的发展,不仅对人工智能的各个领域的发展具有很大的促进作用,而且将对经济、教育、国防、社会和人民生活的各个方面都产生深远的影响。

习 题

6-1 简要说明专家系统与传统程序存在哪些区别。

6-2 举例说明专家系统的类型。

6-3 专家系统主要包括哪几部分?每部分的作用是什么?

6-4 专家系统有哪几种知识获取方式?

6-5 说明推理机在专家系统中的地位。

6-6 为什么专家系统强调推理机和知识库相分离?

6-7 简要说明目前专家系统开发工具的种类。

第7章 机器学习

第4章介绍了如何利用演绎推理技术来改善自动推理系统的性能,基于逻辑的智能系统的知识是由人工编程输入的,知识处理是演绎的过程。逻辑智能系统在一些比较简单的知识范畴内能够建立比较清楚的理论框架,部分地表现出某些智能行为,但是,逻辑智能系统并不具备自动获取和生成知识的能力。

学习是人类获取知识的基本手段,是人类智能的主要标志。机器学习(Machine Learning)是研究如何使用机器模拟人类学习活动的一门学科,是使计算机具有智能的根本途径。正如桑克(R. Shank)所说:"一台计算机若不会学习,就不能称其为具有智能的。"此外,机器学习还有助于发现人类学习的机理和揭示人脑的奥秘。因此,机器学习是一个受到广泛重视,理论正在创立,方法日臻完善,但却远未达到理想境地的研究领域。机器学习是人工智能的一个重要研究领域。本章将讨论有关机器学习的基本概念以及一些重要的机器学习方法。

7.1 概　述

7.1.1　机器学习的定义

机器学习的核心是"学习",但是,究竟什么是学习,却很难给出一个统一的定义。来自神经学、心理学、计算机科学等不同学科的研究人员,从不同的角度对学习给出了不同的解释。学习是一种多侧面、综合性的心理活动,它与记忆、思维、知觉、感觉、意识等多种心理行为都有着密切联系,这使得人们难以掌握学习的机理与实质,无法给出精确的定义。在人工智能领域,许多具有不同学科知识的学者也对学习给出了不同的解释。

学习是系统改进其性能的过程。1980年人工智能学家西蒙(Simon)在卡内基-梅隆大学召开的机器学习研讨会上做了"为什么机器应该学习"的发言,将学习定义为:学习就是系统在不断重复的工作中改进其性能的过程,这种改进使得系统在执行同样的或类似的工作时,能完成得更好。这一观点在机器学习研究领域中有较大的影响,学习的基本模型就是基于这一观点建立起来的。根据西蒙的学习理论,当智能体与外界交互以及对决策过程进行观察的时候,应该能够模拟人的学习行为,自动地通过获取知识和技能改进智能体未来的行动能力。

学习是获取知识的过程。这是从事专家系统研究的人员提出的观点。由于知识获取一直是专家系统建造中的困难问题,因此他们将机器学习与知识获取联系起来,希望通过对机器学习的研究,实现知识的自动获取。知识获取是大多数机器学习系统的中心任务,但是,所获得的知识有时并不能使系统得到改善。

学习是构造知识表示的过程。这种观点以米查斯基(Michalski)为代表,它认为学习是构造或修改所经历事物的表示。这种观点认为,系统为了获取知识,就必须采用某种形式对知识进行表示和存储,因此,学习的核心问题是构造客观现实的表示,而不是对系统性能的改善,性能的改善仅仅是构造表示的效应。

这些观点虽然不尽相同,但却都包含了知识获取和能力改善这两个主要方面。知识获取是指获得知识、积累经验、发现规律等。能力改善是指改进性能、适应环境、实现自我完善等。在学习过程中,知识获取与能力改善是密切相关的,知识获取是学习的核心,能力改善是学习的结果。通过以上分析,可以对学习给出较为一般的解释:学习是一个有特定目的的知识获取和能力增长过程,其内部表现为获得知识、积累经验、发现规律等,其外部表现是改进性能、适应环境、实现自我完善。

同样地,关于机器学习迄今为止也没有一个被广泛认可的准确定义。从直观上理解,机器学习就是让机器(计算机)来模拟人类的学习功能,是一门研究怎样用机器来模拟或实现人类学习活动的一门学科。机器学习是人工智能中最具有智能特征的前沿研究领域之一。

7.1.2 机器学习的发展

机器学习的发展可以分为 4 个阶段。

1. 神经元模型研究阶段——20 世纪 50 年代中叶到 60 年代中叶

这个时期的主要技术是神经元模型以及基于该模型的决策论和控制论。机器学习方法通过有导师指导的监督学习来实现神经元间连接权的自适应调整,产生线性的模式分类和联想记忆能力。

这一阶段研究的理论基础是 20 世纪 40 年代就有的神经网络模型。有的学者将机器学习的起点定为 1943 年麦卡洛克(McCulloch)和皮茨(Pitts)对神经元模型(简称为 MP 模型)的研究,这项研究在科学史上的意义是非同寻常的,它第一次揭示了人类神经系统的工作方式。这项研究对近代信息技术发展的影响也是巨大的,计算机科学与控制理论均从这项研究中受到了启发。由于皮茨的努力,使得这项研究的结论没有仅仅停留在生物学的领域内,他为神经元的工作方式建立了数学模型,正是这个数学模型深刻地影响了机器学习的研究。电子计算机的产生和发展,使得机器学习的实现成为可能。人们研制了各种模拟神经的计算机,其中罗森布拉特(Frank Rosenblatt)的感知器最为著名。感知器由阈值性神经元组成,试图模拟人脑的感知及学习能力。遗憾的是,大多数希望产生某些复杂智能系统的企图都失败了。不过,这一阶段的研究导致了模式识别这门新学科的诞生,同时形成了机器学习的两种重要方法,即判别函数法和进化学习法。著名的塞缪尔(Samuel)下棋程序就是使用判别函数法的典型代表。该程序具有一定的自学习、自组织、自适应能力,能够根据下棋时的实际情况决定走步策略,并且从经验中学习,不断地调整棋盘局势评估函数,在不断的对弈中提高自己的棋艺。4 年后,这个程序战胜了设计者本人。又过了 3 年,这个程序战胜了美国一个保持 8 年之久的常胜不败的冠军。不过,这种脱离知识的感知型学习系统具有很大的局限性。无论是神经模型、进化学习还是判别函数法,所取得的学习结果都是很有限的,远远不能满足人类对机器学习系统的期望。在这一阶段,我国研制了数字识别学习机。

2. 符号概念获取研究阶段——20 世纪 60 年代中叶至 20 世纪 70 年代中叶

20 世纪 60 年代初期,对机器学习的研究进入了第二阶段。在这个阶段,心理学和人类学习的模式占据主导地位,主要研究目标是利用机器模拟人类的概念学习过程。机器采用符号来表示概念,这一阶段的学习特点是使用符号而不是数值表示来研究学习问题,其目标是用学习来表达高级知识的符号描述。因此,学习过程可视为符号概念的获取。在这一观点的影响下,这个时期的主要技术是概念获取和各种模式识别系统的应用。在此阶段,研究者意识到学习是复杂而困难的过程,因此,人们不能期望学习系统可以从没有任何知识的环境中开始,学习到高深而有价值的概念。这种观点使得研究人员一方面深入探讨简单的学习问题,另一方面则把大量的领域专家知识加入到学习系统中。

这一阶段具有代表性的工作有温斯顿(P. H. Winston)的结构学习系统和罗恩(Hayes Roth)等人的基于逻辑的归纳学习系统。1970 年,温斯顿建立了一个从例子中进行概念学习的系统,它可以学会积木世界中一系列概念的结构描述。尽管这类学习系统取得了较大的成功,但是所学到的概念都是单一概念,并且大部分处于理论研究和建立试验模型阶段。此外,神经网络学习机因理论缺陷未能达到预期效果而转入低潮。因此,那些曾经对机器学习的发展抱有极大希望的人对此感到很失望。人们又称这个时期为机器学习的"黑暗时期"。

3. 基于知识的各种学习系统研究阶段——20 世纪 70 年代中期至 20 世纪 80 年代中叶

在这个时期,人们从学习单个概念扩展到学习多个概念,探索不同的学习策略和各种学习方法。相应地,有关学习方法相继推出,如示例学习、示教学习、观察和发现学习、类比学习、基于解释的学习等。这些方法的研究工作强调了应用面向任务的知识和指导学习过程的约束,应用启发式知识以帮助学习任务的生成和选择,包括提出收集数据的方式、选择要获取的概念、控制系统的注意力等。

本阶段的机器学习过程一般都建立在大规模的知识库上,实现知识强化学习。尤其令人鼓舞的是,学习系统已经开始与各种应用结合起来,并取得很大的成功,促进了机器学习的发展。在出现第一个专家学习系统之后,归纳学习系统成为研究主流,自动知识获取成为机器学习的应用研究目标。1980 年,在美国卡内基-梅隆大学(CMU)召开了第一届机器学习国际研讨会,标志着机器学习研究已在全世界兴起。此后,机器归纳学习进入应用。1986 年,国际期刊《机器学习》(Machine Learning)创刊,迎来了机器学习蓬勃发展的新时期。20 世纪 70 年代末,中国科学院自动化研究所进行质谱分析和模式文法推断研究,表明我国的机器学习研究得到恢复。1980 年西蒙来华传播机器学习的火种后,我国的机器学习研究出现了新局面。

4. 连接学习和符号学习共同发展阶段——20 世纪 80 年代后期至今

20 世纪 80 年代后期以来,形成了连接学习和符号学习共同发展的第四个阶段。一方面,由于神经网络研究的重新兴起,对连接机制(Connectionism)学习方法的研究方兴未艾,机器学习的研究已在全世界范围内出现新的高潮,对机器学习的基本理论和综合系统的研究得到加强和发展;另一方面,试验研究和应用研究得到前所未有的重视。人工智能技术和计算机技术快速发展,为机器学习提供了新的更强有力的研究手段和环境。

在这个时期,人们发现了用隐单元来计算和学习非线性函数的方法,神经网络由于隐结点和反向传播算法的进展,从而克服了早期神经元模型的局限性,使连接机制学习东山再起,向传统的符号学习发起挑战。同时,由于计算机硬件的迅速发展,使得神经网络的物理实现变成可能。在声音识别、图像处理等领域,神经网络取得了很大的成功。符号学习伴随着人工智能的发展也日益成熟,在这一时期符号学习由"无知"学习转向有专门领域知识的增长型学习,因而出现了有一定知识背景的分析学习。符号学习应用领域不断扩大,最杰出的工作成果有分析学习(特别是解释学习)、遗传算法、决策树归纳等。基于生物发育进化论的进化学习系统和遗传算法,因吸取了归纳学习与连接机制学习的长处而受到重视。基于行为主义(Actionism)的强化(Reinforcement)学习系统因发展新算法和应用连接机制学习遗传算法的新成就而显示出新的生命力。1989 年瓦特金(Watkins)提出 Q-学习,促进了强化学习的深入研究。基于计算机网络的各种自适应、具有学习功能的软件系统的研制和开发,将机器学习的研究推向了新的高度。

知识发现最早于 1989 年 8 月提出。1997 年,国际专业杂志《知识发现与数据挖掘》(Knowledge Discovery and Data Mining)问世。知识发现和数据挖掘研究的蓬勃发展,为从计算机数据库和计算机网络提取有用信息和知识提供了新的方法。知识发现和数据挖掘已成为 21 世纪机器学习的一个重要研究课题,并取得许多有价值的研究和应用成果。近20 年来,我国的机器学习研究开始进入稳步发展和逐渐繁荣的新时期。每两年一次的全国机器学习研讨会已举办 10 多次,学术讨论和科技开发蔚然成风,研究队伍不断壮大,科研成果更加丰硕。

7.1.3　机器学习分类

机器学习可从不同的角度,根据不同的方式进行分类。如果按照学习策略,可以分类如下。

1. 模拟人脑的机器学习

(1) 符号学习。传统的机器学习算法一般是建立在符号表示的知识的基础上实现人类的学习模型,将学习视为通过周密设计的搜索算法获取明确表示的知识。因此,这些算法也称为基于符号的机器学习方法。符号学习模拟人脑的宏观心理级学习过程,以认知心理学原理为基础,以符号数据为输入,以符号运算为方法,用推理过程在图或状态空间中搜索,学习的目标为概念或规则等。符号学习是基于符号学派的机器学习观点。符号学习根据学习方法,即学习中使用的推理方法又可以分为记忆学习、演绎学习、归纳学习、类比学习及解释学习等。

(2) 神经网络学习(或连接学习)。符号学习方法与人类智能活动有许多根本性的差别,难以快速处理非数值计算的形象思维等问题,也无法求解那些信息不完整、不确定和模糊的问题,因此,在视觉理解、直觉思维、常识与顿悟等问题上显得力不从心。人们一直在寻找新的信息处理机制,神经网络计算就是其中之一。神经网络学习模拟人脑的微观生理级学习过程,以脑和神经科学原理为基础,以人工神经网络为函数结构模型,以数值数据为输入,以数值运算为方法,用迭代过程在系数的向量空间中搜索,学习的目标为函数。典型的连接学习方法有权值修正学习、拓扑结构学习。研究结果已经证明,用神经网络处理直觉和形象思维信息具有比传统处理方式好得多的效果。神经网络的发展有着非常广阔的科学背景,是众多学科研究的综合成果。

2. 直接采用数学方法的机器学习

对于数量型的输入信息,绕过人脑的心理和生理学习机理,而采用纯数学的方法(如概率统计)也可以推导计算出相应的知识。这就是说,采用纯数学方法也可以实现机器学习。现在的模式识别领域基本上采用的就是这种学习方法。

这种机器学习方法主要有统计机器学习,而统计机器学习又有广义和狭义之分。广义统计机器学习指以样本数据为依据,以概率统计理论为基础,以数值运算为方法的一类机器学习。在这个意义下,神经网络学习也可划归为统计学习范畴。统计学习又可分为以概率表达式函数为目标和以代数表达式函数为目标两大类。前者典型的有贝叶斯学习、贝叶斯网络学习等,后者典型的有几何分类学习方法和支持向量机。狭义统计机器学习则是指从20世纪90年代开始以瓦普尼克(Vapnik)的统计学习理论(Statistical Learning Theory, SLT)为标志和基础的机器学习。统计学习理论最大特点是可以用于有限样本的学习问题。这种机器学习目前的典型方法就是支持向量机(Support Vector Machine,SVM)或者更一般的核心机。

7.1.4 归纳学习

归纳学习是应用最广泛的一种学习方法。大部分机器学习算法倾向于使用归纳的学习方法。本章将讨论的决策树学习、变型空间学习算法都采用了基于符号归纳的方法;神经网络学习、采用数学方法的统计学习算法(参见第8章)也是在大量的实例基础上利用归纳的方式进行学习的。

1. 归纳学习的定义

归纳学习是以归纳推理为基础的学习方法,旨在从大量的经验数据中归纳抽取出一般的判定规则和模式,是从特殊情况推导出一般规则的学习方法。归纳学习的目标是形成合理的、能够解释已知事实和预见新事实的一般性结论。例如,为系统提供各种动物的实例,并且告诉系统哪些是鸟,哪些不是,系统通过归纳学习总结出识别鸟类的一般性规则,利用这个一般性的规则可以判断新出现的动物是否属于鸟类。归纳学习依赖于经验数据,因此又称为经验学习;又因为依赖于数据间的相似性,所以也称为基于相似性的学习。在进行归纳时,多数情况下不可能考察全部有关的事例,因而归纳出的结论不能绝对保证其正确性,只能在某种程度上相信它为真,这是归纳推理的一个重要特征。

归纳学习方法的思想是对于未知函数 f 的特定输入 x,构造函数 f 或与之近似的函数 h,使其能够从数据中观察到输入/输出的关联,或者寻找一个符合观察实例的假设。这里的函数具有更一般化的形式,可以是数学函数也可以是规则。形如 $(x, f(x))$ 的输入/输出对,称为一个训练实例,所有的训练实例构成了训练集,函数 h 称为假设。由所有假设构成的集合称为假设空间,与所有训练实例完全拟合的假设称为一致性假设,归纳学习的重要问题是如何在假设空间中寻找一致性假设。归纳学习方法可以被理解为在假设空间中进行搜索以寻找合适的一致性假设的过程。

但是,如果归纳学习仅仅依赖于利用经验数据进行泛化,那么学习空间将变得越来越大,如果没有一些方法来修剪它们,基于搜索的学习就没有实用性。因此,归纳学习还依赖于先验知识和对学习概念本质的假设。归纳偏置是指学习系统用来限制概念空间(限定可能的假设集合)或者在概念空间中选择概念的标准(制定优选的度量)。归纳学习的搜索过程从仅有的关于函数形式的一个非常基本的假设开始,如"二阶多项式""决策树"以及"最简单"这样的归纳偏置。

归纳学习的一般操作是泛化(Generalization)和特化(Specialization)。泛化用来扩展假设的语义信息,使其能够包含更多的正例,应用于更多的情况;特化是泛化的相反操作,用于限制概念描述的应用范围。

此外，一个好的假设应该是很一般化的，也就是说，应该能够正确地预测未见过的实例，这是归纳的一个基本问题。奥卡姆剃刀原则优先选择与数据一致的最简单的假设。直观地看，这是有意义的，因为比数据本身更复杂的假设不能从数据中提取任何模式。

2. 有监督归纳学习和无监督归纳学习

归纳学习一般又可以分为有监督学习和无监督学习。如果向学习算法同时提供输入和正确的输出，那么这种学习就是有监督学习。例如，对于自动驾驶智能体，根据每次教练命令刹车的情况，智能体能够学习到以某种状态（应该刹车的条件）作为输入映射到布尔输出（刹车或者不刹车）的函数。如果映射函数是离散值，学习任务称为分类。例如，自动驾驶智能体应该能够将道路上的车辆分类为轿车、货车或者公交车等。

无监督学习问题涉及在未提供明确输出值的情况下学习输入的模式。聚类算法是应用于模式识别任务中的一种无监督学习，聚类算法将输入划分为固定数目的聚类，在某种距离度量上相近的输入模式被归入同一聚类中。例如，自动驾驶智能体可以在没有经过标注的实例中，逐步形成关于"交通顺畅日"和"交通拥堵日"的概念。

一类称为强化学习的非监督学习方法利用以奖励信号形式出现的反馈值指明一个假设是否正确。强化学习通过主体与环境的交互进行学习。主体与环境交互接口包括行动、奖励和状态。主体根据策略选择一个行动执行，然后感知下一步的状态和即时奖励，通过经验再修改策略。强化学习是从强化物（起加强作用的事物）中进行学习，如与前车发生追尾事故表明智能体的行动是不令人满意的。

7.2 决策树学习

归纳学习技术可用来建造分类模型，归纳而来的分类模型可以是一系列规则，也可以是决策树。决策树学习（Decision Tree Learning，DTL）是一种基于实例的归纳学习算法，能够有效地描述概念空间，而且算法易于实现，因此，在相当长时间内曾是一种非常流行的人工智能技术。随着数据挖掘的广泛应用，决策树作为一种构建决策系统的强有力的技术，在众多领域特别是在专家系统、工业控制过程、金融保险预测以及医疗诊断等领域发挥着越来越大的作用。

如果学习任务是对大型实例集进行概念分类的归纳定义，而且这些实例都是由一些无结构的"属性-值"对来表示的，那么就可采用决策树学习算法。利用决策树表达的知识形式简单而且分类速度快，因此，特别适合于大规模的数据处理。

7.2.1 决策树

决策是根据信息和评价准则，用科学方法寻找或选取最优处理方案的过程或技术。对于每个事件或决策（即自然状态），都可能引出两个或多个事件，导致不同的结果或结论。将这种分支用一棵搜索树表示，即称为决策树。也就是说，决策树因其形状像树而得名。

决策树由一系列结点和分支组成；在结点和子结点之间形成分支。结点代表决策或学习过程中所考虑的属性，而不同属性形成不同的分支。为了使用决策树对某一事例进行学习，作出决策，可以利用该事例的属性-值并由决策树的树根往下搜索，直至叶结点止。此叶结点即包含学习或决策结果。

决策树以属性集合所描述的实例作为输入，并返回一个"决策"，这个决策就是针对输入的预测输出值。例如，一个在大学教学楼中进行可回收垃圾收集的机器人，需要判断哪间办公室可能有废品箱可以回收。机器人收集到的事实是关于8间办公室的若干信息，包括办公室的楼层（Floor）、办公室的所属系（Department），是电子系（ee）或是计算机系（cs），办公室的属性（Status），是系（faculty）、职员（staff）还是学生（student）教室；办公室的大小（size），是大（large）、中（medium）还是小（small）办公室；最后，办公室中是否有可回收垃圾（Recycling bin）。表7-1列出了这8间办公室的各项信息。

表7-1 垃圾回收机器人问题的训练样本集

No.	Floor	Department	Status	Size	Recycling bin
307	3	ee	faculty	large	no
309	3	ee	staff	small	no
408	4	cs	faculty	medium	yes
415	4	ee	student	large	yes
509	5	cs	staff	medium	no
517	5	cs	faculty	large	yes
316	3	ee	student	small	yes
420	4	cs	staff	medium	no

图7-1所示的决策树表示了表7-1中所有实例的正确分类。在决策树中，每个内部结点表示对应于一个属性的测试，相应属性的每个可能的取值对应树中的分支。叶子结点表示类别，即有或者没有可回收垃圾。未知类别的新实例通过遍历这棵树来进行分类：在每个内部结点，测试其各属性的取值，取相应的边，直至到达叶子结点，通过在树中寻找一条从根结点到叶子结点的路径而确定其分类。

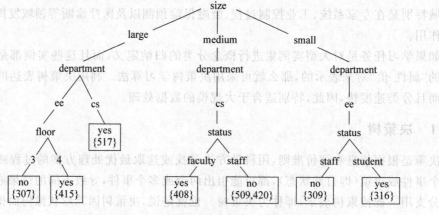

图7-1 表7-1所示垃圾回收机器人问题的决策树

最简单的学习是死记硬背式的学习，也就是将经历过的所有东西都记下来，图7-1所示的决策树这一问题在于它只记住了所观察到的数据。但是,对于新实例来说,死记硬背式学习没有任何用处,没有从实例中抽取出任何模式,所以难以对未知类别的新实例进行推断,如没有给出任何信息。因此,还需要某种泛化方法,以能够对新实例进行分类。泛化后将不需要再记忆所有实例的所有特征,而只需要记忆那些能够将正例和反例区分开的特征。

图 7-2 所示的泛化决策树不仅实现了对所有实例的正确分类,而且比图 7-1 中的决策树简单得多。两棵决策树都表示了关于目标的分类函数的假设,根据奥卡姆剃刀原理,应该选择较小的那棵树。在对给定实例进行分类时,图 7-2 所示的决策树并没有用到表中给出的所有属性。例如,如果是学生办公室,根据这棵树可以忽略掉其他信息而判断其有可回收纸箱。尽管省略了某些测试,这棵树对所有的实例进行了正确的分类。并且利用这棵决策树还能够检测到一个有趣的、以前没有发现的模式:电子系学生的中等办公室里面也有废品箱。由给定的实例可以认为这是一个合理的假设。

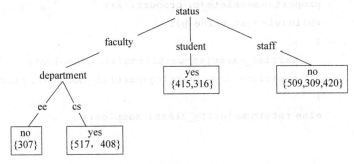

图 7-2　垃圾回收机器人问题的简化决策树

7.2.2　决策树构造算法

可以利用多种算法构造决策树,比较流行的有 ID3、C4.5、CART 和 CHAID 等算法,其中 ID3 算法以及后来提出 ID3 的改进版 C4.5 算法是各种决策树学习的算法中最有影响的算法之一。

亨特(Hunt)的概念学习系统(Concept Learning System,CLS)是一种早期的基于决策树的归纳学习系统。在 CLS 的决策树中,结点对应于待分类对象的属性,由某一结点引出的弧对应于这一属性可能取的值,终叶结点对应于分类的结果。CLS 算法中并未给出选择测试属性的具体标准,亨特曾经提出几种如何选择测试属性的方法。

1979 年,昆兰(Quinlan)发展了亨特的思想,提出了著名的决策树归纳算法——ID3 算法。ID3 算法是"分割实例学习算法"的代表,不仅能方便地表示概念属性值信息的结构,而且能从大量实例数据中有效地生成相应的决策树模型。ID3 算法的实例由"属性—值"对表示,每个实例属于分类集合中的某一个,ID3 的任务是产生一个能正确分类训练实例,并且有预测精度的决策树。ID3 算法引起人们兴趣的原因之一是其数学基础。由于属性的排序问题影响到决策树的工作效率,甚至是精确性,因此引起了一系列对属性排序的数学研究。C4.5 算法是 ID3 算法的改进版,被 Quinlan 称为"人工智能的程序",C4.5 算法的最新功能是能够将决策树转换为相应的规则,并解决了具有连续值属性的数据学习问题。后来又出现了 C4.5 的商业改进版 C5.0,在大数据量情况下的效率和生成规则的数量与正确性方面有了显著的提高。

ID3 算法采用自顶向下的递归方式构造决策树。首先,选择一个属性作为当前结点,利用其不同的属性值进行实例集合划分,属性有几种取值就会产生几个分支;然后,在每一分支下利用同样的方式递归地建立子树,直至划分后的实例集合中的所有成员属于同一类别,这个集合就是叶子结点。基本的 ID3 决策树学习算法 decision-tree-learning 如下。

```
decision-tree-learning(examples, properties)
{
    if(same_class(examples))    return class_rule;
    else if(properties!=null)
        {
            p=select_root(properties);
            properties=delete(p, properties);
            while(vi=next_value(p))
            {
                partial_examples=partition(vi, examples);
                decision-tree-learning(partial_examples, properties);
            }
            else return majority_class(examples);
        }
}
```

该算法首先需要决定采用哪个属性作为树中的第一个测试。当第一个属性测试将实例进行划分之后,每个输出结果是一个混合的实例集合,这又是一个新的决策树学习问题,只是实例个数减少了,而且属性也少了一个。当所有剩余的都是正例(或都是反例),则算法结束得到分类结果。如果没有剩下的实例,则意味着没有观察到这样的实例,那么可以根据该结点的父结点的主要类别计算一个默认值。如果没有任何可测试属性,但是仍有未能区分类别的实例,那么则意味着实例集合某些数据不正确,虽然具有相同的描述,却属于不同的分类,称在数据中有噪声。

一棵决策树最终可以被转化为一系列的 if-then 的关联规则,每一条从根结点到达叶子结点的路径代表一条规则,路径上的所有决策结点构成了规则的合取形式的条件,叶子结点代表规则的结论。规则集可以用来对新的数据进行分类,分类过程可以视为从决策树的根结点出发,通过测试对象的一系列不同属性的取值深入树的不同分支,直至到达叶子结点来决定其分类。

7.2.3　决策树的归纳偏置

决策树构造过程是从"哪一个属性将在树的根结点被测试"这个问题开始的。如果随机地选择任意属性进行扩展,则最后生成的决策树很可能非常庞大。给定的训练实例集和对应了一组能够对其进行正确分类的决策树,根据奥卡姆剃刀原理,对未知分类的实例正确分类的可能性最大的是最简单的那棵决策树。因此,算法的核心是如何选择属性来扩展结点,使得所生成的决策树尽可能地小。优选偏置会引发最优化问题,而最优化问题通常是难以解决的 NP 问题。选择与训练实例一致的最小的决策树存在计算上的难度，但是可以通过寻找启发式算法得到近似解。

决策树构造中的难题就是如何选择"最理想的"属性作为当前子树的根结点，每次测试都选择最理想的属性完成，以最小化最终树的深度。如果能够通过较少数量的测试而得到正确的分类，也就意味着树中所有的路径都较短，从而整棵树规模比较小。这就形成了对较优决策树的贪婪搜索，也就是算法从不回溯重新考虑以前的选择。"最理想的"的含义是对实例的分类具有最大区分度的属性。因此，需要一个对"理想的"的形式化的度量，当属性是理想属性时，该度量具有最大值，当属性毫无用处时，该度量具有最小值。最理想的属性是将实例分为只包含正例或只包含反例的集合，此时划分后的实例集的无序度最小。可以使用统计测试来确定每一个实例属性单独分类训练样例的能力。

无序是指混乱无规则的状态。信息论是与无序和信息的概念相关的。信息量是解除随机性或不确定性所需的信息的度量。例如，在有限的没有重复元素的数字集合 S 中取出一个数，并要求别人猜测这个数字。最好的猜测方法就是将集合均分为两个子集，然后询问元素在哪半个集合，重复这样的询问直至确定元素。猜测需要询问问题个数为 $\log_2|S|$。数字集合越无序，猜测集合中数字所需的信息量就越多。信息的度量与事件发生的概率有关，即

$$I(x_i) = -\log_2 p(x_i) = \log_2 \frac{1}{p(x_i)} = \log_2|S|$$

因此，事件发生的概率越大，则不确定性程度越小，包含的信息量就越少。信息量的单位为比特（bit）。如果数字集合中有 1 个数字 1，2 个数字 2，3 个数字 3，依此至 n 个数字 n，共 $n(n-1)/2$ 个数字，那么取出某个数字 i 的概率为 $2i/n(n-1)$，因此猜测数字的信息量为 $I(x_i) = \log_2 n(n-1)/2$，各不相同。于是，引入平均信息量，即所有事件信息量的期望为

$$H(x) = E[I(x_i)] = E[-\log_2(p(x_i))] = \sum_{i=1}^{n} -p(x_i)\log_2 p(x_i)$$

下面将上述信息理论应用到决策树中。假设某属性 P 有 i 种取值方式，将其作为当前子树的根结点，则将树划分为 i 个分支，也就是将实例集合划分为 i 个子集 S_i。在这样的划分方式下，完成树所需的信息量 $E(P)$ 定义为各个分支的信息量 $I(C_i)$ 的期望为

$$E(P) = \sum_{i=1}^{n} \frac{|S_i|}{|S|} I(S_i)$$

$I(S_i)$ 定义为

$$I(S) = \sum_{i=1}^{n} -p(C_i)\log_2 p(C_i)$$

式中，C_i 为训练实例最终的 n 个分类。将属性 P 作为子树根结点而得到的信息增益通过从原始分类信息量中减去完成树所需的信息量计算得到

$$\text{gain}(P) = I(C) - E(P)$$

算法 Decision-Tree-Learning 中所用的启发性信息就是选择信息增益最大的属性。

在表 7-1 所示的垃圾回收机器人问题中，原表中的分类信息量为

$$I(\text{origin}) = -\frac{4}{8}\log_2 \frac{4}{8} - \frac{4}{8}\log_2 \frac{4}{8} = 1$$

如果将 status 作为当前子树的根结点,则实例将被划分为

$$C_1 = \{1,3,6\} \quad C_2 = \{2,5,8\} \quad C_3 = \{4,7\}$$

完成树所需的信息期望为

$$E(\text{status}) = \frac{3}{8}I(S_1) + \frac{3}{8}I(S_2) + \frac{2}{8}I(S_3) = 0.34\text{bit}$$

于是,信息增益为

$$\text{gain(status)} = I(\text{origin}) - E(\text{status}) = 1 - 0.34 = 0.66\text{bit}$$

类似地,可以得到

$$\text{gain(floor)} = 0.06\text{bit}$$

$$\text{gain(department)} = 0.00\text{bit}$$

$$\text{gain(size)} = 0.06\text{bit}$$

由于属性 status 提供了最大的信息增益,因此,算法选择 status 作为根结点,并继续迭代,对每个子树用同样的方法进行分析,直至决策树构造完成。

决策树构造算法将所有可能的决策树集合作为概念空间,利用局部最优搜索的方式,根据启发信息生成概念空间的结点,实现概念空间搜索。ID3 算法采用了基于信息熵的属性排序策略,被测试的属性是根据寻求最大的信息增益和最小熵的标准来选择的。简单地说,就是计算每个属性的平均熵,选择平均熵最小的属性作为根结点,用同样方法选择其他结点直至形成整个决策树。虽然 ID3 算法并不能保证找到最小决策树,然而实践证明这种方法是很有效的。

7.3 变型空间学习

变型空间学习方法(Learning by Version Space)是米歇尔(T. M. Mitchell)于 1977 年提出的一种数据驱动型的学习方法,是一种重要的有监督归纳学习方法。变型空间方法利用受限的假设空间的结构来保证与训练实例集一致的所有概念的集合的上界。变型空间方法以整个规则空间或其子集为初始的假设规则集合 H,系统依据实例中的信息,对集合 H 进行泛化或特化处理,逐步缩小集合 H,最后使得 H 收敛到只含有符合要求的规则。由于被搜索的假设规则集合 H 会逐渐缩小,故被称为变型空间法,H 被称为假设空间。假设空间中的每个假设都称为目标概念的候选定义。

变型空间学习算法相信假设空间中一定存在正确的假设,那么,当出现一个实例的时候,那些与实例不一致的假设就可以被排除掉。因此,可以将变型空间学习算法视为一个逐渐消除与实例不一致的假设,从而缩小可能范围的过程。对于受限的假设空间来说,变型空间学习算法是渐进最优的。

7.3.1 泛化和特化

对于当前的概念空间,当新的实例是正例,而假设空间无法覆盖,必须扩大假设空间的边界以包含该实例,则称为一般化或者泛化;当新的实例是反例,而假设空间覆盖,必须缩小

假设空间的边界以排除该实例，则称为特殊化或者特化。一般化和特殊化操作依赖于实例和假设的描述语言。利用谓词逻辑表示方法（本节中的谓词表示采用了 PROLOG 的语法格式，可参见第 10 章），一般化和特殊化的方法包括以下内容。

（1）利用变量替换常量。

例如，将

status(cs,staff)

泛化为

status(X,staff)

（2）去掉合取表达式的某些合取项。

例如，将

floor(X,4) ∧ status(X,staff) ∧ department(X,ee)

泛化为

floor(X,4) ∧ status(X,staff)

（3）在表达式中增加析取项。

例如，将

floor(X,4) ∧ status(X,staff) ∧ department(X,ee)

泛化为

(floor(X,4) ∨ floor(X,3)) ∧ status(X,staff) ∧ department(X,ee)

（4）将属性值由其超类取值替换。

例如，将

status(X,staff)

泛化为

status(X,employee)

在垃圾回收机器人问题中，可以将房间用以下谓词来表示（为方便讨论，略去了一些信息），即

room(Floor,Department,Status)

谓词各个参数的取值域如下。

Floor={4,5}
Department={ee,cs}
Status={faculty,staff}

利用变量替换常量的泛化操作可以定义图 7-3 所示的概念空间。变型空间归纳学习可以视为在概念空间中通过搜索，寻找与训练实例一致的概念的过程。

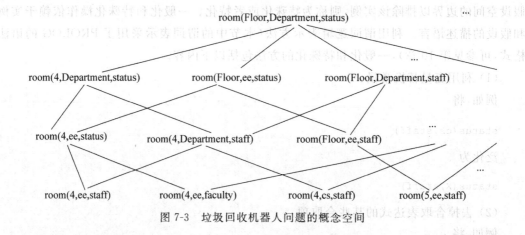

图 7-3 垃圾回收机器人问题的概念空间

7.3.2 候选删除算法

变型空间是一个非常好的将学习视为在概念空间中进行搜索的学习方法。但是假设空间是规模巨大的,如何能够将其写下来? 例如,如何表示 1 和 2 之间的所有实数? 由于数量是无限的,所以使用一个区间表示法,指明这个集合的边界[1, 2]。这种方法之所以有效是因为实数上存在一个序。假设空间上也有一个序,即一般化/特殊化。这是一个偏序关系,即每个边界不是一个点而是一个假设的集合,称为边界集。可以只用两个边界集就表示整个变型空间,当前的变型空间是与到目前为止所有的实例都保持一致的假设的集合,用最一般的边界(G 集)和最特殊的边界(S 集)表示,每个边界集都包含一组假设。最特殊的边界集中的每个成员都与到目前为止所有的观察一致,并且不存在更特殊的一致假设。最一般的边界集中的每个成员都与到目前为止所有的观察一致,并且不存在更一般的一致假设。

初始的变型空间应该能够表示所有可能的假设。此时,G 集包含 true,也就是符合所有实例的假设;S 集包含 false,即外延为空的假设。处理每个训练实例后,空间的边界都会发生改变。为了避免最佳假设的任意选择,可以考虑保存与目前已有的所有数据保持一致的全部假设。当发现假设空间与新的实例不一致时,假设空间就会收缩,去除那些不正确的假设,只保留那些没有被排除的假设。保留下来的假设集合被称为变型空间,相应的学习算法被称为变型空间学习算法,也称为候选排除算法。如果训练实例是正例,那么就在特化边界内泛化每一个概念,直到概念与实例一致,为了避免超泛化,泛化采用的是能够覆盖训练实例的最特殊化的泛化;如果训练实例是反例,那么就在泛化边界内特化每一个概念,直到概念与实例不一致,为了保证 G 集中的概念是覆盖正例并且不覆盖反例的最一般化的概念,特化采用的是能够排除反例的最一般的特化。变型空间学习算法可以描述如下。

```
candidate_elemination(example_set)
{
    initialize(G,most_general_concept);initialize(S,empty_set);
    while(example_set !=null)
    {
        example=next(example_set);
        if(class(example)=='positive')
```

```
    {
        delete(G, !match(member(G), example));
        if(!match(member(S), example))
        specific_generalization(member(S));
            delete(S, concepts generer than G and S);
    }
    else
    {
        delete(S, match(member(S), example));
        if(match(member(G), example))
            general_specialization(member(G));
        delete(G, concepts specificer than G and S);
    }
    if(G==S && length(G)==1) return G;
    if(G==null || S==null) return "no such concept";
}
```

　　处理完所有训练实例后，如果在变型空间中刚好剩下一个概念，那么就将其作为唯一假设返回。如果 S 集或者 G 集变为空集，则表示变型空间坍塌，也就是说对于训练集而言，没有一致的假设。如果域中含有噪声或者在精确分类中有不充分的属性，则变型空间总是要坍塌的。如果在变型空间中还剩下多个假设，这就意味着变型空间表示了假设的一个析取式，对于任何新的实例，如果所有的析取子句意见都相同，则可以返回对该实例的分类；如果不同，则一种可能的方法是采用多数投票。

　　例 7-1　作为一个简单的例子，考虑以下属性和值所定义的对象。

```
Sizes={large, small}
Colors={red,white,blue}
Shapes={ball,brick,cube}
```

　　将对象表示为谓词 obj(Sizes,Colors,Shapes)。给定一些特定的实例，利用算法从中学习"红球"概念的过程，如图 7-4 所示。

　　初始变型空间如图 7-4 所示，G 和 S 集分别是：

$G_0=\{$obj(Sizes, Colors, Shapes)$\}$
$S_0=\{\ \}$

　　第 1 个训练例子是正例，表示小的红色球形是红球。初始化 S 为第一个正例，G 覆盖了该例，所以不需要修改。G 和 S 集分别是：

$G_1=\{$obj(Sizes, Colors, Shapes)$\}$
$S_1=\{$obj(small, red, ball)$\}$

　　第 2 个训练实例是反例，表示小的蓝色的球形不是红球，这时 G 过于一般了，覆盖了该反例，应对 G 进行特化处理，使它能对此反例做出正确的分类。对象包含 3 个属性，因此有 3 种最一般的特化方法，特化后的假设中有一些无法覆盖 S 集合的概念，应该进行删除。S 中不包含该反例，所以不需要修改。于是 G 和 S 集分别是：

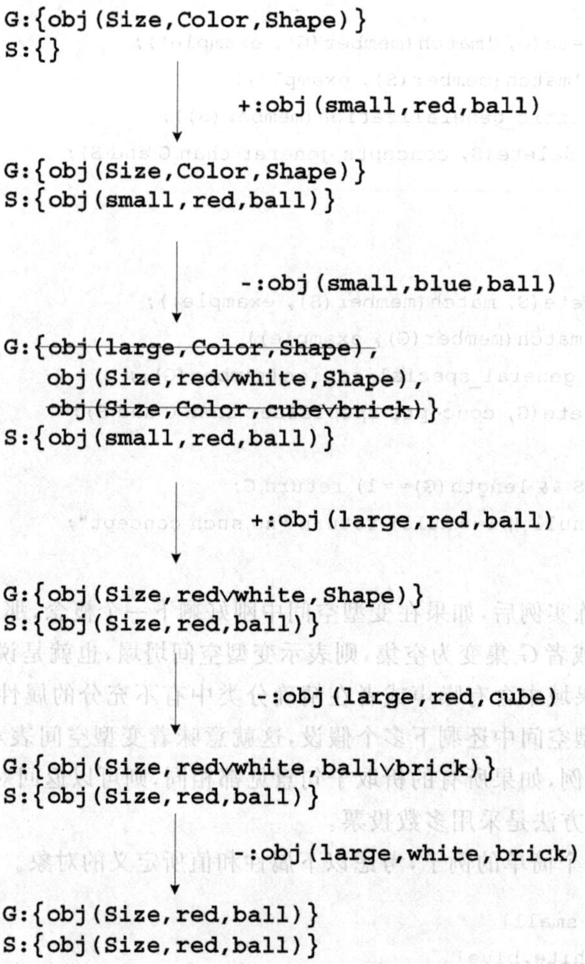

```
G:{obj(Size,Color,Shape)}
S:{}
```

          +:obj(small,red,ball)

```
G:{obj(Size,Color,Shape)}
S:{obj(small,red,ball)}
```

          -:obj(small,blue,ball)

```
G:{obj(large,Color,Shape),
   obj(Size,red∨white,Shape),
   obj(Size,Color,cube∨brick)}
S:{obj(small,red,ball)}
```

          +:obj(large,red,ball)

```
G:{obj(Size,red∨white,Shape)}
S:{obj(Size,red,ball)}
```

          -:obj(large,red,cube)

```
G:{obj(Size,red∨white,ball∨brick)}
S:{obj(Size,red,ball)}
```

          -:obj(large,white,brick)

```
G:{obj(Size,red,ball)}
S:{obj(Size,red,ball)}
```

图 7-4　在变型空间中学习"红球"概念的过程

$G_2 = \{obj(Sizes, red\ white, Shapes)\}$

$S_2 = \{obj(small, red, ball)\}$

第 3 个训练例子是正例,表示大的红色的球形是红球。S 过于特化,无法覆盖该正例,因此需要对 S 中的概念进行最特殊的泛化;G 中的概念覆盖该例,所以不需要修改。G 和 S 集分别是:

$G_3 = \{obj(Sizes, red\ white, Shapes)\}$

$S_3 = \{obj(Sizes, red, ball)\}$

第 4 个训练实例是反例,表示大的红色的立方体不是红球,G 覆盖了该反例,应对 G 进行特化处理,并删除特化后无法覆盖 S 集合的概念的假设。S 中不包含该反例,所以不需要修改。于是 G 和 S 集分别是:

$G_4 = \{obj(Sizes, red\ white, ball\ brick)\}$

$S_4 = \{obj(Sizes, red, ball)\}$

第 5 个训练实例是反例,表示大的白色的长方体不是红球,G 覆盖了该反例,应对 G 进行特化处理,并删除特化后无法覆盖 S 集合的概念的假设。S 中不包含该反例,所以不需要修改。于是 G 和 S 集分别是:

$G_5=\{\text{obj(Sizes, red, ball)}\}$

$S_5=\{\text{obj(Sizes, red, ball)}\}$

这时算法结束,输出红球概念 obj(Sizes,red,ball)。

变型空间学习方法是增量学习,不需要重新检查那些已处理过的实例,所有保留下来的假设都保证与这些实例一致。G 集和 S 集分别概括了正例和反例的信息,于是没有必要再存储这些实例了。例如,为了覆盖一个正例对 S 集进行泛化之后,算法用 G 集排除 S 集中不覆盖任意反例的概念。因为 G 集是不匹配任意反例的最一般概念的集合,S 集中任何比 G 集中任意成员更泛化的成员都肯定匹配某些反例。类似地,因为 S 集是覆盖所有正例的最特殊的泛化集,G 集中比 S 集的成员更特殊的任何新成员肯定不能覆盖某些正例,也可能被排除。

7.4 基于解释的学习

ID3 和候选排除算法基于训练数据中的规律进行泛化,这样的算法被称为基于相似性的学习,因为泛化主要是训练实例相似性的函数。基于相似性的学习依赖于大量的训练实例。但是机器学习和认知科学研究者指出,当学习程序具有相当的领域知识时学习最有效。人类有很多的推理行为明显并不遵循纯粹归纳的简单原则。有时人们在只进行一次观察之后就迅速得到一个普遍理论。例如,远古洞穴人通过观察发现,尖棍子能够在支撑捕获的小型猎物的同时可以保持手远离火,并且通过解释将其进行一般化而推断出一条规则:任何长的、硬的、尖锐的物体可以用于烤小而软的食物。

7.4.1 基本概念

1983 年,美国耶鲁大学的戴琼(Dejong)提出了解释学习的概念,其基本思想是在经验学习的基础上,是运用领域知识对单个实例的问题求解过程做出解释,以获得知识间的因果关系,产生一般的控制性知识。1986 年,米歇尔(Mitchell)等人在戴琼工作的基础上提出了基于解释的泛化,将解释学习界定为以下过程:首先通过分析一个求解实例来产生解释结构,然后对该解释结构进行泛化,获取一般性控制知识。此后,戴琼等人又提出了更一般的术语——基于解释的学习。从此,基于解释的学习成为机器学习领域中的一个独立分支。

考虑例 4.17 中负责文献检索的机器人。在查找摘要时,机器人不得不多次执行这个相同的推理过程,以判断是否可以获取某篇文章的摘要。备忘法技术已经在计算机科学中使用了很久。备忘函数通过保存计算结果以加速程序运行,其基本思想是积累一个输入/输出对的数据库;当函数被调用的时候,首先检查数据库,看看是否可以避免从头开始求解问题。利用备忘法记录已经证明过能够获取摘要的文章的题目,可以提高机器人的工作效率。但是遇到未曾查找过的文章摘要,机器人将从头开始证明。聪明的机器人注意到这个证明过

程对于任何文章的摘要都是证明,于是得到了下面这个更泛化的公式,即

$$\forall x(online(x,josiah) \to ftp(x))$$

那么,任何属于这条规则的新情况都能够立刻得到解决。机器人所进行的这种泛化就是基于解释的学习。基于解释的学习(Explanation Based Learning,EBL)是一种利用先验知识从个别观察中抽取出一般规则的方法,通过创建覆盖整个同类情况的一般规则将备忘法技术进一步引申。

基于解释的学习本质上属于演绎学习,它根据给定的领域知识进行保真的演绎推理,存储有用结论,经过知识的求精和编辑,产生适合于以后求解类似问题的控制性知识。虽然在基于解释的学习和归纳学习中都需要用到具体例子,但它们的学习方式完全不同。归纳学习需要大量的实例,而基于解释的学习只需要单个例子。它通过应用相关的领域知识及单个问题求解实例来对某一目标概念进行学习,最终生成关于这个目标概念的一般性描述,该一般性描述就是一个可形式化表示的一般性知识。

7.4.2　基于解释的学习方法

解释学习是将现有的不能用或不实用的知识转化为可用的形式,目前,基于解释的学习方法已有多种。1986 年米歇尔等人为基于解释的学习提出了一个统一的算法——基于解释的概括化(Explanation Based Generalization,EBG),该算法建立了基于解释的概括过程,并运用知识的逻辑表示和演绎推理进行问题求解。EBG 算法的基本思想是对某一情况先建立一个解释结构,然后再对此解释结构进行泛化,使之可以适应更广泛的情况,求解问题的形式可描述如下。

已知:目标概念;训练实例;领域知识;操作准则。

求解:满足操作准则的关于目标概念的充分的概括性描述。

其中,目标概念是对需要学习的概念的描述;训练实例是向学习系统提供的一个实例,它能够充分地说明目标概念,在学习过程中起着重要的作用;领域理论是相关领域中的事实和规则,在学习系统中作为背景知识,用于证明训练实例为什么可以作为目标概念的一个实例,从而形成相应的解释;操作准则用于对描述目标的概念进行取舍,使得通过学习产生的关于目标概念的一般性描述成为可用的一般性知识。

在此基础上,基于解释的泛化学习方法包括产生解释结构和获取一般性控制知识两个基本过程。

1. 产生解释结构

这一步的任务是根据领域知识对训练实例进行分析与解释,以证明训练实例如何满足目标概念定义。以说明它是目标概念的一个实例。为了证明该例子满足目标概念,系统从目标开始反向推理,根据知识库中已有的事实和规则分解目标,直到求解结束。一旦得到解,便完成了该问题的证明,同时也获得了该训练实例的一个解释结构(证明树)。目标概念的初始描述通常是不可操作的。

2. 获取一般性控制知识

这一步的主要任务是对上一步得到的解释结构进行泛化处理,从解释结构中识别出训练实例的特性,从而得到关于目标概念的一般性知识,这个知识是适用于更多满足概念的实例的概括性描述。进行泛化处理的常用方法是将常量转换为变量,并略去某些不重要的信

息,只保留求解所必需的那些关键信息,从而得到所期望的概念描述。

基于解释的学习的基本思想是首先使用先验知识构造对观察的一个解释,然后建立一个针对能够使用相同解释结构的一类情况的定义。在大多数情况下,先验知识表示为一般的一阶逻辑理论。于是,知识表示和学习的研究工作联系在一起。基于解释的学习的基本方法是基于给定的单个实例,使用可用的背景知识,构造出一棵能够证明实例满足目标谓词的证明树;使用与原始证明相同的推理步骤,为经过变形的目标(一般化过程对变量进行必要的绑定之后)构造一棵一般化证明树;泛化的解释结构中的各个叶结点应符合可操作性准则,将叶结点的合取作为前件,变形的顶点的目标概念作为后件,丢弃目标中与变量取值无关的条件,就可得到泛化的一般性知识。利用这个一般性知识,当以后求解类似问题时可直接利用这个知识进行求解,这样可加快问题求解速度。解释结构且这种解释比最初的例子适用于更大的一类例子。

从上述描述中可以看出,解释工作是将实例的相关属性与无关属性分离开来;概括工作则是分析解释结果。在解释学习中,为了对某一目标概念进行学习,从而得到相应的知识,必须为学习系统提供完善的领域知识以及能够说明目标概念的训练实例。在系统进行学习时,首先运用领域知识找出训练实例为什么是目标概念的实例的证明(即解释),然后根据操作准则对证明进行推广,从而得到关于目标概念的一般性描述,即可供以后使用的形式化表示的一般性知识。

例 7-2 例 4-17 中检索摘要机器人的解释学习过程。

【解】 目标概念是可以用来推断一篇摘要是否可以被检索的规则:

$$\forall x \, (\text{premise}(x) \rightarrow \text{ftp}(x))$$

假设有关领域理论知识为以下规则,即

$\forall X \forall Y((\text{online}(x,y) \land \text{access}(y)) \rightarrow \text{ftp}(x))$

$\forall X \forall Y((\text{journal}(x,y) \land \text{publisher}(y,\text{ieee})) \rightarrow \text{online}(x, \text{josiah}))$

$\forall X(\text{anonymous}(x) \rightarrow \text{access}(x))$

$\text{anonymous}(\text{josiah})$

训练实例是目标概念的一个实例:

```
publisher(pami, ieee)
journal(mcd83, pami)
classification(mcd83, technology)
language(mcd83, english)
```

基于解释的学习首先建立训练实例是目标概念的解释。本例的解释过程所构造的证明树如图 7-5 所示,这是一个目标驱动的逆向自然演绎推理过程。

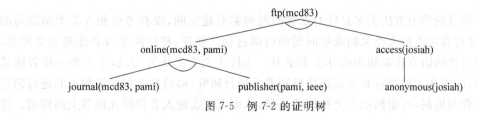

图 7-5 例 7-2 的证明树

学习算法的下一个步骤是通过泛化获取一般性知识。本例通过泛化来产生可以识别其他可检索摘要的概念定义，对图 7-5 所示的解释结构进行泛化的结果如图 7-6 所示，泛化的方法是用变量替换解释树中依赖于训练实例的常量。

图 7-6　泛化后的解释树

基于泛化后的树，算法将定义一条新的规则，规则的结论是树的根结点，前提是叶子结点的合取，即

$$\forall X \forall Y ((\text{journal}(x, y) \land \text{publisher}(y, \text{ieee})) \rightarrow \text{ftp}(x))$$

在建造泛化的证明树时，是用变量替换了训练实例的常量 mcd83，而保留领域知识的常量 ieee。需要注意的是，这个解释仅关注与目标概念相关的特征，排除了目标概念中与变量取值无关的条件 anonymous(josiah)。

解释可以是一个逻辑证明，但是更一般地，可以是步骤定义明确的任何推理或问题求解过程。关键是能够明确将这些相同步骤应用于其他情况的必要条件。解释学习既用到演绎推理又用到归纳推理，演绎部分所占的比例较大，所以将其归入基于演绎的学习。

需要指出的是，作为一种基于演绎推理的学习方法，基于解释的学习并不能产生新的知识，它所推出的新知识完全可以由现有领域知识推导出来，因此，即使没有这些新知识，智能系统仍然可以解决有关问题。但通过推出这些新知识，可以节省推理时间，提高系统处理问题的效率。这就好像在人类科学知识中有许多定理，通常人们在理解的基础上记住这些定理，然后在解决问题时直接使用这些定理，而不是面对每一个问题时，都首先从有关公理中推导出相应定理后再行使用。因此，基于解释的学习实际具有机械式学习的特性，通过记忆达到提高系统性能的目的。

此外，对基于解释的学习，能否从例子得出一个合理的解释很大程度上依赖于领域理论是否完善。然而，在复杂的实际领域中，往往难以构造出一个完善的领域理论。这就要求学习系统有能力自动检测、改正不完善理论或有方法弥补领域理论的不足。但是，简单地将常量转换为变量以实现泛化的方法可能过于一般化。在某些情况下会导致得到无效的规则。

7.5　人工神经网络

基于符号的学习方法大多是针对求解问题的需要建立的，没有考虑和人类大脑结构的相似性，没有真正模拟人类大脑求解问题的内部过程。相反，神经网络或者连接主义网络，并不用符号化的语言获取知识的办法来学习。连接主义学者认为，人脑是人类一切智能活动的基础，因而从大脑神经元及其连接机制着手进行研究，搞清楚人脑的结构及其进行信息处理的过程与机制，可望揭示人类智能的奥秘，从而真正实现人类智能在机器上的模拟。连接主义学习研究如何通过对人类大脑结构建模来实现智能。

人工神经网络(Artificial Neural Network，ANN)是在现代神经生物学研究基础上提出的模拟生物过程，反映人脑某些特性的一种计算结构。人工神经网络不是人脑神经系统的真实描写，而只是人脑神经系统的某种抽象、简化和模拟。但是值得指出的是，在不致混淆的情况下，通常也将人工神经网络简称为神经网络。

人脑是由密集的、相互连接的神经细胞(也称为神经元)或基本信息处理单元组成。与人脑神经系统类似，人工神经网络是由大量相连的人工神经元组成的系统，通过人工神经元间的并行协作实现对人类智能的模拟。系统的知识隐含在神经元的组织和相互作用上。人工神经网络方法的主要特征包括以下内容。

(1) 通过神经元之间的并行协同作用实现信息处理，处理过程具有并行性、动态性和全局性。

(2) 通过神经元间分布式的物理联系存储知识及信息，因而可以实现联想功能，对于带有噪声、缺损、变形的信息能进行有效的处理，取得比较满意的结果。例如，用该方法进行图像识别时，即使图像发生了畸变，也能进行正确的识别。近期的一些研究表明，该方法在模式识别、图像信息压缩等方面都取得了一些研究成果。

(3) 通过神经元间连接强度的动态调整来实现对人类学习、分类等的模拟。

(4) 适合于模拟人类的形象思维过程。

(5) 求解问题时，可以比较快地求得一个近似解。

神经生理学家、心理学家与计算机科学家的共同研究得出的结论是：人脑是一个功能特别强大、结构异常复杂的信息处理系统，其基础是神经元及其互联关系。现在，神经网络已在模式识别、图像处理、组合优化、自动控制、信息处理、机器人学和人工智能的其他领域获得日益广泛的应用。人们期望神经计算机将重建人脑的形象，极大地提高信息处理能力，在更多方面取代传统的计算机。因此，对神经网络模型、算法、理论分析和硬件实现的大量研究，为创造出新一代人工智能机——神经计算机提供了物质基础。

7.5.1 基本概念

1. 人工神经网络发展历史

对神经网络的研究始于 20 世纪 40 年代初期，走过了一条十分曲折的道路，几起几落，神经网络的发展大概分为 3 个时期。

(1) 第一阶段(1943 年至 20 世纪 60 年代初)——启蒙时期。

这一阶段主要是人工神经网络的提出及其广泛应用。1943 年，人工神经网络研究的先锋神经生物学家麦卡洛克(McCulloch)和青年数学家皮茨(Pitts)合作，提出一种叫做"似脑机器(Mindlike Machine)"的思想，这种机器可由基于生物神经元特性的互联模型来制造，这就是神经学网络的概念。他们构造了一个表示大脑基本组成部分的神经元模型，即 M-P 模型，这是第一个人工神经元模型，由此开创了人工神经网络研究的先河。随着大脑和计算机研究的进展，研究目标已从"似脑机器"变为"学习机器"，为此一直关心神经系统适应律的神经生物学家赫布(Hebb)于 1949 年提出了学习模型。赫布提出了连接权值强化的 Hebb 法则，指出神经元之间突触的联系强度是可变的，这种可变性是学习和记忆的基础。此法则为构造有学习功能的神经网络模型奠定了基础。1952 年英国生物学家 Hodgkin 和 Huxley 建立了著名的长枪乌贼巨大轴索非线性动力学微分方程——H-H 方程。这一方程可用来描述神经膜中所发生的自激振荡、混沌及多重稳定性等非线性现象,具有重大的理论与应用价值。1958 年,计算机科学家罗森布拉特(Rosenblatt)在原有 M-P 模型的基础上增加了学习机制,提出了著名的感知器模型,感知器模型包含现代计算机的一些原理,是第一个完整的人工神经网络,第一次将神经网络研究付诸工程实现。到 20 世纪 60 年代初期,威德罗(Widrow)和霍夫(M. E. Hoff)提出了 ADALINE(ADAptive LINEarelement,自适应线性元)网络模型,这是一种连续取值的自适应线性神经元网络模型,ADALINE 可用于自适应滤波、预测和模式识别。关于学习系统的专用设计方法还有斯坦巴克(Steinbuch)等人提出的学习矩阵。至此,人工神经网络的研究工作进入了第一个高潮。

(2) 第二阶段(20 世纪 60 年代初至 20 世纪 70 年代末)——低潮时期。

由于感知器的概念简单,因而在开始时人们对它寄予很大希望。然而,不久美国著名人工智能学者明斯基(Minsky)和帕伯特(Papert)对以感知器为代表的网络系统的功能及局限性从数学上做了深入研究,于 1969 年出版了轰动一时的《Perceptrons》一书,从理论上证明了单层感知器能力的有限性,指出它无法解决线性不可分的两类样本的分类问题,如简单的线性感知器不可能实现"异或"的逻辑关系等,而且推测多层网络的感知器能力也同样具有一定的局限性。至此,原先参与人工神经网络研究的学者和实验室纷纷退出从数学上证明了感知器无法实现复杂逻辑功能。

在这之后近 10 年,人工神经网络的研究进入了一个缓慢发展的萧条期。尽管这一时期人工神经网络发展缓慢,但仍然有一些可取的成果。到了 20 世纪 70 年代,格罗斯伯格(Grossberg)和芬兰学者科霍恩(T. Kohonen)对神经网络研究做出重要贡献,提出了自组织神经网络(Self-Organizingfeature Map,SOM),反映了大脑神经细胞的自组织特性、记忆方式以及神经细胞兴奋刺激的规律。以生物学和心理学证据为基础,格罗斯伯格提出几种具有新颖特性的非线性动态系统结构,该系统的网络动力学由一阶微分方程建模,而网络结构为模式聚集算法的自组织神经实现。基于神经元组织自调整各种模式的思想,科霍恩发展了他在自组织映射方面的研究工作。

沃博斯(Werbos)在 20 世纪 70 年代开发出一种反向传播算法。美国格罗斯伯格(Grossberg)教授提出了著名的自适应共振理论 ART(Adaptive Resonance Theory),其后的若干年中,他与卡朋特(Carpenter)一起研究了 ART 网络。

(3) 第二阶段(20 世纪 80 年代初至今)——复兴时期。

1982 年,美国生物物理学家霍普菲尔德(Hopfield)在神经元交互作用的基础上引入一种反馈型神经网络,这种网络就是有名的霍普菲尔德网络模型。他在这种网络模型的研究中首次引入了网络能量函数的概念,即 Laypunov 函数,并给出了网络稳定性的判定依据。1984 年,他又提出了网络模型实现的电子电路,为神经网络的工程实现指明了方向,他的研究成果开拓了神经网络用于联想记忆的优化计算的新途径,并为神经计算机研究奠定了基础。在 Hopfield 模型的影响下,大量学者又激发起研究神经网络的热情,积极投身于这一学术领域中,神经网络理论研究很快便迎来了第二次高潮。1983 年,Kirkpatrick 等人将1953 年 Metropli 等人提出的模拟退火算法用于 NP 完全组合优化问题的求解。1984 年Hinton 等人将模拟退火算法引入到神经网络中,提出了 Boltzmann 机网络模型,BM 网络算法为神经网络优化计算提供了一个有效的方法。1986 年,鲁梅尔哈特(D. E. Rumelhart)和麦克莱伦德(J. L. Mcclelland)提出了误差反向传播算法,即 BP 算法,此算法可以求解感知器所不能解决的问题，回答了《Perceptrons》一书中关于神经网络局限性的问题，从实践上证实了人工神经网络有很强的运算能力，BP算法是目前最引人注目、应用最广泛的神经网络算法之一。1987年美国神经计算机专家R. Hecht Nielsen提出了对向传播神经网络，该网络具有分类灵活、算法简练的优点，可用于模式分类、函数逼近、统计分析和数据压缩等领域。1988年，L. Ochua等人提出了细胞神经网络模型，它是一个具有细胞自动机特性的大规模非线性计算机仿真系统，在视觉初级加工上得到了广泛应用；Kosko建立了双向联想存储模型（BAM），它具有非监督学习能力。20世纪90年代初，诺贝尔奖获得者Edelman提出了Darwinism模型，建立了神经网络系统理论。

至今人工神经网络在各个领域已经得到了广泛的发展，大量的人工神经网络模型、学习算法及其相关文献大量涌现。另外，光学神经网络、混沌神经网络、模糊神经网络等也得到了长足的发展。近10多年来，神经网络已在从家用电器到工业对象的广泛领域找到它的用武之地，主要应用涉及模式识别、图像处理、自动控制、机器人、信号处理、管理、商业、医疗和军事等领域。显然，神经网络由于其学习和适应、自组织、函数逼近和大规模并行处理等能力，因而具有用于智能系统的潜力。神经网络在模式识别、信号处理、系统辨识和优化等方面的应用，已有广泛研究。在控制领域，已经做出许多努力，将神经网络用于控制系统，处理控制系统的非线性和不确定性以及逼近系统的辨识函数等。

2. 人工神经元

人脑内含有极其庞大的神经元（有人估计约为一千几百亿个），它们互连组成神经网络，并执行高级的问题求解智能活动。人工神经网络包含很多简单但高度互联的处理器，称为人工神经元。人工神经元是信息处理的基本单位，这与大脑中的生物神经网络很类似。神经元之间通过有权重的链接，将信号从一个神经元传递到另一个神经元。在构造人工神经网络时，首先应该考虑的问题是如何构造神经元。神经元接收来自输入链接的信号，计算激活水平并将其作为输出信号通过输出链接进行传送。输入信号可以是原始数据或其他神经元的输出。输出信号可以是问题的最终解决方案，也可以是其他神经元的输入信号。典型的神经元如图7-7所示。

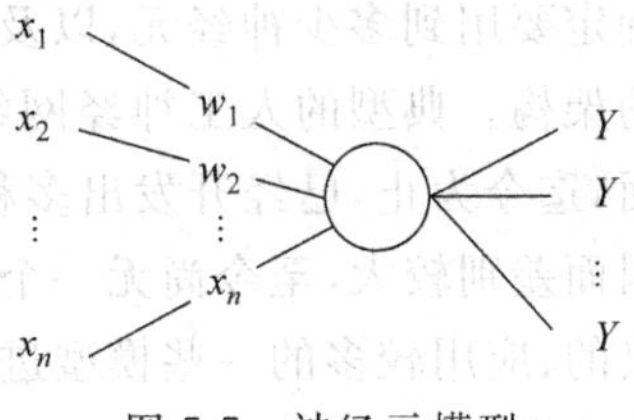

图 7-7　神经元模型

1943年，心理学家麦卡洛克（Warren McCulloch）和数理逻辑学家皮茨（Walter Pitts）在对生物神经元的结构、特性进行深入研究的基础上，提出了一种非常简单的思想，称为M-P模型，这种思想现在仍是大多数人工神经网络的基础。M-P模型的神经元是一个多输入单输出的非线性阈值器件。各输入端接收输入信号，根据连接权值计算所有输入信号的加权和，并将结果和阈值θ比较。如果网络的输入比阈值低，神经元输出-1，如果网络输入不小于阈值，则神经元激活并输出$+1$。换句话说，神经元使用以下符号函数作为激活函数，即

$$Y = \text{sign}\left[\sum_{i=1}^{n} x_i w_i - \theta\right]$$

式中，$x_1, x_2, \cdots, x_n$为神经元的n个输入；$w_1, w_2, \cdots, w_n$为输入的对应权值，表示各信号源神经元与该神经元的连接强度，是人工神经网络中长期记忆的基本方式；Y为神经元的输出；θ为神经元的阈值。

实际中，常用的激活函数包括阶跃、符号、线性和Sigmoid型（简称S型）函数，如图7-8

所示。阶跃和符号激活函数,也称为硬限幅函数,常用于进行模式识别或分类的神经元。S型函数可以将输入(变化范围在负无穷到正无穷之间)转换为范围在0~1之间的适当的值。线性激活函数的输出和神经元的权重输入一致,一般用于线性近似。

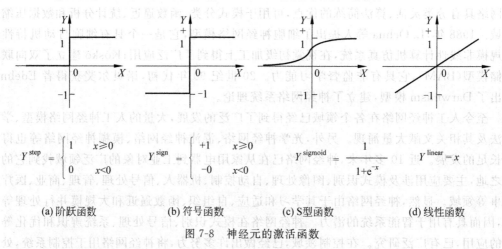

$$Y^{\text{step}} = \begin{cases} 1 & x \geqslant 0 \\ 0 & x < 0 \end{cases} \qquad Y^{\text{sign}} = \begin{cases} +1 & x \geqslant 0 \\ -0 & x < 0 \end{cases} \qquad Y^{\text{sigmoid}} = \frac{1}{1+e^{-x}} \qquad Y^{\text{linear}} = x$$

(a) 阶跃函数　　　　　(b) 符号函数　　　　　(c) S型函数　　　　　(d) 线性函数

图 7-8　神经元的激活函数

3. 人工神经网络结构

人工神经网络由神经元模型构成,这种由许多神经元组成的信息处理网络具有并行分布结构。每个神经元通过其输入连接收到若干信号。每个神经元具有单一输出,通过神经元的外出连接传送至网络中其他神经元的输入连接,每种连接方法对应于一个连接权系数。输出信号与外部环境连接的神经元形成输入和输出层。

神经网络的结构是由基本处理单元及其互连方法决定的。建立人工神经网络首先必须确定要用到多少神经元,以及如何连接神经元以形成网络的。换句话说,必须首先选择网络的架构。典型的人工神经网络是分层结构。网络模型是人工神经网络研究的一个重要方面,迄今为止,已经开发出多种不同的模型,由于这些模型大都是针对各种具体应用开发的,因而差别较大,至今尚无一个通用的网络模型。本节后续将选择其中几种具有代表性的、经典的、应用较多的一些模型进行讨论。人工神经网络的结构基本上分为反馈网络和前馈网络两类。

(1) 前馈网络。

前馈网络具有递阶分层结构,属于典型的层次型结构人工神经网络。前馈网络从输入层至输出层的信号通过单向连接流通;神经元从一层连接至下一层,不存在同层神经元间的连接。图 7-9(a)所示为由输入层、隐含层和输出层组成的 3 层单向网络,其中,实线指明实际信号流通,虚线表示反向传播。

前馈网络只有前后相邻两层之间神经元相互单向连接,且各神经元间没有反馈。每一个神经元可以从前一层接收多个输入,但只有一个输出送到下一层的各神经元。前向网络是一类强有力的学习系统,其结构简单且易于编程,是一类信息"映射"处理系统,可以实现特定的刺激-反应式的感知、识别和推理等。前馈网络的例子有多层感知器(MLP)、学习矢量量化(LVQ)网络、小脑模型连接控制(CMAC)网络和数据处理方法(GMDH)网络等。

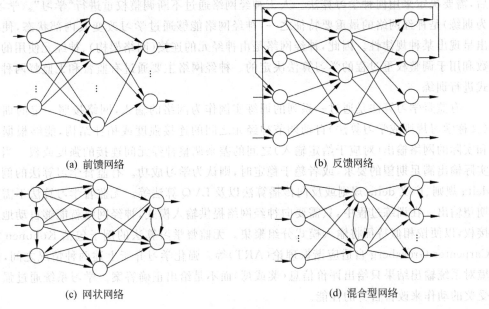

(a) 前馈网络

(b) 反馈网络

(c) 网状网络

(d) 混合型网络

图 7-9　神经元模型

(2) 反馈网络。

在反馈网络中,多个神经元互连以组织一个互连神经网络,图 7-9(b)所示为反馈网络结构示意图。反馈网络中有些神经元的输出被反馈至同层或前层神经元,即每一个神经元同时接收来自外部输入和反馈输入,其中包括神经元本身的自环反馈。因此,反馈网络的信号能够从正向和反向流通。反馈网络的每个结点都是一个计算单元,这类网络可实现联想映射和联想存储,使得它在智能模拟系统中被广泛关注。反馈网络又称为递归网络,Hopfield 网络、Elmman 网络和 Jordan 网络是反馈网络中具有代表性的例子。

(3) 网状网络。

图 7-9(c)所示为典型的网状网络示意图。网状网络的特点是:构成网络的各神经元都可能双向连接,所有的神经元既可以作为输入又可以作为输出。在这种网络中,若在其外部施加一个输入,各神经元一边相互作用,一边进行信息处理,直到使所有神经元的活性度或输出值收敛于某个平均值为止,作为信息处理的结束。

(4) 混合型网络。

混合型网络的结构是介于前向网络和网状网络这两种网络中间的一种连接方式,如图 7-9(d)所示。它在前向网络的基础上,将同一层的神经元进行互连。其目的是为了限制同层内神经元同时兴奋或抑制的神经元数目,以完成特定的功能。

在智能系统中,人们希望用神经网络能实现机器学习、模式识别、自动推理和联想存储等功能。为实现这些功能所设计的人工神经网络,目前主要有前向网络和反馈网络两大类。

4. 人工神经网络学习方法

人工神经网络的学习方法涉及学习方式和学习规则的确定。不同的学习方法其学习方式和学习规则是不同的。

在人工神经网络中,信息的处理是由神经元之间的相互作用来实现的,建立网络结构之后,需要决定采用何种学习算法。人工神经网络通过不断调整权重进行"学习"。学习(也称为训练)是神经网络的最重要特征之一,神经网络能够通过学习改变其内部状态,使输入输出呈现出某种规律性。因此,神经网络是由神经元的连接(网络架构)、神经元使用的激活函数和用于调整权重过程的学习算法决定的。神经网络主要通过有监督和无监督两种学习方式进行训练。

有监督学习算法是通过一系列的训练实例作为网络的输入,网络按照一定的训练规则(又称学习规则或学习算法)自动调节神经元之间的连接强度或拓扑结构,能够根据期望的和实际的网络输出(对应于给定输入)之间的差来调整神经元间连接的强度或权。当网络的实际输出满足期望的要求,或者趋于稳定时,则认为学习成功。有监督学习算法的例子包括delta 规则、广义 delta 规则或反向传播算法以及 LVQ 算法等。无监督学习算法不需要知道期望输出。在训练过程中,只需要向神经网络提供输入模式,神经网络就能够自动地适应连接权,以便按相似特征将输入模式分组聚集。无监督学习算法的例子包括 Kohonen 算法和Carpenter-Grossberg 自适应谐振理论(ART)等。强化学习介于上述两种情况之间,外部环境对系统输出结果只给出评价信息(奖或惩)而不是给出正确答案。学习系统通过强化那些受奖的动作来改善自身的性能。

神经网络主要的学习规则包括误差纠正学习、Hebb 学习和竞争学习。误差纠正学习的最终目的是使某一基于误差定义的目标函数达到最小,以使网络中的每一输出单元的实际输出在某种统计意义上逼近应有输出。一旦选定了目标函数形式,误差纠正学习就变成了一个典型的最优化问题。最常用的目标函数是均方误差判据。Hebb 学习是由神经心理学家 Hebb 提出的学习规则,可归纳为"当某一突触(连接)两端的神经元同步激活(同为激活或同为抑制)时,该连接的强度应为增强;反之应为减弱"。在竞争学习时,网络各输出单元互相竞争,最后达到只有一个最强者激活,最常见的一种情况是输出神经元之间有侧向抑制性连接,原来输出单元中如有某一单元较强,则它将获胜并抑制其他单元,最后只有此强者处于激活状态。

新近的生理学和解剖学研究表明,在动物学习过程中,神经网络的结构修正(即拓扑变化)起重要的作用。这意味着,神经网络学习不仅只体现在权值的变化上,而且在网络的结构上也有变化。人工神经网络中关于结构变化学习技术的探讨是近几年才发展起来的。这类方法与权值修正方法并不完全脱离,从一定意义上讲,二者具有补充作用。

7.5.2 感知器

1958 年,罗森布拉特(Frank Rosenblatt)提出了第一个训练简单的神经网络的过程——感知器(Perceptron)。最初的感知器是一个只有单层计算单元的前向神经网络,是基于 M-P 模型的形式最简单的神经网络。感知器由一个可调整权重的神经元(线性组合器)和一个硬限幅器组成,如图 7-10 所示。输入的加权和施加于硬限幅器,硬限幅器当其输入为正时输出为+1,输入为负时输出为−1。感知器通过细微地调节权重值来减少感知器的期望输出和实际输出之间的差别以完成学习任务。

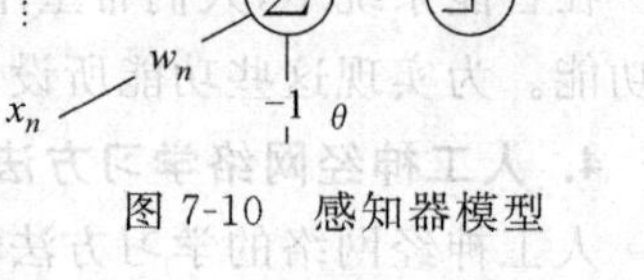

图 7-10 感知器模型

感知器权重调整的过程非常简单。如果在迭代 p 中,实际输出为 $Y(p)$,期望输出为

$Y_\mathrm{d}(p)$，那么误差为

$$e(p) = Y_\mathrm{d}(p) - Y(p) \quad p = 1,2,3,\cdots$$

式中，迭代 p 是输入感知器的第 p 个训练实例。如果误差 $e(p)$ 为正，就需要增加感知器输出 $Y(p)$；如果 $e(p)$ 为负，则需要减少感知器输出 $Y(p)$。因此，可以建立下面的感知器学习规则，即

$$w_i(p+1) = w_i(p) + \alpha \times x_i(p) \times e(p)$$

式中，α 为学习速度，是一个小于 1 的正常数。

使用上述规则，可以得出用于分类任务的感知器训练算法。

步骤 1：初始化。设置权重 $w_1, w_2, \cdots, w_n$ 和阈值 θ 的初值。初始权重可以随意赋值，取值范围通常为 $[-0.5, 0.5]$。

步骤 2：激活。

通过用输入 $x_1(p), x_2(p), \cdots, x_n(p)$ 以及期望输出 $Y_\mathrm{d}(p)$ 来激活感知器。迭代 p 时的实际输出为

$$Y(p) = \text{step}\left[\sum_{i=1}^{n} x_i(p) w_i(p) - \theta\right]$$

式中，n 为感知器输入的数量；step 为阶跃激活函数。

步骤 3：权重训练。

修改感知器的权重为

$$w_i(p+1) = w_i(p) + \Delta w_i(p)$$

式中，$\Delta w_i(p) = \alpha x_i(p) e(p)$。

步骤 4：迭代。

迭代 p 加 1，回到步骤 2，重复以上过程直至收敛。

例 7-3 利用感知器训练两个变量的"与"运算。运算过程如表 7-2 所示。

表 7-2　利用感知器训练两个变量的"与"运算的过程

周期	输　　入		期望输出	初始权重		实际输出	误差	最终权重	
	x_1	x_2	Y_d	w_1	w_2	Y	e	w_1	w_2
1	0	0	0	0.3	-0.1	0	0	0.3	-0.1
	0	1	0	0.3	-0.1	0	0	0.3	-0.1
	1	0	0	0.3	-0.1	1	-1	0.2	-0.1
	1	1	1	0.2	-0.1	0	1	0.3	0.0
2	0	0	0	0.3	0.0	0	0	0.3	0.0
	0	1	0	0.3	0.0	0	0	0.3	0.0
	1	0	0	0.3	0.0	1	-1	0.2	0.0
	1	1	1	0.2	0.0	1	0	0.2	0.0
3	0	0	0	0.2	0.0	0	0	0.2	0.0
	0	1	0	0.2	0.0	0	0	0.2	0.0
	1	0	0	0.2	0.0	1	-1	0.1	0.0
	1	1	1	0.1	0.0	0	1	0.2	0.1

周期	输入		期望输出	初始权重		实际输出	误差	最终权重	
	x_1	x_2	Y_d	w_1	w_2	Y	e	w_1	w_2
4	0	0	0	0.2	0.1	0	0	0.2	0.1
	0	1	0	0.2	0.1	0	0	0.2	0.1
	1	0	0	0.2	0.1	1	−1	0.1	0.1
	1	1	1	0.1	0.1	1	0	0.1	0.1
5	0	0	0	0.1	0.1	0	0	0.1	0.1
	0	1	0	0.1	0.1	0	0	0.1	0.1
	1	0	0	0.1	0.1	0	0	0.1	0.1
	1	1	1	0.1	0.1	1	0	0.1	0.1

类似地,感知器可以学习"或"操作。但是,单层感知器无法通过训练来执行异或操作,无论使用硬限幅激活函数还是软限幅激活函数,处理这样的问题就需要多层神经网络。实际上,历史已经证明 Rosenblatt 感知器的限制可以通过改进神经网络的形式来克服,如用后向传送算法训练的多层感知器。

7.5.3 多层神经网络

多层神经网络是有一个或多个隐含层的前馈神经网络。多层神经网络的每一层都有其特定的功能。输入层接收来自外部世界的输入信号,重新将信号发送给隐含层的所有神经元。实际上,输入层很少会包含计算神经元,因此不处理输入模式。输入信号一层一层地向前传递。输出层从隐含层接收信号,或者说是刺激模式,并为整个网络建立输出模式。有两个隐含层的多层感知器如图 7-11 所示。

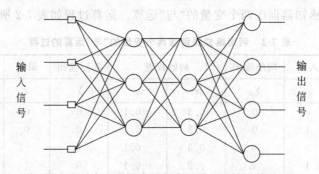

图 7-11 有两个隐含层的多层感知器输出信号

商用 ANN 一般有 3 层或 4 层,包含 1~2 个隐含层。每层有 10~1000 个神经元。试验神经网络可能有 5 层甚至 6 层,包含 3~4 个隐含层,有数百万个神经元,但大多数应用系统仅有 3 层,因为每增加一层计算量将呈指数倍增加。

多层网络的学习过程和感知器的一样。首先,需要给网络提供输入训练集。然后,网络计算其输出,如果实际输出和期望输出模式不一致,就调节权重来减小误差。多层神经网络中的神经元层与层之间是相互连接的,第 n 层的神经元之传递其刺激到第 $n+1$ 层的神经元。多层信号处理意味着分散在网络中的误差可通过连续的网络层,以复杂的不可预测的方式传播和变化。因此,输出层的误差源的分析变得很复杂,有上百种学习算法可供选择,但最常用的是后向传送方法。后向传送算法可以分配误差,然后调整相应的权值。

通常,后向传送网络有 3～4 层,层与层之间充分连接,每一层的每个神经元和相邻的前一层中的神经元都有连接。后向传送网络神经元输出的方式与 Rosenblatt 的感知器类似,分为两个阶段。

首先,将训练输入模式提供给网络的输入端,计算权重输入,即

$$X = \sum_{i=1}^{n} x_i(p) w_i(p) - \theta$$

式中,n 为输入的个数;θ 为神经元的阈值。然后,输入值通过激活函数在网络中一层层地传递,直到输出层产生输出模式为止。后向传送网络中的神经元使用 S 型激活函数,其数学公式为

$$Y^{\text{sigmoid}}(X) = \frac{1}{1 + e^{-\lambda X}}$$

式中,λ 为一个"挤压参数",用于调节在转换区域中 S 型函数图形的坡度。S 型函数是处处都可导的连续函数,能够提供更好的错误测量粒度,实现更精确的学习算法。S 型函数变化最快的地方导数值也最大,因此很多错误的分配都可归结于那些激励最不确定的结点。当 λ 取值增大,S 型函数在行为上接近线性阈值函数。

如果输出模式与预期的输出模式不同,则计算误差。经典的误差度量是误差平方和,因为单个的误差有可能取正值,也有可能取负值,为了不让误差相互抵消,对单个误差取平方。对于输入为 x 的单个训练样本,与真实输出 y 之间的误差平方和公式为

$$\text{error} = \frac{1}{2} \sum_{k} (d_k - o_k)^2$$

式中,d_k 为输出结点的期望输出;o_k 为结点的实际输出。从网络的输出层开始,通过隐含层,反向传播误差,后向传送回输入端,并且在传送误差时调整权重的值。

对于连续且可微分的激励函数来说,最重要的学习规则是 delta 规则。直观地看,delta 规则基于错误平面的思想,如图 7-12 所示。错误平面就是神经网络代表的函数在数据集上的累计误差。每一个神经网络权值向量都对应误差平面中的一个点。给出一个权值向量,希望通过算法找到一个方向,沿这个方向误差减少得最快。因为梯度是图形陡峭程度的度量,所以这种方法称为梯度下降学习。

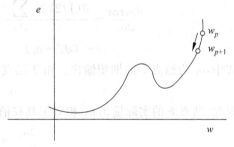

图 7-12　二维坐标中的错误平面

这个算法背后的思想是调整网络的权值,使得训练集上的某种误差度量达到最小。如此,学习过程可以形式化为权值空间中的一个最优化搜索问题。

下面将利用图 7-13 中的 3 层网络推导后向传送的学习规则。下标 i、j 和 k 分别为输入层、隐含层和输出层中的神经元。输入信号 $x_1(p), x_2(p), \cdots, x_i(p)$ 从网络的左侧传送到右侧,而误差信号 $e_1(p), e_2(p), \cdots, e_n(p)$ 从右到左传送。w_{ij} 是输入层的神经元 i 和隐含层的神经元 j 之间连接的权重,而 w_{jk} 代表隐含层的神经元 j 和输出层的神经元 k 之间连接的

权重。

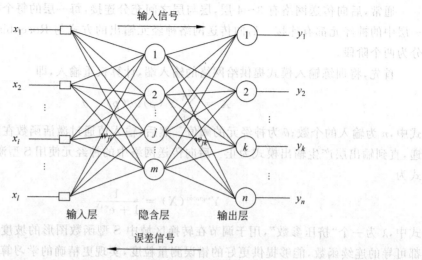

图 7-13　3 层后向传送神经网络

1. 输出层神经元权值的调整

在多变量的函数中,偏导数给出了某个特殊变量的变化率。因此,应用偏导数的概念可以度量输出层结点的误差相对于其权值 w_{jk} 的变化率。取结点误差对相应权值 w_{jk} 的偏导数,并利用偏导数的导数链规则展开,可得到

$$\frac{\partial \text{error}}{\partial w_{jk}} = \frac{\partial \text{error}}{\partial o_k} \times \frac{\partial o_k}{\partial w_{jk}} \tag{7-1}$$

式中,o_k 为结点 k 的实际输出。总误差相对于结点 k 的偏导数为

$$\frac{\partial \text{error}}{\partial o_k} = \frac{\partial (1/2) \times \sum (d_k - o_k)^2}{\partial o_k} = \frac{\partial (1/2) \times (d_k - o_k)^2}{\partial o_k}$$

$$= -(d_k - o_k) \tag{7-2}$$

式中,o_k 为结点 k 的期望输出。由于结点 k 的输出 o_k 是其权值 w_{jk} 的函数,则

$$o_k = f(w_{jk} o_j) \tag{7-3}$$

因此,结点 k 的实际输出 o_k 相对于其权值 w_{jk} 的偏导数为

$$\frac{\partial o_k}{\partial w_{jk}} = o_k \times f'(w_{jk} o_j) \tag{7-4}$$

将结点 k 的输入 $w_{jk} o_j$ 记做 net_k,并将上述计算结果代入式(7-1),可得

$$\frac{\partial \text{error}}{\partial w_{jk}} = -(d_k - o_k) \times f'(\text{net}_k) \times o_k \tag{7-5}$$

网络误差最小化需要权值变化的方向是对应的梯度分量的负方向。因此有

$$\Delta w_{jk} = -c \frac{\partial \text{error}}{\partial w_{jk}} = -c [-(d_k - o_k) \times f'(\text{net}_k) \times o_k] \tag{7-6}$$

式中,c 为控制学习率的常数。

2. 隐含层神经元权值的调整

下面将推导隐含层结点的权值调整量。为简单起见,假设只有一个隐含层。首先,考虑隐含层结点 j 对输出层结点 k 的误差影响,然后隐含层结点 j 对所有输出层结点误差的影

响求和，最后考察隐含层结点 j 的第 i 个输入权值对整个网络误差的影响。

首先，计算网络误差对隐含层结点 j 的输出的偏导数，应用链式法则可得

$$\frac{\partial \text{error}}{\partial o_j} = \frac{\partial \text{error}}{\partial \text{net}_k} \times \frac{\partial \text{net}_k}{\partial o_j} \tag{7-7}$$

将右边第一项 $\dfrac{\partial \text{error}}{\partial \text{net}_k}$ 记做 $-\text{delta}_k$。第二项中，输出层结点 k 的输入刺激 net_k 是隐含层中所有结点的输出与权值乘积的总和，即

$$\text{net}_k = \sum_j w_{jk} o_j \tag{7-8}$$

偏导数只考虑总和中的一个分量，也就是结点 j 和结点 k 的连接权重。可得

$$\frac{\partial \text{net}_k}{\partial o_j} = w_{jk} \tag{7-9}$$

因此，网络误差对隐含层结点 j 的输出的偏导数可化为

$$\frac{\partial \text{error}}{\partial o_j} = - \text{delta}_k \times w_{jk}$$

于是，隐含层结点 j 对输出层所有结点的误差影响为

$$\frac{\partial \text{error}}{\partial o_j} = \sum_k - \text{delta}_k \times w_{jk}$$

下面将确定 delta_j。仍然利用链式法则可得

$$- \text{delta}_j = \frac{\partial \text{error}}{\partial \text{net}_j} = \frac{\partial \text{error}}{\partial o_j} \times \frac{\partial o_j}{\partial \text{net}_j}$$

由于 $o_j = f(\text{net}_j)$，且 f 为 S 型激励函数，因此 $\dfrac{\mathrm{d}f(x)}{\mathrm{d}x} = (1 + \mathrm{e}^{-x})^{-2} \mathrm{e}^{-x} = f(x)(1 - f(x))$，于是可得

$$\frac{\partial o_j}{\partial \text{net}_j} = o_j \times (1 - o_j)$$

将其代入 delta_j 的方程，得到

$$- \text{delta}_j = o_j \times (1 - o_j) \times \sum_k - \text{delta}_k \times w_{jk}$$

最后，计算输出层结点的网络误差对隐含层结点输入权值的灵敏度。考察隐含层结点 j 的第 i 个输入权值 w_{ij}，由链式法则得

$$\frac{\partial \text{error}}{\partial w_{ij}} = \frac{\partial \text{error}}{\partial \text{net}_j} \times \frac{\partial \text{net}_j}{\partial w_{ij}} = - \text{delta}_j \times \frac{\partial \text{net}_j}{\partial w_{ij}} = - \text{delta}_j \times o_i$$

将 delta_j 代入上式，可得

$$\frac{\partial \text{error}}{\partial w_{ij}} = o_j (1 - o_j) \sum_k (- \text{delta}_k \times w_{jk}) o_i$$

由于误差最小化要求权值变化的方式为梯度向量的负方向，对结点 j 的第 i 个权值的调整量乘以一个负的学习常量，即

$$\Delta w_{ij} = - c \frac{\partial \text{error}}{\partial w_{ij}} = - c \left[o_j (1 - o_j) \sum_k (- \text{delta}_k \times w_{jk}) o_i \right]$$

以上推导结果表明，隐含层结点的 delta_j 值是通过其前面层的结点的 delta_k 值计算得到的。于是，可以先通过式计算输出层上各结点的 delta 值，然后将其反传到较低层次上，也就是利用式计算各隐含层上结点的 delta 值。对于超过一个隐含层的神经网络，同样地

过程递归调用将误差从第 n 层传递到第 $n-1$ 层。

显然，delta 规则类似于爬山法，在每一步中通过导数寻找在误差平面中某个特定点局部区域的斜率，它总是应用这个斜率试图减小局部误差，因此，delta 学习不能区分误差空间中的全局最小点和局部最小点。从对图 7-12 的进一步分析可知，学习常数 c 对 delta 学习规则的性能有很重要的影响。学习常数 c 决定了在一步学习过程中权值变化的快慢，c 的取值越大，则权值相对最优值移动的速度也越快。然而，如果 c 值取得太大，则算法有可能越过最优值或者在最优值附近振荡。如果 c 取值较小，这种可能性不大，但是它会使系统学习的速度较慢。学习率的最优值有时加上一个动态因子（Zurada，1992），成为一个可随着应用变化而调整的参数。

下面总结后向传送的训练算法。

步骤 1：初始化。

用很小范围内均匀分布的随机数设置网络中各个神经元的权重和阈值（Haykin，1999），即

$$\left(-\frac{2.4}{F_i}, +\frac{2.4}{F_i}\right)$$

式中，F_i 为网络中神经元 i 的输入总数。

步骤 2：激活。

通过应用输入 $x_1(p), x_2(p), \cdots, x_n(p)$ 以及期望输出 $y_d(p)$ 来激活后向传送神经网络。

（1）计算隐含层神经元的实际输出，即

$$y_j(p) = \text{sigmoid}\left[\sum_{i=1}^{n} x_i(p) w_{ij}(p) - \theta_j\right]$$

式中，n 为隐含层神经元输入个数；sigmoid 为 S 型激活函数。

（2）计算输出层神经元的实际输出，即

$$y_k(p) = \text{sigmoid}\left[\sum_{j=1}^{m} x_{jk}(p) w_{jk}(p) - \theta_k\right]$$

式中，m 为输出层神经元 k 的输入个数。

步骤 3：训练权重。

修改后向传送网络中的权重（后向传送网络向后传送与输出神经元相关的误差）。

（1）计算输出层神经元的误差斜率，即

$$\frac{\partial \text{error}}{\partial w_{jk}} = -(d_k - o_k) \times f'(\text{net}_k) \times o_k$$

计算权重的校正，即

$$\Delta w_{ij} = -c \frac{\partial \text{error}}{\partial w_{ij}} = -c\left[o_j(1 - o_j) \sum_k (-\text{delta}_k \times w_{jk}) o_i\right]$$

更新输出神经元的权重，即

$$w_{jk}(p+1) = w_{jk}(p) + \Delta w_{jk}(p)$$

（2）计算隐含层神经元的误差斜率，即

$$\frac{\partial \text{error}}{\partial w_{ij}} = o_j(1 - o_j) \sum_k (-\text{delta}_k \times w_{jk}) o_i$$

计算权重的校正，即

$$\Delta w_{ij} = -c\frac{\partial \mathrm{error}}{\partial w_{ij}} = -c\left[o_j(1-o_j)\sum_k(-\mathrm{delta}_k \times w_{jk})o_i\right]$$

更新隐含层神经元的权重,即

$$w_{ij}(p+1) = w_{ij}(p) + \Delta w_{ij}(p)$$

步骤 4:迭代。

迭代次数 p 加 1,回到步骤 2,重复上述过程直到满足误差要求为止。

虽然后向传送的学习方法得到广泛使用,对多层神经网络的学习问题提供了解决办法,但是并不能避免所有问题。例如,由于是爬山法,后向传送学习方法有可能收敛于局部最小值(图 7-12);另一个显而易见的问题是后向传送算法计算量巨大,因而导致缓慢的训练速度,尤其是当网络收敛很慢时。实际上,纯粹的后向传送算法在实际中很少应用。

后向传送学习算法似乎并不能在生物领域发挥作用(Stork,1989)。生物神经元不会向后工作来调整它们之间的连接和突触的强度,因此不能将后向传送学习看作模拟人脑学习的过程。为了模拟人类记忆的联想功能,需要不同类型的网络——循环神经网络。

7.5.4 Hopfield 神经网络

反馈网络的结构与前馈网络不同,其结点的输出信号直接或间接输入到结点中,形成一个循环。循环神经网络带有从输出到输入反馈回路。这种回路的出现对于网络的学习性能具有深远的影响。使用新的输入后,计算网络输出和反馈来调节输入。然后重新计算输出,重复这个过程,直到输出变成常数为止。当反馈网络不再变化时,就被认为达到了平衡状态。网络到达的平衡状态就是网络的输出。

连续的迭代不一定能使输出的改变越来越小,相反地,可能导致混乱。在这种情况下,网络的输出永远不会变成常数,可以说网络是不稳定的。20 世纪 60~70 年代,很多研究者对循环神经网络的稳定性产生兴趣,但是没有人能够预测什么样的网络是稳定的,一些研究人员对找到通用的解决方案表示悲观。当加利福尼亚州技术研究院的物理学家霍普菲尔德(John Hopfield)提出在动态稳定网络中存储信息的物理原则时,这个问题才得到解决。作为一个物理学家,Hopfield 利用物理中的能量最小的概念研究网络收敛的属性,证明了总存在一个网络能量函数,可保证网络收敛,并在此原理上设计了 Hopfield 网络。

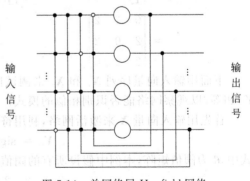

Hopfield 网络是单个网络层中的所有结点都相互连接的结构,激励和阈值函数也同前面一样工作。图 7-14 所示为包含 n 个神经元的单层 Hopfield 神经网络。每个神经元的输出都反馈到其他所有神经元的输入(在 Hopfield 网络中没有自反馈)。Hopfield 网络通常用带有符号激活函数的 M-P 神经元作为其计算元素。

图 7-14　单网络层 Hopfield 网络

Hopfield 网络的神经元与图 7-8(b)所示的符号函数的工作方式一样。如果神经元的权重输入小于 0,则输出为 -1;如果权重输入大于 0,则输出为 $+1$。但是如果神经元权重输入等于 0,则输出保持不变,换句话说,神经元保持以前的状态,无论是－1还是＋1。符号激活函数可以用饱和线性函数来代替。

网络的当前状态由当前所有神经元的输出 $y_1,y_2,\cdots,y_n$ 确定。因此,对于单层 n 个神经元的网络,状态可由下面的状态向量定义,即

$$Y=\begin{bmatrix} y_1 \\ y_2 \\ \vdots \\ y_n \end{bmatrix}$$

在 Hopfield 网络中,神经元之间的突触权重通常以下面的矩阵形式表示,即

$$W=\sum_{m=1}^{M} Y_m Y_m^{\mathrm{T}} - MI$$

式中,M 为网络记忆状态的数目;Y_m 为 n 维二值向量;Y_m^{T} 为其转置矩阵;I 为单位矩阵。

稳定的状态顶点由权重矩阵 W、当前输入向量 X 和阈值矩阵 θ 确定。如果输入向量有部分错误或不完善的地方,那么在几次迭代后初始状态会收敛到稳定的状态顶点。

例如,假设网络需要记住两个相反的状态(1, 1, 1)和(−1, −1, −1),那么

$$Y_1=\begin{bmatrix} 1 \\ 1 \\ 1 \end{bmatrix} \quad Y_2=\begin{bmatrix} -1 \\ -1 \\ -1 \end{bmatrix}$$

也可以用行来表示这些向量,即转置向量为

$$Y_1^{\mathrm{T}}=\begin{bmatrix} 1 & 1 & 1 \end{bmatrix} \quad Y_2^{\mathrm{T}}=\begin{bmatrix} -1 & -1 & -1 \end{bmatrix}$$

因此可以确定权重矩阵为

$$W=Y_1 Y_1^{\mathrm{T}} + Y_2 Y_2^{\mathrm{T}} - 2I$$

代入 Y 和 I 的值可得

$$W=\begin{bmatrix} 1 \\ 1 \\ 1 \end{bmatrix}\begin{bmatrix} 1 & 1 & 1 \end{bmatrix} + \begin{bmatrix} -1 \\ -1 \\ -1 \end{bmatrix}\begin{bmatrix} -1 & -1 & -1 \end{bmatrix} - 2\begin{bmatrix} 1 & 0 & 0 \\ 0 & 1 & 0 \\ 0 & 0 & 1 \end{bmatrix}$$

$$=\begin{bmatrix} 0 & 2 & 2 \\ 2 & 0 & 2 \\ 2 & 2 & 0 \end{bmatrix}$$

下面用输入向量序列 X_1 和 X_2 来测试网络,X_1 和 X_2 分别和输出(或目标)向量 Y_1 和 Y_2 相等,以观察网络能否识别相似的模式。

首先用输入向量 X 来激活网络,利用符号激活函数计算实际的输出向量 Y,即

$$Y_m = \mathrm{sign}(WX_m - \theta)$$

式中,θ 为阈值矩阵,本例中假设所有的阈值都为 0。因此有

$$Y_1 = \mathrm{sign}\left(\begin{bmatrix} 0 & 2 & 2 \\ 2 & 0 & 2 \\ 2 & 2 & 0 \end{bmatrix}\begin{bmatrix} 1 \\ 1 \\ 1 \end{bmatrix} - \begin{bmatrix} 0 \\ 0 \\ 0 \end{bmatrix}\right)=\begin{bmatrix} 1 \\ 1 \\ 1 \end{bmatrix}$$

$$Y_2 = \mathrm{sign}\left(\begin{bmatrix} 0 & 2 & 2 \\ 2 & 0 & 2 \\ 2 & 2 & 0 \end{bmatrix}\begin{bmatrix} -1 \\ -1 \\ -1 \end{bmatrix} - \begin{bmatrix} 0 \\ 0 \\ 0 \end{bmatrix}\right)=\begin{bmatrix} -1 \\ -1 \\ -1 \end{bmatrix}$$

由上，$\boldsymbol{Y}_1 = \boldsymbol{X}_1$，$\boldsymbol{Y}_2 = \boldsymbol{X}_2$。因此，状态$(1,1,1)$和$(-1,-1,-1)$是稳定的。

网络中有 3 个神经元，有 8 种可能的状态。剩下的 6 个状态都是不稳定的。但是，稳定的状态(也称为基本记忆)可以吸引它周围的状态。基本记忆$(1,1,1)$吸引了不稳定的状态$(-1,1,1)$、$(1,-1,1)$、$(1,1,-1)$。和基本记忆$(1,1,1)$相比，每个不稳定的状态表示一个误差。另外，基本记忆$(-1,-1,-1)$吸引了不稳定的状态$(-1,-1,1)(-1,1,-1)(1,-1,-1)$。相对于基本记忆，每个不稳定的状态表示一个误差。因此，Hopfield 网络可以作为一个误差校正网络。

Hopfield 网络的训练算法如下。

步骤 1：存储。

n 个神经元的 Hopfield 网络需要存储 M 个基本记忆$\boldsymbol{Y}_1, \boldsymbol{Y}_2, \cdots, \boldsymbol{Y}_m$。神经元 i 到神经元 j 的突触权重的计算方法为

$$W = \sum_{m=1}^{M} \boldsymbol{Y}_m \boldsymbol{Y}_m^{\mathrm{T}} - M\boldsymbol{I}$$

Hopfield 网络并没有与之相关的典型的学习算法，网络的权值是预先计算出来的。一旦计算好权重，则保持不变。

步骤 2：测试

确定 Hopfield 网络有能力唤起所有的基本记忆，也就是说，网络必须在将任何基本记忆 $\boldsymbol{Y}_m$ 作为输入时记住它。即

$$\boldsymbol{X}_m = \boldsymbol{Y}_m \quad m = 1, 2, \cdots, M$$
$$\boldsymbol{Y}_m = \mathrm{sign}(\boldsymbol{W}\boldsymbol{X}_m - \boldsymbol{\theta})$$

如果网络可以很好地记住所有基本记忆，则可以执行下一步。

步骤 3：检索。

将一个未知的 n 维向量(探测器)$\boldsymbol{X}$ 输入网络并检索稳定状态。探测器一般情况下表示混乱或不完善的基本记忆。

(1) 通过下面的设置来初始化 Hopfield 网络的搜索算法，即

$$\boldsymbol{Y}(0) = \mathrm{sign}[\boldsymbol{W}\boldsymbol{X}(0) - \boldsymbol{\theta}]$$

式中，$\boldsymbol{X}(0)$ 为代次数 $p=0$ 时的探测器向量；$\boldsymbol{Y}(0)$ 为迭代次数 $p=0$ 时神经元的状态向量。

(2) 根据以下规则，更新状态向量的元素 $\boldsymbol{Y}(p)$，即

$$\boldsymbol{Y}(p) = \mathrm{sign}[\boldsymbol{W}\boldsymbol{X}(p) - \boldsymbol{\theta}]$$

用于更新的神经元是异步选择的，也就是说，是随机的，并且每次选择一个。重复迭代过程直到状态向量不再变化为止，换句话说，达到稳定状态为止。稳定状态可以定义为

$$\boldsymbol{Y}(p+1) = \mathrm{sign}[\boldsymbol{W}\boldsymbol{X}(p) - \boldsymbol{\theta}]$$

如果检索是异步的，则 Hopfield 网络通常都能够收敛(Haykin, 1999)。但是，这个稳定状态不一定非要表示一个基本记忆，如果这个状态就是基本记忆，那么也不一定是最接近的那个。

吸引子定义为一个状态，在一个邻域中的状态都随着时间向吸引子转变。网络中的每一个吸引子都有一个邻域，在这个邻域中的任何网络状态都向吸引子转变。这个邻域称为吸引子的基。一个吸引子可由一个网络状态组成，也可由一系列循环的网络状态组成。将需要的模式当吸引子装载在记忆中，吸引子网络就能实现基于内容的可寻址的记忆。为了

从数学意义上理解吸引子和基,引入了网络能量函数(Hopfield,1984)的概念。带有能量函数的反馈网络,如果每一次网络转换都会减少网络的能量,则可保证这个网络能收敛。通过在优化问题的费用函数和网络能量之间创建映射关系,Hopfield 网络也可用来解决优化问题,如巡回推销员问题。为了解决问题,设计者必须找到将问题的费用函数对应到 Hopfield 能量函数的方法。费用问题的解决就转换成了减少整个网络能量的过程。

严格地说,Hopfield 网络表现出记忆的自动联想功能。Hopfield 网络是单层网络,因此输出模式与输入模式所用的神经元是相同的。换句话说,Hopfield 可以检索混乱或不完整的记忆,但不能将它与不同的记忆联系起来。相反地,人类的记忆本质上是相关联的。一件事情可能提醒我们另一件事,另一件事再提示另一件事,如此类推。用一连串的相关记忆来回想起忘掉的记忆。例如,如果想不起来将雨伞放在哪里了,就会试图回忆最后在什么地方拿着雨伞,在做什么事情,与谁在交谈。我们试图建立起联想链,从而回忆起忘掉的事情。要将一个记忆和其他记忆关联起来,需要一个循环神经网络,它能够接收一个神经元集合中的输入模式并且在另一个神经元集合上产生一个相关的、但与其不同的输出模式。实际上,需要两层循环神经网络进行双向的相关记忆。

7.5.5　双向相关记忆

BAM 网络首先由 Bart Kosko(1988)提出。BAM 是异质相关网络,将 n 维输入向量与 m 维输出向量 Y_m 关联起来。与 Hopfield 网络一样,BAM 一般使用带符号激活函数的 McCulloch 和 Pitts 神经元,网络的权值也可事先计算出来,尽管输入含糊或不完善,BAM 仍可以归纳并产生正确的输出。包含两个完全连接的层,即输入层和输出层。BAM 由两个相互连接网络层组成,也有连接到自身的反馈连接,图 7-15 所示为基本的 BAM 架构。由于从 X 到 Y 的连接是双向的,所以应该在每个连接方向上都有一个相应的权重。

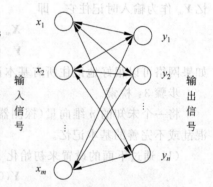

图 7-15　单网络层 BAM 网络

BAM 方法的基本思想是存储模式对,如果将集合 A 中 n 维的输入向量 X 作为输入时,BAM 方法回忆起集合 B 的 m 维向量 Y,如果输入为 Y,BAM 方法就回忆起 X。如图 7-15 所示,输入向量 $X(p)$ 应用到转置权重矩阵 W^T 产生输出向量 $Y(p)$。然后输出向量 $Y(p)$ 应用到权重矩阵 W 产生新的输入向量 $X(p+1)$,重复这个过程,直到输入和输出向量都不再变化,换句话说,BAM 达到了稳定状态。

BAM 反馈网络的状态用一个输入模式初始化。网络通过一系列的状态处理这个模式,直到达到平衡状态。网络达到的平衡状态就是从记忆中检索到的模式。例如,希望利用 BAM 网络存储 N 个样本,首先需要为想要存储的每个模式对创建一个相关矩阵。相关矩阵是一个由输入向量 X 乘以输出向量的转置 Y^T 而得到的矩阵。BAM 权重矩阵是所有相关矩阵的和,即

$$W = \sum_{m=1}^{M} X_m Y_m^T$$

式中，M 为存储在 BAM 中的模式对的数量。假设在任意两个结点之间只有一条路径，那么在 X 层和 Y 层的结点间连接权值在两个方向上是一样的。因此，权值矩阵是对称矩阵。从 Y 层 X 层的权值矩阵是 W 的转置矩阵。

用输入模式初始化 X 层，BAM 网络就可用来从记忆中检索模式。如果输入模式有噪声，或者是不完全的样本，BAM 网络通常是完整模式，并检索到关联的模式。BAM 训练算法如下。

步骤 1：存储。初始化 M 对模式向量 (X,Y) 作为处理元素。

例如，希望 BAM 需要存储 4 对模式。

集合 A：

$$X_1 = \begin{bmatrix} 1 \\ 1 \\ 1 \\ 1 \\ 1 \\ 1 \end{bmatrix} \quad X_2 = \begin{bmatrix} -1 \\ -1 \\ -1 \\ -1 \\ -1 \\ -1 \end{bmatrix} \quad X_3 = \begin{bmatrix} 1 \\ 1 \\ -1 \\ -1 \\ 1 \\ 1 \end{bmatrix} \quad X_4 = \begin{bmatrix} -1 \\ -1 \\ 1 \\ 1 \\ -1 \\ -1 \end{bmatrix}$$

集合 B：

$$Y_1 = \begin{bmatrix} 1 \\ 1 \\ 1 \end{bmatrix} \quad Y_2 = \begin{bmatrix} -1 \\ -1 \\ -1 \end{bmatrix} \quad Y_3 = \begin{bmatrix} 1 \\ -1 \\ 1 \end{bmatrix} \quad Y_4 = \begin{bmatrix} -1 \\ 1 \\ -1 \end{bmatrix}$$

本例中，BAM 输入层必须有 6 个神经元，输出层有 3 个神经元。根据权重矩阵的定义可得权重矩阵为

$$W = \begin{bmatrix} 1 \\ 1 \\ 1 \\ 1 \\ 1 \\ 1 \end{bmatrix} \begin{bmatrix} 1 & 1 & 1 \end{bmatrix} + \begin{bmatrix} -1 \\ -1 \\ -1 \\ -1 \\ -1 \\ -1 \end{bmatrix} \begin{bmatrix} -1 & -1 & -1 \end{bmatrix}$$

$$+ \begin{bmatrix} 1 \\ 1 \\ -1 \\ -1 \\ 1 \\ 1 \end{bmatrix} \begin{bmatrix} 1 & -1 & 1 \end{bmatrix} + \begin{bmatrix} -1 \\ -1 \\ 1 \\ 1 \\ -1 \\ -1 \end{bmatrix} \begin{bmatrix} -1 & 1 & -1 \end{bmatrix}$$

$$= \begin{bmatrix} 4 & 0 & 4 \\ 4 & 0 & 4 \\ 0 & 4 & 0 \\ 0 & 4 & 0 \\ 4 & 0 & 4 \\ 4 & 0 & 4 \end{bmatrix}$$

步骤 2：测试。

BAM 应该能接收集合 A 的任何向量并检索集合 B 的相关向量,接收集合 B 的任何向量并检索集合 A 的相关向量。因此,首先需要确定当输入为 X_m 时 BAM 能回忆 Y_m,信息从 X 层传播到 Y 层,并更新 Y 层的值,即

$$Y_m = \text{sign}(W^T X_m) \quad m = 1, 2, \cdots, M$$

举例如下。

$$Y_1 = \text{sign}(W^T X_1) = \text{sign} \begin{bmatrix} 4 & 4 & 0 & 0 & 4 & 4 \\ 0 & 0 & 4 & 4 & 0 & 0 \\ 4 & 4 & 0 & 0 & 4 & 4 \end{bmatrix} \begin{bmatrix} 1 \\ 1 \\ 1 \\ 1 \\ 1 \\ 1 \end{bmatrix} = \begin{bmatrix} 1 \\ 1 \\ 1 \end{bmatrix}$$

接下来,需要确定当输入 Y_m 时 BAM 能回忆 X_m,即

$$X_m = \text{sign}(W^T Y_m) \quad m = 1, 2, \cdots, M$$

举例如下。

$$X_3 = \text{sign} \begin{bmatrix} \begin{bmatrix} 4 & 0 & 4 \\ 4 & 0 & 4 \\ 0 & 4 & 0 \\ 0 & 4 & 0 \\ 4 & 0 & 4 \\ 4 & 0 & 4 \end{bmatrix} \begin{bmatrix} 1 \\ -1 \\ 1 \end{bmatrix} \end{bmatrix} = \begin{bmatrix} 1 \\ 1 \\ -1 \\ -1 \\ 1 \\ 1 \end{bmatrix}$$

在本例中,所有的向量都被准确无误地回忆起来,可以进行下一步。

步骤 3：检索。

未知向量(探测器)X 输入至 BAM 中,检索存储的关联记忆。探测器可以表示存储在 BAM 中来自集合 A(或集合 B)的含糊、不完整的模式。Y 层的更新信息传回到 X 层,更新 X 层的单元。

(1) 通过以下设置初始化 BAM 检索算法,即

$$X(0) = X$$

并计算在第 p 次迭代时 BAM 输出,即

$$Y(p) = \text{sign} \left[W^T X(p) \right]$$

(2) 更新输入向量 $X(p)$,即

$$X(p+1) = \text{sign} \left[WY(p) \right]$$

重复迭代直到达到平衡为止,此时进一步迭代时输入和输出向量都不再改变。输入和输出模式可以成为一个关联对。

以上算法表明 BAM 网络是一个反馈流,双向流通,也可以将 Y 向量当作输入向量,检索向量 X,最后达到平衡。BAM 是无条件稳定的(Kosko,1992)。这就是说,任何相关的知识都可以学习,没有不稳定的危险。之所以有这个重要的特性,是因为 BAM 使用前向和后向的转置关联的权重矩阵。例如,使用向量 X 作为探测器,X 与集合 A 的模式 X_1 相比有一个误差,即

$$X = (-1, +1, +1, +1, +1, +1)$$

探测器作为 BAM 的输入,产生了集合 B 的输出向量 Y_1,将向量 Y_1 作为输入来检索集合 A 中的向量 X_1。因此,BAM 确实能够进行误差校正。

BAM 和 Hopfield 网络之间的关系密切。如果 BAM 的权重矩阵是正方形且对称,则有 $W = W^T$。在本例中,输入层和输出层大小相同,BAM 就可以简化成自相关的 Hopfield 网络。因此,Hopfield 网络可以被看作是 BAM 的特例。Hopfield 网络在存储能力上的限制也可以扩展至 BAM。通常,BAM 存储关联的最大数目不能超过较小的层中的神经元数目。另外,更严重的问题是会导致不正确的收敛。BAM 不会总是产生最接近的关联。事实上,一个稳定的关联可能只是轻微地关联到初始输入向量上。不考虑 BAM 的缺点和限制,BAM 是最有用的人工神经网络之一。

7.5.6 自组织神经网络

神经网络最主要的特性就是具有从环境中学习的能力,通过学习改善性能。到目前为止,介绍的都是有监督的或主动的学习——基于外部提供给网络的一系列训练集的"老师"或指导学习。与有监督的学习相比,无监督学习或自组织学习不需要外部的老师。在训练期间,神经网络接收到许多不同的输入模式,发现这些模式的重要特点,学习如何将输入数据分为合适的类别。无监督学习模拟大脑的神经生物组织。自组织神经网络在处理意外和变化的条件时是非常有效的。本小节将介绍基于自组织网络的 Hebbian 学习和竞争学习。

1. Hebbian 学习

1949 年,神经生理学家赫布(Donald Hebb)提出一个生物学学习中的关键思想,就是众所周知的 Hebb 法则。Hebb 法则提出,如果神经元 i 距离神经元 j 足够近,并能够刺激神经元 j,重复这样的活动,则两个神经元之间的突触连接就会加强,神经元 j 对来自神经元 i 的刺激就会格外敏感。

Hebb 法则是无监督学习的基础。使用 Hebb 法则,两个神经元之间的连接强度可得到加强,通过调整两者之间权值来实现,图 7-16 所示为神经网络中的 Hebbian 学习示例。在无监督的学习中,关键的是能否提供正确的输出值,因此,权值调整只能依靠神经元输入和输出值之间的函数。这种网络的训练有加强网络对已有模式的响应的效果。

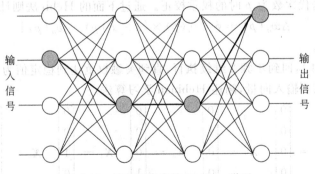

图 7-16 神经网络中的 Hebbian 学习

利用 Hebb 法则可以用下面的形式表达第 p 次迭代上权重 w_{ij} 的调整,即

$$\Delta w_{ij} = F[y_j(p), \quad x_i(p)]$$

作为特例,可按以下方式表示 Hebb 法则(Haykin,1999),即

$$\Delta w_{ij} = \alpha y_j(p) x_i(p)$$

式中,α 为学习速度参数。上式显示了一对神经元间突触连接的权重改变和输入、输出信号的产生是相互关联的。

Hebbian 学习说明权重只能增加。换句话说,Hebb 法则允许增加连接强度,但不提供连接强度减少的方法。因此,重复使用输入信号可能导致权重饱和。要解决这个问题,可以在式 Hebb 法则中加入非线性忽略因子(Kohonen,1989)对突触权重的增长加以限制,即

$$\Delta w_{ij} = \alpha y_j(p) x_i(p) - \phi y_j(p) x_i(p)$$

式中,ϕ 为忽略因子。忽略因子是指在单次学习循环中权重的衰退,取值范围一般介于 0~1 之间。如果忽略因子为 0,则神经网络仅能够增加突触权重的强度,因此,权重可能增长到无穷大。另外,如果忽略因子接近 1,网络就几乎记不住要学习的内容。因此,应该选择一个很小的忽略因子,通常介于 0.01~0.1 之间,在学习中仅允许微小的遗忘,同时限制权重的增加。于是,Hebb 法则可以写为

$$\Delta w_{ij} = \phi y_j(p) [\lambda x_i(p) - x_i(p)]$$

式中,$\lambda = \alpha/\phi$。

下面是通用 Hebbian 的学习算法步骤。

步骤 1:初始化。

设置突触权重和阈值的初始值为 $[0,1]$ 间的小的随机值,同时给学习速度参数 α 和忽略因子 ϕ 设置一个小的正数。

步骤 2:激活。

计算迭代次数为 p 时神经元的输出,即

$$y_j(p) = \sum_{i=1}^{n} x_i(p) w_{ij}(p) - \theta_j$$

式中,n 为神经元输出的个数;θ_j 为神经元 j 的阈值。

步骤 3:学习。

更新网络中的权重,即

$$w_{jk}(p+1) = w_{jk}(p) + \Delta w_{jk}(p)$$

式中,$\Delta w_{ij}(p)$ 为迭代次数为 p 时的权重校正。通过下面的 Hebb 法则计算权重的校正,即

$$\Delta w_{ij}(p) = \phi \times y_j(p) \times [\lambda \times x_i(p) - w_{ij}(p)]$$

步骤 4:迭代。

迭代次数 p 加 1,回到步骤 2 继续执行,直到突触权重达到稳定值为止。

下面将利用以下输入向量,阐述 Hebbian 学习算法。

$$\boldsymbol{X}_1 = \begin{bmatrix} 0 \\ 0 \\ 0 \\ 0 \\ 0 \end{bmatrix} \quad \boldsymbol{X}_2 = \begin{bmatrix} 0 \\ 1 \\ 0 \\ 0 \\ 1 \end{bmatrix} \quad \boldsymbol{X}_3 = \begin{bmatrix} 0 \\ 0 \\ 0 \\ 1 \\ 0 \end{bmatrix} \quad \boldsymbol{X}_4 = \begin{bmatrix} 0 \\ 0 \\ 1 \\ 0 \\ 0 \end{bmatrix} \quad \boldsymbol{X}_5 = \begin{bmatrix} 0 \\ 1 \\ 0 \\ 1 \\ 1 \end{bmatrix}$$

式中,输入向量 $\boldsymbol{X}_1$ 是空向量。注意,向量 $\boldsymbol{X}_3$ 的第四个信号和向量 $\boldsymbol{X}_4$ 的第三个信号的值为 1,而 $\boldsymbol{X}_2$ 和 $\boldsymbol{X}_5$ 中的第五个信号均为 1。本例中,初始权重矩阵表示为 5×5 的单位矩阵 $\boldsymbol{I}$。

因此,在初始状态下,输入层的每个神经元和输出层相同位置的神经元相连,突触权重为1,与其他神经元间突触的权重为0。阈值是0~1之间的随机数,学习速度参数 α 和忽略因子 ϕ 的取值分别是0.1和0.02。训练后,权重矩阵中输入层神经元2和输出层神经元5以及输入层神经元5和输出层神经元2之间的权重从0增加至2.0204。神经网络学习到了新的关联。同时,输入层神经元1和输出层神经元1之间的权重变为0,神经网络忽略掉了这个关联。

接下来测试网络。将探测器向量 $\boldsymbol{X}=\begin{bmatrix}1 & 0 & 0 & 0 & 1\end{bmatrix}^{\mathrm{T}}$ 输入网络,将得到输出为

$$\boldsymbol{Y}_1 = \mathrm{sign}(\boldsymbol{WX}-\boldsymbol{h})$$

$$= \mathrm{sign}\left(\begin{bmatrix} 0 & 0 & 0 & 0 & 0 \\ 0 & 2.0204 & 0 & 0 & 2.0204 \\ 0 & 0 & 1.0200 & 0 & 0 \\ 0 & 0 & 0 & 0.9996 & 0 \\ 0 & 2.0204 & 0 & 0 & 2.0204 \end{bmatrix}\begin{bmatrix}1\\0\\0\\0\\1\end{bmatrix} - \begin{bmatrix}0.4940\\0.2661\\0.0907\\0.9478\\0.0737\end{bmatrix}\right)$$

$$= \begin{bmatrix}0\\1\\0\\0\\1\end{bmatrix}$$

从结果可以看出,网络将输入 x_5 和输出 y_2、y_5 关联起来了,而不能将输入 x_1 和输出 y_1 连接起来,因为训练中单位输入 x_1 没有出现,因此网络将其忽略掉了。由此,神经网络确实能够通过学习来发现经常同时出现的关联刺激因素。更重要的是,网络可以在没有"老师"的情况下自己学习。

2. 竞争学习

人类的大脑是由大脑皮层控制的,大脑皮层是由数十亿神经元和千亿的突触组成的,结构非常复杂。大脑皮层既不统一也不均匀,包括许多区域,这些区域通过其厚度和其中所包含的神经元的类型加以区分,不同的区域负责控制人类不同的活动(如运动、视觉、听觉和体觉),因此它和不同的感官输入是相连接的。可以说,每个感官输入都会映射到大脑皮层的相应区域;换句话说,人类大脑皮层是一个自组织计算映射。

Kohonen 提出了一种称为自组织特征映射(Kohonen,1989)的特殊类型的人工神经网络。Kohonen 提出的拓扑映射构成原理表明,拓扑映射中输出神经元的空间位置和输入模式的某个特征相对应,如图 7-17 所示。这个模型包含了大脑中自组织映射的主要特征,并且可以很容易地在计算机中表达出来。上述映射是基于竞争学习的。

竞争学习是一种常见的无监督学习,其基本思想在 20 世纪 70 年代初期就提出了(Grossberg,1972;von der Malsburg,1973;Fukushima,1975)。在竞争学习中,神经元要通过竞争才能被激活。在竞争中胜出的神经元称为"胜者通吃"的神经元,任意时刻仅有一个输出神经元被激活。但是直至 20 世纪 80 年代后期这种方法才引起注意。

Kohonen 模型所提供的拓扑映射将固定数目的输入模式从输入层放置到高维输出层(也称 Kohonen 层)。在图 7-17 中,Kohonen 层包含由 4×4 神经元组成的二维网格,每个神经元有两个输入。胜出的神经元用黑色表示,周围的神经元用灰色表示。胜出神经元可

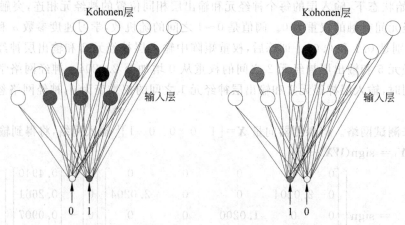

图 7-17 Kohonen 网络

能在任何一边都包含一个、两个甚至 3 个神经元。胜出神经元周围的神经元在物理上是最接近胜出神经元的。例如,图 7-17 中的胜出神经元周围有一个神经元。

通常,Kohonen 网络训练开始时胜出神经元周围有大量神经元,随着训练过程不断进行,周围神经元的数量会逐渐减少。

Kohonen 网络包含单层的计算神经元,但有两种不同类型的连接。一种是输入层神经元到输出层神经元的前向连接。当一个输入模式在网络上出现时,Kohonen 层上的每个神经元都会接收到该输入模式的完整副本,输出层中激活水平最高的神经元才会胜出(即成为"胜者通吃"神经元)。该神经元是产生输出信号唯一的神经元,其他神经元的活动在竞争中被压制。另一种是输出层神经元间的横向连接,如图 7-18 所示。横向连接用来在神经元之间建立竞争。横向反馈连接根据与获胜神经元之间的距离产生刺激或抑制的效应。

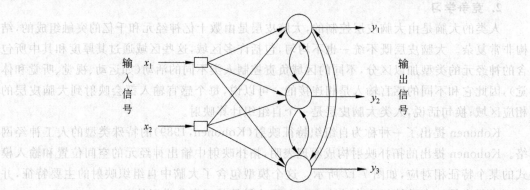

图 7-18 Kohonen 网络的架构

在 Kohonen 网络中,神经元通过将权重由未激活的连接变为激活的连接来学习。只有胜出的神经元和其周围神经元可以学习。"胜者通吃"神经元 j 的输出信号 y_j 的值为 1,其余的神经元(竞争中失败的神经元)的输出信号的值为 0。

标准的竞争学习规则(Haykin,1999)定义突触权重的校正量为

$$\Delta w_{ij} = \begin{cases} a\,(x_i - w_{ij}) \\ 0 \end{cases}$$

式中，α 为学习速度参数，取值范围在 $0 \sim 1$ 之间。

竞争学习规则的影响在于使胜出神经元 j 的突触权重向量 $\boldsymbol{W}_j$ 向输入模式靠拢。匹配准则是等于向量间的最小欧几里得距离。n 维列向量 $\boldsymbol{X}$ 与 $\boldsymbol{W}_j$ 间的欧几里得距离为

$$d = \| \boldsymbol{X} - \boldsymbol{W}_j \| = \sqrt{\sum_{i=1}^{n} (x_i - w_{ij})^2}$$

为了确定与输入向量 $\boldsymbol{X}$ 最匹配的胜出向量 j_X，可使用以下条件(Haykin,1999)，即

$$j_X = \min_j \| \boldsymbol{X} - \boldsymbol{W}_j \| \quad j = 1, 2, \cdots, m$$

例如，假设二维输入向量 $\boldsymbol{X}$ 输入到有 3 个神经元的 Kohonen 网络中，即

$$\boldsymbol{X} = \begin{bmatrix} 0.52 \\ 0.12 \end{bmatrix}$$

初始权重向量 $\boldsymbol{W}_j$ 为

$$\boldsymbol{W}_1 = \begin{bmatrix} 0.27 \\ 0.81 \end{bmatrix} \quad \boldsymbol{W}_2 = \begin{bmatrix} 0.42 \\ 0.70 \end{bmatrix} \quad \boldsymbol{W}_3 = \begin{bmatrix} 0.43 \\ 0.21 \end{bmatrix}$$

用最小欧几里得距离来确定胜出(最匹配)的神经元 j_X，即

$$d_1 = \sqrt{(x_1 - w_{11})^2 + (x_2 - w_{21})^2} = \sqrt{(0.52 - 0.27)^2 + (0.12 - 0.81)^2} = 0.73$$

$$d_2 = \sqrt{(x_1 - w_{12})^2 + (x_2 - w_{22})^2} = \sqrt{(0.52 - 0.42)^2 + (0.12 - 0.70)^2} = 0.59$$

$$d_3 = \sqrt{(x_1 - w_{13})^2 + (x_2 - w_{23})^2} = \sqrt{(0.52 - 0.43)^2 + (0.12 - 0.21)^2} = 0.13$$

因此，神经元 3 胜出，根据竞争学习规则，对权重向量 $\boldsymbol{W}_3$ 进行更新。假设学习速度参数 α 为 0.1，则可以得到

$$\Delta w_{13} = \alpha(x_1 - w_{13}) = 0.1(0.52 - 0.43) = 0.01$$

$$\Delta w_{23} = \alpha(x_2 - w_{23}) = 0.1(0.12 - 0.21) = -0.01$$

在迭代次数为 $p+1$ 时，权重向量 $\boldsymbol{W}_3$ 校正为

$$\boldsymbol{W}_3(p+1) = \boldsymbol{W}_3(p) + \Delta \boldsymbol{W}_3(p) = \begin{bmatrix} 0.43 \\ 0.21 \end{bmatrix} + \begin{bmatrix} 0.01 \\ -0.01 \end{bmatrix} = \begin{bmatrix} 0.44 \\ 0.20 \end{bmatrix}$$

通过每次迭代，胜出的神经元 3 的权重向量 $\boldsymbol{W}_3$ 和输入向量 $\boldsymbol{X}$ 会越来越接近。

下面总结竞争学习算法(Kohonen,1989)。

步骤 1：初始化。

用介于 $0 \sim 1$ 之间的随机数对突触权重进行初始化设置，将学习速度参数 α 设为一个小的正数。

步骤 2：激活和相似匹配。

用输入向量 $\boldsymbol{X}$ 激活 Kohonen 网络，在迭代次数为 p 时，用最小欧几里得距离找到胜出的神经元 j_X，即

$$j_X(p) = \min_j \| \boldsymbol{X} - \boldsymbol{W}_j(p) \| = \sqrt{\sum_{i=1}^{n} (x_i - w_{ij}(p))^2} \quad j = 1, 2, \cdots, m$$

式中，n 为输入层的神经元数量；m 为输出层(Kohonen 层)的神经元数量。

步骤 3：学习。

更新突触的权重，即

$$w_i(p+1) = w_i(p) + \Delta w_i(p)$$

式中，n 为迭代次数为 p 时权重校正。权重校正由竞争学习规则确定，即

$$\Delta w_{ij}(p) = \begin{cases} a\,(x_i - w_{ij}(p)), & j \in \Lambda_j(p) \\ 0, & j \notin \Lambda_j(p) \end{cases}$$

式中，a 为学习速度参数；$\Lambda_j(p)$ 为胜出神经元 j_X 在迭代次数为 p 时的邻点函数。邻点函数通常有一个常数幅值，这说明所有位于拓扑邻点的神经元同时被激活。

步骤 4：迭代。

迭代次数 p 加 1，回到步骤 2 继续进行，直到满足最小欧几里得距离，或在特征映射中没有显著改变为止。

7.6　进　化　计　算

智能可以定义为系统调整自身行为来适应不断变化的环境的能力。考虑一个单组织生物体的行为，归纳推理出其环境中不为人知的方面（Fogel 等，1966）。如果经过连续几代的繁衍，这种生物体存活了下来，就可以说这种生物体有学习的能力，可以预知环境的变化。因此通过模拟进化的过程，可以期待创建出智能的行为。

机器学习的进化方法的基础是自然选择和遗传的计算模型，称为进化计算。进化计算就是在计算机上模拟进化过程，其结果是一系列最优化算法。最优化迭代改进解决方案的质量，直到找到最理想的解决方案。进化计算结合了遗传算法、进化策略和遗传编程，是通过使用选择、突变和繁殖过程来模拟进化的。

7.6.1　模拟自然进化

进化是一个维护或增加种群在特定环境中生存和繁殖能力的过程（Hartl 和 Clark，1989）。这种能力也称为进化适应性。虽然不能对适应性进行直接测量，但可以通过环境中群体的生态学和功能形态学对其进行估计（Hoffman，1989）。进化适应性也可以看作对群体预见环境变化能力的度量（Atmar，1994）。因此，适应性或预见变化并充分做出反应的功能的定量度量，可以被看作是自然生命具有的可以优化的品质。

但是如何繁殖适应性不断增加的个体呢？Michalewicz(1996)基于兔子种群作了一个简单的解释。有些兔子跑得比较快，因此可以说这些兔子在适应性上具有优势，因为它们在逃避狐狸的追捕中存活下来并且继续繁殖的机会更大。当然，一些跑得慢的兔子也可以存活下来。因此，跑得慢的兔子与跑得慢的兔子之间以及与跑得快的兔子之间都可以繁殖。换句话说，繁殖使这些兔子的基因相混合。如果双亲都有较强的适应性，那么在基因混合后，遗传给下一代良好适应性的机会就很大。随着时间的推进，兔子这个种群能跑得更快，以适应狐狸的威胁。但是，环境条件的改变同时对肥胖但聪明的兔子也有利。为了达到最优的生存，兔子种群的遗传结构也相应变化。同时，跑得快的兔子和聪明的兔子也导致狐狸变得更快更聪明。自然进化是持续的没有终点的过程。

可以使用适应性拓扑的概念来说明适应性（Wright，1932）。用地形图来表示一个给定的环境，每个山峰代表物种最佳的适应性。在进化过程中，给定种群的每个物种沿着斜坡向山峰前进。随着时间的推移，环境条件不断发生变化。因此，物种必须不断地调整它们的路线。最后，只有最优的物种才能到达山峰。

适应性拓扑是一个连续函数,函数模拟的环境或自然拓扑不是静态的。随着时间的推移,拓扑形状发生改变,所有的物种要不断地经历选择。进化的目标就是产生适应性增加的后代。

目前的各种进化计算方法都是模拟自然界进化的。这些方法通常是先创建某个个体的种群,然后评估它们的适应性,最后通过基因操作产生新的种群,再将这个过程重复一定的次数。但在执行进化计算时使用不同的方法。可以从遗传算法开始,因为大多数其他的进化算法都可以看作是遗传算法的变体。

7.6.2 遗传算法

在 20 世纪 70 年代早期,进化计算的创始人之一 John Holland 提出了遗传算法的概念。他的目标是让计算机完全模拟自然界。作为计算机科学家,Holland 关注处理二进制数字串的算法。他将这些算法看作是自然进化的抽象形式。Holland 的遗传算法(Genetic Algorithm,GA)从 k 个随机生成的状态开始,称为种群。每个状态或称为个体,用一系列程序步骤来表示将人造"染色体"的一个种群进化到另一个种群的过程。该算法使用"自然"选择机制和遗传学的交叉和突变机制。每个染色体包含许多的"基因",每个基因用有限长度的字符串,通常是 0 或 1 表示。

自然界具有在没有人告知其该怎么做的时候适应环境并且学习的能力。换句话说,自然界是盲目地寻找染色体的,遗传算法也一样。将遗传算法和待解决的问题联系在一起的两个机制是编码和评估。

在 Holland 的工作中,用 0 和 1 的数字串来表示染色体,进而实现对其编码。虽然人们也发明了很多其他的编码技术(Davis,1991),但没有一种技术能够适用于所有的问题。目前,位串仍是最通用的技术。

在自然选择中,只有适应性最佳的个体才能存活、繁殖,并将基因传给下一代。遗传算法使用类似的方法,但不同的是,从上一代到下一代,染色体种群的大小保持不变。评估函数是用来为要解决问题度量染色体的性能或适应性的(遗传算法中的评估函数和自然进化中环境的作用相同)。遗传算法通过测量染色体个体的适应性来完成繁殖。

在繁殖时,交叉操作交换两个单个染色体中的一部分,突变操作改变染色体上某个随机位置的基因值。因此,在经过数次连续的繁殖后,适应性较弱的染色体就会灭绝,而适应性最强的染色体逐渐统治了种群。这是一个简单的方法,但即使是最拙劣的繁殖机制也能显示出高度复杂的行为并能够解决复杂的问题。

遗传算法是基于生物进化机制的随机搜索算法。假定有一个定义清晰的要解决的问题,并用二进制数字串表示候选的解决方案,则基本遗传算法的主要步骤如下(Davis,1991;Mitchell,1996)。

步骤 1:用固定长度的染色体表示问题变量域,选择染色体种群数量为 N(在实际问题中,一个种群中一般会有数千个染色体),交叉概率为 p_c,突变概率为 p_m。

步骤 2:定义适应性函数来衡量问题域上单个染色体的性能或适应性。适应性函数是在繁殖过程中选择成对染色体的基础。

步骤 3:随机产生一个大小为 N 的染色体的种群。

步骤 4:计算每个染色体的适应性。

步骤 5：在当前种群中选择一对染色体。双亲染色体被选择的概率与其适应性相关。适应性高的染色体被选中的概率高于适应性低的染色体。

步骤 6：通过执行遗传操作——交叉和突变，产生一对后代染色体。

步骤 7：将后代染色体放入新种群中。

步骤 8：重复步骤 5，直到新染色体种群的大小等于初始种群的大小 N 为止。

步骤 9：用新（后代）染色体种群取代初始（双亲）染色体种群。

步骤 10：回到步骤 4，重复这个过程直到满足中止条件为止。

遗传算法是一个迭代过程。每次迭代称为一代，在最后，期望找到一个或多个高适应性的染色体。简单遗传算法的典型迭代次数在 50～500 代之间(Mitchell，1996)。由于遗传算法使用随机搜索方法，因此在超级染色体出现之前，种群的适应性可能在几代中保持稳定。这时使用传统的中止条件可能会出现问题。一个常用的方法是在指定遗传代数后中止遗传算法，并检查种群中的最优染色体。如果没有得到满意的解决方案，遗传算法会重新启动。可以通过一个简单的例子来理解遗传算法是如何工作的。

例 7-4 利用遗传算法寻找函数 $(15x - x^2)$ 在 x 的取值范围为 0～15 时的最大值。

【解】 为方便起见，假设 x 仅取整数值。因此，染色体只要用 4 个基因就可以构建了。假设染色体种群的大小 N 为 6，交叉概率 p_c 为 0.7，突变概率 p_m 为 0.001(交叉概率和突变概率的取值为遗传算法的典型值)。本例的适应性函数为

$$f(x) = 15x - x^2$$

首先，用随机产生的 0 和 1 填充 6 个 4 位的数字串来创建染色体的初始种群，如表 7-3 所示。

表 7-3   例 7-4 中各染色体信息

染色体	染色体串	解码后的整数	适应性	适应性比率%
X_1	1100	12	36	16.5
X_2	0100	4	44	20.2
X_3	0001	1	14	6.4
X_4	1110	14	14	6.4
X_5	0111	7	56	25.7
X_6	1001	9	54	24.8

然后，计算每个染色体的适应性，其结果如表 7-3 所示。为了改善适应性，初始种群会通过选择、交叉和突变遗传操作而有所改变。表 7-3 的最后一列为单个染色体适应性和种群总适应性的比值。这个比值决定了染色体被选中进行配对的概率。因此，染色体 X_5 和 X_6 被选中的概率最高，而染色体 X_2 和 X_3 被选中的概率比较低。因此，染色体的平均适应性随着遗传的进行逐渐提高。

最常用的染色体选择技术是轮盘选择(Goldberg，1989；Davis，1991)。轮盘上的每一片都代表一个染色体，每片的面积等于该染色体的适应性比值(表 7-3)。例如，染色体 X_5 和 X_6(适应性最高的染色体)面积最大，而染色体 X_3 和 X_4(适应性最低)的染色体在轮盘上只占据很小的一片。占据了选择用于配对的染色体，在[0，100]之间随机产生一个数，跨过该

数字的染色体即被选中。就像轮盘上有一个指针,每个染色体在轮盘上都有一个和自身适应性相对应的片,轮盘旋转后,指针在某一片上停住,那个片对应的染色体就被选中。在本例中,初始种群有 6 个染色体。因此,为了保证下一代中有相同数量的染色体,轮盘应旋转 6 次,第一对可能选择 X_6 和 X_2 为双亲,第二对可能选择 X_1 和 X_5,最后一对可能是 X_2 和 X_5。

选好双亲后将执行交叉操作。交叉操作首先随机选择交叉点(这个交叉点就是亲代染色体的"断裂"点),并交换染色体交叉点后的部分,从而产生两个新的子代染色体。例如,染色体 X_6 和 X_2 在第二个基因处交换彼此交叉点后的部分,产生两个后代。如果两个染色体没有交叉,那么就克隆自己,子代是亲代染色体的精确副本。例如,亲代染色体 X_2 和 X_5 有可能没有交叉,那么创建的子代就是其自身的副本,如图 7-19 所示。交叉概率为 0.7 时一般可以得到不错的结果。在完成选择和交叉后,染色体种群的平均适应性得到改善,即从 36 增加到 42。

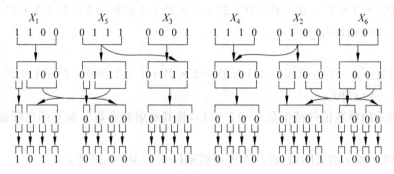

图 7-19 例 7-4 中各染色体产生下一代的过程

突变在自然界中很少发生,表示基因发生了改变。突变可能导致适应性显著提高,但大多数情况下会产生有害的结果。那究竟为什么要使用突变呢?Holland 是将突变当作一个不重要的操作提出的,其作用是确保搜索算法不会陷入局部最优值。选择和交叉操作在得到类似的解决方案后有可能停滞。在这种情况下,所有的染色体都一样,因此种群的平均适应性不可能得到提高。但是,解决方案还可能进一步优化,或者还有更合适的局部最优值,仅仅因为搜索算法不能再向下进行而无法得到更好的结果。突变等同于随机搜索,避免了遗传多样性的丧失。

突变操作就是随机选择染色体中的某个基因并反转其值。例如,在图 7-19 中,X_1 在第 2 位基因处突变,X_2 在第 3 位基因处突变。突变可以以某种可能性发生在染色体的任何一个基因上。在自然界中,突变的概率非常小。因此,在遗传算法中也应保持很小的取值,一般在 0.001~0.01 之间。

遗传算法确保种群的适应性能够不断地得到改善,在繁殖一定代数后(通常有几百代),种群进化到接近最优的程度。在本例中,最终的种群中仅包含染色体 0111 和 1000。

例 7-4 中的问题仅有一个变量,因此很容易表示。下面举例说明如何寻找包含两个变量的"峰"函数的最大值。

例 7-5 利用遗传算法寻找下面的函数的最大值。

$$f(x, y) = (1 - x)^2 e^{-x^2 - (y+1)^2} - (x - x^3 - y^3) e^{-x^2 - y^2}$$

其中 x、y 的取值范围为 $-3\sim+3$。

【解】 首先，将问题的变量表示为染色体。即将参数表示为连接起来的二进制数字串，即

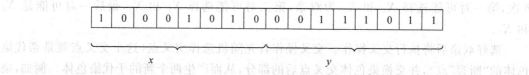

其中，每个参数用 8 位的二进制位来表示。然后选择染色体种群的大小（如为 6）并随机产生初始种群。

接下来计算每个染色体的适应性。首先，将染色体解码，将其转换成两个实数 x 和 y，其取值范围在 $-3\sim+3$ 之间。进行解码时需要将 16 位的染色体分割成两个 8 位的数字串，然后分别将两个串的二进制数转换成十进制数，即

$$(10001010)_2 = 1\times2^7+0\times2^6+0\times2^5+0\times2^4+1\times2^3+0\times2^2+1\times2^1+0\times2^0$$
$$= (138)_{10}$$

和

$$(00111011)_2 = 0\times2^7+0\times2^6+1\times2^5+1\times2^4+1\times2^3+0\times2^2+1\times2^1+1\times2^0$$
$$= (59)_{10}$$

8 位二进制表示的整数值的范围是 $0\sim(2^8-1)$，将其映射到参数 x 和 y 的实际范围是 $-3\sim+3$。

为了得到 x 和 y 的实际值，将其十进制值乘以 0.0235294 并减去 3：

$$x = (138)_{10}\times0.0235294-3 = 0.2470588$$

和

$$y = (59)_{10}\times0.0235294-3 = -1.6117647$$

必要时还可以用其他的解码方法，如格雷码（Caruana 和 Schaffer，1988）。

然后，将解码后的 x、y 的值代入"峰"函数。将解码后的 x 和 y 值作为数学函数的输入，遗传算法便会计算每个染色体的适应性。为了找到"峰"函数的最大值，指定交叉概率为 0.7，突变概率为 0.001。前面提到过，在遗传算法中通常要指定代数。假设预期的代数为 100，即遗传算法会在 6 个染色体繁殖 100 代后停下来。

但要找的是全局最大值。如何确保找到最优解决方案呢？遗传算法最严重的问题就是必须关注解的质量，尤其是否找到最优解。一种方法就是比较用不同的突变率得到的结果。本例假设将突变比率增加为 0.01，并重新运行遗传算法。但要确保得到稳定的结果，就要增加染色体种群的数量。

例 7-6 利用遗传算法求解八皇后问题。

【解】 八皇后问题的状态必须指定 8 个皇后的位置，每列有 8 个位置，那么一个状态则需要 $8\times\log_2 8=24$ bit 来表示，或者每个状态可以由 8 个数字表示，每个数字的范围都是从 1 到 8（后面将看到这两种不同的编码形式表现差异很大）。图 7-20(a) 显示了一个由 4 个表示八皇后状态的 8 数字串组成的种群。

图 7-20(b)~(e) 显示了产生下一代状态的过程。每个状态都由它的评价函数或适应度函数给出评价值（适应值）。对于好的状态，适应度函数将返回较高的值。对于八皇后问

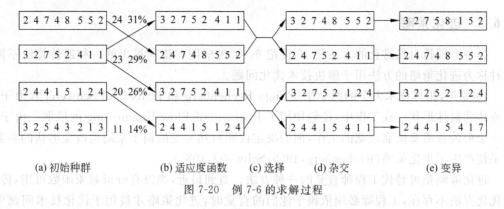

(a) 初始种群	(b) 适应度函数	(c) 选择	(d) 杂交 (e) 变异

图 7-20　例 7-6 的求解过程

题,可以采用不相互攻击的皇后对的数目来表示,最优解的适应值是 28。这 4 个状态的适应值分别是 24、23、20 和 11。在这个特定的遗传算法形式,被选择进行繁殖的概率直接与个体的适应值成正比,其百分比在原始得分旁边标出。

在图 7-20(c)中,按照图 7-20(b)中的概率随机地选择两对进行繁殖。注意其中的一个个体被选择了两次而另一个一次也没选中。对于要配对的每一对个体,杂交点是在字符串中随机选择的一个位置。在图 7-20(d)中,后代本身是通过父串在杂交点上进行杂交而创造出来的。例如,第一对的第一个后代从第一个父串那里得到了前 3 位数字,从第二个父串那里得到了后 5 位数字,而第二个后代从第二个父串那里得到了前 3 位数字,从第一个父串那里得到了后 5 位数字。这个例子表明,如果两个父串差异很大,那么杂交产生的状态和每个父状态都相差很远。通常的情况是过程早期的群体是多样化的,因此杂交(类似于模拟退火)在搜索过程的早期阶段在状态空间中采用较大的步调,而在后来当大多数个体都很相似的时候采用较小的步调。

最后,在图 7-20(e)中每个位置都会按照一个独立的小概率随机地变异。在第一、第三和第四个后代中都有一个数字发生了变异。在八皇后问题中,这相当于随机地选取一个皇后将它随机地放到该列的某一个方格里。

遗传算法结合了爬山的趋势和随机的探索,在并行搜索线程之间交换信息。遗传算法最主要的优点还是来自于杂交的操作。不过可以在数学上证明,如果基因编码的位置在初始的时候就随机地转换,杂交就没有优势了。直观地讲,杂交的优势在于它能够将独立发展出来的能执行有用功能的“砖块”(由多个相对固定的字符构成)结合起来,因此提高了搜索操作的粒度水平。例如,将前 3 个皇后分别放在位置 2、4 和 6(互相不攻击)就组成了一个有用的砖块,它可以和其他有用的砖块结合起来构造问题的解。

遗传算法的理论用模式(Schema)的思想解释了这是怎样运转的,模式就是其中某些位未确定的一个子串。例如,模式 246*** 描述了所有前 3 个皇后的位置分别是 2、4、6 的状态。能匹配这个模式的字符串(如 24613578)称为该模式的实例。可以表明,如果一个模式的实例的平均适应值是超过均值的,那么种群内这个模式的实例数量就会随时间增长。显然,如果邻近位相互之间是无关的,那么这个效果就没有那么显著了,因为只有很少的邻接砖块能提供一贯的好处。遗传算法在模式与解的有意义的成分相对应时才工作得最好。例如,如果字符串表示的是一个天线,那么这些模式就表示天线的组成部分,如反射器和偏转仪。一个好的组成部分在各种不同设计下很可能都是好的。

7.6.3 进化策略

另一个模拟自然进化的方法是 19 世纪 60 年代早期在德国提出的。和遗传算法不同,这种称为进化策略的方法用于解决技术优化问题。

1963 年,柏林技术大学的两个学生 Ingo Rechenberg 和 Hans-Paul Schwefel 致力于研究流体的最佳形状。在工作中,他们使用了 Institute of Flow Engineering 的风洞。由于这是一个艰苦且需要依靠直觉的工作,他们决定按照自然突变的例子来随机改变形状的参数,结果便产生了进化策略(Rechenberg,1965;Schwefel,1981)。

进化策略是可替代工程师直觉的一种方法。直到最近,当没有分析对象函数可用,传统的优化方法不存在,工程师必须依赖于他们的直觉时,进化策略才被用于优化技术问题中。和遗传算法不同,进化策略仅用到突变操作。

进化策略最简单的形式是 1+1 进化策略,即使用正态分布突变使每代一个双亲只产生一个后代。1+1 进化策路的实现方法如下。

步骤 1:选择表示问题的 N 个参数,然后确定每个参数的可行的范围,即
$$\{x_{1min}, x_{1max}\}, \{x_{2min}, x_{2max}\}, \cdots, \{x_{Nmin}, x_{Nmax}\}$$
定义每个参数的标准差和需要优化的函数。

步骤 2:在每个参数各自的可行范围内随机选择初始值。这些参数值的集合就是亲代参数的初始种群,即
$$x_1, x_2, \cdots, x_n$$

步骤 3:计算亲代参数的解决方案为
$$X = f(x_1, x_2, \cdots, x_N)$$

步骤 4:通过增加正态分布的随机变量 a(其均值为 0)及预先定义的方差 δ 为每个亲代参数创建新的参数(后代),即
$$x_i' = x_i + \alpha(0, \delta)$$

均值为 0 的正态分布的突变反映了进化的自然过程,即较小变化发生的概率远远大于较大变化发生的概率。

步骤 5:计算后代参数的解决方案,即
$$X' = f(x_1', x_2', \cdots, x_N')$$

步骤 6:比较子代参数和亲代参数的解决方案。如果子代的解决方案比较好,就用子代种群替代亲代种群;否则,保留亲代参数。

步骤 7:回到步骤 4,重复这个过程,直到得到满意的解决方案,或者达到了指定的遗传代数为止。

进化策略反映了染色体的本质。实际上,单个的基因可能会同时影响到生物体的几个特征。另外,生物体的单个特征也可能由几个基因同时确定。自然选择作用在一组基因而不是单个基因上。

进化策略可以解决很多受限和不受限的非线性优化问题,且由进化策略得到的结果通常比很多传统、高度复杂的非线性优化技术得到的结果要好(Schwefel,1995)。通过试验还验证了进化策略的最简单版本,即使用单个亲代得到单个子代的方法来进行搜索最为有效。

遗传算法和进化策略的本质区别在于前者同时使用交叉操作和突变操作,而后者仅使

用突变操作。另外,在使用进化策略时不需要用编码的形式表示问题。

进化策略使用纯粹的数值优化计算过程,这和蒙特卡洛搜索相似。遗传算法是更一般的应用,但应用遗传算法最困难的部分是问题编码。一般来说,要回答哪种方法更好,需要进行试验,这是完全取决于应用的领域。

7.6.4 遗传编程

计算机科学的一个核心问题就是如何能让计算机在没有明确编程的情况下知道如何解决问题。遗传编程提供了解决这个问题的方法,即通过自然选择的方法来使计算机程序进化。实际上遗传编程是传统遗传算法的扩展,但遗传编程的目的不仅仅是用位串来表示问题,而是要编写解决问题的代码。换句话说,遗传编程创建作为解决方案的计算机程序,而遗传算法创建表示解决方案的二进制串。

遗传编程是进化计算领域最新发展的成果。在 20 世纪 90 年代,John Koza 对遗传编程的发展起了很大的作用。根据 Koza 的理论,遗传编程非常适合待解决的问题是程序搜索计算机编程的可能空间。

任何的计算机程序都是应用到值(参数)的一系列操作(函数)。但不同的编程语言可能有不同的语句、操作及语法限制。由于遗传编程是用遗传操作来操纵程序,因此,编程语言应该允许计算机程序可以像数据一样操作,并且新创建的数据可以作为程序执行。由于上述原因,通常选择 LISP 作为遗传编程的主要语言。

在使用遗传编程解决问题之前,必须先执行以下 5 个预备步骤(Koza,1994)。

(1) 确定终端集合。

(2) 选择基本函数集。

(3) 定义适应性函数。

(4) 确定控制运行的参数。

(5) 选择指定运行结果的方法。

可以用勾股定理来说明这些预备步骤,并证明遗传编程的潜力。勾股定理说明,直角三角形的斜边 c 和两个直角边 a、b 有以下关系,即

$$c = \sqrt{a^2 + b^2}$$

遗传编程的目的是找到与这个函数匹配的程序。为了度量至今还未发现的计算机程序的性能,需要使用不同的适应性案例。勾股定理的适应性案例可以利用直角三角形,变量 a 和 b 可在其取值范围内随机选择。

步骤 1:确定终端集合。

找到与计算机程序的输入相应的终端。本例中有两个输入,即 a 和 b。

步骤 2:选择基本函数集。

函数可以用标准算术操作、标准编程操作、标准数学函数、逻辑函数或特定领域的函数来表示。本例使用标准算术函数＋、－、×、/和一个数学函数 sqrt。

终端和基本函数一起构成了构造块,遗传编程利用这些构造块构建解决问题的计算机程序。

步骤 3:定义适应性函数。

适应性函数用来评估某个计算机程序解决问题的能力。适应性函数的选择取决于要解

决的问题。每个问题的适应性函数可能有很大不同。本例中,计算机程序的适应性可以通过程序产生的实际结果和适应性案例给出的结果间的误差来衡量。一般情况下,只有一个案例时不测量误差,而是要计算一组适应性案例的绝对误差的总和。总和越接近于 0,计算机程序就越好。

步骤 4:确定控制运行的参数。

为了控制运行,遗传编程使用的主要参数和遗传算法一样,包含种群大小和最大遗传代数。

步骤 5:选择指定运行结果的方法。

通常在遗传编程中指定目前最好的遗传程序的结果作为运行结果。

一旦这 5 个步骤执行完毕,就可以开始运行了。遗传编程的运行从计算机程序的初始种群的随机选择的一代开始。每个程序由 $+$、$-$、$\times$、$/$ 和 sqrt 以及终端结点 a、b 组成。

在最初的种群中,所有计算机程序的适应性都很差,但某些个体的适应性要比其他个体好。就像适应性较强的染色体被选中进行繁殖的概率更高一样,适应性较好的计算机程序通过复制自己进入下一代的概率也更高。

在遗传编程中,交叉操作的是两个根据适应性而选择的计算机程序。这些程序有不同的尺寸和形状。两个子代程序是两个亲代程序任意部分的组合。例如,LISP 的 S-表达式为

$$(/ (- (\mathrm{sqrt} (+ (\times a\ a) (- a\ b)))) a) (\times a\ b))$$

表示为以下算术表达式,即

$$\frac{\sqrt{a^2 + (a-b)} - a}{ab}$$

而

$$(+ (- (\mathrm{sqrt} (+ (\times b\ b) a))) b) (\mathrm{sqrt} (/ a\ b)))$$

表示为

$$\sqrt{b^2 - a} - b + \sqrt{\frac{a}{b}}$$

函数或终端的任何点都可以作为交叉点。假设第一个亲代的交叉点在函数($*$)处,第二个亲代的交叉点是函数 sqrt。那么,就可以得到根在刚才的交叉点上的两个交叉片段。交叉操作通过交换两个亲代的片段得到两个子代。因此,第一个子代是第一个亲代在交叉点上插入了第二个亲代的片段来创建的,同样第二个子代是第二个亲代在交叉点上插入了第一个亲代的片段创建的。两个子代来自于两个亲代的交叉,这两个子代为

$$\frac{\sqrt{a^2 + (a-b)} - a}{\sqrt{b^2 - a}} \qquad 和 \qquad (ab - b) + \sqrt{\frac{a}{b}}$$

不管交叉点如何选择,交叉操作都能产生有效的子代计算机程序。

突变操作可以任意改变 LISP 的 S 表达式中的函数或终端。在突变中,函数仅能用函数取代,终端也仅能用终端取代。

总之,遗传编程通过执行下述步骤来创建计算机程序(Koza,1994)。

步骤 1:指定运行的最大遗传代数以及克隆、交叉和突变的概率。注意,克隆、交叉和突变三者概率的和必须为 1。

步骤 2：产生长度为 N、由随机选择的终端和函数组成的计算机程序的初始种群。

步骤 3：在种群中执行每个计算机程序，用合适的适应性函数计算其适应性，指定最好的个体作为运行的结果。

步骤 4：用指定的概率选择遗传操作，以执行克隆、交叉和突变。

步骤 5：如果选择的是克隆操作，则从现有种群中选择一个程序，复制该程序后将其放入下一代种群中。如果选择的是交叉操作，则从现有种群中选择一对程序，创建一对后代程序放入下一代种群中。如果选择的是突变操作，则从现有种群中选择一个程序，执行突变操作并将其突变的结果放入下一代种群中。所有的程序都按照其适应性的概率进行选择（适应性越高，选中的概率就越大）。

步骤 6：重复执行步骤 4，直到新种群的程序数量和初始种群一样多（等于 N）为止。

步骤 7：用新的（子代）种群取代当前的（亲代）种群。

步骤 8：回到步骤 3，重复执行，直到达到满足终止条件为止。

遗传编程和遗传算法使用相同的进化方法。但是遗传编程不再用位串表示编码方法，而是用完整的计算机程序解决具体的问题。遗传算法最基本的困难在于问题的表达，也就是固定长度的编码，表达效果不佳限制了遗传算法的能力，甚至导致错误的结论。

固定长度的编码相当困难。由于不能提供长度的动态变化，这样的编码会经常导致相当大的冗余，从而降低遗传搜索的效率；相反，遗传编程使用高层可变长度的组件，其大小和复杂性可以在繁殖中改变。遗传编程在很多不同场合中都可以使用（Koza,1994），有很多有潜力的应用。

尽管有许多成功的应用，但没有任何证据表明遗传编程可以扩展到需要大量计算机程序的复杂问题中。即使能够扩展，也需要很长的计算机的运行时间。

本 章 小 结

学习涉及改变一个系统中知识的内容和组织形式，以增强系统在执行一类任务时的性能。学习可分为有监督学习和无监督学习。有监督学习是指通过外部"示教者"进行的学习，示教者就是对学习系统提供的一组训练样例；无监督学习不要求提供期望的输出，而是通过在学习过程中抽取训练样本中的统计特性，将类似的样本进行聚类。

本章介绍了称为归纳推理的一种监督学习方法，通过考察特定的范例得出一般性的结论。归纳学习的任务是利用"输入/输出"对形式的训练样本集构造一个"假设"函数，此泛化的函数可以判断未知的输入对应的输出。

如果可能假设空间是无约束的，那么系统就没有理由选择一个能够泛化到训练范例之外的函数。通过受限假设空间或对假设的某种选择偏置，本章引入了归纳偏置，这种偏置是函数对训练范例之外的范例加以泛化的理由。例如，在学习布尔函数中，可以将假设的形式限制为正文字的合取，或者优先选择较小的布尔函数。实现归纳偏置就是要找到一个假设，这个假设服从于这个偏置并与训练范例一致。

变型空间通过不断修改与已观察范例相一致的所有假设构成的集合的边界。对于由正文字合取构成的假设空间来说，变型空间法是最优的，决策树方法是一个批量方法，它用启发式搜索方法构造一棵能够对一组训练范例进行分类的小决策树，这种启发式搜索方法的基础是信息论中对无序性的度量。决策树的应用很广泛,从质量控制系统中识别瑕疵产品到在股市中预测投资方向等情况下都有它的应用。

基于解释的泛化是一种依赖演绎推理的学习方法,它能够改善自动推理系统的性能。应用基于解释的泛化来求解问题的系统会分析求解过程中的每一步,从而得到一种泛化的表达形式。利用这个泛化的表达能够提高以后求解问题的速度。

以逻辑、语言为基础的人工智能只能模拟人类智能的一部分,即逻辑思维,而神经网络可实现对人类形象思维的模拟,这就使人工智能中遇到的一些困难问题有可能得到解决。对神经网络的研究,使人们对思维和智能有了进一步的了解和认识,开辟了另一条模拟人类智能的道路。人工神经网络是一个用大量简单处理单元经广泛连接而组成的人工网络,用来模拟人脑神经系统的结构和功能。人工神经网络具有学习能力、记忆能力、计算能力以及智能处理功能。人工神经元是构成神经网络的基本单元,人工神经网络就是对许多人工神经元进行广泛连接而构成的,不同的连接方式以及不同的学习算法就构成了不同的网络模型。每一个神经元的功能与结构都是十分简单的,但经连接之后所构成的网络却是十分强大的,而且使其具有许多无可比拟的优越性,如容错、学习、便于实现等。

学习是神经网络的主要特征之一,这使它可以根据外界环境来修改自身的行为。在神经网络的发展过程中,各种学习算法的研究占据着重要地位。从 20 世纪 40 年代末赫布提出的学习规则到 20 世纪 60 年代提出的感知器学习算法,以及以后的多层网络学习算法、竞争学习算法等,人们一直在探索模拟人类学习的机理,使计算机具有更强的学习能力。在人工神经网络中,学习的过程是对网络进行训练的过程,即不断调整神经元之间的连接权值,以使其适应环境变化的过程。引入一组可调权值后,这些网络可用来描述定义了一簇函数的假设空间。神经网络的学习也包括有监督学习与无监督学习两种类型。有监督学习时网络对样本的输入向量进行计算,再以其输出与样例的期望输出进行比较,求出差异,若该差异不满足事先规定的要求,则用算法按差异减小的方向改变网络的连接权值。逐个使用样本集中的样本重复上述过程,直到整个训练样本集的差异达到要求为止。无监督学习使用特定类中任一向量作为输入向量,都将产生该类特定的输出向量。

进化计算中包括遗传算法、进化策略和遗传编程。人工智能进化方法的基础是自然选择和遗传的计算模型,称为进化计算。进化计算包含了遗传算法、进化策略和遗传编程。进化计算所有方法的工作方式如下:创建个体的种群;计算适应性;用遗传操作产生新的种群;重复该过程一定的次数。

习　　题

7-1　什么是机器学习?机器学习主要包括哪些方法?

7-2　什么是决策树?决策树学习的一般性过程是怎样的?

7-3　编写计算机程序实现 ID3 算法。

7-4　什么是变型空间?如何在变型空间中实现概念学习?

7-5　基于解释的学习的基本思想是什么?

7-6　基于解释的学习的基本过程是怎样的?选择一些问题领域建立基于解释的学习的领域理论。

7-7 什么是人工神经网络？人工神经网络有哪些特征？

7-8 简述单层感知器的学习算法。

7-9 什么是 B-P 模型？试述 B-P 学习算法的步骤。

7-10 什么是网络的稳定性？霍普菲尔特网络模型分为哪两类？两者的区别是什么？

7-11 人工神经网络的记忆功能是如何实现的？有哪些典型的网络模型？

7-12 人工神经网络如何实现无监督学习？

7-13 遗传算法的主要步骤是什么？绘制执行这些步骤的流程图。

7-14 什么是进化策略？进化策略和遗传算法之间有什么差别？

7-15 什么是遗传编程？如何使用遗传编程？

第 8 章　模 式 识 别

生物每天都在进行各种对象的识别,如寻找食物、辨别敌害等,这是生物与生俱来的应对周围环境所必需的能力。识别对象被认为是一种广泛的认知能力。随着建立智能自动化系统的需要,模仿各种形式的对象识别能力的方法得到了发展。模式识别是对感知数据(图像、视频、声音等)中的物体对象或行为进行判别和解释的过程。用机器模拟实现人的模式识别能力,是智能信息处理的重要任务。

模式识别是研究对象描述和分类方法的多领域的交叉学科,涉及统计学、工程学、人工智能、计算机科学、心理学和生理学等。近几十年来,模式识别技术发展很快。发展较成熟、应用较广泛的主要是统计模式识别技术。模式分类是模式识别的核心研究内容,相关问题包括模式描述、特征提取和选择、聚类分析等。取决于具体的数据对象,模式识别的研究内容还包括信号(图像、视频)的处理、分割、形状和运动分析、检索等以及面向应用的技术研究。

本章将介绍统计模式识别方法主要内容,并对其他模式识别技术如结构模式识别方法、模糊模式识别方法、神经网络识别方法加以概述。

8.1　概　　述

8.1.1　模式识别的发展与应用

模式识别诞生于 20 世纪 20 年代,1929 年陶舍克(G. Tauschek)发明阅读机,能够阅读 0~9 的数字。早期的模式识别研究强调仿真人脑形成概念和识别模式的心理和生理过程。20 世纪 50 年代末,罗森布拉特(Frank Rosenblatt)提出的感知器既是一个模式识别系统,也将其作为人脑的数学模型进行研究。随着实际应用的需要和计算机技术的发展,模式识别研究多采用不同于生物控制论、心理学和生理学等方法的数学技术方法。20 世纪 30 年代费舍尔(Fisher)提出统计分类理论,奠定了统计模式识别的基础。1957 年,周绍康首先提出用决策理论方法对模式进行识别。20 世纪 60~70 年代统计模式识别得到快速发展,成为模式识别的主要理论。20 世纪 50 年代乔姆斯基(Noam Chemsky)提出形式语言理论,1962 年纳拉西曼(R. Narasimhan)提出模式识别的句法方法,此后美籍华人学者傅京孙深入开展了这方面的研究。20 世纪 60 年代扎德(L. A. Zadeh)提出了模糊集理论,目前模糊模式识别理论已经得到了较广泛的应用。20 世纪 80 年代霍普菲尔德(Hopfield)提出神经元网络模型理论,近年来人工神经元网络在模式识别和人工智能方面也得到较为广泛的应用。20 世纪 90 年代以后小样本学习理论、支持向量机也受到了很大的重视。

传统的用于模式识别的方法,局限于统计模式识别与句法模式识别两大类。随着模糊数学的迅速发展,基于模糊数学的识别方法也深入到模式识别的许多环节,出现了模糊模式识别。接着又出现了基于神经元模型的人工神经网络模式识别方法。这 4 种方法共同构成支持模式识别学科的四大支柱。

模式识别是一门以应用为基础的学科,随着信息技术应用的普及,模式识别呈现多样性和多元化趋势,其中生物特征识别成为模式识别研究活跃的领域,包括语音识别、文字识别、图像识别、人物和环境识别、医疗诊断等经典问题。此外,模式识别的应用领域还包括个人信用评分、商品销售分析等关于数据挖掘的新问题。在机器视觉中,模式识别是非常重要的。

机器视觉系统通过照相机捕捉图像,然后通过分析生成图像的描述信息。典型的机器视觉系统主要应用在制造业,用于自动视觉检验或自动装配线。例如,在自动视觉检验应用中,生产的产品通过传送带移动到检验站,检验站的照相机确定产品是否合格,根据分类结果采取相应的动作,如丢弃不合格的产品。在装配线上,必须对不同的对象进行定位和识别,也就是说,需要将对象分类到已知类别的某类中。

字符识别是模式识别应用的另一个重要领域,主要用于自动化和信息处理。光学字符识别系统由光源、扫描镜头、文档传送器和检测器组成。在光敏检测器的输出端,光的强度变化转化为数字信号,并形成图像阵列。然后,用一系列的图像处理技术完成线和字符的分段,模式识别软件完成字符识别的任务,也就是将每一个符号分到相应的字符、数字、标点符号类别中。除了印刷体字符识别系统外,现在更多的研究集中于手写体识别。汉字识别取得了长足的进步,不但可以识别汉字的内容,还可以识别汉字的不同字体;不但可以识别印刷体,还可以识别手写体。我国的汉王99、尚书等汉字识别工具已经在产业化方向迈出了可喜的一步。

IBM 的 Via Voice 语音内容识别软件,通过训练可以学习特定使用者的语音特征,并且在用户实际使用过程中不断地自动修正,从而逐步提高识别率,语音内容识别率可达 90%,极大地方便了文字的计算机输入。

手势语言是聋哑人之间进行交流的重要工具,手语识别通过建立手语模型、语言模型,利用合适的搜索算法,将手语翻译成文字或语音,使得聋哑人和正常人之间的交流变得更方便、快捷。

计算机辅助诊断是模式识别的另一个重要应用,目的是帮助医生做出诊断决定。计算机辅助诊断主要研究各种医疗数据,如 X 射线、计算机断层扫描图、超声波图、心电图和脑电图。

随着信息安全需求的急剧增长,生物特征的身份识别技术,如指纹(掌纹)身份识别、人脸身份识别、签名识别、虹膜识别、行为姿态身份识别也成为研究的热点。

8.1.2　模式识别系统

人们在观察各种事物或现象的时候,是从一些具体的个别的事物或现象开始的,通常,通过对具体的个别事物进行观测所得到的具有时间和空间分布的信息称为模式。模式所指的不是事物本身,而是从事物获得的信息。

随着观察到的事物和现象的数量不断增加,就在人的大脑中形成一些概念,这些概念反映了事物之间相似和差异的主要特征或属性,人类根据其对事物进行分析和认识,并按事物相似的程度组成类别。具有某些共同特性的模式的集合称为模式类[①]。具体地说,模式类

---

① 有习惯于将模式类称为模式,而将个别具体的模式称为样本,这种用词的不同可以由上下文弄清其含义。

就是用反映一类事物的主要性质,并能反映这类事物与别类事物之间差异的一组有意义的特征对这类事物的描述。同一类事物尽管可能不完全一样,但其主要特征是相同的或极相似的,不同类的事物在某些次要方面可能相似,但其主要特征有较大的差异。

模式识别是研究如何用计算机的方法自动地将待识别模式正确地分配到各自的模式类中去。实现人对各种事物或现象的分析、描述、判断和识别。这些对象与应用领域有关,可以是图像、信号波形或者任何可测量且需要分类的对象。模式识别系统主要由 3 个部分组成,即数据采集和预处理、特征提取和选择、分类决策,如图 8-1 所示。

图 8-1　模式识别系统

1. 数据采集和预处理

数据采集就是首先用敏感器件(传感器)或测量设备获得输入对象的特征信息,然后经过采样和量化,并用矩阵或向量表示二维图像或一维波形,将输入对象表示成计算机可以运算的数据或符号。输入对象的信息通常包括以下内容。

(1)二维图像,如文字、指纹、地图、照片等。

(2)一维波形,如心电图、脑电图、地震波形等。

(3)物理参量和逻辑值,如人的身高、体重、体温以及疾病诊断中的各种化验数据等。

预处理的过程就是去除噪声,加强有用信息,并对输入测量仪器或其他因素造成的退化现象进行增强和复原。

2. 特征提取和特征选择

在模式识别系统中,识别对象必须描述成机器能够接受的形式,以便对其进行处理,这种表示形式就称为模式(Pattern)。在研究用机器进行模式识别的理论和技术中,模式是根据事物的一组主要的有意义的特征或属性,对事物的一种定量或结构的描述。定量描述是以数量信息为特征的一种描述方法。在分类时将模式表达成向量的形式很方便。用这种方法描述时,首先要选择事物的 n 个有意义的数量特征,通常将其表示以下列向量的形式,即

$$x = \begin{bmatrix} x_1 \\ x_2 \\ \vdots \\ x_n \end{bmatrix}$$

x 称为特征向量。例如,在语音识别中,可将 n 个离散时间点上采样的声音信号表示为向量形式。在图像识别中,特征可以是 n 个像素点的灰度值。

假设要设计一个区分绿苹果和橘子的系统。在这个辨别任务中,可以使用显而易见的特征,即颜色和形状进行区分。为了将颜色特征表达成数字形式,可以将图像分为红、绿、蓝

3种基色来研究。从图像中选取一个感兴趣的区域计算红色素和绿色素在分布范围内的比值;也可以将形状特征表达成数字形式。例如,可以测量图像顶部到最宽处的垂直距离,然后计算这个距离和图像高度的比值。绿苹果的典型模式可表示为

$$x_{\text{green\_apple}} = \begin{bmatrix} x_1 \\ x_2 \end{bmatrix} = \begin{bmatrix} \text{color} \\ \text{shape} \end{bmatrix} = \begin{bmatrix} 1.24 \\ 0.37 \end{bmatrix}$$

实际应用中,通过数据采集所获得的输入数据量是很大的。例如,一个文字图像可以有几千个数据,一个心电图波形也可能有几千个数据,一个卫星遥感图像的数据量就更大。原则上讲,数据量越大,对输入对象的描述越精确,但实际上,其中的一部分对分类来说可能作用很小,甚至是无意义的。因此,如果使用全部可测量到的特征去进行分类,一方面费时费力,会因为判别空间维数太高而使问题变得很复杂;另一方面也不一定能得到满意的识别结果。为了更经济、有效地实现分类识别,就要对原始测量数据进行挑选或变换,在保证要求的分类精度的前提下,得到对分类有意义的并且数量较少的一组特征,这就是特征提取和特征选择阶段要完成的任务。因此,特征提取和特征选择就是数据压缩,将维数较高的测量空间的模式变为维数较低的特征空间的模式,其本质就是如何从多种特征中找到最利于分类的特征。

通常,由于某些特征之间往往存在一定的相关性,因此有必要也有可能在原始特征数据的基础上选择一些主要特征作为用于判别的特征,这一过程称为特征选择。特征选择是对特征空间中的每一特征向量进行判断,从中选取得到一种或几种最有利于分类识别的特征描述信息,去除掉对于分类识别无用的特征描述信息,以达到降低图像特征维数的目的。

特征提取通过投影或变换的方法,基于若干原有的特征信息构造得到一种或几种新的综合性特征,采用较低维度的空间来表示对象,这种方法也称为降维映射。例如,有 5 个特征 x_1、x_2、x_3、x_4、x_5 以及变换 $f(\cdot)$ 和 $g(\cdot)$,则可有

$$y_1 = f(x_1, x_2, x_3, x_4, x_5), \quad y_2 = g(x_1, x_2, x_3, x_4, x_5)$$

因此,X 空间中的特征向量 $x = [x_1, x_2, x_3, x_4, x_5]^T$(上标 T 是转置符号),变成 Y 空间中的特征向量 $y = [y_1, y_2]^T$,也就是说,通过特征提取,降低了原始空间的维数,特征向量从五维降成了二维。经过特征选择后的特征依然保持了它原来的物理意义,而经过特征提取产生的新特征则不具有这一性质。

通常,将由原始测量数据组成的空间称为测量空间,将经过特征提取和选择得到的数据组成的空间称为特征空间。在实际中,对于不同目标分类和识别,常常需要采用不同的特征提取和特征选择方法。因为对于某类分类情况有效的特征,并不一定适用于其他情况,需要根据具体面临的情况来选择不同的特征提取算法。如何进行特征选择或特征提取是模式识别研究的主要课题之一,也是非常重要的一个方面。特征选择或特征提取的方法对后续识别分类方法的选择以及分类效果都有很大的影响。

3. 分类决策

特征向量是 n 维欧式空间中的一个点,即模式。同一类模式比较相似,在欧式空间中一般聚集在一起,不同类的模式差异较大,相距较远。将某一对象归为某一类的模式识别任务其实就是进行分类。例如,区分绿苹果和橘子的系统中,如果选择了适当的特征,那么两种水果对应的点的集合将会明显地分开。将一个水果提供给识别系统,系统通过计算得到其特征向量,并根据特征值来判断水果是绿苹果还是橘子。完成判别工作的程序称为分类器。

通常,可以利用一定数量的样本(训练集)进行分类器的设计,由此形成的分类规则可用于估计未知类别样本的类别属性。分类决策就是根据学习或训练阶段得到的分类规则进行分类判别,将待识别的模式归到某一个模式类。分类决策中的一个基本概念是相似度。一般认为两个对象相似是因为其具有相似的特征。相似度经常被描述成更加抽象的概念,并不是在几个对象之间衡量,而是在一个对象和一个目标概念之间进行衡量。例如,辨别出一个对象是苹果,因为其特征符合理想化的苹果的图像或者说典型模式。也就是说,这个对象和苹果的概念相似,而和其他的概念不相似。

8.1.3 模式识别方法

模式识别的分类问题是根据识别对象特征的观察将其分到某个类别中去。分类包括有监督分类和无监督分类①。有监督分类利用监督学习算法①,基于类别已知的训练样本集,通过挖掘已知信息来设计分类器。无监督分类则是在未知分类信息前提下的分类——聚类。聚类分析法是基于"物以类聚"的观点,根据模式之间的相似性进行分类的方法。由于不同类别的模式在模式空间聚集成若干个群,因此,可以根据群与群之间距离的远近将模式分成若干类。

根据模式识别对象的性质及描述方式,传统的模式识别方法主要分为统计模式识别和句法(结构)模式识别。此外,还有近十几年发展起来的模糊模式识别和神经网络方法。

1. 统计模式识别

统计分类是模式识别长期发展过程中建立起来的经典方法,其表达形式建立在一套坚实的方法和公式基础上,本章将重点阐述基于统计理论的模式识别。有监督的统计分类的一种方法是基于概率统计模型获得各种类别的特征向量分布,以实现分类的功能。另一种方法是基于决策函数的构建实现分类。

统计模式识别是定量描述的识别方法。以模式集在特征空间中分布的类概率密度函数为基础,对总体特征进行研究,包括判别函数法和聚类分析法。对于分类结果的好坏,同样用概率统计中的概念进行评价,如距离方差等。

统计模式识别方法是受数学中的决策理论的启发而产生的一种识别方法,它一般假定被识别的对象或经过特征提取向量是符合一定分布规律的随机变量。其基本思想是将特征提取阶段得到的特征向量定义在一个特征空间中,这个空间包含了所有的特征向量,不同的特征向量,或者说不同类别的对象都对应于空间中的一点。在分类阶段,则利用统计决策的原理对特征空间进行划分,从而达到识别不同特征对象的目的。统计模式识别中应用的各种统计决策分类理论相对比较成熟,研究的重点是特征提取。

统计模式识别的历史最长,与其他几种理论相比发展得最为成熟,是模式分类的经典性和基础性技术,目前仍是模式识别的主要理论,也是本章介绍的主要内容。

2. 句法模式识别

统计模式识别方法,首先抽取模式特征并构成向量形式,然后通过特征空间的划分进行分类。在语言、景物等一类模式较复杂的识别问题中,如果仍采用这种方法,往往会导致特

---

① 机器学习是研究如何使机器适应环境和通过范例进行学习的一门学科。模式识别的方法可以归于机器学习的范畴。

征数量增加,得到的模式向量维数很高,使分类难以实现。这种情况下,当模式的结构特征起主要作用时,可以采用句法模式识别方法。

句法模式识别也称为结构模式识别,是根据识别对象的结构特征,以形式语言理论为基础的一种模式识别方法。句法模式识别的出发点是识别对象的结构描述和自然语言存在一定的对应关系,即用一组"基元"及其组合和组合规则来表示模式结构。与用一组单词及其组合和文法来表示自然语言是相对应的,基元、子模式、模式分别对应于自然语言的单词、词组和句子,基元的组合规则对应于自然语言的文法。这样,就可以利用语言学中的文法分析方法对模式进行结构分析和分类。

自然语言和事物的结构描述有一些相似的性质,一种自然语言(如英语)由语句构成,而语句又由词构成,由词构成语句的时候必须符合这种语言的语法,一种自然语言有一种语法。如果将描述物体的基元看成自然语言中的词,而将由基元构成的对物体的结构描述看成语句,基元之间的连接规则看成语法,将同一类事物的结构描述的集合看成语言,那么自然语言和结构描述之间就存在某种对应关系。在句法模式识别中,模式用句子的形式描述,结构信息十分重要。图 8-2 是一个景物的层次结构描述与一个英文语句的句法描述对比。

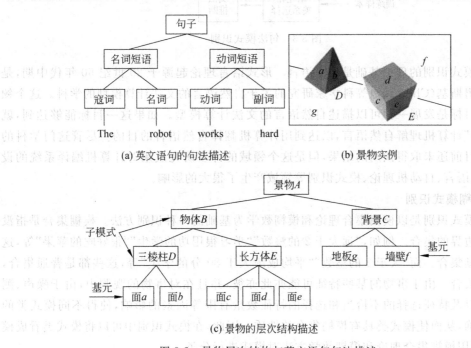

(a) 英文语句的句法描述　　　　　(b) 景物实例

(c) 景物的层次结构描述

图 8-2　景物层次结构与英文语句句法描述

对一类物体先抽取其基元,得到对物体的结构描述,然后根据一组样本的结构描述分析推断出基元连接规则,这个规则称为文法。完成这些工作以后,对一个未知类别的结构描述(即句法模式)来说,如果构成它的基元与构成某一类模式的基元相同,并且构成它的文法也与这类模式对应的文法相同,那么这个句法模式就是属于该类的一个模式,这就是句法模式识别的基本原理。显然,句法模式识别的关键在于物体的恰当描述和文法的推断。

句法模式识别的特征选择和降维就是基元的抽取和选择,分类规则的训练就是文法的推断,分类决策就是句法分析。句法模式识别试图用小而简单的基元与语法规则来描述大而复杂的模式,通过对基元的识别,进而识别子模式,最终达到识别复杂模式的目的。这时,一个模式是一个句子,符合某个文法的所有句子的集合代表一类模式。识别分类时,事先确定一个描述所研究模式结构信息的文法,如果某个未知类别的模式是这个文法的一个合法句子,那么该模式就属于这个文法所代表的模式类。句法模式识别系统的组成如图 8-3 所示,待识别的图像输入系统,经过增强、数据压缩等处理后,进行图像分割,然后确定基元及基元的连接关系,得到对图像的结构描述,最后通过句法分析得到识别结果。选取什么样的子模式作为基元以及文法的构成是通过学习确定的,但是句法模式识别的基元选择尚无通用的方法,文法推断理论也远不及统计学习发展得成熟。与模式识别的其他分支相比,句法模式识别的发展相对缓慢。

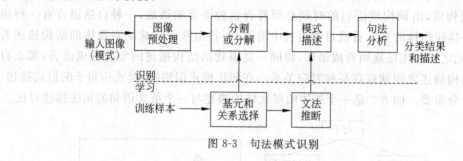

图 8-3　句法模式识别

句法模式识别的理论基础是形式语言。形式语言理论起源于 20 世纪 50 年代中期,是一门由乔姆斯基(Chomsky)等科学家研究的关于自然语言的文法计算模型的学科。这个领域的基本目标是发展一种可以描述自然语言的文法计算模型。如果这一目标能够达到,就可以"教会"计算机理解自然语言,以达到用计算机翻译自然语言的目的。尽管这门学科的研究工作目前还未取得预期的结果,但是这个领域的许多研究成果对计算机编译系统的设计、计算机语言、自动机理论、模式识别等领域产生了很大的影响。

3. 模糊模式识别

模糊模式识别是以模糊集合理论和模糊数学为基础的一种识别方法。模糊集合是指没有明确的边界的集合。例如,"远大于 2 的整数""学习很用功的学生""很好吃的苹果"等,这些都是模糊集合。而"大于 2 的整数""平均成绩大于 80 分的学生"等,这些都是普通集合,称为清晰集合。由于事物的某些特征可能亦此亦彼,并且在对事物的观测中,由于噪声、测量不精确以及特征选择的不恰当和选择的特征数量有限等因素的影响,使得不同模式类的边界不明确,从而使模式类具有模糊集合的性质。因此,在模式识别中可以将模式类看成模糊集合,利用模糊集合理论和模糊数学方法对模式进行分类。

扎德提出的模糊集思想,改变了人们以往单纯地通过事物的内涵来描述其信息特征的片面方式,并提供了能综合事物内涵和外延性态的合理数学表达模型——隶属函数。基于模糊集理论发展起来的模糊信息处理技术作为现代信息处理技术的一种新方法,给复杂的不确定性背景下探索和模拟人类识别机理提供了一种简便而有效的手段。

模糊模式识别法是将模糊数学的一些概念和方法应用于模式识别领域而产生的一类新方法。模糊模式识别法以隶属度为基础,运用模糊数学中的"关系"概念和运算进行分类。隶属度 μ 反映的是某一元素属于某集合的程度,取值在 $[0,1]$ 区间。例如,3 个元素 a、b、c 对正方形的隶属度分别为 $\mu(a)=0.9$、$\mu(b)=0.5$、$\mu(c)=1.0$,那么 $\mu(a)>\mu(b)$ 说明了 a

比 b 更像正方形，c 对正方形的隶属度为 1 说明 c 本身就是正方形。

与前两种理论相比，模糊模式识别法和神经网络模式识别法出现较晚，但已在模式识别领域中得到较为广泛的应用，尤其是模糊模式识别法表现得更为活跃一些。神经网络模式识别法在应用中存在一些问题，人们在充分认识到这些问题之后，已经开始了更深入的研究，小样本学习理论和支持向量机已经成为新的研究热点。

4. 神经网络模式识别

神经网络模式识别法是人工神经网络与模式识别相结合的产物。这种方法以人工神经元为基础，模拟人脑神经细胞的工作特点，对脑部工作机制的模拟更接近生理性，实现的是形象思维的模拟，与主要进行逻辑思维模拟的基于知识的逻辑推理相比有很大的不同。

模式识别的神经网络方法是模拟人脑识别机理，以人工神经元网络理论为基础的一种模式分类方法。在这种方法中，模式信息的获取、分析和识别由人工神经网络来进行。人工神经元网络理论起源于 20 世纪 50 年代末和 60 年代初，近十几年来这个领域的研究取得了令人瞩目的进展，引起了许多领域的研究人员的广泛兴趣和巨大热情。神经网络理论研究的主要问题是探索并模拟人脑神经系统的信息处理机制，模式识别是神经网络理论最有应用前景的领域之一。人脑之所以具有极强的信息处理能力，是由于人脑是由约 1011 个神经元组成的非线性巨系统，对信息的存储是分布式的，存储于神经元之间的连接权上，存储能力强，并且信息不易丢失。当从外界获得信息时，许多神经元相互协同，同时进行分析处理，其处理信息的方式是并行的，因而速度极高，处理能力极强。此外，人脑神经系统具有自组织能力、自学习能力和联想能力，这就使得人不仅能获得知识，而且能发展知识，不断地完善自己，人脑的联想能力使人脑具有很强的容错性。神经网络理论的最终研究目标就是利用现代科学技术模拟人脑的信息处理机制，建立实用的具有人脑智能的人工神经网络系统，人工神经网络系统有可能最终取代现行数字计算机而成为模式识别及其他信息处理的强有力工具，真正使模式识别的过程成为"智能"信息处理过程。

8.1.4　模式识别实例

智能汽车或移动机器人的自动导航是以视觉信息处理为基础的。交通标志是一种视觉语言，它给智能汽车或移动机器人实时地提供道路状况、周围环境和行为规章等信息，如单向通行、禁止停车、禁止鸣笛、危险警告等。识别和应用这些信息对于智能汽车或移动机器人的自主安全导航起到至关重要的作用。比如，在智能汽车的自动限速系统中，就必须对特定路段的限速标志进行自动识别，并自动限制智能汽车能达到的最高速度。

1. 图像采集与预处理

首先，需要利用车载摄像装置进行拍摄，以便采集交通标志的静态图像。摄像头连接图像采集卡，图像采集卡将接收到的模拟信号数字化后传入计算机，将图像存储在大容量的硬盘上。这样，显微细胞图像就转换成了数字化细胞图像，以满足计算机分析处理数字信息的要求。这个获得数据的过程实际上是一个抽样与量化的环节。这一过程也可以直接采用有足够高分辨率的数码摄像机或数码相机拍摄完成，只需将数码设备通过具有信号传输功能的器件与计算机连接，即可将拍摄到的图像传入计算机。

数字化图像是计算机进行分析的原始数据基础。由于拍摄得到的交通标志图像可能会受到天气条件、光照、拍摄角度、拍摄距离的影响，导致拍摄得到的交通标志图像存在干扰，直接对拍摄得到的原始图像进行扫描,难以将交通标志从图像中成功检测并分割出来。因此,在对交通标志图像进行检测之前,首先需要对原始图像进行预处理,去除在数据获取时引入的噪声与干扰,提升图像质量以便突出主要的待识别的交通标志,供计算机进行分析时使用。

图像预处理是图像处理与识别的基础,预处理过程中采用的是"平滑"、"边界增强"、"光照平衡"、"滤波处理"等数字图像处理技术。常用的图像预处理算法主要包括图像的直方图均衡化、图像增强、图像几何变换和图像复原等。

2. 图像的检测与分割

在完成交通标志图像预处理工作之后,将对其进行图像的检测和分割工作,即区域划分。在数字图像处理技术中,"区域划分"(或称"区域分割"、"边界检测")的方法很多,区域划分的目的在于找出边界,划分出不同区域,去除夹杂在背景上的次要图像,为特征抽取做准备。

由于交通标志一般都具有与周围环境区分较为明显的颜色特征,因此根据颜色特征对交通标志进行检测,可以快速准确地从原始图像中找出交通标志。通常用颜色空间对交通标志图像进行颜色检测,常用的颜色空间有 RGB 颜色空间、HIS 颜色空间、HSV 颜色空间和 CIE 颜色空间等,其中前 3 种颜色空间经常用于交通标志图像检测中。

除了颜色特征外,交通标志图像一般还具有规则的几何形状特征。因此,可以通过选择合适的边缘检测算子对交通标志图像进行边缘检测,提取出交通标志图像的边缘特征信息,便于将交通标志在原始图像中检测分割出来。

3. 图像特征提取

通过交通标志图像检测与分割获得目标区域(交通标志图像)后,需要对目标区域进行特征抽取。在图像识别中,常用于分类的图像特征有很多种,如图像的形状、颜色和纹理特征等,其中,形状特征作为描述图像中目标和区域的重要特征,是描述图像中高层视觉特征的主要方式之一;而颜色和纹理特征则是描述图像中的低层视觉特征的主要方式之一。特征抽取将实现对数据的最初采集,不同的交通标志具有不同的形状和结构特征,因此在识别分类之前必须首先建立各种特征的数学模型,尽可能多地抽取特征,以供计算机进行定量分析时使用。

假设共抽取了个 n 特征,那么通过特征抽取,可以建立一个 n 维的空间 X,每一维表示一个特征,每一个交通标志在每一个特征(每一维)上都有一个度量值 x_i,因为每个交通标志的度量值不同,所以这个值是一个随机变量。一个交通标志可以通过 n 个特征表示,即可以利用一个 n 维的随机向量表示,记为 $x = [x_1, x_2, x_3, x_4, x_5]^T$。这样,就完成了统计模式识别的第一项重要工作,即将一个物理实粗体"标志"变成了一个数学模型"n 维的随机向量",也即 n 维空间中的一点。

为了对识别对象进行准确地识别,需要进行特征选择和特征提取,即分别对每类特征进行分析,选择最有利于交通标志图像进行分类识别的图像特征或者通过投影或变换的方法,构造得到新的综合性特征,实现采用较低维度的空间来表示对象。

特征选择和特征提取的本质是对原始图像进行数据压缩,获取最能代表图像本质的特征。如果提取的图像特征不太理想,则对后续分类器的分类造成较大的难度。因此,在模式识别中,特征选择和特征提取是十分关键的问题之一,对于分类器的设计、分类器的分类正确率、分类器的算法效率有着至关重要的作用。在识别方案的初期阶段,应将与分类特征相关的特征信息尽可能多地列举出来,这样可以充分对比分析各种特征信息的有效性,以选择最有利于图像分类的特征信息,得到最佳的分类识别效果。

4. 交通标志识别

判别分类是模式识别研究的另一个主要内容,有多种多样的理论和方法,本章将在后续内容中着重讨论。在应用了某种交通标志识别方法之后,可以首先将其分为以下 6 类。

(1) 圆形指示类标志。

(2) 圆形禁令类标志。

(3) 矩形指示类标志。

(4) 解除禁止类标志。

(5) 让行类标志。

(6) 三角形警告类标志。

进而,在每一分类中进行细分,继续应用识别算法,以判断识别对象是哪一具体标志。

在完成识别的同时,可以通过提供错误率判别效果的好坏。识别错误率包括将指示类标志误判为禁止类标志和将禁止类标志误判为指示类标志两种情况,两种错误的代价和风险是不同的。

8.2 线性分类器

决策函数法就是直接根据一个或几个分类准则函数对模式进行分类的方法。这种分类准则函数称为决策函数,是模式向量 x 的函数。决策函数可以是模式空间中描述模式类之间分界面的函数,也可以是其他能够描述模式类之间的可分性并能用来直接对模式分类的函数。一旦找到合适的决策函数,对未知类别的模式就可以根据决策函数的值来进行分类判决。决策函数可以是线性的,也可以是非线性的,一般由模式在模式空间的分布特点来决定。在保证一定分类精度的前提下,决策函数应尽可能采用简单的形式。本章仅讨论线性可分问题。

在分类问题中,样本是用特征空间中的特征向量表示的。分类器的任务是按各个类别将特征空间划分为对应的区域,这些区域被称为决策区域。如果一个特征向量落入某个决策区域,那么其对应的样本就被划分到相应的类中。假设用二维特征向量坐标(x_1 和 x_2)描述的两类(ω_1 和 ω_2)样本,用一条直线将两个类别分开,如图 8-4 所示。

利用坐标 x_1 和 x_2 和权重系数 w_1 和 w_2 以及偏差量 w_0 写出这条直线的方程,即

$$g(x) = w_1 x_1 + x_2 w_2 + w_0 = 0$$

其中,权重系数决定了该直线的斜率,偏差量决定了原点到直线与坐标轴相交的距离。$g(x)$ 为线性决策函数,将空间分成两个决策区域,上半平面对应 $g(x) > 0$,下半平面对应 $g(x) < 0$。

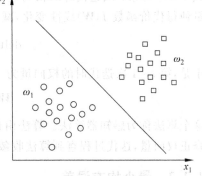

图 8-4 用二维特征向量坐标描述的两类样本

上述二维线性决策函数可以推广到 n 维情况。假设 n 维特征空间上的训练集中的每个样本 $x=[x_1,x_2,\cdots,x_n]$ 都属于两类 ω_1 和 ω_2 中的一类,基于这个训练集的线性决策函数可表示为

$$g(x) = w^{\mathrm{T}}x + w_0 = 0$$

式中,n 维权向量 $w=[w_1,w_2,\cdots,w_n]$;w_0 为阈值。此时,决策函数代表一个 n 维线性平面,称为超平面。超平面由两个参数确定,即到坐标原点的距离 $d_0 = \dfrac{|w_0|}{\|w\|}$ 和 w 方向上的单位法向量 $n = \dfrac{|w|}{\|w\|}$,其中,$\|w\|$ 表示向量 w 的长度。

如果在所有的模式向量最末元素后面附加元素 1,则线性决策函数可表示为

$$g(X) = W^{\mathrm{T}}X$$

式中,$X=[x_1,x_2,\cdots,x_n,1]$;$W=[w_1,w_2,\cdots,w_n,w_0]$,分别称为增广模式向量和增广权向量。在两类情况下,决策函数满足

$$g(X) = W^{\mathrm{T}}X \begin{cases} > 0 & X \in \omega_1 \\ < 0 & X \in \omega_2 \end{cases}$$

下面的问题是,如何计算未知参数 w 来定义决策超平面。使用已知类别的学习样本求解权向量的过程就是分类器的训练过程。在理想情况下,希望得到的一个解,使得学习样本的分类错误最小,这是一个典型的优化问题。

8.2.1 感知器准则

感知器准则是实现分类错误最小化的最简单准则。感知器准则定义为

$$J(W) = \sum_{X \in Y} \delta_X W^{\mathrm{T}}X$$

式中,Y 为训练集的子集,是权向量定义的超平面错误分类的模式向量集合。当 $X \in \omega_1$ 时,$\delta_X = -1$,$X \in \omega_2$ 时 $\delta_X = 1$。因此,$J(W)$ 的值总为正,如果 $X \in \omega_1$,并且被错误分类,则 $W^{\mathrm{T}}X < 0$,乘积 $\delta_X W^{\mathrm{T}}X$ 为正;对于 ω_2 中错误分类的向量也同样。当代价函数 $J(W)$ 取最小值 0 时,所有的训练向量的分类都是正确的。

可以利用梯度下降法求解最小值,即

$$W_{t+1} = W_t - \rho_t \mathrm{delta}_J$$

式中,W_t 为第 t 次迭代时的权向量;ρ_t 为一系列正实数。梯度下降法通过平滑地改变权向量使得代价函数 $J(W)$ 线性变化,减少错误分类向量的个数。代价函数 $J(W)$ 的梯度定义为

$$\mathrm{delta}_J = \frac{\partial J(W)}{\partial W} = \sum_{X \in Y} \delta_X X$$

于是,第 $t+1$ 次迭代时的权向量为

$$W_{t+1} = W_t - \rho_t \sum_{X \in Y} \delta_X X$$

这个算法称为感知器算法。算法由任意初始化的权向量 W_0 开始,通过错误分类特征向量修正权向量,迭代过程直到算法收敛于所有解,即所有特征向量都正确地分类。

8.2.2 最小均方误差

线性分类器的引入在于其简单性。虽然很多情况并非是线性可分的,但是却仍然希望

采用线性分类器。从错误率的角度来看，此时的性能不是最优的。因此，如何在适当的优化标准下计算出相应的权值向量成为问题的关键。

给定一个模式向量 $\boldsymbol{X}$，线性分类器的输出将是 $\boldsymbol{W}^{\mathrm{T}}\boldsymbol{X}$，期望输出描述为 $y(\boldsymbol{X})=\pm 1$。计算出权值向量，然后最小化期望输出和真实输出之间的均方误差（Mean Square Error，MSE）最小化，即

$$\hat{\boldsymbol{W}} = \arg\min_W J(\boldsymbol{W}) = \arg\min E\big[\,|\,y - \boldsymbol{X}^{\mathrm{T}}\boldsymbol{W}\,|^2\,\big]$$

首先需要计算 $J(\boldsymbol{W})$，即

$$J(\boldsymbol{W}) = p(\omega_1)\int(1 - \boldsymbol{X}^{\mathrm{T}}\boldsymbol{W})\,p(\boldsymbol{X}\mid\omega_1)\mathrm{d}\boldsymbol{X} + p(\omega_2)\int(1 - \boldsymbol{X}^{\mathrm{T}}\boldsymbol{W})\,p(\boldsymbol{X}\mid\omega_2)\mathrm{d}\boldsymbol{X}$$

最小化上式，可得

$$\frac{\partial J(\boldsymbol{W})}{\partial \boldsymbol{W}} = 2E\left[\boldsymbol{X}(y - \boldsymbol{X}^{\mathrm{T}}\boldsymbol{W})\right] = 0$$

即

$$\hat{\boldsymbol{W}} = \boldsymbol{R}_X^{-1} E\left[\boldsymbol{X}y\right]$$

式中，$\boldsymbol{R}_X$ 为自相关矩阵，定义为

$$\boldsymbol{R}_X = E\left[\boldsymbol{X}\boldsymbol{X}^{\mathrm{T}}\right] = \begin{bmatrix} E\left[X_1 X_1\right] & \cdots & E\left[X_1 X_n\right] \\ E\left[X_2 X_1\right] & \cdots & E\left[X_2 X_n\right] \\ \vdots & \ddots & \vdots \\ E\left[X_n X_1\right] & \cdots & E\left[X_n X_n\right] \end{bmatrix}$$

向量 $E[\boldsymbol{X}y]$ 称为互相关矩阵，定义为

$$E[\boldsymbol{X}y] = E\left[\begin{bmatrix} X_1 y \\ X_2 y \\ \vdots \\ X_l y \end{bmatrix}\right]$$

求解 $\hat{\boldsymbol{W}}$ 需要计算相关矩阵和互相关向量，且分布必须是已知的。而一般情况下，这是未知的。Robbins 和 Monro 在随机逼近理论中给出了答案。采用以下迭代方法，即

$$\hat{\boldsymbol{W}}_k = \hat{\boldsymbol{W}}_{k-1} + \rho_k F(X_k, \hat{\boldsymbol{W}}_{k-1})$$

换言之，均值由随机样本代替。可以证明，在适当的条件下，迭代方案可以收敛于原始方程的解 $\boldsymbol{W}$，假设 ρ_k 满足两个条件，即

$$\sum_{k=1}^{\infty} \rho_k \to \infty; \quad \sum_{k=1}^{\infty} \rho_k^2 < \infty$$

这是为了保证在迭代过程中估计的修正值趋于零。因此，对于足够大的 k，迭代将停止。

应用迭代法求解，可将 $\hat{\boldsymbol{W}}$ 的公式表示为

$$\hat{\boldsymbol{W}}_k = \hat{\boldsymbol{W}}_{k-1} + \rho_k \boldsymbol{X}_k (y_k - \boldsymbol{X}^{\mathrm{T}}\hat{\boldsymbol{W}}_{k-1})$$

这个算法称为最小均方（Least Mean Squares，LMS）或 Widrow-Hoff 法（Widrow Hoff，1960s），算法渐进收敛于均方误差算法。

8.2.3 Fisher 准则

Fisher 采用的方法是寻求变量的一个线性组合以尽可能地将两类分开。也就是寻找一

个方向,使得沿着该方向,两类样本在某种意义上分开得最好。考虑将 n 维空间的样本投影到一条直线上,形成一维空间,这在数学上总是容易办到的。然而,在 n 维空间中紧凑但互相分得开的集群,若将其投影到一条任意的直线上,可能使不同类别样本混在一起而变得无法识别。但在一般情况下,总可以找到某个方向,使在这个方向的直线上,样本的投影能分开得最好。Fisher 线性判别所要解决的基本问题是找到一个最好的投影方向,使样本在这个方向上的投影最容易分开。

假设 n 维特征空间上的训练集 $x_1, x_2, \cdots, x_n$ 中的每个样本都属于两类 ω_1 和 ω_2 中的一类,如果对 x_i 进行线性组合,可得到标量 y_i,即

$$y_i = w^{\mathrm{T}} x_i$$

这样,就得到分属于两类 C_1 和 C_2 中的一类的 n 个一维样本。

Fisher 准则的目标就是在特征空间中选择一个方向轴,使得沿着这个轴两类均值之差越大越好,即使得类别的可分性最大;而同类内部样本尽量密集,即类内离散度越小越好。Fisher 提出的准则函数为

$$J(w) = \frac{(m_1 - m_2)^2}{S_1^2 + S_2^2}$$

式中,m_1 和 m_2 是一维空间中的类均值,定义为

$$m_i = \frac{1}{N_i} \sum_{y \in C_i} y$$

S_i^2 是类内离散度,定义为

$$S_i^2 = \sum_{y \in C_i} (y - m_i)^2$$

显然,应该寻找使得分子尽可能大,而分母尽可能小的 w 作为投影方向。

n 维样本空间中的样本均值 m_i 和类内总离散度 S_ω 矩阵定义为

$$m_i = \frac{1}{N_i} \sum_{x \in \omega_i} x \quad i = 1, 2$$

$$S_\omega = S_1 + S_2$$

其中:

$$S_i = \sum_{x \in \omega_i} (x - m_i)(x - m_i)^{\mathrm{T}} \quad i = 1, 2$$

于是有

$$m_i = \frac{1}{N_i} \sum_{y \in C_i} y = \frac{1}{N_i} \sum_{X \in \omega_i} w^{\mathrm{T}} x = w^{\mathrm{T}} \frac{1}{N_i} \sum_{x \in \omega_i} x = w^{\mathrm{T}} m_i$$

且

$$S_i^2 = \sum_{y \in C_i} (y - m_i)^2 = \sum_{x \in C_i} (w^{\mathrm{T}} x - w^{\mathrm{T}} m_i)^2$$

$$= w^{\mathrm{T}} \Big[\sum_{x \in \omega_i} (x - m_i)(x - m_i)^{\mathrm{T}} \Big] w$$

$$= w^{\mathrm{T}} S_i w$$

将以上两式代入 Fisher 准则函数,可得

$$J(w) = \frac{(m_1 - m_2)^2}{S_1^2 + S_2^2} = \frac{(w^{\mathrm{T}} m_1 - w^{\mathrm{T}} m_2)^2}{w^{\mathrm{T}} S_1 w + w^{\mathrm{T}} S_2 w}$$

$$= \frac{\boldsymbol{w}^{\mathrm{T}}(\boldsymbol{m}_1 - \boldsymbol{m}_2)(\boldsymbol{m}_1 - \boldsymbol{m}_2)^{\mathrm{T}}\boldsymbol{w}}{\boldsymbol{w}^{\mathrm{T}}(S_1 + S_2)\boldsymbol{w}} = \frac{\boldsymbol{w}^{\mathrm{T}}S_{\mathrm{b}}\boldsymbol{w}}{\boldsymbol{w}^{\mathrm{T}}S_{\omega}\boldsymbol{w}}$$

其中，$S_{\mathrm{b}} = (\boldsymbol{m}_1 - \boldsymbol{m}_2)(\boldsymbol{m}_1 - \boldsymbol{m}_2)^{\mathrm{T}}$ 是类间离散度矩阵。

为了求解 $J(\boldsymbol{w})$ 取最大值时的 $\boldsymbol{w}$，可以通过将 $J(\boldsymbol{w})$ 关于 $\boldsymbol{w}$ 求导数，并令导数为零。利用拉格朗日乘数法求解可得

$$\boldsymbol{w}^* = S_{\omega}^{-1}(\boldsymbol{m}_1 - \boldsymbol{m}_2)$$

需要注意，Fisher 准则没有提供分类规则，而仅仅提供了一个维数的映射。在某种意义上一维条件下的判别是最容易的，如果希望确定分类规则，就必须确定阈值，将投影点与阈值比较而进行决策。

8.2.4 支持向量机

传统机器学习方法的重要理论基础之一就是统计学。以神经网络为代表的传统机器学习方法基于传统统计学，应用经验风险最小化原则来优化学习机器的参数。基于归纳的机器学习问题可以形式化地表示为输入 x 与输出 y 之间的未知依赖关系，即存在一个未知的联合概率 $F(\boldsymbol{x}, \boldsymbol{y})$，机器学习算法根据 n 个独立同分布观测样本，在一组函数 $\{f(\boldsymbol{x}, w)\}$ 中求一个最优的函数 $f(\boldsymbol{x}, w_0)$，使以下预测的期望风险，即

$$R(w) = \int L(\boldsymbol{y}, f(\boldsymbol{x}, w)) \mathrm{d}F(\boldsymbol{x}, \boldsymbol{y})$$

最小。式中，$\{f(\boldsymbol{x}, w)\}$ 为预测函数集；w 为函数的广义参数；$L(\boldsymbol{y}, f(\boldsymbol{x}, w))$ 为由于用 $f(\boldsymbol{x}, w)$ 对 $\boldsymbol{y}$ 进行预测而造成的损失。不同类型的学习问题有不同形式的损失函数。对于有监督模式识别问题，系统输出就是类别标号。在两类情况下，$y = \{0, 1\}$ 或 $\{-1, 1\}$ 是二值函数，这时预测函数称为指示函数（Indicator Functions），即判别函数。模式识别问题中损失函数的基本定义形式为

$$L(y, f(\boldsymbol{x}, w)) = \begin{cases} 0 & \text{若 } y = f(\boldsymbol{x}, w) \\ 1 & \text{若 } y \neq f(\boldsymbol{x}, w) \end{cases}$$

1. 经验风险最小化

显然，要使期望风险最小化，必须依赖关于联合概率 $F(\boldsymbol{x}, \boldsymbol{y})$ 的信息，在模式识别问题中就是必须已知类先验概率和类条件概率密度。但是，在实际的机器学习问题中，只能利用已知样本的信息，因此期望风险并无法直接计算和最小化。

根据概率论中大数定理的思想，可以采用算术平均代替期望风险预测函数中的数学期望，则有

$$R_{\mathrm{emp}}(w) = \frac{1}{n} \sum_{i=1}^{n} L(\boldsymbol{y}_i, f(\boldsymbol{x}_i, w))$$

来逼近期望风险。由于 $R_{\mathrm{emp}}(w)$ 是用已知的训练样本（即经验数据）定义的，因此称其为经验风险。用对参数训练求经验风险 $R_{\mathrm{emp}}(w)$ 的最小值代替求期望风险 $R(w)$ 的最小值，就是经验风险最小化（Experiencement Risk Minimization，ERM）原则。之前介绍的各种基于数据的分类器设计方法，实际上都是在经验风险最小化原则下提出的。

理论表明，当训练数据趋于无穷多时，经验风险才收敛于实际风险，因此传统机器学习方法的经验风险最小化原则隐含地使用了训练样本无穷多的假设条件，所提出的各种方法

只有在样本数趋向无穷大时其性能才有理论上的保证。然而实际应用中，样本数目通常都是有限的。理论和实践结果都表明，经验风险与实际风险之间具有一定的差异，特别是在小样本情况下，这种差异尤其明显。在有限样本上学习能力最优并不能保证对未知样本的推广能力最好，在某些情况下，太小的经验风险（对有限样本太好的学习能力）反而可能导致学习机器推广能力的下降，如神经网络中的过学习现象。实际问题中的小样本情况和理论基础所要求的无穷渐进性之间的矛盾成为传统机器学习方法能力不足的一个主要原因。因此在工程实际中，对解决小样本学习问题的有效方案有着迫切的需求。

2. VC 维

传统的学习机器在高维情况下往往不能正常工作。例如，神经网络，当训练样本的维数很高时，神经网络的训练和测试结果可能会出现较大的随机性。究其原因，首先，神经网络的解往往收敛于局部极值，由于高维空间中可能存在众多的局部极值，不同的局部极值之间有很大差异，因此神经网络的解必然呈现随机性。其次，高维问题与小样本问题是紧密联系的。样本数的多少是相对的。例如，在低维空间中，只要很少数量的样本就可以比较充分地描述整个样本空间；而在高维空间中，为了同样程度地描述样本空间，所需要的样本数以指数形式增长。另外，在运算方面，当特征空间的维数增高时，神经网络的运算量将急剧增长，从而使训练和测试时间过长。因此，传统学习理论在应用过程中，通常要将数据压缩到低维的空间才能进行有效的学习。

针对传统机器学习方法的种种问题，由瓦普尼克(Vapnik)领导的 AT&T 贝尔实验室研究小组早在 20 世纪 60 年代就开始致力于统计学习理论(Statistical Learning Theory)的研究。直到 20 世纪 90 年代，该理论的研究才逐渐成熟起来。与传统的统计学相比，统计学习理论是一种专门研究小样本情况下机器学习规律的理论，建立在一套坚实的理论基础之上，为解决有限样本学习问题提供了一个统一的框架，致力于寻找在小样本情况下学习问题的最优解。统计学习理论最重要的结论之一是指出了在小样本情况下学习机器的经验风险及其期望风险（推广能力）之间的关系，从而提出一种称为结构风险最小化的机器学习原则，这一原则使得有可能找到复杂程度和有限样本相适应的、推广能力最好的学习机器。

为了研究学习过程一致收敛的速度和推广性，统计学习理论定义了一系列有关函数集学习性能的指标，其中最重要的是 VC 维(Vapnik Chervonenkis Dimension)。模式识别方法中 VC 维的直观定义是：对一个指示函数集，如果存在 h 个样本能够被函数集中的函数按所有可能的 2^h 种形式分开，则称函数集能够将 h 个样本打散；函数集的 VC 维就是它能打散的最大样本数目 h。若对任意数目的样本都有函数能将其打散，则函数集的 VC 维无穷大。有界实函数的 VC 维可以通过用一定的阈值将其转化成指示函数来定义。

VC 维反映了函数集的学习能力，VC 维越大则学习机器越复杂（容量越大）。遗憾的是，目前尚没有通用的关于任意函数集 VC 维计算的理论，只对一些特殊的函数集知道其VC 维，如在 n 维实数空间中线性识别系统和线性实函数的 VC 维是 $n+1$。对于一些比较复杂的学习机器（如神经网络），其 VC 维除了与函数集（神经网络结构）有关外，还受学习算法等的影响，其确定更加困难。对于给定的学习函数集，如何（用理论或实验的方法）计算其VC 维是当前统计学习理论中有待研究的一个问题。

3. 结构风险最小化

从上面的结论可知，经验风险最小化原则在样本有限时是不合理的，需要同时最小化经验风险和置信范围。其实,在传统方法中,选择学习模型和算法的过程就是调整置信范围的过程,如果模型比较适合现有的训练样本(相当于 h/n 规值适当),则可以取得比较好的效果。但因为缺乏理论指导,这种选择只能依赖先验知识和经验,造成了如神经网络等方法对使用者"技巧"的过分依赖。

统计学习理论提出了一种新的策略,将函数集构造为一个函数子集序列,使各个子集按照 VC 维的大小排列,这样在同一个子集中,置信范围就相同;在每个子集中寻找最小经验风险,通常它随着子集复杂度的增大而减小。选择最小经验风险与置信范围之和最小的子集,在子集间折中考虑经验风险和置信范围,就可以达到期望风险的最小。这种思想称做结构风险最小化(Structural Risk Minimization,SRM)或有序风险最小化。

4. 支持向量机

统计学理论的发展,形成了一套完整的统计学理论。支持向量机(Support Vector Machine,SVM)是在统计学理论基础上发展的一种新机器学习方法,在解决小样本、非线性和高维模式识别问题上表现许多特有的优势。支持向量机最初用来处理模式识别问题,由于当时这些研究尚不十分完善,在解决模式识别问题中往往趋于保守,且数学上比较艰涩,因此这些研究一直没有得到充分的重视。直到 20 世纪 90 年代,统计学习理论的实现和由于神经网络等较新兴的机器学习方法的研究遇到一些重要的困难,如如何确定网络结构问题、过学习与欠学习问题、局部极小点问题等,使得支持向量机迅速地发展和完善,现在已经在许多领域(如生物信息学、文本和手写识别等)都取得了成功的应用。支持向量机目前仍处在不断发展阶段。可以说,统计学习理论之所以从 20 世纪 90 年代以来受到越来越多的重视,很大程度上是因为它发展出了支持向量机这一通用学习方法。因为从某种意义上它可以表示成类似神经网络的形式,支持向量机在起初也曾被称为支持向量网络。由于支持向量机出色的性能和坚实的理论基础,目前正在成为继神经网络之后机器学习领域新的研究热点,必将推动机器学习理论和技术的重大发展。

支持向量机方法是建立在统计学习理论的 VC 维理论和结构风险最小化原理基础上的,根据有限的样本信息在模型的复杂性(即对特定训练样本的学习精度)和学习能力(即无错误地识别任意样本的能力)之间寻求最佳折中,以期获得最好的推广能力。

支持向量机的基本思想是充分利用向量空间中的边界点构造最优超平面。考虑图 8-5 所示的二维两类线性可分问题,存在多个可以接受的分类线将两类正确地分开,在这些候选分类线中,哪条最优呢?支持向量机方法的最优含义是分类边界的几何

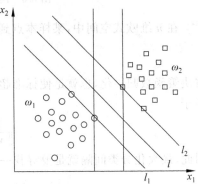

图 8-5 两类问题的线性分类超平面

间隔最大。显然,通过平行地向右上方或左下方推移分类线 l,直到碰到某个训练点可以得到两条特殊的分类线 l_2 和 l_3。由于 l_2 和 l_3 之间的间隔比任何用同样方法得到的分类线之间的间隔都大,因此分类线 l 是最优的。从直观上来说,就是分隔的间隙越大越好,间隔越大,分类器的一般性错误就越小。

对于两类问题,设线性可分样本集 $\{x_i, i=1, \cdots, n,\}$ 中的每个样本 x_i 属于两类 ω_1 和 ω_2 中的一类,相应地,标记为 $y_i = 1$ 或 $y_i = -1$。线性决策函数的形式为

$$g(\boldsymbol{x}) = \boldsymbol{w}^{\mathrm{T}}\boldsymbol{x}_i + w_0$$

对于所有的 i，如果有

$$(\boldsymbol{w}^{\mathrm{T}}\boldsymbol{x}_i + w_0) > 0$$

则各个训练样本均被正确分类。

由分类超平面 $g(\boldsymbol{x})$ 分别向两个类的点平移，直到遇到第一个训练点，此时所得超平面称为标准超平面。如图 8-6 所示，H_1 和 H_2 是通过平移分类超平面而得到的标准超平面，落在标准超平面上的点称为支持向量（Support Vector），由圆圈标识。平行超平面之间的距离称为间隔，支持向量机方法就是要确定最优分类超平面，使得标准超平面的间隔最大。最优超平面不仅要求能将两类正确分开，而且要求两类的分类空隙最大。前者将保证经验风险最小，分类空隙最大将保证真实风险最小。

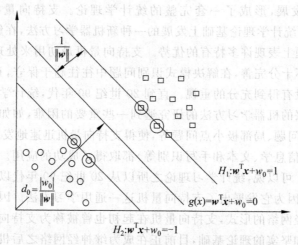

图 8-6　两个线性可分数据集的分类超平面

在 n 维欧式空间中，某样本点到超平面的距离定义为

$$\frac{|g(\boldsymbol{x})|}{\|\boldsymbol{w}\|}$$

将决策函数归一化，也就是使标准超平面与分类超平面的距离 $|g(x)| = 1$，这样分类间隔就等于

$$\frac{1}{\|\boldsymbol{w}\|} + \frac{1}{\|\boldsymbol{w}\|} = \frac{2}{\|\boldsymbol{w}\|}$$

因此，最大化分类间隔就是要寻找一个解，使其满足约束条件，即

$$\min \quad \Phi(\boldsymbol{w}) = \frac{1}{2}\|\boldsymbol{w}\|^2$$

$$\text{s. t.} \quad y_i(\boldsymbol{w}^{\mathrm{T}}\boldsymbol{x} + w_0) \geqslant 0 \quad i = 1, 2, \cdots, n$$

这是一个严格的凸规划问题[①]。根据最优化理论中凸二次规划的解法，需要将其转化为对偶问题进行求解，拉格朗日乘数法是解决此类问题的标准化方法。引入拉格朗日函数，即

$$L(\boldsymbol{w}, \boldsymbol{\alpha}, w_0) = \frac{1}{2}\|\boldsymbol{w}\|^2 - \sum_{i=1}^{n} \alpha_i(y_i \boldsymbol{w}^{\mathrm{T}}\boldsymbol{x}_i + w_0) - 1)$$

---

① 将原问题由最大化问题转化为求解二次型的最小化问题以便于进行求解。

式中，$\{\alpha_i, i=1, \cdots, n\}$ 为拉格朗日乘数。

为了求拉格朗日函数的极小值，需要将其分别针对 w 和 w_0 进行偏微分，并令偏微分等于 0，即

$$\frac{\partial}{\partial w} L(w, \boldsymbol{\alpha}, w_0) = 0$$

$$\frac{\partial}{\partial b} L(w, \boldsymbol{\alpha}, w_0) = 0$$

求解可得

$$w = \sum_{i=1}^{n} \alpha_i y_i \boldsymbol{x}_i$$

$$\sum_{i=1}^{n} \alpha_i y_i = 0$$

将上式代回拉格朗日函数，消去 w 和 w_0，于是可以将原问题转化为以下较简单的对偶问题，即

$$\max \quad L(\boldsymbol{\alpha}) = \sum_{i=1}^{n} \alpha_i - \frac{1}{2} \sum_{i=1}^{n} \sum_{j=1}^{n} \alpha_i \alpha_j y_i y_j \boldsymbol{x}_i^{\mathrm{T}} \boldsymbol{x}_i$$

$$\text{s.t.} \quad \alpha_i \geqslant 0, \quad \sum_{i=1}^{n} \alpha_i y_i = 0$$

若 α_i^* 为上式的最优解，则

$$w^* = \sum_{i=1}^{n} \alpha_i^* y_i \boldsymbol{x}_i$$

最后，利用求得的 w^* 可确定最优超平面。注意，只有支持向量所对应的拉格朗日乘数不等于 0。

8.3　贝叶斯决策理论

分类器的任务是将未知类型的样本划分到"最可能"的类别中。贝叶斯决策理论方法是统计模式识别的一种基本方法，利用概率理论知识来定义"最可能"。贝叶斯决策理论方法基于概率统计模型，利用类别已知的训练集样本得到各类别特征向量的分布，以实现分类任务，因此，是一种监督学习的模式识别方法。

8.3.1　最小错误贝叶斯决策规则

给定用特征向量 $\boldsymbol{x}$ 表示的未知类型样本 $\boldsymbol{x} = [x_1, x_2, \cdots, x_n]$ 和 C 个类 $\omega_1, \omega_2, \cdots, \omega_C$ 的分类任务。设 C 个类分别具有类先验概率 $p(\omega_1), p(\omega_2), \cdots, p(\omega_C)$。如果向量 $\boldsymbol{x}$ 关于 ω_i 类的概率 $p(\omega_i)$ 比其他所有类的概率都大，基于概率的决策规则，应该将 $\boldsymbol{x}$ 归入 ω_i 类。也就是说，如果

$$p(\omega_i \mid \boldsymbol{x}) > p(\omega_j \mid \boldsymbol{x})$$

则将 $\boldsymbol{x}$ 归入 ω_i 类。

利用贝叶斯定理，可以获得用先验概率 $p(\omega_i)$ 和类条件概率密度函数 $p(\boldsymbol{x} \mid \omega_i)$ 表示的后验概率 $p(\omega_i \mid \boldsymbol{x})$，即

$$p(\omega_i \mid \boldsymbol{x}) = \frac{p(\boldsymbol{x} \mid \omega_i) p(\omega_i)}{p(\boldsymbol{x})}$$

由于，$p(\boldsymbol{x})$ 是一个常数，因此，决策规则又可以写为

$$p(\boldsymbol{x} \mid \omega_i) p(\omega_i) > p(\boldsymbol{x} \mid \omega_j) p(\omega_j) \quad i \neq j$$

则将 $\boldsymbol{x}$ 归入 ω_i 类。这就是最小错误贝叶斯决策规则。

对于两类问题，决策规则可以写为

$$l_r(\boldsymbol{x}) = \frac{p(\boldsymbol{x} \mid \omega_1)}{p(\boldsymbol{x} \mid \omega_2)} > \frac{p(\omega_2)}{p(\omega_1)}$$

则将 $\boldsymbol{x}$ 归入 ω_1 类。$l_r(\boldsymbol{x})$ 称为似然比。

决策规则使分类错误最小。分类错误概率 P_e 可以表示为

$$P_e = \sum_{i=1}^{C} p(\text{error} \mid \omega_i) p(\omega_i)$$

式中，$p(\text{error}|\omega_i)$ 为 ω_i 类中的样本被错分的概率，可以通过对类条件概率密度函数的积分获得。对于两类问题，P_e 为

$$P_e = P(\boldsymbol{x} \in R_2, \omega_1) P(\omega_1) + P(\boldsymbol{x} \in R_1, \omega_2) P(\omega_2)$$
$$= P(\omega_1) \int_{R_2} p(\boldsymbol{x} \mid \omega_1) \mathrm{d}\boldsymbol{x} + P(\omega_2) \int_{R_1} p(\boldsymbol{x} \mid \omega_2) \mathrm{d}\boldsymbol{x}$$

由此可以看出，按照以下方式选择特征空间的分割区域 R_1 和 R_2，即

$$p(\omega_1 \mid \boldsymbol{x}) > p(\omega_2 \mid \boldsymbol{x})$$
$$p(\omega_2 \mid \boldsymbol{x}) > p(\omega_1 \mid \boldsymbol{x})$$

则错误率最小，如图 8-7 所示。

图 8-7 中贝叶斯决策边界用 $\boldsymbol{x}_0$ 处的竖线标出，阴影部分的面积表示通过 P_e 的式子得到的错误概率。实线阴影部分的面积表示将第 1 类中的样本误分到第 2 类的概率，虚线阴影部分的面积表示将第 2 类中的样本误分到第 1 类的概率，这两部分面积的先验概率加权和就是整个分类错误率。

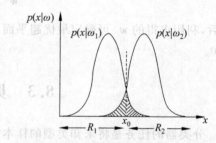

图 8-7 两正态分布的类条件概率密度

8.3.2 最小风险贝叶斯决策规则

分类错误最小并不总是最好的标准，这是因为在分类过程中认为所有的错误判断带来的后果是相同的。但在有些情况下，分类错误可能会产生更加严重的后果，如将恶性肿瘤诊断为良性肿瘤。

最小风险贝叶斯决策正是考虑各种分类错误造成的损失不同的一种决策规则。"损失"是将原本属于 ω_i 类的样本错分到 ω_j 类时的代价。定义损失矩阵 $\boldsymbol{\Lambda}$，其元素为

$$\lambda_{ij} = \lambda(\alpha_j \mid \omega_i)$$

表示将本应属于 ω_i 类的样本归入 ω_j 类而产生的损失，一般需要专家进行主观判断。

将样本 $\boldsymbol{x}$ 归入 ω_i 类的条件风险定义为

$$r_i = \sum_{j=1}^{C} \lambda_{ij} \int_{R_j} p(\boldsymbol{x} \mid \omega_i) \mathrm{d}\boldsymbol{x}$$

整个特征空间上的平均风险为

$$r = \sum_{i=1}^{C} \boldsymbol{r}_i P(\omega_i)$$

$$= \sum_{j=1}^{C} \int_{R_j} \left(\sum_{i=1}^{C} \lambda_{ij} p(\boldsymbol{x} \mid \omega_i) P(\omega_i) \right) \mathrm{d}\boldsymbol{x}$$

为了最小化平均风险,必须使得积分的每一部分都最小。因此,应选择以下分区,即

$$\sum_{k=1}^{C} \lambda_{ki} p(\boldsymbol{x} \mid \omega_k) P(\omega_k) < \sum_{k=1}^{C} \lambda_{kj} p(\boldsymbol{x} \mid \omega_k) P(\omega_k) \quad x \in R_i$$

这就是最小风险贝叶斯决策规则。

对于两类问题,如果

$$\lambda_{11} p(\boldsymbol{x} \mid \omega_1) P(\omega_1) + \lambda_{21} p(\boldsymbol{x} \mid \omega_2) P(\omega_2) < \lambda_{12} p(\boldsymbol{x} \mid \omega_1) P(\omega_1) + \lambda_{22} p(\boldsymbol{x} \mid \omega_2) P(\omega_2)$$

即

$$(\lambda_{21} - \lambda_{22}) p(\boldsymbol{x} \mid \omega_2) P(\omega_2) < (\lambda_{12} - \lambda_{11}) p(\boldsymbol{x} \mid \omega_1) P(\omega_1)$$

则将 x 归入 ω_1 类。上式也可写为似然比的形式,即

$$l_r(\boldsymbol{x}) = \frac{p(\boldsymbol{x} \mid \omega_1)}{p(\boldsymbol{x} \mid \omega_2)} > \frac{p(\omega_2)(\lambda_{21} - \lambda_{22})}{p(\omega_1)(\lambda_{12} - \lambda_{11})} \quad x \in \omega_1$$

假设损失矩阵为

$$\boldsymbol{A} = \begin{bmatrix} 0 & \lambda_{12} \\ \lambda_{21} & 0 \end{bmatrix}$$

在 $P(\omega_1) = P(\omega_2) = 0.5$ 的情况下,如果认为 ω_2 类中的样本错误分类会产生更为严重的后果,可以选择 $\lambda_{21} > \lambda_{12}$。于是有

$$p(\boldsymbol{x} \mid \omega_2) > p(\boldsymbol{x} \mid \omega_1) \frac{\lambda_{12}}{\lambda_{21}}$$

样本 x 归入 ω_2 类。特别地,如果损失矩阵是单位矩阵,最小风险贝叶斯决策就是最小错误贝叶斯决策。

8.3.3 正态分布的贝叶斯分类

到目前为止的讨论都没有对样本分布的模型,即 $p(\boldsymbol{x} \mid \omega_i)$ 进行任何特殊的假设。正态分布(高斯分布)是一个应用广泛的合理假设。根据统计学中最著名的定理之一——中心极限定理,大量独立同分布的随机变量的和收敛于一个正态分布,并且,随着变量的增加,正态分布的收敛效果越来越好。实际应用中,运用正态规则通常可以得到非常好的近似结果,即使是数目相对较少的随机变量的和也是如此。

一维正态分布函数定义为

$$p(x) = \frac{1}{\sqrt{2\pi}\sigma} \exp\left(-\frac{(x-\mu)^2}{2\sigma^2} \right)$$

其中,参数 μ 是随机变量 x 的均值,即

$$\mu = E[x] = \int_{-\infty}^{+\infty} x p(x) \mathrm{d}x$$

参数 σ^2 是随机变量 x 的方差,即

$$\sigma^2 = E[(x-\mu)^2] = \int_{-\infty}^{+\infty} (x-\mu)^2 p(x) \mathrm{d}x$$

正态分布的样本主要集中在均值附近,其分散程度可以用标准方差来表征,σ 越大分散程度也就越大,从正态分布的总体中抽取样本,有 95% 的样本都落在区间 $(\mu-2\sigma,\mu+2\sigma)$ 中。

在 n 维特征空间中,多变量正态分布函数定义为

$$p(\boldsymbol{x})=\frac{1}{(2\pi)^{n/2}\mid\boldsymbol{\Sigma}\mid^{1/2}}\exp\left(-\frac{1}{2}(\boldsymbol{x}-\boldsymbol{\mu})^{\mathrm{T}}\boldsymbol{\Sigma}^{-1}(\boldsymbol{x}-\boldsymbol{\mu})\right)$$

式中,参数 $\boldsymbol{\mu}$ 是 n 维均值向量,即

$$\boldsymbol{\mu}=E[\boldsymbol{x}]=\int_{-\infty}^{+\infty}\boldsymbol{x}p(\boldsymbol{x})\mathrm{d}\boldsymbol{x}$$

参数 $\boldsymbol{\Sigma}$ 为 $n\times n$ 维协方差矩阵,$\mid\boldsymbol{\Sigma}\mid$ 是 $\boldsymbol{\Sigma}$ 的行列式,即

$$\boldsymbol{\Sigma}=E[(\boldsymbol{x}-\boldsymbol{\mu})(\boldsymbol{x}-\boldsymbol{\mu})^{\mathrm{T}}]$$

$$=E\left[\begin{bmatrix}(x_1-\mu_1)\\(x_2-\mu_2)\\\vdots\\(x_n-\mu_n)\end{bmatrix}[(x_1-\mu_1)\cdots(x_n-\mu_n)]\right]$$

$$=E\left[\begin{bmatrix}(x_1-\mu_1)(x_1-\mu_1)\cdots(x_1-\mu_1)(x_n-\mu_n)\\\vdots\\(x_n-\mu_n)(x_1-\mu_1)\cdots(x_1-\mu_1)(x_n-\mu_n)\end{bmatrix}\right]$$

$$=\begin{bmatrix}E(x_1-\mu_1)(x_1-\mu_1)\cdots E(x_1-\mu_1)(x_n-\mu_n)\\\vdots\\E(x_n-\mu_n)(x_1-\mu_1)\cdots E(x_1-\mu_1)(x_n-\mu_n)\end{bmatrix}$$

$$=\begin{bmatrix}\sigma_{11}^2&\sigma_{12}^2&\cdots&\sigma_{1n}^2\\&\vdots&\ddots&\\\sigma_{n1}^2&\sigma_{n2}^2&\cdots&\sigma_{m}^2\end{bmatrix}$$

对角线上的元素为方差,非对角线上的元素为协方差。多变量正态分布由其均值向量和协方差矩阵确定。

多维正态分布下的最小错误贝叶斯分类规则中的 $g_i(\boldsymbol{x})$ 可写为

$$g_i(\boldsymbol{x})=p(\boldsymbol{x}\mid\omega_i)p(\omega_i)$$
$$=\frac{1}{(2\pi)^{n/2}\mid\Sigma_i\mid^{1/2}}\exp\left(-\frac{1}{2}(\boldsymbol{x}-\boldsymbol{\mu}_i)^{\mathrm{T}}\Sigma_i^{-1}(\boldsymbol{x}-\boldsymbol{\mu}_i)\right)p(\omega_i)$$

概率密度函数是指数形式,因此其对数函数更容易计算。于是,上式可写为

$$g_i(\boldsymbol{x})=\ln(p(\boldsymbol{x}\mid\omega_i)p(\omega_i))=\ln p(\boldsymbol{x}\mid\omega_i)+\ln p(\omega_i)$$
$$=-\frac{1}{2}(\boldsymbol{x}-\boldsymbol{\mu}_i)^{\mathrm{T}}\Sigma_i^{-1}(\boldsymbol{x}-\boldsymbol{\mu}_i)p(\omega_i)+\ln p(\omega_i)+c_i$$

其中,$c_i=-\frac{n}{2}\ln(2\pi)-\frac{1}{2}\ln\mid\Sigma_i\mid$ 是一个常量。一般情况下,这是一个非线性二次型,在二维问题中,决策曲线 $g_i(\boldsymbol{x})-g_j(\boldsymbol{x})$ 是二次曲线,如椭圆、抛物线、双曲线等。在多维问题中,决策面是超二次曲面。

8.3.4 密度估计的参数法

上述讨论都是基于参数已知的正态分布函数作为概率密度函数,但在很多情况下,概率

密度函数的类型或参数是未知的,这就需要利用大量训练样本进行估计。

1. 最大似然参数估计

设 ω_i 类的样本集 $X^i = [x_1, x_2, \cdots, x_n]$ 含有 N 个样本,其概率密度函数的形式为

$$p(X^i \mid \omega_i; \boldsymbol{\theta}^i)$$

式中,$\boldsymbol{\theta}^i$ 为未知的参数向量。如果每一类中的数据不影响其他类参数的估计,则有 $\boldsymbol{\theta}^i$ 关于 X^i 的似然函数,即

$$p(X^i \mid \omega_i; \boldsymbol{\theta}^i) = \prod_{k=1}^{N} p(x_k \mid \omega_i; \boldsymbol{\theta}^i)$$

利用最大似然法(Maximum Likelihood,ML)估计,需要计算似然函数的最大值 $\hat{\boldsymbol{\theta}}$,为了取得最大值,需要似然函数对 $\boldsymbol{\theta}^i$ 的梯度为零。由于对数函数的单调性,定义对数似然函数为

$$L(\boldsymbol{\theta}^i) = \ln \prod_{k=1}^{N} p(x_k \mid \omega_i; \boldsymbol{\theta}^i)$$

于是有

$$\frac{\partial L(\boldsymbol{\theta}^i)}{\partial \boldsymbol{\theta}^i} = \sum_{k=1}^{N} \frac{\ln p(x_k \mid \omega_i; \boldsymbol{\theta}^i)}{\partial \boldsymbol{\theta}^i} = \sum_{k=1}^{N} \frac{1}{p(x_k \mid \omega_i; \boldsymbol{\theta}^i)} \frac{\partial p(x_k \mid \omega_i; \boldsymbol{\theta}^i)}{\partial \boldsymbol{\theta}^i} = 0$$

在 N 足够大时,最大似然估计是无偏的、正常分布的、具有最小方差的估计。

2. 贝叶斯估计

贝叶斯估计将待估计的参数作为具有某种先验分布的随机变量,通过对 ω_i 类的训练样本集 X^i 的观察,使得类条件概率密度分布 $p(X^i \mid \omega_i; \boldsymbol{\theta}^i)$ 转化为后验概率 $p(X^i \mid \omega_i; \boldsymbol{\theta}^i)$,再利用贝叶斯公式求解。

首先,将待估计参数 $\boldsymbol{\theta}^i$ 作为随机变量,确定其先验分布 $p(\boldsymbol{\theta}^i)$。然后,利用 ω_i 类的训练样本集 X^i 求出样本的联合类条件概率密度分布,即:

$$p(X^i \mid \omega_i; \boldsymbol{\theta}^i)$$

这是一个关于 $\boldsymbol{\theta}^i$ 的函数。利用贝叶斯公式,并简化符号表示,$\boldsymbol{\theta}^i$ 的后验概率为

$$p(\boldsymbol{\theta}^i \mid X^i) = \frac{p(X^i \mid \boldsymbol{\theta}^i) p(\boldsymbol{\theta}^i)}{\int_{\theta^i} p(X^i \mid \boldsymbol{\theta}^i) p(\boldsymbol{\theta}^i) \mathrm{d}\boldsymbol{\theta}^i}$$

上式称为后验概率密度函数,通过观察样本集 X^i 得到有关 $\boldsymbol{\theta}^i$ 的统计特性。

因为 N 个样本相互独立,所以上式可以写为:

$$p(\boldsymbol{\theta}^i \mid x^i) = \alpha \prod_{k=1}^{N} p(x_k \mid \boldsymbol{\theta}^i) p(\boldsymbol{\theta}^i)$$

其中,$\alpha = 1/\int_{\theta^i} p(x^i \mid \boldsymbol{\theta}^i) p(\boldsymbol{\theta}^i) \mathrm{d}\boldsymbol{\theta}^i$。

然后,求贝叶斯估计:

$$\hat{\boldsymbol{\theta}} = \int_{\theta^i} p(\boldsymbol{\theta}^i \mid x^i) \mathrm{d}\boldsymbol{\theta}^i$$

8.3.5 密度估计的非参数法

上面讨论的参数估计方法对于特征向量的分布进行了特定的假设。然而在许多实际问

题中,总体分布形式是未知的,或总体分布不是一些典型分布,无法写为某些参数的函数。在这种情况下,为了设计贝叶斯分类器,需要直接利用样本来估计总体分布,这样的方法称为估计分布的"非参数方法"。

设 ω_i 类的样本集 $X^i = [x_1, x_2, \cdots, x_n]$ 含有 N 个样本,估计的目的是从样本集估计样本空间任何一点的类条件概率密度 $\hat{p}(x|\omega_i)$。如果概率密度函数 $p(x)$ 是连续、平滑的函数,那么样本 x 落在体积为 V 的区域 R 的概率为

$$P = \int_R p(x)\mathrm{d}x = p(x)V$$

式中,P 近似于频率,即 $P \approx k/N$。当 $N \to \infty$ 时,近似值收敛于真实值。于是,可得 x 点的概率密度的估计为

$$\hat{p}(x) \approx \frac{\dfrac{k}{N}}{V}$$

如果满足以下条件,即

$$\lim_{N \to \infty} V = 0$$

$$\lim_{N \to \infty} k = \infty$$

$$\lim_{N \to \infty} \frac{k}{N} = 0$$

则 $\hat{p}(x|\omega_i)$ 收敛于 $p(x)$。

1. Parzen 窗估计

假设区域 R 是一个 d 维超立方体,边长为 h_N。定义窗函数为

$$\varphi(x_i) = \begin{cases} 1 & |x_{ij}| \leqslant 1/2 \\ 0 & \text{其他} \end{cases}$$

式中,x_{ij} 为 x_i 的第 j 个元素。也就是说,对于以原点为中心的单位超立方体内的所有点的函数值为 1,其余点的值为 0。所以,当 x_i 落在以 x 为中心、体积为 V 的超立方体内时,有

$$\varphi\left(\frac{x - x_i}{h_N}\right) = 1$$

因此,落入该超立方体内的样本数为

$$k_N = \sum_{i=1}^{N} \varphi\left(\frac{x - x_i}{h_N}\right)$$

将上式代入概率密度的估计公式,可得

$$\hat{p}_N(x) = \frac{1}{N} \sum_{i=1}^{N} \frac{1}{V_N} \varphi\left(\frac{x - x_i}{h_N}\right)$$

以上选择的超立方体窗函数一般称为方窗。窗函数还可以有更一般的形式。如果通过使用平滑函数代替方窗函数,并且满足

$$\varphi(x) \geqslant 0$$

$$\int_x \varphi(x)\mathrm{d}x = 1$$

那么估计结果是一个合理的概率密度函数,这样的平滑函数称为 Parzen 窗,正态窗函数是典型的 Parzen 窗。

2. k_N 近邻密度估计

k_N 近邻法的基本思想是使 k 为 N 的函数,在 k 固定的情况下,选取 V_N 的各点使相应的区域正好包含 x 的 k 个近邻。为了从 N 个样本中估计 $p(x)$,可以预先确定 k 为 N 的函数,然后在 x 点周围选择一个体积,并让其不断增长直至捕获 k 个样本为止,这些样本为 x 的 k_N 个近邻。如果 x 点附近的密度比较高,则包含 k 个样本的体积自然就相对比较小,从而可以提高分辨力。如果 x 点附近的密度比较低,则体积就较大,但其一进入高密度区就会停止增大。

k_N 近邻估计仍采用基本估计公式,即

$$\hat{p}_N(x) = \frac{\dfrac{k_N}{N}}{V_N}$$

在满足以下条件时,即

$$\lim_{N \to \infty} V = 0$$

$$\lim_{N \to \infty} k = \infty$$

$$\lim_{N \to \infty} \frac{k}{N} = 0$$

时,估计值是真实概率密度函数的渐进无偏估计。当 N 趋于无穷时,k_N 也趋于无穷。这样可以较好地估计体积 V_N 中各点的概率。但还需要限制 k_N 不要增长得太快,以便随 N 的增加能捕获到 k_N 个样本的体积 V_N 不至于缩小到零。

8.4 聚类分析

在有些分类的情况下,不存在任何关于样本的先验知识,因此分类系统必须通过各种有效的方法发现样本的内在相似性。因此,需要利用非监督学习方法来设计分类器,将特征向量以聚类的形式分组,称为数据聚类。

如果能事先知道应划分的类别数目,则这种分类法的准确度会更高,但这种方法通常用于类别的先验信息了解较少的情况下,因此分类结果的正确与否只能通过评价来决定。聚类分析通常要反复修改规则和反复进行聚类,才能得到较满意的结果。

8.4.1 动态聚类法

动态聚类方法通过迭代不断调整聚类的质心,根据某种最优准则,找出使准则函数取极值的最好聚类结果。

k 均值聚类算法也称为 C 均值聚类算法,是最常用也是最著名的聚类算法之一。k 均值聚类算法的基础是误差平方和准则,即

$$J_e = \sum_{j=1}^{c} \sum_{x_i \in \omega_j} \| x_i - m_j \|^2$$

式中,m_j 是第 j 聚类的样本均值,称为聚类的质心。J_e 度量了 c 个聚类中样本与质心的误差的平方和。

k 均值聚类算法通过反复调整 c 个聚类的质心,将样本分配到与其距离最近的质心所

在的类别中。算法如下。

（1）设定 c 个聚类的质心。

（2）将训练集中的每一个样本分配到与之相距最近的那个质心代表的聚类中。

（3）计算分配后聚类的新的质心以及误差值。

（4）重复步骤（2）和（3），直到 k 到两次连续迭代中没有变化。

k 均值算法计算简单，适合处理大数据集，因此广泛应用于各种应用。但是，k 均值算法不能保证收敛于代价函数的全局最小值。不同的初始质心的选择将产生不同聚类结果，对应代价函数的不同的局部最小值。为了克服局部最小的缺陷，提出一系列的改进策略。

（1）凭经验选择代表点。根据问题的性质，用经验的办法确定类别数，从数据中找出从直观上看来比较合适的代表点。

（2）将全部数据随机地分成 c 类，计算每类重心。将这些重心作为每类的代表点。

（3）"密度"法选择代表点。这里的"密度"是具有统计性质的样本密度。一种求法是，以每个样本为球心，用某个正数 d 为半径作一个球形邻域，落在该球内的样本数则称为该点的"密度"。在计算了全部样本的"密度"后，首先选择"密度"最大的样本点作为第一个代表点。它对应样本分布的一个最高的峰值点。在选第二个代表点时，可以人为地规定一个数值使 $d>0$，在离开第一个代表点距离 d 以外选择次大"密度"点作为第二个代表点，这样就可避免代表点可能集中在一起的问题。其余代表点的选择可以类似地进行。

（4）用前 c 个样本点作为代表点。

（5）从 $c-1$ 聚类划分问题的解中产生 c 聚类划分问题的代表点。具体做法是，可先将全部样本看做一个聚类，其代表点为样本的总均值；然后确定两聚类问题的代表点是一聚类划分的总均值和离它最远的点；依此类推，则 c 聚类划分问题的代表点就是 $c-1$ 聚类划分最后得到的各均值再加上离最近的均值最远的点。

8.4.2 层次聚类法

层次聚类算法通过在前一步聚类基础上生成新聚类，而分级地度量样本集之间的相似性。对于具有 n 个样本的集合，算法将产生一个从 1 到 n 的聚类序列，这种划分序列具有以下性质：如果在 k 水平时样本被归入同一类，那么，在进行更高水平的划分时，同类样本将永远属于同一类。层次聚类方法可以表示成一棵树，如图 8-8 所示。

层次聚类算法可分为合并算法和分裂算法。

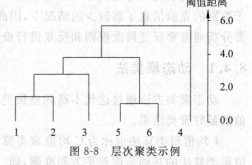

图 8-8　层次聚类示例

1. 合并算法

合并算法在每一步聚类的结果都是源于前一步的聚类的合并，在合并过程产生聚类数量不断减少的聚类序列。

（1）给定 n 个样本，将每个样本作为一类 $\omega_i=\{x_i\}$，聚类数 c 为 n。

（2）根据相似性度量尺度确定最相近的两个聚类 ω_i 和 ω_j，将其合并为一类，得到类别数为 $c-1$ 的新聚类；重复合并过程，直到将所有的样本归为同一类别。

2. 分裂算法

分裂算法的原理与合并算法的原理相反。每一步聚类的结果都是源于前一步的聚类的分裂,分裂过程产生聚类数量不断增加的聚类序列。

首先将整个样本集合作为初始聚类。为了确定下一级聚类,需要考察所有可能的分裂方式,选择使得相异程度最大的分裂,形成新的聚类。重复分裂过程,直到每一个样本都在不同的聚类中。

3. 距离度量

聚类算法需要利用衡量聚类之间相异程度的方法,有很多方法,统称为链接规则。

单链接规则,也称为最近邻(Nearest Neighbor,NN)规则,用以衡量两个聚类之间的相异程度时,使用两个聚类中相距最近的两个样本之间的相异程度,即

$$d(\omega_i, \omega_j) = \min_{x \in \omega_i, y \in \omega_j} \| x - y \|$$

其中,$\| x - y \|$ 可以使用任何一种距离度量尺度。测量聚类相似度时,需要将 min 运算由 max 运算代替。

完全链接规则,也称为最远距离(Furthest Neighbor,FN)规则,用以衡量两个聚类之间的相异程度时,使用两个聚类中相距最远的两个样本之间的相异程度,即

$$d(\omega_i, \omega_j) = \max_{x \in \omega_i, y \in \omega_j} \| x - y \|$$

测量聚类相似度时,需要将 max 运算由 min 运算代替。

类间平均链接规则,用以衡量两个聚类之间的相异程度时,使用两个聚类中所有样本对之间的平均相异程度,即

$$d(\omega_i, \omega_j) = \frac{1}{n_i n_j} \sum_{x \in \omega_i} \sum_{y \in \omega_j} \| x - y \|$$

这种方法对于多种聚类形状都是有效的。

本 章 小 结

在日常生活、学习和工作中,人们几乎无时无刻不在进行着模式识别活动。可以说,模式识别能力是人类所具有的最基本的能力。"模式"一词的本来含义是某种事物的标准式样,用它可以代表相应的事物。但为了让计算机进行识别,就必须将其描述出来,这种描述既可以是物理的,也可是结构的,因而将模式定义为对某些事物定量的或结构的描述。一组具有某些共同特性的模式所构成的集合称为模式类。模式类是一个抽象的分类概念。

模式识别是人工智能中研究机器识别的一个研究领域,其目的在于使计算机具有识别外部世界中客观事物的能力,实现人类感知能力在计算机上的模拟。模式识别是提高计算机智能的一个非常重要的方面。模式识别主要研究对事物的识别,俗称分类,并且识别的方法主要依靠对事物属性的度量值进行计算,从而达到对事物进行分类的目的。模式识别是研究一种自动技术,通过运用这种技术,计算机将自动地或人尽量少干预地将待识别模式分配到各自的模式类中。由此可见,模式识别是通过"归类"来实现对待识别模式的识别的。不同的事物有不同的特性,相应地有不同的识别方法。

(1)统计模式识别方法。有些事物可以被当作一个整体看待,用一个或一组数值型数

据来表征,如血压、温度、印刷体文字等。当从传感器等数据采集装置采到一组信息后,经过预处理,就可得到可表征相应事物、且能将其与其他事物区别开来、呈现出某种统计特征的一组数据(特征向量),它可被用来作为归类的依据。统计模式识别就是利用事物的这一特性,研究各种划分特征空间的方法,来判别待识别事物的归属的。

(2) 结构模式识别。当待识别事物比较复杂时,将导致统计数据的大量增加,难以用特征向量进行表征,维数过高时又将增加计算的复杂性。因而人们转向寻找事物内部的结构特征,将一个复杂模式分解为若干较简单的子模式,子模式再分解为更简单的子模式,直至分解为若干最简单且易于识别的基元为止。然后在模式的结构与语言的文法之间建立起一种类推关系,通过运用句法规则对模式结构进行句法分析来实现对模式的识别。因此,这种模式识别方法又称为句法模式识别。

(3) 模糊模式识别。事物自身大多具有模糊性,人们对事物的分类通常也不要求十分精确,这就导致了对模糊模式识别的研究。模糊模式识别技术是建筑在模糊集理论基础上的,其关键是建立性能良好的隶属函数。

统计学习方法一直是个很活跃的研究领域。在理论和实践方面都取得了许多巨大的进步。统计学习方法的范围包括从简单的平均值计算到构造如贝叶斯网络以及神经元网络这样的复杂模型的方法。

贝叶斯学习方法将学习形式化地表示为概率推理的一种形式,利用观察结果更新在假设上的先验分布。最大后验学习方法选择给定数据上的单一最可能假设。它仍然使用假设先验,而此方法往往比完全贝叶斯学习更可操作一些。最大似然学习方法简单地选择使得数据的似然度最大化的假设,等价于使用均匀先验的最大后验学习。在诸如线性回归以及完全可观察的贝叶斯网络等简单情况下,可以很容易地找到近似形式的最大似然解。朴素贝叶斯学习是一种非常有效的方法,具有很好的扩展能力。

习　题

8-1　什么是模式和模式识别?

8-2　简述模式识别的一般过程。

8-3　模式识别有哪些主要方法?

8-4　列举模式识别的应用领域。

8-5　什么是分类器?什么是决策超平面?

8-6　简述统计学习理论。

8-7　简述支持向量机的工作原理。

8-8　简述贝叶斯决策论。

8-9　密度估计方法有哪些?

8-10　什么是聚类分析?聚类分析方法有哪些?

第9章 Agent 和多 Agent 系统

Agent 和多 Agent 系统是人工智能研究最活跃的课题之一,吸引了计算机、人工智能、自动化等领域广大研究者的浓厚兴趣。任何能够独立思考并可以与环境进行交互的实体都可以抽象为 Agent,它既可以描述人,也可以描述智能设备、机器人或者智能软件等。本章将从分布式人工智能的概念出发,介绍 Agent 基本理论、多 Agent 系统的体系结构、通信机制以及协调协作机制,为分布式系统的分析、设计、实现和应用提供解决方法。

9.1 概　　述

随着计算机网络的成熟以及并行计算和分布式处理技术的出现,人工智能的一个重要分支——分布式人工智能(Distributed Artificial Intelligence,DAI)应运而生,并逐渐成为一个新的研究热点。分布式人工智能可以充分利用分散的处理资源,符合社会、经济、科技、军事等领域对信息技术提出的新要求,为大规模复杂问题的解决提供了一条新的有效途径。多 Agent 系统是分布式人工智能的研究热点,所以这里首先介绍分布式人工智能的相关知识。

分布式人工智能的研究可以追溯到 20 世纪 70 年代后期,并在过去 30 多年得到了快速发展。分布式人工智能研究由一组分散的问题求解实体组成的系统中,各实体如何协调它们的知识、技能、目标和规划以采取行动或求解问题,并提高系统的整体性能。因此,对于那些知识或处理资源在本质上是分布式的问题,都可以用分布式人工智能方法来解决。例如,有些问题本身是分布式的,如分布式传感器控制和分布式信息提取,由于目标过于分散等原因而不可能实行集中控制,采用分散控制是唯一的选择。另外,为控制计算复杂度或提高问题求解速度,分布式人工智能系统能够克服原有集中控制系统的局限性,成为最佳的解决方法。

分布式人工智能系统具有以下特点。

(1) 分布性。系统中的信息在逻辑上和物理上都是分布的,没有全局控制中心和全局数据及知识存储。例如,知识、数据和控制等可能分布于多个结点或子系统,各结点或子系统并行工作可提高系统效率。

(2) 协作性。各机构能够相互协作,可以弥补单个结构的能力不足,求解单个机构难以解决或无法解决的复杂问题。例如,不同领域的专家系统分布式运行和合作求解单领域或者单个专家系统无法解决的问题,多个机构通过信息融合可以获得更全面的知识,提高求解能力,扩大应用领域。

(3) 开放性。由于分布式的特点,分布式人工智能系统便于扩充系统规模,具有比单个系统大得多的开放性和灵活性。例如,可以按不同的任务要求设计不同领域的小型专家系统,随着工作环境和任务变化,系统组织结构也可以实时调整,为某些超出一个专家系统范围的问题提供求解办法,还可以为不同机构重复使用,提高问题求解能力。

（4）连接性。各个结点或子系统由计算机网络互联以共享知识和数据，但各个结点或子系统花在计算上的时间比通信上的时间多，通信代价低于问题求解代价。多个结点或子系统工作时，需要协同规划以便实现合作和减少冲突。

（5）健壮性。系统具有冗余通信路径、处理结点和知识，当系统部分损伤或失效时可以降低响应速度或求解精度，从而保证任务继续执行，使得系统具有较强的容错性和鲁棒性。

（6）独立性。与设计单个功能强大的问题求解系统相比，把求解任务分解为多个独立的、功能相对简单的专门子任务，系统开发成本和复杂度更低，也降低了系统崩溃的风险。

分布式人工智能系统要求系统中各实体之间的交互必须具有智能特征，把社会学、经济学、管理科学作为思想的源泉，各个实体可以为一个共同的全局目标工作，也可以为各自不同的但却是相互联系的目标工作。

分布式人工智能处理的问题比一般人工智能处理的问题更为复杂，研究工作大致分为两个方向，即分布式问题求解（Distributed Problem Solving，DPS）和多 Agent 系统（Multi-agent System，MAS）。

早期的分布式人工智能主要研究分布式问题求解，其目标是建立一个由多个机构、结点或子系统构成的协作系统，它们之间协同工作对特定问题求解。一般地，分布式问题求解系统的求解过程可以分为 4 个步骤。

（1）任务分解。当系统从用户接口接收用户指定的任务后，任务分解器剖析问题内部所包含的子问题，并整理逻辑关系，按一定的算法将待解决的问题分解为若干逻辑上相互关联但又相对独立的子任务。

（2）任务分配。任务分配器把多个问题求解子任务分配给合适的智能结点完成，希望用尽可能少的系统代价完成求解任务。

（3）子问题求解。系统为每个子任务设计一个问题求解的任务执行子系统，由于子系统不具有足够的知识和数据，因此，需要与通信系统配合以共享部分数据、知识和问题求解状态等信息，相互协作来进行分布式问题求解。

（4）结果综合。系统通过这些子问题求解结果进行综合，从而达到完成庞大复杂问题求解的目的。分布式问题求解系统采用自顶向下的设计方法，通常需要有全局的问题模型、概念模型和顶部需求。整个系统把所有子系统集成为一个统一的有机整体，其中，系统的粒度影响任务的分解和协调。任务分配环境需要考虑将重要任务分配给多个子系统以增加问题求解成功的可能性，也要考虑负载平衡，实现过程中各个子系统的协同是最为关键的。

分布式人工智能的另一个分支是多 Agent 系统。20 世纪 80 年代后期，多 Agent 系统的研究成为分布式人工智能研究的热点。多 Agent 系统主要研究功能相对简单的 Agent 之间进行智能行为的协调，为了一个共同的全局目标，也可能是关于各自的不同目标，共享有关问题和求解方法的知识，协作进行问题求解。与分布式问题求解系统不同，多 Agent 系统采用自底向上的设计方法，首先定义分散的自主或半自主的 Agent，然后研究怎样完成实际任务。多 Agent 系统具有较大的灵活性，更能体现人类社会群体的智能，适用于开放的和动态的世界环境，在电力系统、电子商务、机器人学、智能信息检索、虚拟现实、军事等领域有着广泛应用。

9.2　Agent 理论

目前，无论是在人工智能领域还是在计算机的其他领域，关于 Agent 的研究都十分活跃。

9.2.1　Agent 的基本概念

Agent 在英语中具有多种含义，国内人工智能文献中将 Agent 翻译为"智能体"、"主体"、"智能主体"等，并无统一的译法。在计算机和人工智能领域，Agent 是一个具有智能的实体，它可以是智能机器人、智能软件、智能设备或智能计算机系统等，甚至也可以是人。由于目前的译法都无法全面反映 Agent 的本意，现在更多地趋向于直接引用英文原文。因此，本书直接使用英文 Agent 而不做翻译。

美国 M. Minsky 教授在其 1986 年出版的《思维的社会》(《Society of Mind》)一书中首次提出了 Agent 的概念。Minsky 认为社会中的某些个体经过协商之后可求得问题的解，这些个体就是 Agent。他还认为 Agent 应具有两重属性，即社会性和智能性。Agent 的概念被引入人工智能和计算机领域后，迅速成为研究热点。

在人工智能系统中，Agent 通过感知器感知环境信息，通过执行器作用于环境，因此，可以把 Agent 定义为一种从感知序列到实体动作的映射。对于机器人 Agent，摄像机、红外传感器等传感设备是感知器，用于感知外界信息，各种运动部件作为执行器作用于外界。对于软件 Agent，使用经过编码的二进制符号序列进行感知与动作。对于人类 Agent，眼睛、耳朵等器官作为感知器，手、脚、嘴和身体的其他部位作为执行器。Agent 与外界的交互作用如图 9-1 所示。

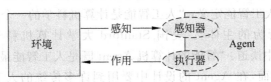

图 9-1　Agent 与环境交互作用

M. Wooldridge 和 N. R. Jennings 在《Intelligent Agents：Theory and Practice》一书中从狭义和广义两个方面去理解 Agent，提出了 Agent 的弱概念和强概念。从广义角度定义的弱 Agent 可以是硬件或软件计算机系统，它们具有以下 4 个基本特点。

(1) 自主性(Autonomy)。Agent 能够在没有人类或命令的直接干预下进行操作，主动地、自发地控制自身的动作和内部状态。

(2) 社会性(Social Ability)。一个 Agent 一般不能在环境中单独存在，而要与其他 Agent 或人类在同一环境中通过 Agent 通信语言协同工作。

(3) 反应性(Reactivity)。Agent 存在于一定的环境中，它感知环境的状态，并通过其动作和行为及时做出响应，此处，环境可能是物理环境、用户操作的图形用户接口、其他 Agent 构成的环境、网络环境，甚至可能是所有这些因素的组合；环境与 Agent 是对立统一体的两个方面，它们之间互相依存，互相作用。

（4）预动性（Pre-activeness）。Agent 不是简单地对环境变化做出响应，它们能够积极主动地去展示有目标的行为。

Agent 的弱概念极大地丰富了它的研究范围，例如，一个独立的并发执行的软件进程可以看作是一类 Agent，它封装了若干状态并与其他 Agent 通过信息传递进行交互，这种思想已经成为基于对象的并行程序设计模式的常用开发方法。Agent 的弱概念还可以用于基于 Agent 的软件工程和软件机器人等学科。软件机器人是一类 Agent，通过发出指令与软件环境交互并解释环境的反馈信息，它的执行器（或者称为效用器）是用来改变外部环境状态的命令。感知器是提供信息的命令，例如，UNIX 的 shell 命令 mv、mkdir 等作为效用器，shell 命令 ps 是感知器。在弱 Agent 的上述几个特性中，自主性是最重要的特性。

对人工智能领域的研究者来说，Agent 具有更严格的含义，通常是指计算机系统，不仅具有弱 Agent 的自主性、社会性、反应性、预动性这 4 个特点，还应具有人类的某些特征，如知识、信念、意图、承诺等心智状态。Agent 的强概念定义了高层次 Agent 的特性。为 Agent 赋予类人属性的另一种方法是将 Agent 形象地表示出来，如对于人机接口感兴趣的工作者用类似卡通的图形图标表示非常重要的 Agent。Agent 的其他属性如下。

（1）移动性（Mobility）。Agent 可以在信息网络环境中运动。

（2）诚实性（Veracity）。总是假设 Agent 不会故意发送错误信息。

（3）仁慈性（Benevolence）。总是假设 Agent 之间的目标不会产生冲突，每个 Agent 总是尽量完成所要求的任务。

（4）合理性（Rationality）。总是假设 Agent 为了实现目标而努力，不会采取阻碍目标实现的动作，至少在它的信念中是这样的。

作为一种新的智能技术，Agent 技术与传统的人工智能技术并不是截然分开的。事实上，Agent 技术与传统的人工智能技术是互相渗透、相辅相成的。基于智能 Agent 的概念，人们提出了一种新的人工智能定义："人工智能是计算机科学的一个分支，它的目标是构造能表现出一定智能行为的主体"。美国 Stanford 大学计算机科学系的 Hays Roth 在 IJCAI'95 的特邀报告中谈道："智能的计算机 Agent 既是人工智能最初的目标，也是人工智能最终的目标"。一方面，在 Agent 的设计中要用到许多传统的人工智能技术，如模式识别、机器学习、知识表示、机器推理、自然语言理解等；另一方面，有了 Agent 概念以后，传统的人工智能技术又可在 Agent 技术的支持下提高到一个新的水平。

9.2.2 Agent 的特性

通常，Agent 具有以下特性。

（1）自主性。Agent 能够根据其内部状态和感知的外部环境，在没有外界直接干预的情况下控制自身的行为，其行为是主动的、自发的和有目标的。

（2）交互性。或称为反应性，Agent 不是独立存在的，它与环境和其他 Agent 进行各种形式的交互，即它能够持续不断地感知周围的环境，并在一个限定的时间内对所受的感官刺激计算出合适的反应，并通过动作和行为改变环境。

（3）社会性。Agent 存在于多个 Agent 构成的社会环境中，与其他 Agent 或人类在一定环境中通过 Agent 语言进行信息交换，表现出人类社会的一些特性。

（4）能动性。Agent 不是简单地对环境变化做出响应，它们能够遵循承诺采取主动行动,表现出面向目标的行为。

(5) 协作性。Agent 与其他 Agent 进行协调与协作,以便完成单个 Agent 无法完成的任务,Agent 之间的协作机制和算法是多 Agent 系统的重要研究内容。

(6) 持续性。Agent 会在一段时间内连续自主地运行,不随运算的停止而立即结束运行,这是 Agent 的一个重要性质。

(7) 适应性。Agent 能根据目标、环境等做出行动计划,并根据环境的变化,修改自己的目标和计划,而不需对多 Agent 系统重新设计,即 Agent 的开放性特性。

(8) 分布性。在逻辑上和物理上分布的 Agent 系统具有分布式的结构,有利于资源共享、并发执行、性能优化等操作,可提高系统效率。

(9) 智能性。Agent 具有较高层次的智能,包括自学习、自增长等一系列的能力,如提取用户行为特征、推测用户意图等。

(10) 理智性。Agent 会尽量履行自己的承诺,不会采取阻碍目标实现的动作。

如果 Agent 的行为完全基于内置的知识,它就没有必要关注其他对象。虽然这样的 Agent 表现出成功的行为,但它本身并没有智能,智能性只是属于 Agent 的设计者。这一点需要注意。

另外,很多研究人员认为,Agent 不仅应具有以上定义的特性,而且还具有一些人类才具有的能力,如知识、信念、愿望、爱好、目标和意图等认知特性。在实际系统中,Agent 或多 Agent 系统中的个体不必具有上述所有特性,开发人员应该从实际情况出发来开发包含以上部分特性的 Agent 系统。

9.2.3 Agent 的内部结构

到目前为止,只是把 Agent 看作一个黑盒子,它将感知器获得的信息作为输入,执行器的动作作为输出,而对 Agent 的内部工作过程还没有介绍。Agent 是一个开放的智能系统,它与环境进行交互以完成期望的目标。由于 Agent 的感知数据的表达方式可能不同,不同模块得到的感知结果也可能不同,所以,它的首要任务是对多个感知器所获取的环境信息进行融合和处理,得到比单一信息源更精确完整的估计,接着利用系统状态、任务和时序等信息形成具体规划,并把内部工作状态和执行的重要结果送至数据库。人工智能的任务是设计 Agent 程序,实现从感知序列到动作的映射。程序的核心功能是决策生成机构或问题求解机构,它接收、指挥相应的功能操作模块工作。

一般而言,Agent 需要包含各种感知器、各种执行器以及实现从感知序列到动作映射的控制系统。如果 Agent 所能感知的环境状态集合用 $S=\{s_1,s_2,\cdots,s_n\}$ 来表示,所能完成的可能动作集合用 $A=\{a_1,a_2,\cdots,a_n\}$ 来表示,则 Agent 函数 $f: S^* \rightarrow A$ 表示从环境状态序列到动作的映射。简单的 Agent 可能只是一台小型计算机,复杂的 Agent 可能包括用于特定任务的特殊硬件设备,如图像采集设备或声音识别设备等,Agent 还可能是一个软件平台。Agent 的内部模块集合如何组织起来,它们的相互作用关系如何,Agent 感知到的信息如何影响它的行为和内部状态,如何将这些模块用软件或硬件的方式形成一个有机整体,这些就是 Agent 结构的研究内容。

Agent 的结构规定了它如何根据所获得的数据和它的运行策略来决定和修改 Agent 的输出,结构是否合理决定了 Agent 的优劣。借助 Agent 的结构,可以更快、更好地开发

Agent 应用程序。下面介绍几种主要的体系结构。

1. 反应式体系结构

　　反应式体系结构是最简单的 Agent 体系结构,体现在 Agent 与环境的相互作用上,不具有个体自身的内部状态,利用"条件-动作规则"方式进行工作。每个 Agent 的行为以感知的外界信息为激发条件,不包括任何符号表示和复杂的中间推理机制,因此也不能为将来制定计划,仅仅对它所处的环境产生反应,其结构如图 9-2 所示。Agent 获取环境状态,然后通过"条件-动作规则"控制机构将环境映射到一个或多个动作,并从中选择一个最合适的动作。Agent 内部需要预置相关的知识,包含行为集合和约束关系。当存在一定的外界刺激时,它的控制机构直接调用预置的知识,产生相应的输出。每个 Agent 既是客户又是服务器,根据程序提出请求或做出回答。

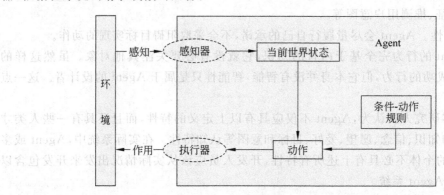

图 9-2　反应式体系结构示意图

　　反应式体系结构的典型结构有 Rodney A. Brooks 提出的包容式结构、Pattie Maes 提出的行为网络以及 Steels 的 Mars explorer 系统。这里主要介绍包容式结构的产生和工作机制。

　　美国麻省理工学院的 Rodney A. Brooks 是著名的机器人制造专家,研发了各种类型的机器人,并在 20 世纪 90 年代设计了第一个火星机器人,他提到的包容式结构表明了基于行为的编程方法的正式起源。Brooks 认为,智能行为不需要明确使用符号人工智能所倡导的显式知识表示,不需要显式的抽象、精确推理,可以像人类那样进化,是某些复杂系统自然产生的属性。虽然自然界中的生物(如昆虫)没有全局信息,甚至不存储信息,但是它们却表现出一定的智能行为。基于行为的机器人学(Behavior-Based Robotics,BBR)正是基于这种现象,可以为机器人设计一组独立的简单行为模型,通过个体交互表现出智能行为。包容式结构机器人的底层是比较原始的行为,如避开障碍物,层次越高行为越复杂,顶层是最复杂的行为。行为的定义包括触发它们的条件和采取的动作。低层行为比高层行为有更多的优先权,高层行为会包容低层行为。例如,最底层是避开障碍物行为,在没有遇到障碍物的情况下,才允许将控制权传递到上一层。在每一层之间,具有不同目标的行为集合竞争控制权,中央裁决机构根据环境状态和内置知识等决定应该优先选择哪个行为。为支持机器人的这种包容式结构,需要控制每层的输入和输出是否有效,该层是否受到抑制,从而保证高层可以获得感知器数据。

　　反应式 Agent 能及时响应外界信息和环境变化,易于硬件实现,在软件实现方面也有速度上的优势。但是，反应式 Agent 的智能化程度通常较低，只适用于简单环境的实时任务。

2. 慎思式体系结构

慎思式体系结构基于当前给定的输入集合，对将要执行的动作进行慎重考虑，需要利用感知器、状态、知识及其他信息进行逻辑推理从而做出决策。慎思式体系结构的模型如图 9-3 所示。采用慎思式结构的 Agent 一般预先知道环境模型，依据内部状态进行信息融合，然后在知识库的支持下规划，在目标指引下形成动作序列并作用于环境。与反应式体系结构相比，Agent 规划是一个比较复杂的过程，可通过逻辑推理和智能算法实现。

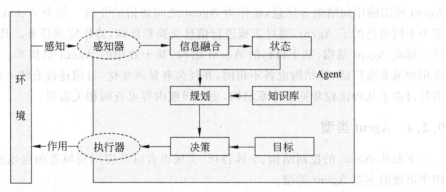

图 9-3　慎思式体系结构示意图

比较有影响的慎思式体系结构是 Rao 和 Georgeff 的 BDI(Belief-Desire-Intention)模型，它定义了任意慎思式 Agent 的基本结构。慎思式 Agent 哲学基础是 M. E. Bratman 的理性平衡观点，即只有保持信念、愿望和意图的理性平衡才能有效地解决问题。理性平衡的目的在于使 Agent 行为符合环境的特性。信念代表 Agent 对世界的看法，愿望是目标，意图指定 Agent 使用信念和愿望选择一个或多个动作。M. E. Bratman 认为在开放的世界中，理性 Agent 的行为不能直接由信念与愿望以及由两者组成的规划驱动，在愿望与规划之间应有一个基于信念的意图存在。基于 BDI 模型的 Agent 可以通过这几个要素描述：一组关于世界的信念、一组当前打算达到的目标、一个意图结构和一个规划库。BDI 型 Agent 能够针对意图和信念进行推理，建立行为计划，并执行这些计划。在开放和分布式的环境中，一个理性 Agent 的行为是受制于意图的，Agent 不会无理由地随意改变自己的意图，也不会坚持不切实际的意图。

慎思式 Agent 具有较高的智能，能够执行规划，可以解决复杂问题，但其环境模型一般是预先知道的，因而对未知动态环境存在一定程度的局限性，执行效率也相对较低。

3. 混合式体系结构

在设计主体的实际应用时，大多采用混合式体系结构。基于反应式体系结构和慎思式体系结构，研究者们提出了混合式 Agent 体系结构，融合传统人工智能和基于行为的人工智能，表现出较强的灵活性和快速响应能力。采用混合式结构的 Agent 内部包含多种相对独立和并行执行的智能形态，包括感知、建模、规划、决策、动作和通信等模块。一个混合式 Agent 中包含两个或多个子系统，即一个慎思式子系统和一个反应式子系统，对于不同智能层次采用不同的处理方式。Agent 通过感知模块接收现实世界信息并对环境信息做出不同层次的抽象模型,反应式子系统用于对突发事件做出快速反应,直接将原始信息映射为执行器的动作;慎思式子系统则处理中长期的规划等抽象问题,以实现 Agent 的目标。比较著名的混合式体系结构有 Gergeff 和 Lansky 开发的 PRS(Procedural Reasoning System)、Ferguson 开发的 Touring Machine 以及 Fischer 等开发的 InteRRaP。其中 InteRRaP 采用分层控制的方法(行为层、本地规划层和协作规划层),将反应、慎思和协作能力结合起来,大大提高了 Agent 的能力。

4. 其他结构

黑板体系结构中有一类全局的工作区域,称为黑板,用于存储环境信息、知识和合作 Agent 所需的中间结果等信息,也作为 Agent 之间通信的介质。每个 Agent 系统内部包含多个不同角色的子 Agent,通过黑板进行信息交换和协调,协作完成任务。其他的体系结构还有移动 Agent 结构、基于目标的 Agent 结构、基于效用的 Agent 结构等。由于 Agent 的应用领域非常广泛,其结构也各不相同,并且会有显著变化,目前还没有统一的分类模式,本书只讨论了几种比较常见的体系结构,更多详细内容可查阅相关资料。

9.2.4　Agent 类型

下面从 Agent 的控制结构、个体特征、实现语言以及应用领域等角度出发,讨论各种应用中出现的主要 Agent 类型。

(1) 从 Agent 内部结构来看,Agent 可分为反应式 Agent、慎思式 Agent 和混合式 Agent,这在上一节已进行过介绍。反应式 Agent 能够主动对环境进行监视,并能做出必要的反应,其典型的应用就是机器人,特别是 Brookes 类型的机器昆虫。慎思式 Agent 的代表是 BDI 模型 Agent,即有信念(即知识)、愿望(即任务)和意图(即为实现愿望而想做的事情)的 Agent,也称为理性 Agent。Agent 的 BDI 模型侧重于形式描述信念、愿望和意图,其本质上要解决的问题是如何确定 Agent 的目标以及如何实现这个目标。BDI 型 Agent 的典型应用是在 Internet 网上收集信息的软件 Agent,较高级的智能机器人也是 BDI 型 Agent。混合式 Agent 结合反应式 Agent 和慎思式 Agent 的优点,表现出较高的智能和快速响应能力。

(2) 从 Agent 所完成的主要功能来看,Agent 可分为移动 Agent、信息 Agent、接口 Agent、虚拟角色 Agent、娱乐 Agent、游戏 Agent、聊天机器人、用户辅助 Agent。

① 移动 Agent 是当前 Agent 研究的热点领域,简言之,就是具有移动性的智能 Agent。移动 Agent 是指能够在网络的各个结点中自行移动,代表其他实体进行工作的一种软件实体。移动 Agent 能自行选择运行地点和运行时机,根据情况中断当前自身的执行,移动到另一设备上恢复运行,同时能够保持原设备上的运行状态到达目的设备上时,从原始状态开始继续运行。

② 信息 Agent 是指用来进行信息检索的 Agent,可以对分布式信息进行管理、控制和分类,完成信息处理(信息处理 Agent)、任务安排(任务 Agent)的功能。

③ 接口 Agent 是人和计算机通过人机界面组成的有机整体,充当用户和机器的桥梁,使合适的信息在合适的时候呈现出来。设计智能用户接口是 Agent 最早的应用之一。接口 Agent 通过学习了解用户需求和行为习惯,协调用户与环境的交互过程,最大程度地避免用户工作被打断,同时在运行时能指导用户操作,减轻用户负担。早期的接口 Agent 主要集中于开发 Web 接口,但也有一些其他应用的 Agent 接口。

④ 虚拟角色 Agent 是针对特定的应用而开发的,采用多种形式,包括娱乐 Agent、游戏 Agent(非玩家角色)、交谈 Agent,如聊天机器人。

⑤ 娱乐 Agent 可用作计算机特效电影中的角色或用于作战训练。在使用了计算机特效的电影中,角色完全由带铰链的关节制造,然后通过训练让它们行动,动画设计者只需要设计角色的移动和执行某一动作,而不需要一帧一帧地详细设计每一帧画面。

⑥ 游戏 Agent 为非玩家角色的 Agent,通过引入自治的角色,使视频游戏更加逼真。

(3) 从特性来看,Agent 可分为反应式 Agent、BDI 型 Agent、社会 Agent、演化 Agent 和人格化 Agent。

① 社会型 Agent 是由多个 Agent 构成的 Agent 社会中的某一个 Agent。该 Agent 除具有意图 Agent 的能力外,还具有关于其他 Agent 的明确的模型。各 Agent 有时有共同的利益,有时利益互相矛盾。因此,社会型 Agent 的功能包括协作和竞争。

② 演化 Agent 是具有学习和提高自身能力的 Agent。单个 Agent 可以在与环境的交互中总结经验教训,提高自己的能力。但更多的学习是在多 Agent 系统,即社会 Agent 之间进行的。模拟生物社会(如蜜蜂和蚂蚁)的多 Agent 系统是演化 Agent 的典型例子。

③ 人格化 Agent 是不但有思想,而且有情感的 Agent。这类 Agent 研究得比较少,但是很有发展前景。

Agent 还可分为软件 Agent 和硬件 Agent。软件 Agent 是以纯软件实现的 Agent,是当前 Agent 技术的和应用研究的主要内容。

9.2.5 Agent 的实现工具

随着 Agent 研究理论和技术的不断深入,人们逐渐认识到构造和实现一个良好的 Agent 系统的重要性。美国斯坦福大学的 Shoham 在 1993 年首次提出面向 Agent 程序设计(Agent-Oriented Programming,AOP)的思想,并设计了第一个 AOP 语言 AGENT-0,旨在推动计算的社会化。他认为,AOP 是一种以计算社会观为基础的新的程序设计范型,其基本运行实体是自主 Agent,Agent 之间基于言语行为的高层交互方式来实现社会协同。他将 Agent 定义为由各种认知部件(如信念、能力和承诺)构成的认知实体,Agent 之间通过言语行为进行交互和合作。

AOP 理论框架主要有 3 个基本元素,即 Agent 形式化定义、Agent 编程语言和 Agent 形成器。Shoham 对 AOP 框架的前两个元素进行分析,提出了一种简单的 AOP 语言(AGENT-0)及其解释器,它以逻辑程序设计语言的形式给出,作为开发更复杂系统的一个指导。随后,人工智能领域的学者围绕 AOP 语言的语义模型及解释器、MAS 型式系统、运行支撑环境等方面开展了深入研究,提出了一系列 AOP 语言,如 PLACA、AgentSpeak(L)、AOPLID、3APL、Golog、ConGolog、Jason 等,并且引起了软件工程领域的一些学者的关注。一部分 AOP 语言,如 3APL、2APL、Jason 和 AgentFactory,还提供了开发支持环境,从而简化程序员的开发和维护任务,提高面向 Agent 程序设计的质量和效率。

除了专用的面向 Agent 的程序语言,现有的通用面向对象程序语言(或其扩充)也可用于 Agent 系统的开发,如 Java,C++。由于对象和 Agent 有很多相似之处,这为使用面向对象语言实现基于 Agent 的系统提供了可能性。目前,很多 Agent 系统都用 Java 语言实现。一些公司和研究机构专门研究开发了 Agent 系统开发平台或者工具包,如 AgentBuilder、

Aglets、JATLite、AgentX 等。用户在开发一个 Agent 系统时,可以直接引用相应的 Agent 构件而不必从头开始编程,节省了大量时间和精力。

9.3 多 Agent 系统

对于复杂问题求解,单个 Agent 的知识或能力显得有些力不从心,更多的实际应用主要是以多个 Agent 协作的形式出现。多 Agent 系统由多个自主或半自主的 Agent 组成,这些 Agent 之间以及 Agent 与环境之间进行交互,它们运用各自的知识、目标、策略和规划协作完成复杂任务或求解问题。多 Agent 系统最终目的是体现人类的社会智能,使它具有更大的灵活性和适应性,更加适合开放、动态的世界环境。如果 Agent 总是致力于使自己的利益最大化,但它们如何选择各自的动作使系统朝着有利于总体目标实现的方向前进。多 Agent 系统的理论研究以单 Agent 理论为基础,研究内容涉及多 Agent 系统的组织结构、通信方式、Agent 之间的交互、协商协调机制和学习机制等有关的理论和方法学。

9.3.1 多 Agent 的结构模型

多 Agent 系统是一个松散耦合的 Agent 群体,这些 Agent 可以是同构的,也可以是异构的,它们可以使用不同的设计方法和开发语言来实现。与设计单个功能强大的 Agent 相比,由多个功能相对简单的 Agent 组成的系统的成本和设计难度更低。每个 Agent 拥有解决问题的不完全的信息,多个 Agent 通过信息融合可以获得更全面的知识库,得到解决问题的优化策略。分布性是多 Agent 系统的一个显著特点,这些分散的 Agent 如何组织起来,它们如何交换信息并互相影响,这类问题在最初设计系统时就要考虑,即系统的体系结构问题。多 Agent 系统的体系结构决定了 Agent 之间的信息关系和控制关系,系统结构是否合理直接影响 Agent 的智能协作水平和自适应程度。下面介绍几种常见的多 Agent 系统体系结构,为各种实际系统的研究和设计提供基本的框架。

(1) 网络结构。

在网络结构中,没有统一的管理控制,Agent 都是对等的关系,它们直接进行交互。这种结构将通信和控制功能都嵌入每个 Agent 内部,要求每个 Agent 都拥有其他 Agent 的大量信息和知识,每个 Agent 必须知道消息应该在什么时候发送到什么地方,系统中有哪些 Agent 是可以合作的,都具备什么能力等。Agent 采用一对一的直接交互方式导致通信链路多,当系统中的 Agent 数目增加时将导致系统效率降低,甚至出现网络拥塞现象。因此,Agent 网络结构不适用于开放的分布式系统。

(2) 联盟结构。

联盟结构的特点是:将系统中的 Agent 根据某种方式(如距离远近)划分成多个联盟,每个联盟有一个协助 Agent,联盟内部的 Agent 可以直接通信,也可以通过协助 Agent 来进行协调和协商,不同联盟的 Agent 之间的交互通过各联盟的协助 Agent 协作完成,联盟内部共享的数据可根据需要选择分布式存储或集中式存储方式。例如,当一个 Agent 需要某种服务时,它就向它所在联盟的协助 Agent 发送一个请求,该协助 Agent 将以广播方式发送请求,或者将该请求与其他 Agent 所声明的能力进行匹配,则协助者通过匹配将此信息发送给对它感兴趣的 Agent。这种结构中的 Agent 不需要知道其他 Agent 的详细信息,可以动态地形成联盟,增加了系统的灵活性。

（3）黑板结构。

在黑板结构中,局部 Agent 把信息存放在可存取的黑板上,实现局部数据共享。在一个局部 Agent 群体中,控制外壳 Agent 负责信息交互,网络控制者 Agent 负责局部的 Agent 群体之间的远程信息交互。黑板结构的缺点是,共享局部数据的 Agent 群体需要拥有统一的数据结构或知识表示,这就限制了系统中 Agent 设计的灵活性。

有些文献从运行控制的角度讨论多 Agent 系统的体系结构,可分为集中式结构、分布式结构和层次式结构。

（1）集中式结构。

集中式结构将 Agent 分成多个组,每组内的 Agent 采取集中式管理方式,即每组 Agent 有一个中心 Agent,它实时掌握其他 Agent 信息并做出规划,控制和协调组内多 Agent 之间的协作。集中式结构如图 9-4 所示。集中式结构能保持信息的一致性,中心 Agent 可以利用全局信息得出近似最优策略,易于管理、控制和调度。该结构的缺点在于对通信和计算资源要求较高,随着各 Agent 复杂性和系统规模的增加,系统层次较多,数据传输过程中出错的概率增加,而且一旦中心 Agent 崩溃,将导致其控制范围内的所有 Agent 失效。它适用于环境已知且确定的环境,通常系统规模较小。

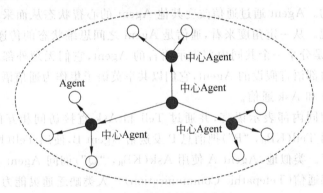

图 9-4　集中式结构示意图

（2）分布式结构。

分布式结构中各 Agent 无主次之分,所有个体的地位都是平等的,如图 9-5 所示。Agent 的行为取决于自身状况、当前拥有的信息和外界环境,此结构中可以存在多个中介服务机构,为 Agent 成员寻求协作伙伴时提供服务。采用分布式结构的系统具有较大的灵活性、稳定性,但是由于每个 Agent 根据局部和不完整的信息做出决策和采取行动,难以统一 Agent 的行为,适用于动态复杂环境和开放式系统。

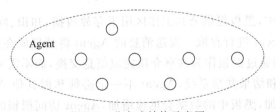

图 9-5　分布式结构示意图

（3）层次式结构。

为了平衡集中式和分布式结构的优点和不足，Agent 群体被分为多个层次，其中每个层次有多个采用分布式或者集中式控制的 Agent。相邻层之间的 Agent 可以直接通信，每一层的决策和该层的控制权集中在其上层的 Agent，上层的 Agent 参与控制和协调下层 Agent 的行为、共享资源和分配及管理。分层式结构具有局部集中和全局分散的特点，适应分布式多 Agent 系统复杂、开放的特性，具有很好的鲁棒性、适应性、高效性等优点，因此，该结构是目前多 Agent 系统普遍采用的系统结构。例如，FIPA（the Foundation for Intelligent Physical Agents)提出的多 Agent 体系结构分为 4 个层次，即消息传输层、管理层、通信层和应用程序层，这种结构标准已得到广泛应用。

综上所述，用多 Agent 技术进行控制，建立体系结构的目标在于希望通过各 Agent 之间的协调协作来解决大规模的复杂问题。因此，可以根据工作环境和不同的任务要求设计多 Agent 系统的体系结构，使系统对环境和外部干扰具有很强的鲁棒性、自适应性和自组织能力。

9.3.2　通信方式

通信是多个 Agent 协同工作的基础，个体之间的信息交换和协调协作都是通过 Agent 之间的通信完成的。Agent 通过通信改变其他 Agent 的心智状态从而采取相应的动作，是它的社会性的体现。从一定角度来看，通信是 Agent 之间思维状态的传递。通常 Agent 通信分为两类，一类是分享一个共同内部表示语言的 Agent，它们无须外部语言就能通信；另一类是无须做出内部语言假设的 Agent，它们以共享英语子集作为通信语言。

（1）使用 Tell 和 Ask 通信。

Agent 分享相同内部表示语言，并通过 Tell 和 Ask 直接访问相互的知识库。例如，Agent A 可以使用 Tell(KB$_B$，"P")把消息 P 发送给 Agent B，使用 Tell(KB$_A$，"P")把 P 添加到自己的知识库。类似地，Agent A 使用 Ask(KB$_B$，"Q")询问 Agent B 是否知道 Q，称这样的通信为灵感通信(Telepathic Communication)。人类缺乏通灵能力，不能采用这种通信，但实现机器人编程时可使用这种通信。

（2）使用形式语言通信。

大多数 Agent 的通信是通过语言而不是通过直接访问知识库实现的。有的 Agent 可以执行表示语言的行为，其他 Agent 可以感知这些语言。外部通信语言可以与内部表示语言不同，并且每个 Agent 都可以有不同的内部语言。只要每个 Agent 能够可靠地从外部语言映射到内部表示语言，Agent 就无须统一内部符号。

Agent 之间的通信方式基本上可以分为黑板系统和消息/对话系统两种方式。

（1）黑板系统。

在多 Agent 系统中，黑板提供公共工作区用于存放数据、知识、问题、中间结果等内容，以方便参与求解的 Agent 进行存取。发送消息的 Agent 将消息放在黑板中，其他 Agent 从黑板中读取信息，它们通过黑板作为共享介质完成信息交换，而不需要直接通信。黑板系统可用于任务共享系统和结果共享系统，Agent 不一定必须掌握其他 Agent 的大量信息。但是随着 Agent 数目增加，黑板中的数据会迅速增加，Agent 访问黑板时要从大量信息中搜索感兴趣的信息，会影响访问速度，通过采用恰当的结构可以提高信息检索速度。

(2) 消息/对话系统。

采用消息/对话通信方式能实现复杂的协调协作,其中各 Agent 使用规定的协议交换信息。发送消息的 Agent 把特定消息发送给接收 Agent,只有指定的接收 Agent 才读取该信息,这种点对点的通信方式要求事先知道对方的信息,如名字和地址。两个 Agent 之间直接交换信息,没有缓存。为了支持协作策略,通信协议必须明确规定通信过程、消息格式和选择通信语言。Agent 之间的通信是知识级的通信,通信双方必须知道通信语言的语义。广播式通信可看作是点对点通信的扩展,Agent 通过广播方式把消息发送给所有的 Agent。

9.3.3 通信语言

哲学家和语言学家用言语行为理论来说明人类通过自然语言进行交流的活动,鉴于此,计算机和人工智能专家对其进行扩充来进行 Agent 之间的通信。言语行为理论(Speech Act Theory)最初是由英国语言哲学家奥斯汀(Austin)在 20 世纪 50 年代提出的,后来在他的学生舍尔(Searle)的不断总结、创新和规范下,成为了一个系统。言语行为理论的基本思想是,言语不仅用于表达世界中的事物,还用于改变世界的状态。也就是说,说话的同时也是在实施某种行为。根据言语行为理论,一个言语通常可以完成 3 种行为,即言内行为、言外行为和言后行为。

(1) 言内行为(Locutionary Act),是说出词、短语和分句的行为,它是通过句法、词汇和音位来表达字面意义和信息、表达某种思想的行为。

(2) 言外行为(Illocutionary Act),是表达说话者的目标或意图的行为,它是使用语句来完成某种非语言的行为。

(3) 言后行为(Perlocutionary Act),是通过语句所实施或所导致的行为,它是话语所产生的后果或所引起的变化,它是通过说话所完成的行为。

在 Agent 通信研究过程中,言语行为被认为是 Agent 对外部环境和其他 Agent 动作的结果。最关心的是言语行为的言外行为部分,它是言语传递的关键,当前大多数的 Agent 通信语言都是基于言外行为。目前,KQML 和 FIPA-ACL 是多 Agent 研究中最重要的两种通信语言,它们都是基于言语行为理论。

1. KQML 及 KIF

知识询问与操作语言(Knowledge Query and Manipulation Language,KQML)及知识交换语言(Knowledge Interchange Change,KIF)是美国高级研究计划局(ARPA)的知识共享计划(Knowledge Sharing Effort)提出的两个相关的 Agent 通信语言。1997 年,T. Finin 和 Y. Labrou 提出了一种 KQML 新规范,在 KQML 消息的句法和保留的执行参数方面差别很小,但是在保留的消息类型集、含义和使用方面变化较大。KQML 规定了 Agent 之间传递信息的格式以及消息处理协议,为多 Agent 系统通信和协作提供了一种通用框架。KQML 提供了一套标准的 Agent 通信原语,使所有利用这种语言的 Agent 能够进行交流和共享知识,在其上可以建立 Agent 互操作的高层模型。

从概念上,KQML 是一种层次结构型语言,它分为 3 个层次,即通信层、消息层和内容层。通信层描述了与通信双方有关的通信参数,包括发送者、接收者、与此次通信相关的唯一标志、同步等。消息层是 KQML 语言的核心,规定了与消息有关的言语行为的类型。消息层的基本功能是确定传送消息所使用的协议,并由发送方提供与内容相关的行为原语,用于指明消息的内涵是确认、命令、询问还是其他原语类型，以便 KQML 对要传递的内容进行分析、路由和发送。内容层是消息所包含的实际内容，用程序自己的表示语言来表示，支持 ASCII 码语言和二进制符号，通常以 KIF 为语法对需要传输的知识进行编码。

KIF 并非消息本身的语言，主要是为 KQML 消息的内容部分提供一种语法格式。KIF 严格基于一阶谓词逻辑演算，在语法上类似于 LISP。采用 KIF 知识交换格式，Agent 可以表示某个对象有某个特性、对象之间的某种关系和全体对象的共性。KIF 的表达式可以是单词或表达式的有穷序列，单词分为变量、常量和操作符，表达式分为 4 种类型，即术语、句子、规则和定义。KIF 提供了这些基本结构以及一阶谓词逻辑的常用连接词、全称量词和存在量词（如 and、or、not、exists）、常用的数据类型以及一些标准函数。

2. FIPA ACL

智能物理 Agent 基金（Foundation for Intelligent Physical Agents，FIPA）致力于推进 Agent 的应用、服务和设备的成功实现。目前，FIPA 发布了 FIPA 97、FIPA 98 和 FIPA 2000 等规范。FIPA 规范规定了 Agent 平台的组成及 Agent 间通信的结构。FIPA 97 只研究静态 Agent，主要包括 Agent 管理、Agent 通信语言（ACL）和 Agent 软件集成等。FIPA ACL 基于言语行为理论，将 Agent 之间传送的消息看作通信行为，即用消息表示 Agent 动作，通过处理接收的消息来执行活动。FIPA ACL 可用于支持和促进 Agent 的行为，如目标驱动行为、动作过程的自主决定、协商和委托、心智状态模型等。FIPA ACL 定义的消息主要组成元素包括通信消息协议、发送 Agent 标识符、接收 Agent 标识符、消息内容、消息内容语言和消息本体论等。描述消息内容的语言可以用语义语言（Semantic Language，SL）、VB、Java 等语言表示，例如，

```
(inform
    :sender agentA
    :receiver agentB
    :content (price desk 10)
    :language sl
    :ontology hpl-auction
)
```

消息的第一个元素是确定通信的动作和定义消息的主要含义，接着是一系列由冒号开头的参数关键字引导的消息参数，包括消息内容、消息发送者、消息接收者等。参数 language、ontology 用于帮助接收者解释消息的含义。FIPA ACL 语言最重要的两个原语是 inform 和 request，其他的语用词则是在这两个原语的基础上定义的。

无论是 KQML 还是 FIPA ACL，由于自身的一些局限，学者们在应用过程中不断进行改进并提出新的解决方案，还有一些其他语言陆续出现。尽管如此，目前这两种语言标准仍然代表着 Agent 通信领域的主流方向。

9.3.4 协调与协作

Agent 的协调（Coordination）和协作（Cooperation）能力是发挥多 Agent 系统优势的关键，是多 Agent 系统研究的重要内容。协调是指一组 Agent 完成一些集体活动时相互作用的性质。协调的作用一般是改变 Agent 的意图，对其目标、资源进行协调以保证合作的有

序进行。协作是非对抗 Agent 之间保持行为协调的特例。研究者们以人类社会为范例研究多 Agent 的交互行为。在开放动态的环境下，Agent 必须对其目标、资源进行协调；否则会出现资源冲突以至于产生死锁现象。另外，由于单个 Agent 的能力和知识的局限性，单 Agent 不能独立完成目标，需要其他 Agent 的帮助，于是，多 Agent 之间的协作变得不可或缺。多 Agent 之间没有协调协作，Agent 群体就变为一群各自为政的乌合之众。可以说，研究 Agent 间的协作是研究和开发基于 Agent 的智能系统的必然要求。

Agent 之间的协作是保证多个 Agent 能在一起共同工作的关键，也是多 Agent 系统与其他相关研究领域（如分布式计算、面向对象的系统、专家系统等）相区别的关键概念之一。通过协作，不仅扩展了单 Agent 的能力以及多 Agent 系统的整体性能，还使系统具有更好的灵活性和鲁棒性。协作过程可以分为 6 个阶段。

① 产生协作需求、确定目标。

② 协作规划、求解协作结构。

③ 寻找协作伙伴。

④ 选择协作方案。

⑤ 按协作或交互协议进行协作以实现目标。

⑥ 结果评估。

协作需求的产生，一方面源于 Agent 相信通过协作能带来好处，如提高效率、扩展能力等，从而产生协作愿望；另一方面来自 Agent 交流过程中认识到，通过协作可以实现更大的目标，从而结成同盟，采取协作性的行动。协作的 Agent 遵循预定的社会规范，相互依赖。目前针对 Agent 协作的研究主要分为两类，即将其他领域研究多实体行为的方法或技术用于多 Agent 协作研究，如博弈论或力学理论；从主体目标、意图、规划等心智状态出发研究多 Agent 间的协作。Agent 的协作始终贯穿着对策和学习。

协调是多个 Agent 为了以一致和谐的方式工作而进行交互的过程。通过协调，希望避免 Agent 之间的死锁或活锁。死锁指多个 Agent 互相等待而无法进行下一步的动作；活锁指多个 Agent 不断工作却无任何进展。为了联合行动，如何协调各自的知识、目标、策略和规划，涉及两个基本内容，即有限资源分配和中间结果通信。为了实现协调，可以采用集中规划方法、基于合同网的协商方法、基于对策论方法和基于社会规范的协调方法等。协调与协作是多 Agent 系统运行过程中面临的同一个问题的两个方面，它们既互相区别又彼此联系。下面介绍几种典型的多 Agent 协同控制方法。

1. 合同网

合同网方法实质上是一种基于协商的多 Agent 协作方法，是所有协作方法中最著名和应用最广泛的方法。通过协商，各 Agent 相互协调、互相协作，以提高对共同视图或规划的一致认识。合同网的基本思想是：采用市场机制进行任务分解、招标、投标、评标、中标和签订合同来实现任务分配。在招投标过程中，利用通信机制对每个任务的分配进行协商，避免资源、知识等的冲突。工作过程如图 9-6 所示。

在合同网系统中，每个结点的结构包括本地数据库、合同处理器、任务处理器和通信处理器。本地数据库存储与结点有关的知识库、协作协商当前状态和问题求解过程信息，以供其他 3 个部件使用；通信处理器负责本结点与其他结点的信息交换；合同处理器完成招投标和合同签订等工作，同时协调各个结点；任务处理器接收合同处理器传递的任务并完成实际

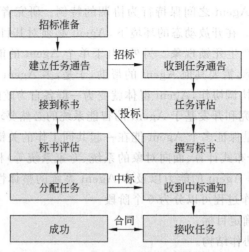

图 9-6　合同网系统的协商过程

任务的处理和求解,然后将结果送到合同处理器。

所有 Agent 分为两种角色,即管理者和工作者。Agent 的角色不需要预先规定,运行过程中根据情况动态变换,即任何 Agent 既可以作为管理者来招标,也可以作为工作者来参与投标。当工作者 Agent 无法独立完成所承担的任务时,它可作为下一级管理者进一步划分子任务,并采用招投标的方式,选择合适的 Agent 来共同完成这个任务。合同网既是一种组织结构,也是协调协作策略。它适用于任务能够独立分解、子任务之间不存在相互作用的问题。

采用合同网的多 Agent 系统中,管理 Agent 以广播方式将招标信息发送给所有其他 Agent,并且所有 Agent 都可以参加投标。这要求大量通信和丰富的资源,因为管理者不仅要与工作者频繁通信,而且管理者还要评价大量投标,往往实际情况是仅少部分中标,从而造成资源浪费。目前,研究者们提出了各种改进措施,如管理者保存部分其他 Agent 的信息以缩小招标范围、利用以前求解问题的方法等。

2. 熟人模型及关系网

熟人模型源于对人类社会关系网结构的观察。Roda 和 Jennings 等首先提出了熟人模型用于解决协作 Agent 的联盟形成问题。在熟人模型中,专门设计了一个自我模型用来表示 Agent 自身的信息,以及一个熟人模型专门用来表示其他 Agent 的资源和能力方面的信息。如果需要确定协作 Agent,它优先考虑熟人并进行评估,从中选择最适于合作的 Agent,以提高协作效率。熟人模型降低了系统通信开销,但增加了在建立和维护熟人模型所需要的系统资源。研究者们在熟人模型的基础上进行改进,提出了各种改进的熟人模型,如 Tri-Base 熟人模型、复合模型等,以适用于实际系统开发并提高系统性能。陈刚等通过构造 Agent 社会关系网模型解决多 Agent 系统通信代价和资源开销问题。该方法采用了一种完全分布的方式访问和维护 Agent 信息,每个 Agent 结点只需在内部建立和维护一个最近经常访问的熟人通信录,Agent 的选择以及 Agent 之间的任务协商都是在 Agent 社会关系网上实现的。

3. 基于学习的方法

在开放的动态环境下,Agent 需要具有在短时间内快速学习和协调的能力,以满足实时控制的要求。多 Agent 系统的动态性表现在以下几个方面。

(1) 外界环境的动态变化特点。

(2) Agent 事先不具备领域知识,需要在和其他 Agent 交互的过程中逐步获得。

(3) 每个 Agent 也不能完全掌握其他 Agent 的行为。

Agent 的学习能力表现在:在追求一个共同的目标过程中,Agent 之间相互通信并互相影响,在学习过程中受到其他 Agent 的知识、信念、意图等的影响,学习其他 Agent 的行动策略后而做出最优决策。在合作的多 Agent 系统中,Agent 的动作选择建立在对环境和其他 Agent 状态了解的基础上,因而 Agent 需要不断学习。学习内容包括环境中 Agent 数量、通信方式、协调策略、环境变化等。学习方法有强化学习、贝叶斯学习等。

强化学习是一个在没有监督的情况下,通过与外界环境进行交互,从而获得最优解的学习过程。多 Agent 学习是单 Agent 学习的扩展和推广,但比单 Agent 学习复杂得多。在基于强化学习的协作多 Agent 系统中,Agent 选择一个动作作用于环境,改变环境的状态并获得环境给予的奖励信号,Agent 根据强化信号和当前环境状态再选择下一个动作,并反复执行这一过程,Agent 获得在任意环境状态下的最佳动作策略。强化学习主要有 4 个组成要素,即策略、奖励函数、状态值函数和环境模型。强化学习过程就是一个实现从环境到行为映射的学习过程,Agent 的目标是寻找一个最优的策略使得总收益达到最大。强化学习结合一定的协调机制可以最终达到协作的目标,如图 9-7 所示。

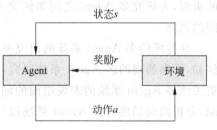

图 9-7 强化学习示意图

4. 对策论方法

对策论主要对理性 Agent 的决策和相互作用进行阐述,适用于有通信和无通信两种情况。Rosenschein 最早提出基于对策论的协商模型,最早应用对策论来分析多 Agent 系统的协商过程。他提出,理性 Agent 即使在没有通信的情况下也可以根据自己及其他 Agent 的效益模型,按照对策论选择合适行为。没有通信的理性 Agent 的协调使用 Nash 平衡解,可以有效协调但不能实现协作。在基于对策论的有通信的多 Agent 协调中则可以得到协作解。参与协商的各个 Agent 为了寻求自身的最优值或最大效益,相互之间是竞争与协作的互赢过程,即各 Agent 按照一定策略来响应来自其他 Agent 反馈回来的效益值,并根据自身的最大效益反馈给其他 Agent,最终形成的协商结果也是决策的最优解。

5. 基于规划的方法

多 Agent 规划有两种方式,即集中规划和分布规划。在集中规划中,至少有一个 Agent 具备其他 Agent 的知识和能力,它对系统目标进行分解,规划每个 Agent 应执行的任务,并由下属 Agent 执行分配给的相关工作。该方法建立在待解问题的全局模型之上,适用于环境和任务相对固定和需要集中监控的情况。分布规划的代表是 Durfee 提出的部分全局规划 PGP,其中每个主体创建局部规划来求解指派的任务,然后主体之间通信并交换各自的规划,创建部分局部规划,通过不断修改和优化部分局部规划得到最终的规划结果,具体规划过程见图 9-8。

还有一些其他的多 Agent 协同控制方法,如基于生态学的协作、基于社会规则的方法、功能精确的协同方法 FA/C 等,这些协作方法的应用都在一定程度上有助于大型复杂问题

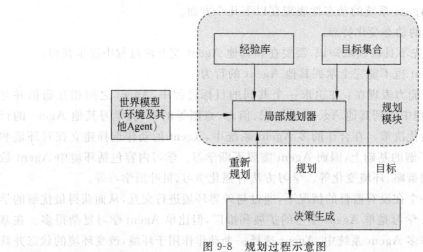

图 9-8 规划过程示意图

的求解,为研究多 Agent 之间如何交互以完成特定的任务或达到特定的目标,提供了更广阔的思路。

在传统的多 Agent 系统的研究基础上,多 Agent 系统研究出现了一些新的发展方向。例如,面向涌现的多 Agent 系统研究,不仅关注 Agent 之间的交互、协作等局部行为问题,更关注多 Agent 系统的宏观层面的涌现性问题以及系统涌现的宏观与微观层面的联系机制,分析面向涌现的多 Agent 系统设计方法。

9.4 MAS 的应用案例

MAS 的研究是分布式人工智能的一个重要分支,而机器人足球比赛是一个典型的 MAS,二者虽然在研究对象上存在差别,但它们之间存在着本质的联系。

机器人世界杯足球锦标赛 RoboCup 是国际上一项非常具有影响力的机器人足球比赛,自 1997 年首次举办以来,之后每年举行一届。RoboCup 包含许多类型比赛,有机器人足球、搜索与救援,每类又分为计算机仿真组比赛和实物组比赛。目前参加仿真组比赛的队伍数目最多,这就使研究人员避开了如目标识别、硬件设计等机器人底层问题,使研究人员能够集中精力研究多 Agent 之间的协作、对抗、学习、实时推理-规划-决策等高层次问题。同时,RoboCup 为 MAS 理论应用于实际环境提供了试验平台,可以检验各种多 Agent 算法和体系结构,研究多 Agent 间的合作和对抗问题。

仿真比赛在一个标准的计算机环境内进行,采用 Client/Server 方式,由 Server 系统 Rcsoccersim 提供一个虚拟的比赛场地,以离散的方式控制比赛的进程。参赛队编写各自的客户端程序,实现 Agent 的底层动作设计和高层智能决策算法。

首先,考虑 RoboCup 机器人足球比赛的世界模型。机器人足球比赛是一个动态变化环境,机器人处理的信息是实时变化和不确定的,这些体现在以下几个方面。

(1) 机器人仅能得到视野范围内的有限感知信息,得到的世界信息是非完整的。

(2) 球场上的球员和球的状态不断变化,因此,对于每个机器人来说,外界环境在动态变化,无法预知。

（3）为了逼真模拟实际比赛中的世界复杂性，引入物体随机移动、感知信息和执行机构的不确定性等。

世界模型的更新必须准确、及时，结合 Agent 获取的感知信息以及对执行动作的预测更新世界模型，必要时还会对其他球员和足球进行预测。

其次，考虑单个机器人的结构和能力。每个足球机器人的组成结构包括决策模块、控制与协作模块、实时动态路径规划模块、通信模块、传感模块和执行机构等。参赛的每个机器人都被视为一个具有基本行为的 Agent，除了具有跑位、传球、截球、带球、断球、射门等个体技能，还具有决策能力、合作能力、学习能力和通信能力等高层技能。

（1）个体技能：对应于人类足球队员的个人基本能力。

（2）决策能力：根据比赛情况进行实时决策，决定下一步的目标。

（3）合作能力：与其他队员合作共同完成目标。

（4）学习能力：通过学习来判断对方的行为，优化个体行为。

（5）通信能力：与本队的其他队员完成信息交换。

机器人接受高层复杂策略生成的子任务，进一步规划为具体的行为序列，作用于世界，并把内部工作状态和执行的重要结果发送至数据库。Agent 的底层动作（如跑位、传球、截球、带球、断球、射门）是实现高层复杂策略的基础，可采用几何的方法对运动模型进行解析计算，也可采用智能算法进行场景训练，实现如带球、传球这类基本行为。根据所编的队形，机器人角色分为前锋、中锋、后卫和守门员。其中，前锋负责进攻、射门、抢球、传球；中锋负责为前锋传球、抢球、射门防守；后卫负责防守、抢球；守门员负责守门。

下面讨论机器人的高层决策和个体之间的合作与竞争。

参赛双方均为机器人群体，比赛是两个机器人群体的对抗，每个机器人都尽自己最大的努力，将球踢进对方球门得分。RoboCup 仿真机器人足球比赛对每个 Agent 采用分布式控制，相当于每个 Agent 都有自己的大脑，独立地根据场上形势做出决策，采用灵活的协作机制来处理动态环境下的复杂性和不确定性。一直以来，仿真机器人足球比赛的竞争与合作都是机器人领域和人工智能领域的研究热点，需要解决的问题有任务分配、协作策略的学习、实时推理-规划和及时的动作决策等。由于比赛双方的形势时刻都在变化，每个机器人必须及时变换自己的角色，重新组织队伍或布局。仿真系统根据球场形式构造球队的站位、队形和队员的行为模式，以实现球队在比赛过程中的协调。国内外学者对仿真足球机器人的协作机制进行研究，取得了很多成果。例如，采用决策树方法对队员的基本动作和高层决策进行训练，提出分层学习的框架，采用强化学习进行行为策略的学习。

MAS 理论的研究为 RoboCup 多机器人的协调协作提供了理论基础，同时，RoboCup 为 MAS 理论应用于实际提供了一个理想的仿真和试验平台，促进了机器人学、人工智能、多 Agent 系统、模式识别等其他学科的发展。

9.5　Agent 技术应用

随着 Agent 技术的理论日渐成熟和不断丰富，关于 Agent 技术的实际应用研究逐渐兴起。目前，Agent 技术在机器人学、电力系统、工业过程控制、电子商务、教育、信息网络等领域都有用武之地，并且其应用领域仍在不断扩展。下面介绍几种 Agent 应用情形。

1. 机器人学

智能机器人具有自主性、交互性、自适应性、自学习、推理-规划-决策等能力,这也正是 Agent 具备的特点。因此,可以把智能机器人作为一类 Agent 来对待。机器人通过自身的传感设备感知外界信息和检测机器人本身状态(如关节位置、加速度、姿态和方位等),通过各种运动部件作为执行器对外界产生影响。单机器人规划问题实际上是一种问题求解,即从某个特定问题的初始状态出发,寻找一系列操作以达到解决问题的目标。可以结合传统人工智能和 Agent 技术对单机器人的内部结构、推理和决策进行研究。多机器人系统是由许多异构或同构的自治机器人组成的系统,主要研究群体体系结构、感知、通信、学习、协调协作机制等问题。多 Agent 的组织结构、通信机制、基于对策论的多 Agent 策略、合同网方法等多 Agent 理论研究的成果适用于多机器人系统。

2. 网络信息检索

面对 Internet 技术的快速发展和网络资源管理的日趋复杂,如何高效、充分地使用网络信息资源成为信息领域面临的重要课题。智能信息检索成为检索研究领域的主流课题,而 Agent 技术正好可以适应这方面的需要。因此,基于 Agent 的智能检索技术迅速发展起来。在一个基于 Agent 的智能网络信息检索系统中,根据系统要求不同可能存在多个不同功能的 Agent。例如,用户 Agent 通过兴趣偏好和信息反馈训练,形成用户个性化模型,实现个性化服务;Web 服务 Agent 为用户访问检索服务器提供 Web 接口,并接收检索 Agent 返回的检索结果,显示给用户;检索 Agent 是系统的核心模块,接收 Web 服务 Agent 传递的参数,完成信息检索工作;信息过滤 Agent 将网络信息和用户个性化需求进行匹配,体现智能信息检索的优势。

3. 电子商务

随着 Internet 应用的不断扩大,越来越多的人看好 Internet 上的商业机会。Agent 技术应用于商业网站向用户提供建议,对用户实行因人而异的主动服务。在电子商务领域中,使用多个 Agent 构造一个类似于人类社会的系统,每个 Agent 具有自身代表的角色,如顾客 Agent、订购 Agent、销售 Agent、供应商 Agent、管理 Agent 等。顾客 Agent 代表买家,接受顾客对商品的需求信息并进行分析和处理;订购 Agent 查找商店,寻找满足顾客需求的商品,需要一些订购策略;供应商 Agent 代表卖方分析不同用户的消费习惯,向潜在用户群主动推销特定商品。这些 Agent 之间进行信息交换,协作完成任务。

4. 远程教育

基于多 Agent 的远程教育克服了原来远程教育模式的缺点,增强了教学的个性化和趣味性。基于 Agent 的远程教育系统包括学生登录、教学过程管理、教学策略管理、学生模型数据库、知识数据库、教学实施等模块。根据真实世界中教学活动的参与者类型,Agent 可以分为教师 Agent、学生 Agent、管理员 Agent、学习伙伴 Agent 等。学生登录系统后会生成一个学生 Agent,记录学生的基本信息、学习记录、认知能力等。教师登录系统后会生成一个教师 Agent,对教学过程进行指导和监督。在教学实施过程中,教学策略 Agent、教学 Agent、协调 Agent 共同工作。教学策略 Agent 根据教师的模型数据和知识类型选取适合该学生学习状态的教学活动过程,通过监视人机交互进行动态策略调整;每个教学 Agent 可以独立完成每项具体教学任务,当执行任务过程中出现异常时,协调 Agent 来调整教学 Agent 之间的任务分配和信息交互。基于多 Agent 的远程教育具有更高的智能性,进一步提高网络学习的交互性、主动性和协作性。

　　除了上述介绍的 Agent 技术的实际应用外，Agent 技术在电信领域也有出色表现，如利用 Agent 的自主性、协作性、自适应性去解决网络管理方面的负载均衡、故障预测等。Agent 技术，特别是多 Agent 系统的研究不仅仅是分布式人工智能领域的研究热点，更成为现代化信息技术关注的热点，在经济、医疗、交通控制、制造业、电力行业、农业、教育等众多领域都具有广阔的应用前景。

本章小结

　　目前，Agent 技术的研究热点主要是 Agent 的理论模型、多 Agent 系统及其开发应用。本章首先介绍了 Agent 的一般概念，对 Agent 的特征、结构和类型进行具体说明；其次，详细介绍了多 Agent 系统的体系结构、通信机制和协调协作等内容；再次，通过一个多 Agent 的应用案例给出了 Agent 技术的使用方法与技巧；最后，介绍了 Agent 技术的新发展与应用前景。当前，多 Agent 系统已经引起许多学科及其研究者的高度重视，未来也将会结出更加丰硕的成果。

习　　题

9-1　什么是分布式人工智能？它有哪两个主要研究分支？

9-2　简要说明 Agent 的基本含义，它有哪些特性？

9-3　Agent 可分为哪些类型？

9-4　言语行为理论的基本思想是什么？说明 Agent 的通信语言有哪些。

9-5　简述多 Agent 系统的体系结构类型。

9-6　简述多 Agent 系统的协调、协作的含义，这两者之间有什么关系？

9-7　举例说明多 Agent 系统的一个典型应用。

第10章 人工智能程序设计语言

智能系统是在传统计算机上通过软件手段实现的,因此,如何进行人工智能软件的程序设计是构造智能系统的关键问题之一。可以采用通用的程序设计语言来设计人工智能软件,如 C、BASIC、FORTRAN 等。然而,人工智能所解决的问题并非一般的数值计算或数据处理问题,它是要实现对脑功能的模拟和再现。因此,人工智能的程序设计更加面向问题、面向逻辑,需要知识表示的能力,以及描述逻辑关系和抽象概念的能力。人工智能程序处理对象更多的是知识,或者说是符号,而不是数值,而且大量使用表处理、模式匹配、搜索和回溯等运算。使用常规的过程性程序设计语言进行人工智能程序设计,就显得不那么得心应手,要么麻烦和复杂,要么无法实现。于是,更为方便、有效、面向人工智能程序设计的开发语言便应运而生。

10.1 概　　述

人工智能程序设计语言一般都提供对知识的表示和逻辑推理的支持。LISP 语言和 PROLOG 语言是两种主要的人工智能程序设计语言,在智能系统开发中得到了广泛的应用。另外,由于面向对象的知识表示方法特别适合于大型知识库系统的开发,面向对象的程序设计被广泛应用于专家系统程序设计中,因此,面向对象的程序设计语言(如 C++ 等)已成为一种广泛使用的人工智能程序设计语言。

10.1.1 LISP 语言简介

LISP 语言是第一个用于人工智能程序设计的语言。LISP 于 1960 年由美国麻省理工学院的麦卡锡(John MacCarthy)和他的研究小组首先设计实现。当时计算机语言刚刚兴起,FORTRAN、ALGOL 等语言也刚处在初级阶段,因此,LISP 语言可以称得上是最早的计算机语言之一。当时机器翻译和定理证明的研究已经起步,对符号处理语言的需求已经存在。LISP 语言将其处理对象规定为符号表达式,整数或实数则是符号表达式中极为特殊的一个很小的子集。LISP 语言的出现,大大方便了需要进行符号处理的程序设计,引起了大家的重视。于是,到了 1962 年,LISP 便作为一个实用系统出现了,这就是 LISP1.5。

在人工智能领域中,除了便于进行符号处理的需求,人们逐渐发现,由程序生成一些程序并在适当的时候执行是十分重要的。这种情况有时也可以理解为"数据驱动"。如果利用 PASCAL 或类似的语言来实现这一点,程序员就需要为此设计一种语言并写出其解释程序。LISP 语言在这个问题上有着先天的优点,它具有自己解释自己的能力。当程序员需要的时候,利用 LISP 语言很容易写出一段程序来编制或改造另一段程序,而且随时又可以执行加工出来的程序。甚至一段程序还可以在运行过程中自己修改自己。这本是计算机固有的能力,但大多数语言都不是从计算的理论模型出发设计的,所以就损伤了这种能力。而 LISP 语言本身就是一个计算模型,其数据形式和程序形式是完全一致的,都是符号表达式,因此计算机的这种固有能力就充分表现出来了。在实用系统中,LISP 语言的支持环境,如编辑、纠错等,都是用 LISP 实现的,而且可以嵌入在用户程序中作为一个标准函数来引用,使这些工具可以更加灵活地得到应用。LISP 的这些优点,来自于它的理论的简单性与透明性。各种较早的语言,除了 FORTRAN 靠着强大的经济力量维持到今天外,只有 LISP 语言正得以广泛的使用,经久不衰。如今,在数值计算的领域,特别是人工智能领域中,LISP 语言占有极重要的地位。

LISP 是英文 LISt Processing 的缩写,即"表处理语言"。正如其名,LISP 最擅长表处理,也就是符号处理。自从麦卡锡和他的研究小组 1960 年发表 LISP 语言以后,迅速得到人工智能工作者的认可,而且长盛不衰,在人工智能领域中发挥了非常重要的作用,许多著名的人工智能系统都是用 LISP 语言编写的,至今仍然是人工智能领域研究和开发的主要工具之一,许多重要研究成果联系在一起,如著名的专家系统 MYCIN 和 PROSPECTOR,就是用 LISP 语言开发出来的。人们曾这样评价 LISP 语言:LISP 语言是人工智能中的数学,不仅对人工智能的机器实现有重要意义,而且是人工智能理论研究的重要工具。

10.1.2　PROLOG 语言简介

PROLOG 是英文"PROgramming in LOGic"的缩写,即"逻辑编程"。PROLOG 是一种基于一阶谓词的逻辑型程序设计语言。定理证明是逻辑程序设计的基础,逻辑程序设计起源于鲁滨逊提出的归结原理。谓词演算提供了与计算机沟通的基本形式,归结提供了推理技术。

1972 年,马赛大学的考美拉尔(Alain Colmerauer)在研制自然语言问题系统时,提出了 PROLOG 的雏形。考美拉尔和卢塞尔(Phillippe Roussel)在爱丁堡大学的科瓦尔斯基(Robert Kowalski)的帮助下,提出了 PROLOG 的基本设计。考美拉尔和卢塞尔对自然语言处理感兴趣,科瓦尔斯基对自动定理证明感兴趣。1975 年 PROLOG 被用于问题求解系统。马赛大学和爱丁堡大学的合作一直持续到 20 世纪 70 年代中期,此后,对 PROLOG 语言的开发和使用的研究在这两个地方独立开展,其结果就是两个语法不同的 PROLOG 方言:从马赛小组发展而来的一类、从爱丁堡小组发展而来的一类,以及一些为微机开发的方言。这些方言的语法形式有些差别。

由于 PROLOG 语言具有自动推理能力,这正是未来程序设计语言所应具有的特点之一,因此自它出现以来,始终在人工智能领域和计算机领域受到高度重视。PROLOG 在人工智能的许多研究领域获得了应用,如关系数据库、定理自动证明、智能问题求解、符号方程求解、规划生成、计算机辅助设计及编译程序的构造等领域。20 世纪 80 年代中,由于日本宣布新一代计算机的研制以 PROLOG 为其核心语言,因此使 PROLOG 风靡一时。

10.2　表处理语言 LISP

LISP 语言已经有 50 多年的历史,最初是专为符号计算而设计的语言,后来根据人工智能应用的需要进行了扩展和精简。

LISP 设计初始是函数式语言,其语法和语义源自递归函数的数学理论。但为了提高效率增加了命令式语言的特点,因而并非纯函数式程序设计语言。LISP 作为一种语言广泛用于实现人工智能的工具和模型,其函数式程序设计的优点,再加上丰富的用于建造符号数据结构的高级工具,使得 LISP 在人工智能研究团体中广泛普及。

LISP 语言有很多版本,本节将介绍 Common LISP 的语法和语义,因为其已经成为广为接受的标准,所介绍的子集大部分内容均适用于其他版本的 LISP。特别强调其适用于人工智能程序设计的特点,包括用来创建符号数据结构表的使用,用于操作这些结构的解释器和搜索算法的实现。

10.2.1 LISP 的基本元素

LISP 语言是符号处理语言,其语义元素主要是符号表达式,也称为 S 表达式。S 表达式不是数值,而是一个原子或者表。

LISP 原子是该语言的基本语义单元,包括文字、串和数字。文字又称符号,是由字母开头的,字母、数字和一些特殊符号(如 * 、- 、+ 、/、@ 、$ 、^、%、+、&、_、<、>、~)组成,用来表示常量、变量和函数。串是由双引号括起来的一串字符。数字由数字串组成。以下是一些 LISP 原子的实例。

```
pi
X
"hello"
100
3.1416
```

LISP 的基本数据结构是表。表是一种特殊的 S 表达式。表是由括号括起来的由空格分开的元素的集合,其中元素可以是原子或者表。例如:

```
(1  2  3  4)
(a(b c)(d(e 0)))
()
```

LISP 的数据结构虽然简单,只有 S 表达式形式的表结构,但是表是建造数据结构非常灵活的工具,任何结构化的数据都只是其特例。进行计算时,使用表结构描述的数据结构和规模可以不断改变,给程序员提供了极大的方便。例如,用表来表示谓词演算表达式:

```
(on block-1 table)
((likes bob X)(and (likes george kate)(likes bill mary)))
```

表的第一个元素称为表头,除表头以外其他元素组成的表称为表尾。表的元素可以是表,这种嵌套可以是任意的深度,允许创建任意形态和复杂度的符号结构。特别地,元素个数为零的表称为空表,记作(),空表在创建和操作 LISP 数据结构中扮演一个特殊的角色,并被赋予一个特殊的名字——nil。

10.2.2 LISP 的运行机制

LISP 的一个重要特色是数据和程序都表示为 S 表达式,如(+ 6 13),其意义为前缀形式的算术表达式。当用户在 LISP 解释器的交互式对话中输入表达式,解释器将对输入进行分析。当输入为表结构时,解释器会将表的第一个元素解释为一个函数的名字,其余的元素则作为其参数。如果成功,解释器的显示结果是将该函数应用于其参数后的结果。数字将分析为其本身。于是,对于(+　6　13),LISP 解释器返回 19,即该表达式的值。

LISP 解释器对于表达式就是要进行求值。因此,LISP 的程序运行就是表达式的求值过程。在分析一个函数时,LISP 首先分析其参数,然后将分析的结果应用于表达式的第一个元素所代表的函数中。因此,S 表达式(f x y)与算术函数符号 $f(x, y)$ 意义相同。

如果参数本身也是表达式,LISP 递归地进行分析。这样 LISP 允许任意深度的嵌套函数。例如,对于表达式(+(+　1　2)(+　3　4)),解释器首先分析参数(+　1　2)和(+　3　4)。在分析(+　1　2)时,解释器分析参数 2 和 3,并返回相应的值,这些值相乘得到 6。同样地,(+　3　4)将得到 15,然后这些结果传到高层相加,得到 21。

S 表达式既可以代表数据也可以代表程序,这样不仅简化了语言的语法,而且将函数看作数据(高阶函数)也可以使程序编写更加简单,同样也简化了 LISP 解释器的实现。

10.2.3　LISP 的基本函数

LISP 有许多内置函数,可以帮助用户更为方便地进行程序设计。

1. 控制分析

当分析一个 S 表达式时,LISP 首先分析其所有参数。例如,利用解释器分析表达式:

```
>(a b c)
Error: invalid function: a
```

这样就会产生错误,因为该 S 表达式的第 1 个元素 a 不代表任何已知的 LISP 函数。

为了防止这种情况,LISP 为用户提供了内置的函数 quote,能阻止对其参数进行分析。quote 带一个参数,并且返回该参数。例如:

```
>(quote(a b c))
(a b c)
>(quote(+　1　3))
(+　1　3)
```

当一个函数的多个参数用来作为数据而不是可分析的格式时,quote 用来防止分析这些参数。由于 quote 应用频繁,LISP 将其缩写为一个单引号。下面的例子表明了在 list 函数的调用中 quote 的影响:

```
>(list (+　1　2)(+　3　4))
(3　7)
>(1ist '(+　1　2)'(+　3　4))
((+　1　2)(+　3　4))
```

在第一个例子中,各个参数没有加单引号,因此括号中的值被加以分析并传给了函数 list。第二个例子中,quote 阻止了分析的进行,将 S 表达式本身作为参数传给了函数 1ist。虽然(+　1　2)是有意义的 LISP 格式,quote 阻止了对其进行分析。

LISP 另一与解释器分析相关的函数是 eval 函数,允许对 S 表达式进行求值。eval 函数以一个 S 表达式为参数,实现对参数进行函数分析,并将分析结果作为 eval 函数的值返回。例如:

```
>(eval (quote (+  1  3)))
5
>(eval (list '(+  1  2) '(+  3  4))
10
```

2. 创建函数

假设用户要定义一个函数 square,该函数返回其参数的平方。square 可以通过以下方式创建:

```
(defun square(x) (* x x))
```

defun 的第一个参数是所创建函数的函数名;第二个参数是函数的一系列形式参数,必须都是符号原子;其余的参数是 0 个或更多的 S 表达式,定义新函数的函数体,来刻画新函数的行为。defun 精确语法如下:

```
(defun<function name>(<formal parameters>)<function body>)
```

defun 与大多数 LISP 函数不一样之处在于其不评估参数,而是用参数创建新的函数。与所有的 LISP 函数一致之处在于 defun 返回一个值,返回值仅是函数名称。

```
>(defun square(x) (* x x))
square
```

在上面的例子中,square 定义为函数,并携带一个参数,通过计算返回该参数的平方。注意,利用 defun 定义的函数形式参数列在一个表中。

当函数被定义后,调用时必须与 defun 中定义的形式参数是同样数量的参数,也就是"实参"。当函数被调用时,实参被绑定给形式参数。然后根据这些绑定对函数体进行评估。例如:

```
(square 3)
>9
```

使得 3 绑定给了形式参数 x。当分析函数体(* x x)时,LISP 首先分析函数的参数。由于 x 被绑定为 3,因此导致了对(* 3 3)的计算。

3. 流程控制

LISP 控制程序流程的方式同样是基于函数分析的。假设用户要定义一个 absolute-value 函数,使其根据不同的参数形式完成绝对值的计算。absolute-value 可以利用条件函数,通过以下方式创建:

```
(defun absolute-value(x)
    (cond ((>  x  0)x)
          ((=  x  0)0)
          ((<  x  0)(-x))))
```

cond 函数以条件-动作为参数,其格式为:

```
(cond (test-1 body-1)
      (test-2 body-2)
```

• 362 •

```
         ...
         (test-n body-n))
```

其中,body 由零个或多个表达式组成。cond 语句的求值是通过对 test 依次求值,直到某个 test 成立,此时对应的 body 中的表达式被依次求值,最后一个表达式的值作为 cond 的值返回。如果没有 test 成立,cond 返回 nil。为了避免 cond 中所有的条件都不成立,cond 语句最后一句常以(t body)的形式出现,t 的作用是使条件总能成立。

```
(defun absolute- value (x)
    (cond (( >  x  0)  x)
          (( =  x  0)  0)
          (t( -  x))))
```

虽然任何可以分析的 S 表达式都可以用作 cond 的条件,但是 LISP 包含一种特殊的函数常用于判断的条件,称为谓词。一个谓词是一个简单的函数,根据其参数进行运算而返回 T 或 nil,如谓词=、>、<可用于数字的比较。

除了 cond 函数,LISP 还支持 if 格式,其格式为:

```
(if test conditional alternate)
```

其中,alternate 表达式是可选的。LISP 中的任何表达式都可作为条件,若表达式返回值为 nil,则条件不成立;否则条件成立。当条件成立时,立即执行 conditional 表达式,条件不成立时执行 alternate 表达式。

```
(defun absolute-value (x)
    (if (<  x  0)( -  x)
        x))
```

4. 命名

let 是一个函数,允许将名字暂时绑定到子表达式的值上,通常用于从复杂的表达式中分解出公共的子表达式。这些名字可随后用于对另一个表达式的求值。let 的一般形式为:

```
(let (name-1 expression-1)
     (name-2 expression-2)
         ...
     (name-n expression-n))
     body)
```

let 的语义是对前 n 个表达式求值,并将结果绑定到相关联的名字上,再对函数体 body 中的表达式求值。let 的结果是函数体 body 中最后一个表达式的值。例如,用户希望编写一个计算二次方程根的函数 quad-root,函数以方程 $ax^2+bx+c=0$ 的系数 a、b 和 c 为参数,返回方程的两个根。二次方程根的计算公式为

$$x = \frac{-b \pm \sqrt{b^2 - 4ac}}{2a}$$

在完成计算时,$\sqrt{b^2-4ac}$ 的值被使用了两次。为了提高效率及精简代码,可以利用 let 将其值与一个名字绑定,以在计算中重复使用。

```
(defun quad-root (a b c)
    (let ((temp (sqrt(- (* b b) (* 4 a c))))
          (denom (* 2 a)))
        (list (/ (+ (- b) temp) denom)
              (/ (- (- b) temp) denom)))))
```

LISP 内置函数非常多,更多内容可参考 LISP 相关书籍。

10.2.4　LISP 的表处理

LISP 的真正威力在于符号计算,在于以表为基础建造任意复杂的数据结构,并对其进行操作。

1. 表结构

表结构是一种特殊的 S 表达式,其构造基础是序对(pair)结构。构造序对的函数为 cons 函数,利用 cons 函数构造的序对结构可以形象地理解为盒子指针结构,如图 10-1 所示。cons 函数以两个 S 表达式为参数,返回两个参数形成的序对,序对左边的盒子存放着指向序对左边元素的指针,右边存放着指向序对右边元素的指针。访问序对元素的基本函数为 car 和 cdr,分别对应于取序对左边元素和右边元素。

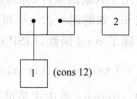

图 10-1　序对的盒子指针结构

基于序对,LISP 表的基本结构如图 10-2 所示,利用序对的构造函数,其构造语句如下。

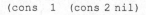

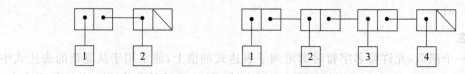

图 10-2　利用序对构造表结构的示例

其中,nil 扮演着重要的角色,nil 首先是一个原子,但又可以表示真值"假",同时又可以表示空表。nil 是唯一的既是原子又是表的 S 表达式。

序对的构造函数和元素访问函数可以应用于表结构,此外,还有一些常用的与表相关的基本函数,其功能分别如下。

(1) cons 函数用以在现有的表前面添加一个表头。例如:

(cons 1　'(2))的结果是(1　2)。

(cons 1　'())的结果是(1)。

(2) car 以一个表为参数,返回这个表的表头。

(car　'(A B C))的结果是 A。

(car　'(1))的结果是 1。

(3) cdr 以一个表为参数,用于计算表的尾部。

(cdr　'(A B C))的结果是(B C)。

(cdr　'(B C))的结果是 nil。

（4）atom 是原子判断谓词。atom 是一个一元谓词，如果参数为原子，则返回 T；否则返回 nil。例如：

（atom A）的结果是 T。

（atom nil）的结果是 T。

（atom'(A B C)）的结果是 nil。

（5）函数 eql 是判断文字原子相同的一个二元谓词。eq 检查两个参数的值是否是相同的文字原子。如果是文字原子而且相同，则返回 T；否则返回 nil。例如：

（eql'A'A）的结果是 T。

（eql'A'B）的结果是 nil。

（eql'(A B)'(A B)）的结果是 nil。

（6）谓词 null，当参数的值是 nil 时返回值是 T；否则返回 nil。

（7）c××r 形式的函数。用 a 或 d 替代其中的×，可以得到 caar、cadr、cdar、cddr 等 4 个函数，其定义如下。

（caar x）等价于（car（car x）））。

（cadr x）等价于（car（cdr x）））。

（cdar x）等价于（cdr（car x）））。

（cddr x）等价于（cdr（cdr x）））。

其中，cadr 和 cddr 对于表来说是很常用的函数。例如：

（cadr'(A1 A2 A3 A4)）的结果是 A2。

（cddr'(A1 A2 A3 A4)）的结果是（A3 A4）。

以同样的方式还可以推广到 car 或 cdr 的三重复合函数、四重复合函数等。例如：

（cadddr x）等价于（car（cdr（cdr（cdr x）））））。

以上这些函数都是每个 LISP 系统必备的函数。

但是，利用序对的构造函数 cons 难以构造复杂的表结构，因此，LISP 提供了一个简洁的表构造函数 list。图 10-2 所示的表可以利用 list 函数通过以下方式进行构造。

    (list 1 2)　(list 1 2 3 4)

list 可以将若干表达式的计算结果组成一个表。严格来说，并不是一个函数，因为其形参个数是任意的。

2. 表操作

car 和 cdr 的操作方式说明对表的各种操作都是基于递归的方式实现的，表操作的基本步骤如下。

① 如果表空，则退出。

② 否则，对表头元素执行相应计算，并递归对表尾执行函数运算。

例如，编写一个函数 square-list，用以将表中的各个元素求平方。

```
(defun square-list (items)
    (if(null items)
     nil
     (cons(square(car items)) (square-list(cdr items)))))
```

为了方便用户使用，LISP 拥有各种内置的表处理函数，常用的包括以下几个。

（1）表的并置函数 append。

append 函数以两个表为参数，将参数表的元素以原有结构和顺序合并后形成一个新的结果表，其调用效果如下。

```
>(append (list 1(list 2 3)) (list 4 5))
(1 (2 3) 4 5)
```

两个表并置的计算方法为：如果第一个表是空表，并置的结果就是第二个表；否则，先将第一个表的尾部与第二个表并置起来，再将第一个表的首部并入这个结果表。按照上述算法，可以将函数定义如下。

```
(defun append(list1 list2)
    (cond((null list1) list2)
        (T(cons (car list1)(append(cdr list1) list2)))))
```

append 函数的调用过程将展现出一个递归的计算过程。以调用效果中的调用语句为例，第一次调用 append，形参的值分别是'(1 (2 3))和'(4 5)。这样，就相当于求值：

```
(cond((null '(1 (2 3))) '(4 5))
    (T(cons(car '(1 (2 3)))
        (append(cdr '(1 (2 3))) '(4 5)))))
```

由于(null '(1 (2 3)))的值是 nil，所以上面的求值过程即为：

```
(cons 1 (append '((2 3)) '(4 5)))
```

为了求出这个值，需要先计算(append '((2 3)) '(4 5))，于是引起了 append 的第二次调用。这一次，形参的值分别是'((2 3))和'(4 5)，注意第一个参数是以'(2 3)为唯一的项的一个表。与第一次调用类似，这次调用将上式的计算又转化为如下计算过程：

```
(cons '(2 3) (append nil '(4 5)))
```

其中包含着对 append 的第三次调用，即(append nil '(4 5))。第三次调用 append，形参的值分别是 nil 和'(4 5)。于是，函数调用需要计算的条件表达式为：

```
(cond((null nil) '(4 5))
    (T...))
```

此时，由于(null nil)的值是 T，'(4 5)的值(4 5)，将作为第三次调用的返回值。递归退回到第二次调用，其返回值通过计算(cons '(2 3) '(4 5))而得到((2 3) 4 5)。最后，回到第一次调用，将 cons 作用于 1 和第二次调用的结果((2 3) 4 5)，得到最后的结果(1 (2 3) 4 5)。

append 在递归调用过程中，每一次的形参入口值都比前一次少一项，这样，经过若干次调用，其第一个形参的输入值就会变为 nil，递归也就停止了。

append 函数的定义也可以写为：

```
(defun append(list1 list2)
(cond (list1 (cons (car list1)(append(cdr list1) list2)))
    (T list2)))
```

这个定义只是将前一个定义里条件表达式的两个子句换了位置。此时，第一个子句应检验的条件是 list1，它表示如果 list1 的值不是 nil，就计算后面的 cons 函数；否则，如果 list1 的值是 nil，就要计算 list2 的值。用这个定义来计算，过程比较简单，因为在检验的过程中免去了调用 null 函数。从这个例子也可以看出，将空表和"假"用同一个原子 nil 来表示的好处。

（2）计算表长度的函数 length。

length 函数以一个表为参数，统计参数表中顶层元素的个数，其调用效果如下。

```
>(length (list 1  2  3))
3
>(length '((1  2) 3  4))
3
```

length 函数的计算思路是：如果希望求取参数表的长度，可以先求取其表尾的长度，然后，在表尾长度数值的基础上加 1。length 的递归定义可以写为：

```
(defun length(x)
    (cond (x(add  1  (length(cdr x))))
          (T 0)))
```

注意，这个定义中用到了算术函数 add。

（3）检查两个 S 表达式是否相同的 equal 谓词函数。

一个 S 表达式要么是原子，要么是由两个 S 表达式形成的序对。在前一种情况下，可以直接调用函数 eql 来检查两个 S 表达式是否相同，在后一种情况下，需要首先检查两个 S 表达式的 car 指针所指向的内容是否相同，进而检查其 cdr 指针所指向的内容是否相同。因此，可以定义 equal 函数如下。

```
(defun equal (x y)
(cond ((atom x)(eql x y))
      ((atom y) nil)
      ((equal (car x) (car y))
      (equal (cdr x)(cdr y)))))
```

这里需要特别注意条件表达式的第二个子句，这个子句不能省去；否则，遇到 x 不是原子而 y 是原子的情况，就得不到 nil，而使在对 y 取首部的时候程序出错。此外，当前 3 个子句的条件都是 nil 时，这意味着 x 和 y 是首部不同的两个非原子的 S 表达式，这时，equal 的值应该是 nil，而按照条件表达式的求值规则，也恰好能够得到 nil。

（4）表映射函数 mapcar。

LISP 中有一簇功能很强的以 map 开头的函数，如 mapcar、mapc、mapl、maplist 等，称为表映射函数。表映射函数都以某种方式处理表的每一个元素，用其可以写出结构更加简单、紧凑的程序。

mapcar 将一个运算应用于表的一系列的头元素，并将所有子运算的结果聚合起来。mapcar 函数的第一个参数是一个函数，其后可以是一个或多个表。表的个数要等于函数所需要的参数个数。例如，将一张表中的每个数都取平方。假设已经定义了平方函数 square，于是可以调用 mapcar 实现对表(1 2 3)的各元素进行平方运算：

```
> (mapcar 'square '(1 2 3))
(1 4 9)
```

由于 square 运算只需要一个参数，所以 mapcar 为其提供了一个参数表。此外，还可以通过以下调用语句，实现两个表对应元素相加：

```
> (mapcar '+ '(1 2 3) '(100 200 300))
(101 202 303)
```

因为加法可以拥有多个参数，所以可以提供给 mapcar 多个参数表。显然，只有当参数表长度一致时调用才有意义。

表具有强大的表示能力，特别是表示任意的树结构的能力。嵌套表为复杂数据结构提供了层次的表示方法。例如，代表图 10-3 左侧所示的树形数据结构的嵌套表可以表示为右侧的盒子指针图形。

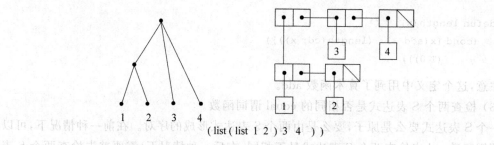

图 10-3　树形数据结构的盒子指针结构示例

cdr 递归方法不能实现嵌套表的所有操作，因为它无法区分一个元素是表还是原子。例如，将 length 函数应用于图 10-3 所示的嵌套表结构中，则返回结果为 3。然而，期望的结果是统计表中原子的个数，因此就需要不同的递归方法，除了扫描表中的所有元素外，对于不是原子的元素本身也要进行递归，以计算其含有多少原子。也就是说，不仅对参数的 cdr 进行递归，对参数的 car 也要进行递归，最后将两者递归的结果进行相加。直到遇到原子或者空表时递归才停止。函数 count-leaves 以任意结构的表为参数，并返回表中原子的数目。

```
(defun count-leaves (tree)
    (cond ((null tree) 0)
          ((atom tree)) 1)
          (t (+ (count-leaves (car tree))
                (count-leaves (cdr tree))))))
> (count-leaves '((1 2) 3 4))
4
```

下面的函数 list-leaves 将列举出一个嵌套表中的所有原子。函数 list-leaves 以任意结构的表为参数并返回一个表，其中所有的原子都保持原来的顺序。

```
(defun list-leaves (tree)
    (cond ((null tree) nil)
```

```
    ((atom tree)) (list tree))
    (t (append (list-leaves(car tree))
        (list-leaves (cdr tree))))))))
```

上述两个函数的相似之处在于都是通过递归对表进行拆分,并对拆分结果进一步进行递归,直至参数是原子或者空表时递归才停止。

10.2.5　LISP 的应用实例

本节将介绍利用 LISP 语言进行问题求解的实例。

1. 汉诺塔问题

汉诺塔(Tower of Hanoi)问题是一个古老而著名的智力游戏问题,相传是 Bramah 神庙中的教士们的一种游戏。汉诺塔问题是一个用递归方法解决问题的典型例子。

设有 3 个柱子 A、B 和 C 以及 n 个不同直径的圆盘,每个圆盘中心有孔,利用中心孔洞,圆盘可以叠插在柱子上,如图 10-4 所示。一开始 n 个圆盘按由大到小的次序放在 A 柱上,向上依次变小,成为塔状。要求将所有的圆盘由 A 移到 B 柱上去,每次只允许移一个盘子,移完后仍然是由大到小的次序放在 B 柱上。可以在 C 柱上临时存放,但任何时候都不允许大盘子压在小盘子上。有人计算过,当 $n=64$ 时,即使世界上所有的人都来参加移动,每移动一个盘子只要 1s,完成全部工作也需要 640 年。

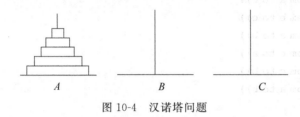

图 10-4　汉诺塔问题

解决汉诺塔问题的思路是将原问题分解成与其类似的,但稍微简化了的新问题。按照这个思路,将 n 个盘子按上述规则从 A 柱移到 B 柱(以 C 为临时存放柱),问题可以分解为以下 3 个步骤。

(1) 将 A 柱上的 $n-1$ 个盘子移到 C 上,以 B 为临时存放柱。

(2) 将留在 A 上的唯一一个,即最大的盘子移到 B 上去。

(3) 将 C 上的 $n-1$ 个盘子移到 B 上,以 A 为临时存放柱。

其中,第(2)个问题是极为简单的一步,而第(1)和(3)个问题与原来的问题几乎相同,只是盘子数目减少了一个。于是,原问题分解为两个递归的子问题。上面的 3 个问题解决了,原来的问题也就解决了。

考虑定义 transfer 函数完成盘子移动过程。transfer 函数具有 from(源柱)、to(目标柱)、temp(备用柱)和 number(圆盘数)4 个参数。直接将上述问题求解思路转化为程序设计语言,可以得到以下定义的 transfer 函数:

```
(defun transfer(from to temp number)
    (if (eql number 1)(move-disk from to)
        (append (transfer from temp to(-1 number))
            (move-disk from to)
```

```
                    (transfer temp to from (-  1  number)))))))
```

这是一个双递归函数,transfer 两次调用自己。递归的结束条件是 number 为 1,这时只做简单的移动一个盘子的工作。移动单个盘子的工作由函数 move-disk 完成,由于问题求解需要求取移动盘子的次序,move-disk 函数可以通过输出盘子的移动方式进行:

```
(defun move-disk(from to)
    (print(list(list 'move 'disk 'from from 'to to))))
```

在函数 transfer 定义中的 append 的作用是将每个盘子移动的过程,即每移动一个盘子时打印出的一个表都连成一个大表,这个大表就是整个移动过程的描述。

最后,需要定义 hanoi 函数,将柱子的角色分配和盘子个数传递给 transfer 函数:

```
(defun hanoi(n)
    (transfer 'a 'b 'c n))
```

求解问题时,只需要调用 hanoi 函数,并且将盘子个数传递给参数 n。例如,下面的调用语句将得到 3 个盘子的移动顺序:

```
>(hanoi 3)
((move disk from a to b))
((move disk from a to c))
((move disk from b to c))
((move disk from a to b))
((move disk from c to a))
((move disk from c to b))
((move disk from a to b))
```

2. 皇后问题

下面将利用 LISP 针对皇后问题设计一个求解方案。皇后问题可以表示为图搜索问题。问题的求解将以深度优先的方式搜索状态空间。

首先,需要建立一个函数 threat 用来测试皇后的位置是否相互攻击。利用皇后所在棋盘格的行和列可以确定皇后的位置,因此可以利用二元参数 (i, j) 和 (a, b) 表示两个皇后的位置,其中,第一元表示行数,第二元表示列数。判断两个皇后是否同行和同列只需要判断 $i=a$ 和 $j=b$ 即可。判断是否同一对角线需要进行简单的计算,以确定皇后对角线上的位置所对应的列。例如,如果皇后位于图 10-5 所示的位置,将有 3 个位置处于皇后的对角线上,这些位置与距离皇后的行数相关。相距一行,那么皇后左右一列即为对角线;相距两行,那么皇后左右两列即为对角线;依次类推。利用位置参数,相互攻击的对角线位置可以表示为 $i-j=a-b$ 和 $i+j=a+b$。

```
defun threat(i j a b)
    (or (equal i a)
```

图 10-5　皇后对角线位置

```
                (equal j b)
                (equal(- i j)(- a b))
                (equal(+ i j)(+ a b)))))
```

利用表 board 表示棋盘，board 中的每个元素是一个包含两个元素的子表，分别代表已经摆放的皇后的行、列数。例如，((0 0)(1 3))表示棋盘第 0 行、0 列以及 1 行、3 列放置有两个皇后。然后，需要建立函数 attack 以判断新放入的皇后是否与已经摆放好的皇后相互攻击。

```
(defun conflict(n m board)
    (cond ((null board)nil)
          ((or (threat n m(caar board)(cadar board))
               (conflict n m(cdr board))))))
```

最后需要一系列的放置动作才能实现整个问题的求解，因此，需要定义循环搜索过程 queen。queen 是一个逐行逐列的搜索过程，初始时 board 为空表，从第 0 行、0 列开始，逐个加入与已经摆放好的皇后不冲突的皇后。在一行加入一个皇后之后，转到下一行搜索，当某列的位置无法进行摆放时，则应搜索下一列。如果在搜索过程中无法得到解答，就进行回溯。

```
(defun queen(size)
    (queen-aux nil 0 size))

(defun queen-aux(board n size)
    (cond ((=n size)(print(reverse board)))
          (t(queen-sub board n 0 size))))

(defun queen-sub(board n m size)
    (cond ((= m size))
          (t(cond ((conflict n m board))
                  (t(queen-aux (cons(list n m) board)
                               (+ n 1) size)))
```

上述算法利用递归的方式实现了对空间的回溯搜索，类似于曾经介绍的深度优先搜索算法。高层函数 queen 将棋盘 board 设置为空表 nil，行数 n 设置为第 0 行。在进行初始化后，将工作交给 queen-aux。queen-aux 首先判断 n 是否到达上限，如果到达上限，则输出 board 中皇后的布局；否则，调用 queen-sub 函数。queen-sub 的参数 m 表示待放置的皇后的列数，queen-aux 将其初始化为 0。queen-sub 首先检查 m 是否达到上限，如果到达上限，则向 queen-aux 返回 t；否则，检查位置(n m)是否与已有的皇后布局相冲突，如果冲突，则使列参数 m 增 1 后递归调用 queen-sub；否则，将新皇后放在这个位置上，并使 n 增 1 递归调用 queen-aux。

3. 搜索问题

搜索问题是人工智能中的基本问题之一。许多问题都可以转化为在一个求解空间中的目标搜索问题。事实上，皇后问题也可以转化为一个搜索问题，即从棋盘的起始布局（空棋盘）开始，逐个加入不造成冲突的皇后，直至加到规定的个数为止，这实际上是在各种可能的布局中找到所需要的布局。

　　搜索过程从出发点开始,经过的点按次序构成一条路径,搜索的路径将存放于一个用表所构成的先进先出的队列 queue 中。队中的元素是表,每个表就是从起始点到某些点的路径。为了实现深度优先搜索,需要将路径反序后存放在表中。搜索时,总是对队列中的第一条路经进行扩展,即将路径的最后结点的儿子加入路径构成新的路径。如果队列的首元素不是要找的目标,则重复进行扩展。如果始终找不到目标,最终路径数将减少为 0,搜索结束。

　　下面编写 depth 函数,实现对队列进行检查。首先,测试其第一个元素是否为目标;如果不是,则对队列中的路径进行扩展,并将扩展后的结点合并到队列中去,对结果再递归调用 depth。

```
(defun depth(queue finish)
   (cond ((null queue) nil)
         ((equal finish(caar queue)) (reverse(car queue)))
         (t(depth (append(expand(car queue)) (cdr queue))
                  finish))))
```

其中,寻找目标时应用(caar queue)与 finish 进行比较。当找到目标时回送反序的第一条路径(reverse(car queue))。另外,expand 是取一条路径,并找出该路径末端的结点所有的儿子,并回送新的路径,每个新路径就是由原路径加上一个儿子所构成。有多少儿子就可构成多少新路径。

```
(defun expand(path)
   (remove-if
      #'(lambda(path)(member(car path)(cdr path)))
      (mapcar #'(lambda(child)(cons child path)
              (get(car path)'children)))))
```

　　在上面的定义中,lambda 定义的函数把一个儿子与路径合起来。mapcar 将这个函数作用到用 get 取出的每个儿子,从而得到所有的扩展后的新路径。对于有环路的图,expand 定义中的第一个 lambda 表达式定义了一个谓词,用以测试路径的最后一个结点是否在以前已出现过。remove-if 函数取上面定义的谓词作为一个参数,使得在后面生成的每条路径中,只要有满足这个谓词的路径就将其删去。

　　下面定义的 search 函数是整个程序的外壳,负责搜索的启动工作。search 函数的两个参数分别代表搜索的起点和终点。search 函数通过调用 depth 函数实现深度优先搜索过程。需要注意的是,depth 函数首先将起点转换为表的形式,因此,在初始化时队列是仅包含一个由(list start)构成的路径。

```
(defun search (start finish)
   (depth (list(list start)) finish))
```

　　最后,需要通过为每个结点的孩子设置性质表的方法,来表示不同的待搜索的图,即对每个结点设置性质 children,其值就是其儿子结点构成的表。例如,对图 10-6 所示的具有环路的图,可以利用下面的程序来描述其连接关系后,再调用 search 函数。

```
(setf(get 's 'children) '(a b))
(setf(get 'a 'children) '(s b f))
(setf(get 'b 'children) '(s a b))
(setf(get 'd 'children) '(b f))
(setf(get 'f 'children) '(a c))
>(search 's 'f)
```

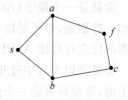

图 10-6   具有环路的图例

在深度优先搜索时,新生成的路径加到队列的前面,因而路径总是向深度扩展。在深度优先搜索的基础上,只需要稍做变化就可以实现广度优先搜索。

10.3   逻辑程序设计语言 PROLOG

用于逻辑程序设计的语言也称为声明性语言,因为用逻辑程序设计语言写的程序由声明而不是赋值和控制流语句构成。这些声明实际上是用符号逻辑表示的命题语句。用逻辑程序设计语言进行程序设计是非过程的,程序并不完全描述如何计算得到结果,而是描述结果的形式。逻辑程序设计语言所需支持的功能,就是以一种精确的方式给计算机提供相关信息,以及计算所需结果的推理方法。逻辑程序设计的方法将事实和规则作为数据库,用自动定理证明过程检验新命题的正确性。

PROLOG 是应用最广泛的逻辑程序设计语言。本节选择一种特定的、可广泛获取的、在爱丁堡开发 PROLOG 的方言来介绍 PROLOG 语言的语法、语义和运行机制。这种语言的形式有时称为爱丁堡语法。

10.3.1   Horn 子句

当命题用于自动定理证明的归结时,只能使用有限的一类子句形式 Horn 子句,以 Alfred Horn 的名字命名。Horn 子句可以进一步简化归结过程。大部分(但不是所有的)命题可以用 Horn 子句来声明。

Horn 子句至多包含一个正文字,也就是说,是具有以下特殊形式的子句,即

$$a \lor \neg b_1 \lor \neg b_2 \lor \cdots \lor \neg b_n$$

式中,a 和所有的 b 均为正文字。为了强调正文字在归结中的关键作用,一般将 Horn 子句写为以正文字为结论的蕴含式,即

$$a \leftarrow b_1 \land b_2 \land \cdots \land b_n$$

Horn 子句的左边称为首,左边非空的子句称为有首的 Horn 子句,右边称为子句的体。根据定义,Horn 子句具有以下 3 种形式。

$a \leftarrow b_1 \land b_2 \land \cdots \land b_n$ 对应于谓词演算中的规则;

$a \leftarrow$ 无条件为真的命题,对应于谓词演算中的事实;

$\leftarrow b_1 \land b_2 \land \cdots \land b_n$ 称为无首子句,对应于归结中的目标,即定理的否定形式。

10.3.2   PROLOG 程序的语句

所有的 PROLOG 语句都是由项构成的。项可以是一个常量、变量或一个结构。

常量是一个原子(Atom)或一个整数。原子是 PROLOG 的符号值,与 LISP 中的原子类似。特别地,原子是以小写字母开头的以字母、数字和下划线组成的串,或者是由单引号为界的任意可打印 ASCII 字符的串。

变量是以大写字母开头的以字母、数字和下划线组成的串。变量不是由声明绑定到类型上的,为变量绑定一个值就绑定了类型,称为实例化。实例化只出现在归结过程中。没有被赋值的变量称为未实例化的变量。实例化只持续到它满足完整的目标为止,这个目标涉及命题的证明或反证。PROLOG 变量在语义和使用方法上,只是命令式语言中变量的远亲。

结构表示谓词演算的原子命题,其一般形式是相同的,即

$$函数算符(参数表)$$

函数算符是任意的原子,用于标识结构。参数表可以是任意原子、变量或其他结构的表。如下面小节将详细介绍的那样,结构是 PROLOG 中说明事实的方式。结构也可以看作对象,可以用一些相关的原子来声明事实。从这个意义上说,结构就是关系,结构声明了项之间的关系。当结构的上下文表明它是一个查询(问题)时,结构也是一个谓词。

PROLOG 的程序由合法的 Horn 子句集合组成。除了蕴含、合取等符号外,PROLOG 使用着与早期的 Horn 子句几乎同样的记法。例如:

```
floor(mike,1).
floor(tom,2).
floor(jack,2).
floor(peter,3).
neighbor(X,Y):-floor(X,Z), floor(Y,Z).
```

由于是 Horn 子句,PROLOG 语句的结论是单个项,而前提可以是单个项或者是多个项的合取。在 PROLOG 中,合取关系的原子命题由逗号分隔。

10.3.3 PROLOG 的推理机制

PROLOG 有编译器,但大多数的系统采用解释器。当 PROLOG 系统运行时,需要将存储在文件中的子句导入到子句数据库中,系统将提供给用户询问提示符要求用户提供询问,PROLOG 程序的执行正是基于目标驱动的。

1. 归结与合一

目标语句对应于无首的 Horn 子句。例如,可以问:

```
?-floor(mike,1).
```

系统将搜索子句数据库,试图用已知子句的头部匹配目标,通过与 floor(mike,1)归结得到空子句,从而证明了目标的正确性。有变量的命题也是合法的目标。当有变量时,系统不仅要求目标的正确性,而且要通过合一来确定使目标为真的变量的实例。例如,当询问为

```
?-floor(mike,X).
```

系统为实现归结而进行的合一过程将 X 绑定为 1,从而得到问题的解答。

在 PROLOG 中,合一是对变量初始化或者分配存储空间和值的过程,合一在某种意义

上是将两个项"等同",或者是判断表达式的等价性的过程。例如,下面的目标:

```
?-me=me.
Yes
?-me=you.
No
?-me=X.
X=me
?-X=Y.
X=_
Y=_
?-f(a,X)=f(Y,b).
X=b
Y=a
?-f(a,g(X))=f(Y,b).
No
```

通过以上询问语句的执行结果,可以得知 PROLOG 的合一算法:

(1) 常量只能与其本身合一,如 me ＝ me 成功而 me ＝ you 失败。

(2) 未实例化的变量可与任意项合一,且被实例化为该项。例如,数字对于不同的系统是不同的,其含义是给变量保留的内存地址。这样,未实例化的变量通过共享存储空间而实现合一。

(3) 一个结构与另一个项可合一,要求其具有相同的函数名和相同数目的参数,且参数能够递归地合一。

在 PROLOG 中,数据库的搜索总是以从第一个命题到最后一个命题的顺序进行。当目标是复合命题时,使用从左至右的深度优先搜索的方式实现各个子目标的证明。深度优先搜索在处理其他子目标前,先为第一个子目标找到完整的命题序列——证明。如果系统最终通过归结成功消除了所有的目标,即推导出空子句,则初始命题得到证明。例如:当询问为

```
?-neighbor(tom,W).
```

系统将首先查询 neighbor(mike,W) 和规则 neighbor(X,Y):-floor(X,Z),floor(Y,Z) 的结论部分相匹配,其中需要将 mike 与 X、W 与 Y 进行合一。然后,neighbor 谓词通过归结被消解,规则体 floor(tom,Z),floor(Y,Z) 成为解释器需要继续查询的两个子目标。解释器将先查询 floor(tom,Z),当第一个子目标被成功归结后,才查询下一个子目标 floor(Y,Z)。PROLOG 的设计者选择了深度优先的方法,主要因为使用较少的计算机资源就可以实现。宽度优先方法需要大量内存。因此,PROLOG 所使用的归结策略是线性输入策略和单元子句策略。

2. 回溯

PROLOG 归结机制的最后一个必须介绍的特性是回溯。当处理带有多个子目标的目标命题并且系统无法证明其中一个子目标为真时,系统将放弃无法证明的子目标,如果之前有已经满足的子目标,系统将试图寻找其他方法重新满足这个子目标。这种在目标中回退

并重新考虑先前已经证明的子目标的机制,称为回溯。例如,当询问为:

```
?-neighbor(X,Y).
```

通过与规则的头归结后,系统将依次查询子目标 floor(X,Z)、floor(Y,Z)。通过将 X 与
mike、Z 与 1 合一,第一个子目标与 floor(mike,1)成功匹配,第二个子目标在将 Y 与 mike
合一下也与 floor(mike,1)成功匹配,而第三个子目标在该合一下无法得到满足。

PROLOG 有一个名为 trace 的内置语言结构,能够显示在尝试满足给定目标的每一步
中实例化变量的值。trace 用于理解和调试 PROLOG 程序。利用 PROLOG 程序执行的跟
踪模式可以更好地理解 trace。跟踪模式用 4 个事件来描述 PROLOG 的执行。

(1) 调用(call),在开始尝试满足一个目标时发生。

(2) 退出(exit),当目标已被满足时发生。

(3) 重做(redo),当回溯导致尝试重新满足一个目标时发生。

(4) 失败(fail),当目标不能满足时发生。

为了说明回溯,考虑以下示例的数据库和跟踪的复合目标:

最后,当询问有多个答案时,多数 PROLOG 系统会先找出一个答案,在搜索更多答案
之前将等待用户的请求。如果用户在询问提示符下输入分号,则解释器将继续运行并试图
寻找下一个答案。分号表示了逻辑运算中的“或”关系,分号形成了回溯,可以帮助用户获取
问题的全部解答,当没有解时,则返回 no。

3. 回溯控制

回溯需要大量时间和空间,因为可能需要找到每一个子目标的所有可能证明。这些子
目标的证明无法组织起来,从而用最少的时间找到能够导致最终完整证明的那一个,这使得
问题更加严重。PROLOG 为了提高效率,允许通过截断谓词 cut 显式地控制回溯。截断谓
词写为!。截断谓词可以视为一个目标,当从左至右遇到时总是立刻被满足,但是当回溯至
截断谓词时,cut 将产生失败而阻止对其左侧所有子目标的回溯。例如,目标 a,b,!,c,d。
中,如果 a 和 b 都被满足,解释器将通过 cut 去试图满足 c,如果 c 不满足,那么解释器试图
回溯至 b 及 a,而回溯过程将被 cut 阻止,从而导致整个目标不能被满足。cut 允许用户控制
搜索树的形成。当不需要盲目搜索时,搜索树可以在某点上进行删除。

10.3.4 PROLOG 的表结构

PROLOG 支持的基本数据结构除了以上介绍的原子命题还包括表结构。PROLOG 的
表结构与 LISP 所使用的表结构相似。表是任意数目的元素序列,其中元素可以是原子、原
子命题或其他项,包括其他的表。表用方括号括起来,元素由逗号分隔,如[apple,prune,
grape]。记号[]用于表示空表。

PROLOG 没有显式的函数来构造和拆分表,而是简单地使用一个特殊的记号——用于
拆分表的运算符“|”。可以利用[X|Y]来表示头为 X 尾为 Y 的表,通过合一就可以使得 X
和 Y 分别返回一个表的头部和尾部。例如,

```
?-[X|Y]=[1,2,3].
X=1
Y=[2,3]
```

因此 PROLOG 不需要使用像 LISP 中的 cons 操作,通过合一便可以由实例化的表头和表尾来创建表,例如,

```
?-[X]=[0|1, 2, 3].
X=[0, 1, 2, 3]
```

对于表来说,通常需要某些基本的操作。利用 PROLOG 编写程序不必指明 PROLOG 是如何从给定表来构建一个新表的,而只需指明所需要的表的特性。例如,编写一个 append 过程,使其能够将两个表拼接为一个表,而不改变表中元素的顺序。

```
append(X,Y,Z):-X=[],Y=Z.
append(X,Y,Z):-X=[H|Tail],Z=[H|NewTail],append(Tail,Y,NewTail).
```

第一个子句表示当空表后追加任意表时,结果就是后面追加的表。第二个子句表示在一个头部为 H 尾部为 Tail 的表后追加表 Y 时,得到的表 Z 将以 H 为头部,尾部则是在 Tail 后追加表 Y 而形成的子表。基于 PROLOG 的推理机制,可以利用归结过程自动产生上述合一过程,从而简化程序的形式。

```
append([],Y,Y).
append([H|Tail],Y,[H|NewTail]):-append(Tail,Y,NewTail).
```

在 PROLOG 和 LISP 两个版本中,结果表都是直到递归产生终止条件时才构建的,这时第一个表必然为空,然后利用 append 函数本身来构建结果表,构建的过程是将从第一个表中取出的元素按逆序添加在第二个表前面。

为了说明 append 过程如何工作,考虑以下跟踪示例:

```
trace.
append([1,2], [3,4,5], L).
(1) 1 Call: append([1,2], [3,4,5], _10)?
(2) 2 Call: append([2], [3,4,5], _18)?
(3) 3 Call: append([], [3,4,5], _25)?
(3) 3 Exit: append([], [3,4,5], [3,4,5])
(2) 2 Exit: append([2], [3,4,5], [2,3,4,5])
(1) 1 Exit: append([1,2], [3,4,5], [1,2,3,4,5])
L= [1,2,3,4,5]
yes
```

在调用中,[1,2]非空,因此根据第二条语句的右边创建递归调用。第二条语句的左边有效地指明了递归调用(目标)的参数,因此每一步都从第一个表中拆分出一个元素。当第一个表变成空表时,第二条语句右边的当前实例因为与第一条语句匹配而得到满足,结果作为第三个参数返回,其值就是在空表后追加第二个初始参数表。在每次递归成功匹配退出时,从第一个表中移除的元素 H 被添加在结果表 NewTail 前面。当最后的递归退出时,合并过程就完成了,第三个参数合一为结果表。

由于 PROLOG 内部搜索的顺序,递归结束条件需要放置在递归调用之前。例如,判断一个对象是否是表中的元素。member 谓词首先将对象与表中第一个元素比较是否相同,如果不相同,则递归检查对象是否为表尾中的元素。

```
member(H,[H|Tail]).
member(Elem,[H|Tail]):-member(Elem,Tail).
```

如果希望按逆序输出表中的元素,可以通过在逆序输出的表尾元素后面输出表头元素而实现。逆序是通过递归的拆分实现的。

```
reverse_list([]).
reverse_list([H|Tail]):-reverse_list(Tail),nl,write(H).
```

10.3.5 PROLOG 的应用实例

1. 汉诺塔问题

介绍 LISP 语言的实例时,曾经讲述过汉诺塔问题的求解方法。本小节将利用 PROLOG 语言,使用同样的递归方法进行问题求解。首先,将 N 个盘子的问题转换为两个 $N-1$ 个盘子的问题,然后,如此下去,最后就将原问题拆分为了 2^{N-1} 个一个盘子的问题了,这也就是说问题被解决了。

主程序 hanoi 的参数为盘子的数目。hanoi 通过调用递归谓词 move 来完成任务。3 个柱子的名字分别为 left、middle、right。

```
hanoi(N):-move(N,left,middle,right).
```

下面所定义的 move 子句是临界情况,即只有一个盘子时,直接调用 inform 函数以显示移动盘子的方法。语句的最后使用 cut 是因为,如果只有一个盘子时,则无须再对第二条 move 子句进行匹配了。

```
move(1,A,_,C):-inform(A,C),!.
```

第二个 move 子句为递归调用。首先将盘子数目减少一个;再递归调用 move,将其余 $N-1$ 个盘子从 A 柱通过 C 柱移到 B 柱,再把 A 柱上的最后一个盘子直接从 A 柱移到 C 柱上;最后再递归调用 move,将 B 柱上的 $N-1$ 个盘子通过 A 柱移到 C 柱上。这里的柱子都是使用变量来代表的,A、B、C 柱可以是 left、middle、right 中的任何一个,这是在移动的过程中决定的。

```
move(N,A,B,C):-N1 is N-1,move(N1,A,C,B),inform(A,C),
               move(N1,B,A,C).
```

最后,需要定义子句 inform,将移动过程通过 write 谓词写出,由于 write 只能有一个参数,所以需要使用"-"操作符相连。

```
inform(Loc1,Loc2):-nl,write('Move a disk from '-Loc1-' to '-Loc2).
```

2. 皇后问题

下面将利用 PROLOG 针对皇后问题设计一个产生式系统。在介绍 LISP 版本时曾经提到,八皇后问题可以表示为图搜索问题,这里将搜索与 LISP 版本同样的空间,并且利用相似结构的解决方案。为方便介绍,以下将求解四皇后问题,稍加修改即可扩充至任意皇后数目问题。

为了提高求解效率,可以将皇后在棋盘的位置进行规范化,要求每次只能在"下一行"摆放下一个皇后。可以利用以下所示的 template 谓词：

```
template([1/Column_1,2/Column_2,3/Column_3,4/Column_4]).
```

其中，棋盘上皇后的位置以表的形式存储，表中的每一项是一个特殊的形式 i/Columni，代表了将第 i 个皇后放置在第 i 行的 Column_i 列上。搜索过程中经历的不同状态就是不断在下一行的 Column_i 列上放置皇后之后所形成的表。

接下来，需要定义触发状态之间转换的规则，也就是在下一行的哪个位置放置皇后。设计一个 move 谓词，以下一个待放置的皇后和已经放置好的皇后为参数，当新的皇后放置在棋盘上，并且没有引起与已有皇后之间的相互攻击，那么问题由一个状态转化为另一个状态。

```
move(Row/Column,Others):-member(Column,[1,2,3,4]),
                         not_attack(Row/Column,Others).
```

于是，现在的问题是如何测试新放入的皇后是否会与已放置好的皇后相互攻击。由于已经利用 template 谓词规定了每一个皇后的行数，因此是否攻击的情况只需要考虑是否与之前的皇后同一列或者同对角线。皇后的列数均有其对应变量 Column_i，因此，只需要判断两个皇后的相应变量是否可合一，即可判断皇后是否处于同一列。

根据上述分析，可以设计谓词 not_attack 判断新加入皇后是否与已有皇后相互攻击：

```
not_attack(_,[]).
not_attack(Row/Column,[Row_1/Column_1|Rest]):-
                         not(Column=Column_1),
                         Column_dist is Column_1-Column,
                         Row_dist1 is Row_1- Row,
                         not(Column_dist=Row_dist1),
                         Row_dist2 is Row-Row_1,
                         not(Column_dist=Row_dist2),
                         not_attack(Row/Column,Rest).
```

not_attack 首先判断待放入皇后与第一个皇后的列数是否一样，在不一样的情况下，求出两个皇后的列的距离，并要求列的距离不能与行的距离一致。然后，采用递归的方式，判断待放入皇后是否与其他已放置皇后相互攻击。

还需要一系列的放置动作才能实现整个问题的求解，可以利用以下的 path 谓词定义产生式控制循环系统：

```
path([]).
path([Row/Column|Others]):-path(Others),move(Row/Column,Others).
```

path 谓词利用递归的方式实现了对状态空间的回溯搜索。最后，启动搜索过程需要首先将皇后位置规范化，可以利用以下的 go 谓词：

```
go(Queens):- template(Queens),path(Queens).
```

3. 搜索问题

下面将介绍利用 PROLOG 语言实现广度优先搜索的实现方法。首先，需要定义 move

谓词来表示图 10-6 所示的图。move 谓词以两个结点为参数,将结点表示为 state 形式的结构,每一条 move 子句都代表图中的一个分支。

```
move(state(s),state(a)).
move(state(s),state(b)).
move(state(a),state(s)).
move(state(a),state(b)).
move(state(a),state(f)).
move(state(b),state(s)).
move(state(b),state(c)).
move(state(c),state(b)).
move(state(c),state(f)).
```

为了实现广度优先搜索过程,需要将待检测的结点组织为队列数据结构。算法需要利用的队列操作包括判断或者清空队列、向队列中加入新扩展的孩子结点构成的列表、移除下一个队列元素以及为了避免循环而进行的重复元素的检查。

empty_queue([])谓词中的参数如果与一个自由变量进行合一时,可以实现将自由变量所代表的队列清空,即完成队列初始化的工作;与绑定了值的变量进行合一时,可以判断该变量是否代表空队列。

dequeue([State,Parent],[[State,Parent]|T],T)谓词中的 3 个参数分表代表队列的第一个元素、初始队列以及移除第一个元素而得到的新队列。由 dequeue 谓词的参数可以看出,为了在所有搜索的结点中能够找到结果路径,结点存储形式为[State,Parent],同时包含了当前结点 State 和其父结点 Parent 的信息。

member_queue(Element,Queue):-member(Element,Queue). 语句通过调用 member 谓词来测试一个元素 Element 是否是队列 Queue 的成员。

add_list_to_queue(List,Queue,New_queue):-append(Queue,List,New_queue). 语句通过调用 append 谓词将新扩展的孩子结点构成的列表 List 拼接到队列 Queue 的尾部得到新的队列 New_queue,以实现先进后出的数据结构。有时,也需要将一个元素加入到队列中,可以使用以下定义的 enqueue 谓词。

```
enqueue(E,[],[E]).
enqueue(E,[H|T],[H|Tnew]):-enqueue(E,T,Tnew).
```

此外,可以利用集和数据结构存储搜索路径上所经历的各个结点的数据结构,因此需要定义若干对于集合的操作。首先,需要定义谓词 union 以实现将完成检测或扩展的当前结点放入集合的操作,其定义如下:

```
union([],Set,Set).
union([H|T],S,Snew):-union(T,S,S2),
                     add_if_not_in_set(H,S2,Snew).
```

集合不存储重复元素,因此谓词 union 需要进行重复元素检测:

```
add_if_not_in_set(X,S,S):- member(X,S),!.
add_if_not_in_set(X,S,[X|S]).
```

不存在的元素才会并入集合。

谓词 member_set 用以判断某元素是否为集合的成员，其定义如下：

```
member_set([State,Parent],[[State,Parent]|_]).
member_set(X,[_|T]):-member_set(X,T).
```

搜索过程由 go 谓词开始，go 谓词完成初始化工作后调用 path 谓词完成实质的搜索过程。

```
go(Start,Goal):-
    empty_queue(Empty_open),
    enqueue([Start,nil],Empty_open,Open_queue),
    empty_set(Closed_set),
    path(Open_queue,Closed_set,Goal).
```

path 谓词的 3 个子句分别对应于 open 表为空、当前结点是目标结点以及扩展当前结点得到孩子结点的 3 种情况。path 谓词的 3 个参数分别代表 open 表、closed 表和目标结点。

```
path(Open_queue,_,_):-
    empty_queue(Open_queue),
    write("No solution").

path(Open_queue,Closed_set,Goal):-
    dequeue([State,Parent],Open_queue,Rest_open_queue),
    State= Goal,
    write("A solution is found:"),nl,
    printsolution([State,Parent],Closed_set).

path(Open_queue,Closed_set,Goal):-
    dequeue([State,Parent],Open_queue,Rest_open_queue),
    get_children(State,Rest_open_queue,Closed_set,Children),
    add_list_to_queue(Children,Rest_open_queue,New_open_queue),
    union([[State,Parent]],Closed_set,New_closed_set),
    path(New_open_queue,New_closed_set,Goal).
```

path 谓词中通过调用 get_children 谓词而扩展结点 State。bagof 谓词是一个 PROLOG 内置谓词，可以将符合其第二个参数的模式聚合为一个列表，模式由第一个参数指定，聚合结果为第三个参数。

```
get_children(State,Rest_open_queue,Closed_set,Children):-
bagof(Child,moves(State,Rest_open_queue,Closed_set,Child),
    Children).
```

具体的扩展动作由 moves 谓词实现。moves 谓词首先调用 move 谓词扩展得到结点 State 的下一级结点，然后判断其是否曾经出现于 open 表或者 closed 表，出现过的结点将导致 moves 谓词的失败，从而避免重复结点的扩展。

```
moves (State,Rest_open_queue,Closed_set,[Next,State]):-
    move(State,Next),
    not(member([Next,State],Rest_open_queue)),
    not(member([Next,State],Closed_set)).
```

最后，当目标找到时，即第二个 path 谓词调用终止搜索，则应该输出结果路径。printsolution 谓词将对 Closed_set 递归进行操作以构建由开始状态到目标状态的路径。

```
printsolution([State,nil],_):- write(State),nl.
printsolution([State,Parent],Closed_set):-
    member_set([Parent,Grandparent],Closed_set),
    printsolution([Parent,Grandparent],Closed_set),
    write(State),nl.

writelist([]).
writelist([H|T]):-write(H),nl,writelist(T).
```

本 章 小 结

本章介绍了 LISP 语言的符号编程。LISP 起初是一种纯函数式语言，但很快就添加了一些命令式语言的特性来提高效率和易用性。函数式程序设计语言是对数学函数的模拟。在纯函数式语言中，不使用变量和赋值语句来产生结果，而是使用函数应用、条件表达式、用于执行控制的递归以及构建复杂函数的函数形式。LISP 语法是基于表达式的，LISP 程序只是一系列表达式。符号和变量在 LISP 语言中是同一个概念。赋值操作允许改变相关变量的值。虽然 LISP 的主要应用领域是人工智能，但它已经应用于一些不同的解决问题的领域。

Common LISP 是一种大型的基于 LISP 的语言，为包含 20 世纪 80 年代早期的 LISP 方言的大部分特性而设计。Common LISP 既允许静态作用域的变量，也允许动态作用域的变量，并且包含许多变量。本章讲述了 Common LISP 子集，这是业界已经标准化的一个 LISP 版本，这个子集足够应付本书中的所有编程示例，并为进一步学习 LISP 打下了坚实的基础。

LISP 语言为创建、存取、修改、查询表提供了丰富的函数。LISP 表提供了指针抽象，可以简化许多任务。可以使用指向表结构的指针给符号赋值。表通常是用来表示集合、队列、树和图的基本数据结构，也可以用表创建抽象数据类型来隐藏低级编程细节，使代码更容易理解。

符号逻辑为逻辑程序设计和逻辑程序设计语言提供了基础。逻辑程序设计的方法，将事实和声明事实间关系的规则用作数据库，用自动推理过程来检查新命题的正确性（假设数据库中的事实和规则为真）。这种方法是为了自动定理证明而提出的。逻辑程序应该是非过程式的，意思是给出答案的特点，但不给出得到答案的完整过程。逻辑程序设计已经用于一些不同的领域，主要是关系数据库系统、专家系统和自然语言处理。

PROLOG 是应用最广泛的逻辑程序设计语言。逻辑程序设计的起源是 Robinson 提出的用于逻辑推理的归结规则。PROLOG 主要是由马赛的 Colmeraur 和 Roussel 在爱丁堡的 Kowalski 的帮助下开发的。

　　PROLOG 语句包括事实语句、规则语句和目标语句，大部分都由结构(原子命题)和逻辑运算符组成(虽然也允许用算术表达式)，归结是 PROLOG 解释器的主要行为。这一过程大量使用回溯，主要包括命题间的模式匹配。当涉及变量时，变量可以实例化为值来获得匹配。这种实例化过程称为合一。当前的逻辑程序设计有一些问题。为了推理的高效，甚至是为了避免无限循环，程序员必须经常在程序中声明控制流信息。另外，还有封闭世界假设和否定的问题。

习　　题

10-1　简述人工智能程序设计语言的特点。

10-2　简述 LISP 语言的主要特点、程序结构和运行机制。

10-3　简述 PROLOG 语言的主要特点、程序结构和运行机制。

10-4　利用 LISP 语言编写一个函数，函数有两个参数 A 和 B，并返回 A 的 B 次方。

10-5　利用 LISP 语言编写一个求斐波那契数列的程序。

10-6　利用 LISP 语言编写求一元函数微分方程的程序。

10-7　利用 LISP 语言实现 3 阶汉诺塔问题的求解。

10-8　编写一个能够对 LISP 表结构中各个元素实现平方计算的程序。

10-9　利用 PROLOG 编写求解第 2 章中"机器人检索摘要"问题的程序。

10-10　利用 PROLOG 编写求解"农夫过河"问题的程序。

10-11　利用 PROLOG 编写求解第 2 章中"机器人清理操作系统"问题的程序。

10-12　利用 PROLOG 编写一个验证截断谓词的程序，并通过解释若干测试所得结果而阐明截断谓词的机制。

10-13　编写一个能够删除 PROLOG 表结构中任意指定元素的程序。

第 11 章　人工智能在电力系统中的应用

11.1　概　　述

随着电力系统规模的增加和电力市场化进程的不断推进，人们对电网可靠性和供电质量的要求不断提高，希望未来电网能够提供安全、可靠、经济、灵活的电力供应，适应用户自主选择的需要，提高电网资产利用率。智能电网是将信息技术、通信技术、计算机技术和原有的输、配电基础设施高度集成而形成的新型电网，具有供电安全可靠、输电网电能损耗低、能源利用率高、环境影响小等优点。智能电网符合人们对未来电网的要求，以美国和欧盟为代表的多个国家和组织都提出了要建设智能电网的任务，将智能电网作为未来电网发展方向的战略目标。随着我国特高压电网的建设和电力体制改革，我国也将智能电网作为电网发展的一个新方向，并开展智能电网建设，覆盖了发电、输电、配电和售电等一系列环节。

人工智能技术在智能电力系统建设中发挥了重要作用，在电力系统运行与控制、监测与故障诊断、负荷预测、管理规划等方面都有出色的表现。

1. 系统运行与控制

电力系统中存在大量的自动控制和手动控制装置，如继电器、断路器、隔离开关等，这些相对简单的局部控制机构相互作用，构成整个电力系统复杂的实时控制。电力系统控制本身所固有的复杂性、非线性、不精确性等特点，使得其中有些方面难以用传统的数学模型和控制方法来描述和实现。基于人工智能技术的智能控制具有常规控制方法所不具备的优越性，研究人员开始借助人工智能技术解决这些难题，例如，系统中引入专家的经验知识和模糊理论，能够处理无功电压控制这类不确定以及非线性问题，国内外有不少与电压无功控制相关的专家系统投入试运行或进入实用化推广阶段；可以利用 ANN 实现切负荷控制，使系统具有良好的适应性和实时性；将模糊集理论用于励磁控制系统，比传统的基于线性系统理论的电力系统稳定器（PSS）有更好的控制效果。智能控制在电力系统中得到了广泛的关注，研究人员研究如何借助人工智能方法解决复杂难题，推动智能控制技术在电力系统中的应用。

2. 故障诊断与恢复

当电力系统发生故障时，需要工作人员迅速、准确地判别故障类型和故障位置，及时处理故障，恢复电力系统的正常运行。随着电力系统规模的不断扩大，故障诊断的难度也不断加大，而专家系统将大量人类专家的知识和推理方法集成到计算机程序中，能够根据实时获取的监测信息推断出故障原因，及时给出排除故障的方案，实现自动监测与故障诊断。目前，专家系统已成为电力系统故障诊断应用中使用最多的人工智能技术。人工神经网络用于故障诊断时不受系统运行方式和故障类型等因素的影响，诊断快速而准确，也得到了大力推广。学者们还研究其他的人工智能技术在电力系统智能故障诊断中的应用，如模式识别、模糊技术、遗传算法、贝叶斯网络等，一旦电力系统发生故障，系统中保护装置的动作信息自动传递给调度中心，无须或仅需少量人为干预，故障诊断和恢复系统自动判断故障原因和故障发生的具体位置,即可实现网络中问题元器件的隔离或使其恢复正常运行,最小化或避免用户的供电中断,即实现电力系统的自愈能力,从而保证电网安全可靠运行。

3. 短期电力负荷预测

由于电力负荷的随机因素太多,非线性极强,传统的理论方法在短期负荷预测中存在一定局限性,专家系统和人工神经网络为负荷预测提供了有利的工具。专家系统和人工神经网络可使负荷预测不仅单纯地依靠对负荷行为的数学分析,而且还融入运行人员的工作经验,使建立的模型更为完善,从而提高预测的准确度。

4. 管理规划

未来电网的数据和信息将呈几何级数增长,同时各种信息之间的关联程度也更加紧密,这使得运行人员所面临的决策任务也日益加大。如何有效地从海量信息中获取、管理和利用知识资源,通过知识流与电力流、信息流和业务流的高度一体化融合,实现基于知识的高效的电网智能调度与控制,是未来智能电网必须考虑的问题。为此,未来智能电网将采用人工智能技术来协助运行人员进行判断和决策,建立安全、可靠、经济、稳定的电网运行和维护系统。

5. 分布式控制

电力系统是一个不可观察且不确定的、连续动态变化的开放系统,一方面,它的地域分布广泛,包含大量不同类型的设备和控制系统(如电源甚至是储能装置),电力系统的数据、控制和运行维护人员的行为都呈分布式状态;另一方面,电能生产与消费同时进行,电力负荷实时变化且具有一定的随机性。对于此类系统,采用完全集中式控制是非常困难的。分布式人工智能理论为设计和实现大规模分布式系统提供了一种新途径,符合电力系统的目标要求,受到众多电力领域研究者的关注。分布式人工智能在电力系统的应用主要集中于MAS 技术。根据控制级别,一个独立的 Agent 可以代表系统的某一个功能或者任务(如每一个 IED 的管理),也可以是电网中一个功能完善的网络结点。这些 Agent 通过通信进行互联和协作,系统具有很强的灵活性。对于本来就具有分布式结构的控制与自动化系统,更适合采用 MAS 体系结构。利用 MAS 技术可实现各级能源管理系统(Energy Management System,EMS)、配电管理系统(Distribution Management System,DMS)、厂站自动化系统之间的分布式协调控制,还可以借助 MAS 模型设计智能电力线路巡检系统,或者研制电力机器人并规划它的行为和任务,建立无人值守变电站。

人工智能技术在电力系统领域有广阔的应用前景,为实现电力系统的信息化、自动化和智能化提供了重要的技术支撑。然而,现代电力系统之所以采用人工智能技术,一个重要原因就是人工智能自身的发展以及计算机科学和相应硬件的发展,也促进了人工智能向计算机学科以外的领域渗透,为社会生产实践提供服务。

11.2 人工智能在电力系统故障诊断中的应用

电力系统是由发电设备、变压器、输配电线路和用电设备等诸多单元组成的复杂非线性动态系统。电力系统运行中不可避免地会出现故障,包括雷电、台风、大雪等自然灾害造成的输电线路短路或电力设备受损,电力设备绝缘老化造成的短路、工作人员操作不当导致的停电事故等,发生故障后如果不及时恢复供电则有可能造成巨大的经济损失和严重的社会影响。近年来,美国、加拿大、英国等国家不断发生大停电事故,包括 2003 年美国-加拿大"8.14"大停电、2003 年意大利"9.28"大停电、2011 年巴西"2.4"大停电事故等,引起了世界范围的广泛关注。伴随着我国国民经济的高速发展,全国大部分电网的输电量也持续增长,很多电网几乎在极限状态下运行,存在着大面积停电事故的风险。2004 年,我国的平均供电可靠性首次出现负增长。随着电网的不断发展和电力市场化,人们对电网的安全性和可靠性要求越来越高,电力系统故障诊断显得尤为重要,成为电力部门亟待解决的一个问题。

早期的机械设备比较简单,故障诊断主要依靠专家或维修人员的工作经验,借助简单仪表就能完成故障诊断及恢复任务。随着信息技术的进步,工作人员将传感器技术、动态测试技术和信号分析技术用于故障诊断,在诊断效率和系统可靠性方面有显著提高。自 20 世纪 80 年代以来,机器设备日趋复杂化、智能化和光电一体化,电网规模不断扩大,电网互联结构愈加复杂,发生事故的因素增加,调度人员的事故处理工作也变得困难,传统的诊断技术已经不能适用于现代电力系统。尤其是人们对电能的依赖越来越强,对停电事故的可接受性越来越低,因此,电力供应的可靠性和故障发生后的故障处理的及时性成为评价电力系统性能的重要指标。

复杂系统的智能诊断是智能技术研究的一个热点,电力工作者致力于开发先进、准确、高效的自动故障诊断系统,当发生故障时,要求在无须或仅需少量人为干预的条件下,自动故障诊断系统能够迅速、准确地判别故障元件与故障性质,及时处理故障,快速可靠地重构一种新的稳定运行方式,恢复电力系统的正常运行,使电力系统具有自愈或自修复能力。

电力系统可能出现的故障种类繁多,电力系统故障诊断可主要分为元件故障诊断和系统故障诊断。元件故障诊断是指对系统运行中发生故障的电气元件进行故障分析,以快速、有效地切除故障或发出报警信号。调度中心根据数据采集监控系统(Supervisory Control And Data Acquisition,SCADA)搜集保护装置和开关变位信息,利用掌握的故障信息以及其他电网运行维护单位提供的分析结果给出最后的故障分析报告,辅助调度员作出合理的运行决策。系统故障诊断即电网故障诊断,是指在调度中心进行的系统级别的故障诊断,目标是在电力系统发生故障时,根据获得的各种故障信息,判定故障区域和故障类型,评价保护动作行为,为调度员决策提供依据。从一次系统的故障看,电力系统故障有线路故障、变压器故障、发电机故障等元件故障;从二次系统的故障看,则可粗略地分为保护系统、信号系统、测量系统、控制系统及电源系统五类故障。

下面以电网故障诊断为例,介绍基于贝叶斯网络的电力系统故障诊断。

11.2.1 电网故障诊断原理

对于图 11-1 所示的一个简单电力系统模型,考虑电力系统元件为输电线路、母线和变压器。通常电力系统继电保护由三段式(Ⅰ、Ⅱ、Ⅲ 段)组成:Ⅰ 段是主保护,即 100% 确定性保护(高频保护、距离 Ⅰ 段、零序电流 Ⅰ 段);Ⅱ 段是第一后备保护(距离 Ⅱ 段、零序电流 Ⅱ 段);Ⅲ 段是第二后备保护(距离 Ⅲ 段、零序电流 Ⅲ 和 Ⅳ 段)。

1. 线路保护

线路两端都各有主保护和两个后备保护,如线路 L1 两端的主保护分别为 L1Sm 和 L1Rm,后备保护分别为 L1Sp、L1Ss 和 L1Rp、L1Rs。对于 L1 的左端:

(1) 保护 L1Sm 只保护线路本身,其保护范围一般是线路的 80%～85% 范围,如当 L1

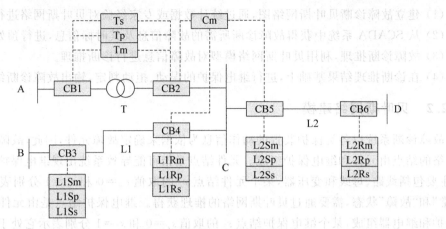

图 11-1　简单电力系统模型

故障时 L1Sm 跳开 CB3。

（2）第一后备保护 L1Sp 保护本线路全长并且不超过下一线路的 I 段距离保护范围，是主保护 LISm 的后备保护，当主保护未动作时，该保护动作切除故障。例如，如果 L1 故障，而 L1Sm 未动作，那么 L1Sp 动作跳开 CB3。

（3）L1Ss 是第二后备保护，它一般在相邻的元件故障下做出保护动作，例如，当相邻元件——母线 C 发生故障并且保护未动作时，L1Ss 作为后备保护动作切除故障，即 L1Ss 动作跳开 CB3。

这三段式保护动作后都是触发断路器 CB3 跳闸。线路 L1 右端三段式保护与左端类似。

2. 母线保护

母线保护一般只有主保护，只保护母线本身。母线的主保护动作时跳开与该母线相连的所有断路器。例如，当母线 C 故障时，母线保护 Cm 动作触发断路器 CB2、CB4 和 CB5 跳闸。

3. 变压器保护

如图 11-1 所示，变压器保护一般也有三段式保护，分别为 Tm、Tp 和 Ts。其中主保护 Tm 只保护变压器本身，Tm 动作时跳开其两端的断路器；第一后备保护 Tp 也只保护变压器本身，当 T 故障时而 Tm 未动作，Tp 动作跳开 CB1 和 CB2；第二后备保护 Ts 用于相邻区域故障而该区域保护未动作时，保护变压器。例如，当母线 C 故障，Cm 未动作时，Ts 跳开 CB2；当母线 A 故障，Am 未动作时，Ts 动作跳开 CB1。Tm、Tp 和 Ts 保护动作后都是触发断路器 CB1 和 CB2 跳闸。

目前，电网故障在线诊断主要是对各级各类保护装置产生的报警信息、断路器的状态变化信息以及电压电流等电气量测量的特征进行分析，根据保护动作的逻辑和运行人员的经验来推断可能的故障区域，确定故障元件，识别误动和拒动的断路器和保护装置。

贝叶斯网络的典型应用之一就是故障诊断，贝叶斯网络使用概率理论来处理不同变量之间由于条件相关而产生的不确定性，对于解决电力系统不确定性因素引起的故障具有很大的优势，特别是对于保护和断路器的拒动、误动，信道传输干扰等造成的不确定性信息的存在，能有效地建立不确定知识表达和推理模型。

基于贝叶斯网络的电力系统故障诊断的基本步骤如下。

（1）建立故障诊断贝叶斯网络图，通过统计数据或专家经验对贝叶斯网络进行赋值。

（2）从 SCADA 系统中获得故障诊断所需的故障信息及其时标信息，进行预处理。

（3）故障诊断推理，利用贝叶斯网络模型对故障信息进行诊断推理。

（4）在诊断推理结果基础上，进行继电保护的误动、拒动判定，输出故障诊断结果。

11.2.2　贝叶斯网络建模

故障诊断系统以各类保护装置的动作信息为依据来确定故障元件，因此，故障诊断贝叶斯网络的结点由元件和继电保护组成。元件结点是指可能导致系统出现继电保护信息的元件，主要包括线路、母线和变压器，某个元件结点 c_i 的取值 $c_i=0$ 和 $c_i=1$ 分别表示它处于"正常"和"故障"状态，需要通过贝叶斯网络的推理获得。继电保护结点是由元件状态影响的保护和继电器组成，某个继电保护结点 s_j 的取值 $s_j=0$ 和 $s_j=1$ 分别表示它处于"不动作"和"动作"状态，一般通过在线监测装置观测获得，并组成继电保护信息。

对于图 11-1 所示的电网模型，建立元件 C 的贝叶斯网络模型，如图 11-2 所示。图中实线表示元件的主保护及其动作的继电器，虚线表示元件的后备保护及其动作的继电器。以连接弧 C-Cm-CB4-L1Ss-CB3 为例说明模型：母线 C 故障，主保护 Cm 启动，致使断路器 CB4 动作跳闸；若断路器 CB4 拒动，则线路 L1 左侧距离Ⅲ段保护 L1Ss 作为母线 C 后备保护启动，CB3 动作跳闸，避免事故扩大。

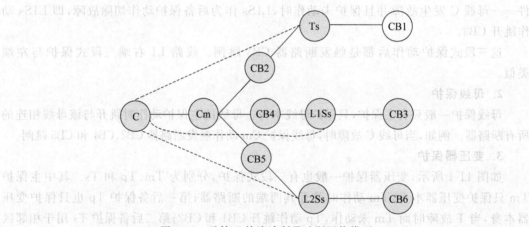

图 11-2　元件 C 故障诊断贝叶斯网络模型

11.2.3　贝叶斯网络故障诊断推理

在进行推理之前，需要确定以下几点。

（1）元件结点发生故障的先验概率，可通过设备历史运行数据和可靠性数据统计得到，或者根据专家经验计算得到。例如，通过一次设备的年故障频率来计算，一般为设备连续运行时间 t 的函数，即

$$p(T \leqslant t) = 1 - e^{-wt} \tag{11-1}$$

式中，T 为设备连续无故障运行的时间；w 为参数。

（2）继电保护结点的条件概率，首先根据专家知识、试验数据和历史信息确定保护装置拒动概率和误动概率，然后再根据保护动作原理确定保护和断路器拒动和误动的条件概率。

在确定了元件结点和继电保护结点的先验概率以及条件概率后,利用贝叶斯网络的逆向推理功能,计算出各元件处于故障状态的后验概率,通过对概率值的分析,从而得出诊断结果。

在推理过程中,经常用到贝叶斯网络的一个重要概念——贝叶斯网络的条件独立性,即贝叶斯网络中的任一结点 N_i,在给定其父结点 $\text{Parent}(N_i)$ 的情况下,条件独立于任何 N_i 的非子孙结点 $A(V_i)$,即

$$p(N_i \mid \text{Parent}(N_i), A(N_i)) = p(N_i \mid \text{Parent}(N_i)) \tag{11-2}$$

根据结点间的条件独立性假设,各随机变量间的联合概率分布可表示为

$$p(N_1, N_2, \cdots, N_n) = \prod_{i=1}^{n} p(N_i \mid \text{Parent}(N_i)) \tag{11-3}$$

11.2.4　改进的贝叶斯网络故障诊断模型

在构建贝叶斯网络模型时,为了减少条件概率表的参数数目,经常会引入 Noisy-Or 模型和 Noisy-And 模型,使用简化的故障诊断贝叶斯网络。

对于图 11-1 中的母线 C,其故障模型可用图 11-3 表示。当母线 C 发生故障时,为隔离故障源,动作保护分为主保护和相邻元件的第二后备保护动作。这两类保护中的任一类动作都使其对应的断路器跳闸,都可以切除故障源,因此,这两类保护组成 Noisy-Or 结点。在保护装置正常动作的情况下,保护和断路器动作应是一致的,调度端应同时收到保护及其对应断路器的动作信号,因此保护及其对应断路器组成 Noisy-And 结点。变压器 T 的故障模型可用图 11-4 表示,线路 L1 和线路 L2 的故障诊断模型确定方法与此类似。

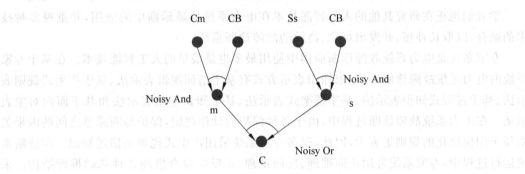

图 11-3　母线 C 故障诊断模型

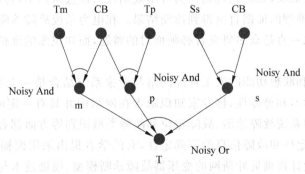

图 11-4　变压器故障诊断模型

对于引入 Noisy-Or 结点的贝叶斯网络,给定网络中每一条边的条件概率 c_{ij} 及某个结点 N_j 的所有父结点 N_i 为真的概率,可用式(11-4)计算 Noisy-Or 结点 N_j 的状态,即

$$p(N_j = \text{True}) = 1 - \prod_{i=1}^{n}(1 - c_{ij} p(N_i = \text{True})) \tag{11-4}$$

式中,N_i 为 N_j 的第 i 个直接前提条件,也称为父结点;c_{ij} 为结点 N_i 到结点 N_j 的条件概率,即单个前提 N_i 取值为真时对 N_j 为真的认可程度。

对于引入 Noisy-And 结点的贝叶斯网络,可用式(11-5)计算 Noisy-And 结点 N_j 的状态,即

$$p(N_j = \text{True}) = \prod_{i=1}^{n}(1 - c_{ij}(1 - p(N_i = \text{True}))) \tag{11-5}$$

式中,N_i 为 N_j 的第 i 个直接前提条件;c_{ij} 为结点 N_i 到结点 N_j 的条件概率,即单个前提 N_i 取值为假时对 N_j 为真的否定程度。

网络的输入结点只对应着电网中的某一个保护或断路器,将获取的保护和断路器信号作为故障判断的条件,条件概率 c_{ij} 可通过参数学习进行优化,最后考虑各种可能发生的故障情况,形成故障区域决策。

基于贝叶斯网络的电力系统故障诊断方法较好地弥补了传统诊断技术在不确定性和容错处理方面的不足,有效地避免只使用主观经验带来的影响,为操作人员迅速做出决策提供强有力的支持,在电力系统实时故障诊断和故障处理方面具有很好的前景。

11.2.5 其他智能故障诊断技术的应用

学者们也正在研究其他的人工智能技术在电力系统故障诊断中的应用,并重视多种技术的融合,以取长补短,开发出可靠、高效的故障诊断系统。

专家系统是电力系统故障诊断应用中使用最多也是最早的人工智能技术。在基于专家系统的电力系统故障诊断中,专家知识表示方式有基于谓词逻辑表示法、基于产生式规则表示法、基于过程式知识表示法、基于框架式表示法、基于知识模型表示法和基于面向对象表示法。在电力系统故障诊断过程中,由于各种保护的动作逻辑,保护与断路器之间的因果关系易于用模块化的规则集表示,因此,很多专家系统采用产生式规则来描述知识。在诊断系统运行过程中,专家系统常用正向推理、反向推理、正反向混合推理 3 种基础推理结构。采用正向推理时,将断路器和保护信息作为驱动输入,按照推理策略与知识库中规则的条件部分相匹配,如果匹配成功,则将该规则作为可用规则放入候选队列中,再通过冲突消解,将结论部分作为进一步推理的证据直至得到诊断结果。在电力系统故障诊断专家系统技术的研究过程中,知识获取一直是众多研究者必须面对的难题,而知识库的维护和系统容错能力也需要更深入的研究。

将具有自学习和联想功能的人工神经网络与专家系统结合是一个发展趋势。ANN 具有强的自组织、自学习和鲁棒性,将专家知识隐含在网络中并具有一定的联想和泛化能力,执行速度快,在电力系统故障诊断、故障定位和故障类型识别等方面都有出色的表现。考虑到设备状态的不确定性和故障信息的不确定性,有的学者提出采用模糊隶属度来对这种不确定性进行描述,设计模糊贝叶斯网的变压器故障诊断模型、模糊技术与专家系统结合的故障诊断模型、神经网络与模糊专家系统相结合的故障诊断模型等。其他的人工智能技术,包

括遗传算法、人工免疫技术、Petri 网、Agent 技术、数据挖掘,也都能在电力系统故障诊断中表现出一定的应用潜力。

随着电力系统规模日益扩大,系统结构也越来越复杂,电力系统故障诊断将从实用化的角度出发,集成多种人工智能技术,提高故障诊断能力,做到及时发现故障、快速诊断消除故障,保证电网安全、可靠运行。

11.3 人工智能在电力巡检中的应用

电力设备巡检包括输电线路巡检、变电站设备巡检和地下电缆等电力设备的巡检作业,电力设备巡检是保障电网可靠性的最有效手段。随着机器人技术发展,将机器人技术应用于电力系统,利用机器人移动平台代替人工进行设备巡检成为可能。人工智能技术是突破机器人能力局限性的一种较好的方法,也是机器人领域研究的核心内容和方向。

11.3.1 电力设备巡检

架空输电线路是电力系统的重要组成部分。电力线及杆塔附件长期暴露在自然环境中,除了承受持续的机械载荷、电气闪络、材料老化等自身因素影响外,还受到诸多外界因素(如雨雪、强风、雷击、洪水、地震、污秽、人为原因等)侵害,从而促使线路上各元件老化,存在发生各种故障甚至事故的隐患,对电力系统的安全稳定运行构成潜在威胁。在变电站中,室外高压设备暴露在自然环境中,也容易受到雨雪、雷击等自然因素影响,发生老化、故障等问题,从而影响变电站的正常运行。为了加强电网的运行维护工作,目前主要采取巡视和检查设备运行状况及周围环境变化的方式,及时发现缺陷和隐患,并排除故障预防危害现象发生。

根据巡检任务的需求不同,电力设备巡检可分为定期巡检、特殊巡检和故障巡检。通常以定期巡检为主,特殊巡检、故障巡检为辅。定期对电力设备巡检,能够及时发现早期损伤和缺陷并加以评估,然后根据缺陷的轻重缓急,以合理的费用和正确的优先顺序安排必要的维护和修复,最大限度地降低各种故障隐患。

根据巡检对象不同,电力设备巡检可分为架空输电线路巡检和变电站巡检。架空输电线路巡检的主要内容包括沿线环境、杆塔、拉线和基础、导线、地线、绝缘子及金具、防雷设施和接地装置、附件及其他设施等。变电站巡检的主要内容包括变压器、断路器、隔离开关、仪表、熔断器、避雷器、电压式互感器、电容式互感器、电流互感器等。

电力设备巡检工作流程一般为:制定巡检任务、安排巡检工作、现场巡检、数据上传、信息共享发布、巡检结果判断。传统的人工巡检方式要求工作人员到达目的地,现场采集数据并手工记录在纸上,然后回来录入。随着通信技术和计算机技术的进步,出现了信息钮＋IC 卡巡检、PDA＋GPS 或者 PDA＋条码等巡检方式,将原有的信息系统延伸到了工作现场,减轻了巡检人员上报数据这一过程,提高了工作效率。但是,此类巡检方式仍然需要工作人员到现场采集数据。架空输电线路巡检要求工作人员在地面逐基杆塔检查,由于输电线路距离长、分布广,巡检人员需要翻山越岭,徒步或驱车巡检,不仅作业量大、效率低,而且巡检人员的安全和巡视效果都受到多方面因素的制约,存在误检、漏检的可能性。我国许多变电站也处于地理条件十分恶劣的地方,面临高海拔、酷热、极寒、强风、沙尘等不利因素的影响,依靠人工方式进行长时间的室外巡检存在劳动强度大、管理成本高、检测质量依赖工作人员经验等问题。另外,对于设备内部的缺陷,运行人员无专业仪器或仪器精确度太低,只通过简单的巡视不能发现潜在的故障。为了提高运行维护的质量和效率,未来的电力巡检工作朝着利用多种先进技术和人工巡检相结合的巡检方式,最大限度减少漏检、误检,确保电力系统长期、高效、稳定运行。

11.3.2 巡检机器人

巡检机器人以移动机器人为载体,携带检测仪器或作业工具,沿输电线路的地线、导线或者指定路线运动,对电力设备进行检测、维护等作业。巡检机器人为电力系统巡检工作提供了一种新的工作模式。

自 20 世纪 80 年代开始,美国、日本、加拿大等相继开展了各种电力机器人的研究工作,先后研制了在架空地线上作业的巡检机器人、悬臂式巡线机器人、变电站设备巡检机器人、能够自给电的巡线机器人样机、HQ LineROVer 遥控小车、带电作业抢修机器人等,代替工作人员进行检测和维护。1988 年,日本东京电力公司研制了具有初步自主避障能力的光纤复合架空地线巡检机器人,它依靠内嵌的输电线路结构参数进行运动行为的规划。该机器人利用一对驱动轮和一对夹持轮沿地线爬行,能跨越地线上的防振锤、螺旋减振器等障碍,遇到线塔时,机器人利用仿人攀爬原理跨越。美国 TRC 公司于 1989 年研制了一台悬臂自治巡检机器人模型,能够沿架空线路长距离爬行,执行电晕损耗、绝缘子、结合点、压接头等视觉检查任务,并将故障参数进行预处理后传送给地面人员。2000 年,加拿大魁北克水电研究院开始 HQ LineROVer 遥控小车的研究工作,用于清除电力线上的积冰、电力线路巡检及维护等工作。该项目不断改进遥控小车的性能,希望能在无人干预的情况下跨越障碍物,扩大巡检范围。

除了沿线爬行机器人外,配备专门巡线设备的无人直升机因具有安全性高、工作效率高和巡检质量高的优点,被多个国家作为一种常规的巡线工作方式。在 1985 年,英国就专购双引擎的 AS355F 型直升机用于巡线,而在 1988 年,日本采用云雀Ⅲ型直升机进行记载热成像仪进行试验。英国威尔士大学信息学院在 1995 年开始研制配电线路巡检飞行机器人。西班牙 Politecnica de Madrid 大学 2000 年开发了基于视觉导航的高压电力线路巡检自主直升机。

在“十五”期间国家“863”计划的支持下,国内相关机构对电力特种机器人也进行研究并取得了很大进步,有的已经投入运行,经受住了恶劣气候的考验。自 2002 年以来,山东电力研究院设计并先后研制出 4 代变电站设备巡检机器人;2003 年,在国家“863”计划的课题的支持下,研究出国内首台变电站巡检机器人功能样机。2005 年 10 月,山东电力研究院研制出国内首台产品样机,并在山东 500kV 长清变电站投入运行。2010 年 5 月,研制出第 4 代智能巡检机器人,达到了国际先进水平,已经用于北京、陕西等地的变电站,应用于 110~1000kV 各电压等级变电站及换流站。此外,山东电力研究院承担的“输电线路破冰机器人研究”的课题填补了国内此方面研究的空白。特别是 2008 年南方地区的冰灾进一步促使电网企业加紧了智能电力机器人的研究步伐。由东北电网公司锦州超高压局和中国科学院沈阳自动化研究所联合开发研制的“绝缘子检测机器人”于 2009 年验收通过。山西电网公司与山东鲁能智能技术有限公司历时 3 年于 2011 年 9 月正式研制完成的“高压带电作业机器人"。这些机器人不仅具有人工作业的灵活性、智能性,而且降低了系统的管理和维护费用,提高了作业质量和自动化水平。

电力机器人从最初只具有主从控制系统的简单机器人,到配备各种传感器的具备感知能力的机器人,性能不断提高,功能不断完善。在现在及未来,智能化是电力机器人的一个重要发展方向——它具有多种内外部传感器,可以感知内部关节的运行速度、受力大小及外部环境,并做出一定的判断、推理和决策,根据作业要求和环境信息进行自主作业。

11.3.3 系统实时监控后台

巡检机器人与工作人员通过监控后台实现交互,分为本地监控后台和集中监控中心,同时,监控后台具备相应的故障诊断功能。本地监控后台作为变电站巡检机器人的直接后台控制器,设定巡检的时间、次数要求以及线路走向等,实时监视巡检机器人采集的设备可见光图像、红外图像/视频和机器人运动状态,对机器人实施实时控制和任务管理,并提供巡检报表的生成及打印功能、实时数据存储、历史数据查询及专家诊断,同时具备与站内监控系统和集中监控中心的接口。集中监控中心可以实现跨地域远程监视、控制、指挥一个或多个巡检机器人,集中远程监测和管理多个巡检区域的设备及机器人,为变电站无人值守以及无人输电线路巡检提供技术支持。集中监控中心通过网络接口发送和接收各种通信信息。

整个机器人巡检系统的逻辑结构如图 11-5 所示。

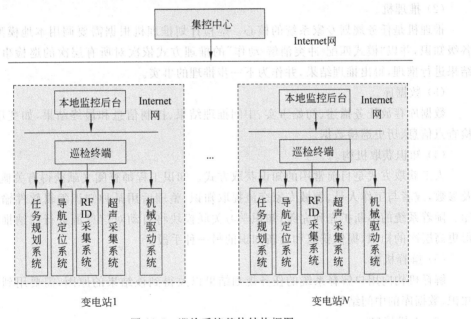

图 11-5　巡检系统整体结构框图

下面以变电站巡检机器人为例,介绍巡检机器人监控后台的两个重要功能,即任务规划和故障诊断。

1. 监控后台的任务规划专家系统

当前,电力系统巡检方案主要是按照巡检规章制度或者专家根据工作经验决定定期巡检、特殊巡检或故障巡检工作。这种检查机制有相当大的主观随意性,巡检能否及时发现并消除线路隐患很大程度上取决于决策者的个人经验,存在不能及时发现安全隐患的可能。

集成于监控后台的巡检任务规划系统利用巡检专家知识对历史数据进行分析并结合巡检要求来选择巡检对象的过程。各种类型的巡检机器人都与一个巡检任务规划模块相关联,针对机器人巡检任务进行控制,包括任务下发与查询、巡检内容、巡检周期、运行模式等要求。巡检内容包括基于红外的设备热缺陷诊断、设备外观及状态检测、设备运行异常声音检测、整改完成情况等。运行模式是指自主模式和遥控模式,其中自主模式是当前机器人运行的主要模式。

巡检任务规划专家系统能够根据实际需要进行总体规划,即制定目标任务、分配任务及优化等,适用于变电站巡检机器人和输配电线路巡检机器人。通过在监控后台集成一个专家系统模块,能够自动生成任务规划。对于该任务规划专家系统,其各主要部分的设计如下。

(1) 知识库。

巡检知识是从解决巡检计划的制订过程中分离出来的高度结构化的符号数据,知识库中的内容包括:①电力巡检的若干规范要求,此为任务制定的主要依据,如《架空电力线路管理规范》、《变电站管理规范》等;②相关概念;③年度、季度及月度工作计划以及特殊性的保电工作任务;④领域专家经验知识,包括问题识别和分解以及问题的结构化方法。这些知识可以采用产生式规则、语义网络、框架表达法或结合几种表示方法表示。

(2) 推理机。

推理机是任务规划专家系统的核心。巡检计划推理机根据需要调用本地模型、事实和各级知识,并以"模式匹配-冲突消解-动作"的推理方式依次对所有层次的巡检事实或中间结果进行推理,得出推理结果,并作为下一步推理的事实。

(3) 数据库。

数据库存放任务描述、初始事实、中间推理结果、控制信息和最终结果,如变压器位置、检查点信息、历史巡检数据。

(4) 知识获取机构。

人工获取方式是目前常用的知识获取方式。知识工程师查阅文献获得有关概念的描述及参数,或者与工作人员、领域专家交流提取知识,整理后用某种知识编辑软件输入到知识库。随着系统的不断扩充和完善,知识学习关联模块将自动对信息源进行归纳推理从而获得更高层次的知识,提供获取和更新知识的另一种手段。

(5) 解释机构。

解释机构向用户解释系统的任务规划结果以及得到该结果的原因,需要用到知识库的知识、数据库的中间结果。

(6) 人机接口。

人机接口为用户提供便利的输入/输出方式。终端用户和领域专家通过人机接口与专家系统交互,包括录入、更新、完善知识库,输入初始任务信息,提出问题等。

专家系统汇集了大量专家知识,充分利用多个领域专家的知识经验,并结合巡检历史数据,具有更强的启发性、灵活性和智能性。除了传统的专家系统,神经网络专家系统等新型专家系统也提供了解决实际问题的新途径,便于更好地根据实际情况合理编制巡检工作任务。

2. 监控后台的故障诊断专家系统

在前端,巡检员或机器人携带信息采集器,按规定时间及线路要求巡视,读取路线上设置的信息钮信息并记录设备运行情况。巡检机器人利用内部地图和 GPS 信息进行定位和导航,通过记录航点和航迹的方式来保存巡检轨迹。最后巡检员或机器人将相关巡检数据上传至后台数据库。

监控后台基于得到的设备图像信息和设备状态结果,实现巡检存储、设备状态分析预警。设备状态分析预警系统相当于一个专家诊断系统,结合历史数据、设备的故障率、设备运行指标的变化趋势等,分析设备异常的区域分布、设备异常情况发生时间和处理结果,为设备检修和状态评估提供决策支持。后台管理人员通过不同的访问权限,可随时在后台服务器中查询巡检人员的巡检情况和相应的设备运行数据,分析电力设备运行情况,打印巡检报告,生成重大缺陷报表。故障诊断专家系统的详细应用方法可查阅相关资料,此处不再详述。

11.3.4　路径规划管理

路径规划模块接收任务规划模块产生任务长期规划航路信息,根据目标函数所确定的最小代价原则,按照规划约束条件产生较详细的飞行路径航路点信息。对于输电线路巡检任务,在确定的巡检线路设定合理数量的检测点并安装巡检信息钮,机器人沿输电线路的地线、导线或者指定线路运动,对电力设备进行检测、维护等作业。对于变电站巡检任务,巡检机器人基本上沿站内磁引导道路行走,在接受巡检任务后,系统自动生成最佳巡检路线并执行定点任务。

将可以行走的道路连接起来形成一个拓扑网状图,结点表示交叉路口,边表示道路,那么巡检机器人的路径规划问题可以看作是对图中结点和边的遍历。从某个结点开始,按照路径最短、转弯最少、综合最优等策略,如何遍历图中指定结点序列(或每一个结点)?

全局路径规划根据地图信息和任务信息,按照某种策略,规划出机器人的最优巡检路线。局部行为规划对机器人各传感器收集到的周围环境数据和全局路径规划结果进行综合分析,实时给出机器人的局部路径并传输给机器人运动控制系统。

全局路径规划是一个比较典型的组合优化类问题,对于一个有 n 个停靠点的变电站巡检线路,将停靠点用 n 个整数进行编号,停靠点之间的距离用 $n \times n$ 的带权邻接矩阵 W 表示,n 个整数的一个排列表示停靠点到达顺序的一个可能解。

遗传算法运用于移动机器人路径规划的基本思想为:将路径个体表达为路径中一系列中途点,并转换为一二进制串。首先初始化路径群体,然后进行遗传操作,如选择、交叉、复制、变异,经过若干代进化以后停止进化,输出当前最优个体。算法如下:

随机初始化群体 $P(0)$;

设交配概率 p_c 和变异概率 p_m;

计算群体 $P(0)$ 中个体的适应度;

$t=0$;

while(不满足停止准则)do

{

　　由 $P(t)$ 通过遗传操作形成新的种群 $P(t+1)$;

　　　　计算 $P(t+1)$ 中个体的适应度；
　　　　$t=t+1$
　　}
　　选择适应度最大的染色体，经解码后作为最优输出；

11.3.5　设备状态识别

　　人工巡检采用肉眼或望远镜对辖区内的电力设备进行观测，凭借个人经验判断设备状态，检测结果存在一定的不精确性。变电站巡检机器人携带高分辨率摄像机、红外热像仪、超声传感器等感知设备，通过精确的自主导航和设备定位，按照最优路径检查室外高压设备的运行情况。无人值守变电站机器人在规定的停靠点停留，可执行的相应工作任务有自动云台动作、自动摄像机调焦、自动红外热像仪操作、自动可见光与红外数据采集和自主充电。

　　另外，由于运动控制精度、导航停靠精度的限制，机器人不可能每次都能完全对准目标，同时由于观测距离的不同，一次可能会检测到多个设备，从而影响整个检测结果。系统通过模式识别算法，可以有效分辨、定位目标设备，确保检测数据的准确性，从而为分析设备的内部热缺陷、外部的机械或电气问题，收集事故隐患和故障先兆数据提供可靠信息。主要巡检内容包括以下几点。

　　(1) 电流及电压致热型设备的热缺陷。

　　(2) 设备外观异常，如导线散股断裂、部件损伤、渗漏油、有附着物等。

　　(3) 状态检测，如断路器或隔离开关位置、仪表读数、油位计位置等。

　　(4) 设备运行异常声音检测。

1. 基于图像的设备状态识别

　　基于图像的设备状态识别通过图像处理、模式识别等算法，使机器人自动识别设备状态。图像识别本质上是一种模式识别过程，其基本流程如图 11-6 所示。

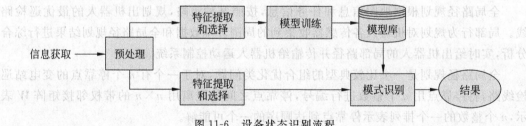

图 11-6　设备状态识别流程

　　(1) 预处理。

　　因环境光照不佳或物体表面污染等原因，采集的图像数据可能存在噪声大、对比度低、颜色偏移与失真等问题。为了准确识别出待检测的目标，可采用高斯平滑滤波器、同态滤波、暗原色先验模型等方法增强图像质量。

　　(2) 特征提取和匹配。

　　一般通过角点、SIFT 等特征提取图像的特征，并与正常情况的图像特征进行匹配，得到单位矩阵，从而获得两幅图像的近似对应关系。

　　(3) 异常区域分割。

　　在获得两幅图像的点对点的对应关系后，计算两幅图像的灰度差值。异常区域的局部相似度较低,因此可以提取该区域作进一步判断,或者对匹配的两幅图像像素做差,通过对差值图像进行分割,分析出异常区域。

（4）异常分类。

外观异常可以分为污损、破损或异物。

① 污损是因漏油、放电痕迹等造成的设备表面油污或炭黑等污损,表现为图像颜色和纹理异常,设备外形不会受损,可通过纹理分析识别污损区域。

② 破损是指设备表面有裂纹或结构缺失,对于裂纹,可采用基于边缘检测的方法判断是否有多余的边缘,对于结构缺失,可进行图像分割与正常模板图像比对面积差别。

③ 异物是指电力设备上有悬挂物。可采用与正常图像进行对比,采用模式分类的方法判定是否有异物。最后,检测系统将识别结果上传到服务器提交给操作人员进行校验。

2. 基于声音的设备状态识别

在变电站设备内部的运行状况,可以通过外部声音的变化进行分析。例如,变压器正常运行时,应发出均匀的"嗡嗡"声,这是由于交流电通过变压器线圈时产生的电磁力吸引硅钢片及变压器自身的振动而发出的响声。如果变压器声音比平时增大,变压器中有杂音、放电声、水沸腾声等异常声音,则表明变压器处于不正常状态,通过异常声音能够有效预测重大事故和危急情况。因此,基于声音的设备状态识别是机器人巡检任务之一,具有重要的实际意义。

巡检机器人通过内部的控制系统、运动装置实现自身运动,在移动过程中利用携带的声音采集器采集数据并传送到其他模块进行判断识别。声音检测系统由采集模块、训练和识别模块、数据通信模块、数据存储模块和视频服务器组成。

声音识别的基本流程可参考图 11-6。声音识别过程涉及数据预处理、特征提取和选择、建立参考模型库、模式匹配等几个模块。在变电站环境中,变压器发出的声音、设备放电声音等同时受到外界因素(风声、雨声、人的说话声、动物发出的声音)的影响。因此,需要对输入的原始声音信息进行预处理。为了得到用于分类的特征向量,常采用短时距方法,以帧为单位,在较小的时间内提取信号的各种基本特征,然后选择最能反映分类本质的特征。最后,通过分类算法判断设备状态,可使用的分类器主要包括隐马尔科夫模型、支持向量机、K-最邻近结点算法、人工神经网络和高斯混合模型等。

11.3.6　Agent 技术

多 Agent 技术是设计和实现复杂软件系统和控制系统的新途径,多 Agent 系统协作能够解决单个 Agent 无法处理的问题,并且多 Agent 系统与已有系统或软件的互操作、求解数据和控制具有分布式的特点,可以提高系统的效率和鲁棒性。除了专家系统外,机器人巡检任务规划系统可以借助多 Agent 技术实现。该系统由管理 Agent、协调 Agent 和资源Agent 组成,其结构如图 11-7 所示。

（1）任务规划层管理 Agent 根据最小代价原则,按照约束条件对任务进行分解,分解后的子任务队列通过黑板 Agent 向协调 Agent 和资源 Agent 发布信息;各 Agent 根据协作机制执行子任务,任务规划层管理 Agent 再综合求解结果,并通过黑板 Agent 发送给路径规划层 Agent。

（2）路径规划层管理 Agent 接收任务规划层产生的任务长期规划信息,并对路径规划

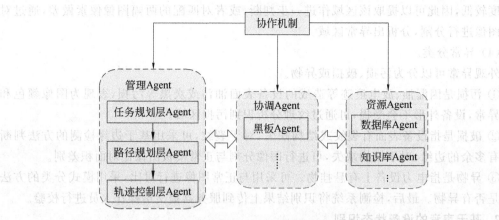

图 11-7　多 Agent 任务规划系统组成结构示意图

层任务进行分解,通过黑板 Agent 向其他 Agent 发布信息,再综合各子任务求解结果,并把获得的较详细的路径航路点信息发送给轨迹控制层 Agent。

(3) 轨迹控制层管理 Agent 获得路径规划层 Agent 的详细路径信息后,分解任务并将结果通过黑板 Agent 向其他 Agent 发布信息,最后,轨迹控制层管理 Agent 综合子任务求解结果,并把详细的路径信息(速度、方向)发送到机器人自动控制系统去执行。

从硬件角度来看,通常每个机器人的基本结构包括机械系统、驱动系统、感知系统、控制系统、人机交互系统和通信系统等,如图 11-8 所示。

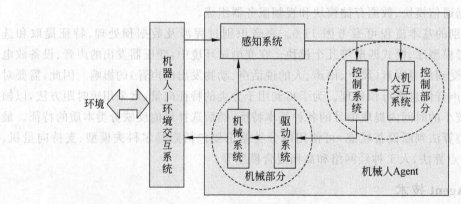

图 11-8　机器人基本组成

在此,智能机器人可以看作一类 Agent,具有自主性、交互性、社会性、适应性等特性,能够进行自学习、推理-规划-决策。结合传统人工智能和 Agent 技术对单机器人的内部结构、推理和决策进行研究,确定单个机器人的结构和能力。单机器人的每个功能模块也可以抽象为一个 Agent,从而使系统高度模块化。

随着不同功能和不同大小的电力机器人的出现以及电力特种机器人技术的不断成熟发展,多机器人协同工作方式将在越来越多的应用场合出现。与单机器人相比,多机器人系统具有时间和空间的分布性、强鲁棒性、可重构性等特点,是单机器人无法比拟的。多机器人系统应用到电网的巡检和作业任务,充分发挥多机器人系统的优势,在出现大面积线路故障和冰雪等灾害天气时,利用多机器人搜寻故障并执行修复作业,可高效可靠地完成任务,降低经济损失和社会影响。例如,输电线路巡线机器人可分为巡线机器人、清障机器人和其他类型的作业机器人。清障机器人除了执行线路巡视外,还负责修复线路故障,快速有效地清除线路上的异物。

用多 Agent 理论进行多机器人协作研究,把系统中的每个机器人看成独立的 Agent,这样的多机器人系统就称为多 Agent 系统,其中,Agent 之间是一种松散的组合。多电力机器人的控制问题可以从多 Agent 技术中寻求解决方案,包括机器人组织结构、感知、通信机制、学习-规划-决策、协调协作机制等问题。特别是对于本来就具有分布式结构的电力控制与自动化系统,特别适合采用多 Agent 系统体系结构。较之传统的控制系统,这种基于 Agent 的系统可以使系统的每一个成员具有更大的自治性。

1. 体系结构

对于不同的工作环境以及机器人工作能力,很难或者不可能有一个统一通用的结构将多机器人组织为一个整体;否则,将使某些机器人的能力受到限制,不能体现多机器人系统的优势。在实际应用中,通常基于层次式结构设计多机器人 Agent 的组织结构,结合集中式控制和分布式控制的各自优势。在层次式结构中,机器人系统可分为高层的协作层、中间的协调层和底层的控制层。图 11-9 所示为多机器人系统的组织形式之一——层次式体系结构。

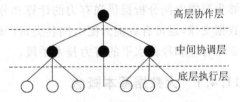

图 11-9 层次式系统总体框架示意图

高层协作是整个系统智能化的集中体现,该层根据给定的资源、任务及相应的性能评价,指定机器人在各个任务上的分配,最大化完成任务的总体性能。该层负责系统的全局规划、任务分配、角色任命,对协调层直接管理。协调层由若干移动机器人组成,负责协调执行层成员完成协作层分配的任务。根据任务情况,协调层还可以再分出若干协调子层。执行层接受协调层的指挥,执行具体的任务,通常具有简单的通信能力。

2. 学习机制

单个机器人的能力是有限且不完善的,需要不断与外界环境或其他机器人交互积累经验、适应环境。在开放动态的环境下这种学习尤为重要。由于环境的动态性和不确定性、机器人自身的局限性等原因,不能人为设计解决所有问题的机器人。利用机器学习使机器人具有学习能力是多机器人系统解决这类问题的一种有效手段,学习方法包括决策树归纳算法、人工神经网络算法、支持向量机、遗传算法、强化学习等。这些机器学习方法有助于增强机器人个体之间的协调性和合作性,使系统具有更强适应性、灵活性等智能特性。

3. 协调协作

协调与协作是多 Agent 技术研究的核心问题之一,也是多机器人系统的关键技术之一。采用多 Agent 技术可以实现动态环境下多机器人之间的协调协作。在开放动态环境下,多机器人系统通过协作,可以完成单个机器人无法实现的功能;多机器人必须对目标、资源的使用进行协调,保证多个机器人工作的协调一致性。在出现资源冲突时,若没有很好的协调机制,可能导致死锁,使得多个机器人陷入僵持状态。可以借鉴多 Agent 的组织方式和协商策略等方面的研究成果,设计多机器人的协调协作策略,包括合同网模型、熟人模型、对策论方法等。

综上所述,基于智能机器人的电力巡检系统通过广泛使用人工智能和自动控制技术实现自动巡检任务,实现了电力设备巡检的自动化、智能化和信息化,有利于智能电网建设。目前,基于智能机器人的电力巡检系统已有很多应用案例,具有广阔的应用前景和推广价值。

11.4　人工智能在电力大数据分析中的应用

在智能电网建设的大背景下,电网规模不断扩大,新能源和新设备不断加入,电力系统的数字化、信息化、智能化发展的同时带来了更多的数据源,数据量从 TB 级跃升到 PB 级别,甚至将达到 EB、ZB 量级,可获取的数据类型也愈加丰富,智能电网的大数据趋势日益明显。一些学者认为,大数据价值链可分为 4 个阶段,即数据生成、数据采集、数据储存及数据分析。数据分析是大数据价值链的最后也是最重要的阶段,是大数据价值的实现和大数据应用的基础。电力大数据综合了电力企业的产运销及运营和管理数据,电力大数据分析能够为智能电网分析提供强有力的计算和分析条件,分析结果可为电网规划和安全运行提供数据支撑,也可有效提升配电网各类资产健康水平,已经成为电力企业提升应用层次、强化企业管理和经营水平的有力技术手段。

11.4.1　大数据基本概念

随着人们对数据重视程度的提升和收集数据意识的增强,大数据正在不断改变人们的工作、生活和思维方式。在信息技术中,大数据是指无法在合理的时间内用传统的信息技术和软硬件工具对其内容进行抓取、管理、存储、搜索、共享、分析和可视化处理的由数量巨大、结构复杂、类型众多数据构成的大型复杂数据集合。但是,具体多大的数据才能称为"大",业界还没有统一的标准。从大数据特征出发,大数据一般具有 4V 特征,即 Volume、Velocity、Variety 和 Value。

(1) Volume——体量大,表现为存储量和计算量巨大,在各个领域都面临着数据量的大规模增长,数据洪流已经从 GB、TB 量级上升到 PB、EB、ZB 量级。国际数据公司(International Data Corporation,IDC)报告称,2011 年全球被创建和复制的数据总量为1.8ZB,在短短 5 年间增长近 9 倍,预计到 2020 年,全球数据规模将达到 35.2ZB。

(2) Velocity——速度快,表现为数据生成快速,这也是大数据区分于传统数据挖掘的最显著特征。据 Facebook 统计,每秒有 4.1 万张照片上传,2011 年以发图 1400 亿张成为世界上最大的照片库。数据以数据流的形态快速、动态地产生,数据处理的速度也必须达到高速实时处理。

(3) Variety——多样性,表现为数据来源增多,数据类型多样,数据表现形式不断扩展。从数据来源上看,传统数据以交易事务型数据为主,而互联网和物联网的发展则带来了微博、社交网络、传感器等多种数据来源;从数据类型上看,包含结构化、半结构化和非结构化的数据,大数据的数据类型是几种类型的复杂组合,其中半结构化和非结构化数据占 80%左右;从数据的表现形式上看,从传统的声音、文字、图片不断扩展到网络日志、音频、视频、图片、系统日志等形式。

(4) Value——价值性,表现为价值巨大但密度很低。大数据的价值不仅具有普及性、普遍性和说服力,而且更有个性化,能说明任何实体之间的相关性。从一定意义上来说,价值密度的高低与数据总量的大小成反比。假如同种类型的数据的潜在价值是固定的,数据量越大,价值密度必然越小。例如,机房网络监控日志,要查看的仅仅是报警和错误日志,而一部连续不间断监控视频,可能有用的数据仅仅有1～2s。

如何通过强大的机器算法更迅速地完成数据的价值"提纯"成为目前大数据背景下亟待解决的难题。2012年,美国政府投资2亿美元启动"大数据研究和发展计划",将对大数据的研究上升为国家意志。2014年,我国国务院会议上曾明确指出"积极支持云计算、物联网与移动互联网络的发展,催生基于云计算的在线研发设计、教育医疗、智能制造等新业态"。目前,大数据技术的兴起已经引起了各行各业的高度关注,在疾病防治、灾害预防、社会保障、电子政务等领域具有广泛应用前景。

11.4.2　电力大数据的来源

电力系统是最复杂的人造系统之一,具有地域分布广泛、设备种类多样、发电用电实时平衡、传输能量数量庞大、电能传输光速可达、实时运行、重大故障瞬间扩大等特点,这些特点决定了电力系统运行时产生的数据量大、增长速度快、类型丰富,具有大数据的典型特征。对于电力行业而言,从电力生产到输配电再到电力企业运行管理,电力系统的每个环节产生的各种结构化数据(在线监测数值、台账信息等)和非结构化数据(图像等)共同构成了"电力大数据"。具体来讲,电力大数据的来源可以分为以下几个方面。

(1) 电力生产大数据。电力生产是大数据产生的主要源头之一,涉及运行工况、参数、设备运行状态等实时生产数据,现场总线系统所采集的设备监测数据以及发电量、电压稳定性等方面的数据,覆盖发电、检修、安全等主要业务领域,对此类数据的分析主要侧重于如何利用历史信息指导发电生产及设备检修。

(2) 智能电网大数据。智能电网的数据源主要是无处不在的各种传感器网络,通过通信网络集中到运营调度中心。智能电网状态监测系统中大量的监测结点不断地向数据平台传递采集的数据,形成海量异构数据流,包括智能电表从数以亿计的家庭和企业终端带来的数据,电力设备状态监测系统从发电机、变压器、开关设备、架空线路、高压电缆等设备中获取的高速增长的监测数据,光伏和风电功率预测所需的大量历史运行数据,气象观测数据等。对此类数据的分析,主要目标是实现电能使用的可测可控,使电力系统运行更加高效、可靠。

(3) 电力运营管理大数据。电力企业的经验决策需要大量的生产和经验数据支撑,此类数据涉及电力企业运营和管理数据,包括配电自动化系统、调度自动化系统、气象信息系统、地理信息系统、电动汽车充换电管理系统、用电信息采集系统、营销业务管理系统、ERP系统、95598客服系统等采集的数据,以多维度、易理解的方式呈现为数据视图,为企业的各种经营活动提供决策信息。

电力大数据之间并不完全独立,其相互关联、相互影响,存在着比较复杂的关系。随着电力系统智能化、信息化和自动化水平的提高以及电网的不断发展扩大,电力数据量呈现指数级增长速度。此外,智能电网产生的大数据还具有一些其他特征。

(1) 每个采集点采集的数据类型相对固定,且分布在各个电压等级内。

(2) 不同采集点的采样尺度不同,数据断面不同。

（3）由于采集设备和外界因素影响，数据采集存在一定误差和漏传。

（4）数据分布在整个电力系统的不同应用系统，数据定义和类型等可能存在不一致性。

如何有效地组织和利用海量电力数据，更好地服务于电力企业和用电单位，是目前电力领域的重要研究课题。2013年《中国电力大数据白皮书》的发表，为我国电力大数据技术的发展指明了方向。

11.4.3　大数据分析与人工智能

大数据分析处理经历了3个阶段：第一个阶段是存储、展示及简单分析阶段，目的是描述"发生了什么"以及"为什么发生"；第二个阶段是实时分析阶段，面向在线监测系统获得的海量数据，此阶段更注重"正在发生什么"；第三个阶段是当前的预测分析阶段，研究"即将发生什么"。大数据的核心和本质是预测，通过分析方法和工具探索隐藏在数据表面背后的本质和规律，从而对未来趋势进行预测。

结构化数据一般通过关系数据库实现，而非结构化数据分析需要利用自然语言处理、图像解析、语音识别等技术，而这些技术正是人工智能的研究领域。尤其对于电力大数据来说，非结构化数据占据了主要地位，人们需要通过人工智能手段在海量数据中挖掘未知的有用信息。因此，将大数据与人工智能结合使用已经成为新的工作模式。

从人工智能到大数据，它的发展历程可以分为4个阶段，第一阶段是1950年提出的人工智能，第二阶段是1960年提出机器学习，第三阶段是1995年提出数据挖掘，第四阶段就到了近些年的大数据阶段。大数据分析属于传统数据分析技术在海量数据分析下的新发展，因此很多传统的数据分析方法是大数据分析的基础。大数据分析的目标是寻求更合理的挖掘算法，准确、有效地挖掘出大数据的真正价值，而且更能实现对动态发展数据的分析。大数据环境下的数据挖掘与机器学习算法，可以从以下几个方面着手。

（1）将大数据小数据化。

（2）开展大数据下的聚类、分类算法研究，如基于共轭度的最小二乘支持向量机（Least Squares Support Vector Machine，LS-SVM）、随机可扩展 Fuzzy-Means（FCM）等。

（3）研究大数据的并行算法，将传统的数据挖掘方法并行化。

大数据分析可以视为传统数据分析的特殊情况，麦肯锡认为，可用于大数据分析的关键技术源于统计学和计算机科学等学科，它的许多方法来源于统计分析、机器学习、模式识别、数据挖掘等人工智能领域的常规技术。

（1）人工神经网络。训练后的神经网络可以看作具有某种专门知识的"专家"，其缺点是网络的知识获取过程不透明，受训后的神经网络所代表的预测模型也不具有透明性。

（2）决策树方法。决策树学习采用自顶向下的递归方式，将事例逐步分类成不同的类别。目前，决策树方法仅限于分类任务，主要的决策树算法包括ID3及其改进算法，C4.5算法、CART算法、基于交叉内外聚类方法的自适应决策树等。

（3）进化计算。进化计算包括遗传算法（GA）、遗传编程（GP）、进化策略（ES）、进化规划（EP）。此类算法在适应度函数约束下进行智能化搜索，通过多次迭代，逐步逼近目标得到全局最优解。

（4）粗糙集理论。粗糙集理论能够发现客观事物中的不确定性知识，发现异常数据，排除噪声干扰，对于大规模数据库中的知识发现研究极为重要。由于神经网络、决策树这类方法不能自动选择合适的属性集，可以采用粗糙集方法进行预处理，滤去多余属性，以提高发现效率。

这里仅列举用于数据分析的典型方法，当然，还存在其他分析方法，此处不再逐一介绍。对于电力大数据分析，在实际应用中可根据具体的任务要求来选择使用一种或多种人工智能技术。

11.4.4　电力大数据分析典型应用场景

下面从智能电网的应用场景出发，分别介绍电力大数据分析技术在电力负荷预测、运行状态评估与预警、发电生产控制与用电规划等方面的应用。

1. 电力负荷预测

我国电网供电区域辽阔，不同区域负荷特征各异，不同类型的电力用户负荷不同，受气候条件等外部因素影响而引起的变化规律也不同，只有将市场分成相应的群组并分析用户特点，预测短期/长期用电需求量以及长期价格走势，才能协助企业管理人员更好地制定出最佳决策。

短期负荷预测是能量管理系统（Energy Management System，EMS）的重要组成部分。准确的短期电力负荷预测，可以对整个系统供用电模式进行优化，提高系统的安全性、稳定性及清洁性，因此，及时的短期电力负荷预测是当前电力市场主体共同关注的焦点。电力负荷预测根据历史负荷数据预测未来负荷变化趋势，首要任务就是建立历史负荷数据仓库，然后通过优化模型对数据进行深度挖掘和分析，自学习地发现负荷变化规律，建立负荷模型，在此基础上进行预测的结果将会更加合理和准确。随着配电网信息化的快速发展和电力需求影响因素的逐渐增多，用电预测的大数据特征日益凸显，常规的负荷预测算法难以准确把握各区域的负荷变化规律，海量数据挖掘分析能力有限。基于大数据的分布式短期负荷预测方法，综合利用大数据和人工智能方法的优势，使得负荷预测精度更高。智能预测方法具备良好的非线性拟合能力，近年来用电预测领域出现了大量的研究成果，人工神经网络、遗传算法、粒子群算法和支持向量机等智能预测算法开始广泛地应用于用电预测。

人工神经网络具有快速并行处理能力和良好的分类能力，能够避免人为假设的弊端，可以较好地满足短期电力负荷预测的准确度和速度要求，基于神经网络的负荷预测技术已成为人工智能在电力系统最为成功的应用之一。利用人工神经网络的非线性预测能力建立电力负荷预测模型，综合考虑短期电力负荷预测受到天气、季节、节假日和经济等因素影响，提高了电力负荷预测精度。另外，为了防止神经网络陷入局部最优问题，有的学者提出采用遗传算法对人工神经网络的连接权值进行优化。这种采用多种人工智能算法的预测技术能有效提高短期电力负荷的预测准确度，降低平均预测误差。基于 BP 神经网络和遗传算法的短期电力负荷预测流程可以描述如下。

（1）收集数据。选择某地区某个月份（如1月1～31日）的电力负荷数据作为训练样本集，对2月1日的数据进行预测。

（2）数据样本预处理。根据 BP 神经网络输入/输出函数的要求和特点，对短期电力负荷原始数据进行预处理。

（3）构建电力负荷预测模型。确定 BP 神经网络的输入层、输出层以及隐含层的结点个数、学习率等参数。初始化 BP 神经网络的连接权值,确定遗传算法的初始种群、最大迭代次数、复制、交叉和变异操作方法等,利用遗传算法对 BP 神经网络连接权值的优化,直到找到满意的个体,将最优个体解码作为优化后的 BP 神经网络连接权值。

(4) 利用 BP 神经网络和历史数据对电力负荷进行预测,输出预测结果。

有些文献用自适应决策树对存储在数据库中用电记录、季节、气候和其他一些相关的属性进行聚类分析,不仅划分了用户群组行为模式及其负荷要求情况,制定出合适的收费表,而且分析出用户与其他属性相关联的一些特点。如果用关联规则对客户的模式和用电需求进行划分,这样可预测出客户使用的模式,从而改进发电管理,增加自身的竞争力。

通过以上分析可见,通过将电力大数据作为分析样本可以实现对电力负荷的实时、准确预测,为规划设计、电网运行调度提供可靠依据,提升决策的准确性和有效性。

2. 电力系统运行状态监测与预警

电力系统故障的发生往往在偶然性背后隐藏着某种规律性。通过集成各分散系统的信息,规范数据类型,形成大数据样本,对不同类型、不同型号、不同状态的设备进行故障发生可能性预测,进一步提升设备运行管理水平,为电网安全运行、智能电网自愈提供保障。

数据挖掘技术具有定性分析能力,从大量数据中去除冗余信息,通过对历史数据和缺陷信息进行数据挖掘,可将每一种状态的故障特征及关联参数值提取出来,成为判断机组状态、快速故障处理、准确决策的依据。进一步地,将挖掘得到的信息与设备当前运行监测值进行对比分析,即可判断设备当前运行状态是否正常。目前,如何利用好大数据,充分挖掘企业大数据信息,更好地服务电力行业和广大电力用户,已经成为电力企业持续发展的重要研究课题。

在线监测系统实时采集并自动传输监测数据,在此基础上建立电力系统数据仓库。这些数据不仅包括运行过程中各类设备的状态信息以及设备异常时出现的各类信号,还包含大量的相关数据,如地理信息、天气、现场温度与湿度、监测视频、图像以及相关试验文档等,这些数据共同构成了状态监测大数据。在线状态监测与预警系统对状态监测大数据进行分析,包括以下内容。

(1) 应用数据挖掘技术中的分类和聚类分析方法可以将各种设备划分为适当的故障类型。

(2) 应用关联分析方法可以确定各种故障因素之间的相互关系,提供早期故障预测及原因分析。

(3) 应用序列模式分析方法能够发现并预测设备的故障率分布。

(4) 应用神经网络可以自动发现某些不正常的数据分布,从而暴露设备运行中的异常变化,辅助预测机组运行状态。

状态监测大数据的分析结果可用于辅助决策以提高供电可靠性和经济效益,体现在以下几个方面。

(1) 电网安全性评价。涉及主变和线路负载率、结点电压水平等,便于合理安排检修计划,减少气候和负荷变化对系统安全性的影响。

(2) 供电能力评价。电网最大供电能力是指在电网中任意设备均不超过负荷条件下网络所能供应的最大负荷。综合负荷重要性、经济社会效益以及历史电压负荷等因素,可以知道哪些地区的用电负荷和停电频率过高,当供电能力不足时,如何进行甩负荷。

（3）电网可靠性和供电质量评价。电力系统运行控制的一个基本目标就是在经济合理的条件下向用户提供高质量的电能。对电网可靠性和供电质量进行评价,如负荷点故障率、系统平均停电频率、系统平均停电时间、电压合格率、电压偏移、频率偏差、线损率和设备利用效率等,可以有助于电网的升级、改造、维护等工作。

（4）电网故障诊断与预警。通过计算风险指标,判断出所面临风险的类型;预测从现在起未来一段时间内配电网所面临的风险情况;依据对多源异构的数据分析,对突发性的风险和累积性风险进行准确辨识、定位、类型判断、生成预防控制方案等,供调度决策人员参考。

3. 发电生产控制与智能规划

理想的电网,应该是发电与用电的平衡,而传统电网是基于发-输-变-配-用的单向思维进行电量生产,无法根据用电量的需求调整发电量,造成电能的冗余浪费。电力用户是一个广泛、复杂的用户群,根据智能电网中的用户资料和历史数据建立用电数据仓库,采用数据挖掘的方法有针对性地分析不同时间、地域、行业中的用户需求,得到需求模型,根据此模型来制定电网规划和供电计划,从而能够降低发电成本,提高效益。

美国、意大利等国家的电力公司已经开展此方面的工作,使用人工神经网络、模糊逻辑等技术,把用户的管理、消费、交易等数据进行综合处理,用于辅助用户分析。有的研究者提出通过对智能电网中的数据进行分析,设计一幅"电力地图",将人口信息、用户实时用电信息和地理、气象信息等全部集合在一起,为城市和电网规划提供直观、有效的负荷预测依据,分析其主要用电设备的用电特性,包括用电量出现的时间区间、用电量影响因素以及是否可转移、是否可削减等。通过分类和聚合,可得到某一片区域或某一类用户可提供的需求响应总量及可靠性,分析结果可为实现用电与发电的互动提供依据,在不同区域间进行及时调度,平衡电力供应缺口,实现发电生产智能控制与决策,提高供电效率。

从用户侧角度出发,针对此类应用,研究者开发出了智能的用电设备——智能电表,供电公司能每隔一段时间（如 15min）就读一次用电数据,而不是过去的一月一次。由于能高频率快速采集分析用电数据,供电公司能根据用电高峰和低谷时段制定不同的电价,利用这种价格杠杆来平抑用电高峰和低谷的波动幅度,实现分时动态定价。在激烈的电力市场竞争机制下,电力公司制定出合理的经济模型以及具有竞争力的实时电价表,实行动态地浮动电价制度,实现整个电力系统优化运行,无疑是具有极其重要价值的。

当供电能力不能满足负荷需求时,配电网停电优化系统综合分析配电网运行的实时信息、设备检修信息等,根据计划停电（包括检修和限电等）的要求,进行系统模拟,以最小的停电范围、最短的停电时间、最小的停电损失、最小的停电用户来确定停电设备,以找出最终的最优停电方案。为了更加准确地计算配网停电损失,降低停电影响,需要利用多个业务系统的海量数据进行联合分析和数据挖掘,完成停电信息分类、停电预警、配电网停电计划制定,采用大数据分析技术制定合理的停电计划,完善配网停电优化分析系统。

智能电网将承载着电力流、信息流、业务流,集成了信息技术、计算机技术、人工智能技术,是对传统电网的继承与发扬。大数据技术为智能电网的发展注入了新的活力,电力企业的整体价值将不断跃升,利用大数据技术对电力数据进行深度数据挖掘和分析,进一步提升整个电力系统的自动化、智能化和信息化水平。

本 章 小 结

随着人工智能技术的成熟,人工智能技术已经广泛应用于非线性问题求解中,并且在现代化电力系统建设中发挥着重要作用。本章介绍了人工智能在电力系统故障诊断、电力巡检和电力大数据分析中的应用,表明了人工智能技术在现代电力系统的重要性。随着电网改造的逐步深入,安全、可靠、经济、灵活的电力供应已经成为用户和电力企业的共同追求,必须逐步提高电网自动化和智能化水平,这有赖于人工智能技术在电力系统更深层次的运用。

参考文献

[1] 涂序彦,马忠贵,郭燕慧.广义人工智能[M].北京:国防工业出版社,2012.

[2] 涂序彦.人工智能:回顾与展望[M].北京:科学出版社,2006.

[3] 玛格丽特·A.博登.人工智能哲学[M].刘希瑞译.上海:上海译文出版社,2006.

[4] 何华灿.人工智能导论[M].西安:西北工业大学出版社,1988.

[5] 刘振亚.智能电网技术[M].北京:中国电力出版社,2014.

[6] 王珏,石纯一.关于知识表示的讨论[J].计算机学报,18(3):212-224,1995.

[7] Frederick Hayes-Roth,黄祥喜,邱涤虹.知识工程概况[J].计算机科学,1986:1-17,1986.

[8] 吴时霖,王利.基于 Petri 网的统一知识表示模型[J].计算机应用与软件,12(5):12-20,35,1995.

[9] 丛爽.智能控制系统及其应用[M].合肥:中国科学技术大学出版社,2013.

[10] 马希文.逻辑·语言·计算[M].北京:商务印书馆,2003.

[11] 周祥和,戴大为,麦卓文.自动推理引论及其应用[M].武汉:武汉大学出版社,1987.

[12] 马少平,朱小燕.人工智能[M].北京:清华大学出版社,2004.

[13] Rob Callan.人工智能[M].黄厚宽,田盛丰译.北京:电子工业出版社,2004.

[14] 史忠植.高级人工智能[M].北京:科学出版社,2006.

[15] 朱福喜.人工智能原理[M].武汉:武汉大学出版社,2002.

[16] 袁作兴.领悟数学[M].长沙:中南大学出版社,2014.

[17] 刘峡壁.人工智能导论——方法与系统[M].北京:国防工业出版社,2008.

[18] 蔡自兴,蒙祖强.人工智能基础[M].北京:高等教育出版社,2010.

[19] 高济,朱淼良,何钦铭.人工智能基础[M].北京:高等教育出版社,2002.

[20] 杨善林,倪志伟.机器学习与智能决策支持系统[M].北京:科学出版社,2004.

[21] 刘白林.人工智能与专家系统[M].西安:西安交通大学出版社,2012.

[22] 蔡自兴,徐光祐.人工智能及其应用[M].4 版.北京:清华大学出版社,2010.

[23] 丁世飞.人工智能[M].北京:清华大学出版社,2011.

[24] 王士同.人工智能教程[M].北京:电子工业出版社,2001.

[25] 齐敏,李大健,郝重阳.模式识别导论[M].北京:清华大学出版社,2009.

[26] 盛立东.模式识别导论[M].北京:北京邮电大学出版社,2010.

[27] 边肇祺.模式识别[M].2 版.北京:清华大学出版社,2000.

[28] Sergios Theodoridis, Konstantinos Koutroumbas.模式识别[M].李晶皎,王爱侠,张广渊译.北京:电子工业出版社,2006.

[29] Marques de Sa J P.模式识别 原理、方法及应用[M].吴逸飞译.北京:清华大学出版社,2002.

[30] 胡良谋,曹克强,徐浩军.支持向量机故障诊断及控制技术[M].北京:国防工业出版社,2011.

[31] Nils J. Nilsson.人工智能[M].郑扣根,庄越挺译.北京:机械工业出版社,2000.

[32] Winston P H,Horn B K P.LISP 程序设计[M].黄昌宁,陆玉昌译.北京:清华大学出版社,1983.

[33] Sebesta R W.程序设计语言原理[M].张勤,王方矩译.北京:机械工业出版社,2008.

[34] 孙宗智,赵瑞清.LISP 语言[M].北京:气象出版社,1986.

[35] 郭茂祖,孙华梅,黄梯云.专家系统中知识库组织与维护技术的研究[J].高技术通讯,2002,2:1-4,9.

[36] 宋良图,刘现平,毕金元.一种基于任务分解的多知识库协同求解专家系统[J].模式识别与人工智能,2006,19(4):515-519.

[37] 陈立潮.知识工程与专家系统[M].北京:高等教育出版社,2013.

[38] 祝明发.分布式人工智能[J].计算机研究与发展,1990,(10):6,7-18.

[39] 王汝传,徐小龙,黄海平.智能 Agent 及其在信息网络中的应用[M].北京:北京邮电大学出版社,2006.

[40] 蔡自兴.艾真体一分布式人工智能研究的新课题[J].计算机科学,2002,29(12):123-126.

[41] 张林,徐勇,刘福成.多 Agent 系统的技术研究[J].计算机技术与发展,2008,18(8):80-82,87.

[42] 魏晓斌,周盛宗,Boris Bachmendo,Rainer Unland. Agent 通信机制探讨[J].计算机工程与应用,2002,(5):66-70.

[43] 陈刚,陆汝钤.关系网模型-基于社会合作机制的多 Agent 协作组织方法[J].计算机研究与发展,2003,40(1):107-114.

[44] 毛新军,胡翠云,孙跃坤等.面向 Agent 程序设计的研究[J].软件学报,2012,23(11):2885-2904.

[45] 金士尧 黄红兵 范高俊.面向涌现的多 Agent 系统研究及其进展[J].计算机学报,2008,31(6):881-895.

[46] 徐志国.人工智能(AI)在电力系统中的应用[J].现代电子技术,2006,21:147-150.

[47] 张文亮,刘壮志,王明俊.智能电网的研究进展及发展趋势[J].电网技术,2009,33(13):1-11.

[48] 陈树勇,宋书芳,李兰欣.智能电网技术综述[J].电网技术,2009,33(8):1-7.

[49] 冯丽.数据挖掘和人工智能理论在短期电力负荷预测中的应用研究[D].杭州:浙江大学,2005.

[50] 盛戈皞,涂光瑜,罗毅.人工智能技术在电力系统无功电压控制中的应用[J].电网技术,2002,26(6):22-27.

[51] 徐青山.电力系统故障诊断及故障恢复[M].北京:中国电力出版社,2007.

[52] 郭永基.电力系统可靠性原理和应用[M].北京:清华大学出版社,1986.

[53] 吴欣.基于改进贝叶斯网络方法的电力系统故障诊断研究[D].杭州:浙江大学,2005.

[54] 李向,鲁守银,王宏.一种智能巡检机器人的体系结构分析与设计[J].机器人,2005,27(6):502-506.

[55] 毛琛琳,张功望,刘毅.智能机器人巡检系统在变电站中的应用[J].电网与清洁能源,2009,25(9):30-32,36.

[56] 王磊.基于任务划分的电力线路巡检飞行机器人路径规划研究[D].北京:华北电力大学,2010.

[57] 苏建军.电力机器人技术[M].北京:中国电力出版社,2015.

[58] 刘洪正.输电线路巡检机器人.北京:中国电力出版社,2013.

[59] 胡毅,刘凯.输电线路遥感巡检与检测技术[M].北京:中国电力出版社,2012.

[60] 赵云山,刘焕焕.大数据技术在电力行业的应用研究[J].电信科学,2014,(1):57-62.

[61] 刘春霞.改进人工智能神经网络的短期电力负荷预测[J].冶金电气,2013,32(4):74-77.

[62] 刘科研,盛万兴,张东霞.智能配电网大数据应用需求和场景分析研究[J].中国电机工程学报,2015,35(2):287-293.

[63] 张引,陈敏,廖小飞.大数据应用的现状和展望[J].计算机研究与发展,2013,50(Suppl.):216-233.

[64] 彭小圣,邓迪元,程时杰.面向智能电网应用的电力大数据关键技术[J].中国电机工程学报,2015,35(3):503-511.

[65] John Gantz, David Reinsel. Extracting value from chaos [J]. IDC IVIEW, 2011:1-12.